中国大气环境资源

报告 2019

REPORT ON
ATMOSPHERIC ENVIRONMENTAL RESOURCES IN CHINA 2019

蔡银寅　著

社会科学文献出版社
SOCIAL SCIENCES ACADEMIC PRESS (CHINA)

前 言
PREFACE

　　庚子年一场突如其来的疫情，再次让大气污染治理问题成为热点，人为削减排放的有效性备受质疑，从根本上反映了大气环境资源及其时空配置的现实意义。从 2020年 1 月 23 日起，中国因新型冠状病毒（COVID-19）防疫需要，大部分地区采取了一系列紧急措施，包括关停工厂、关闭交通、居家隔离等，生产和交通基本停滞，只保留了必要的生活设施在运转，相当于实现了最大限度的污染物排放削减。然而，2020年 1~2 月，北方地区先后经历了两次重污染天气过程。第一次发生于 2020 年 1 月 24~28 日，范围涉及京津冀及其周边省份、东北地区和渭河平原；第二次则发生于 2020 年2 月 7~13 日，范围主要为京津冀及周边省份。这一自然实验提醒我们，无论是长期的空气质量改善，还是短期的空气质量干预，大气污染都是污染物排放与大气自然净化能力平衡的结果，而不是由污染物排放单方面决定的。

　　事实上，中国的短期空气质量干预策略一直备受关注，其有效性也多有争议。2014 年 11 月，北京的"APEC 蓝"被认为是一次成功的短期空气质量干预，即通过短期大幅度减排措施，实现空气质量的短期显著好转。然而，短期空气质量干预的效果并非一成不变，如 2019 年 10 月 1 日的国庆阅兵，虽然进行了为期几个月的短期减排准备，但并未出现预想中的"阅兵蓝"。而早在 2015 年 9 月 3 日，中国人民抗日战争暨世界反法西斯战争胜利 70 周年大阅兵时，就已经实现了"阅兵蓝"。随着对大气环境资源认识的不断深入，这种问题就很容易解释。2015 年的"阅兵蓝"是在 9 月初，属于夏末秋初，大气自然净化能力整体还处于中等水平，但 2019 年的国庆阅兵，已然进入了中秋时节，大气自然净化能力整体已经降到较低水平。两者的大气环境资源存在显著差异，结果自然迥异。

　　大气环境资源的时空优化配置，是大气污染治理从粗放型走向集约型的必由之路，也是提高大气污染防治水平，促进大气污染治理与经济增长协调发展的内在要求。2020 年 9 月 2 日，李克强总理在国务院常务会议上指出：治理大气污染、改善空气质量，是群众所盼、民生所系。要进一步加强大气污染科学防治、促进绿色发展。加快提高环保技术装备、新型节能产品和节能减排专业化服务水平，加强国际合作，培育经济新增长点，推动实现生态环保与经济增长双赢。大气污染治理的价值取向，已经从绝对的空气质量改善，开始向大气环境资源的有效利用方面转变。

经过近 10 年的努力，中国的大气污染防治工作取得了阶段性成果。空气质量整体好转，改善明显，重点区域已从超重污染转向较重污染或中度污染，部分地区甚至已经进入轻度污染阶段。这一形势的转变，也意味着城市大气污染逐渐从"强源时代"转入"弱源时代"，具体表现为看得见的重污染源减少甚至彻底消失，而看不见的、复杂多变且数量庞大的弱污染源成为影响空气质量的主要因素。大气污染治理工作，也必须要适应这一形势的转变，采用新的策略。入之愈深，其进愈难。无论是排放标准的实施，还是环保技术的使用，一旦大面积普及，短时间内就很难再有增量，减排也会进入瓶颈期。现阶段，情况大致就是这样，减排的成本越来越高，空气质量持续改善的难度越来越大，经济增长与污染物排放控制的矛盾越来越突出。大气污染治理，已不再是减少排放与空气质量改善的平衡，而是大气环境资源消耗与福利获取的平衡。

《中国大气环境资源报告 2018》对大气环境资源的经济学概念、管理思路和方法，以及时空优化配置等问题做了初步的讨论，明确了大气自然净化能力与大气环境容量、大气环境承载力、扩散条件等相似概念的关系，提出了大气环境资源的指标体系和统计方法，并对 2018 年中国县级以上行政区域的大气环境资源状况做了统计分析。

为了更加深入地理解大气环境资源的有关问题，本报告在延续《中国大气环境资源报告 2018》风格的基础上，增加了一些偏理论的内容，主要包括大气环境资源的经济分析、大气环境资源管理的基本框架，以及中国大气环境资源的地理分布及特征等。在这些章节中，我们将系统论述大气环境资源的经济学含义，污染物排放时空优化配置的理论基础，以及大气环境资源管理的基本原理、框架、思路和方法。同时，利用《中国大气环境资源报告 2018》的数据，本报告对中国大气环境资源的地理分布做了研究，提出了安康分界线的观点，并使用 2019 年的数据，初步验证了其稳定性。

本报告使用 ASPI-Model、EE-Model、GCSP-Model、GCO3-Model、AECI-Model 五个模型指标核算中国大气环境资源情况，报告中所列数据均为分析结果，非直接监测数据。中国大气环境资源按照客观结果排序，不涉及主观标准。

另外，在"区域大气环境资源统计"一章中，本报告减少了大气自然净化能力指数（ASPI）波形图、大气环境容量指数（AECI）波形图、大气环境容量指数（AECI）分布图和月均变化图，提醒读者注意。

蔡银寅

2020 年 10 月于南京信息工程大学

目 录
CONTENTS

第一章　大气环境资源的经济分析[*]

本章主要论述与大气环境资源相关的经济学问题，包括大气环境资源的经济含义，大气污染过程的模型化，大气环境资源核算的数理基础，以及污染物排放时空优化配置的原理、政策和方法等。

在大气环境科学领域，气象条件对大气污染的显著影响几乎已成为共识，尤其在对重污染天气的分析中显得特别重要。气象条件与大气污染之间的相关性研究，主要集中在特殊地形下的大气污染问题、大气污染与季节的关系，以及基于连续监测的相关性分析三个方面。然而，环境经济学的众多文献，往往还在忽略气象条件影响的假定下讨论大气污染控制的政策。这一假定，一定程度上已经成为影响大气污染控制政策效率分析的重要因素，同时也限制了我们对大气污染控制工作认知的想象力。

相对于土壤污染和水体污染，大气环境的开放性、连通性和不均匀性，以及大气污染物的化学转化作用，使得大气污染的物理化学过程变得相对复杂，从而增加了大气环境经济分析的难度。当大气环境中的污染物浓度超过一定限值且持续一定时间时，就会对暴露其中的人、动植物、资产性物品等产生不可忽略的损害，大气污染的经济问题也因此产生①。就大气污染的经济问题而言，大气环境的污染物浓度及其持续时间是核心要素。也就是说，大气污染的经济问题，可以转化为大气环境中污染物浓度和持续时间的问题，这也是研究大气环境资源属性时首要明确的问题。

污染物进入大气环境后，大致会经历扩散、搬运、沉降、清除，以及化学转化等一系列过程，这些过程同时且连续发生，是影响大气环境中污染物浓度和持续时间的外在因素。污染物在大气环境中所经历的过程，可以概括为两个方面：一是大气环境的

---

* 参见蔡银寅、黄有光《大气环境资源的时空异质性及其经济含义》，《环境经济研究》2021年第1期，第96~122页。本章内容主要来源于蔡银寅与黄有光合著的《大气环境资源的经济分析》一文。

① 对于大气污染是否存在阈值的问题，即是否存在一个对人类、动植物和资产性物品完全无害的大气污染物浓度阈值，目前还存在一定的争议。从人类、动植物和资产性物品的耐受力角度考虑，这个阈值是存在的。但是，也有研究表明，即使在较低的大气污染物浓度水平上，人类的劳动效率也会受到影响。大气污染的影响，可能不仅要从人类健康的角度考虑，甚至还应该考虑相关的经济产出。因此，有关大气污染物浓度的阈值问题，尚需进一步的讨论。简单起见，我们接受存在阈值的假定。由于这个阈值的量可以很小，这个假定应该可以接受。

自然净化过程；二是污染物在大气环境中的化学转化过程。大气环境的自然净化过程，主要是指大气通过自身自然的活动，最终将污染物从大气环境中清除的过程。污染物的化学转化实际上具有两层含义：一是有害转化，即污染物或非污染成分在大气环境中产生新增的污染物；二是无害转化，即污染物在大气环境中转化成无害物质，同时自身数量减少。大气环境的变化，会影响污染物化学转化的速度和效率，因此成为影响大气环境中污染物浓度和持续时间的一个不可忽略的因素。现实中，有害转化可以理解为对污染物排放的强化作用，相当于给污染物排放添加了一个增强系数；无害转化则可以理解为对大气自然净化过程的强化作用，相当于给大气自然净化过程添加了一个增强系数[1]。

基于以上讨论，我们可以将大气污染问题简化为三个要素：第一，污染物排放强度，即单位时间污染源向大气环境中排放污染物的量；第二，大气环境的影响，包括大气环境自然净化作用和污染物在大气环境中的化学转化；第三，大气环境中的污染物浓度及其持续时间，这是衡量大气污染程度的关键指标。如果污染物排放强度是既定的，那么大气环境则是影响大气污染程度的最重要因素。也就是说，大气污染程度是由污染物排放和大气环境共同决定的，而不仅仅取决于污染物排放强度。在相同的污染物排放强度水平下，因为所处大气环境不同，大气污染程度可能相差很大。当然，这也是导致很多基于无差别气象条件的大气污染控制政策效率分析失真的根源。

虽然在当前的主流文献中，减少污染物排放仍然是首要关注的问题，但是，在制定大气污染控制政策时，不仅要从污染物排放角度考虑，而且应该从排放的时间和空间考虑，至少应该尊重大气环境本身对大气污染存在显著影响这一事实。气象条件的变化决定了大气环境对污染物作用的变化，也从根本上决定了污染物排放强度与大气污染程度之间的关系。短期来看，气象条件变化是大气运动的结果，是由太阳对地球的不均匀加热（地面性质不同、比热容不同等因素影响）造成的，变化迅速且无迹可寻。长期来看，气象条件变化则具有明显的周期性特征，这是由自然地理条件和气象气候特征决定的。

相同数量的污染物，在不同的大气环境条件下，产生的大气污染程度不同，意味着在考虑大气污染的经济损失时，不同的大气环境条件具有不同的经济价值。就像土地的肥力一样，优等的土地，单位劳动带来的农业产出较高；优等的大气环境，单位污染物排放造成的污染较低。从这个角度，我们可以将异质性的大气环境看成一种资源。下面我们将从大气环境的资源属性出发，讨论大气环境特征与大气污染控制之间

---

① 由于污染物的无害转化，有利于降低大气环境中污染物的浓度，其作用效果与大气自然净化是一致的。简单起见，本文在后面的模型中，并未将无害转化单独列出。

的关系，对现行的大气污染控制政策，进行大气环境资源优化配置角度的经济分析。

一 基本模型

大气环境的资源性，主要体现在其经济影响方面。根据以上讨论，大气环境资源可以定义为：在固定时期内，一个地方的大气环境对污染物的自然净化作用和化学转化作用能力的总和[①]。相同时间，大气环境的自然净化作用和化学转化作用能力的总和越大，意味着大气环境资源越丰富，反之则越匮乏。

值得注意的是，无论是大气环境的自然净化作用，还是化学转化作用，代表的都是一种潜在趋势，可以是已经发生的，也可以是未发生的。比如，在某种大气环境条件下，有害转化的系数是1.15，则意味着此时1吨/小时的排放强度，相当于1.15吨/小时的排放强度。然而，如果此时没有污染物排放，有害转化就不会发生，但有害转化的趋势依然存在，一旦有排放，就会有转化。类似的，假如此时的大气自然净化作用（计入无害转化）为1.2吨/小时，其含义是，大气自然净化作用的最高能力为1.2吨/小时。如果此时污染物排放强度低于1.2吨/小时，同时大气环境中的污染物浓度也很低，那么大气自然净化作用的实际影响可能会在1.2吨/小时以下，并不等于1.2吨/小时，而是等于实际排放强度加上大气环境中已有的污染物浓度[②]。当然，如果排放强度增加，大气自然净化作用的实际影响也会增加，直到等于1.2吨/小时。这是大气环境资源的一个典型特征，即存在一个潜在的上限，后面模型中对大气环境资源总量和余量的讨论，都将基于这一特征。

大气自然净化作用的实际效果，实际上还与污染物的实时排放强度以及背景浓度有关。如图1-1所示，其中O'O向右表示污染物实时排放强度，O"O向上表示大气环境中的污染物浓度，A线表示新增污染物未经过自然净化的浓度，B线和B'线表示两种既定水平的大气自然净化作用，其中B线代表的大气自然净化作用强于B'线，A线与B线和B'线之间的差值表示实际净化效果。

当污染物排放强度较低时，比如，小于图1-1中E点时，B线水平的大气自然

---

① 这里的分析侧重于大气环境自然净化作用和化学转化作用的潜在趋势，并非指大气自然净化作用和化学转化作用的实际影响，所以使用"能力"一词。实际上，大气环境的自然净化作用和化学转化作用的实际影响，不仅与能力有关，也与污染物排放强度以及背景浓度有关，具体参见本报告附录。

② 当大气自然净化作用显著高于污染物排放强度时，如强降雨、强对流天气时，大气自然净化作用会迅速将大气环境中的污染物清空，大气环境中的污染物浓度接近于零。此后，大气自然净化作用仍然很强，比污染物排放强度高很多，这时候，大气自然净化作用的实际影响等于实际排放强度，因为大气环境中的污染物浓度不可能为负值。

净化作用可以完全净化污染物的实时排放，所以在 OE 段，B 线是水平的，意味着大气环境中的新增污染排放并没有增加大气中的污染浓度，因为被完全净化。同时，由于超过的大气自然净化作用能力可以净化背景排放，所以 D 点在 O″点以上。随着污染物排放强度增加，如图 1-1 中的 EF 段，B 线水平的大气自然净化作用的实际效果，并不是一下子达到其上限，而是一个渐变的过程，最终在 F 点处，B 线水平的大气自然净化作用的实际效果达到极限，其后污染物排放强度继续增加，大气自然净化作用的实际效果不再变化，即 B 线与 A 线平行。额外增加的污染物排放，完全没有被净化。

图 1-1 中 OE 段的大小，取决于大气自然净化能力的强弱，如 B′线所示，当大气自然净化能力较弱时，OE 段会变得很小甚至消失。同时，EF 段也可能变小，甚至可以忽略不计。为了简化计算，我们在模型中忽略了 EF 段的渐变过程，直接将其视作一个突变过程，即在 T 点之前，将大气自然净化的实际效果看作可以完全净化新增污染物排放，而在 T 点之后，将大气自然净化的实际效果看作达到了限值（图 1-1 中虚线所示）。

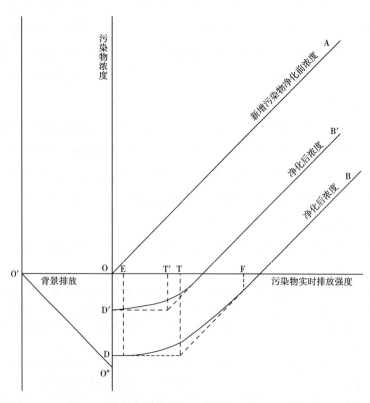

图 1-1 大气自然净化作用的实际效果变化曲线

事实上，真正的大气自然净化过程并不存在所谓的 T 点，即不存在所谓的排放平衡点①，真正的排放平衡点是一个区间而不是一个定值。然而，T 点的假定仍有实际意义。首先，利用 T 点假定可以方便计算，EF 段的渐变过程，会让计算公式变得复杂。其次，利用 T 点假定便于说明排放平衡临界点的问题，在实践中，T 点可看作空气质量变化的拐点。最后，对于具有较大波动幅度的大气自然净化作用能力来说，很多情况下，EF 段的持续时间可以忽略。

总的来说，T 点假定的适用性主要取决于两个方面：一是该地大气自然净化作用能力的变化特征，包括不同水平的大气自然净化作用能力的比重、时间分布（如季节、月份、昼夜等）特征等，这主要是由自然地理条件和气象气候特征决定的；二是该地的实际排放强度变化特征。如果该地的排放强度长期低于 OE 段水平，而大气自然净化作用能力大部分时候高于 B 线水平，则比较适用于 T 点假定。类似的，如果该地的实际排放强度和大气自然净化作用能力高频次出现在 EF 段，且持续时间较长，则 T 点假定的误差就会偏大，适用性将减弱。关于 T 点假定在微观研究中的应用，这里不再一一赘述。

由于大气环境的自然净化作用能力和化学转化作用能力是由气象条件决定的，所以大气环境资源既有实时性特征，又有周期性特征。一方面，大气环境的自然净化作用能力随天气变化而时刻变化；另一方面，大气环境的化学转化作用能力也在随天气变化而变化。两者的作用能力的总和也随时间变化而变化，因此具有实时性的特征。同时，一个地方一个时间周期内（如 1 年），天气变化过程的总和又具有周期性的特征，相对稳定，从而决定了大气环境资源具有周期性的特征②。

对于大气环境资源的经济分析，还需要基于以下几个假定。

第一，大气污染之所以成为经济问题，是因为当人类、动植物和资产性物品暴露于一定污染物浓度的大气环境中时，会产生不可忽略的损失。也就是说，大气环境中污染物的浓度和持续时间，是决定大气污染损失的物理条件，暴露于其中的人类、动植物和资产性物品的数量和性质，则是决定大气污染损失的物质条件。因此，在不考虑人类、动植物和资产性物品暴露的情形下，大气污染程度由大气中污染物的浓度和持续时间决定③，而与污染物的来源与去处无关。在考察大气污染的损失时，只需关注

---

① 排放平衡点是大气环境资源管理的一个重要技术手段，我们会在第二章中重点论述其原理和方法。

② 在第三章中，本报告会对大气环境资源的周期稳定性做一个简要的分析。

③ 此时，我们考虑的也是大气污染经济损失的潜在趋势，在相同的人口、动植物和资产性物品暴露情形下，大气环境中污染物的浓度越高，持续时间越长，经济损失就越大。

大气环境中污染物的浓度和持续时间，而不用关心它的产生过程和离开大气环境后的去向①。

第二，只考虑局地污染物排放对本地造成污染的情形，不考虑污染物排放的跨区域传输问题。在传统的认知中，污染物的跨区域传输是大气污染问题的一个重要方面。事实上，这个认知具有一定的历史局限性。在工业革命初期，大气污染物排放一直处于放任状态。高耸林立的烟囱和遮天蔽日的浓烟是这个时代的标志。这一时期，大气污染物跨区域传输确实是一种重要现象。一方面，当时的烟囱很高，如热电工厂、炼焦厂和钢铁厂等的炊囱，有些甚至远高于逆温层，上层的大气层流活动明显，有助于污染物的水平运动；另一方面，当时的烟囱排放的污染物浓度很高，排放强度很大，影响的距离也很远。在高空水平风的作用下，污染物可以到达一定的距离，从而造成跨区域污染。20世纪50年代以后，随着公众对大气污染危害认识水平的提高，发达国家开始采取源头减排技术。20世纪90年代末期，发达国家基本普及了源头减排技术。在随后的几十年里，发展中国家也逐步开始采取大气污染控制政策。现阶段，除少部分国家和地区外，大部分国家和地区，超强的污染源已经大幅度减少，污染物跨区域传输的情况越来越少，局地排放造成的本地污染成为主流。当然，这里所说的跨区域传输是指城市与城市之间跨越郊区的远距离污染物传输，并不包括城市内部的短距离污染物传输。换句话说，我们将污染物排放和大气污染限定在城市一级，即本城市排放只污染本城市的情况，忽略外部污染物输入和本市污染物输出的情况。

第三，污染物成分方面，这里只讨论美国EPA、中国生态环境部，以及世界大部分国家所采用的6种标准污染物的分类方法，暂不讨论特殊性质的污染物，如有毒污染物、致癌物、放射性污染物等。

第四，大气污染存在一个无损（安全）阈值，即当大气中污染物（如6种标准污染物）浓度低于某个阈值时，可以认为它是无害的。

第五，大气污染物（6种标准污染物）是非积累性污染物，不同于二氧化碳、放射性污染物等。也就是说，大气污染物进入大气环境中，只是暂时性留存其中，最终会从大气环境中离开，而不是长期存在。本质上，大气污染物的非积累性，源于大气环境的自然净化作用。大气环境的自然净化作用，会将大气污染物从大气环境中清除出去。

----

① 一些观点认为，污染物离开大气环境后，到了土壤、水体和植物表面，会产生新的污染。事实上，这种影响并没有想象的那么大。一方面，很多大气污染物，如扬尘、无机盐颗粒等本身就是土壤的一部分，它们回到土壤，就不会造成污染；另一方面，大气中的很多污染物在量级上还不足以对土壤和水体等产生显著的污染。同时，大气污染物在水体、土壤和植物表面同样会进行无害转化。因此，本文不讨论大气污染物离开大气环境后产生新污染的问题。

第六，气象条件时刻在变，意味着大气环境也时刻在变，大气环境的自然净化作用和化学转化作用的潜在趋势也时刻处于变化之中，连续发生，从不间断，是时间 T 的函数。

基于上述假设，建立如下模型。

首先，将一个时间周期 T，如1年，先划分成两类时段，即污染时段 T_p 和非污染时段 T_g，同时污染时段 T_p 又包含若干个污染过程，与之对应，非污染时段 T_g 也包含若干个非污染过程。污染时段指大气环境中的污染物浓度超过了安全阈值，非污染时段指大气环境中的污染物浓度不高于安全阈值，假定安全阈值对应的污染物浓度为 C_0，当大气环境中的污染物浓度低于安全阈值 C_0 时，可以认为大气环境处于无害状态，此时不再考虑 C_0 的具体值。

$$T = T_p + T_g \qquad\qquad (式1-1)$$

大气环境对污染物浓度的影响分为两个方面：一是自然净化能力（计入无害转化）；二是有害化学转化能力。令大气环境的自然净化能力函数为 $S(t)$，有害化学转化能力函数为 $g(t)$，污染物排放强度函数为 $E(t)$[①]。$S(t)$ 和 $E(t)$ 分别表示单位时间单位体积大气的污染物潜在净化量和实际排放量，即潜在输出量和实际输入量，假定三个函数均连续可导[②]，因此有：

$$\frac{dC_t}{dt} = g(t)E(t) - S(t) \qquad\qquad (式1-2)$$

其中，$\dfrac{dC_t}{dt}$ 为大气环境中污染物浓度的即时变化[③]。根据经验，$g(t)$ 的取值范围大致为 $1\sim1.45$，也就是说，大气环境的有害化学转化作用能力影响，最高相当于有45%的强化作用。

现在考虑污染时段 T_p 中的任何一个完整的"污染—净化"过程，即经历一个大气环境中污染物浓度从无害状态上升到有害状态，然后再回到无害状态的过程。根据上面假定，大气开始出现污染过程的条件是：$C_{t_0} = C_0$，且 $\dfrac{dC_t}{dt} > 0$，即 $g(t)E(t) - S(t) > 0$，含

---

① 这里的大气自然净化能力函数表示的是潜在趋势，即大气自然净化作用的能力上限。而污染物排放强度则是指实际值。有害化学转化能力函数是一个可变的常数，其变化由大气环境的变化决定。

② 事实上，大气环境自然净化能力函数 $S(t)$ 的实际效果，也与污染物实时排放强度函数 $E(t)$ 以及背景浓度有关。为了方便数学运算，这里假定 $S(t)$ 的实际效果有一个刚性的上限，当实时排放强度 $E(t)$ 超过这一上限时，$S(t)$ 的实际效果为其上限，即等于 $S(t)$。同时，当实时排放强度 $E(t)$ 低于这一上限时，$S(t)$ 的实际效果为 $E(t)$，具体参见图1-1及解释。

③ 式1-2不包括背景浓度为零的情况，即大气环境中已无污染物可以净化的情形。

义是当前大气环境中的污染物即时浓度等于安全阈值 C_0，同时污染物排放强度（加上有害化学转化作用）超过了大气的自然净化能力。当 $\dfrac{dC_t}{dt}>0$ 时，大气环境中的污染物浓度上升；$\dfrac{dC_t}{dt}<0$ 时，大气环境中的污染物浓度下降。对于一个完整的"污染—净化"过程来说，污染物浓度会经历一个从安全阈值 C_0 先上升，再下降的整体过程，即 $C_{t_1}=C_0$。因此，一个完整的"污染—净化"过程的条件是：

$$\Phi = \int_{t_0}^{t_1}\big[g(t)E(t)-S(t)\big]dt = 0 \qquad\text{（式 1-3）}$$

式 1-3 的含义是，在 t_0 到 t_1 这个时段，污染物浓度变化的积累值为 0。如果规定 $t_1>t_0$，且 t_0 到 t_1 时段，$\Phi=0$ 只出现 2 次，则 t_0 到 t_1 为一个完整的"污染—净化"过程[①]。

接下来考虑"污染—净化"过程中的浓度峰值，浓度峰值的基本条件是：

$$g(t)E(t)-S(t)=0 \qquad\text{（式 1-4）}$$

任何一个污染过程，都可能存在多个峰值，表达如式 1-5 所示：

$$C_{pj}^1 = \int_{t_0}^{t_{1j}}\big[g(t)E(t)-S(t)\big]dt \qquad\text{（式 1-5）}$$

其中上标表示污染过程，下标表示该污染过程的第 j 个峰值。考虑一个污染过程的最高浓度，则有：

$$C_{\max}^1 = \mathrm{argmax}\{C_{p1}^1,C_{p2}^1,\cdots,C_{pj}^1,\cdots,C_{pm}^1\} \qquad\text{（式 1-6）}$$

其中 $C_{\max}^1$ 表示该污染过程的最大峰值，类似的，整个污染阶段的峰值可以表示为：

$$C_{\max}^p = \mathrm{argmax}\{C_{\max}^1,C_{\max}^2,\cdots,C_{\max}^k,\cdots,C_{\max}^l\} \qquad\text{（式 1-7）}$$

这里假定污染时段，有 l 个"污染—净化"过程。

同时，可以用式 1-8 来计算一个完整"污染—净化"过程的浓度积累。

$$C_a^1 = \int_{t_0}^{t_1}\big|g(t)E(t)-S(t)\big|dt \qquad\text{（式 1-8）}$$

---

① 式 1-3 在实证研究中具有重要的应用价值。设定一个安全阈值，然后对连续监测的空气质量数据进行分析，利用式 1-3 的条件，可以计算一个时间周期内，大致经历了多少次污染过程。掌握污染过程的数据，对于大气环境资源的时间优化配置具有重要意义。

式 1-8 中下标表示该"污染—净化"过程的污染物浓度积累值。

假定一个时间周期 T 内，污染时段 T_p 包含了 n 个"污染—净化"过程，则污染时段的污染物浓度积累值的总和为[①]：

$$C_a^p = \sum_{i=1}^{n} C_a^i \qquad\qquad （式 1-9）$$

该周期内的污染物平均浓度为：

$$\overline{C} = \frac{C_a^p}{T} = \frac{C_a^p}{T_p + T_g} \qquad\qquad （式 1-10）$$

污染物浓度峰值和均值，是衡量大气污染程度的核心指标。现实中，我们常常用污染物平均浓度来表示大气污染的程度，并利用这个指标来估算大气污染的损失。

现在我们考虑非污染时段的大气环境资源余量问题。由于污染时段包含了 n 个污染过程，则非污染时段可以看作被分割成 n 个或 $n+1$ 个非污染过程，在每个非污染过程中，忽略安全阈值 C_0 以下的大气污染物浓度变化过程意味着：

$$g(t)E(t)dt - S(t)dt \leqslant 0 \qquad\qquad （式 1-11）$$

即污染物排放强度（加上有害化学转化作用），不高于大气自然净化能力。

$$R_1 = \int_{t_0^g}^{t_1^g} -\left[g(t)E(t) - S(t) \right] dt \qquad\qquad （式 1-12）$$

用 R_1 表示第 1 个非污染过程的大气环境资源余量[②]，具体如式 1-12 所示，时段为从 t_0^g 到 t_1^g。类似的，T_g 时段的大气环境资源余量总和为：

---

① 这里只计算污染物浓度大于 C_0 时的浓度积累。

② 对于大气环境资源余量的理解，可以借用水力发电的例子来解释。例如，在河流里面布局一个涡轮发电机，利用水流发电，假定常态下水流推动发电机的发电功率是 10kW，这意味着该发电机最大可以满足 10kW 的用电器工作，如果实际中，只有 3kW 的用电器在工作，则实际利用功率为 3kW，10kW 为额定功率，3kW 为实用功率。如果增加了用电器，实际利用功率可以达到 5kW、9kW，但不可以高于 10kW。式 1-12 计算的相当于额定功率与实用功率的差值，即功率余量，意味着还可以增加多少功率的用电器。后面的式 1-14 相当于直接计算水流推动发电机产生的功率，即额定功率。式 1-12、式 1-13、式 1-14 的功能是衡量一定地方大气自然净化能力的潜在能力，即大气环境资源量。值得注意的是，式 1-12 对大气环境资源余量的计算结果会略高于真实值，因为大气环境中污染物浓度在安全阈值 C_0 以下变化时，也包含 $g(t)E(t)dt - S(t)dt > 0$ 的情况，即包含从 0 到 C_0 的浓度上升过程，这个过程中消耗的大气环境资源，不应该计算在内。

$$R_a^g = \sum_{i=1}^n R_i \qquad \text{(式 1-13)}$$

下面我们考虑两个地方大气环境资源的总量差异，简单起见，仅考虑大气的自然净化作用，来计算 A 地和 B 地的大气环境资源总量。

$$R_q^A = \int_{t_0}^T S_A(t)$$

$$R_q^B = \int_{t_0}^T S_B(t) \qquad \text{(式 1-14)}$$

式 1-14 中 $S(t)$ 表示大气自然净化作用函数，如果 $R_q^A > R_q^B$，则意味着 A 地的大气环境资源与 B 地相比，较为丰富，丰富程度的高低，取决于两者的差距。

以上模型具有三个作用：第一，将复杂的大气污染过程表述为两个函数的简单加减，连续变化的气象条件成为影响大气污染程度的一个重要变量；第二，大气污染的核心问题变成污染物排放强度与大气环境自然净化作用的平衡关系，不再是对污染物排放强度的绝对控制，从而建立了污染物排放强度、大气环境变化与大气污染程度之间的数量关系；第三，为大气环境资源量核算、大气环境资源的时空优化配置提供实证方面的依据。下面我们来考虑上述模型的图形表达。

如图 1-2 所示，$S(t)$ 表示大气自然净化能力变化曲线，$g(t)E(t)$ 表示污染物排放强度（含有害化学转化作用）的变化曲线，两者的单位相同。竖线条纹阴影部分表示的是大气环境中污染物浓度的上升过程，其数学条件是 $g(t)E(t) - S(t) > 0$，横线条纹阴影部分表示的是大气环境中污染物浓度的下降过程，其数学条件是 $g(t)E(t) - S(t) < 0$，交叉条纹阴影部分表示的是非污染过程。图中两条曲线的交点意味着 $g(t)E(t) - S(t) = 0$，一个完整的"污染—净化"过程，至少要经历两次 $g(t)E(t) - S(t) = 0$ 的情况，即开始和结束。

图 1-2 重点描述了三个问题：第一，大气污染形成的过程，是因为污染物排放强度（含有害化学转化作用）超过了大气环境的自然净化能力。第二，在一个完整的大气"污染—净化"过程中，大气环境中污染物的浓度要经历一个先上升后下降的过程。但是，污染物浓度在上升时也可能会经历短暂的下降，然后再迁回上升的过程，下降时亦然，从而表现出相对复杂的多峰值污染过程。第三，任何一个"污染—净化"过程，污染物浓度增加的积累等于污染物浓度减少的积累，所以竖线条纹阴影部分的面积等于横线条纹阴影部分的面积。这意味着，如果将竖线条纹阴影部分的排放转移到横线条纹阴影部分，则排放总量不变，但该污染过程消失。交叉条纹阴影部分面积表示未被利用的大气环境资源，这部分面积越大，意味着可以被利用的大气环境资源量越多。

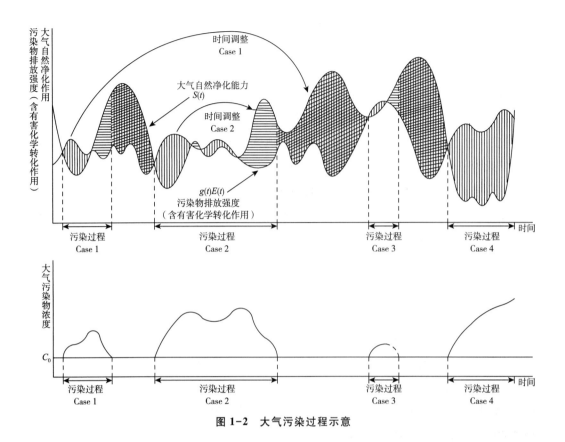

图 1-2 大气污染过程示意

表 1-1 几种典型的污染过程和易发季节

典型过程	基本特征	易发季节
Case 1	单峰中度污染	初春
Case 2	多峰重度污染	晚秋
Case 3	单峰轻度污染	夏季
Case 4	单峰重度污染	深冬

同时，图1-2还大致反映了几种典型的污染过程和易发季节，具体如表1-1所示。一般说来，污染物排放的波动性相对于天气变化来说，属于窄幅低频的波动，天气的波动属于宽幅高频的波动。因此，多波峰重污染过程的出现，一个重要条件是大气自然净化能力的剧烈波动，比如，大气自然净化能力几个小时内降低很多，几个小时又升高一些，然后又降至最低，这种天气多发生在深秋（不同国家可能略有差别，中国北方是晚秋或者初冬）。从气候特征来分析，多波峰重污染的易发季节是晚秋，这个时候，太阳高度角逐渐变低，昼夜温差变大，相应的，大气自然净化能力波动也较大。而进入冬季以后，大气自然净化能力则一直处于相对较低位置，如果经历一次天气过程，大气自然净化能力就会变高，而较少出现剧烈的反复波动。夏季则相反，大气自

然净化能力大部分处于高位，这也是夏季很少出现大气污染过程的原因①。理论上，春季的大气自然净化能力波动也相对较大，但由于春季的昼夜温差分布有利于提升大气自然净化能力，所以春季又与秋季有所不同。

表 1-1 对几种典型污染过程和易发季节的总结，本质上反映的是大气环境资源的周期性特征。对于某个地方（城市）来说，其地形条件、植被特征、所处的地理位置（经纬度）、气候类型，从根本上决定了这个地方的大气环境资源总量以及季节分布特征。以天为单位来看，去年的某天与今年的某天相比，气象条件可能差别很大，但以周为单位来看，去年的某周与今年的某周相比，气象条件的整体情况差别就小很多。如果以月为单位来看，差别就更小。大气环境资源的这一特征，是污染物排放时间调整的基础。气象条件不是不可利用的，主要还是要看成本和收益的比较。

二 政策含义

前面论述了大气环境资源的相关问题，并对其进行了简单的模型化，接下来重点讨论大气环境资源的政策含义。承认气象条件对大气污染的显著影响，相当于接受大气污染经济分析的一个新假设：第一，相同的污染物排放强度，如果排放的时间不同（如夏季或是冬季），造成的大气污染程度不同，经济损失也不同。第二，相同的污染物排放强度，如果排放的空间不同（在 A 城市排放还是在 B 城市排放），造成的大气污染程度不同，经济损失也不同。第三，基于前两点，减少污染物排放的边际损害，方法有三种：一是减少污染物排放强度；二是调整污染物排放时间安排；三是调整污染物排放空间安排。后两种方法，相当于利用大气环境资源，减少污染损失。当然，具体采用哪种方式，还要看成本和收益。

（一）排放的时间调整

结合模型分析和图 1-2 的大气污染过程描述，我们使用图 1-3 来说明排放时间调整的经济问题，包含 a 和 b 两个图。图 1-3b 中 MCC（Marginal Cost of Clear）为污染物边际清除成本曲线，这里假定 MCC 是除了利用大气环境资源以外的最佳减排方案的边际成本曲线，即通过减少污染物排放的方式减少污染经济损失的最低成本方案（Least Cost Approach，以下简称 "LCA"）的边际成本曲线。在现行的环境政策中，MCC 一般也接受这一假定，即采用最适宜减排方法，通过使用减少排放的最低成本方法来减少污染活动，其含义是采用包括减少活动量、降低活动水平、使用新技术进行源头减

---

① 有一个特例，就是臭氧，由于臭氧生成的重要条件之一是光照，夏季臭氧污染过程会比较常见。

排，使用新材料、新工艺等方法中的最低成本方案。使用这一假定，主要是为了比较现行减排方案与利用大气环境资源方案之间的差别。MD（Marginal Damages）为大气污染造成的边际损失，假定其随着大气污染物平均浓度的升高而变大，随着大气污染物平均浓度的降低而变小，当大气污染物平均浓度低于某个阈值时，MD 为零。在环境经济学中，我们也通常使用这一假定。放任状态下（不对污染排放做任何限制），污染者不采取任何减少排放的措施，MCC 为零，此时大气污染物平均浓度为 $\overline{C}$。显然，$\overline{C}$ 点所对应的 MD 远高于 MCC，社会成本远大于私人成本，存在扭曲和低效率。这种不对称性的存在，使得减少污染物成为一种有效的社会改进。通常情况下，我们认为当 MCC＝MD 时，处于社会最优状态，S 点为社会最优点，假定对应的大气污染物平均浓度为 $\overline{C}_s$。图 1-3b 中，阴影部分的面积表示减少污染物排放的成本（$S\overline{C}_s\overline{C}$ 围成的面积），即通过使用减少污染物排放的方法，使大气污染物平均浓度从 $\overline{C}$ 降低至 $\overline{C}_s$ 所花费的最低成本。

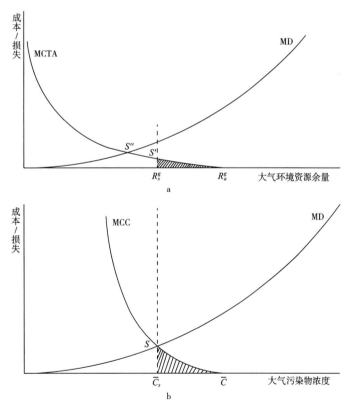

图 1-3 污染物排放的时间调整

下面考虑通过污染物排放时间调整降低大气污染物平均浓度的方案，如图 1-3a 所示，MCTA（Marginal Cost of Time Adjustment）为污染物排放时间调整的边际成本曲线，主要反映的是污染者污染活动时间调整的边际成本变化。例如，餐饮油烟的排放，它的时间调整成本就较高，因为吃饭的时间是相对固定的，而汽车加油时间（汽车加油时会产生短时间的高污染）的调整，成本就较低。目前在中国的一些城市，已经开启了夜间加油降价的模式，环保部门为夜间加油活动进行油价补贴，以引导加油时间调整，减少白天油气的排放，这种引导的效果很好，因为私家车调整到夜间加油，成本并不算高。类似的，像取暖、制冷这样的活动，时间调整的成本就较高。而像煤炭生产、有机溶剂生产、玻璃生产等，只要生产者没有达到完全的产能状态，都存在一定量的低成本时间调整（注意，真实情况并不像经济学假设的那样，生产者都一直在可能性边界上生产，大量的生产者基本上都存在一定的弹性，这个弹性是产生低成本时间调整的依据）。

实践方面，中国正在尝试一些高污染行业的错峰生产，对生产者的影响不是很大，成本并没有想象的那么高。值得注意的是，如果时间调整一旦形成一定的规模，也会改变时间调整的边际成本。比如，秋冬季节的产能，部分挪到夏季生产，这意味着作为重污染企业的发电企业，也要把产能移到夏季，否则将无法提供充足的能源。如果是这种情况，发电企业的时间调整成本并不高。由于夏季的能源需求增加，按照市场规律，它也要相应增加夏季产能，同时减少冬天的产能。反过来说，如果对能源生产或能源价格进行时间调整，导致夏季电价低，冬季高，对于一些时间成本调整不同的污染者来说，也会相应根据能源价格调整生产时间，从而实现污染物排放的时间调整。

因此，这里假定 MCTA 在 $\overline{C}$ 处为零，即在放任状态下，污染物排放的时间安排属于自由状态，对应图 1-2 污染过程的分析，假定该状态下的大气环境资源余量为 R_a^g（图 1-2 中交叉条纹阴影部分面积的总和），对应的大气污染物平均浓度为 $\overline{C}$。图 1-3a 中的横轴表示大气环境资源余量，其初始状态为 R_a^g。图 1-2 给出了污染物排放时间调整的两种方式：一种方式是将竖线条纹阴影部分的污染物排放，调整到交叉条纹阴影部分（图 1-2 中的时间调整 Case 1）；另一种方式是将竖线条纹阴影部分的污染物排放，调整到横线条纹阴影部分（图 1-2 中的时间调整 Case 2）。前者属于从污染过程到非污染过程的调整，后者属于污染过程内部的调整。理论上，使用第一种方式调整污染物排放时间，相当于使用大气环境资源余量来降低大气污染物的平均浓度，大气环境资源余量（图 1-2 中交叉条纹阴影部分面积）会相应减少[①]；但使用第二种方式调

---

① 这里不考虑污染物排放调整过程中释放出来的大气环境资源量。理论上，竖线条纹阴影部分的污染物排放调到交叉条纹阴影部分后，横线条纹部分就会释放出大气环境资源，其释放量等于交叉条纹阴影部分的消耗量。也就是说，无论采取哪种方式进行污染物排放的时间调整，大气环境资源余量都是守恒的。图 1-3a 中横轴的含义是，在自由状态下的大气环境资源余量，因为采用了第一种时间调整方式而减少，仅表示图 1-2 中交叉条纹阴影部分面积的减少，并不考虑横线条纹阴影部分面积的释放。

整污染物排放时间，大气环境资源余量则不会减少，即图 1-2 中交叉条纹阴影部分面积的总和不变。

如图 1-3a 所示，假定将大气污染物平均浓度从 $\overline{C}$ 降低至 $\overline{C}_s$，所花费的成本为 $S'R_s^gR_a^g$ 围成的阴影部分的面积①。显然，如果 $S'<S$，即 $S'R_s^gR_a^g$ 围成的阴影部分的面积小于 $S\overline{C}_s\overline{C}$ 围成的面积，则通过污染物排放时间调整的方式优于使用减少排放的最低成本方法（LCA）。使用污染物排放时间调整的方式，带来的成本节约为 $S_{S\overline{C}_s\overline{C}}-S_{S'R_s^gR_a^g}$。进一步考虑，在图 1-3a 中，使用污染物时间调整的方式，社会最优点应该位于 S''，此时，大气污染物平均浓度低于使用 LCA 时的 $\overline{C}_s$，这意味着，图 1-3a 描述的这种情况，如果考虑使用污染物排放时间调整的方式，能获得更大的社会效率改进。当然，图 1-3a 只是描述了一种可能的情况。真实的情况如何，主要取决于 MCC 和 MCTA 曲线。如果 MCTA 曲线的起点很高，或者其增长速度高于 MCC，则污染物排放时间调整方案都没有实际意义②。

一般的，污染活动（生产或消费活动）的时间依赖性主要源于两个方面：一是产品或者服务的时效性，包括销售时效性和消费时效性；二是要素价格的时间变化。前者时间调整的成本相对较高，后者时间调整的成本相对较低。利用要素价格激励，可以实现部分污染物排放的低成本时间调整，而不一定使用行政命令。例如，中国的地方政府使用油价补贴的方式引导居民错峰加油，实践证明，私家车的汽油价格弹性很高，几毛钱的价格补贴，就有很多私家车主选择了夜间加油，这说明私家车加油的时间调整成本较低。当然，比较 MCC 和 MCTA 曲线的大小，是一个技术问题，这里不再赘述。

从政策角度考虑，到底采用何种方式，实现如图 1-3a 所示的污染物排放的时间调整是一个重要问题。实际操作中，还需要解决几个技术问题。首先，需要对一个地方的大气环境资源进行连续性监测，掌握该地区的大气环境资源状况，摸清楚其季节分布、月份分布规律。其次，需要考虑污染活动时间调整的边际成本问题。由于信息的不对称，一种建议是采用接近市场的手段，让污染者自动寻找最低成本的时间调整方式。比如，可以采用经济激励措施，促进污染物排放的时间调整。将电力、汽油、天

---

① 实际操作中，污染物排放的时间调整往往是第一种方法和第二种方法并用的，而具体采用哪一种方式，主要看成本的高低，所以大气环境资源余量（图 1-2 中交叉条纹阴影部分的面积）会相应减少，只是减少的程度会根据实际情况不同而不同，这里只是假定了一种情况，即大气环境资源余量从 R_a^g 减少到 R_s^g，相当于使用第一种时间调整方式，利用了 $R_a^g-R_s^g$ 的大气环境资源。

② 实际上，无论是 MCC，还是 MCTA，都不是一成不变的，随着技术进步，MCC 也可能变得平缓，MCTA 也可能变得陡峭。然而，不论实际情况如何，都不影响在 MCC 之外，增加一种 MCTA 的选择。

然气、水等与生产生活关联性较高的要素纳入激励方案；在大气环境资源丰富的月份，降低上述要素的价格；在大气环境资源匮乏的月份，则提高上述要素的价格（价格调整幅度为 S'）。根据价格调整的结果，包括上述要素生产者收入的变化、环境空气质量的变化等，进行价格调整，最终让价格调整幅度接近 S'。类似的方案还有很多，包括税收手段、强制性标准、行政命令等，这里不再讨论。

（二）排放的空间调整

污染物排放空间调整的分析要相对复杂一些，如图 1-4 所示，包含了 a、b、c、d 四幅图。其中图 1-4a 描述当 A、B 两个不同地区（城市）的大气环境资源存在差别时，相同排放强度条件下（借助等排放曲线）大气污染程度的差别；图 1-4b 描述 A、B 两个不同地区（城市）放任状态下大气污染物平均浓度、社会最优点的位置，以及存在国家环境空气质量强制标准（NAAQS）时的情况；图 1-4c 描述 B 地区（城市）进行污染物排放空间调整和时间调整的成本比较；图 1-4d 描述 A、B 两个地区（城市）进行污染物排放空间调整的经济可行性。

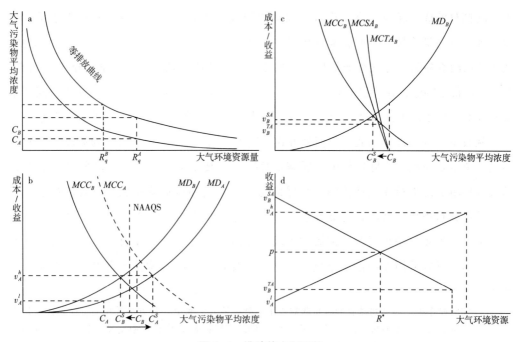

图 1-4　排放的空间调整

图 1-4a 横轴表示一个地区（城市）的大气环境资源量，即根据式 1-14 计算的大气环境资源量。纵轴表示该地区的大气污染物平均浓度，即根据式 1-10 计算的大气污染物平均浓度。同时，图 1-4a 中有两条等排放曲线，每一条等排放曲线上的每一点所

代表的大气污染物排放强度均相等。根据模型分析，在相同的污染物排放强度下，如果大气环境资源丰富，则大气污染物平均浓度较低。图1-4a中给出了一个例子，假定A地（城市）的大气环境资源量为R_q^A，B地（城市）的大气环境资源量为R_q^B，且$R_q^A>R_q^B$。如果A地（城市）和B地（城市）的污染物排放强度一样，假定用图1-4a中靠下的那条等排放曲线表示，则A地（城市）的大气污染物平均浓度为C_A，B地（城市）的大气污染物平均浓度为C_B，且$C_A<C_B$。其含义是，在相同的污染物排放强度下，大气环境资源丰富的地区，污染物平均浓度低，即污染程度低。

根据前面的假定，A、B两地（城市）大气环境资源的差异是由自然地理条件和气象气候特征决定的，这里不再讨论。按照环境经济学观点，大气污染的经济损失不仅与大气环境中的污染物浓度有关，还取决于暴露于其中的人口、动植物和资产性物品的数量，这意味着，不同地区（城市）具有不同的MD曲线。如图1-4b所示，A地（城市）大气污染的边际损失用MD_A表示，B地（城市）大气污染的边际损失用MD_B表示，为方便分析，同时假定$MD_A<MD_B$，即在大气污染程度相同时，B地（城市）的大气污染边际损失高于A地（城市），原因可能是B地（城市）的人口多、经济相对发达等。类似的，A、B两地（城市）也具有不同的MCC曲线，分别用MCC_A和MCC_B表示。由于A地（城市）的经济水平可能低于B地（城市），所以假定$MCC_B<MCC_A$。

在图1-4b中，仍然沿用图1-4a中的假定，在放任状态下，B地（城市）的大气污染物平均浓度为C_B，A地（城市）的大气污染物平均浓度为C_A，且$C_A<C_B$。由于B地（城市）的社会最优点对应的大气污染物平均浓度为C_B^s，同时$C_B^s<C_B$，也就是说，B地（城市）需要采取措施将大气污染物平均浓度从C_B降低至C_B^s，才是有效率的，否则就存在扭曲。A地（城市）则不同，社会最优点对应的大气污染物平均浓度为C_A^s，且$C_A^s>C_A$，这意味着，A地（城市）即使处于放任状态，也不存在扭曲，无须进行矫正。当然，随着A地（城市）经济不断发展，污染物排放强度越来越大，大气污染物平均浓度可能会从C_A升高到接近C_A^s的水平[①]，一旦超过C_A^s，A地（城市）就会出现效率损失，也需要矫正。

考虑到存在国家环境空气质量强制标准（NAAQS）的情况，这就会变得更复杂一些。如果存在国家环境空气质量强制标准（NAAQS），则不管社会最优点对应的大气污染物平均浓度在什么位置，只要高于NAAQS，就必须采取措施，将其降低到NAAQS以下。如图1-4b所示，当C_A^s高于NAAQS时，A地（城市）的大气污染程度，只能从C_A升高到接近NAAQS，而不是升高到接近C_A^s的水平。某种意义上说，NAAQS的存

---

① 这里相当于默认一个假定，即A地（城市）的MCC_A曲线一直保持不变。事实上，随着A地（城市）经济发展水平的提高，MCC_A会下降，向MCC_B靠近。

在，也会导致无效率。

根据上述假定，由于 A 地（城市）大气环境资源丰富，大气污染物平均浓度低于社会最优点对应的平均浓度，同时也低于 NAAQS，因此 A 地（城市）现阶段可以处于放任状态。理论上，A 地（城市）还可以继续增加污染（因为 $C_A^s > C_A$），且其增加污染的空间为 $C_A^s - C_A$。进一步考虑，A 地（城市）大气环境资源可以被认为存在一个（v_A^l，v_A^h）的价格区间，如果允许交易，则 A 地（城市）可以在（v_A^l，v_A^h）价格区间内出售大气环境资源，即允许增加外来大气污染物的排放（如 B 地企业到 A 地生产），并按照（v_A^l，v_A^h）的价格区间进行收费。

对于 B 地（城市）来说，不管是否存在国家环境空气质量强制标准（NAAQS），都需要有效减少污染（因为 $C_B > C_B^s$），且减少的污染量为 $C_B - C_B^s$。图 1-4c 分析了 B 地（城市）的选择，根据前面的分析，可以分为三种方案：第一，污染物排放时间调整方案，假定 B 地（城市）污染物排放时间调整的边际成本曲线为 $MCTA_B$。第二，按照传统思路，选择最低成本方案（LCA），边际成本曲线为 MCC_B。第三，污染物排放空间调整方案，即将本地污染物排放转移到外地，假定对应的边际成本曲线为 $MCSA_B$。对于 B 地（城市）来说，到底采用什么样的方案，主要取决于三条曲线的形状。在图 1-4c 中，我们给出了一种可能，即 $v_B^{TA} < v_B^{SA}$ 的情况，同时，v_B^{SA} 小于最低成本方案（LCA）的社会最优点 S_B。这种情形下，B 地的最优方案是，先对污染物排放进行时间调整，当时间调整的边际成本大于 v_B^{TA}，再进行空间调整；当空间调整的成本大于 v_B^{SA} 时，再选择最低成本方案（LCA）的方式，最终达到社会最优点。这种思路，对于只有一种最低成本方案（LCA）的情形，是一种有效的改进。

污染物排放的空间调整，属于大气环境资源的跨区利用，从而涉及大气环境资源的定价问题。假定允许大气环境资源交易，图 1-4d 分析 B 地（城市）污染物排放向 A 地（城市）转移的可能性和数量关系。按照图 1-4c 的假定，B 地（城市）可以接受的污染物排放空间转移价格区间是（v_B^{TA}，v_B^{SA}），由此构成 B 地（城市）污染物排放空间转移的需求曲线。类似的，A 地（城市）可以接受的污染物排放转入的价格区间是（v_A^l，v_A^h），由此构成 A 地（城市）接受污染物排放转入的供给曲线。如图 1-4d 所示，两条曲线的交点为 p（即 A、B 两地的大气环境资源交易价格），对应的大气环境资源交易量为 R^*。这里描述的是一种潜在的市场情况[1]。在 NAAQS 标准下，就很容易出现。如果 A、B 两地（城市）的空气质量标准一样，A 地（城市）多出的大气环境资源，会被 B 地（城市）挤出的产能（污染活动）购买。

---

[1] 大气环境资源作为一种公共资源，如果没有相应的制度安排，很难像自然资源、生产资料那样完成理论上的交易，很多时候，地区之间的大气环境资源利用，可能是一种博弈。

当然，图 1-4c 还可能存在其他情况。比如，如果污染物排放空间调整的边际成本很低，会促使 B 地（城市）首先考虑使用污染物排放空间转移的方式来改善本地空气质量。同样，如果 B 地（城市）的经济环境比较好，导致污染物排放空间调整的边际成本很高，则 B 地（城市）就不会考虑污染物排放的转出。类似的，对于污染物排放的时间调整也是如此。

大气环境资源的空间差异，是探讨空气质量分区、分级管理的基础。政策方面，进行大气环境资源的空间配置，首先需要对不同地区（城市）的大气环境资源进行连续性监测，掌握各个地区的大气环境资源状况，摸清楚其空间分布规律。其次，结合空气质量监测数据，判断一个地区的大气环境资源消耗情况（余量计算），判断其转入或转出的可能性。与时间调整类似，空间调整同样可以考虑激励性措施。一种建议是：将电力、汽油、天然气、水等与生产生活关联性较高的要素纳入激励方案，大气环境资源余量丰富的地区，降低上述要素的价格；大气环境资源匮乏的地区，提高上述要素的价格。根据价格调整的结果，综合考虑包括上述要素生产者收入的变化、环境空气质量变化等因素，进行价格改进，最终让价格调整幅度接近预估的最优点。

（三）大气污染控制政策评述

接受气象条件对大气污染程度具有显著影响的假设，是一件具有挑战性的事情，尤其对于现行的大气污染控制政策来说。一方面，污染物排放时间的不同，造成的污染程度不同，经济损失也不同，这使得污染排放控制不区分时间的做法是有缺陷的，从而引发一系列问题，包括污染物排放权无差别定价、强制性排放标准、强制性技术标准等均存在效率损失；另一方面，污染物排放空间的不同，造成的污染损失也不同，这使得污染物排放控制不区分空间的做法是有缺陷的，包括不分地区的污染税标准、清洁技术补贴、强制减排效益标准等措施的实际效果都会产生扭曲。至少从逻辑上看，目前的很多政策，阻碍了大气环境资源的时空优化配置，存在潜在的效率损失。表 1-2 对现行的大气污染控制政策从大气环境资源配置角度做了比较分析和评述。

表 1-2　大气污染控制政策比较

类型	政策工具	优势与劣势
基于命令和控制的方案（command-and-control approaches）	强制排放限值（mandatory emissions limits），高于某一排放标准时禁止生产	不能保证效率，也不利于充分利用大气环境资源，可能存在过度清理情况
	强制技术标准（technology standards），生产工艺不得低于规定的技术标准	不能保证效率，对大气环境资源利用是中性的，强制技术标准本身不影响大气环境资源的利用，但如果采取强制技术标准的边际成本，高于时间或空间调整的边际成本，则存在效率损失

续表

类型	政策工具	优势与劣势
基于命令和控制的方案（command-and-control approaches）	强制效益标准（performance standards），必须达到规定的减排效益标准	有可能是有效的，对大气环境资源的利用是否存在影响，要看采用该标准时，污染者的边际成本是否高于时间调整成本
	强制要求采用既定技术标准（mandates for the adoption of specific existing technologies）	不能保证效率，对大气环境资源的利用是中性的，是否强制要求采用既定技术标准，不影响污染物排放的时间调整和空间调整，但如果采用既定技术标准的边际成本较高，则存在效率损失
	国家环境空气质量标准（National Ambient Air Quality Standards）（NAAQS）*	不能完全保证效率，一定程度上有利于对大气环境资源的空间优化配置，对一些地方可能存在过度清理的情况
基于市场的方案（market-based approaches）	污染排放税（emissions taxes）**	如果采用统一税率，则不利于利用大气环境资源，如果根据大气环境资源的时空分布采用差别税率，则会提高效率
	可交易性排放许可证（tradable emissions allowances）	如果根据大气环境资源空间分布实施区域差别定价，有利于大气环境资源的空间优化配置；如果根据大气环境资源的时间分布采取时间差别价格，有利于大气环境资源的时间优化配置
	削减排放补贴方案（subsidies for emissions reductions）	如果单独使用，则无法保证效率，但优于强制效益标准
	清洁技术研发补贴方案（subsidies for research toward new clean technologies）	无法保证短期效率，可能长期有效

* 国家环境空气质量标准（National Ambient Air Quality Standards，NAAQS）最先由美国环境保护署（EPA）制定，最后一次修订是 1990 年。主要包括对 6 种标准污染物制定的两个环境标准，即一级标准（primary standards）和二级标准（secondary standards），其中一级标准出于对公众健康的考虑，二级标准出于对公共福利的保护。

** 污染排放税的难度在于税率的估计，税率过高或者过低，都不能有效地将大气污染控制在社会最优水平上。如果行政成本不高，一种有效的污染税率建议是根据清除污染物投资的边际成本来定价。

注：这里对大气污染控制政策的评述，主要从大气环境资源利用角度考虑，其中优势和劣势分析均以是否有利于充分利用大气环境资源为判断标准。

事实上，现行的大部分大气污染控制政策，都是基于气象条件无差别的假定进行的，也就是说，无论是基于命令和控制的方案，还是基于市场的方案，都没有考虑大气环境资源差异的影响。这些政策，将大气污染物排放看作影响大气环境中污染物浓度的唯一变量①。基于这个假定，大气污染控制政策的目标，就是寻找最低成本的减排

---

① 中国大气污染治理的历程也充分证明了这一事实，从 20 世纪 70 年代末开始，我国对大气污染防治一直在做结构性减排方面的努力。直到今天，大气污染控制工作的主流观点仍是尽可能从源头减少排放。当然，这种观点并没有错。但是，从大气污染控制的经济性角度考虑，不应将充分利用大气环境资源的方案排除在外。

方案，并根据等边际原则，将减排数量确定在最低成本减排方案的边际成本等于大气污染边际损失的那个点上。这种思路一直是环境经济学的主流观点，一定程度上降低了考虑异质性大气环境特征进行分析的可能性。

根据图1-3和图1-4的分析，不难发现，对污染物排放进行时间调整和空间调整，是一种区别于直接减少污染物排放的方法，同样可以带来污染损失的减少。即使在不改变现行政策的条件下，通过激励性措施，引导污染物排放的时间调整和空间调整，同样是一种有效的改进。因此，基于大气环境资源优化配置的考虑，为大气污染控制政策的制定和实施提供了一个有效的新思路。

三 结论

大气环境的时间异质性和空间异质性决定了相同污染物排放强度造成的大气污染程度不同，使得建立在忽略气象条件差异基础上的大气污染控制政策存在效率损失。基于这一事实，本章详细阐述了大气环境资源的经济学问题，为错峰生产、污染物排放空间转移、大气环境资源交易、大气环境资源分级管理、大气污染过程分析、大气环境资源的时空优化配置等一系列问题提供了经济理论支撑。同时明确了大气环境资源的经济学概念，分析了大气环境资源与大气污染控制之间的关系。从大气环境资源利用角度，评价了现行大气污染控制政策的优点和缺点，提出了优化大气污染控制政策的方法和思路。大气环境资源的时空优化配置，有利于降低大气污染控制的成本，提高大气污染控制的效率。虽然大气污染控制工作的主流观点仍是尽可能从源头减少排放，但从大气污染控制的经济性角度考虑，不应将充分利用大气环境资源的方案排除在外。一种建议是，对大气环境资源进行连续性监测，在掌握大气环境资源时间分布和空间分布的基础上，采用基于市场的激励方法，通过关键要素的价格调整，引导污染物排放向大气环境资源丰富的时段和空间转移，提高大气环境资源的利用效率，降低成本。

第二章　大气环境资源管理的基本框架*

本章主要着眼于大气环境资源管理的基本框架和方法，重在实践。这一章，我们将以大气环境资源的经济理论为基础，探讨大气环境资源时空优化配置的相关技术问题。

简单来说，大气环境资源主要是指气象变化所引起的大气污染物清除能力，即一个地区的大气环境特征所决定的一个时间周期内所能清除污染物的最大量，以及清除能力的时间特征。当人类活动的污染物排放量加上自然排放量，超出大气环境的最小清除能力时，清洁大气环境不能全时供应，经济学上定义为，大气环境具备了稀缺性，开始变成一种资源。大气环境资源虽然由自然条件决定，但很大程度上是人类活动发展到某个阶段而产生的经济产品。在人类历史的初级阶段，污染物排放很少，不会对大气环境造成显著的改变，清洁空气无限供应，很少有人会关注大气环境的资源属性问题。当然，随着科技水平的不断提高，在未来的某个时段，污染物排放可能恢复到人类社会初级阶段的水平，那时候，大气环境也不会存在资源性的问题。就像石油、天然气、稀土矿、水能一样，大气环境作为一种资源，也是人类社会发展到某个阶段的产物。

多年前学界就有关于"大气环境资源"的各种说法，但由于阐述的角度较分散，并未形成明确的概念。事实上，只有明确了大气环境资源的经济学含义，才能将大气环境的自然属性与经济发展结合起来，才能构建大气环境资源管理体系和方法。大气污染问题，也可以说是大气环境资源的消耗问题。大气污染程度并不取决于污染物的绝对排放量，而取决于大气环境资源的消耗情况。大气污染治理，实际上应该是大气环境管理。明确大气环境资源的概念，有利于转变目前大气污染以治理为主的思路，建立以大气环境自然特征为核心的大气环境资源管理思路。

就大气环境自然特征与大气污染之间的关系而言，相关概念有大气吸收能力、大气环境承载力、大气环境容量、大气纳污能力等。然而，无论是大气环境承载力，还是大气环境容量和大气纳污能力，都侧重于对大气环境阈值的描述，即将大气环境特

＊　本章主要内容参见蔡银寅《大气环境资源管理：一个基本框架》，《气象科技进展》2020年第10卷第4期，第28~36页。

征与大气污染程度混在一起考虑，本质上都是从大气污染结果的角度出发，进而估算污染物排放增减对大气污染的边际影响，体现的是余量的概念，而并非真实的大气环境容量或大气环境承载力。也就是说，当前对大气环境承载力、大气环境容量以及大气纳污能力的研究，并未考虑大气环境的初始（自然）状态，而是直接从大气环境现实状况（已污染状态）出发，评估污染物增减量的影响，并将增减量所反映的结果看作现实的大气环境承载力或大气的纳污能力，实际上它更多代表的是剩余的承载力（余量或纳污能力）。这种思维方式在很大程度上混淆了大气污染状况与大气环境自然特征本身的关系，不利于从根本上厘清大气环境异质性的问题。

大气环境的异质性，既包括时间上的异质性，也包括空间上的异质性，对于大气污染而言应该是一个外生变量。大气环境为污染物排放提供空间，大气环境的空间异质性意味着，相同的污染物排放强度在不同的空间排放，造成的结果不同。大气环境的时间异质性则意味着，相同的污染物排放强度在不同的时间排放，造成的结果也不同。理论上讲，大气环境作为一种资源要注意三个条件：（1）异质性，不同地区的大气环境存在差别，不同时间的大气环境也存在差别；（2）稀缺性，大气环境必须能够成为某种边际成本不为零的要素；（3）可配置性，只有可以实现配置，其作为资源的意义才存在。

具体而言，大气环境资源的三个条件主要是从经济学方面考虑的。通常情况下，只要一种物品具备了稀缺性特征，在经济学上就可以称之为资源。稀缺性包括两层含义：一是有用性；二是有限性。比如，煤炭、石油、天然气可以发电，也可以作为能源和化工原料，然后为人类服务，这是有用性的体现。同时，煤炭、石油、天然气的储量有限、开采条件复杂，不可能无成本获得，这是有限性的体现。进一步考虑，假定获取资源（煤炭、石油、天然气）的成本是明确的，则我们还要考虑另外一个问题，即如何让资源的有用性发挥到最大，这是经济学研究的核心问题——资源高效配置。至于如何进行高效配置，相关的论述非常多，这里不再做过多说明。

对于大气环境来说，有用性主要体现在对污染物的清除能力方面，有限性则体现在清除能力是有限的，不可能无限大。因为大气环境对污染物的影响作用有限，当污染物排放达到一定强度时，就会超出大气环境的清除能力。这时候，如果继续增加污染物的排放，就不得不承受污染带来的损失（人类健康、动植物或资产损害），或者以牺牲经济增长的方式控制污染物排放强度来获得理想的大气环境。换句话说，大气环境对污染物的清除能力不能无限供应，使得大气环境成为经济活动的一个投入要素，是有价的，这就是大气环境的稀缺性特征。我们如何让大气环境资源的有用性发挥到最大，就需要对其进行经济上的安排，即高效配置。假如生产 1 吨有机溶剂产生的污染物和生产 2 吨塑料产生的污染物需要消耗的大气环境资源（清除能力）是一样的，那么，在大气环境资源有限的情况下，如何安排有机溶剂和塑料的生产量，则需要考虑在大气环境资源约束条件下的成本收益最大化问题。大气环境资源的配置，实际上也可以看作污染物清除能力的配置，有限的清除能力怎么才能达到效用的最大化，自然是要优先清除那些经济收益高的污染物。比如道路扬尘与硅酸盐工业相比，自然是优先让硅酸盐工业排放，然后把硅酸盐工业的增加值分出一部分来治理道路扬尘，其经济结果要优于硅酸盐工业的停产、限产。所以，大气环境资源的可配置性，主要是指如何最大化地利用大气环境对污染物的清除能力。

异质性是大气环境资源的一个独有特征，这一特征主要源于大气环境对污染物清除能力的时空变化方面。大气环境资源既不像石油、煤炭、天然气，也不像水和土地，这些资源都有其固定的形态，石油、煤炭、天然气开采出来，可以运送到最需要的地方进行利用，土地为生产生活提供物理空间，其形态明确。大气环境资源则不同，其随时空的变化而不断发生变化。就其时间特征而言，同一个地方，由于不同时间的大气环境所产生的清除能力不同，所以其大气环境资源量也不同。就其空间特征而言，不同地方，一个周期内（如 1 年）大气环境所产生的清除能力的总量也不同。因此，大气环境资源的异质性特征，还可以表述为空间特征、实时性和周期性特征。

概括起来，大气环境在现阶段成为一种资源的基本逻辑可以表述为：由于自然地理条件和气象气候特征的差异，不同地区、不同时间的大气环境具有明显的差别。随着人类社会的不断进步，清洁大气环境不能无限供应，边际成本不再为零，有限的大气清洁能力，可以通过时间和空间的优化配置产生更高的经济效益，大气环境成为一种资源。与其他资源相比，大气环境资源具有异质性的特征，使其的优化配置过程显得更为复杂。我们可以从这一思路出发，针对大气环境的初始状态建立模型，将大气环境的自然特征和污染物排放看作两个独立的变量，通过对大气环境异质性的量化，实现对大气污染结果的解析，并以此构建一个基于大气环境异质性的大气环境资源管理基本框架。

一　基本模型

首先，我们要考虑大气环境的初始状态，即没有污染源排放的状态。这种状态包含两层含义：一是大气环境中没有污染物，即大气环境中的成分相对稳定且污染物含量不显著；二是大气环境时刻处于变化中，即流动性（风、湍流）、气压、湿度、温度等大气环境要素的变动性，也就是通常意义上的气象条件变化。然后，我们再考虑污染物的排放过程，人为的活动或自然过程都会产生一些不属于大气环境本身的成分并被释放到大气环境中，这个过程便是污染物排放。污染物进入大气环境后，大致经历扩散、搬运、沉降、清除等一系列过程，最后离开大气，回到地面、水体、动植物表面等。

　　大气污染物一般以气溶胶状态或者气体状态存在。气溶胶类污染物有粉尘、烟、飞灰等，气体状态类污染物则有二氧化硫、一氧化氮、二氧化氮、一氧化碳、气态有机物等。无论是气溶胶类污染物，还是气体状态类污染物，都有源头，这些污染物在源头被释放以后，其初始浓度通常都要高于周围环境几十倍、上百倍甚至数千倍，形成较高的势差。在开放的大气环境下，污染物以分子运动的形式向四周填补空间，单位体积下污染物的含量降低。这个过程可以描述为污染物的扩散过程。从物理学角度考虑，污染物的扩散过程属于污染物主动运动的过程。而污染物的搬运过程，则是被动的。大气被太阳的能量推动，时刻处于非静止状态。污染物在大气环境中，会随着大气运动产生位移，即被搬运。

　　短期看，污染物在大气环境中处于悬浮状态，不会离开大气环境。扩散作用使大气环境中的污染物浓度降低，搬运作用使污染物离开本地，都起到降低大气污染程度的作用。其实，污染物的悬浮状态是暂时的，除了部分性质特别稳定的污染物以外，一大部分污染物在大气环境中会慢慢达到沉降条件，最终在重力影响下向地面回落。污染物的沉降既有外力作用，也有内力作用。外力作用诸如湍流、降水等；内力作用则通过物理、化学过程，使污染物重力增加，从而打破悬浮状态。

　　对于很多污染物来说，沉降是其进入大气环境后的必然趋势。也就是说，长期看，污染物最终必然会离开大气环境，回到地面。污染物离开大气环境，最终回到地面、水体、植物表面的过程，可以称为清除过程。污染物在重力作用下，可以直接回到地面。一些污染物可能被雨水冲刷，混同水流进入土壤、水体等。也有一些污染物可能会被植物吸附，暂时留在植物表面，最后在雨水冲刷下进入土壤，再被植物吸收等。不管如何，污染物最终离开大气环境的过程，可以称为清除过程。

　　当然，扩散、搬运、沉降和清除过程也是同时进行的，只是活动强度和持续时间不同。例如，污染物进入大气环境后，扩散过程表现得特别突出，搬运、沉降和清除也在进行，但因为其速度相对较慢，就显得有些滞后。所以，大多数时候，我们比较关注污染物的扩散作用，甚至直接将有利的气象条件描述为扩散的有利条件。事实上，污染物的扩散过程与搬运过程、沉降过程和清除过程密切相关，污染物的扩散过程是一个无组织的热运动过程，遵循从高浓度向低浓度进行的规律，且浓度差越大，则扩散效应越强。污染物的搬运、沉降和清除，是产生低浓度大气环境的过程，这个过程越快，相应的，污染物的扩散效应也就越强，大气中的污染物浓度也就越低。因此，我们将这一过程称为大气自然净化过程，而这一过程的快慢，则定义为大气自然净化能力的强弱。在不同的气象条件下，污染物进入大气环境后，所经历的扩散、搬运、沉降、清除一系列过程的时间也不相同。这一过程的时间越短，意味着大气的自然净化能力越强，这一过程时间越长，则意味着大气的自然净化能力越弱。

也就是说，大气自然净化能力的强弱，可以用污染物从进入大气到从大气中被清除所经历的时间表示。时间越长，意味着大气自然净化能力越弱。大气自然净化能力的强弱既是描述大气环境异质性的主要变量，又是衡量大气环境资源多寡的核心指标，也是连接大气环境异质性与大气污染的桥梁。

接下来我们考虑大气污染的产生过程。在这个过程中，需要明确三个含义：第一，大气污染是指大气环境中的污染物达到一定浓度且持续了一定的时间，浓度阈值和持续时间由人为规定，而非自然标准①；第二，未进入大气的污染物或已经从大气中清除出去的污染物都不会对大气污染程度产生影响；第三，无论是污染物进入大气的过程，还是污染物从大气中被清除的过程，都是连续发生的，我们只需要关注污染物在大气环境中的留存量和留存时间，而不需要关注其发生的具体过程。在此基础上，图 2-1 表现了大气污染的形成及其与大气自然净化能力之间的关系，其中，大气自然净化能力曲线代表大气自然净化能力的变化趋势，污染物排放强度曲线代表污染物排放强度的变化。注意，图 2-1 是大气污染形成过程的示意图，与第一章中图 1-2 相比②，做了一些简化，图 2-1 中的曲线变化并无实质含义，变量也无单位，时间轴、大气自然净化能力和污染物排放强弱反映的都是其趋势。例如，当大气自然净化能力曲线上升时，就代表此刻大气自然净化能力在变强，反之则变弱。

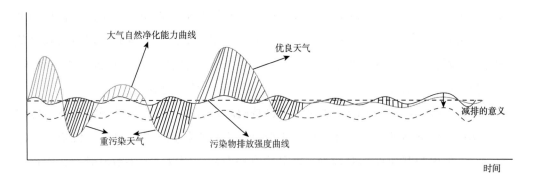

图 2-1　大气污染的形成及其与大气自然净化能力之间的关系

---

① 具体参见第一章中有关无损阈值的注释。

② 第一章中，图 1-2 的主要目的是描述大气污染过程中，大气自然净化能力与污染物排放强度之间的微观数量关系。而在本章中，图 2-1 则侧重于表示大气环境自然净化能力与污染物排放强度之间的宏观逻辑关系，因此，这里并未对"污染—净化"过程进行详尽的描述，只是突出了污染过程和非污染过程。同时，图 2-1 还描述了污染物排放强度波动与大气自然净化能力波动的幅度和频度差异。

现实中，污染物的排放过程非常复杂，并且存在一定的波动性，但大致可分为两大类：一是人为源的排放，如工厂、机动车、建筑工地、餐饮油烟、养殖场等；二是自然源的排放，如植被、地面、山体等。这些种类繁多的污染源本身也具有一定的变动性，有时候排放，有时候不排放；有时候排放强度高，有时候排放强度低。比如，行进中的汽车是排放源，而停放的汽车就不是。快速行驶的汽车排放强度低，而堵车时汽车的排放强度就高。总的来说，一个地方的污染物排放强度是一个时刻都在变化的参数。然而，无论是人为源的排放，还是自然源的排放，又都具有一定的规律性，其中人为源的规律性一般由本地经济发展状况、产业结构、城市建设、居民生产生活习惯等经济要素决定，而自然源的规律性则由本地自然生态特征决定。因此，宏观上，污染物的排放强度又可以看作一个规律波动的参数。我们知道，天气变化是一个快速的过程，至少与污染物排放强度的变化相比，天气变化绝对是一个快变过程，这也就意味着大气自然净化能力是一个快变过程。所以，这里假设污染物排放强度是一个低幅波动且慢变的变量，如图 2-1 中小波曲线（包括实线和虚线两条）所示，相对于大气自然净化能力的变化幅度而言，污染物排放强度的波动可以忽略。

从图 2-1 可以看出，只要污染物排放强度超过了大气自然净化能力的最小值，大气环境中的污染物浓度就会出现一个高值且持续一定的时间。假定大气自然净化能力的波形不变，随着污染物排放强度的提升，大气环境中的污染物浓度的高值就会升高且持续时间也会变长，超过人为规定的阈值时，这就意味着发生了大气污染。由于大气自然净化能力的波动性，大气污染并不是时时发生的，但随着污染物排放强度的提高，发生大气污染的频次和强度都会增加。从这个角度看，结构性减排的意义非常明显，污染物排放强度下降，大气污染发生频次、污染程度都会下降。

我们可以将图 2-1 看作一个基本模型，进而考虑大气环境资源的管理问题。图 2-1 反映的是一个任意给出的大气自然净化能力波形图。实际上，不同地区的大气自然净化能力波形图都是不同的。正如前面所说，气象条件的变化在很大程度上决定了大气自然净化能力的变化，或者说，每一组气象条件都有一个大气自然净化能力值与之对应。这样，大气自然净化能力的波形也就由一组连续变化的天气过程所决定。反过来说，一次又一次的天气过程，构成了连续变化的大气自然净化能力曲线。不同地方的天气过程不同，大气自然净化能力曲线自然也不同。图 2-2 给出了 A、B 两地的大气自然净化能力曲线图，其波动情况本质上由 A、B 两地的气象气候特征决定。类似的，图 2-2 中的大气自然净化能力曲线和污染物排放警戒线也只是示意图，大致反映其趋势。为了以示区分，图 2-2 中 A、B 两地的大气自然净化能力曲线有明显差别。A地的大气自然净化能力曲线相对于 B 地来说，一直在较高水平波动，虽然有一段时间，

B 地的大气自然净化能力超过了 A 地，但总体来看，B 地的大气自然净化能力长期弱于 A 地。

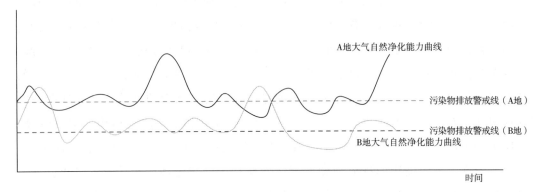

图 2-2　A、B 两地大气自然净化能力曲线和污染物排放警戒线

假定人为规定 A、B 两地的大气污染控制目标相同，比如优良天气都不能低于 90%，但 A、B 两地的污染物排放警戒线（控制线）则不同。这意味着，想要在 A、B 两地获得相同的空气质量，B 地的排放强度要远远低于 A 地。其实，这种情况很容易理解。以江苏为例，2016 年苏州的大气污染物排放总量约为徐州的 3 倍，但空气质量整体优于徐州不少；空气质量最好的盐城，全年的大气污染物排放总量却高于空气质量较差的宿迁、扬州和泰州；空气质量略逊于盐城的南通和连云港两市，全年的大气污染物排放总量也处于全省中等水平。类似的，上海的污染物排放量是成都的近 6 倍，空气质量却比成都好很多。珠三角、长三角和京津冀相比，排放强度并不低，但空气质量却好很多。

由图 2-2 至少可以得出两个结论：（1）大气污染程度并不取决于污染物的绝对排放量，而是取决于污染物排放强度与大气自然净化能力之间的关系，或者说是大气环境资源的消耗情况；（2）想要获得相同的空气质量，不同地区的污染物排放强度控制目标不应相同。这两点是进行大气环境资源管理的理论基础。本质上讲，大气污染控制，既不是控制空气质量，也不是控制污染物排放总量，而是根据大气环境的管理目标，协调污染物排放强度与大气自然净化能力之间的关系。短期看，大气污染控制的任务是根据大气自然净化能力对污染物排放进行时间调控；长期看，大气污染控制的任务是根据大气环境资源的多寡对污染物排放进行空间调控。

二　大气环境资源的分级管理

大气污染产生的根本原因是污染物排放强度超过了大气自然净化能力，这一点很容易从图 2-1 看出来。同样，污染物排放强度对大气自然净化能力的超越程度也就决定了大气污染的程度。对于现实的大气污染防治工作来说，其核心任务是将空气质量控制在一定水平上，不至于恶化，或者是给空气质量制定一个目标，然后通过减排活动，逐步实现空气质量的持续改善，直到达到既定目标。减少排放对大气污染防治工作的作用非常明显，同样可以从图 2-1 看出。在图 2-1 中，由于大气自然净化能力曲线是已知的，所以很容易计算出减少排放对空气质量改善的作用。试想一下，如果没有大气自然净化能力的相关信息，纯粹从减少排放角度去估算空气质量的改善程度，则会出现很大的误差。

如前文所述，学界对大气吸收能力、大气环境承载力、大气环境容量和大气纳污能力的研究，多注重对污染物排放增减量与大气污染程度变化之间的关系研究，进而推算大气环境还有多少余量或承载力。其实，这种推算方法存在一定的问题。首先，大气自然净化能力的波形变化不是均匀的，由此决定污染物排放强度对于大气自然净化能力超越所带来的大气污染程度的变化也不是均匀的。其次，不同地区的大气自然净化能力曲线不同，污染物排放强度不同，由此产生的大气污染程度也不同，根据边际变化量得出的污染物排放与空气质量改善之间的关系图谱，只适用于当前短时间的大气污染防治工作，不能作为大气污染防治工作的战略依据。

当然，在实际工作中，我们可以采用减排与空气质量循环对比，并依次迭代的方法，使其趋近于大气自然净化能力波形的真实情况。这种方法的问题不在于最终结果是否有偏差，而在于这种方法的执行成本会很高。一方面，污染源类型太多，特征太复杂，我们很难实现对它们的精确统计，从而导致对减排工作的评估存在较大误差；另一方面，由于气象条件的变动性和气候特征的波动性，在不精确掌握大气环境变化规律的情况下，直接使用空气质量数据结果来判断，误差也非常大。两方面导致看似合理的方法，在执行过程中却十分费力，甚至很多时候还会出现相反的结果。比如，污染物排放有了明显的减少，但空气质量非但没有变好，反而变差了。这种情况在实际工作中比较常见，究其原因，就是上述两个方面：污染排放统计误差和气象变化干扰。因此，仅仅根据污染物排放情况和空气质量情况来制定大气污染控制目标的做法，其实用性和准确性较差，成本较高，这是当前大气污染防治工作中面临的主要问题。

类似的，图 2-3 给出了大气环境资源的分级管理思路，即根据大气自然净化能力曲线波形，结合经济发展的实际情况，制定大气污染防治目标。在图 2-3 中，假定大气自然净化能力曲线已知，我们可以看出，在超重污染阶段，污染物排放强度对大气自然净化能力的超越很大。甚至有超过 70% 以上的时间，污染物排放强度都超过了大气自然净化能力，这个阶段的大气污染很重，重污染天气很多，几乎每天都是污染状态，只不过污染程度不同而已。2015 年之前的华北地区，大致处于这个阶段。随着人们对大气污染防治工作的重视，以及结构性减排的实施，污染物排放强度会迅速从超重污染阶段平移至较重污染阶段。在污染物排放强度从超重阶段向较重阶段的转变过程中，空气质量会出现明显的改变，对于这一过程来说，污染物排放减少的边际效应明显。2016~2018 年大致处于这个阶段，随着污染物排放大幅度削减，我国重点区域的空气质量有了明显的改善。

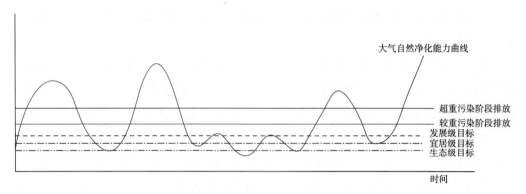

图 2-3　大气环境资源的分级管理思路

目前，我国的大部分地区，大气污染状况正处于较重污染和发展级目标之间。在这一阶段，由于污染物的结构性减排已经完成，区域内的强污染源已经减少了很多，空气质量较之前有了明显的改善，污染物排放类型从强源模式转向弱源模式，大气污染防治工作进入深水区，治理的技术难度越来越大。一方面，弱源的减排工作实施难度较大，由于弱源种类繁多，特征极其复杂，很难像结构性减排那样快速推进，只能由浅入深，逐步实施；另一方面，随着强源的减少，自然源排放和大气环境变化对空气质量的影响越来越显著，通过控制污染排放改善空气质量的工作方法已经不再奏效。

从现在的工作难点看，图 2-3 所示的思路具有一定的战略意义，为未来的大气污染防治工作提供了一个重要的参考依据。首先，回到大气污染问题的本质，大气污染防治工作的核心仍然是处理好污染物排放与大气自然净化能力之间的关系问题。空气质量只是大气污染的结果，其主要是由污染物排放超越大气自然净化能力的程度决定的。所以，无论是哪一个阶段的大气污染，都不应该脱离大气自然净化能力曲线这一因素。其次，大气污染控制应该有明确的目标，这个目标既可以是空气质量改善目标，也可以是污染物减排目标。但无论是哪一个目标，其核心都是一个成本问题，污染物减少排放意味着经济损失，空气质量改善目标的实现，意味着对应经济成本的支付。从某种意义上说，污染权就是发展权，在大气污染防治工作中，需要平衡这种关系。图 2-3 所示的大气环境资源分级管理思路，给出了一种经济性的选择。

对于任何一个地区来说，只要给出了大气自然净化能力曲线，就可以制定相应的大气污染防治目标。如果我们希望空气质量达到生态保护区一级，那么就可以直接根据大气自然净化能力曲线来确定污染物排放强度。反过来说，只要本地区将污染物排放强度控制在生态级以下，就可以获得生态级的空气质量。这种方式显得更直接、更有效。当然，对于不同地区来说，由于大气自然净化能力曲线不一样，生态级污染物排放强度的控制目标也不一样，这就是不同地区大气环境差异化管理的基本原理。相应的，根据本地区的经济社会发展目标，可以有选择地将大气污染防治目标定在生态级、宜居级或发展级。

大气环境资源的分级管理思路具有以下几个优点：第一，大气环境资源分级管理的基本依据是本地大气自然净化能力曲线，即大气环境资源的多寡程度，它先不考虑本地大气污染的实际状况，而是直接从本地大气环境的自然特征出发，将大气环境看作一个外生变量。第二，根据大气自然净化能力曲线，可以将大气污染防治目标直接转换成污染物排放控制目标，与依据空气质量现状制定污染物排放控制目标的方式相比，这种方式直接剥离了气象气候因素的干扰。第三，大气污染控制目标应该是一种经济选择，根据本地社会经济发展状况和本地大气环境资源特征，选择适合本地的大气污染控制目标，可以实现差异化管理。第四，可以将污染物排放总量控制思路，转变成大气环境资源管理思路，控制污染物排放总量不是目的，控制大气环境资源的消耗量才是目的。第五，大气环境资源的分级管理，为污染物排放的时空优化配置提供了依据。在对比不同地区大气环境资源多寡的基础上，可以根据大气环境资源的消耗情况，进行污染物排放的时间调整和空间调整，以更充分地利用自然条件，在不减少排放的情况下，改善大气环境状况。

三 大气自然净化能力监测与平衡排放法

大气环境资源管理的重点是大气自然净化能力曲线波形的监测，即一个地区的大气环境异质性特征所决定的大气自然净化能力的连续变化情况。根据基本模型的定义，大气自然净化能力可以用污染物从进入大气环境到被从大气环境中清除所经历的时间表示。如果用 t 表示这个时间，则可以得出如下方程：

$$t = f(x_i, y_i \cdots) \approx F(F, T, P, RH, \cdots) \qquad \text{(式 2-1)①}$$

其中，$f(\ )$ 为 t 的函数形式，x_i 表示影响 t 的一类因子，y_i 表示影响 t 的另一类因子，依次类推。对应于大气环境的自然状况，x_i 可以看作时刻变化的气象参数，y_i 可

① 式 2-1 相当于是对第一章中大气自然净化能力函数 $S(t)$ 进行的一种技术表达。

以看作地形地貌和经纬度等固定参数。因此，可以对 $f(\ )$ 做一个近似形变，$F(F, T, P, RH, \cdots)$，F、T、P、RH 分别代表大气环境的风速、气温、大气压强、相对湿度等。同时，我们可以对位置信息、地形地貌、气象气候特征等进行定参数处理，最终得出一个关于 t 的模型，代入这些参数，便可以得到一个相应的 t 值，t 值越小，说明大气自然净化能力越强，反之则越弱。

实际操作中，计算 t 值的过程相对复杂，且不容易得出准确的结论，为了方便应用，可以对上述方程进行归一化处理，即不计算 t 的具体值，而只对不同状态下的 t 值进行排序，最终得到一个大气自然净化能力的标准排序，这就是大气自然净化能力指数模型，ASPI（Air Self-Purification Index）-Model，简称 ASPI。

准确地说，大气自然净化能力指数（Air Self-Purification Index，ASPI）是对超近地面（一般 30 米以下）大气自然净化能力强弱的标准化排序，无量纲，用 0~100 的实数表示。ASPI 只体现大气自然净化能力的序数关系，ASPI 的值越大，大气的自然净化能力就越强，反之就越弱。大气自然净化能力指数模型（ASPI-Model）的基本原理如下。首先，使用计量模型和大数据分析方法，对气象历史数据、空气质量历史数据和自然地理条件进行经验分析，反复计算查找影响空气质量的主要气象因子，并对其进行贡献排序。其次，将气象因子的贡献转化为大气自然净化过程的时间影响程度。再次，将转化后的气象因子作为自变量引入方程，同时将自然地理条件固化为可变常参数，方程的左边为污染物在此大气环境状态下从进入到被清除过程所经历的时间，右侧为气象因子和可变常参数。最后，对大气自然净化过程时间进行标准化处理，变成 0~100 的实数。

大气自然净化能力指数模型（ASPI-Model）是一个经验模型，它大致描述了不同地区、不同时间、不同气象条件下，大气自然净化污染物的能力强弱。利用这一模型，输入气象历史数据、地理信息数据和常参数数据，就可以计算该地区某一时间点的大气自然净化能力强弱，也可以评估某一时间段，该地区的大气自然净化能力的整体情况。因此，利用 ASPI-Model，可以实现对不同地区大气自然净化能力的实时监测。

严格来说，大气自然净化能力反映的是大气环境清除污染物的能力，但并不能完全反映大气环境与污染物的作用过程，除了大气环境对污染物的清除作用外，污染物进入大气环境后，还有一个化学过程，这个过程通常被称为二次污染物生成过程[①]。从结果看，二次污染物的生成过程，相当于给污染物排放加了一个强化系数，即在原排放基础上，强度被放大了一些。具体放大了多少，则由大气环境的状态决定，从这个角度看，不同大气环境条件下的二次污染物生成状况，也是影响大气污染的一个重要

---

① 在第一章中，对化学转化作用有相对详细的论述。

因子。为了更全面地反映大气环境资源的状况，除了大气自然净化能力这个主要因素外，也应该考虑二次污染物生成效率与大气环境自然特征之间的关系。当然，大气环境的二次污染物生成效率特征，也可以看作一个独立的外生变量，然后将这个外生变量作为影响污染物排放的增强系数进行计算。这种处理方式的优势是，大气环境的二次污染物生成效率特征，只相当于增加了污染物的排放强度，并不影响图 2-1 所示模型的分析结果。有关二次污染物生成效率的模型，也可以做类似的处理，这里不再赘述。

实现了对大气自然净化能力强弱的排序，图 2-3 所示的大气环境资源的分级管理就具备了可操作性。对于任何一个地方来说，都可以通过实际监测或者调用历史气象数据，然后根据 ASPI-Model 计算出该地的 ASPI 曲线。根据不同地方的 ASPI 曲线，我们很容易画出本地的大气污染防治目标所对应的污染物排放强度控制线。然而，这条控制线只是理论上的，在实际工作中，无论是发展级控制目标，还是生态级控制目标，我们都需要将对应的 ASPI 曲线转换成排放强度曲线，只有这样才能成为大气污染控制的可执行目标，而这个转换过程，可以称之为平衡排放法。

在理解平衡排放法之前，首先要说明一下等污染曲线的概念。等污染曲线的思想来源于经济学原理中的等效用曲线，如图 2-4 所示，它表示一组排放强度（无量纲，数值大小代表强弱）与大气自然净化能力（无量纲，数值大小代表强弱）的组合，这条曲线上的任一点，都代表一个排放强度和一个与之相对应的大气自然净化能力，这些点所产生的大气污染程度是一样的，因此被称为等污染曲线。在图 2-4 所表示的二维空间中，实际上充满了无数条等污染曲线，这些曲线密布排列却不重合，它们的含义是，想得到同一程度的污染，有多少种排放强度与大气自然净化能力之间的组合关系。

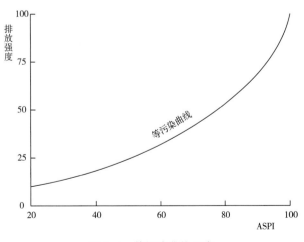

图 2-4 等污染曲线示意

等污染曲线可以作为短期空气质量调控的主要依据，也可以作为错峰生产和临时措施的参考。对于任何一个地方（城市）来说，如果通过 ASPI 监测已经掌握了本地的大气自然净化能力曲线，然后再结合本地的空气质量监测数据，就可以绘制本地的等污染曲线，当大气自然净化能力下降时，为了避免空气质量恶化，应该相应地减少排放。近年来，北方地区在秋冬季节采取的大气污染防控措施，实际上采用的就是等污染曲线的思路，虽然并没有采用精准的大气自然净化能力监测数据，但根据经验，秋冬季节仍同比进行了大幅度减排，以避免造成秋冬季节的重污染。

长期看，等污染曲线暗含了一个重要的技术参数，即污染物的排放平衡点问题，这也是平衡排放法的基础。污染物排放平衡点是指污染物排放强度正好等于大气自然净化能力时，所对应的大气自然净化能力指数值。污染物排放平衡点具有如下三个含义：（1）此时的污染物排放正好被大气环境完全净化掉；（2）此时的空气质量处于平衡状态，既不恶化，也不好转；（3）空气质量处于稳定状态，这意味着污染物排放强度处于平衡态①。这就好比是一个水池，污染物排放是进水管，大气自然净化是出水管，水池的水深是空气质量。如果水池的水深不变，意味着进水量等于出水量。如果进水管太多，进水量不好统计，但出水量容易统计，这时就可以利用进水量等于出水量的关系，用出水量表示进水量。也就是说，可以利用大气自然净化能力与污染物排放的平衡关系，估算污染物的实际排放强度。

现实中，由于污染源种类繁多、活动复杂，估算实际排放强度是最大的难题。宏观上，污染物排放平衡点可以作为估算实际排放的主要理论依据。根据污染物排放平衡点的三个含义，结合空气质量监测数据，选取空气质量波动不大的时段，利用大气自然净化能力监测数据，可以估算实际排放强度，综合评价一个地区的实际排放。

我们可以通过图 2-5 所示的排放平衡点统计来理解实际排放的估算方法。对于某个地方来说，当污染物排放处于平衡时，则空气质量保持不变。对一个地方进行一个周期的观测，可以将空气质量保持不变的时段选出，同时将对应时段的 ASPI 数据也列出，就可以绘制出如图 2-5 所示的统计图。其中，ASPI 为 0~100 的实数，无量纲，数值大小代表大气自然净化能力的强弱，ASPI 值越大，对应的大气自然净化能力越强。

基于如下假设，可以根据图 2-5 对一个地方的排放平衡点进行估算。其假设条件如下：（1）人为排放源排放规律由人类活动规律决定，如上下班、出行等；（2）大气

---

① 事实上，并不存在所谓的排放平衡点，真正的排放平衡点不是一个点，而是一个区间。有关排放平衡点的相关问题，可以参见第一章图 1-1 及其解释。

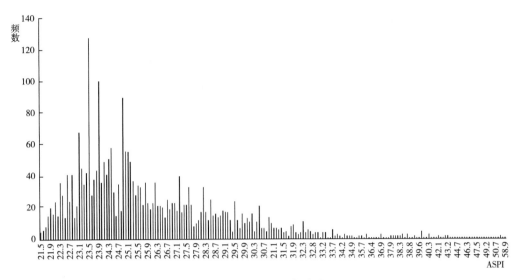

图 2-5　排放平衡点统计

自然净化能力的变化规律由气象变化规律决定，如刮风、下雨等；（3）空气质量反映了污染物排放与大气自然净化能力之间的对应关系；（4）污染源排放强度＝大气自然净化能力的情况是一个随机事件 E；（5）一个时间周期内（如一个月、一个季度、一年）的所有随机事件 E 组成一个样本，该样本均值约等于总体均值；（6）样本中大气自然净化能力的均值，即为排放平衡点。

　　也就是说，虽然我们不能准确地计算一个地区的实际排放强度，但是我们可以计算出一个地区的实际排放强度需要多大的大气自然净化能力才能使空气质量不恶化，这是进行污染物真实排放强度估算的主要理论依据。

　　为了比较不同地区的污染物实际排放强度的差异，可以通过绘制排放平衡点曲线实现。首先，对不同地区统一进行空气质量和大气自然净化能力监测，然后根据监测数据，对每个地区的排放平衡点进行样本统计。其次，对样本求均值，得到 ASPI 均值，代表该地区的实际排放强度。最后，对所有地区的 ASPI 均值进行排序，绘制如图 2-6 所示的排放平衡点曲线。对于不同的地区来说，其 ASPI 均值越大，即越靠近曲线的右侧，说明该地区的实际排放强度越大。

　　通过对一个地方的排放平衡点进行计算，可以反映该地的实际排放强度，从而就能对图 2-3 所示的大气环境资源分级管理思路进行实际操作。一方面，通过对一个地区的大气自然净化能力进行实时监测，绘制出该地区的 ASPI 曲线图，并进行数据统计；另一方面，计算该地区的排放平衡点，估算实际排放强度。下面我们通过一个案例来说明这一问题，对某地的 ASPI 进行统计，其分位数如表 2-1 所示。

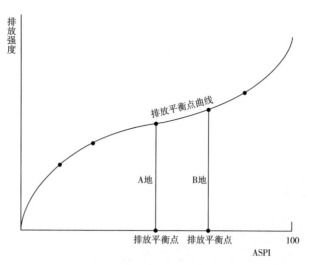

图 2-6　排放平衡点曲线

表 2-1　某地大气自然净化能力指数（ASPI）统计

ASPI	28.12	29.59	32.98	38.82	52.61	73.74
分位数	5%	10%	25%	50%	75%	90%

　　如果人为规定，当污染物排放强度低于大气自然净化能力指数的 10% 分位数时，大气环境资源管理的目标为生态级；低于大气自然净化能力指数的 25% 分位数时，大气环境资源管理的目标为宜居级；低于大气自然净化能力指数的 50% 分位数时，大气环境资源管理的目标为发展级。通过排放平衡点估算，如果发现该地的排放平衡点为 39.48，则意味着该地的实际排放仍超过发展级水平，随着污染物排放控制水平的提高，该地的排放平衡点下降到 38.82 以下，则意味着该地的大气污染防治水平已经达到发展级，可以进一步将控制目标提升至宜居级。

　　可以看出，平衡排放法是基于大气自然净化能力指数监测的一种污染物排放强度估算方法，其优势有四个：第一，不需要进行污染源排放统计，也不需要进行污染源和污染物的详细分类和监测，节省了大量的成本；第二，平衡排放法是一种间接方法，利用大气自然净化能力与污染排放的平衡关系，不仅提高了准度，还解决了隐藏源、自然源的排放情况等难以测定的问题，是一种比较便捷的宏观估算方法；第三，平衡排放法很容易与大气环境资源的分级管理思想相结合，是一种可以实际操作的方法；第四，平衡排放法可以对不同地区的实际排放情况进行比较，标准相对统一，客观性较强。

四　结论

　　本章结合第一章大气环境资源的相关经济理论，系统论述了大气环境资源管理的基本框架和技术方法。从大气环境的自然特征出发，大气污染防治工作实际上应该是对大气环境资源的管理。大气污染防治工作从治理转向管理，是一种思路的转变。大气环境资源概念及其管理框架的确立，有助于提升大气污染防治水平。将大气环境看作一种资源，参与经济要素的优化配置，是平衡经济发展与大气环境保护的重要手段，具有重要的战略意义。

第一，在大气环境资源管理视角下，异质性的大气环境，意味着不同地区大气环境资源的多寡。中国幅员辽阔，自然地理条件和气象气候特征明显，大气环境资源差异显著，空间优化配置的潜力很大。由于历史原因，中国的大部分城市在内陆地区孕育，沿海城市到了近代才有一定程度的发展。而内陆的大部分城市，多布局在大气环境资源相对匮乏的地区。新中国成立后，我国的工业发展很多是在原有城市的基础上进行的，这就造成传统污染产业多布局在大气环境资源匮乏的地区。由于推动产业空间移动的主要因素是区位禀赋，包括劳动力资源、基础设施建设、资源价格以及环境政策等，因此近几十年，东部发达地区的经济增长较快，以总量参考为核心的大气环境政策越来越严厉，中西部地区出现明显的比较优势，从而导致污染产业有继续向大气环境资源匮乏地区集中的趋势。如果不进行调控，污染产业就会出现空间上的强化效应，加大空气污染。根据大气环境资源状况科学调控产业的空间布局，显得十分必要。

第二，随着大气污染防治工作的不断深入，特别是2013年年底以来，中国的大气污染治理工作思路从总量控制转向空气质量控制，为大气环境资源管理提供了契机。总量控制的工作思路暗含了一个前提，即大气环境不存在空间上的异质性，不同地区的大气环境性质相似，至少其对大气污染的影响不存在显著差别。在以空气质量控制为核心的工作思路下，大气环境异质性的作用凸显出来。结果导向精准治理，实际上就是做好大气环境资源的时空优化配置，以最小的代价获得最大的效益。大气环境资源管理的核心思路是对大气自然净化能力变化过程的精细统计，从而得出大气自然净化能力的周期性规律，并在此基础上进行大气环境资源的分级管理。平衡排放法为污染物排放提供了一种便捷的宏观估计方法，具有一定的实践意义。

第三，大气污染防治与经济发展不是一组不可调和的矛盾，而应该是一种权衡取舍。清洁空气是有价的，其价格取决于我们对清洁空气的需求弹性，而不是清洁空气本身的效用。从某种意义上说，大气污染治理是一种经济活动，治理目标是经济平衡的结果。在未来的大气污染防治工作中，可以根据本地经济发展状况制定合适的大气污染控制目标，最大限度地利用大气环境的自然特征，实现对大气环境资源的时空优化配置，减少大气污染防治成本。

第三章 中国大气环境资源的地理分布及特征[*]

在第一章和第二章理论分析的基础上，本章使用《中国大气环境资源报告2018》的数据，对中国大气环境资源的地理分布和气候特征进行初步分析，探讨大气污染物排放空间安排的合理性和可行性。

正如前面所述，大气环境成为一种资源是社会发展到某个阶段的经济产物，就像煤炭、石油、天然气和水一样，因其可以满足人类的某种需求而又无法零成本获得使然。在人类发展的初级阶段，人类活动水平相对较低，对大气环境造成的影响很小，清洁空气无限供应，也不存在所谓大气环境资源问题。随着工业文明的不断进步，人类活动产生的污染物越来越多，不断释放到大气环境中，造成不可忽略的影响，大气环境也随即成为一种资源。

大气环境的资源性主要体现在其自然净化能力方面。如果大气环境不具备自然净化能力，污染物排放就会对大气环境产生持续性的不可逆改变，大气污染呈现线性上升的态势，人类将无法生存，当然也就不用考虑其资源性的问题。正因为大气环境存在一定的自然调节能力和恢复能力，其才具有成为一种资源的可能性。大气自然净化能力的产生包含温度、湿度、气压、风、降水等多要素的共同作用，是大气活动综合水平的体现，既有实时性，又有周期性的特征。大气自然净化能力指大气环境对进入其中的污染物的自然清除能力，这种清除能力与天气条件有关。同一个地方，不同时间会经历不同的天气过程，因此不同时间的大气自然净化能力也会不同，这就决定了大气自然净化能力具有实时性特征。然而，同一个地方，一个周期内（如一年）天气变化的总体情况却保持着相对的稳定性，即所谓的气候特征，决定了大气自然净化能力的周期性规律。

除自然源排放以外，大气污染物主要是人类经济活动的副产品。当人类活动产生的污染物超出大气环境的最低自然净化能力时，污染物就会在大气环境中留存并持续一段时间，从而对人类健康、动植物和资产等产生一定程度的损害。此时，人们面临两个选择：一是承受大气污染造成的损失；二是牺牲经济增长，减少一些排放。也就

---

[*] 本章主要内容参见蔡银寅《中国大气环境资源的地理分布》，《气象科技进展》2020年第6期，第106~117页。

是说，这种情况下要想获得完全无害的大气环境（清洁空气）就必须支付一定的成本，大气自然净化能力不再是无限供应（获取的边际成本不再为零）的，已经成为一种稀缺资源，需要考虑其经济配置，才能获得最大的经济效益。

然而，在传统的环境经济学框架下，大气环境的异质性通常没有得到充分的体现，自然也就不存在所谓大气环境资源的概念以及配置的问题。如果接受大气环境存在显著差异的事实，就不得不重新考虑大气污染的问题。一方面，大气污染不再是污染物排放单方面的事情，而是污染物排放与大气自然净化能力之间的平衡问题；另一方面，大气自然净化能力的时空分布，意味着大气污染防治成本的差异性。在不同的地方，不同的时间，削减一个单位的污染物排放，其产生的空气质量改善结果也不同。也就是说，获得相同水平的空气质量改善（或恶化），在不同的地方，不同的时间，所产生的经济成本（或效益）也大不相同。

大气环境资源作为一个经济学概念，相当于扩大了生产要素的投入范围。在传统的经济学框架下，生产要素包括劳动力、土地、资本、技术等，随着生产力水平的提高，以及人类对生存环境的重视，环境也被看作一种要素投入，因为环境改变会带来一些损失（环境污染对人、动植物、资产的损害），或者想要保持环境状态不变，就需要支付更多的成本（比如使用污染物回收技术）。单位污染物对环境的改变程度，与环境的耐受力有关。当然，这个问题比较复杂，如果把污染物分为积累性污染物和非积累性污染物，则单位污染物对环境造成的边际改变程度，不仅与环境的耐受力有关，也与污染物的积累量（保有量）有关。对于大气污染来说，大气污染物既有积累性污染物的性质，又有非积累性污染物的性质。

这里，我们主要考虑其作为非积累性污染物的性质，即污染物在大气环境中的留存时间有限，属于能够被及时清理类型的污染物。同时，还要考虑大气污染物的影响范围，是局地的还是区域的，或者是全球的，同样，这里主要侧重于其局地性特征的考虑，即本地大气污染物主要污染本地的情况。历史上，大气污染特别严重的时期，大气污染的区域性也比较突出，比如20世纪中期的伦敦，20世纪90年代中国南方的酸雨，都是典型的区域性污染。随着工业脱硫脱硝技术的普及，大部分工厂、电厂都实现了达标排放，大气污染也从超重污染阶段转向较重污染或中度污染阶段，局地污染也就成了主要方面。

因此，大气环境资源的一个经济学内涵就是：大气环境的边际改变程度所接受的污染物排放量，或者单位污染物排放量所产生的大气环境的边际改变程度。相同的污染物排放量，如果造成的大气环境边际改变程度小，则意味着大气环境资源丰富。如果将大气环境资源看作一种生产投入，其含义则是，单位产量产生的污染物所需大气环境的边际改变程度。由于大气自然净化能力具有实时性和周期性特征，所以大气环境资源也是一种不可存储的资源。生产（消费）活动中，大气环境资源的投入，取决于其生产的时间安排和空间安排，生产（消费）过程（污染物排放过程）即大气环境资源的消耗过程。

值得注意的是，大气环境资源的多寡，主要体现在其趋势上，而与实际消耗程度无关。对大气环境资源的优化配置，也可以描述为对大气自然净化能力的充分利用，即对污染物排放在时间和空间上的安排问题。由于不同地方自然地理环境和气象气候特征不同，因此造成了不同地方大气环境资源的显著差异，特别是对于中国这样幅员辽阔、地形复杂多变的大国来说更是如此。想要提升污染物排放空间安排的效率，首先要掌握大气环境资源的空间特征。因此，厘清中国大气环境资源的地理分布，具有重要的战略意义。

一　大气环境资源及其统计方法

清洁空气不能无限供应，是大气环境成为资源的前提条件。污染物在大气环境中的留存量和持续时间是大气污染的核心问题。现实中，空气中污染物的浓度是衡量大气污染程度的主要指标。大气环境的资源性，主要源于其对污染物这两个方面的影响。

大气环境对进入其中的污染物的作用主要表现为两个方面：一方面是清除作用，即大气环境的自然净化作用；另一方面是强化作用，即对二次污染物生成的影响。二次污染物的生成依赖两个因素，一是生成原料，二是生成条件。作为二次污染物生成的外部条件，大气环境实际上相当于增加了污染物的排放强度。在《中国大气环境资源报告 2018》中，二次污染物生成系数（GCSP）描述了大气环境的这一特征。严格意义上说，大气环境的二次污染物生成特征，也是大气环境资源的一部分。假定其他条件不变，较大的二次污染物生成能力，意味着相同排放条件下，二次污染物生成量多，大气污染程度高。二次污染物生成能力相当于给污染物排放加了一个放大系数，不同大气环境下，放大程度不一样。

大气环境对污染物的清除作用，是大气环境资源的本质体现。污染物进入大气环境后，会经历扩散、搬运、沉降、移除等一系列过程，最终离开大气环境回到地面、水体、动植物表面等，这个过程被称为大气环境的自然净化过程。在不同的大气环境下，污染物经历这一过程的时间长短不同。这一过程的时间反映了大气自然净化能力的强弱，时间越短，意味着大气的自然净化能力越强，反之则越弱。大气自然净化能力反映了大气环境对污染物的清除能力和制造清洁空气的速度，是大气环境资源配置的主要依据。

概括起来，二次污染物生产能力和大气自然净化能力共同构成了大气环境的资源特征。现实计算中，二次污染物生成能力相当于给大气环境资源做减法，可以看作对污染物排放的强化或对大气自然净化能力的削弱。当然，大气自然净化能力的强弱，对二次污染物的生成也有一定的影响，因为较强的大气自然净化能力，会显著减少二次污染物的生成原料。整体来看，自然净化能力强弱是大气环境资源多寡的主要方面。因此，对中国大气环境资源地理分布的研究，主要是对不同地区大气自然净化能力总量差异和时间特征的分析。

大气自然净化能力指数模型（ASPI-Model）是实时计算大气自然净化能力强弱的一种方法，其原理如下：第一，针对污染物在大气环境中的留存时间与气象要素之间的关系建立方程。第二，使用计量模型和大数据分析方法，对气象历史数据、空气质量历史数据和自然地理条件进行经验分析，反复计算查找影响空气质量的主要气象因子，并对其贡献按照大小排序。第三，将气象因子的贡献转化为对污染物在大气环境中留存时间的影响程度。第四，将转化后的气象因子作为自变量引入方程，同时将自然地理条件等固化为可变常参数，方程的左边为污染物在大气环境中的留存时间，右边为气象因子和可变常参数。第五，对污染物在大气环境中的留存时间进行标准化处理，变成0~100的实数，作为衡量大气自然净化能力强弱的一个指标。

理论上，大气自然净化能力指数模型是一个经验模型，它大致描述了不同地区、不同时间、不同气象条件下，大气自然净化污染物能力的强弱。利用这一模型，输入气象历史数据、地理信息数据和常参数数据，就可以计算出该地区某一时间点的大气自然净化能力，也可以评估某一时间段，该地区的大气自然净化能力的强弱。《中国大气环境资源报告2018》列举了中国2018年2290个县级区域的大气环境资源样本，覆盖到县一级。单个样本包括该地的ASPI、GCSP等五项指标数据，数据频次为3小时或8小时，基本反映了该地的大气环境资源状况。利用《中国大气环境资源报告2018》的数据，可以对中国大气环境资源的地理分布，做一个简要的分析。

二　大气环境资源的战略分级

一个地区一年内大气自然净化能力的总量，反映了一个地区大气环境资源的相对丰腴程度。然而，大气自然净化能力强弱在时间上的分布，对大气环境资源也有重要意义。假定污染物的排放由经济活动规律决定，相对于大气自然净化能力的时间分布是一个随机事件，也就是说，污染物的排放并不会考虑大气自然净化能力的变化，只是根据自身活动需要进行。基于这种假定，将大气自然净化能力看作一个外生变量，其时间分布特征对大气环境资源的意义就显得尤为重要。例如，A地和B地全年的大气自然净化能力总量相等，A地大气自然净化能力的时间分布比较均匀，而B地大气自然净化能力的时间分布比较集中，且强弱悬殊。如果A、B两地的污染物排放情况一致，则 B 地更容易出现大气污染。因为在大气自然净化能力较弱的时段，污染物排放很容易超过大气自然净化能力，产生大气污染，而在大气自然净化能力较强的时段，由于污染物排放不会随之提高，大气自然净化能力的作用没有完全发挥出来。

当然，如果污染物排放强弱可以根据大气自然净化能力进行适时调节，那么大气自然净化能力的时间分布就不那么重要了。但是，除非适时调节的成本可以忽略或者调节成本相对于减少排放来说收益更为明显，否则这种理想的适时调节都不可能。至少在目前看来，调节污染物排放的成本还不能忽略。因此，在不考虑污染物排放适时调节的情况下，可以根据一个地方大气自然净化能力的时间（强弱）分布情况，对大气环境资源进行战略分级。

大气环境资源战略分级的基本假设如下：（1）污染物排放与大气自然净化能力是两个相对独立的事件，不存在相互依存关系；（2）一个地方的大气自然净化能力变化具有明显的周期性特征，即具有整体稳定性的特征，年度波动不明显或者可以忽略；（3）一个地方大气自然净化能力强弱的时间分布虽然不同，但不同水平的大气自然净化能力占全年的比重相对稳定。例如，一个地区较弱的大气自然净化能力可能出现在 3 月，也可能出现在 4 月，但全年较弱大气自然净化能力出现的频次和时间长短大致稳定。基于这三个假设，我们可以对大气环境资源进行战略分级[①]。

表 3-1 大气环境资源的战略分级标准和含义

项目	生态级大气环境资源	宜居级大气环境资源	发展级大气环境资源	大气环境资源储量
大气环境资源的战略分级标准	全年大气自然净化能力指数 10% 分位数	全年大气自然净化能力指数 25% 分位数	全年大气自然净化能力指数 50% 分位数	全年大气自然净化能力指数平均值
大气环境保护的目标含义	全年不到 10% 的时间超过大气自然净化能力时对应的污染物排放强度	全年不到 25% 的时间超过大气自然净化能力时对应的污染物排放强度	全年不到一半的时间超过大气自然净化能力时对应的污染物排放强度	大气自然净化能力相对丰腴程度

不考虑污染物排放的适时调整，想要获得相应的空气质量，就需要根据如表 3-1 所示的标准制定排放计划。假定，想要使空气质量处于生态级水平，污染物排放强度超过大气自然净化能力的时间，不能超过全年的 10%。也就是说，对该地大气自然净化能力进行强弱排序，找到倒数第 10% 的那个大气自然净化能力，然后将污染物排放水平定在该大气自然净化能力以下，就可以获得生态级的空气质量。以此类推，想要获得宜居级的空气质量，也可以找到对应的污染物排放强度限值。

---

① 关于大气环境资源战略分级的理论分析，第二章第二节有较为详细的论述。

与表 3-1 相对应，图 3-1 更形象地表达了大气环境资源战略分级的含义。当然，其暗含的假设是，与大气自然净化能力相比，污染物排放强度可以看作一个低幅低频波动的量。基于这种假定，将污染物排放强度定在大气自然净化能力的 10% 分位数上，意味着污染物排放强度恰好等于 10% 分位数所代表的大气自然净化能力。当然，我们也可以将这个分位数理解为排放平衡点①。

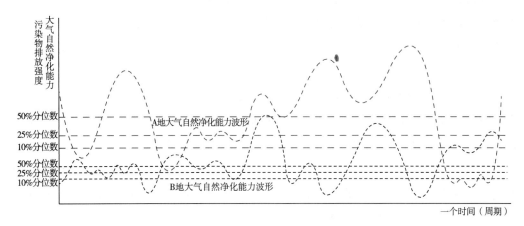

图 3-1　大气环境资源的战略分级

按照表 3-1 和图 3-1 的思路，大气环境资源的战略分级实际上是先确定大气环境的控制目标，然后再根据这个控制目标，结合本地的大气自然净化能力特征，计算对应的污染物排放水平。换句话说，在相同的控制目标下，对应的污染物排放水平越高，意味着该地的大气环境资源越丰富。如果将污染物排放强度与大气自然净化能力看作一组对应关系，则可以直接用大气自然净化能力来表示大气环境资源的多寡。因此，《中国大气环境资源报告 2018》将大气环境资源分为生态级、宜居级和发展级三级，分别用 ASPI 的 10%、25% 和 50% 分位数来表示对应目标下大气环境资源的丰富程度。

其实，大气环境资源的战略分级主要是考虑到污染损失和减排损失的平衡关系。如前面所说，当污染物排放强度超过大气自然净化能力时，产生大气污染，此时人们面临两个选择：一是直接承受大气污染带来的损失；二是用控制排放的方式保持空气质量，承受减排带来的经济损失。到底该选择哪种方式，实际上是一个经济问题。在经济发展的初级阶段，物质生活相对匮乏，人们对环境的效用评价较低，经济增长的收益高，承受污染的损失低，人们大概率会选择直接承受大气污染的损失。随着经济发展水平越来越高，物质条件越来越好，人们对环境的效用评价也会越来越高，直接

---

①　具体参见第二章中有关排放平衡点的说明。

承受大气污染的损失越来越大。相对而言，由于经济活动的选择范围扩大，替代性增强，减排的经济损失则越来越小，两者相较，这时候，通过排放控制获得较好的空气质量是一个好的选择。中国的大气污染治理历程，大致也反映了这一事实。

选择什么样的空气质量控制目标，就等于确定了大气环境资源的分级标准。如果我们将空气质量管理目标定在宜居级，那么就应该考虑宜居级的大气环境资源分布状况及其配置方案。类似的，如果我们将空气质量管理目标定在生态级，就应该考虑生态级大气环境资源分布状况。因此，在分析中国大气环境资源地理分布的过程中，同样要考虑大气环境资源的分级问题。不同分级条件下，中国大气环境资源的地理分布不同，其空间配置方式和结果也不会相同。

对大气环境资源进行战略分级，主要是考虑到污染物排放的不可适时调节性。如果污染物排放的时间调整成本降低，就可以更充分地利用大气自然净化能力[①]。这时候，大气环境资源的丰富程度则主要由大气自然净化能力的总量来反映。如表 3-1 所示，我们将考虑污染物排放时间调整时的大气环境资源定义为大气环境资源储量，用大气自然净化能力的均值表示。值得注意的是，大气环境资源储量与发展级大气环境资源在数值上虽然比较接近，但含义却不相同。发展级大气环境资源，强调的是在不考虑污染物排放时间调整的情况下，为了获得较好的经济发展，而承受一定程度的污染损失时，大气环境资源的可利用状况。大气环境资源储量，强调的则是污染物排放时间调整的空间，即最大可利用的大气环境资源状况。

三　中国大气环境资源的地理分布

无论按照什么样的分级标准，由于自然地理条件和气象气候特征的差异，中国的大气环境资源都应该有明显的地理分布规律。《中国大气环境资源报告 2018》分别列出了 2018 年全国 2290 个样本的生态级大气环境资源、宜居级大气环境资源、发展级大气环境资源和大气环境资源储量数据。利用这些数据，可以对中国大气环境资源的地理分布情况进行初步的分析。

虽然大气环境资源与煤炭、石油、天然气等矿产资源，以及土地、水资源等类似，其丰富程度都可以用多寡来衡量，但大气环境资源还有一些相对特殊的特征。首先，大气环境资源与其他资源相比，不是有无的概念，而更多是大小或多少的概念。即使在大气环境资源极度匮乏的地区，也不能说其大气环境资源为零，只能说该地的大气环境资源比较接近基准低量。大气环境资源的这一特征主要是由大气自然净化能力的

[①]　有关污染物排放的时间调整和空间调整问题，第一章第二节中有相对完整的讨论。

最低水平决定的。也就是说，即使在最不利的气象条件和地形下，开放性的大气环境所具备的自然净化能力也不是零，而只是一个相对低值。比如，我们可以将这个相对低值定义为基准低量。任何一个地方，其大气环境资源的匮乏程度，最多也就是无限趋近于这个基准低量。其次，无论是用大气自然净化能力的总量还是分位数来衡量大气环境资源，都是一个相对概念。不像煤炭、石油那样，用蕴含量来反映多寡。

基于以上两点，简单起见，我们用高值样本占比这一指标来反映大气环境资源的丰富程度。其含义是，在一个区域内，如果大气环境资源高值样本占比较高，则意味着该区域的大气环境资源丰富。具体计算方法是，对于不同等级的大气环境资源数据，先对《中国大气环境资源报告 2018》中的 2290 个样本进行排序，规定排在前 25%左右的样本为高值样本，具体分类标准如表 3-2 所示。

表 3-2　高值样本分类标准

类别	生态级 大气环境资源	宜居级 大气环境资源	发展级 大气环境资源	大气环境 资源储量
高值样本分类标准	大于 30	大于 33	大于 37.5	大于 45

按照表 3-2 的分类标准，首先分析中国大气环境资源沿经度的变化规律，如图 3-2 所示。纵轴表示不同分级条件下高值样本的占比（为自然比，比值区间为 0~1），横轴表示经度基准线，即中国该经度以东的地区。例如，横轴上的 110°表示中国东经 110°以东地区，横轴上的 115°则表示中国东经 115°以东地区。图 3-2 中的曲线，代表中国每向东移动 1 个经度，区域内高值样本所占比例的变化趋势，即大气环境资源丰富程度的变化趋势。

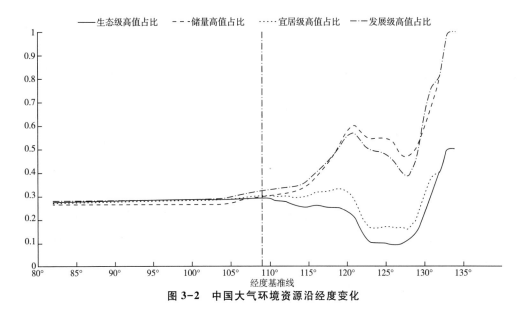

图 3-2　中国大气环境资源沿经度变化

从图 3-2 可以大致看出，中国大气环境资源分布在东西方向上存在显著差异，在东经 109°附近，有一个明显的变化。也就是说，东经 109°以东地区，中国的大气环境资源分布与东经 109°以西地区相比，存在显著差异。为了更清楚地显示这一变化，表 3-3 列出了东经 95°~125°，每向东移 2 个经度高值样本所占比例的变化，用百分比表示。同样可以大致看出，东经 109°具有分界线的作用。

表 3-3　中国大气环境资源沿经度变化趋势（自西向东）

经度 基线	样本 总量 （个）	生态级 大气环境资源		宜居级 大气环境资源		发展级 大气环境资源		大气环境 资源储量	
		高值量 （个）	百分比 （%）	高值量 （个）	百分比 （%）	高值量 （个）	百分比 （%）	高值量 （个）	百分比 （%）
95°E	2167	606	27.96	598	27.60	607	28.01	566	26.12
97°E	2156	606	28.11	598	27.74	607	28.15	566	26.25
99°E	2129	602	28.28	596	27.99	605	28.42	563	26.44
101°E	2065	583	28.23	582	28.18	594	28.77	551	26.68
103°E	1964	552	28.11	549	27.95	567	28.87	518	26.37
105°E	1834	523	28.52	524	28.57	541	29.50	495	26.99
107°E	1683	483	28.70	494	29.35	522	31.02	481	28.58
109°E	1533	446	29.09	461	30.07	495	32.29	454	29.62
111°E	1344	373	27.75	399	29.69	446	33.18	409	30.43
113°E	1122	296	26.38	331	29.50	383	34.14	355	31.64
115°E	871	219	25.14	261	29.97	321	36.85	299	34.33
117°E	618	157	25.40	195	31.55	262	42.39	253	40.94
119°E	394	98	24.87	131	33.25	201	51.02	201	51.02
121°E	238	51	21.43	69	28.99	136	57.14	144	60.50
123°E	148	15	10.14	24	16.22	73	49.32	80	54.05
125°E	101	10	9.90	17	16.83	48	47.52	55	54.46

类似的，我们用同样的方式分析中国大气环境资源沿纬度的变化，如图 3-3 所示。纵轴表示不同分级条件下高值样本的占比（为自然比，比值区间为 0~1），横轴表示纬度基准线，即中国该纬度以南的地区。例如，30°表示中国北纬 30°以南的区域，40°表示中国北纬 40°以南的区域。

从图 3-3 可以大致看出，整体而言，中国大气环境资源呈现南多北少的状况，随着纬度基准线的北移，大气环境资源丰富程度下降。在北纬 33°和北纬 47°附近，中国大气环境资源分布有两个显著的变化。与东经 109°分界线类似，北纬 33°和北纬 47°，同样可能具有纬度分界线的含义。

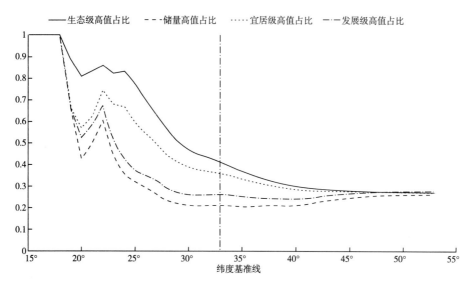

图 3-3 中国大气环境资源沿纬度变化

表 3-4 中国大气环境资源沿纬度变化趋势（自南向北）

纬度 基线	样本 总量 （个）	生态级 大气环境资源		宜居级 大气环境资源		发展级 大气环境资源		大气环境 资源储量	
		高值量	百分比 （%）	高值量	百分比 （%）	高值量	百分比 （%）	高值量	百分比 （%）
21°N	24	20	83.33	15	62.50	14	58.33	12	50.00
23°N	91	75	82.42	62	68.13	46	50.55	40	43.96
25°N	273	211	77.29	162	59.34	102	37.36	87	31.87
27°N	479	303	63.26	239	49.90	156	32.57	126	26.30
29°N	703	356	50.64	289	41.11	191	27.17	157	22.33
31°N	957	428	44.72	358	37.41	248	25.91	201	21.00
33°N	1163	478	41.10	416	35.77	303	26.05	245	21.07
35°N	1369	504	36.82	455	33.24	343	25.05	282	20.60
37°N	1617	540	33.40	500	30.92	400	24.74	339	20.96
39°N	1812	561	30.96	530	29.25	440	24.28	378	20.86
41°N	1960	576	29.39	551	28.11	478	24.39	423	21.58
43°N	2072	592	28.57	577	27.85	532	25.68	488	23.55
45°N	2141	598	27.93	587	27.42	564	26.34	525	24.52
47°N	2203	607	27.55	602	27.33	601	27.28	563	25.56
49°N	2241	615	27.44	610	27.22	621	27.71	585	26.10
51°N	2255	617	27.36	613	27.18	626	27.76	590	26.16
53°N	2258	617	27.33	613	27.15	626	27.72	591	26.17

表 3-4 列出了北纬 21°~53°，每向北移动 2°，中国大气环境资源的变化情况。

可以看出，北纬 33° 以南地区，大气环境资源相对丰富。北纬 33° 以北地区，每向北移动 2°，大气环境资源丰富程度的下降趋势开始趋于平缓，说明北纬 33° 以北地区，大气环境资源相对匮乏，移动到北纬 47° 附近，大气环境资源的丰富程度几乎不再变化。由于中国北纬 47° 以北区域占全国比重较小，所以北纬 47° 线没有多少实际的分界意义。

由图 3-2、图 3-3、表 3-3 和表 3-4 的分析可以大致确定，中国的大气环境资源存在明显的地理分布特征，下面将对其地理分布特征和含义做进一步的阐述。

四 安康分界线

如前面分析，中国大气环境资源分布东西方向大致以东经 109° 为界，南北方向大致以北纬 33° 为界。根据这一分界原则，中国大体可被分为四个区域。由于东经 109°、北纬 33° 位于陕西省安康市境内，因此可以称之为中国大气环境资源的安康分界线。地理分界线的确定，有利于提高对中国大气环境资源的空间认知水平，促进大气环境资源的空间优化配置。在不同的历史时期，有很多著名的地理分界线，对经济社会发展和知识传播都起到非常重要的作用，如标记中国人口疏密分布的胡焕庸线、划分南北方的秦岭—淮河线等，一直深深地影响着人们生活的种种方面。同时，在较小的专业领域，也有一些地理分界线的提法，如风速与能见度关系的地理分界线，但影响范围较小。安康分界线的提出，对于中国大气环境资源的空间配置来说，希望能起到化繁为简的效果。

首先，从安康分界线下生态级大气环境资源的分布情况可以看出（见表 3-5），东经 109° 以东，北纬 33° 以南地区，生态级大气环境资源非常丰富，高值样本占比接近一半。东经 109° 以西，北纬 33° 以南地区，生态级大气环境资源下降，高值样本占比不到 1/3。而在北纬 33° 以北地区，生态级大气环境资源非常匮乏，尤其东经 109° 以西地区，高值样本占比仅为 8.01%。

表 3-5 安康分界线下生态级大气环境资源分布

区域		总样本量	高值样本数量	百分比	分区
经度范围	纬度范围	（个）	（个）	（%）	
≥109°E	≤33°N	690	329	47.68	丰富区
<109°E	≤33°N	477	149	31.24	一般区
<109°E	>33°N	287	23	8.01	匮乏区
≥109°E	>33°N	841	117	13.91	相对匮乏区

从经济发展的长期规律看，空气质量的最终控制目标应该是生态级。基于这个考

虑，对中国大气环境资源的地理划分，应该以生态级大气环境资源为基础，然后再研究其他分级条件下大气环境资源变化情况。因此，根据表 3-5 的数据，可以将中国的大气环境资源大致划分为四个区域，即安康以东以南地区为丰富区，以南以西地区为一般区，以西以北地区为匮乏区，以东以北地区为相对匮乏区①。

研究发现，中国生态级大气环境资源大致呈现南多北少、东多西少的基本规律。在丰富区，广东、海南、广西东部、福建大部及江西、安徽、湖北、江苏、浙江的部分地区，生态级大气环境资源相对丰富。在匮乏区和相对匮乏区，华北大部、西北大部，生态级大气环境资源都比较匮乏。

在生态级大气环境资源分区的基础上，考察安康分界线下宜居级大气环境资源的分布情况（见表 3-6）。可以看出，放宽空气质量控制标准，中国大气环境资源分布的地区差距缩小。与生态级大气环境资源相比，丰富区宜居级大气环境资源高值占比下降了 5.51 个百分点，一般区宜居级大气环境资源高值占比下降了 5.03 个百分点，而匮乏区宜居级大气环境资源高值占比上升了 1.75 个百分点，相对匮乏区宜居级大气环境资源高值占比上升了 6.3 个百分点。当然，四个区域的整体趋势并没有发生逆转。

表 3-6　安康分界线下宜居级大气环境资源分布

区域		样本总量	高值样本数量	百分比	分区
经度范围	纬度范围	（个）	（个）	（%）	
≥109°E	≤33°N	690	291	42.17	丰富区
<109°E	≤33°N	477	125	26.21	一般区
<109°E	>33°N	287	28	9.76	匮乏区
≥109°E	>33°N	841	170	20.21	相对匮乏区

从表 3-6 可以看出，中国宜居级大气环境资源的区域差异明显缩小，尤其在匮乏区和相对匮乏区，还出现了零星的高值集中区，使得这两个区域宜居级大气环境资源储量上升。在一般区，如西藏东部部分地区拉低了整体水平。丰富区虽然没有明显的高值集中区，但海南、广东、福建、浙江沿海的优势比较突出，更重要的是，丰富区与其他三个区域相比，没有明显的低值集中区。因此，在大气环境资源的宜居级水平下，四个区域的划分仍然是合理的，丰富区的优势也是明确的，这一点与表 3-6 中的数据也是一致的。

---

①　参见蔡银寅《中国大气环境资源的地理分布》，《气象科技进展》2020 年第 6 期，第 106~117 页。

继续降低大气污染控制目标，将大气环境资源分级下调到发展级。如表3-7所示，四个区域的发展级大气环境资源的差距进一步缩小，丰富区和一般区高值占比继续下降，相对匮乏区和匮乏区的高值占比继续上升，并且发生了逆转。如果按照发展级大气污染控制目标，相对匮乏区的大气环境资源最为丰富，甚至还高于丰富区1.43个百分点。匮乏区的发展级大气环境资源已经与一般区接近。

表3-7　安康分界线下发展级大气环境资源分布

区域		样本总量	高值样本数量	百分比	分区
经度范围	纬度范围	（个）	（个）	（％）	
≥109°E	≤33°N	690	219	31.74	丰富区
<109°E	≤33°N	477	88	18.45	一般区
<109°E	>33°N	287	45	15.68	匮乏区
≥109°E	>33°N	841	279	33.17	相对匮乏区

研究发现，相对匮乏区发展级大气环境资源上升，主要是因为在内蒙古东部、东北大部、山东半岛、辽东半岛等地区出现了大量的高值集中区。在丰富区，虽然发展级大气环境资源整体上仍处于优势，但缺乏明显的高值集中区，这也是造成丰富区大气环境资源整体水平下降的原因。发展级水平下，匮乏区也出现了明显的高值集中区，这使得匮乏区与一般区的差距缩小。

进一步考察四个区域的大气环境资源储量分布，如表3-8所示，相对匮乏区的大气环境资源储量，高值占比已经超过了1/3，而丰富区大气环境资源储量的高值占比与生态级相比减少了24.35个百分点，已经不足1/4。匮乏区与一般区相比，高值占比已经非常接近，且出现了逆转。也就是说，就大气环境资源的储量而言，一般区已经成了匮乏区，丰富区变成了一般区，相对匮乏区变成了丰富区。

表3-8　安康分界线下大气环境资源储量的分布

区域		样本总量	高值样本数量	百分比	分区
经度范围	纬度范围	（个）	（个）	（％）	
≥109°E	≤33°N	690	161	23.33	丰富区
<109°E	≤33°N	477	86	18.03	一般区
<109°E	>33°N	287	54	18.82	匮乏区
≥109°E	>33°N	841	293	34.84	相对匮乏区

研究发现，除了京津冀、陕北部分地区外，相对匮乏区的大气环境资源储量丰富。对于丰富区来说，江西大部、福建西部山区、皖南、浙西南以及湘鄂西部，大气环境资源储量都相对较少，这使得丰富区的大气环境资源储量整体下降。一般区的情况和

丰富区类似，川渝黔大部分地区大气环境资源储量不足，拉低了一般区的整体水平，使其成为大气环境资源储量的匮乏区。匮乏区的情况则与相对匮乏区相似，出现了储量丰富的集中区，拉高了整体水平。

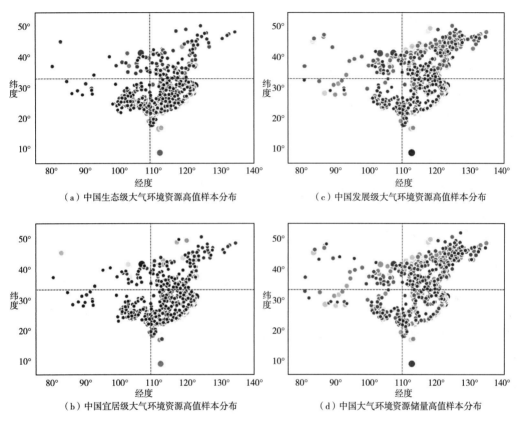

（a）中国生态级大气环境资源高值样本分布　　　　（c）中国发展级大气环境资源高值样本分布

（b）中国宜居级大气环境资源高值样本分布　　　　（d）中国大气环境资源储量高值样本分布

图3-4　中国大气环境资源的高值样本分布（不同分级）

为了清楚地呈现安康分界线的区分效果，图3-4给出了不同分级条件下中国大气环境资源高值样本分布的散点图。其中图3-4（a）是生态级大气环境资源的高值样本分布，可以比较清楚地看出，安康以南以东地区，高值样本比较集中。值得注意的是，安康分界线划分的四个区域，样本总量不同，我们不能只通过高值样本的绝对数量来判断大气环境资源的丰腴程度，而应该用高值占比来衡量。尽管如此，通过对图3-4中四张子图的比较，以及结合图3-2和图3-3所反映的高值样本占比沿经纬度的变化趋势，还是可以比较清楚地看出，安康线下四个区域大气环境资源的显著差异。

图3-4对不同分级条件下四个区域大气环境资源丰富程度的变化规律表现得更为明显。图3-4（c）与图3-4（b）相比，丰富区和一般区的高值样本数量显著减

少，而相对匮乏区的高值样本数量显著增加。很明显，发展级大气环境资源是相对匮乏区发生逆转的分野，这同样也可以看作中国大气环境资源南北方的等级分野。这意味着，如果将大气污染防治的标准定在发展级，即允许一定程度的污染，这时候，南北方的大气环境资源相差并没有那么大。然而，一旦上调大气污染防治的标准，比如将空气质量定在宜居级，南北方大气环境资源的差距就会变得比较明显。

整体而言，安康分界线对于中国大气环境资源的地理划分具有典型意义。不考虑污染物排放的时间调整问题，安康分界线下，丰富区的大气环境资源较为丰富。尤为重要的是，丰富区的大气环境资源，很少出现低值集中区。因此在丰富区，只要不是污染物排放强度特别高，出现重污染的概率一般较低。与丰富区相比，一般区内出现大气污染的概率上升，但总体的风险并不高。而对于相对匮乏区和匮乏区来说，大气污染的概率很高。

前面提到，当污染物排放强度超过大气自然净化能力的最低值时，就会出现大气污染。从这个角度看，大气环境资源匮乏区和相对匮乏区最先出现污染的概率很高。当然，如果考虑到具体的排放问题，由于匮乏区地处西北，人口较少、经济发展相对落后，排放强度有限，因此出现大面积污染的可能性较低。而地处华北、东北的相对匮乏区，人口密集，经济发达，尤其存在集中布局的重工业，排放强度很大，最容易出现大面积的重污染。相对匮乏区的京津冀及其周边地区就是典型的代表。当然，在匮乏区的关中地区，由于工业相对集中，也出现了重污染。相对而言，匮乏区虽然大气环境资源匮乏，但由于排放强度有限，大气污染的程度并不是特别严重。

大气环境资源丰富区，实际上也是经济发达区，中国的经济产出有一半以上布局在这个区域，排放强度远超其他三个区域。然而，由于这个区域的大气环境资源丰富，尤其是超低净化能力的占比较低，这个区域的大气污染程度与相对匮乏区相比，还不算严重。虽然在长三角地区，部分城市的空气质量达不到优良水平，但考虑到其庞大的经济总量和排放强度，空气质量则属于较好的区域，大气环境资源的意义非常重要。

五　大气环境资源分级变化规律的含义

如果下调大气环境资源的等级，则相对匮乏区和匮乏区的大气环境资源上升，丰富区和一般区的大气环境资源下降。这一规律可以用大气自然净化能力波形特征来解释。图3-5给出了四个区域大气自然净化能力的代表波形示意，大致反映了不同区域大气自然净化能力的典型特征。

丰富区的大气自然净化能力波形整体呈正态分布状，较低的大气自然净化能力和较高的大气自然净化能力占比都较小，中等水平的大气自然净化能力占比较高，并呈现向两侧递减的趋势。这意味着，在不考虑污染物排放时间调整的条件下，污染物排放和大气自然净化能力作为两个相互独立的事件，大气自然净化能力的自然配置水平较高。也就是说，处于完全放任状态的污染物排放，由于大气自然净化能力趋于正态分布状，较高排放水平遇到较低净化能力的概率较低，相当于自然状态下提高了大气自然净化能力的利用效率，从而减少了大气污染发生的频次。

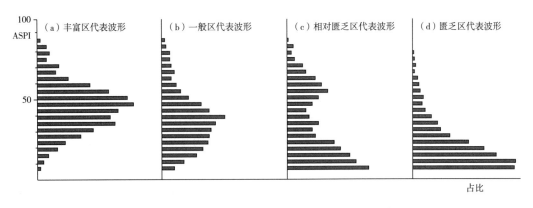

图 3-5　四大区域大气自然净化能力波形特征示意

说明：纵轴表示大气自然净化能力指数，即 ASPI 值的大小，取值区间为 0~100，值越大，代表大气自然净化能力越强，反之则越弱。横轴表示不同的 ASPI 值占总体的比例。

一般区的大气自然净化能力波形可以看作变异的正态分布状，较低的大气自然净化能力占比升高，较高的大气自然净化能力占比下降，大气自然净化能力整体在中等以下水平集中。这种波形特征的含义是，大气环境资源减少，因为较低水平的大气自然净化能力占比较高，与丰富区相比，自然状态下的大气自然净化能力配置效率降低，相同排放情况下，发生大气污染的频次上升。

匮乏区的大气自然净化能力波形特征也比较明显，它已经完全不再具备正态分布的特征，而是整体呈现明显的向下集中趋势，即低水平的大气自然净化能力占比较高，随着大气自然净化能力的提高，占比越来越低。从自然状态下的配置效率看，匮乏区出现大气污染的概率最高。大气自然净化能力的这种分布特征显示，匮乏区最容易出现污染物排放超过大气自然净化能力的情况，从而出现大气污染。同时，由于较低大气自然净化能力连续出现的比例较大，其发生超重污染的可能性也比较大。

相对匮乏区的大气自然净化能力波形特征比较特殊，它既有匮乏区的特征，又有丰富区的特征。相对匮乏区的大气自然净化能力波形有两个占比高值，一个是较低的大气自然净化能力占比较高，另一个是中等以上水平的大气自然净化能力也有一个相对显著的占比。当然，中等以上水平大气自然净化能力占比与较低水平大气自然净能力占比相比，其绝对水平还是较低的，只是从趋势上看，相对匮乏区的大气自然净化能力在相对高值部分有一个显著的优势，这是其他三个区域不具备的。

其实，可以将相对匮乏区的大气自然净化能力波形分为两部分看。中等净化能力水平以下，它更接近匮乏区的大气自然净化能力波形特征。较低水平的大气自然净化能力占比较大，随着净化能力的升高，占比减少。在发生大气污染的概率方面，相对匮乏区与匮乏区的特点相似，都比较容易发生。由于较低水平的大气自然净化能力占比较高，且容易集中，在相同排放条件下，与丰富区相比，相对匮乏区更容易发生大气污染。同时，相对匮乏区中等水平以上的大气自然净化能力也有一个相对较高水平的占比，这就使得相对匮乏区的大气环境资源，又具有部分丰富区的特征。从统计数据看，相对匮乏区的这一特征主要表现为发展级大气环境资源和大气环境资源储量上升。

中国大气环境资源分级变化规律具有重要的现实意义，具体表现如下。

第一，如果采取放任的环境政策，对大气污染物的排放不进行控制，从大气污染的结果看，大气环境资源储量高的区域具有一定的优势。也就是说，走先污染后治理的路子，一开始放任污染物自由排放，工业任意布局（不考虑大气污染因素），等到发展级大气环境资源消耗完毕，大气污染处于超重阶段时再进行治理。在这个过程中，大气环境资源储量高的地区具有更大的环境容量和纳污能力优势。1990 年之前的中国大致就处于这个状态，大气环境政策相对宽松，污染物排放控制主要集中在烟尘方面。随着工业化进程的加快，接下来的 10 年间（1991~2000 年），大气污染问题主要表现为酸雨。这一阶段，地处丰富区的东南部发达省份的大气污染比地处相对匮乏区的华北省份要严重，因为此时大气污染处于超重阶段，丰富区的大气环境资源储量并不具有明显的优势。21 世纪第一个 10 年间（2001~2010 年），中国工业化过程逐渐完成，二氧化硫排放增幅放缓，总量进入稳定阶段。当然，此时也是中国大气污染最严重的阶段，大气环境资源储量消耗殆尽，重污染天气频发。从 2012 年开始，中国进入以结构性减排为代表的大气污染治理新阶段，同时采用新的空气质量标准，并从总量控制转向结果控制，以扭转大气超重污染的局面。

事实上，2010 年之前，相对匮乏区的大气环境资源具有一定的优势。由于此时对大气污染的容忍程度较高，空气质量等级角度的环境政策比较宽松，相对匮乏区凭借其丰富的大气环境资源储量，一直在增加污染物的排放强度，直到进入超重污染阶段。2010 年前后，京津冀地区的污染物排放总量，比地处丰富区的长三角、珠三角要高出 3~4 倍甚至更多，而大气污染程度并不比丰富区严重太多。也就是说，在超重污染阶段，相对匮乏区的大气环境资源优势是明显的，这一点对于我们深入理解中国大气污染的历史过程非常重要。

　　第二，2012 年，中国大气污染治理工作进入新阶段。此后，污染物排放开始出现下降趋势，大气污染从超重阶段转向较重阶段。在这个过程中，相对匮乏区的大气污染治理成效与其他区域相比比较明显。正如图 3-5（c）所示，相对匮乏区的大气自然净化能力在中等水平以上有一个明显的集中区。这意味着，随着污染物排放强度的下降，一旦触及大气自然净化能力的中等水平区，空气质量就会有一个明显的好转过程，此时相当于释放了一个较大比重的大气自然净化能力，对于空气质量改善具有显著作用。2013～2019 年，京津冀地区通过大幅度削减排放使空气质量获得明显改善就是这个道理。其实，京津冀地区作为大气环境资源相对匮乏区的核心区域，大气污染从超重阶段转向较重阶段的过程中，正如图 3-5（c）中波形的上半部分所显示的那样，这个过程中减排的效果比较明显。

　　第三，随着大气污染治理的不断深入，大气污染进入较重阶段后，相对匮乏区的大气环境资源储量优势不再明显，可利用的大气环境资源开始表现出相对匮乏的一面。这意味着，2020 年以后，安康以东以北地区，也即华北大部和东北地区，将进入大气污染治理的新阶段。这一阶段，结构性减排的效果会越来越差，空气质量每向前改进一步，都需要付出较大的代价。也就是说，在相对匮乏区，空气质量达到发展级是相对容易的，但想要从发展级进入宜居级，则要付出很大代价，而想要从宜居级进入生态级，成本会更高。本质上，这是由相对匮乏区的大气环境资源特征决定的。对于未来 10 年相对匮乏区的大气污染治理成效，绝不能以 2013～2019 年的经验推定。

　　第四，从现实的大气污染控制标准看，安康分界线的意义明显。如果最终要实现生态级的空气质量标准，则丰富区的大气环境资源优势明显。相对匮乏区和匮乏区需要付出很大的经济代价，才能获得生态级空气质量。虽然现阶段相对匮乏区的大气污染治理取得了一定的成绩，但以后的工作会越来越难。大气污染治理成效与污染物排放减少不是等比例变动的，其变动关系主要取决于该地区的大气自然净化能力波形特征，以及大气污染所处的阶段。或者也可以表述为，大气污染治理成效与污染物排放的关系，主要取决于大气环境资源的整体特征，以及大气环境资源的消耗程度。

　　第五，大气环境的分级管理应该以大气环境资源为基础，而不是以大气污染的现实状况为基础。如果不考虑各区域大气环境资源的差异，制定相同的空气质量标准，对于大气环境资源较少的区域来说，就必须牺牲大量的经济活动，以减少大气环境资源的消耗。当然，这还要看空气质量的具体标准。如果将空气质量标准定在发展级，即承受一定程度的大气污染，此时各区域只要将大气环境资源的消耗控制在发展级以下就行。这种情况下，发展级大气环境资源是各区域制定排放控制目标的依据。是否具有大气环境资源方面的优势，主要取决于发展级大气环境资源的多寡。类似的，如果将空气质量标准定在宜居级，就需要按照宜居级大气环境资源的多寡来判定是否具有大气环境资源优势。因此，对于以安康线为基础划分的四个区域来说，采用不同的空气质量标准，其大气环境资源的优势也不同。如果采取相对严格的空气质量标准，则相对匮乏区和匮乏区的劣势明显。最近几年，中国加快生态文明建设，空气质量标准提升，环境政策收紧，执行力度加大，地处相对匮乏区的华北地区、东北地区和地处匮乏区的关中地区，经济增长与大气污染治理的矛盾明显加剧，表现出前所未有的压力。

不同地区采取相同的空气质量标准，主要考虑的是生态公平问题，不能因为大气环境资源少就应该承受污染。当然，如果考虑到经济公平问题，则不同地区应该采取不同的空气质量标准，进而建立大气环境资源分级管理体系。现阶段，一种比较适宜的分级原则是，坚持生态公平优先，同时兼顾经济公平。首先，划定一个空气质量的下限，比如发展级空气质量标准，所有区域的空气质量不能低于该标准，以保障生态公平。同时，为了体现经济公平，大气环境资源分级管理的目标应该是让各地的排放水平接近相同，而空气质量标准不同。然后，根据不同地方的大气环境资源状况，在保障空气质量基本目标的前提下，制定差异化的空气质量标准。既保障生态公平，又不失经济公平。例如，在大气环境资源匮乏区和相对匮乏区，可以将空气质量标准定在发展级；在大气环境资源一般区，则定在宜居级；而在大气环境资源丰富区，则定在生态级。当然，在大的区域内，还应该考虑小尺度的大气环境资源差异，如不同地市之间和县域之间。不管如何，大气环境的分级管理思路，应该以大气环境资源为基础，而不应该以大气污染的现实情况为基础。如果只是根据大气污染的现实情况制定大气环境资源分级管理标准，那么既不能保证生态公平，也不能保证经济公平。

其实，坚持生态公平优先，同时兼顾经济公平的原则也只是权宜之计，只是相对于单一标准的优化，并不能从根本上解决问题。长期来看，想要实现大气环境资源的有效配置，最好的方法是收取类似大气环境资源使用税性质的资源费，让大气环境资源以生产要素的形式真正参与经济活动。应结合不同地区的经济发展状况，核算大气污染造成的边际损失，按照损失等价原则，推动大气环境资源的合理定价，通过价格机制，最终实现中国大气环境资源的空间优化配置。

六　大气环境资源地理分布的稳定性

大气环境资源的周期性特征，必然使大气环境资源的地理分布具有稳定性。我们使用 2018 年中国大气环境资源的县级数据，分析得出的地理分布特征，应该与 2019 年的数据具有整体的一致性。为了验证这一特征，我们对 2019 年中国大气环境资源的县级数据进行空间分析，其沿经纬度变化的规律如图 3-6 和图 3-7 所示，高值样本分类标准参照表 3-9 所示。

表 3-9　高值样本分类标准（2019 年数据）

	生态级大气环境资源	宜居级大气环境资源	发展级大气环境资源	大气环境资源储量
高值样本分类标准	>30.8	>33.83	>38.37	>45.575

注：与 2018 年略有不同的是，2019 年高值样本分类标准严格按照大小排序的 75% 分位数区分，即按照从大到小排序，排在前 25% 的为高值样本。

图 3-6 是用 2019 年大气环境资源数据所做的分析，其结果与 2018 年数据分析结果非常相似。在东经 109°附近，大气环境资源的分化比较明显。

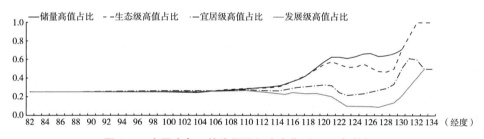

图 3-6　中国大气环境资源沿经度变化（2019 年数据）

类似的，2019 年数据显示（见图 3-7），中国大气环境资源沿纬度的变化规律与 2018 年的结果也非常相似，在北纬 33°和北纬 47°附近，中国大气环境资源分布有两个典型的变化。

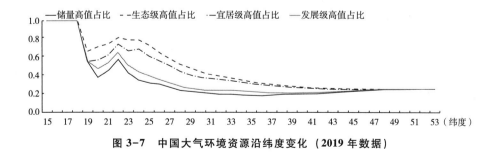

图 3-7　中国大气环境资源沿纬度变化（2019 年数据）

表 3-10 详细列出了 2019 年中国大气环境资源沿经度的变化趋势，可以看出，其与 2018 年的数据分析结果非常接近。

表 3-10　中国大气环境资源沿经度变化趋势（自西向东-2019 年数据）

经度 基线	样本 总量 （个）	生态级 大气环境资源		宜居级 大气环境资源		发展级 大气环境资源		大气环境 资源储量	
		高值量 （个）	百分比 （%）	高值量 （个）	百分比 （%）	高值量 （个）	百分比 （%）	高值量 （个）	百分比 （%）
82°E	2263	573	25.32	576	25.45	571	25.23	572	25.28
83°E	2253	572	25.39	574	25.48	569	25.26	570	25.30
84°E	2248	572	25.44	574	25.53	569	25.31	570	25.36
85°E	2243	571	25.46	573	25.55	568	25.32	569	25.37
86°E	2238	570	25.47	571	25.51	565	25.25	566	25.29
87°E	2227	570	25.59	571	25.64	565	25.37	566	25.42
88°E	2218	569	25.65	570	25.70	564	25.43	564	25.43
89°E	2212	568	25.68	569	25.72	562	25.41	562	25.41
90°E	2204	567	25.73	568	25.77	561	25.45	561	25.45
91°E	2196	566	25.77	567	25.82	559	25.46	559	25.46
92°E	2189	562	25.67	562	25.67	555	25.35	555	25.35
93°E	2185	561	25.68	561	25.68	554	25.35	553	25.31
94°E	2178	560	25.71	560	25.71	552	25.34	551	25.30
95°E	2172	559	25.74	559	25.74	550	25.32	549	25.28
96°E	2164	559	25.83	559	25.83	550	25.42	549	25.37
97°E	2161	558	25.82	558	25.82	549	25.40	548	25.36
98°E	2151	557	25.89	558	25.94	548	25.48	547	25.43
99°E	2134	555	26.01	556	26.05	546	25.59	544	25.49
100°E	2104	548	26.05	553	26.28	543	25.81	538	25.57
101°E	2070	537	25.94	546	26.38	537	25.94	530	25.60
102°E	2031	527	25.95	533	26.24	524	25.80	514	25.31
103°E	1968	507	25.76	512	26.02	506	25.71	492	25.00
104°E	1900	488	25.68	494	26.00	488	25.68	475	25.00
105°E	1838	479	26.06	484	26.33	480	26.12	469	25.52
106°E	1769	461	26.06	467	26.40	471	26.63	460	26.00
107°E	1687	443	26.26	455	26.97	463	27.45	454	26.91
108°E	1611	429	26.63	441	27.37	452	28.06	445	27.62
109°E	1536	411	26.76	423	27.54	438	28.52	434	28.26
110°E	1445	383	26.51	397	27.47	418	28.93	418	28.93
111°E	1347	343	25.46	358	26.58	392	29.10	394	29.25
112°E	1240	315	25.40	332	26.77	368	29.68	373	30.08
113°E	1124	273	24.29	295	26.25	339	30.16	346	30.78
114°E	1012	235	23.22	268	26.48	313	30.93	317	31.32
115°E	874	201	23.00	240	27.46	290	33.18	290	33.18
116°E	747	182	24.36	219	29.32	274	36.68	272	36.41
117°E	619	149	24.07	187	30.21	248	40.06	244	39.42
118°E	502	119	23.71	156	31.08	222	44.22	222	44.22

续表

经度基线	样本总量（个）	生态级大气环境资源		宜居级大气环境资源		发展级大气环境资源		大气环境资源储量	
		高值量（个）	百分比（%）	高值量（个）	百分比（%）	高值量（个）	百分比（%）	高值量（个）	百分比（%）
119°E	396	94	23.74	128	32.32	195	49.24	199	50.25
120°E	307	69	22.48	101	32.90	168	54.72	177	57.65
121°E	238	49	20.59	76	31.93	138	57.98	149	62.61
122°E	181	28	15.47	46	25.41	100	55.25	114	62.98
123°E	148	15	10.14	32	21.62	77	52.03	91	61.49
124°E	125	13	10.40	29	23.20	65	52.00	79	63.20
125°E	101	10	9.90	24	23.76	56	55.45	67	66.34
126°E	79	8	10.13	20	25.32	41	51.90	53	67.09
127°E	55	5	9.09	15	27.27	26	47.27	35	63.64
128°E	45	5	11.11	13	28.89	21	46.67	29	64.44
129°E	36	5	13.89	12	33.33	18	50.00	24	66.67
130°E	24	5	20.83	12	50.00	17	70.83	17	70.83
131°E	13	4	30.77	8	61.54	11	84.62	11	84.62
132°E	5	2	40.00	3	60.00	5	100.00	5	100.00
133°E	2	1	50.00	1	50.00	2	100.00	2	100.00
134°E	2	1	50.00	1	50.00	2	100.00	2	100.00

表 3-11 详细列出了 2019 年中国大气环境资源沿纬度的变化趋势，可以看出，其与 2018 年的数据分析结果也非常接近。

表 3-11 中国大气环境资源沿纬度变化趋势（自南向北-2019 年数据）

纬度基线	样本总量（个）	生态级大气环境资源		宜居级大气环境资源		发展级大气环境资源		大气环境资源储量	
		高值量（个）	百分比（%）	高值量（个）	百分比（%）	高值量（个）	百分比（%）	高值量（个）	百分比（%）
15°N	1	1	100.00	1	100.00	1	100.00	1	100.00
16°N	1	1	100.00	1	100.00	1	100.00	1	100.00
17°N	3	3	100.00	3	100.00	3	100.00	3	100.00
18°N	3	3	100.00	3	100.00	3	100.00	3	100.00
19°N	9	6	66.67	5	55.56	5	55.56	5	55.56
20°N	21	15	71.43	12	57.14	10	47.62	8	38.10
21°N	24	18	75.00	15	62.50	13	54.17	11	45.83
22°N	43	35	81.40	32	74.42	28	65.12	25	58.14
23°N	91	72	79.12	61	67.03	47	51.65	39	42.86
24°N	172	136	79.07	119	69.19	76	44.19	60	34.88

纬度基线	样本总量（个）	生态级大气环境资源		宜居级大气环境资源		发展级大气环境资源		大气环境资源储量	
		高值量（个）	百分比（%）	高值量（个）	百分比（%）	高值量（个）	百分比（%）	高值量（个）	百分比（%）
25°N	273	201	73.63	169	61.90	107	39.19	88	32.23
26°N	377	246	65.25	212	56.23	135	35.81	116	30.77
27°N	479	283	59.08	245	51.15	151	31.52	129	26.93
28°N	586	309	52.73	264	45.05	165	28.16	140	23.89
29°N	703	334	47.51	287	40.83	181	25.75	157	22.33
30°N	828	362	43.72	315	38.04	201	24.28	176	21.26
31°N	959	392	40.88	351	36.60	226	23.57	196	20.44
32°N	1067	417	39.08	382	35.80	251	23.52	210	19.68
33°N	1166	438	37.56	406	34.82	274	23.50	227	19.47
34°N	1252	442	35.30	415	33.15	285	22.76	234	18.69
35°N	1374	453	32.97	431	31.37	301	21.91	251	18.27
36°N	1498	467	31.17	449	29.97	322	21.50	273	18.22
37°N	1625	488	30.03	470	28.92	343	21.11	307	18.89
38°N	1743	509	29.20	487	27.94	370	21.23	342	19.62
39°N	1832	514	28.06	494	26.97	386	21.07	357	19.49
40°N	1923	526	27.35	506	26.31	404	21.01	383	19.92
41°N	1990	531	26.68	511	25.68	419	21.06	401	20.15
42°N	2057	541	26.30	524	25.47	451	21.93	434	21.10
43°N	2106	549	26.07	533	25.31	470	22.32	461	21.89
44°N	2144	553	25.79	538	25.09	489	22.81	481	22.43
45°N	2183	556	25.47	541	24.78	506	23.18	500	22.90
46°N	2216	563	25.41	555	25.05	530	23.92	525	23.69
47°N	2245	568	25.30	564	25.12	547	24.37	545	24.28
48°N	2268	571	25.18	571	25.18	561	24.74	559	24.65
49°N	2283	574	25.14	576	25.23	569	24.92	569	24.92
50°N	2291	575	25.10	578	25.23	574	25.05	574	25.05
51°N	2297	575	25.03	578	25.16	574	24.99	574	24.99
52°N	2298	575	25.02	578	25.15	574	24.98	575	25.02
53°N	2300	575	25.00	578	25.13	574	24.96	575	25.00

以安康分界线为基础，使用 2019 年数据计算中国大气环境资源的四个区域划分，其结果如表 3-12、表 3-13、表 3-14、表 3-15 所示。

表 3-12　安康分界线下生态级大气环境资源分布（2019 年数据）

区域		总样本量	高值样本数量	占比	分区
经度范围	纬度范围	（个）	（个）	（%）	
≥109°E	≤33°N	691	299	43.27	丰富区
<109°E	≤33°N	475	139	29.26	一般区
<109°E	>33°N	289	25	8.65	匮乏区
≥109°E	>33°N	845	112	13.25	相对匮乏区

表 3-13　安康分界线下宜居级大气环境资源分布（2019 年数据）

区域		总样本量	高值样本数量	占比	分区
经度范围	纬度范围	（个）	（个）	（%）	
≥109°E	≤33°N	691	279	40.38	丰富区
<109°E	≤33°N	475	127	26.74	一般区
<109°E	>33°N	289	28	9.69	匮乏区
≥109°E	>33°N	845	144	17.04	相对匮乏区

表 3-14　安康分界线下发展级大气环境资源分布（2019 年数据）

区域		总样本量	高值样本数量	占比	分区
经度范围	纬度范围	（个）	（个）	（%）	
≥109°E	≤33°N	691	183	26.48	丰富区
<109°E	≤33°N	475	91	19.16	一般区
<109°E	>33°N	289	45	15.57	匮乏区
≥109°E	>33°N	845	255	30.18	相对匮乏区

表 3-15　安康分界线下大气环境资源储量分布（2019 年数据）

区域		总样本量	高值样本数量	占比	分区
经度范围	纬度范围	（个）	（个）	（%）	
≥109°E	≤33°N	691	135	19.54	丰富区
<109°E	≤33°N	475	92	19.37	一般区
<109°E	>33°N	289	49	16.96	匮乏区
≥109°E	>33°N	845	299	35.38	相对匮乏区

从表 3-12 至表 3-15 可以看出，中国大气环境资源的安康分界线规律，具有一定的稳定性，至少相邻两年的规律性比较明显。同时，2019 年数据与 2018 年数据相比，四个区域如图 3-5 所示的特征更为明显。

中国大气环境资源地理分布规律的稳定性具有重要的战略意义。大气环境资源地理分布规律的稳定性是大气环境分级管理的理论基础，只有大气环境资源具有明显的周期性特征，大气环境资源的空间分布相对稳定，才能够对不同地区采用不同的大气污染防治策略。明确这一特征，是大气环境资源空间优化配置的前提。

七　结论

大气环境资源是大气环境经济性的体现，也是人类发展到一定阶段的产物，不同地区大气环境资源分布的多寡，是对大气环境资源优化配置的空间依据。中国的大气环境资源整体呈现南多北少、东多西少的状况。东经109°线和北纬33°线可以作为中国大气环境资源分布的地理分界线，即安康分界线。安康分界线根据生态级大气环境资源分布情况将中国大致分为四个区域，陕西省安康市以东以南地区为丰富区，以西以南地区为一般区，以东以北地区为相对匮乏区，以西以北地区为匮乏区。中国生态级大气环境资源分布空间差异明显，丰富区与匮乏区相差巨大。如果下调大气环境资源等级，大气环境资源分布的空间差异性缩小趋势明显。尤其是在大气环境资源储量方面，丰富区与相对匮乏区甚至出现了逆转。2019年与2018年数据对比表明，安康分界线具有一定的稳定性。

中国大气环境资源分级变化规律具有重要的现实意义，不仅可以反映出近几十年来中国大气污染治理的历史进程，还可以作为大气环境分级管理的基础，指导未来的大气污染防治工作。明确中国大气环境资源的地理分布，有助于平衡大气污染治理与经济发展的矛盾，为制定差异化的大气环境管理目标提供理论依据和数据支撑，做到生态公平优先，兼顾经济公平。当然，想要实现大气环境资源的长期有效配置，还要结合地区经济发展水平差异，核算污染物排放的边际影响和经济损失，进而通过大气环境资源的有效定价来实现长期可持续发展。

第四章　中国大气环境资源概况

本章主要介绍 2019 年中国大陆地区的大气环境资源状况，涵盖 31 个省级单位，包括 22 个省（除台湾地区）、5 个自治区和 4 个直辖市的 2200 多个县级以上区域。本章使用大气自然净化能力指数和大气环境容量指数的均值，对中国大气环境资源的整体分布情况做了概述。大气自然净化能力的平均水平，在一定程度上反映了本地的大气环境资源状况。简单地说，大气自然净化能力平均水平高，则意味着大气环境资源丰富，反之则匮乏。大气自然净化能力平均水平是本地大气环境资源的潜在优势。因此，我们用一个地区的大气自然净化能力的平均水平来衡量该地区的大气环境资源储量，平均水平越高，则意味着该地区可利用的大气环境资源越丰富。

大气环境资源的利用具有一定的客观限制，大气环境资源不可储存、不可调配。在大气自然净化能力较强的时候，如果没有排放污染物，就相当于浪费了大气环境资源。为了更好地反映大气环境资源的状况，充分考虑大气环境资源的利用特征，根据第二章的思路，对大气环境资源可利用性从高到低进行了战略分级，其分级方式与 2018 年的报告保持一致。首先是生态级大气环境资源，其含义是，全年污染物排放强度高于大气自然净化能力的时段不大于 10%，即生态级大气环境资源等于大气自然净化能力指数的 10% 分位数。一个地区大气自然净化能力指数的 10% 分位数越高，则说明该地区的生态级大气环境资源越丰富。其次是宜居级大气环境资源，即全年污染物排放强度高于大气自然净化能力的时段不大于 25%，对应大气自然净化能力指数的 25% 分位数。类似的，发展级大气环境资源对应大气自然净化能力指数的 50% 分位数。

简单地说，生态级大气环境资源的含义是，在保障大气环境处于生态区水平下，本地所能承载的最大污染物排放水平，或者理解为，在保障大气环境处于生态区水平时，本地大气活动所能净化的大气污染物的最大量。以此类推，宜居级大气环境资源是将大气环境质量控制在宜居水平时所能承载的污染物排放水平，发展级则是指将大气环境质量控制在发展级水平时所能承载的污染物排放水平。明确大气环境资源的分级，有利于根据经济发展水平和阶段，更好地利用大气环境资源，缓和经济增长与大气污染之间的矛盾，更好地处理人与自然和谐共生的关系。

从可持续发展角度看，宜居级大气环境资源应该是污染物排放控制的理论上限，也是中长期控制的目标。一方面，发展的目的是获得更多的社会总福利，以牺牲部分环境为代价的发展只能是权宜之计。所以，发展级大气环境资源只是一种次优选择，也是经济发展过程中的阶段性选择。长期来看，环境空气质量水平不应该低于宜居级，才是较为恰当的目标。另一方面，从风险角度考虑，也应该将污染物排放强度控制在宜居级以上，只有这样，才可以从容应对气候变化或气象波动带来的重污染过程，避免人、动植物和资产经受压力体验。因此，在宜居级大气环境资源的基础上，本章给出了各地大气污染物平衡排放警戒线的参考值。其含义是，当本地污染物排放强度超过这一数值时，就应该引起注意。实际应用中，该值不仅具有警戒意义，同时也是不同地区大气污染物排放控制的参考目标。

同时，对大气环境资源进行分级具有以下三层含义。

第一，污染物排放强度被假定为一个慢变的过程，至少与天气变化相比，污染物排放强度的波动是低幅、低速的。天气变化引起的大气自然净化能力的变化则是一个快变过程。这个假定的现实基础有两个：一方面，工业源和生活源的活动规律基本上是由经济规律决定的，工厂什么时候生产、生产多少，人们什么时候上下班、什么时候就餐，一般是较为规律的。技术水平和工艺过程决定了单位排放强度，活动规律决定了总排放强度。宏观上，一个地区的经济发展水平、产业结构和生活习惯，在很大程度上决定了该地区的污染物排放总强度。由于经济发展、生活习惯的变化是一个缓慢演进的过程，这就决定了一个地区污染物排放总强度是一个相对稳定的变量。另一个方面，污染源的种类有很多，虽然整体上它们的活动具有规律性，但微观上，这些污染源的活动不是同时进行的，这就导致污染物排放强度的时间波动性。污染物排放强度的时间波动性增加了对大气污染理解的难度，因为它使得空气质量的变化由两个实时变化的变量决定。鉴于以上两点，我们既不能将污染物排放强度看作一个不变的常量，也不能将其看作一个无序的变量。一个较为合适的处理方式是，将污染物排放强度看作一个低幅、低速波动的变量。也就是说，对于一个地区排放强度的定义应该从两个角度进行。一是总量水平，即经济发展水平、人口、产业结构等经济要素决定该地区的污染物排放总强度，总强度是一个范围的概念，它从根本上决定了一个地区污染物排放强度的特征和污染物排放强度实时波动的幅度。二是变量水平，即污染物排放强度的波动幅度，它会影响大气环境资源的利用效率。

第二，理解污染物排放强度的慢变特征，是理解大气环境资源分级的基础。对于某个地区来说，大气自然净化能力的实时性和周期性决定了大气环境资源同样具有总量和变量的特征，即大气环境资源总量决定了一个地区能够净化大气污染物的大致范围，同时这个范围也是变动的。在真实的管理过程中，我们很难人为干涉污染物排放强度的波动幅度，比如现实中的错峰生产管理，就具备一定的难度，更别说每家每户的生活调控了。所以，控制一个地区的污染物排放总强度，是一个可行的选择。这也是我们实施产业结构调整、煤改气工程等一系列计划的理论基础。污染物排放总强度控制，可以从根本上限制污染物排放强度的波动幅度，对降低大气污染程度具有重要的现实意义。

第三，对于大气环境资源的分级处理，是实施大气环境资源管理的一种宏观方法。其基本理念是：（1）将一个地区的大气自然净化能力指数从小到大进行排序；（2）确定空气质量目标，比如，一年内的污染天数（时长）等；（3）根据空气质量目标，查找出对应于该空气质量的大气自然净化能力指数值；（4）将污染物排放强度控制在该大气自然净化能力指数值以下。在大气环境资源丰富的地区，相同的空气质量目标，其对应的大气自然净化能力指数值高，就意味着其能承受的污染物排放强度大。类似的，我们也可以根据空气质量管理目标，给出不同地区的污染物排放强度警戒值。大气环境资源越匮乏，则警戒值越低，越容易报警。这也是大气污染物平衡排放警戒线参考值的现实意义。

一 中国大气环境资源整体分布

中国的自然地理条件和气象气候特征，决定了中国大气环境资源的整体分布情况呈现南多北少，东多西少的特征。根据第三章的分析，中国大气环境资源的地理分布可以以东经109°和北纬33°（即安康分界线）分界，将中国大致分为四个区域。其中安康以东以南地区为丰富区，以西以南地区为一般区，以北以东地区为相对匮乏区，以北以西地区为匮乏区。2019年中国大气环境资源状况与2018年相比，整体基本保持持平，一半以上地区的波动在1%以内，大部分地区的波动在2%以内，绝大部分地区的波动都没有超过3%。

我们对2019年不同省份的大气环境资源做了分级排序，具体如下。

（一）生态级大气环境资源分省排名

表4-1 生态级大气环境资源分省排名（2019-省级-ASPI 10%分位数样本均值排序）

排名	样本量（个）	省份	生态级大气环境资源
1	22	海南省	32.590
2	87	广东省	32.100
3	90	广西壮族自治区	31.931
4	66	福建省	31.181
5	78	安徽省	30.544
6	84	江西省	30.517
7	68	浙江省	30.489
8	124	云南省	30.471
9	10	上海市	30.341

续表

排名	样本量（个）	省份	生态级大气环境资源
10	77	湖北省	30.119
11	33	重庆市	30.081
12	152	四川省	29.916
13	70	江苏省	29.878
14	94	湖南省	29.833
15	39	西藏自治区	29.797
16	115	内蒙古自治区	29.686
17	84	贵州省	29.663
18	120	山东省	29.614
19	113	河南省	29.546
20	105	山西省	29.500
21	77	甘肃省	29.479
22	78	黑龙江省	29.361
23	57	辽宁省	29.190
24	13	天津市	29.153
25	19	宁夏回族自治区	29.021
26	90	陕西省	28.749
27	15	北京市	28.719
28	141	河北省	28.622
29	45	吉林省	28.547
30	44	青海省	28.497
31	91	新疆维吾尔自治区	27.485

（二）宜居级大气环境资源分省排名

表 4-2 宜居级大气环境资源分省排名（2019-省级-ASPI 25%分位数样本均值排序）

排名	样本量（个）	省份	宜居级大气环境资源
1	22	海南省	36.383
2	87	广东省	34.776
3	90	广西壮族自治区	34.699
4	68	浙江省	33.955
5	66	福建省	33.941
6	115	内蒙古自治区	33.887
7	10	上海市	33.845
8	78	安徽省	33.463
9	124	云南省	33.456
10	70	江苏省	33.214
11	84	江西省	33.143
12	120	山东省	33.063

排名	样本量（个）	省份	宜居级大气环境资源
13	77	湖北省	32.943
14	39	西藏自治区	32.899
15	78	黑龙江省	32.778
16	57	辽宁省	32.762
17	94	湖南省	32.583
18	113	河南省	32.555
19	33	重庆市	32.515
20	13	天津市	32.336
21	152	四川省	32.299
22	105	山西省	32.259
23	77	甘肃省	32.243
24	84	贵州省	32.240
25	19	宁夏回族自治区	31.838
26	45	吉林省	31.778
27	141	河北省	31.659
28	44	青海省	31.508
29	15	北京市	31.410
30	90	陕西省	31.348
31	91	新疆维吾尔自治区	30.362

（三）发展级大气环境资源分省排名

表 4-3　发展级大气环境资源分省排名（2019-省级-ASPI 50%分位数样本均值排序）

排名	样本量（个）	省份	发展级大气环境资源
1	115	内蒙古自治区	44.558
2	78	黑龙江省	43.306
3	22	海南省	42.648
4	57	辽宁省	41.999
5	39	西藏自治区	40.263
6	45	吉林省	39.931
7	68	浙江省	39.921
8	120	山东省	39.532
9	90	广西壮族自治区	39.421
10	87	广东省	38.981
11	124	云南省	38.766
12	66	福建省	38.538
13	10	上海市	38.301
14	70	江苏省	38.296
15	78	安徽省	38.116

排名	样本量（个）	省份	发展级大气环境资源
16	13	天津市	36.938
17	113	河南省	36.892
18	84	江西省	36.882
19	77	甘肃省	36.803
20	44	青海省	36.795
21	105	山西省	36.734
22	19	宁夏回族自治区	36.671
23	77	湖北省	36.655
24	94	湖南省	36.572
25	141	河北省	36.474
26	84	贵州省	35.784
27	33	重庆市	35.670
28	152	四川省	35.403
29	91	新疆维吾尔自治区	34.909
30	15	北京市	34.897
31	90	陕西省	34.698

（四）大气环境资源储量分省排名

表 4-4　大气环境资源储量分省排名（2019-省级-ASPI 平均数样本均值排序）

排名	样本量（个）	省份	大气环境资源储量
1	115	内蒙古自治区	49.689
2	78	黑龙江省	48.701
3	57	辽宁省	47.512
4	45	吉林省	46.539
5	22	海南省	46.165
6	39	西藏自治区	45.619
7	120	山东省	44.320
8	124	云南省	44.092
9	90	广西壮族自治区	43.734
10	87	广东省	43.193
11	68	浙江省	43.191
12	10	上海市	43.088
13	78	安徽省	42.817
14	70	江苏省	42.690
15	105	山西省	42.686
16	44	青海省	42.360
17	13	天津市	42.233
18	141	河北省	42.171

续表

排名	样本量（个）	省份	大气环境资源储量
19	66	福建省	41.898
20	113	河南省	41.877
21	19	宁夏回族自治区	41.250
22	77	甘肃省	40.636
23	77	湖北省	40.544
24	84	江西省	40.262
25	15	北京市	40.008
26	94	湖南省	39.753
27	91	新疆维吾尔自治区	39.237
28	84	贵州省	38.948
29	152	四川省	38.811
30	90	陕西省	38.493
31	33	重庆市	38.351

（五）大气环境资源分省年度波动

表 4-5　大气环境资源分省年度波动（2018~2019 年差分百分比）

单位：%

省份	2018~2019 年生态级大气环境资源波动百分比	2018~2019 年宜居级大气环境资源波动百分比	2018~2019 年发展级大气环境资源波动百分比	2018~2019 年大气环境资源储量波动百分比
安徽省	2.173	1.854	-0.199	0.534
北京市	3.568	3.307	2.700	-3.099
重庆市	2.473	2.439	2.208	-1.654
福建省	2.079	1.639	1.321	-0.945
广东省	2.501	2.659	1.370	-1.042
甘肃省	2.634	2.789	2.278	-1.652
广西壮族自治区	2.776	2.904	2.859	-2.346
贵州省	2.567	2.365	1.780	-1.164
湖北省	2.114	2.372	0.812	-0.240
河北省	3.584	3.714	3.387	-3.434
河南省	1.998	2.002	0.919	-0.056
海南省	2.347	1.776	-1.455	-1.207
黑龙江省	3.752	3.620	6.300	-4.934
湖南省	2.347	1.885	1.184	-0.099
吉林省	2.971	2.351	1.651	-2.537
江苏省	1.669	0.922	-1.653	2.268
江西省	2.581	2.276	1.173	-0.581
辽宁省	3.032	3.261	1.791	-1.516

省份	2018～2019 年 生态级大气环境资源 波动百分比	2018～2019 年 宜居级大气环境资源 波动百分比	2018～2019 年 发展级大气环境资源 波动百分比	2018～2019 年 大气环境资源储量 波动百分比
内蒙古自治区	2.326	1.277	0.036	-0.454
宁夏回族自治区	2.373	2.444	1.110	0.001
青海省	3.405	3.343	3.241	-3.118
四川省	2.592	2.604	2.256	-2.049
山东省	2.491	2.051	0.453	-0.003
上海市	1.346	1.615	-8.779	4.055
陕西省	2.273	2.305	1.439	-0.348
山西省	2.466	2.282	0.759	-0.962
天津市	3.107	3.019	1.737	-0.882
新疆维吾尔自治区	3.036	3.294	2.959	-2.036
西藏自治区	3.205	3.417	5.100	-3.995
云南省	2.310	2.475	3.838	-4.137
浙江省	1.553	0.795	-1.269	1.973

二 中国生态级大气环境资源县级排名

表 4-6 中国生态级大气环境资源县级排名（2019-县级-ASPI 10%分位数排序）

排名	省级	地市级	区县级	生态级大气环境资源
1	内蒙古自治区	巴彦淖尔市	乌拉特后旗西北	43.76
2	海南省	三沙市	南沙区	39.88
3	海南省	三亚市	吉阳区	38.11
4	浙江省	舟山市	嵊泗县	37.45
5	福建省	泉州市	晋江市	37.11
6	海南省	三沙市	西沙群岛珊瑚岛	37.03
7	湖南省	衡阳市	南岳区	36.77
8	广东省	湛江市	吴川市	36.38
9	浙江省	台州市	椒江区	36.28
10	广西壮族自治区	柳州市	柳北区	35.57
11	广东省	湛江市	徐闻县	35.47
12	广东省	阳江市	江城区	35.32
13	福建省	福州市	平潭县	35.19
14	海南省	三沙市	西沙区	35.13
15	云南省	曲靖市	会泽县	35.07
16	浙江省	宁波市	象山县（滨海）	34.98
17	福建省	福州市	福清市	34.84
18	福建省	漳州市	东山县	34.81

续表

排名	省级	地市级	区县级	生态级大气环境资源
19	安徽省	安庆市	望江县	34.79
20	云南省	昆明市	呈贡区	34.77
21	广西壮族自治区	玉林市	容县	34.73
22	广东省	江门市	上川岛	34.68
23	广西壮族自治区	柳州市	柳城县	34.68 *
24	湖北省	荆门市	掇刀区	34.66
25	广东省	湛江市	遂溪县	34.63
26	广西壮族自治区	防城港市	港口区	34.63
27	云南省	红河哈尼族彝族自治州	个旧市	34.60
28	福建省	泉州市	惠安县	34.59
29	内蒙古自治区	赤峰市	巴林右旗	34.54
30	浙江省	舟山市	普陀区	34.51
31	山东省	威海市	荣成市北海口	34.35
32	云南省	红河哈尼族彝族自治州	红河县	34.32
33	浙江省	台州市	玉环市	34.32
34	广东省	茂名市	电白区	34.24
35	浙江省	舟山市	岱山县	34.24
36	广西壮族自治区	贵港市	桂平市	34.21
37	广西壮族自治区	玉林市	陆川县	34.20
38	云南省	曲靖市	马龙县	34.15
39	广西壮族自治区	崇左市	江州区	34.14
40	广西壮族自治区	桂林市	临桂区	34.14
41	广东省	湛江市	雷州市	34.13
42	海南省	海口市	美兰区	34.13
43	浙江省	杭州市	萧山区	34.09
44	广西壮族自治区	南宁市	邕宁区	34.08
45	广东省	汕头市	澄海区	34.06
46	湖北省	鄂州市	鄂城区	34.06
47	云南省	楚雄彝族自治州	永仁县	34.01
48	安徽省	马鞍山市	当涂县	33.99
49	广东省	江门市	新会区	33.96
50	广西壮族自治区	柳州市	融水苗族自治县	33.96
51	江西省	九江市	湖口县	33.96
52	江西省	九江市	都昌县	33.91
53	山东省	青岛市	胶州市	33.90
54	广西壮族自治区	钦州市	钦南区	33.89
55	广东省	揭阳市	惠来县	33.88
56	广西壮族自治区	玉林市	博白县	33.79
57	江西省	抚州市	东乡区	33.79

---

*　原始数据中，数据格式为四位小数时，排序未出现数据相同情况，数据格式为两位小数时，由于四舍五入规则，出现部分数据相同但排名有先后的问题，其排名均为真实排序，本章同。

续表

排名	省级	地市级	区县级	生态级大气环境资源
58	福建省	漳州市	龙海市	33.78
59	广东省	湛江市	廉江市	33.78
60	广东省	湛江市	霞山区	33.77
61	福建省	莆田市	秀屿区	33.74
62	贵州省	贵阳市	清镇市	33.65
63	海南省	东方市	东方市	33.65
64	甘肃省	武威市	天祝藏族自治县	33.61
65	广东省	佛山市	禅城区	33.58
66	广西壮族自治区	贵港市	港北区	33.54
67	福建省	厦门市	湖里区	33.53
68	广东省	茂名市	高州市	33.53
69	云南省	丽江市	宁蒗彝族自治县	33.53
70	广东省	江门市	鹤山市	33.47
71	浙江省	温州市	平阳县	33.47
72	广东省	惠州市	惠东县	33.44
73	广西壮族自治区	崇左市	扶绥县	33.42
74	福建省	福州市	长乐区	33.41
75	广东省	佛山市	三水区	33.41
76	湖南省	郴州市	北湖区	33.36
77	湖南省	永州市	江华瑶族自治县	33.34
78	广东省	潮州市	饶平县	33.33
79	广东省	汕尾市	陆丰市	33.33
80	广西壮族自治区	柳州市	鹿寨县	33.33
81	山东省	烟台市	长岛县	33.33
82	云南省	曲靖市	宣威市	33.33
83	广西壮族自治区	南宁市	宾阳县	33.28
84	内蒙古自治区	通辽市	科尔沁左翼后旗	33.28
85	广东省	清远市	清城区	33.26
86	河南省	洛阳市	孟津县	33.25
87	辽宁省	大连市	金州区	33.25
88	福建省	泉州市	安溪县	33.23
89	云南省	曲靖市	师宗县	33.19
90	广东省	韶关市	翁源县	33.18
91	内蒙古自治区	阿拉善盟	阿拉善左旗南部	33.11
92	内蒙古自治区	包头市	白云鄂博矿区	33.10
93	广西壮族自治区	河池市	南丹县	33.08
94	广东省	肇庆市	四会市	33.06
95	广西壮族自治区	北海市	海城区（涠洲岛）	33.06
96	湖北省	襄阳市	襄城区	33.03
97	江西省	南昌市	进贤县	32.99
98	福建省	漳州市	云霄县	32.96

排名	省级	地市级	区县级	生态级大气环境资源
99	广西壮族自治区	河池市	宜州区	32.96
100	海南省	定安县	定安县	32.95
101	江苏省	南通市	启东市（滨海）	32.95
102	广西壮族自治区	河池市	都安瑶族自治县	32.94
103	浙江省	宁波市	余姚市	32.93
104	广西壮族自治区	南宁市	青秀区	32.90
105	福建省	泉州市	南安市	32.88
106	内蒙古自治区	鄂尔多斯市	杭锦旗	32.88
107	安徽省	安庆市	潜山县	32.85
108	浙江省	温州市	洞头区	32.85
109	内蒙古自治区	兴安盟	科尔沁右翼中旗	32.81
110	重庆市	巫山县	巫山县	32.77
111	广东省	佛山市	顺德区	32.77
112	山东省	青岛市	李沧区	32.77
113	云南省	红河哈尼族彝族自治州	蒙自市	32.77
114	广西壮族自治区	柳州市	融安县	32.76
115	广西壮族自治区	南宁市	隆安县	32.76
116	西藏自治区	拉萨市	墨竹工卡县	32.76
117	广西壮族自治区	桂林市	全州县	32.69
118	安徽省	安庆市	太湖县	32.65
119	广东省	珠海市	香洲区	32.61
120	湖北省	随州市	广水市	32.60
121	安徽省	合肥市	长丰县	32.59
122	广西壮族自治区	百色市	田阳县	32.59
123	重庆市	潼南区	潼南区	32.58
124	广东省	汕头市	潮阳区	32.58
125	广东省	广州市	天河区	32.57
126	内蒙古自治区	乌兰察布市	察哈尔右翼中旗	32.57
127	贵州省	黔东南苗族侗族自治州	丹寨县	32.56
128	安徽省	蚌埠市	怀远县	32.55
129	广西壮族自治区	玉林市	北流市	32.55
130	广东省	阳江市	阳春市	32.51
131	海南省	万宁市	万宁市	32.51
132	福建省	漳州市	漳浦县	32.48
133	山东省	烟台市	芝罘区	32.48
134	云南省	昆明市	西山区	32.48
135	广西壮族自治区	防城港市	东兴市	32.47
136	宁夏回族自治区	固原市	泾源县	32.47
137	湖北省	荆门市	钟祥市	32.44
138	内蒙古自治区	锡林郭勒盟	苏尼特右旗朱日和	32.44

续表

排名	省级	地市级	区县级	生态级大气环境资源
139	广西壮族自治区	河池市	环江毛南族自治县	32.41
140	贵州省	贵阳市	南明区	32.40
141	云南省	曲靖市	罗平县	32.39
142	贵州省	贵阳市	开阳县	32.38
143	江苏省	淮安市	金湖县	32.38
144	山西省	吕梁市	方山县	32.38
145	安徽省	合肥市	庐江县	32.37
146	广西壮族自治区	贵港市	平南县	32.37
147	四川省	凉山彝族自治州	德昌县	32.37
148	上海市	松江区	松江区	32.37
149	云南省	红河哈尼族彝族自治州	建水县	32.36
150	广西壮族自治区	南宁市	武鸣区	32.35
151	广西壮族自治区	河池市	罗城仫佬族自治县	32.34
152	广东省	茂名市	化州市	32.31
153	贵州省	铜仁市	万山区	32.31
154	江苏省	连云港市	连云区	32.30
155	海南省	昌江黎族自治县	昌江黎族自治县	32.28
156	甘肃省	甘南藏族自治州	夏河县	32.27
157	河南省	信阳市	新县	32.27
158	黑龙江省	鹤岗市	绥滨县	32.27
159	河南省	洛阳市	宜阳县	32.26
160	福建省	漳州市	诏安县	32.25
161	江苏省	南通市	如东县	32.24
162	湖南省	衡阳市	衡南县	32.23
163	江西省	上饶市	铅山县	32.23
164	四川省	凉山彝族自治州	喜德县	32.23
165	云南省	曲靖市	陆良县	32.23
166	贵州省	安顺市	平坝区	32.20
167	河北省	邢台市	桥东区	32.20
168	云南省	普洱市	镇沅彝族哈尼族拉祜族自治县	32.18
169	内蒙古自治区	阿拉善盟	额济纳旗东部	32.17
170	四川省	宜宾市	翠屏区	32.17
171	广西壮族自治区	梧州市	万秀区	32.16
172	湖南省	岳阳市	汨罗市	32.15
173	广西壮族自治区	桂林市	永福县	32.14
174	广西壮族自治区	贺州市	钟山县	32.14
175	广东省	韶关市	乐昌市	32.12
176	广西壮族自治区	百色市	田东县	32.12
177	福建省	莆田市	城厢区	32.11
178	江西省	九江市	永修县	32.11

排名	省级	地市级	区县级	生态级大气环境资源
179	重庆市	大足区	大足区	32.10
180	广西壮族自治区	桂林市	龙胜各族自治县	32.10
181	湖南省	株洲市	茶陵县	32.10
182	内蒙古自治区	锡林郭勒盟	苏尼特右旗	32.10
183	广东省	惠州市	惠城区	32.09
184	广东省	韶关市	武江区	32.09
185	广东省	珠海市	斗门区	32.09
186	西藏自治区	那曲市	班戈县	32.09
187	云南省	大理白族自治州	鹤庆县	32.09
188	辽宁省	营口市	大石桥市	32.08
189	福建省	宁德市	霞浦县	32.07
190	安徽省	铜陵市	枞阳县	32.05
191	广西壮族自治区	贺州市	八步区	32.05
192	宁夏回族自治区	中卫市	沙坡头区	32.04
193	湖南省	衡阳市	衡阳县	32.03
194	云南省	昆明市	宜良县	32.03
195	广东省	江门市	开平市	32.02
196	广西壮族自治区	百色市	西林县	32.02
197	广西壮族自治区	南宁市	横县	32.02
198	江西省	抚州市	南城县	32.02
199	江西省	九江市	彭泽县	32.02
200	山东省	临沂市	兰山区	32.02
201	广西壮族自治区	北海市	海城区	32.01
202	江西省	九江市	庐山市	32.01
203	山东省	烟台市	牟平区	32.01
204	西藏自治区	山南市	琼结县	32.01
205	广西壮族自治区	梧州市	藤县	32.00
206	青海省	海西蒙古族藏族自治州	格尔木市西部	32.00
207	山西省	长治市	平顺县	31.99
208	福建省	三明市	梅列区	31.98
209	广东省	汕尾市	城区	31.98
210	广东省	云浮市	新兴县	31.98
211	广东省	揭阳市	普宁市	31.97
212	辽宁省	大连市	长海县	31.97
213	湖南省	益阳市	南县	31.96
214	吉林省	吉林市	丰满区	31.96
215	广西壮族自治区	防城港市	上思县	31.95
216	江西省	吉安市	万安县	31.95
217	新疆维吾尔自治区	博尔塔拉蒙古自治州	阿拉山口市	31.95
218	广东省	惠州市	博罗县	31.94

排名	省级	地市级	区县级	生态级大气环境资源
219	广西壮族自治区	北海市	合浦县	31.94
220	广西壮族自治区	梧州市	龙圩区	31.94
221	云南省	大理白族自治州	剑川县	31.94
222	湖北省	黄冈市	武穴市	31.93
223	江苏省	镇江市	扬中市	31.93
224	黑龙江省	佳木斯市	同江市	31.92
225	江苏省	苏州市	吴中区	31.92
226	陕西省	铜川市	宜君县	31.91
227	山东省	济南市	平阴县	31.90
228	浙江省	温州市	乐清市	31.90
229	广西壮族自治区	贺州市	富川瑶族自治县	31.89
230	湖北省	黄冈市	黄州区	31.89
231	海南省	临高县	临高县	31.89
232	山东省	青岛市	市南区	31.89
233	广西壮族自治区	崇左市	天等县	31.88
234	山西省	长治市	壶关县	31.88
235	山东省	威海市	文登区	31.87
236	广东省	汕头市	南澳县	31.86
237	广西壮族自治区	桂林市	资源县	31.86
238	内蒙古自治区	兴安盟	突泉县	31.86
239	云南省	昆明市	石林彝族自治县	31.86
240	广东省	揭阳市	榕城区	31.84
241	海南省	海口市	琼山区	31.83
242	安徽省	滁州市	天长市	31.82
243	广西壮族自治区	梧州市	蒙山县	31.81
244	山西省	吕梁市	中阳县	31.81
245	贵州省	毕节市	大方县	31.80
246	四川省	凉山彝族自治州	盐源县	31.80
247	四川省	南充市	仪陇县	31.80
248	甘肃省	金昌市	永昌县	31.79
249	甘肃省	临夏回族自治州	东乡族自治县	31.79
250	内蒙古自治区	兴安盟	扎赉特旗	31.79
251	福建省	福州市	罗源县	31.78
252	江苏省	泰州市	靖江市	31.78
253	湖南省	湘潭市	湘潭县	31.77
254	山东省	烟台市	栖霞市	31.77
255	安徽省	池州市	东至县	31.76
256	河南省	鹤壁市	淇县	31.76
257	山东省	威海市	荣成市南海口	31.76
258	山东省	潍坊市	昌邑市	31.76

续表

排名	省级	地市级	区县级	生态级大气环境资源
259	山西省	晋中市	榆次区	31.76
260	浙江省	宁波市	象山县	31.76
261	广东省	河源市	连平县	31.75
262	广东省	潮州市	湘桥区	31.74
263	四川省	资阳市	安岳县	31.74
264	广西壮族自治区	来宾市	象州县	31.73
265	陕西省	铜川市	王益区	31.72
266	山西省	晋城市	沁水县	31.71
267	广东省	广州市	花都区	31.70
268	河南省	洛阳市	新安县	31.70
269	黑龙江省	绥化市	肇东市	31.69
270	内蒙古自治区	呼伦贝尔市	海拉尔区	31.69
271	云南省	文山壮族苗族自治州	丘北县	31.68
272	广东省	江门市	台山市	31.67
273	山东省	德州市	武城县	31.67
274	广东省	韶关市	始兴县	31.66
275	广西壮族自治区	梧州市	岑溪市	31.66
276	辽宁省	锦州市	凌海市	31.66
277	云南省	曲靖市	麒麟区	31.66
278	福建省	漳州市	南靖县	31.65
279	广西壮族自治区	钦州市	灵山县	31.65
280	海南省	琼海市	琼海市	31.65
281	四川省	甘孜藏族自治州	白玉县	31.65
282	云南省	红河哈尼族彝族自治州	元阳县	31.65
283	云南省	玉溪市	通海县	31.65
284	安徽省	滁州市	明光市	31.64
285	福建省	龙岩市	武平县	31.64
286	广东省	梅州市	平远县	31.64
287	江苏省	常州市	金坛区	31.64
288	云南省	德宏傣族景颇族自治州	梁河县	31.64
289	云南省	红河哈尼族彝族自治州	绿春县	31.64
290	西藏自治区	山南市	乃东区	31.63
291	山东省	烟台市	蓬莱市	31.62
292	重庆市	渝北区	渝北区	31.60
293	广东省	梅州市	丰顺县	31.60
294	内蒙古自治区	阿拉善盟	阿拉善左旗东南	31.60
295	广东省	韶关市	南雄市	31.59
296	广西壮族自治区	河池市	巴马瑶族自治县	31.59
297	广西壮族自治区	来宾市	金秀瑶族自治县	31.59
298	广西壮族自治区	来宾市	武宣县	31.59

排名	省级	地市级	区县级	生态级大气环境资源
299	江苏省	南京市	浦口区	31.59
300	山西省	长治市	长治县	31.59
301	广西壮族自治区	百色市	那坡县	31.58
302	湖北省	黄冈市	黄梅县	31.58
303	黑龙江省	大庆市	肇源县	31.58
304	四川省	攀枝花市	仁和区	31.58
305	广西壮族自治区	南宁市	马山县	31.57
306	云南省	玉溪市	新平彝族傣族自治县	31.57
307	广西壮族自治区	百色市	隆林各族自治县	31.56
308	福建省	漳州市	长泰县	31.55
309	广东省	梅州市	蕉岭县	31.55
310	甘肃省	张掖市	民乐县	31.55
311	四川省	甘孜藏族自治州	九龙县	31.55
312	云南省	玉溪市	元江哈尼族彝族傣族自治县	31.55
313	河北省	邢台市	内丘县	31.54
314	广东省	汕尾市	海丰县	31.53
315	广西壮族自治区	南宁市	上林县	31.53
316	海南省	文昌市	文昌市	31.53
317	四川省	内江市	隆昌市	31.53
318	西藏自治区	日喀则市	拉孜县	31.53
319	西藏自治区	山南市	错那县	31.53
320	云南省	红河哈尼族彝族自治州	石屏县	31.53
321	福建省	福州市	鼓楼区	31.52
322	福建省	泉州市	永春县	31.52
323	湖北省	荆州市	石首市	31.52
324	内蒙古自治区	呼伦贝尔市	新巴尔虎右旗	31.52
325	山东省	潍坊市	高密市	31.52
326	河北省	唐山市	滦南县	31.51
327	山西省	忻州市	宁武县	31.51
328	浙江省	绍兴市	柯桥区	31.51
329	广西壮族自治区	百色市	靖西市	31.50
330	青海省	海西蒙古族藏族自治州	天峻县	31.50
331	山东省	德州市	夏津县	31.50
332	安徽省	淮南市	凤台县	31.49
333	广东省	河源市	和平县	31.49
334	山东省	济南市	长清区	31.49
335	山西省	忻州市	神池县	31.49
336	内蒙古自治区	锡林郭勒盟	正蓝旗	31.48
337	河南省	驻马店市	确山县	31.47
338	四川省	攀枝花市	盐边县	31.47

续表

排名	省级	地市级	区县级	生态级大气环境资源
339	云南省	昭通市	永善县	31.47
340	安徽省	宣城市	绩溪县	31.46
341	广东省	梅州市	兴宁市	31.46
342	福建省	厦门市	同安区	31.45
343	贵州省	安顺市	西秀区	31.45
344	四川省	雅安市	汉源县	31.45
345	江西省	赣州市	石城县	31.44
346	广西壮族自治区	来宾市	忻城县	31.43
347	贵州省	贵阳市	白云区	31.43
348	贵州省	黔东南苗族侗族自治州	锦屏县	31.43
349	湖北省	咸宁市	通城县	31.43
350	吉林省	长春市	榆树市	31.43
351	江苏省	泰州市	兴化市	31.43
352	广东省	肇庆市	怀集县	31.42
353	广东省	肇庆市	封开县	31.42
354	山西省	临汾市	乡宁县	31.42
355	广西壮族自治区	玉林市	玉州区	31.41
356	内蒙古自治区	通辽市	奈曼旗南部	31.41
357	浙江省	杭州市	桐庐县	31.40
358	福建省	福州市	闽侯县	31.39
359	江西省	鹰潭市	月湖区	31.39
360	江西省	景德镇市	乐平市	31.38
361	内蒙古自治区	鄂尔多斯市	杭锦旗西北	31.38
362	云南省	曲靖市	富源县	31.38
363	云南省	玉溪市	江川区	31.38
364	甘肃省	天水市	武山县	31.37
365	河北省	沧州市	海兴县	31.36
366	湖南省	常德市	临澧县	31.36
367	湖南省	衡阳市	耒阳市	31.36
368	吉林省	白城市	洮南市	31.36
369	陕西省	延安市	黄龙县	31.36
370	安徽省	安庆市	大观区	31.35
371	重庆市	秀山土家族苗族自治县	秀山土家族苗族自治县	31.35
372	广西壮族自治区	桂林市	兴安县	31.35
373	江西省	上饶市	上饶县	31.35
374	山西省	大同市	广灵县	31.35
375	福建省	龙岩市	连城县	31.34
376	黑龙江省	佳木斯市	富锦市	31.34
377	黑龙江省	佳木斯市	桦南县	31.34
378	云南省	大理白族自治州	祥云县	31.33

排名	省级	地市级	区县级	生态级大气环境资源
379	安徽省	马鞍山市	花山区	31.32
380	内蒙古自治区	阿拉善盟	阿拉善左旗	31.32
381	西藏自治区	阿里地区	普兰县	31.32
382	广东省	广州市	从化区	31.31
383	甘肃省	酒泉市	肃北蒙古族自治县	31.31
384	江西省	抚州市	金溪县	31.31
385	西藏自治区	阿里地区	改则县	31.31
386	云南省	大理白族自治州	弥渡县	31.31
387	云南省	昭通市	鲁甸县	31.31
388	辽宁省	锦州市	北镇市	31.30
389	内蒙古自治区	呼和浩特市	新城区	31.30
390	云南省	红河哈尼族彝族自治州	弥勒市	31.30
391	云南省	文山壮族苗族自治州	西麻栗坡县	31.30
392	湖北省	咸宁市	咸安区	31.29
393	上海市	崇明区	崇明区	31.29
394	安徽省	安庆市	宿松县	31.28
395	安徽省	池州市	贵池区	31.28
396	福建省	福州市	晋安区	31.28
397	广东省	江门市	恩平市	31.28
398	湖南省	郴州市	临武县	31.28
399	云南省	普洱市	景谷傣族彝族自治县	31.28
400	安徽省	安庆市	怀宁县	31.27
401	广西壮族自治区	百色市	平果县	31.27
402	江西省	萍乡市	安源区	31.27
403	湖北省	武汉市	新洲区	31.26
404	安徽省	安庆市	桐城市	31.25
405	广东省	梅州市	五华县	31.25
406	河南省	许昌市	长葛市	31.25
407	海南省	五指山市	五指山市	31.25
408	内蒙古自治区	巴彦淖尔市	磴口县	31.25
409	山东省	济南市	章丘区	31.25
410	云南省	大理白族自治州	永平县	31.25
411	福建省	漳州市	华安县	31.24
412	广东省	云浮市	郁南县	31.24
413	河南省	安阳市	林州市	31.24
414	江西省	赣州市	全南县	31.24
415	安徽省	阜阳市	界首市	31.22
416	甘肃省	武威市	古浪县	31.22
417	湖北省	咸宁市	嘉鱼县	31.22
418	河南省	洛阳市	嵩县	31.22

续表

排名	省级	地市级	区县级	生态级大气环境资源
419	江西省	赣州市	大余县	31.22
420	内蒙古自治区	包头市	固阳县	31.22
421	四川省	凉山彝族自治州	布拖县	31.22
422	山东省	临沂市	临沭县	31.22
423	安徽省	淮南市	田家庵区	31.21
424	福建省	泉州市	德化县	31.21
425	广东省	云浮市	云城区	31.21
426	广东省	肇庆市	德庆县	31.21
427	江西省	新余市	分宜县	31.21
428	云南省	普洱市	西盟佤族自治县	31.21
429	广东省	惠州市	龙门县	31.20
430	贵州省	安顺市	普定县	31.20
431	湖南省	常德市	武陵区	31.20
432	江西省	吉安市	泰和县	31.20
433	湖北省	黄冈市	罗田县	31.19
434	云南省	临沧市	永德县	31.19
435	广东省	广州市	增城区	31.18
436	内蒙古自治区	包头市	达尔罕茂明安联合旗东南	31.18
437	内蒙古自治区	乌兰察布市	商都县	31.18
438	山西省	运城市	临猗县	31.18
439	广东省	茂名市	信宜市	31.17
440	江西省	宜春市	樟树市	31.17
441	云南省	文山壮族苗族自治州	西畴县	31.17
442	广东省	深圳市	罗湖区	31.16
443	甘肃省	庆阳市	合水县	31.16
444	贵州省	贵阳市	修文县	31.16
445	云南省	楚雄彝族自治州	姚安县	31.16
446	山东省	潍坊市	临朐县	31.15
447	西藏自治区	日喀则市	聂拉木县	31.15
448	湖北省	孝感市	安陆市	31.14
449	河北省	邯郸市	武安市	31.14
450	河南省	驻马店市	正阳县	31.14
451	湖南省	长沙市	宁乡市	31.14
452	江西省	吉安市	吉水县	31.14
453	云南省	丽江市	永胜县	31.14
454	河南省	洛阳市	偃师市	31.13
455	广东省	肇庆市	端州区	31.11
456	河南省	洛阳市	洛宁县	31.10
457	辽宁省	葫芦岛市	连山区	31.10
458	青海省	海西蒙古族藏族自治州	格尔木市西南	31.10

排名	省级	地市级	区县级	生态级大气环境资源
459	四川省	阿坝藏族羌族自治州	松潘县	31.10
460	四川省	南充市	营山县	31.10
461	山西省	大同市	左云县	31.10
462	福建省	宁德市	柘荣县	31.09
463	黑龙江省	大庆市	杜尔伯特蒙古族自治县	31.08
464	上海市	浦东新区	浦东新区	31.08
465	云南省	西双版纳傣族自治州	勐海县	31.08
466	广西壮族自治区	百色市	乐业县	31.07
467	广西壮族自治区	桂林市	恭城瑶族自治县	31.07
468	湖南省	郴州市	汝城县	31.07
469	江西省	赣州市	定南县	31.07
470	内蒙古自治区	通辽市	扎鲁特旗西北	31.07
471	广西壮族自治区	百色市	德保县	31.06
472	贵州省	黔西南布依族苗族自治州	安龙县	31.06
473	黑龙江省	齐齐哈尔市	讷河市	31.06
474	湖南省	岳阳市	湘阴县	31.06
475	山东省	威海市	荣成市	31.06
476	安徽省	合肥市	肥东县	31.05
477	湖南省	永州市	零陵区	31.05
478	湖南省	株洲市	攸县	31.05
479	江苏省	南京市	高淳区	31.05
480	江西省	吉安市	新干县	31.05
481	云南省	昆明市	富民县	31.05
482	浙江省	嘉兴市	秀洲区	31.05
483	广东省	广州市	番禺区	31.04
484	新疆维吾尔自治区	和田地区	洛浦县	31.04
485	江苏省	镇江市	丹阳市	31.03
486	内蒙古自治区	通辽市	科尔沁左翼中旗南部	31.03
487	西藏自治区	昌都市	八宿县	31.03
488	云南省	大理白族自治州	宾川县	31.03
489	江西省	吉安市	永新县	31.02
490	重庆市	合川区	合川区	31.01
491	河北省	邯郸市	永年区	31.01
492	湖南省	株洲市	炎陵县	31.01
493	山东省	烟台市	招远市	31.01
494	上海市	嘉定区	嘉定区	31.01
495	西藏自治区	日喀则市	亚东县	31.01
496	云南省	德宏傣族景颇族自治州	盈江县	31.01
497	黑龙江省	佳木斯市	抚远市	31.00
498	山西省	长治市	武乡县	31.00

续表

排名	省级	地市级	区县级	生态级大气环境资源
499	安徽省	宿州市	灵璧县	30.99
500	广东省	梅州市	梅江区	30.99
501	湖南省	株洲市	醴陵市	30.99
502	云南省	昆明市	寻甸回族彝族自治县	30.99
503	浙江省	丽水市	青田县	30.99
504	河南省	安阳市	汤阴县	30.98
505	四川省	广安市	广安区	30.98
506	山西省	临汾市	襄汾县	30.98
507	安徽省	蚌埠市	五河县	30.97
508	湖南省	永州市	双牌县	30.97
509	内蒙古自治区	赤峰市	巴林左旗北部	30.97
510	云南省	曲靖市	沾益区	30.97
511	云南省	文山壮族苗族自治州	富宁县	30.97
512	天津市	宁河区	宁河区	30.96
513	广东省	韶关市	乳源瑶族自治县	30.95
514	广东省	中山市	西区	30.95
515	广西壮族自治区	桂林市	叠彩区	30.95
516	广西壮族自治区	崇左市	大新县	30.94
517	海南省	澄迈县	澄迈县	30.94
518	江苏省	泰州市	海陵区	30.94
519	山西省	吕梁市	临县	30.94
520	安徽省	滁州市	全椒县	30.93
521	贵州省	毕节市	威宁彝族回族苗族自治县	30.93
522	河南省	信阳市	息县	30.93
523	江西省	抚州市	南丰县	30.93
524	辽宁省	朝阳市	喀喇沁左翼蒙古族自治县	30.93
525	内蒙古自治区	通辽市	奈曼旗	30.93
526	云南省	昆明市	晋宁区	30.93
527	安徽省	黄山市	徽州区	30.92
528	广西壮族自治区	桂林市	灌阳县	30.92
529	广西壮族自治区	柳州市	柳江区	30.92
530	四川省	甘孜藏族自治州	丹巴县	30.92
531	云南省	保山市	施甸县	30.92
532	云南省	临沧市	云县	30.92
533	吉林省	白城市	镇赉县	30.91
534	江西省	上饶市	广丰区	30.91
535	四川省	凉山彝族自治州	普格县	30.91
536	西藏自治区	那曲市	申扎县	30.91
537	广西壮族自治区	桂林市	平乐县	30.90
538	山东省	德州市	临邑县	30.90

排名	省级	地市级	区县级	生态级大气环境资源
539	宁夏回族自治区	吴忠市	同心县	30.89
540	四川省	眉山市	丹棱县	30.89
541	四川省	南充市	南部县	30.89
542	安徽省	芜湖市	鸠江区	30.88
543	安徽省	宣城市	郎溪县	30.88
544	湖南省	郴州市	桂阳县	30.88
545	江西省	新余市	渝水区	30.88
546	广东省	清远市	英德市	30.87
547	广东省	韶关市	仁化县	30.87
548	河南省	驻马店市	新蔡县	30.87
549	辽宁省	沈阳市	康平县	30.87
550	福建省	福州市	永泰县	30.86
551	广西壮族自治区	桂林市	雁山区	30.86
552	辽宁省	丹东市	东港市	30.86
553	云南省	红河哈尼族彝族自治州	金平苗族瑶族傣族自治县	30.86
554	浙江省	衢州市	江山市	30.86
555	贵州省	黔西南布依族苗族自治州	贞丰县	30.85
556	湖北省	黄石市	大冶市	30.85
557	黑龙江省	绥化市	兰西县	30.85
558	内蒙古自治区	锡林郭勒盟	二连浩特市	30.85
559	广东省	清远市	连南瑶族自治县	30.84
560	广西壮族自治区	桂林市	荔浦县	30.84
561	四川省	凉山彝族自治州	美姑县	30.84
562	广东省	清远市	佛冈县	30.83
563	海南省	儋州市	儋州市	30.83
564	江西省	上饶市	弋阳县	30.83
565	内蒙古自治区	通辽市	库伦旗	30.83
566	福建省	宁德市	周宁县	30.82
567	云南省	临沧市	凤庆县	30.82
568	江西省	宜春市	丰城市	30.81
569	内蒙古自治区	赤峰市	阿鲁科尔沁旗	30.81
570	湖北省	恩施土家族苗族自治州	咸丰县	30.79
571	河南省	驻马店市	上蔡县	30.78
572	黑龙江省	牡丹江市	绥芬河市	30.78
573	四川省	攀枝花市	米易县	30.78
574	山西省	临汾市	蒲县	30.78
575	安徽省	芜湖市	无为县	30.77
576	江西省	赣州市	南康区	30.77
577	安徽省	池州市	青阳县	30.76
578	广东省	清远市	阳山县	30.76

排名	省级	地市级	区县级	生态级大气环境资源
579	海南省	陵水黎族自治县	陵水黎族自治县	30.76
580	江苏省	盐城市	亭湖区	30.76
581	内蒙古自治区	鄂尔多斯市	乌审旗北部	30.76
582	浙江省	嘉兴市	平湖市	30.76
583	湖北省	黄冈市	浠水县	30.74
584	云南省	昆明市	嵩明县	30.74
585	湖北省	宜昌市	当阳市	30.73
586	云南省	文山壮族苗族自治州	文山市	30.73
587	重庆市	铜梁区	铜梁区	30.72
588	湖南省	邵阳市	新宁县	30.72
589	辽宁省	鞍山市	台安县	30.72
590	重庆市	云阳县	云阳县	30.71
591	广西壮族自治区	百色市	田林县	30.71
592	黑龙江省	哈尔滨市	巴彦县	30.71
593	黑龙江省	鸡西市	鸡冠区	30.71
594	山西省	忻州市	忻府区	30.71
595	浙江省	台州市	天台县	30.70
596	贵州省	铜仁市	玉屏侗族自治县	30.69
597	河南省	鹤壁市	浚县	30.69
598	黑龙江省	佳木斯市	桦川县	30.69
599	湖南省	岳阳市	岳阳县	30.69
600	江西省	宜春市	袁州区	30.69
601	内蒙古自治区	通辽市	科尔沁左翼中旗	30.69
602	新疆维吾尔自治区	塔城地区	裕民县	30.69
603	云南省	昭通市	巧家县	30.69
604	四川省	成都市	金堂县	30.68
605	福建省	三明市	建宁县	30.67
606	甘肃省	张掖市	甘州区	30.67
607	湖北省	宜昌市	宜都市	30.67
608	广东省	汕头市	金平区	30.66
609	湖南省	张家界市	慈利县	30.66
610	江苏省	苏州市	张家港市	30.66
611	江西省	南昌市	新建区	30.66
612	江苏省	南通市	崇川区	30.65
613	四川省	雅安市	石棉县	30.65
614	云南省	普洱市	孟连傣族拉祜族佤族自治县	30.65
615	浙江省	湖州市	德清县	30.65
616	河南省	南阳市	宛城区	30.64
617	四川省	绵阳市	三台县	30.64
618	北京市	门头沟区	门头沟区	30.63

排名	省级	地市级	区县级	生态级大气环境资源
619	黑龙江省	鸡西市	密山市	30.63
620	吉林省	四平市	公主岭市	30.63
621	内蒙古自治区	鄂尔多斯市	乌审旗	30.63
622	四川省	甘孜藏族自治州	泸定县	30.63
623	云南省	大理白族自治州	巍山彝族回族自治县	30.63
624	广西壮族自治区	钦州市	浦北县	30.62
625	贵州省	贵阳市	乌当区	30.62
626	贵州省	黔西南布依族苗族自治州	晴隆县	30.62
627	湖南省	永州市	祁阳县	30.62
628	云南省	昭通市	彝良县	30.62
629	重庆市	涪陵区	涪陵区	30.61
630	贵州省	贵阳市	花溪区	30.61
631	湖北省	十堰市	郧阳区	30.61
632	黑龙江省	哈尔滨市	双城区	30.61
633	黑龙江省	齐齐哈尔市	龙江县	30.61
634	湖南省	长沙市	芙蓉区	30.61
635	江西省	吉安市	遂川县	30.61
636	重庆市	巴南区	巴南区	30.60
637	福建省	龙岩市	上杭县	30.60
638	福建省	南平市	松溪县	30.60
639	陕西省	榆林市	榆阳区	30.60
640	浙江省	杭州市	富阳区	30.60
641	浙江省	宁波市	宁海县	30.60
642	海南省	屯昌县	屯昌县	30.59
643	江西省	南昌市	安义县	30.59
644	四川省	凉山彝族自治州	木里藏族自治县	30.59
645	四川省	眉山市	洪雅县	30.59
646	陕西省	咸阳市	礼泉县	30.59
647	黑龙江省	绥化市	庆安县	30.58
648	江苏省	苏州市	太仓市	30.58
649	江西省	九江市	浔阳区	30.58
650	浙江省	温州市	瑞安市	30.58
651	吉林省	吉林市	舒兰市	30.57
652	江苏省	南通市	启东市	30.57
653	江西省	赣州市	瑞金市	30.57
654	江西省	宜春市	上高县	30.57
655	安徽省	芜湖市	镜湖区	30.56
656	安徽省	芜湖市	繁昌县	30.56
657	湖北省	武汉市	黄陂区	30.56
658	黑龙江省	七台河市	勃利县	30.56

排名	省级	地市级	区县级	生态级大气环境资源
659	吉林省	长春市	九台区	30.56
660	内蒙古自治区	赤峰市	敖汉旗	30.56
661	山东省	菏泽市	牡丹区	30.56
662	安徽省	滁州市	来安县	30.55
663	广东省	河源市	源城区	30.55
664	云南省	红河哈尼族彝族自治州	开远市	30.55
665	黑龙江省	齐齐哈尔市	克山县	30.54
666	江西省	赣州市	宁都县	30.54
667	山东省	济宁市	金乡县	30.54
668	山西省	大同市	浑源县	30.54
669	山西省	太原市	古交市	30.54
670	云南省	楚雄彝族自治州	牟定县	30.54
671	广西壮族自治区	百色市	凌云县	30.53
672	浙江省	杭州市	上城区	30.53
673	浙江省	杭州市	淳安县	30.53
674	安徽省	阜阳市	阜南县	30.52
675	广东省	河源市	龙川县	30.52
676	甘肃省	甘南藏族自治州	临潭县	30.52
677	贵州省	毕节市	金沙县	30.52
678	四川省	泸州市	古蔺县	30.52
679	云南省	昆明市	安宁市	30.52
680	广西壮族自治区	防城港市	防城区	30.51
681	广西壮族自治区	柳州市	三江侗族自治县	30.51
682	河南省	南阳市	唐河县	30.51
683	上海市	奉贤区	奉贤区	30.51
684	陕西省	延安市	洛川县	30.51
685	浙江省	嘉兴市	桐乡市	30.51
686	浙江省	温州市	泰顺县	30.51
687	甘肃省	定西市	安定区	30.50
688	甘肃省	甘南藏族自治州	碌曲县	30.50
689	湖北省	武汉市	江夏区	30.50
690	湖北省	襄阳市	谷城县	30.50
691	河南省	南阳市	镇平县	30.50
692	江西省	吉安市	安福县	30.50
693	四川省	泸州市	纳溪区	30.50
694	上海市	金山区	金山区	30.50
695	西藏自治区	日喀则市	江孜县	30.50
696	重庆市	綦江区	綦江区	30.49
697	福建省	漳州市	芗城区	30.49
698	湖北省	孝感市	云梦县	30.49

排名	省级	地市级	区县级	生态级大气环境资源
699	四川省	凉山彝族自治州	金阳县	30.49
700	西藏自治区	山南市	浪卡子县	30.49
701	重庆市	璧山区	璧山区	30.48
702	甘肃省	庆阳市	正宁县	30.48
703	湖北省	咸宁市	崇阳县	30.48
704	湖南省	衡阳市	衡山县	30.48
705	江西省	抚州市	崇仁县	30.48
706	四川省	甘孜藏族自治州	康定市	30.48
707	四川省	凉山彝族自治州	冕宁县	30.48
708	福建省	南平市	光泽县	30.47
709	河南省	安阳市	北关区	30.47
710	吉林省	长春市	德惠市	30.47
711	四川省	阿坝藏族羌族自治州	茂县	30.47
712	四川省	成都市	简阳市	30.47
713	山西省	长治市	屯留县	30.47
714	安徽省	宣城市	宣州区	30.46
715	重庆市	南川区	南川区	30.46
716	福建省	宁德市	古田县	30.46
717	福建省	宁德市	福安市	30.46
718	贵州省	黔南布依族苗族自治州	贵定县	30.46
719	湖北省	襄阳市	宜城市	30.46
720	山西省	运城市	稷山县	30.46
721	安徽省	宣城市	广德县	30.45
722	江西省	宜春市	奉新县	30.45
723	福建省	福州市	闽清县	30.44
724	广东省	清远市	连州市	30.44
725	广西壮族自治区	贺州市	昭平县	30.44
726	海南省	乐东黎族自治县	乐东黎族自治县	30.44
727	上海市	青浦区	青浦区	30.44
728	云南省	昭通市	大关县	30.44
729	安徽省	阜阳市	太和县	30.43
730	福建省	莆田市	仙游县	30.43
731	福建省	三明市	宁化县	30.42
732	贵州省	黔南布依族苗族自治州	独山县	30.42
733	江苏省	泰州市	姜堰区	30.42
734	四川省	甘孜藏族自治州	乡城县	30.42
735	福建省	龙岩市	永定区	30.41
736	贵州省	黔南布依族苗族自治州	都匀市	30.41
737	黑龙江省	大庆市	林甸县	30.41
738	江苏省	盐城市	建湖县	30.41

排名	省级	地市级	区县级	生态级大气环境资源
739	湖北省	宜昌市	远安县	30.40
740	江苏省	南通市	通州区	30.40
741	内蒙古自治区	巴彦淖尔市	杭锦后旗	30.40
742	四川省	内江市	威远县	30.40
743	西藏自治区	那曲市	安多县	30.40
744	湖北省	恩施土家族苗族自治州	巴东县	30.39
745	河南省	郑州市	登封市	30.39
746	四川省	自贡市	自流井区	30.39
747	甘肃省	兰州市	永登县	30.38
748	甘肃省	平凉市	灵台县	30.38
749	黑龙江省	齐齐哈尔市	依安县	30.38
750	湖南省	长沙市	浏阳市	30.38
751	江西省	九江市	武宁县	30.38
752	江西省	萍乡市	上栗县	30.38
753	山东省	日照市	东港区	30.38
754	安徽省	蚌埠市	固镇县	30.37
755	福建省	漳州市	平和县	30.37
756	贵州省	遵义市	播州区	30.37
757	湖北省	荆门市	京山县	30.37
758	湖北省	咸宁市	赤壁市	30.37
759	河北省	邯郸市	峰峰矿区	30.37
760	湖南省	湘潭市	韶山市	30.37
761	江西省	上饶市	横峰县	30.37
762	辽宁省	盘锦市	双台子区	30.37
763	四川省	德阳市	中江县	30.37
764	云南省	保山市	昌宁县	30.37
765	浙江省	湖州市	长兴县	30.37
766	浙江省	嘉兴市	海宁市	30.37
767	黑龙江省	双鸭山市	集贤县	30.36
768	江西省	抚州市	广昌县	30.36
769	四川省	眉山市	仁寿县	30.36
770	山东省	潍坊市	诸城市	30.36
771	山西省	运城市	芮城县	30.36
772	浙江省	嘉兴市	嘉善县	30.36
773	安徽省	芜湖市	南陵县	30.35
774	湖南省	郴州市	资兴市	30.35
775	安徽省	阜阳市	临泉县	30.34
776	广东省	河源市	紫金县	30.34
777	湖北省	孝感市	大悟县	30.34
778	四川省	成都市	蒲江县	30.34

续表

排名	省级	地市级	区县级	生态级大气环境资源
779	广东省	揭阳市	揭西县	30.33
780	广东省	韶关市	新丰县	30.33
781	黑龙江省	绥化市	青冈县	30.33
782	江西省	上饶市	万年县	30.33
783	江西省	上饶市	余干县	30.33
784	山东省	聊城市	阳谷县	30.33
785	山东省	青岛市	即墨区	30.33
786	安徽省	合肥市	巢湖市	30.32
787	福建省	龙岩市	新罗区	30.32
788	广东省	云浮市	罗定市	30.32
789	湖北省	武汉市	蔡甸区	30.32
790	黑龙江省	佳木斯市	汤原县	30.32
791	内蒙古自治区	通辽市	开鲁县	30.32
792	四川省	德阳市	什邡市	30.31
793	重庆市	永川区	永川区	30.30
794	黑龙江省	哈尔滨市	呼兰区	30.30
795	江苏省	扬州市	宝应县	30.30
796	江苏省	镇江市	句容市	30.30
797	江西省	吉安市	峡江县	30.30
798	海南省	白沙黎族自治县	白沙黎族自治县	30.29
799	湖南省	益阳市	沅江市	30.29
800	江西省	上饶市	玉山县	30.29
801	四川省	南充市	西充县	30.29
802	云南省	文山壮族苗族自治州	马关县	30.29
803	福建省	三明市	清流县	30.28
804	江苏省	南通市	如皋市	30.28
805	江西省	赣州市	龙南县	30.28
806	四川省	凉山彝族自治州	昭觉县	30.28
807	四川省	内江市	资中县	30.28
808	山东省	德州市	齐河县	30.27
809	山西省	长治市	黎城县	30.27
810	重庆市	荣昌区	荣昌区	30.26
811	河南省	驻马店市	汝南县	30.26
812	海南省	保亭黎族苗族自治县	保亭黎族苗族自治县	30.26
813	江苏省	淮安市	淮安区	30.26
814	四川省	凉山彝族自治州	宁南县	30.26
815	山西省	晋中市	左权县	30.26
816	湖北省	黄冈市	蕲春县	30.25
817	黑龙江省	绥化市	明水县	30.25
818	内蒙古自治区	锡林郭勒盟	正镶白旗	30.25

排名	省级	地市级	区县级	生态级大气环境资源
819	云南省	保山市	龙陵县	30.25
820	浙江省	杭州市	建德市	30.25
821	甘肃省	武威市	民勤县	30.24
822	内蒙古自治区	呼和浩特市	武川县	30.24
823	四川省	甘孜藏族自治州	雅江县	30.24
824	四川省	资阳市	乐至县	30.24
825	福建省	三明市	大田县	30.23
826	湖北省	荆州市	监利县	30.23
827	四川省	泸州市	合江县	30.23
828	四川省	宜宾市	屏山县	30.23
829	山东省	滨州市	沾化区	30.23
830	山西省	吕梁市	兴县	30.23
831	浙江省	金华市	义乌市	30.23
832	安徽省	合肥市	肥西县	30.22
833	安徽省	马鞍山市	和县	30.22
834	安徽省	宿州市	泗县	30.22
835	广东省	肇庆市	广宁县	30.22
836	河北省	邢台市	巨鹿县	30.22
837	河南省	三门峡市	灵宝市	30.22
838	江苏省	南京市	六合区	30.22
839	四川省	泸州市	龙马潭区	30.22
840	山东省	东营市	河口区	30.22
841	西藏自治区	拉萨市	城关区	30.22
842	云南省	迪庆藏族自治州	德钦县	30.22
843	云南省	文山壮族苗族自治州	砚山县	30.22
844	辽宁省	营口市	西市区	30.21
845	安徽省	阜阳市	颍泉区	30.20
846	湖北省	宜昌市	夷陵区	30.20
847	湖南省	湘西土家族苗族自治州	泸溪县	30.20
848	福建省	三明市	将乐县	30.19
849	贵州省	贵阳市	息烽县	30.19
850	湖北省	宜昌市	西陵区	30.19
851	河北省	邢台市	威县	30.19
852	黑龙江省	绥化市	望奎县	30.19
853	新疆维吾尔自治区	塔城地区	和布克赛尔蒙古自治县	30.19
854	安徽省	亳州市	涡阳县	30.18
855	福建省	南平市	顺昌县	30.18
856	湖北省	荆州市	松滋市	30.18
857	四川省	资阳市	雁江区	30.18
858	山东省	枣庄市	薛城区	30.18

排名	省级	地市级	区县级	生态级大气环境资源
859	浙江省	绍兴市	上虞区	30.18
860	重庆市	石柱土家族自治县	石柱土家族自治县	30.17
861	黑龙江省	齐齐哈尔市	甘南县	30.17
862	江苏省	淮安市	洪泽区	30.17
863	云南省	楚雄彝族自治州	元谋县	30.17
864	云南省	大理白族自治州	大理市	30.17
865	安徽省	淮南市	寿县	30.16
866	安徽省	黄山市	休宁县	30.16
867	重庆市	忠县	忠县	30.16
868	贵州省	安顺市	关岭布依族苗族自治县	30.16
869	贵州省	铜仁市	江口县	30.16
870	四川省	遂宁市	蓬溪县	30.16
871	河南省	焦作市	温县	30.15
872	江苏省	苏州市	常熟市	30.15
873	江西省	抚州市	黎川县	30.15
874	四川省	阿坝藏族羌族自治州	小金县	30.15
875	四川省	达州市	渠县	30.15
876	山东省	临沂市	平邑县	30.15
877	安徽省	宣城市	泾县	30.14
878	湖北省	孝感市	汉川市	30.14
879	湖北省	孝感市	应城市	30.14
880	江西省	上饶市	信州区	30.14
881	四川省	阿坝藏族羌族自治州	理县	30.14
882	四川省	宜宾市	长宁县	30.14
883	安徽省	六安市	舒城县	30.13
884	贵州省	黔西南布依族苗族自治州	兴义市	30.13
885	河北省	邢台市	柏乡县	30.13
886	四川省	达州市	大竹县	30.13
887	四川省	自贡市	荣县	30.13
888	陕西省	咸阳市	淳化县	30.12
889	安徽省	宣城市	旌德县	30.12
890	河南省	驻马店市	遂平县	30.12
891	青海省	海东市	乐都区	30.12
892	四川省	成都市	龙泉驿区	30.12
893	四川省	宜宾市	江安县	30.12
894	陕西省	渭南市	白水县	30.12
895	贵州省	毕节市	纳雍县	30.11
896	河南省	商丘市	宁陵县	30.11
897	湖南省	益阳市	桃江县	30.11
898	江西省	赣州市	于都县	30.11

排名	省级	地市级	区县级	生态级大气环境资源
899	辽宁省	大连市	旅顺口区	30.11
900	四川省	眉山市	青神县	30.11
901	西藏自治区	日喀则市	定日县	30.11
902	甘肃省	酒泉市	玉门市	30.10
903	黑龙江省	鸡西市	鸡东县	30.10
904	江苏省	连云港市	海州区	30.10
905	辽宁省	辽阳市	灯塔市	30.10
906	浙江省	衢州市	柯城区	30.10
907	安徽省	铜陵市	义安区	30.09
908	福建省	三明市	永安市	30.09
909	江苏省	南通市	海安县	30.09
910	江西省	赣州市	会昌县	30.09
911	四川省	阿坝藏族羌族自治州	汶川县	30.09
912	浙江省	宁波市	奉化区	30.09
913	湖南省	娄底市	娄星区	30.08
914	江西省	赣州市	章贡区	30.08
915	云南省	保山市	腾冲市	30.08
916	云南省	大理白族自治州	云龙县	30.08
917	湖北省	荆州市	公安县	30.07
918	黑龙江省	齐齐哈尔市	克东县	30.07
919	江西省	吉安市	井冈山市	30.07
920	四川省	广安市	武胜县	30.07
921	西藏自治区	山南市	隆子县	30.07
922	云南省	红河哈尼族彝族自治州	泸西县	30.07
923	浙江省	宁波市	鄞州区	30.07
924	广东省	梅州市	大埔县	30.06
925	河南省	郑州市	巩义市	30.06
926	内蒙古自治区	呼伦贝尔市	阿荣旗	30.06
927	四川省	雅安市	宝兴县	30.06
928	陕西省	宝鸡市	凤翔县	30.06
929	湖北省	黄冈市	麻城市	30.05
930	河南省	商丘市	柘城县	30.05
931	青海省	海西蒙古族藏族自治州	都兰县	30.05
932	四川省	绵阳市	盐亭县	30.05
933	山西省	长治市	长子县	30.05
934	云南省	德宏傣族景颇族自治州	陇川县	30.05
935	安徽省	合肥市	蜀山区	30.04
936	甘肃省	庆阳市	华池县	30.04
937	湖北省	黄冈市	红安县	30.04
938	四川省	凉山彝族自治州	甘洛县	30.04

排名	省级	地市级	区县级	生态级大气环境资源
939	陕西省	西安市	临潼区	30.04
940	陕西省	咸阳市	旬邑县	30.04
941	福建省	龙岩市	漳平市	30.03
942	河北省	沧州市	南皮县	30.03
943	山东省	济南市	天桥区	30.03
944	浙江省	绍兴市	诸暨市	30.03
945	甘肃省	庆阳市	宁县	30.02
946	江苏省	苏州市	吴江区	30.02
947	江苏省	宿迁市	宿城区	30.02
948	江苏省	扬州市	江都区	30.02
949	宁夏回族自治区	银川市	灵武市	30.02
950	云南省	昭通市	威信县	30.02
951	浙江省	金华市	兰溪市	30.02
952	甘肃省	平凉市	崆峒区	30.01
953	河南省	焦作市	武陟县	30.01
954	河南省	新乡市	原阳县	30.01
955	湖南省	邵阳市	隆回县	30.01
956	云南省	昆明市	东川区	30.01
957	黑龙江省	鸡西市	虎林市	30.00
958	内蒙古自治区	呼伦贝尔市	满洲里市	30.00
959	四川省	成都市	新都区	30.00
960	上海市	宝山区	宝山区	30.00
961	天津市	滨海新区	滨海新区南部沿海	30.00
962	浙江省	绍兴市	新昌县	30.00
963	重庆市	武隆区	武隆区	29.99
964	广西壮族自治区	来宾市	兴宾区	29.99
965	四川省	雅安市	荥经县	29.99
966	湖北省	宜昌市	枝江市	29.98
967	内蒙古自治区	乌兰察布市	四子王旗	29.98
968	四川省	甘孜藏族自治州	炉霍县	29.98
969	广西壮族自治区	河池市	东兰县	29.97
970	湖南省	常德市	津市市	29.97
971	山东省	德州市	平原县	29.97
972	西藏自治区	林芝市	巴宜区	29.97
973	河南省	许昌市	襄城县	29.96
974	江西省	鹰潭市	贵溪市	29.96
975	四川省	德阳市	旌阳区	29.96
976	四川省	广安市	岳池县	29.96
977	山东省	泰安市	新泰市	29.96
978	山西省	忻州市	岢岚县	29.96

续表

排名	省级	地市级	区县级	生态级大气环境资源
979	山西省	运城市	河津市	29.96
980	云南省	楚雄彝族自治州	武定县	29.96
981	安徽省	宿州市	埇桥区	29.95
982	四川省	达州市	宣汉县	29.95
983	山东省	临沂市	莒南县	29.95
984	山西省	临汾市	浮山县	29.95
985	甘肃省	酒泉市	肃州区	29.94
986	贵州省	黔南布依族苗族自治州	瓮安县	29.94
987	湖南省	邵阳市	大祥区	29.94
988	吉林省	白城市	大安市	29.94
989	江苏省	连云港市	东海县	29.94
990	江西省	上饶市	鄱阳县	29.94
991	青海省	海南藏族自治州	同德县	29.94
992	四川省	乐山市	峨眉山市	29.94
993	四川省	宜宾市	兴文县	29.94
994	四川省	宜宾市	南溪区	29.94
995	广西壮族自治区	桂林市	灵川县	29.93
996	湖南省	郴州市	永兴县	29.93
997	四川省	德阳市	广汉市	29.93
998	四川省	自贡市	富顺县	29.93
999	河南省	开封市	兰考县	29.92
1000	河南省	郑州市	新郑市	29.92
1001	四川省	南充市	蓬安县	29.92
1002	山西省	临汾市	汾西县	29.92
1003	云南省	楚雄彝族自治州	禄丰县	29.92
1004	河南省	焦作市	孟州市	29.91
1005	江苏省	泰州市	泰兴市	29.91
1006	内蒙古自治区	鄂尔多斯市	伊金霍洛旗	29.91
1007	四川省	德阳市	绵竹市	29.91
1008	四川省	广安市	邻水县	29.91
1009	四川省	南充市	顺庆区	29.91
1010	上海市	闵行区	闵行区	29.91
1011	云南省	玉溪市	峨山彝族自治县	29.91
1012	贵州省	六盘水市	盘州市	29.90
1013	贵州省	黔南布依族苗族自治州	长顺县	29.90
1014	黑龙江省	鹤岗市	萝北县	29.90
1015	江苏省	南京市	秦淮区	29.90
1016	江西省	萍乡市	莲花县	29.90
1017	四川省	雅安市	芦山县	29.90
1018	福建省	南平市	政和县	29.89

排名	省级	地市级	区县级	生态级大气环境资源
1019	广东省	清远市	连山壮族瑶族自治县	29.89
1020	贵州省	黔南布依族苗族自治州	平塘县	29.89
1021	陕西省	延安市	宜川县	29.89
1022	云南省	临沧市	镇康县	29.89
1023	安徽省	池州市	石台县	29.88
1024	安徽省	六安市	霍邱县	29.88
1025	重庆市	奉节县	奉节县	29.88
1026	甘肃省	定西市	漳县	29.88
1027	安徽省	淮北市	濉溪县	29.87
1028	贵州省	六盘水市	六枝特区	29.87
1029	贵州省	黔西南布依族苗族自治州	兴仁县	29.87
1030	河北省	唐山市	曹妃甸区	29.87
1031	江西省	吉安市	永丰县	29.87
1032	内蒙古自治区	锡林郭勒盟	东乌珠穆沁旗东部	29.87
1033	安徽省	淮北市	相山区	29.86
1034	甘肃省	陇南市	文县	29.86
1035	湖北省	潜江市	潜江市	29.86
1036	山东省	菏泽市	东明县	29.86
1037	山东省	聊城市	茌平县	29.86
1038	云南省	普洱市	墨江哈尼族自治县	29.86
1039	广西壮族自治区	崇左市	龙州县	29.85
1040	广西壮族自治区	桂林市	阳朔县	29.85
1041	江苏省	淮安市	涟水县	29.85
1042	江西省	宜春市	铜鼓县	29.85
1043	江西省	宜春市	万载县	29.85
1044	内蒙古自治区	巴彦淖尔市	乌拉特前旗	29.85
1045	山东省	德州市	宁津县	29.85
1046	云南省	大理白族自治州	南涧彝族自治县	29.85
1047	浙江省	衢州市	常山县	29.85
1048	广西壮族自治区	河池市	金城江区	29.84
1049	湖北省	神农架林区	神农架林区	29.84
1050	湖北省	襄阳市	南漳县	29.84
1051	湖南省	衡阳市	常宁市	29.84
1052	江苏省	扬州市	仪征市	29.84
1053	内蒙古自治区	阿拉善盟	阿拉善右旗	29.84
1054	西藏自治区	昌都市	芒康县	29.84
1055	安徽省	亳州市	蒙城县	29.83
1056	四川省	巴中市	南江县	29.83
1057	山东省	菏泽市	成武县	29.83
1058	山东省	济宁市	嘉祥县	29.83

续表

排名	省级	地市级	区县级	生态级大气环境资源
1059	云南省	玉溪市	易门县	29.83
1060	安徽省	蚌埠市	龙子湖区	29.82
1061	湖南省	邵阳市	新邵县	29.82
1062	江西省	上饶市	德兴市	29.82
1063	内蒙古自治区	包头市	达尔罕茂明安联合旗北部	29.82
1064	四川省	甘孜藏族自治州	理塘县	29.82
1065	陕西省	安康市	平利县	29.82
1066	山西省	运城市	绛县	29.82
1067	辽宁省	大连市	普兰店区（滨海）	29.81
1068	山东省	济宁市	梁山县	29.81
1069	湖北省	恩施土家族苗族自治州	宣恩县	29.80
1070	四川省	成都市	彭州市	29.80
1071	四川省	乐山市	犍为县	29.80
1072	四川省	攀枝花市	东区	29.80
1073	山东省	潍坊市	昌乐县	29.80
1074	湖北省	仙桃市	仙桃市	29.79
1075	河南省	洛阳市	汝阳县	29.79
1076	湖南省	怀化市	靖州苗族侗族自治县	29.79
1077	辽宁省	辽阳市	辽阳县	29.79
1078	四川省	成都市	大邑县	29.79
1079	云南省	楚雄彝族自治州	双柏县	29.79
1080	四川省	阿坝藏族羌族自治州	阿坝县	29.78
1081	四川省	巴中市	通江县	29.78
1082	四川省	乐山市	马边彝族自治县	29.78
1083	浙江省	湖州市	吴兴区	29.78
1084	安徽省	六安市	金寨县	29.77
1085	重庆市	黔江区	黔江区	29.77
1086	河北省	邢台市	临西县	29.77
1087	河南省	安阳市	滑县	29.77
1088	湖南省	常德市	安乡县	29.77
1089	吉林省	白城市	通榆县	29.77
1090	吉林省	长春市	双阳区	29.77
1091	江西省	宜春市	靖安县	29.77
1092	青海省	海东市	循化撒拉族自治县	29.77
1093	四川省	广元市	苍溪县	29.77
1094	山东省	威海市	环翠区	29.77
1095	江西省	鹰潭市	余江县	29.76
1096	宁夏回族自治区	固原市	隆德县	29.76
1097	浙江省	温州市	永嘉县	29.76
1098	安徽省	滁州市	凤阳县	29.75

续表

排名	省级	地市级	区县级	生态级大气环境资源
1099	河南省	安阳市	内黄县	29.75
1100	河南省	三门峡市	湖滨区	29.75
1101	河南省	商丘市	民权县	29.75
1102	湖南省	邵阳市	邵东县	29.75
1103	江西省	赣州市	信丰县	29.75
1104	江西省	赣州市	崇义县	29.75
1105	江西省	南昌市	南昌县	29.75
1106	内蒙古自治区	兴安盟	科尔沁右翼中旗东南	29.75
1107	四川省	甘孜藏族自治州	石渠县	29.75
1108	山东省	德州市	庆云县	29.75
1109	陕西省	西安市	鄠邑区	29.75
1110	重庆市	北碚区	北碚区	29.74
1111	甘肃省	庆阳市	西峰区	29.74
1112	湖北省	咸宁市	通山县	29.74
1113	河北省	邢台市	新河县	29.74
1114	江苏省	南通市	海门市	29.74
1115	四川省	凉山彝族自治州	西昌市	29.74
1116	山西省	忻州市	河曲县	29.74
1117	广西壮族自治区	百色市	右江区	29.73
1118	湖南省	怀化市	溆浦县	29.73
1119	四川省	成都市	邛崃市	29.73
1120	福建省	三明市	沙县	29.72
1121	甘肃省	定西市	渭源县	29.72
1122	甘肃省	甘南藏族自治州	卓尼县	29.72
1123	河南省	南阳市	新野县	29.72
1124	黑龙江省	牡丹江市	东宁市	29.72
1125	四川省	凉山彝族自治州	会东县	29.72
1126	安徽省	亳州市	利辛县	29.71
1127	贵州省	铜仁市	德江县	29.71
1128	湖北省	十堰市	丹江口市	29.71
1129	河北省	邢台市	临城县	29.71
1130	黑龙江省	哈尔滨市	延寿县	29.71
1131	四川省	甘孜藏族自治州	得荣县	29.71
1132	四川省	绵阳市	涪城区	29.71
1133	山东省	菏泽市	巨野县	29.71
1134	浙江省	衢州市	龙游县	29.71
1135	安徽省	滁州市	定远县	29.70
1136	安徽省	阜阳市	颍上县	29.70
1137	贵州省	黔南布依族苗族自治州	惠水县	29.70
1138	四川省	阿坝藏族羌族自治州	若尔盖县	29.70

续表

排名	省级	地市级	区县级	生态级大气环境资源
1139	山东省	济宁市	汶上县	29.70
1140	山西省	晋城市	城区	29.70
1141	云南省	玉溪市	华宁县	29.70
1142	辽宁省	抚顺市	顺城区	29.69
1143	陕西省	咸阳市	泾阳县	29.69
1144	黑龙江省	双鸭山市	尖山区	29.68
1145	湖南省	常德市	汉寿县	29.68
1146	陕西省	延安市	子长县	29.68
1147	河北省	张家口市	宣化区	29.67
1148	河南省	洛阳市	伊川县	29.67
1149	内蒙古自治区	包头市	青山区	29.67
1150	山西省	朔州市	平鲁区	29.67
1151	安徽省	安庆市	岳西县	29.66
1152	重庆市	酉阳土家族苗族自治县	酉阳土家族苗族自治县	29.66
1153	甘肃省	平凉市	庄浪县	29.66
1154	贵州省	黔东南苗族侗族自治州	施秉县	29.66
1155	黑龙江省	双鸭山市	饶河县	29.66
1156	江苏省	扬州市	邗江区	29.66
1157	陕西省	铜川市	耀州区	29.66
1158	山西省	吕梁市	岚县	29.66
1159	西藏自治区	那曲市	索县	29.66
1160	贵州省	安顺市	镇宁布依族苗族自治县	29.65
1161	河北省	张家口市	怀安县	29.65
1162	山西省	太原市	清徐县	29.65
1163	福建省	南平市	延平区	29.64
1164	江西省	赣州市	兴国县	29.64
1165	辽宁省	阜新市	彰武县	29.64
1166	辽宁省	铁岭市	昌图县	29.64
1167	四川省	凉山彝族自治州	会理县	29.64
1168	西藏自治区	那曲市	色尼区	29.64
1169	安徽省	亳州市	谯城区	29.63
1170	广西壮族自治区	崇左市	凭祥市	29.63
1171	河南省	开封市	禹王台区	29.63
1172	河南省	许昌市	禹州市	29.63
1173	山东省	滨州市	滨城区	29.63
1174	山西省	运城市	永济市	29.63
1175	贵州省	黔西南布依族苗族自治州	普安县	29.62
1176	河北省	邢台市	南和县	29.62
1177	河南省	周口市	郸城县	29.62
1178	云南省	楚雄彝族自治州	南华县	29.62

续表

排名	省级	地市级	区县级	生态级大气环境资源
1179	云南省	玉溪市	澄江县	29.62
1180	河南省	濮阳市	南乐县	29.61
1181	河南省	新乡市	获嘉县	29.61
1182	黑龙江省	哈尔滨市	方正县	29.61
1183	湖南省	怀化市	洪江市	29.61
1184	江苏省	盐城市	射阳县	29.61
1185	安徽省	马鞍山市	含山县	29.60
1186	河北省	沧州市	黄骅市	29.60
1187	河南省	驻马店市	驿城区	29.60
1188	湖南省	怀化市	会同县	29.60
1189	湖南省	娄底市	涟源市	29.60
1190	四川省	乐山市	井研县	29.60
1191	山东省	聊城市	东阿县	29.60
1192	山西省	阳泉市	郊区	29.60
1193	福建省	宁德市	寿宁县	29.59
1194	福建省	三明市	明溪县	29.59
1195	贵州省	黔南布依族苗族自治州	龙里县	29.59
1196	黑龙江省	哈尔滨市	木兰县	29.59
1197	黑龙江省	黑河市	五大连池市	29.59
1198	湖南省	永州市	道县	29.59
1199	辽宁省	朝阳市	北票市	29.59
1200	陕西省	西安市	周至县	29.59
1201	河南省	焦作市	修武县	29.58
1202	河南省	郑州市	中牟县	29.58
1203	内蒙古自治区	乌兰察布市	化德县	29.58
1204	内蒙古自治区	锡林郭勒盟	太仆寺旗	29.58
1205	西藏自治区	阿里地区	噶尔县	29.58
1206	重庆市	九龙坡区	九龙坡区	29.56
1207	湖北省	荆州市	荆州区	29.56
1208	湖南省	永州市	宁远县	29.56
1209	江苏省	常州市	钟楼区	29.56
1210	四川省	宜宾市	高县	29.56
1211	陕西省	渭南市	大荔县	29.56
1212	福建省	南平市	邵武市	29.55
1213	河南省	商丘市	虞城县	29.55
1214	吉林省	松原市	乾安县	29.55
1215	山东省	枣庄市	市中区	29.55
1216	陕西省	安康市	镇坪县	29.55
1217	浙江省	台州市	温岭市	29.55
1218	重庆市	梁平区	梁平区	29.54

续表

排名	省级	地市级	区县级	生态级大气环境资源
1219	河北省	衡水市	冀州区	29.54
1220	青海省	海北藏族自治州	刚察县	29.54
1221	山东省	菏泽市	鄄城县	29.54
1222	陕西省	咸阳市	长武县	29.54
1223	云南省	楚雄彝族自治州	大姚县	29.54
1224	重庆市	巫溪县	巫溪县	29.53
1225	甘肃省	平凉市	静宁县	29.53
1226	湖北省	襄阳市	老河口市	29.53
1227	河北省	邯郸市	大名县	29.53
1228	湖南省	长沙市	岳麓区	29.53
1229	江西省	赣州市	上犹县	29.53
1230	内蒙古自治区	鄂尔多斯市	乌审旗南部	29.53
1231	山西省	晋中市	昔阳县	29.53
1232	福建省	龙岩市	长汀县	29.52
1233	湖北省	荆州市	洪湖市	29.52
1234	河北省	沧州市	献县	29.52
1235	河北省	邢台市	沙河市	29.52
1236	江西省	九江市	瑞昌市	29.52
1237	四川省	宜宾市	筠连县	29.52
1238	山西省	运城市	新绛县	29.52
1239	安徽省	黄山市	祁门县	29.51
1240	河南省	焦作市	沁阳市	29.51
1241	河南省	洛阳市	栾川县	29.51
1242	河南省	新乡市	延津县	29.51
1243	甘肃省	张掖市	山丹县	29.50
1244	辽宁省	朝阳市	建平县	29.50
1245	山西省	临汾市	翼城县	29.50
1246	云南省	昭通市	昭阳区	29.50
1247	贵州省	黔东南苗族侗族自治州	镇远县	29.49
1248	辽宁省	锦州市	黑山县	29.49
1249	内蒙古自治区	赤峰市	巴林左旗	29.49
1250	山东省	临沂市	沂水县	29.49
1251	山东省	枣庄市	峄城区	29.49
1252	陕西省	西安市	高陵区	29.49
1253	天津市	滨海新区	滨海新区中部沿海	29.49
1254	湖北省	十堰市	竹山县	29.48
1255	河北省	保定市	安国市	29.48
1256	河北省	邢台市	宁晋县	29.48
1257	山东省	淄博市	临淄区	29.48
1258	安徽省	黄山市	黄山区	29.47

排名	省级	地市级	区县级	生态级大气环境资源
1259	甘肃省	酒泉市	金塔县	29.47
1260	湖南省	怀化市	通道侗族自治县	29.47
1261	湖南省	永州市	蓝山县	29.47
1262	吉林省	四平市	梨树县	29.47
1263	辽宁省	沈阳市	新民市	29.47
1264	陕西省	宝鸡市	陇县	29.47
1265	贵州省	黔东南苗族侗族自治州	凯里市	29.46
1266	河北省	石家庄市	元氏县	29.46
1267	河北省	唐山市	丰南区	29.46
1268	河南省	信阳市	浉河区	29.46
1269	湖南省	益阳市	安化县	29.46
1270	湖南省	岳阳市	华容县	29.46
1271	陕西省	榆林市	佳县	29.46
1272	天津市	河西区	河西区	29.46
1273	内蒙古自治区	通辽市	科尔沁区	29.45
1274	四川省	成都市	崇州市	29.45
1275	陕西省	汉中市	略阳县	29.45
1276	山西省	阳泉市	盂县	29.45
1277	安徽省	黄山市	黟县	29.44
1278	福建省	南平市	武夷山市	29.44
1279	甘肃省	兰州市	安宁区	29.44
1280	甘肃省	天水市	秦州区	29.44
1281	湖北省	十堰市	茅箭区	29.44
1282	四川省	宜宾市	珙县	29.44
1283	山东省	菏泽市	郓城县	29.44
1284	山东省	枣庄市	滕州市	29.44
1285	云南省	临沧市	临翔区	29.44
1286	贵州省	黔东南苗族侗族自治州	岑巩县	29.43
1287	河南省	焦作市	博爱县	29.43
1288	河南省	南阳市	内乡县	29.43
1289	黑龙江省	哈尔滨市	五常市	29.43
1290	青海省	海北藏族自治州	海晏县	29.43
1291	四川省	广元市	剑阁县	29.43
1292	山西省	忻州市	五寨县	29.43
1293	新疆维吾尔自治区	巴音郭楞蒙古自治州	轮台县	29.43
1294	河北省	邯郸市	曲周县	29.42
1295	河南省	南阳市	西峡县	29.42
1296	河南省	商丘市	睢县	29.42
1297	河南省	许昌市	建安区	29.42
1298	四川省	巴中市	平昌县	29.42

续表

排名	省级	地市级	区县级	生态级大气环境资源
1299	四川省	甘孜藏族自治州	新龙县	29.42
1300	贵州省	安顺市	紫云苗族布依族自治县	29.41
1301	河北省	沧州市	青县	29.41
1302	河北省	邢台市	广宗县	29.41
1303	青海省	黄南藏族自治州	泽库县	29.41
1304	山东省	济宁市	鱼台县	29.41
1305	陕西省	延安市	富县	29.41
1306	天津市	东丽区	东丽区	29.41
1307	浙江省	台州市	临海市	29.41
1308	甘肃省	陇南市	徽县	29.40
1309	湖北省	天门市	天门市	29.40
1310	河北省	邢台市	隆尧县	29.40
1311	黑龙江省	哈尔滨市	香坊区	29.40
1312	山东省	潍坊市	寿光市	29.40
1313	陕西省	咸阳市	乾县	29.40
1314	陕西省	延安市	延川县	29.40
1315	贵州省	黔东南苗族侗族自治州	雷山县	29.39
1316	河北省	邯郸市	鸡泽县	29.39
1317	河南省	信阳市	商城县	29.39
1318	河南省	许昌市	鄢陵县	29.39
1319	辽宁省	铁岭市	银州区	29.39
1320	宁夏回族自治区	中卫市	海原县	29.39
1321	青海省	玉树藏族自治州	治多县	29.39
1322	天津市	滨海新区	滨海新区北部沿海	29.39
1323	云南省	文山壮族苗族自治州	广南县	29.39
1324	安徽省	六安市	金安区	29.38
1325	河北省	衡水市	安平县	29.38
1326	湖南省	邵阳市	邵阳县	29.38
1327	辽宁省	朝阳市	双塔区	29.38
1328	青海省	西宁市	城西区	29.38
1329	山东省	烟台市	福山区	29.38
1330	陕西省	宝鸡市	千阳县	29.38
1331	陕西省	渭南市	澄城县	29.38
1332	山西省	吕梁市	汾阳市	29.38
1333	湖北省	恩施土家族苗族自治州	鹤峰县	29.37
1334	湖北省	恩施土家族苗族自治州	利川市	29.37
1335	河北省	沧州市	孟村回族自治县	29.37
1336	河南省	开封市	通许县	29.37
1337	河南省	南阳市	邓州市	29.37
1338	河南省	信阳市	潢川县	29.37

排名	省级	地市级	区县级	生态级大气环境资源
1339	江苏省	南京市	溧水区	29.37
1340	江苏省	盐城市	响水县	29.37
1341	陕西省	榆林市	神木市	29.37
1342	山西省	长治市	沁源县	29.37
1343	西藏自治区	昌都市	昌都市	29.37
1344	浙江省	台州市	三门县	29.37
1345	河北省	秦皇岛市	昌黎县	29.36
1346	河南省	开封市	杞县	29.36
1347	四川省	阿坝藏族羌族自治州	壤塘县	29.36
1348	四川省	巴中市	巴州区	29.36
1349	陕西省	延安市	安塞区	29.36
1350	山西省	晋中市	祁县	29.36
1351	天津市	静海区	静海区	29.36
1352	河北省	邯郸市	磁县	29.35
1353	江西省	抚州市	乐安县	29.35
1354	山东省	德州市	禹城市	29.35
1355	山东省	青岛市	莱西市	29.35
1356	山西省	朔州市	山阴县	29.35
1357	云南省	昭通市	镇雄县	29.35
1358	浙江省	湖州市	安吉县	29.35
1359	广西壮族自治区	河池市	凤山县	29.34
1360	河南省	新乡市	辉县	29.34
1361	青海省	海东市	平安区	29.34
1362	四川省	达州市	开江县	29.34
1363	山东省	莱芜市	莱城区	29.34
1364	山西省	朔州市	应县	29.34
1365	福建省	南平市	建瓯市	29.33
1366	甘肃省	定西市	陇西县	29.33
1367	贵州省	黔东南苗族侗族自治州	麻江县	29.33
1368	河南省	漯河市	舞阳县	29.33
1369	河南省	商丘市	夏邑县	29.33
1370	河南省	驻马店市	平舆县	29.33
1371	内蒙古自治区	锡林郭勒盟	阿巴嘎旗西北	29.33
1372	内蒙古自治区	锡林郭勒盟	锡林浩特市	29.33
1373	浙江省	宁波市	镇海区	29.33
1374	甘肃省	陇南市	西和县	29.32
1375	河北省	石家庄市	赞皇县	29.32
1376	湖南省	郴州市	安仁县	29.32
1377	辽宁省	大连市	普兰店区	29.32
1378	宁夏回族自治区	石嘴山市	平罗县	29.32

排名	省级	地市级	区县级	生态级大气环境资源
1379	四川省	阿坝藏族羌族自治州	金川县	29.32
1380	四川省	成都市	新津县	29.32
1381	四川省	甘孜藏族自治州	稻城县	29.32
1382	山西省	忻州市	繁峙县	29.32
1383	浙江省	舟山市	定海区	29.32
1384	甘肃省	临夏回族自治州	康乐县	29.31
1385	湖北省	宜昌市	长阳土家族自治县	29.31
1386	湖南省	湘西土家族苗族自治州	凤凰县	29.31
1387	江西省	宜春市	高安市	29.31
1388	浙江省	绍兴市	嵊州市	29.31
1389	福建省	南平市	建阳区	29.30
1390	贵州省	黔东南苗族侗族自治州	台江县	29.30
1391	江西省	上饶市	婺源县	29.30
1392	四川省	阿坝藏族羌族自治州	黑水县	29.30
1393	山东省	滨州市	无棣县	29.30
1394	山西省	朔州市	怀仁县	29.30
1395	山西省	忻州市	保德县	29.30
1396	浙江省	金华市	婺城区	29.30
1397	浙江省	绍兴市	越城区	29.30
1398	江苏省	无锡市	江阴市	29.29
1399	四川省	遂宁市	射洪县	29.29
1400	福建省	宁德市	福鼎市	29.28
1401	河南省	三门峡市	渑池县	29.28
1402	黑龙江省	牡丹江市	宁安市	29.28
1403	辽宁省	丹东市	振兴区	29.28
1404	陕西省	汉中市	南郑区	29.28
1405	山西省	晋中市	和顺县	29.28
1406	山西省	运城市	闻喜县	29.28
1407	云南省	大理白族自治州	洱源县	29.28
1408	浙江省	金华市	武义县	29.28
1409	四川省	广元市	青川县	29.27
1410	山东省	德州市	乐陵市	29.27
1411	山东省	青岛市	黄岛区	29.27
1412	山西省	临汾市	曲沃县	29.27
1413	山西省	吕梁市	文水县	29.27
1414	浙江省	金华市	浦江县	29.27
1415	河北省	衡水市	武强县	29.26
1416	河南省	平顶山市	汝州市	29.26
1417	黑龙江省	黑河市	逊克县	29.26
1418	山东省	枣庄市	台儿庄区	29.26

排名	省级	地市级	区县级	生态级大气环境资源
1419	浙江省	金华市	东阳市	29.26
1420	甘肃省	庆阳市	庆城县	29.25
1421	湖南省	衡阳市	祁东县	29.25
1422	湖南省	湘西土家族苗族自治州	保靖县	29.25
1423	江西省	宜春市	宜丰县	29.25
1424	四川省	绵阳市	梓潼县	29.25
1425	四川省	绵阳市	北川羌族自治县	29.25
1426	浙江省	宁波市	慈溪市	29.25
1427	贵州省	毕节市	赫章县	29.24
1428	贵州省	毕节市	七星关区	29.24
1429	内蒙古自治区	呼伦贝尔市	鄂温克族自治旗	29.24
1430	甘肃省	庆阳市	泾川县	29.23
1431	河南省	济源市	济源市	29.23
1432	山东省	济宁市	邹城市	29.23
1433	新疆维吾尔自治区	吐鲁番市	托克逊县	29.23
1434	河南省	周口市	西华县	29.22
1435	黑龙江省	双鸭山市	宝清县	29.22
1436	湖南省	湘潭市	湘乡市	29.22
1437	吉林省	松原市	长岭县	29.22
1438	江苏省	盐城市	东台市	29.22
1439	辽宁省	鞍山市	铁东区	29.22
1440	辽宁省	大连市	西岗区	29.22
1441	内蒙古自治区	鄂尔多斯市	鄂托克旗西北	29.22
1442	四川省	雅安市	天全县	29.22
1443	陕西省	西安市	蓝田县	29.22
1444	甘肃省	天水市	清水县	29.21
1445	黑龙江省	齐齐哈尔市	泰来县	29.21
1446	四川省	甘孜藏族自治州	道孚县	29.21
1447	山西省	临汾市	永和县	29.21
1448	浙江省	杭州市	临安区	29.21
1449	河北省	石家庄市	高邑县	29.20
1450	河北省	唐山市	乐亭县	29.20
1451	河北省	邢台市	平乡县	29.20
1452	河南省	南阳市	方城县	29.20
1453	江苏省	徐州市	新沂市	29.20
1454	山东省	济宁市	微山县	29.20
1455	北京市	昌平区	昌平区	29.19
1456	四川省	内江市	东兴区	29.19
1457	陕西省	西安市	长安区	29.19
1458	新疆维吾尔自治区	昌吉回族自治州	木垒哈萨克自治县	29.19

排名	省级	地市级	区县级	生态级大气环境资源
1459	甘肃省	白银市	会宁县	29.18
1460	吉林省	延边朝鲜族自治州	安图县	29.18
1461	江苏省	盐城市	滨海县	29.18
1462	山西省	运城市	万荣县	29.18
1463	贵州省	遵义市	赤水市	29.17
1464	甘肃省	甘南藏族自治州	玛曲县	29.16
1465	甘肃省	天水市	甘谷县	29.16
1466	河北省	沧州市	东光县	29.16
1467	河南省	新乡市	封丘县	29.16
1468	黑龙江省	齐齐哈尔市	拜泉县	29.16
1469	江苏省	镇江市	润州区	29.16
1470	陕西省	渭南市	富平县	29.16
1471	山西省	忻州市	静乐县	29.16
1472	四川省	乐山市	沐川县	29.15
1473	四川省	泸州市	叙永县	29.15
1474	河南省	濮阳市	濮阳县	29.14
1475	四川省	凉山彝族自治州	越西县	29.14
1476	山东省	济宁市	泗水县	29.14
1477	山东省	潍坊市	安丘市	29.14
1478	山西省	临汾市	大宁县	29.14
1479	西藏自治区	山南市	贡嘎县	29.14
1480	云南省	大理白族自治州	漾濞彝族自治县	29.14
1481	浙江省	金华市	永康市	29.14
1482	重庆市	垫江县	垫江县	29.13
1483	甘肃省	武威市	凉州区	29.13
1484	贵州省	黔南布依族苗族自治州	三都水族自治县	29.13
1485	河北省	张家口市	沽源县	29.13
1486	江苏省	苏州市	昆山市	29.13
1487	江苏省	扬州市	高邮市	29.13
1488	江西省	抚州市	宜黄县	29.13
1489	青海省	玉树藏族自治州	杂多县	29.13
1490	陕西省	汉中市	勉县	29.13
1491	陕西省	延安市	甘泉县	29.13
1492	山西省	大同市	阳高县	29.13
1493	甘肃省	白银市	景泰县	29.12
1494	甘肃省	平凉市	崇信县	29.12
1495	河北省	邯郸市	邱县	29.12
1496	河北省	邢台市	清河县	29.12
1497	河南省	周口市	淮阳县	29.12
1498	湖南省	株洲市	荷塘区	29.12

续表

排名	省级	地市级	区县级	生态级大气环境资源
1499	山西省	晋中市	榆社县	29.12
1500	四川省	宜宾市	宜宾县	29.11
1501	陕西省	咸阳市	永寿县	29.11
1502	山西省	忻州市	偏关县	29.11
1503	山西省	运城市	平陆县	29.11
1504	云南省	普洱市	宁洱哈尼族彝族自治县	29.11
1505	河南省	商丘市	永城市	29.10
1506	河南省	信阳市	固始县	29.10
1507	山东省	烟台市	莱州市	29.10
1508	山东省	烟台市	莱阳市	29.10
1509	甘肃省	定西市	通渭县	29.09
1510	河北省	沧州市	盐山县	29.09
1511	山西省	临汾市	洪洞县	29.09
1512	山西省	太原市	阳曲县	29.09
1513	西藏自治区	山南市	加查县	29.09
1514	云南省	玉溪市	红塔区	29.09
1515	重庆市	江津区	江津区	29.08
1516	福建省	三明市	尤溪县	29.08
1517	河北省	衡水市	阜城县	29.08
1518	河南省	驻马店市	泌阳县	29.08
1519	湖南省	衡阳市	衡东县	29.08
1520	湖南省	张家界市	永定区	29.08
1521	陕西省	汉中市	洋县	29.08
1522	陕西省	咸阳市	彬县	29.08
1523	陕西省	咸阳市	武功县	29.08
1524	山西省	临汾市	霍州市	29.08
1525	山西省	太原市	娄烦县	29.08
1526	浙江省	丽水市	庆元县	29.08
1527	贵州省	黔东南苗族侗族自治州	黄平县	29.07
1528	辽宁省	沈阳市	辽中区	29.07
1529	河北省	张家口市	康保县	29.06
1530	吉林省	松原市	宁江区	29.06
1531	江西省	吉安市	吉州区	29.06
1532	内蒙古自治区	呼和浩特市	托克托县	29.06
1533	内蒙古自治区	乌兰察布市	凉城县	29.06
1534	山东省	聊城市	冠县	29.06
1535	山西省	运城市	夏县	29.06
1536	重庆市	长寿区	长寿区	29.05
1537	甘肃省	平凉市	华亭县	29.05
1538	海南省	琼中黎族苗族自治县	琼中黎族苗族自治县	29.05

续表

排名	省级	地市级	区县级	生态级大气环境资源
1539	吉林省	白城市	洮北区	29.05
1540	四川省	雅安市	名山区	29.05
1541	山西省	吕梁市	交口县	29.05
1542	河北省	沧州市	运河区	29.04
1543	湖南省	永州市	江永县	29.04
1544	江苏省	宿迁市	泗阳县	29.04
1545	辽宁省	沈阳市	苏家屯区	29.04
1546	内蒙古自治区	包头市	达尔罕茂明安联合旗	29.04
1547	四川省	绵阳市	平武县	29.04
1548	山东省	威海市	乳山市	29.04
1549	山西省	晋城市	高平市	29.04
1550	山西省	运城市	盐湖区	29.04
1551	浙江省	衢州市	开化县	29.04
1552	北京市	朝阳区	朝阳区	29.03
1553	河北省	邯郸市	邯山区	29.03
1554	湖南省	常德市	桃源县	29.03
1555	江苏省	无锡市	梁溪区	29.03
1556	四川省	凉山彝族自治州	雷波县	29.03
1557	山东省	潍坊市	青州市	29.03
1558	陕西省	延安市	延长县	29.03
1559	湖北省	黄冈市	英山县	29.02
1560	河北省	沧州市	任丘市	29.02
1561	内蒙古自治区	乌兰察布市	察哈尔右翼前旗	29.02
1562	四川省	甘孜藏族自治州	巴塘县	29.02
1563	湖北省	恩施土家族苗族自治州	来凤县	29.01
1564	吉林省	延边朝鲜族自治州	珲春市	29.01
1565	江苏省	盐城市	阜宁县	29.01
1566	内蒙古自治区	赤峰市	宁城县	29.01
1567	宁夏回族自治区	银川市	永宁县	29.01
1568	内蒙古自治区	鄂尔多斯市	达拉特旗	29.00
1569	四川省	阿坝藏族羌族自治州	红原县	29.00
1570	四川省	遂宁市	船山区	29.00
1571	山西省	晋中市	灵石县	29.00
1572	西藏自治区	昌都市	丁青县	29.00
1573	甘肃省	甘南藏族自治州	迭部县	28.99
1574	黑龙江省	大庆市	肇州县	28.99
1575	青海省	玉树藏族自治州	称多县	28.99
1576	西藏自治区	日喀则市	南木林县	28.99
1577	安徽省	黄山市	屯溪区	28.98
1578	内蒙古自治区	赤峰市	松山区	28.98

续表

排名	省级	地市级	区县级	生态级大气环境资源
1579	内蒙古自治区	锡林郭勒盟	镶黄旗	28.98
1580	山东省	德州市	德城区	28.98
1581	天津市	津南区	津南区	28.98
1582	新疆维吾尔自治区	巴音郭楞蒙古自治州	库尔勒市	28.98
1583	贵州省	黔东南苗族侗族自治州	三穗县	28.97
1584	四川省	达州市	达川区	28.97
1585	四川省	乐山市	市中区	28.97
1586	山东省	菏泽市	定陶区	28.97
1587	辽宁省	大连市	瓦房店市	28.96
1588	安徽省	滁州市	琅琊区	28.95
1589	北京市	房山区	房山区	28.95
1590	甘肃省	张掖市	临泽县	28.95
1591	湖南省	怀化市	麻阳苗族自治县	28.95
1592	内蒙古自治区	阿拉善盟	额济纳旗	28.95
1593	内蒙古自治区	兴安盟	科尔沁右翼前旗	28.95
1594	山西省	晋中市	介休市	28.95
1595	山西省	长治市	潞城市	28.95
1596	河南省	濮阳市	清丰县	28.94
1597	黑龙江省	绥化市	海伦市	28.94
1598	湖南省	永州市	东安县	28.94
1599	陕西省	榆林市	定边县	28.94
1600	甘肃省	陇南市	礼县	28.93
1601	甘肃省	天水市	麦积区	28.93
1602	河北省	石家庄市	井陉县	28.93
1603	吉林省	长春市	绿园区	28.93
1604	江西省	赣州市	寻乌县	28.93
1605	甘肃省	酒泉市	瓜州县	28.92
1606	河北省	邯郸市	肥乡区	28.92
1607	河南省	信阳市	罗山县	28.92
1608	辽宁省	葫芦岛市	兴城市	28.92
1609	山东省	淄博市	高青县	28.92
1610	云南省	昭通市	盐津县	28.92
1611	河北省	石家庄市	行唐县	28.91
1612	山东省	东营市	利津县	28.91
1613	山西省	晋中市	寿阳县	28.91
1614	湖北省	恩施土家族苗族自治州	建始县	28.90
1615	内蒙古自治区	鄂尔多斯市	鄂托克前旗	28.90
1616	山西省	太原市	尖草坪区	28.90
1617	甘肃省	兰州市	榆中县	28.89
1618	湖北省	宜昌市	兴山县	28.89

排名	省级	地市级	区县级	生态级大气环境资源
1619	内蒙古自治区	赤峰市	翁牛特旗	28.89
1620	天津市	南开区	南开区	28.89
1621	北京市	怀柔区	怀柔区	28.88
1622	北京市	顺义区	顺义区	28.88
1623	重庆市	丰都县	丰都县	28.88
1624	贵州省	遵义市	仁怀市	28.88
1625	内蒙古自治区	鄂尔多斯市	准格尔旗	28.88
1626	山东省	济南市	商河县	28.88
1627	云南省	丽江市	华坪县	28.88
1628	云南省	普洱市	景东彝族自治县	28.88
1629	重庆市	城口县	城口县	28.87
1630	甘肃省	陇南市	宕昌县	28.87
1631	黑龙江省	哈尔滨市	通河县	28.87
1632	内蒙古自治区	阿拉善盟	阿拉善左旗西北	28.87
1633	山东省	聊城市	高唐县	28.87
1634	河北省	张家口市	桥东区	28.86
1635	湖南省	永州市	新田县	28.86
1636	湖南省	岳阳市	临湘市	28.86
1637	江苏省	盐城市	大丰区	28.86
1638	内蒙古自治区	巴彦淖尔市	乌拉特后旗	28.86
1639	四川省	甘孜藏族自治州	色达县	28.86
1640	山东省	泰安市	泰山区	28.86
1641	贵州省	遵义市	桐梓县	28.85
1642	湖北省	黄石市	黄石港区	28.85
1643	河北省	邯郸市	广平县	28.85
1644	河北省	衡水市	深州市	28.85
1645	江苏省	徐州市	丰县	28.85
1646	四川省	甘孜藏族自治州	甘孜县	28.85
1647	山西省	太原市	小店区	28.85
1648	新疆维吾尔自治区	和田地区	和田市	28.85
1649	湖北省	十堰市	房县	28.84
1650	河南省	平顶山市	郏县	28.84
1651	陕西省	延安市	志丹县	28.84
1652	山西省	忻州市	五台县	28.84
1653	浙江省	丽水市	龙泉市	28.84
1654	甘肃省	陇南市	武都区	28.83
1655	甘肃省	庆阳市	环县	28.83
1656	河北省	沧州市	河间市	28.83
1657	河北省	沧州市	吴桥县	28.83
1658	内蒙古自治区	乌兰察布市	察哈尔右翼后旗	28.83

续表

排名	省级	地市级	区县级	生态级大气环境资源
1659	河北省	廊坊市	大城县	28.82
1660	河北省	张家口市	万全区	28.82
1661	新疆维吾尔自治区	巴音郭楞蒙古自治州	和静县	28.82
1662	河北省	石家庄市	晋州市	28.81
1663	河北省	唐山市	丰润区	28.81
1664	黑龙江省	绥化市	绥棱县	28.81
1665	山西省	吕梁市	石楼县	28.81
1666	西藏自治区	拉萨市	尼木县	28.81
1667	甘肃省	甘南藏族自治州	合作市	28.80
1668	贵州省	遵义市	余庆县	28.80
1669	湖北省	黄石市	阳新县	28.80
1670	内蒙古自治区	乌兰察布市	兴和县	28.80
1671	青海省	海西蒙古族藏族自治州	冷湖行政区	28.80
1672	四川省	广元市	朝天区	28.80
1673	山西省	吕梁市	交城县	28.80
1674	贵州省	六盘水市	钟山区	28.79
1675	辽宁省	辽阳市	宏伟区	28.79
1676	山西省	吕梁市	离石区	28.79
1677	云南省	德宏傣族景颇族自治州	瑞丽市	28.79
1678	云南省	昆明市	禄劝彝族苗族自治县	28.79
1679	吉林省	四平市	伊通满族自治县	28.78
1680	辽宁省	盘锦市	大洼区	28.78
1681	四川省	成都市	温江区	28.78
1682	山东省	聊城市	临清市	28.78
1683	山西省	晋中市	太谷县	28.78
1684	福建省	福州市	连江县	28.77
1685	贵州省	铜仁市	印江土家族苗族自治县	28.77
1686	贵州省	遵义市	务川仡佬族苗族自治县	28.77
1687	贵州省	遵义市	正安县	28.77
1688	河北省	邯郸市	成安县	28.77
1689	河南省	新乡市	长垣县	28.77
1690	辽宁省	本溪市	明山区	28.77
1691	内蒙古自治区	兴安盟	扎赉特旗西部	28.77
1692	北京市	丰台区	丰台区	28.76
1693	吉林省	辽源市	东丰县	28.76
1694	江西省	九江市	德安县	28.76
1695	内蒙古自治区	赤峰市	喀喇沁旗	28.76
1696	山东省	淄博市	周村区	28.76
1697	山东省	淄博市	张店区	28.76
1698	山东省	淄博市	博山区	28.76

排名	省级	地市级	区县级	生态级大气环境资源
1699	新疆维吾尔自治区	阿勒泰地区	吉木乃县	28.76
1700	浙江省	温州市	文成县	28.76
1701	内蒙古自治区	赤峰市	克什克腾旗	28.75
1702	陕西省	宝鸡市	太白县	28.75
1703	陕西省	咸阳市	渭城区	28.75
1704	云南省	迪庆藏族自治州	香格里拉市	28.75
1705	甘肃省	陇南市	康县	28.74
1706	山东省	滨州市	阳信县	28.74
1707	山东省	东营市	广饶县	28.74
1708	陕西省	宝鸡市	陈仓区	28.74
1709	山西省	忻州市	原平市	28.74
1710	辽宁省	铁岭市	开原市	28.73
1711	四川省	成都市	双流区	28.73
1712	陕西省	安康市	岚皋县	28.73
1713	云南省	德宏傣族景颇族自治州	芒市	28.73
1714	湖南省	衡阳市	蒸湘区	28.72
1715	江西省	九江市	修水县	28.72
1716	青海省	果洛藏族自治州	久治县	28.72
1717	新疆维吾尔自治区	乌鲁木齐市	乌鲁木齐县	28.72
1718	浙江省	丽水市	遂昌县	28.72
1719	河南省	漯河市	临颍县	28.71
1720	河南省	郑州市	荥阳市	28.71
1721	辽宁省	朝阳市	凌源市	28.71
1722	内蒙古自治区	呼和浩特市	清水河县	28.71
1723	内蒙古自治区	乌兰察布市	丰镇市	28.71
1724	四川省	南充市	阆中市	28.71
1725	贵州省	毕节市	黔西县	28.70
1726	河南省	周口市	商水县	28.70
1727	四川省	乐山市	夹江县	28.70
1728	四川省	绵阳市	江油市	28.70
1729	山东省	菏泽市	曹县	28.70
1730	河北省	保定市	雄县	28.69
1731	河北省	承德市	隆化县	28.69
1732	河北省	衡水市	枣强县	28.69
1733	河南省	周口市	沈丘县	28.69
1734	江苏省	淮安市	淮阴区	28.69
1735	江西省	赣州市	安远县	28.69
1736	陕西省	安康市	汉滨区	28.69
1737	安徽省	宣城市	宁国市	28.68
1738	贵州省	黔西南布依族苗族自治州	册亨县	28.68

续表

排名	省级	地市级	区县级	生态级大气环境资源
1739	河南省	焦作市	山阳区	28.68
1740	江苏省	徐州市	沛县	28.68
1741	北京市	通州区	通州区	28.67
1742	北京市	平谷区	平谷区	28.67
1743	河南省	周口市	项城市	28.67
1744	江苏省	淮安市	盱眙县	28.67
1745	四川省	阿坝藏族羌族自治州	九寨沟县	28.67
1746	山东省	烟台市	龙口市	28.67
1747	陕西省	延安市	黄陵县	28.67
1748	山西省	大同市	天镇县	28.67
1749	云南省	红河哈尼族彝族自治州	屏边苗族自治县	28.67
1750	河北省	保定市	高阳县	28.66
1751	江苏省	连云港市	灌南县	28.66
1752	辽宁省	沈阳市	沈北新区	28.66
1753	内蒙古自治区	巴彦淖尔市	临河区	28.66
1754	陕西省	渭南市	韩城市	28.66
1755	山西省	晋中市	平遥县	28.66
1756	贵州省	黔南布依族苗族自治州	荔波县	28.65
1757	内蒙古自治区	赤峰市	林西县	28.65
1758	山西省	忻州市	定襄县	28.65
1759	山西省	忻州市	代县	28.65
1760	云南省	保山市	隆阳区	28.65
1761	云南省	楚雄彝族自治州	楚雄市	28.65
1762	贵州省	铜仁市	石阡县	28.64
1763	湖北省	宜昌市	秭归县	28.64
1764	河北省	衡水市	武邑县	28.64
1765	河北省	石家庄市	桥西区	28.64
1766	河北省	张家口市	阳原县	28.64
1767	黑龙江省	哈尔滨市	阿城区	28.64
1768	山西省	长治市	沁县	28.64
1769	河北省	秦皇岛市	卢龙县	28.63
1770	吉林省	通化市	柳河县	28.63
1771	四川省	广元市	旺苍县	28.63
1772	湖北省	襄阳市	枣阳市	28.62
1773	河北省	石家庄市	正定县	28.62
1774	河南省	三门峡市	卢氏县	28.62
1775	湖南省	郴州市	嘉禾县	28.62
1776	青海省	海南藏族自治州	兴海县	28.62
1777	四川省	甘孜藏族自治州	德格县	28.62
1778	青海省	海南藏族自治州	贵德县	28.61

续表

排名	省级	地市级	区县级	生态级大气环境资源
1779	四川省	达州市	万源市	28.61
1780	山西省	大同市	大同县	28.61
1781	湖南省	邵阳市	武冈市	28.60
1782	吉林省	通化市	辉南县	28.60
1783	青海省	海北藏族自治州	祁连县	28.60
1784	新疆维吾尔自治区	和田地区	策勒县	28.60
1785	新疆维吾尔自治区	伊犁哈萨克自治州	特克斯县	28.60
1786	云南省	临沧市	双江拉祜族佤族布朗族傣族自治县	28.60
1787	重庆市	开州区	开州区	28.59
1788	河北省	承德市	围场满族蒙古族自治县	28.59
1789	江苏省	常州市	溧阳市	28.59
1790	山东省	济宁市	任城区	28.59
1791	陕西省	汉中市	西乡县	28.59
1792	陕西省	渭南市	临渭区	28.59
1793	宁夏回族自治区	固原市	原州区	28.58
1794	青海省	海东市	化隆回族自治县	28.58
1795	山西省	阳泉市	平定县	28.58
1796	河北省	衡水市	桃城区	28.57
1797	青海省	海东市	民和回族土族自治县	28.57
1798	湖北省	十堰市	郧西县	28.56
1799	贵州省	遵义市	绥阳县	28.55
1800	河北省	石家庄市	新乐市	28.55
1801	吉林省	延边朝鲜族自治州	延吉市	28.55
1802	宁夏回族自治区	中卫市	中宁县	28.55
1803	青海省	黄南藏族自治州	同仁县	28.55
1804	云南省	普洱市	澜沧拉祜自治县	28.55
1805	北京市	大兴区	大兴区	28.54
1806	北京市	石景山区	石景山区	28.54
1807	湖南省	常德市	石门县	28.54
1808	辽宁省	丹东市	凤城市	28.54
1809	辽宁省	锦州市	义县	28.54
1810	内蒙古自治区	巴彦淖尔市	乌拉特前旗北部	28.54
1811	山东省	淄博市	淄川区	28.54
1812	新疆维吾尔自治区	喀什地区	喀什市	28.54
1813	河北省	沧州市	泊头市	28.53
1814	河北省	衡水市	景县	28.53
1815	河南省	开封市	尉氏县	28.53
1816	甘肃省	张掖市	肃南裕固族自治县	28.52
1817	河北省	承德市	滦平县	28.52
1818	河北省	石家庄市	赵县	28.52

排名	省级	地市级	区县级	生态级大气环境资源
1819	河南省	南阳市	桐柏县	28.52
1820	湖南省	怀化市	辰溪县	28.52
1821	内蒙古自治区	巴彦淖尔市	五原县	28.52
1822	河北省	秦皇岛市	抚宁区	28.51
1823	甘肃省	天水市	秦安县	28.50
1824	河北省	保定市	满城区	28.50
1825	河北省	邢台市	任县	28.50
1826	河南省	信阳市	光山县	28.50
1827	甘肃省	庆阳市	镇原县	28.49
1828	内蒙古自治区	赤峰市	红山区	28.49
1829	青海省	西宁市	湟源县	28.49
1830	河南省	濮阳市	台前县	28.48
1831	北京市	东城区	东城区	28.47
1832	甘肃省	陇南市	成县	28.47
1833	吉林省	通化市	通化县	28.47
1834	天津市	北辰区	北辰区	28.47
1835	新疆维吾尔自治区	阿克苏地区	阿克苏市	28.47
1836	新疆维吾尔自治区	昌吉回族自治州	呼图壁县	28.47
1837	内蒙古自治区	通辽市	扎鲁特旗	28.46
1838	河北省	保定市	望都县	28.45
1839	河南省	周口市	鹿邑县	28.45
1840	福建省	南平市	浦城县	28.44
1841	贵州省	黔东南苗族侗族自治州	黎平县	28.44
1842	陕西省	商洛市	丹凤县	28.44
1843	河北省	保定市	涞源县	28.43
1844	河北省	衡水市	故城县	28.43
1845	河南省	平顶山市	舞钢市	28.43
1846	山东省	淄博市	桓台县	28.43
1847	陕西省	汉中市	宁强县	28.43
1848	河北省	保定市	安新县	28.42
1849	河南省	商丘市	梁园区	28.42
1850	内蒙古自治区	呼和浩特市	土默特左旗	28.42
1851	山东省	滨州市	博兴县	28.42
1852	新疆维吾尔自治区	哈密市	伊吾县	28.42
1853	甘肃省	定西市	临洮县	28.41
1854	青海省	海西蒙古族藏族自治州	乌兰县	28.41
1855	新疆维吾尔自治区	哈密市	巴里坤哈萨克自治县	28.41
1856	新疆维吾尔自治区	克孜勒苏柯尔克孜自治州	阿合奇县	28.41
1857	云南省	迪庆藏族自治州	维西傈僳族自治县	28.41
1858	青海省	果洛藏族自治州	玛多县	28.40

续表

排名	省级	地市级	区县级	生态级大气环境资源
1859	陕西省	延安市	宝塔区	28.40
1860	河南省	平顶山市	宝丰县	28.39
1861	黑龙江省	哈尔滨市	宾县	28.39
1862	黑龙江省	伊春市	五营区	28.39
1863	辽宁省	阜新市	细河区	28.39
1864	新疆维吾尔自治区	阿克苏地区	阿瓦提县	28.39
1865	贵州省	铜仁市	沿河土家族自治县	28.38
1866	河南省	郑州市	新密市	28.38
1867	湖南省	娄底市	新化县	28.38
1868	山东省	临沂市	兰陵县	28.38
1869	福建省	三明市	泰宁县	28.37
1870	甘肃省	临夏回族自治州	和政县	28.37
1871	甘肃省	张掖市	高台县	28.37
1872	贵州省	毕节市	织金县	28.37
1873	河南省	周口市	扶沟县	28.37
1874	黑龙江省	绥化市	安达市	28.37
1875	陕西省	安康市	石泉县	28.37
1876	天津市	蓟州区	蓟州区	28.37
1877	甘肃省	兰州市	皋兰县	28.36
1878	山东省	泰安市	宁阳县	28.36
1879	内蒙古自治区	呼伦贝尔市	新巴尔虎左旗	28.35
1880	陕西省	延安市	吴起县	28.35
1881	内蒙古自治区	鄂尔多斯市	东胜区	28.34
1882	西藏自治区	那曲市	嘉黎县	28.34
1883	贵州省	遵义市	湄潭县	28.33
1884	河北省	保定市	徐水区	28.33
1885	河北省	承德市	平泉市	28.33
1886	河北省	唐山市	滦县	28.33
1887	江苏省	连云港市	赣榆区	28.33
1888	湖北省	襄阳市	保康县	28.32
1889	陕西省	汉中市	留坝县	28.32
1890	新疆维吾尔自治区	阿勒泰地区	哈巴河县	28.32
1891	广西壮族自治区	河池市	天峨县	28.31
1892	河北省	保定市	阜平县	28.31
1893	江苏省	连云港市	灌云县	28.31
1894	山东省	德州市	陵城区	28.31
1895	贵州省	铜仁市	碧江区	28.30
1896	河北省	邯郸市	临漳县	28.30
1897	宁夏回族自治区	吴忠市	利通区	28.30
1898	陕西省	商洛市	山阳县	28.30

续表

排名	省级	地市级	区县级	生态级大气环境资源
1899	山西省	临汾市	隰县	28.30
1900	河北省	保定市	蠡县	28.29
1901	河南省	郑州市	二七区	28.29
1902	宁夏回族自治区	石嘴山市	惠农区	28.29
1903	山东省	临沂市	郯城县	28.29
1904	山西省	晋城市	阳城县	28.29
1905	甘肃省	白银市	靖远县	28.28
1906	河北省	承德市	宽城满族自治县	28.28
1907	河南省	新乡市	牧野区	28.28
1908	河南省	周口市	川汇区	28.28
1909	湖南省	郴州市	宜章县	28.28
1910	陕西省	榆林市	吴堡县	28.28
1911	甘肃省	天水市	张家川回族自治县	28.27
1912	河南省	平顶山市	鲁山县	28.27
1913	黑龙江省	齐齐哈尔市	富裕县	28.27
1914	新疆维吾尔自治区	吐鲁番市	高昌区	28.27
1915	新疆维吾尔自治区	伊犁哈萨克自治州	霍尔果斯市	28.27
1916	西藏自治区	昌都市	洛隆县	28.27
1917	贵州省	黔东南苗族侗族自治州	榕江县	28.26
1918	河北省	唐山市	迁西县	28.26
1919	江苏省	宿迁市	泗洪县	28.26
1920	宁夏回族自治区	吴忠市	盐池县	28.26
1921	河南省	新乡市	卫辉市	28.25
1922	陕西省	汉中市	汉台区	28.25
1923	甘肃省	定西市	岷县	28.24
1924	宁夏回族自治区	吴忠市	青铜峡市	28.24
1925	陕西省	渭南市	蒲城县	28.24
1926	安徽省	六安市	霍山县	28.23
1927	贵州省	黔东南苗族侗族自治州	从江县	28.23
1928	河北省	保定市	容城县	28.23
1929	新疆维吾尔自治区	阿克苏地区	乌什县	28.22
1930	贵州省	遵义市	习水县	28.21
1931	河北省	张家口市	张北县	28.21
1932	山东省	济宁市	曲阜市	28.21
1933	陕西省	汉中市	镇巴县	28.21
1934	北京市	延庆区	延庆区	28.20
1935	江西省	抚州市	资溪县	28.20
1936	青海省	海西蒙古族藏族自治州	格尔木市	28.20
1937	河北省	廊坊市	文安县	28.19
1938	吉林省	延边朝鲜族自治州	龙井市	28.18

排名	省级	地市级	区县级	生态级大气环境资源
1939	新疆维吾尔自治区	巴音郭楞蒙古自治州	和硕县	28.18
1940	河北省	石家庄市	灵寿县	28.17
1941	天津市	宝坻区	宝坻区	28.17
1942	贵州省	黔东南苗族侗族自治州	剑河县	28.16
1943	贵州省	遵义市	凤冈县	28.16
1944	黑龙江省	牡丹江市	穆棱市	28.16
1945	黑龙江省	伊春市	铁力市	28.16
1946	湖南省	永州市	冷水滩区	28.16
1947	青海省	玉树藏族自治州	曲麻莱县	28.16
1948	新疆维吾尔自治区	巴音郭楞蒙古自治州	且末县	28.16
1949	河北省	张家口市	涿鹿县	28.15
1950	黑龙江省	牡丹江市	林口县	28.15
1951	黑龙江省	伊春市	汤旺河区	28.15
1952	湖南省	湘西土家族苗族自治州	花垣县	28.15
1953	山东省	聊城市	莘县	28.14
1954	山东省	泰安市	东平县	28.14
1955	陕西省	商洛市	商州区	28.14
1956	河北省	石家庄市	深泽县	28.13
1957	吉林省	通化市	集安市	28.13
1958	新疆维吾尔自治区	阿克苏地区	温宿县	28.13
1959	西藏自治区	昌都市	类乌齐县	28.13
1960	西藏自治区	林芝市	波密县	28.13
1961	河南省	南阳市	淅川县	28.12
1962	内蒙古自治区	兴安盟	乌兰浩特市	28.12
1963	甘肃省	临夏回族自治州	广河县	28.11
1964	青海省	黄南藏族自治州	河南蒙古族自治县	28.11
1965	云南省	昭通市	绥江县	28.11
1966	河北省	衡水市	饶阳县	28.10
1967	辽宁省	本溪市	本溪满族自治县	28.10
1968	内蒙古自治区	呼和浩特市	和林格尔县	28.10
1969	内蒙古自治区	锡林郭勒盟	苏尼特左旗	28.10
1970	安徽省	宿州市	砀山县	28.09
1971	河北省	唐山市	路北区	28.09
1972	江苏省	宿迁市	沭阳县	28.09
1973	陕西省	榆林市	横山区	28.09
1974	新疆维吾尔自治区	阿克苏地区	新和县	28.09
1975	西藏自治区	昌都市	左贡县	28.09
1976	宁夏回族自治区	银川市	金凤区	28.08
1977	陕西省	宝鸡市	凤县	28.08
1978	云南省	普洱市	江城哈尼族彝族自治县	28.08

排名	省级	地市级	区县级	生态级大气环境资源
1979	吉林省	松原市	扶余市	28.07
1980	辽宁省	大连市	庄河市	28.07
1981	山东省	日照市	五莲县	28.07
1982	陕西省	宝鸡市	岐山县	28.07
1983	云南省	丽江市	玉龙纳西族自治县	28.07
1984	河北省	廊坊市	大厂回族自治县	28.06
1985	吉林省	四平市	双辽市	28.06
1986	山东省	东营市	垦利区	28.06
1987	新疆维吾尔自治区	塔城地区	额敏县	28.06
1988	北京市	海淀区	海淀区	28.05
1989	贵州省	黔东南苗族侗族自治州	天柱县	28.05
1990	陕西省	安康市	紫阳县	28.05
1991	内蒙古自治区	包头市	土默特右旗	28.04
1992	天津市	武清区	武清区	28.04
1993	黑龙江省	牡丹江市	西安区	28.03
1994	内蒙古自治区	乌兰察布市	卓资县	28.03
1995	陕西省	宝鸡市	麟游县	28.03
1996	陕西省	榆林市	靖边县	28.03
1997	西藏自治区	日喀则市	桑珠孜区	28.02
1998	甘肃省	临夏回族自治州	临夏市	28.01
1999	湖南省	怀化市	新晃侗族自治县	28.01
2000	辽宁省	锦州市	古塔区	28.01
2001	内蒙古自治区	呼伦贝尔市	莫力达瓦达斡尔族自治旗	28.01
2002	新疆维吾尔自治区	伊犁哈萨克自治州	新源县	28.01
2003	河北省	廊坊市	安次区	28.00
2004	河北省	石家庄市	平山县	28.00
2005	河南省	漯河市	郾城区	28.00
2006	湖南省	张家界市	桑植县	28.00
2007	内蒙古自治区	呼伦贝尔市	陈巴尔虎旗	27.99
2008	宁夏回族自治区	石嘴山市	大武口区	27.99
2009	青海省	果洛藏族自治州	甘德县	27.99
2010	山东省	临沂市	蒙阴县	27.99
2011	云南省	普洱市	思茅区	27.99
2012	河北省	张家口市	崇礼区	27.98
2013	黑龙江省	黑河市	北安市	27.98
2014	河北省	邯郸市	魏县	27.97
2015	黑龙江省	绥化市	北林区	27.97
2016	青海省	海南藏族自治州	贵南县	27.97
2017	陕西省	榆林市	清涧县	27.97
2018	内蒙古自治区	赤峰市	敖汉旗东部	27.96

续表

排名	省级	地市级	区县级	生态级大气环境资源
2019	青海省	黄南藏族自治州	尖扎县	27.96
2020	陕西省	安康市	旬阳县	27.96
2021	安徽省	宿州市	萧县	27.95
2022	甘肃省	临夏回族自治州	永靖县	27.95
2023	新疆维吾尔自治区	和田地区	墨玉县	27.95
2024	新疆维吾尔自治区	昌吉回族自治州	吉木萨尔县	27.94
2025	河北省	沧州市	肃宁县	27.93
2026	河北省	张家口市	尚义县	27.93
2027	黑龙江省	大兴安岭地区	塔河县	27.92
2028	吉林省	通化市	梅河口市	27.91
2029	河北省	唐山市	玉田县	27.90
2030	辽宁省	营口市	盖州市	27.90
2031	河北省	廊坊市	三河市	27.89
2032	云南省	西双版纳傣族自治州	景洪市	27.89
2033	黑龙江省	牡丹江市	海林市	27.88
2034	山西省	朔州市	朔城区	27.88
2035	青海省	海西蒙古族藏族自治州	茫崖行政区	27.87
2036	四川省	眉山市	东坡区	27.87
2037	山东省	济南市	济阳县	27.87
2038	山西省	临汾市	古县	27.87
2039	辽宁省	鞍山市	岫岩满族自治县	27.86
2040	青海省	玉树藏族自治州	囊谦县	27.86
2041	山东省	临沂市	沂南县	27.86
2042	西藏自治区	拉萨市	当雄县	27.85
2043	西藏自治区	林芝市	察隅县	27.85
2044	云南省	怒江傈僳族自治州	兰坪白族普米族自治县	27.84
2045	山东省	聊城市	东昌府区	27.82
2046	河北省	邢台市	南宫市	27.81
2047	吉林省	吉林市	蛟河市	27.81
2048	山东省	滨州市	邹平县	27.81
2049	黑龙江省	哈尔滨市	依兰县	27.80
2050	辽宁省	鞍山市	海城市	27.80
2051	四川省	成都市	都江堰市	27.80
2052	河北省	保定市	高碑店市	27.79
2053	内蒙古自治区	锡林郭勒盟	阿巴嘎旗	27.79
2054	新疆维吾尔自治区	巴音郭楞蒙古自治州	若羌县	27.79
2055	浙江省	温州市	鹿城区	27.79
2056	河南省	信阳市	淮滨县	27.78
2057	黑龙江省	鹤岗市	东山区	27.78
2058	黑龙江省	伊春市	嘉荫县	27.78

排名	省级	地市级	区县级	生态级大气环境资源
2059	辽宁省	铁岭市	西丰县	27.78
2060	山西省	大同市	灵丘县	27.77
2061	山西省	运城市	垣曲县	27.77
2062	浙江省	丽水市	莲都区	27.76
2063	黑龙江省	黑河市	嫩江县	27.75
2064	黑龙江省	齐齐哈尔市	建华区	27.75
2065	湖南省	邵阳市	绥宁县	27.75
2066	江苏省	无锡市	宜兴市	27.75
2067	河北省	邯郸市	涉县	27.74
2068	黑龙江省	佳木斯市	郊区	27.74
2069	新疆维吾尔自治区	克孜勒苏柯尔克孜自治州	阿克陶县	27.73
2070	新疆维吾尔自治区	克孜勒苏柯尔克孜自治州	乌恰县	27.73
2071	新疆维吾尔自治区	塔城地区	托里县	27.73
2072	贵州省	遵义市	汇川区	27.72
2073	湖北省	武汉市	东西湖区	27.72
2074	河北省	廊坊市	香河县	27.72
2075	陕西省	安康市	白河县	27.72
2076	四川省	成都市	郫都区	27.71
2077	山西省	临汾市	侯马市	27.71
2078	云南省	临沧市	沧源佤族自治县	27.71
2079	黑龙江省	黑河市	爱辉区	27.70
2080	新疆维吾尔自治区	巴音郭楞蒙古自治州	焉耆回族自治县	27.70
2081	吉林省	延边朝鲜族自治州	敦化市	27.69
2082	内蒙古自治区	巴彦淖尔市	乌拉特中旗	27.69
2083	山东省	日照市	莒县	27.69
2084	山东省	滨州市	惠民县	27.68
2085	陕西省	宝鸡市	渭滨区	27.68
2086	新疆维吾尔自治区	喀什地区	叶城县	27.68
2087	新疆维吾尔自治区	喀什地区	泽普县	27.68
2088	山西省	临汾市	安泽县	27.67
2089	河北省	张家口市	怀来县	27.65
2090	江苏省	徐州市	睢宁县	27.65
2091	湖南省	湘西土家族苗族自治州	永顺县	27.64
2092	内蒙古自治区	锡林郭勒盟	西乌珠穆沁旗	27.64
2093	新疆维吾尔自治区	塔城地区	沙湾县	27.64
2094	甘肃省	兰州市	城关区	27.63
2095	河北省	石家庄市	无极县	27.63
2096	内蒙古自治区	呼伦贝尔市	牙克石市东部	27.63
2097	山东省	淄博市	沂源县	27.63
2098	陕西省	安康市	汉阴县	27.63

排名	省级	地市级	区县级	生态级大气环境资源
2099	陕西省	榆林市	米脂县	27.62
2100	新疆维吾尔自治区	喀什地区	塔什库尔干塔吉克自治县	27.62
2101	重庆市	万州区	万州区	27.61
2102	河北省	石家庄市	栾城区	27.61
2103	山西省	临汾市	尧都区	27.61
2104	河南省	南阳市	社旗县	27.60
2105	江西省	景德镇市	昌江区	27.60
2106	云南省	西双版纳傣族自治州	勐腊县	27.60
2107	河北省	唐山市	迁安市	27.59
2108	新疆维吾尔自治区	乌鲁木齐市	新市区	27.59
2109	青海省	西宁市	湟中县	27.58
2110	四川省	阿坝藏族羌族自治州	马尔康市	27.58
2111	四川省	雅安市	雨城区	27.58
2112	辽宁省	葫芦岛市	建昌县	27.57
2113	陕西省	渭南市	华阴市	27.57
2114	湖南省	怀化市	沅陵县	27.53
2115	河北省	石家庄市	辛集市	27.52
2116	山西省	长治市	襄垣县	27.52
2117	新疆维吾尔自治区	博尔塔拉蒙古自治州	精河县	27.52
2118	浙江省	丽水市	缙云县	27.52
2119	湖北省	十堰市	竹溪县	27.51
2120	河北省	保定市	顺平县	27.51
2121	河北省	保定市	易县	27.50
2122	吉林省	四平市	铁西区	27.50
2123	贵州省	铜仁市	松桃苗族自治县	27.48
2124	新疆维吾尔自治区	博尔塔拉蒙古自治州	温泉县	27.48
2125	新疆维吾尔自治区	和田地区	皮山县	27.48
2126	内蒙古自治区	呼伦贝尔市	鄂伦春自治旗	27.47
2127	新疆维吾尔自治区	和田地区	民丰县	27.47
2128	甘肃省	陇南市	两当县	27.46
2129	辽宁省	本溪市	桓仁满族自治县	27.46
2130	内蒙古自治区	鄂尔多斯市	鄂托克旗	27.46
2131	山东省	青岛市	平度市	27.46
2132	贵州省	遵义市	道真仡佬族苗族自治县	27.45
2133	湖南省	湘西土家族苗族自治州	龙山县	27.44
2134	辽宁省	沈阳市	法库县	27.44
2135	新疆维吾尔自治区	乌鲁木齐市	天山区	27.44
2136	湖北省	恩施土家族苗族自治州	恩施市	27.43
2137	湖南省	怀化市	鹤城区	27.43
2138	重庆市	彭水苗族土家族自治县	彭水苗族土家族自治县	27.42

排名	省级	地市级	区县级	生态级大气环境资源
2139	湖南省	郴州市	桂东县	27.40
2140	内蒙古自治区	呼和浩特市	赛罕区	27.40
2141	内蒙古自治区	呼伦贝尔市	扎兰屯市	27.40
2142	甘肃省	酒泉市	敦煌市	27.39
2143	贵州省	铜仁市	思南县	27.39
2144	青海省	海西蒙古族藏族自治州	德令哈市	27.37
2145	新疆维吾尔自治区	巴音郭楞蒙古自治州	和静县西北	27.36
2146	新疆维吾尔自治区	昌吉回族自治州	奇台县	27.36
2147	内蒙古自治区	呼伦贝尔市	牙克石市	27.35
2148	吉林省	松原市	前郭尔罗斯蒙古族自治县	27.34
2149	陕西省	汉中市	城固县	27.34
2150	北京市	密云区	密云区	27.33
2151	河北省	承德市	丰宁满族自治县	27.33
2152	河北省	邯郸市	馆陶县	27.33
2153	新疆维吾尔自治区	博尔塔拉蒙古自治州	博乐市	27.33
2154	黑龙江省	哈尔滨市	尚志市	27.32
2155	山东省	潍坊市	潍城区	27.32
2156	河北省	保定市	涿州市	27.31
2157	江苏省	徐州市	邳州市	27.30
2158	内蒙古自治区	乌兰察布市	集宁区	27.29
2159	浙江省	台州市	仙居县	27.29
2160	辽宁省	沈阳市	和平区	27.28
2161	新疆维吾尔自治区	阿克苏地区	库车县	27.28
2162	湖南省	岳阳市	平江县	27.25
2163	贵州省	黔西南布依族苗族自治州	望谟县	27.24
2164	河北省	保定市	莲池区	27.22
2165	河北省	张家口市	赤城县	27.21
2166	黑龙江省	大兴安岭地区	加格达奇区	27.21
2167	吉林省	白山市	靖宇县	27.19
2168	山西省	朔州市	右玉县	27.19
2169	新疆维吾尔自治区	塔城地区	乌苏市	27.16
2170	贵州省	黔南布依族苗族自治州	罗甸县	27.14
2171	西藏自治区	那曲市	比如县	27.14
2172	山东省	临沂市	费县	27.10
2173	黑龙江省	伊春市	伊春区	27.09
2174	西藏自治区	林芝市	米林县	27.09
2175	云南省	临沧市	耿马傣族佤族自治县	27.08
2176	山东省	泰安市	肥城市	27.06
2177	新疆维吾尔自治区	和田地区	于田县	27.05
2178	浙江省	丽水市	云和县	27.04

续表

排名	省级	地市级	区县级	生态级大气环境资源
2179	内蒙古自治区	锡林郭勒盟	多伦县	27.03
2180	新疆维吾尔自治区	哈密市	伊州区	27.03
2181	山东省	烟台市	海阳市	27.01
2182	河南省	周口市	太康县	26.99
2183	云南省	怒江傈僳族自治州	福贡县	26.99
2184	河北省	廊坊市	永清县	26.98
2185	青海省	海东市	互助土族自治县	26.96
2186	新疆维吾尔自治区	阿克苏地区	柯坪县	26.96
2187	黑龙江省	黑河市	孙吴县	26.95
2188	湖南省	娄底市	双峰县	26.94
2189	辽宁省	朝阳市	朝阳县	26.94
2190	河北省	承德市	双桥区	26.93
2191	新疆维吾尔自治区	阿勒泰地区	福海县	26.93
2192	湖南省	湘西土家族苗族自治州	吉首市	26.92
2193	河北省	廊坊市	霸州市	26.91
2194	河北省	唐山市	遵化市	26.91
2195	宁夏回族自治区	固原市	西吉县	26.91
2196	陕西省	商洛市	镇安县	26.91
2197	新疆维吾尔自治区	伊犁哈萨克自治州	昭苏县	26.89
2198	湖南省	怀化市	芷江侗族自治县	26.88
2199	吉林省	白山市	抚松县	26.88
2200	新疆维吾尔自治区	阿勒泰地区	布尔津县	26.88
2201	新疆维吾尔自治区	昌吉回族自治州	阜康市	26.88
2202	新疆维吾尔自治区	塔城地区	塔城市	26.87
2203	新疆维吾尔自治区	五家渠市	五家渠市	26.87
2204	新疆维吾尔自治区	喀什地区	伽师县	26.86
2205	河北省	石家庄市	藁城区	26.85
2206	山西省	大同市	南郊区	26.85
2207	新疆维吾尔自治区	巴音郭楞蒙古自治州	尉犁县	26.83
2208	陕西省	安康市	宁陕县	26.82
2209	河北省	承德市	兴隆县	26.80
2210	新疆维吾尔自治区	乌鲁木齐市	米东区	26.80
2211	新疆维吾尔自治区	乌鲁木齐市	达坂城区	26.80
2212	青海省	果洛藏族自治州	达日县	26.77
2213	新疆维吾尔自治区	伊犁哈萨克自治州	伊宁县	26.76
2214	青海省	海北藏族自治州	门源回族自治县	26.75
2215	河北省	承德市	承德县	26.74
2216	新疆维吾尔自治区	伊犁哈萨克自治州	察布查尔锡伯自治县	26.74
2217	山东省	济宁市	兖州区	26.73
2218	河南省	南阳市	南召县	26.72

续表

排名	省级	地市级	区县级	生态级大气环境资源
2219	辽宁省	丹东市	宽甸满族自治县	26.71
2220	陕西省	商洛市	柞水县	26.69
2221	河北省	秦皇岛市	海港区	26.68
2222	陕西省	榆林市	绥德县	26.67
2223	吉林省	吉林市	永吉县	26.66
2224	江苏省	徐州市	鼓楼区	26.65
2225	宁夏回族自治区	银川市	贺兰县	26.64
2226	新疆维吾尔自治区	克拉玛依市	克拉玛依区	26.64
2227	辽宁省	抚顺市	新宾满族自治县	26.63
2228	青海省	海西蒙古族藏族自治州	大柴旦行政区	26.63
2229	陕西省	宝鸡市	眉县	26.63
2230	吉林省	长春市	农安县	26.62
2231	吉林省	吉林市	磐石市	26.60
2232	吉林省	辽源市	龙山区	26.60
2233	云南省	怒江傈僳族自治州	贡山独龙族怒族自治县	26.60
2234	湖北省	宜昌市	五峰土家族自治县	26.59
2235	新疆维吾尔自治区	昌吉回族自治州	玛纳斯县	26.59
2236	吉林省	通化市	东昌区	26.58
2237	吉林省	延边朝鲜族自治州	和龙市	26.58
2238	河北省	张家口市	蔚县	26.56
2239	新疆维吾尔自治区	克孜勒苏柯尔克孜自治州	阿图什市	26.56
2240	陕西省	渭南市	华州区	26.55
2241	新疆维吾尔自治区	石河子市	石河子市	26.55
2242	青海省	果洛藏族自治州	班玛县	26.50
2243	陕西省	宝鸡市	扶风县	26.49
2244	新疆维吾尔自治区	伊犁哈萨克自治州	霍城县	26.47
2245	辽宁省	抚顺市	清原满族自治县	26.44
2246	黑龙江省	大兴安岭地区	呼玛县	26.43
2247	新疆维吾尔自治区	喀什地区	麦盖提县	26.40
2248	云南省	红河哈尼族彝族自治州	河口瑶族自治县	26.38
2249	青海省	果洛藏族自治州	玛沁县	26.37
2250	新疆维吾尔自治区	巴音郭楞蒙古自治州	且末县西北	26.32
2251	上海市	徐汇区	徐汇区	26.30
2252	吉林省	吉林市	桦甸市	26.27
2253	新疆维吾尔自治区	阿拉尔市	阿拉尔市	26.25
2254	新疆维吾尔自治区	阿勒泰地区	富蕴县	26.24
2255	内蒙古自治区	呼伦贝尔市	牙克石市东北	26.13
2256	内蒙古自治区	锡林郭勒盟	东乌珠穆沁旗	26.13
2257	吉林省	延边朝鲜族自治州	汪清县	26.11
2258	青海省	玉树藏族自治州	玉树市	26.10

续表

排名	省级	地市级	区县级	生态级大气环境资源
2259	河北省	保定市	唐县	26.05
2260	内蒙古自治区	呼伦贝尔市	额尔古纳市	26.03
2261	新疆维吾尔自治区	阿克苏地区	拜城县	25.96
2262	新疆维吾尔自治区	吐鲁番市	鄯善县	25.96
2263	陕西省	渭南市	合阳县	25.95
2264	新疆维吾尔自治区	伊犁哈萨克自治州	巩留县	25.95
2265	河北省	秦皇岛市	青龙满族自治县	25.94
2266	新疆维吾尔自治区	喀什地区	巴楚县	25.90
2267	新疆维吾尔自治区	喀什地区	莎车县	25.89
2268	河北省	保定市	曲阳县	25.86
2269	新疆维吾尔自治区	巴音郭楞蒙古自治州	和静县北部	25.85
2270	河北省	廊坊市	固安县	25.81
2271	内蒙古自治区	兴安盟	阿尔山市	25.81
2272	陕西省	商洛市	商南县	25.71
2273	内蒙古自治区	呼伦贝尔市	根河市	25.60
2274	新疆维吾尔自治区	伊犁哈萨克自治州	伊宁市	25.60
2275	陕西省	榆林市	子洲县	25.57
2276	新疆维吾尔自治区	喀什地区	英吉沙县	25.36
2277	新疆维吾尔自治区	阿勒泰地区	阿勒泰市	25.35
2278	青海省	海南藏族自治州	共和县	25.29
2279	新疆维吾尔自治区	伊犁哈萨克自治州	尼勒克县	25.22
2280	吉林省	延边朝鲜族自治州	图们市	25.21
2281	新疆维吾尔自治区	喀什地区	岳普湖县	25.13
2282	黑龙江省	大兴安岭地区	漠河县	24.90
2283	新疆维吾尔自治区	阿克苏地区	沙雅县	24.79
2284	新疆维吾尔自治区	阿勒泰地区	青河县	23.95

注：从自然地理条件看，直辖市所辖区县与普通区县类似，所以本章在区县级大气环境资源相关排名中将北京市、上海市、天津市、重庆市四个直辖市所辖区县视同一般区县。同时，为了体现它们的行政级别和重要性，直辖市的区县名称在地市级和区县级同时列出。另外，海南、河南等省份的省直管县级市和省直管县，同样参照直辖市区县方式处理，在地市级和区县级同时列出。下同。

三　中国宜居级大气环境资源县级排名

表4-7　中国宜居级大气环境资源县级排名（2019-县级-ASPI 25%分位数排序）

排名	省级	地市级	区县级	宜居级大气环境资源
1	内蒙古自治区	巴彦淖尔市	乌拉特后旗西北	57.97
2	浙江省	舟山市	嵊泗县	52.72
3	海南省	三沙市	南沙区	52.25
4	云南省	红河哈尼族彝族自治州	个旧市	49.97

排名	省级	地市级	区县级	宜居级大气环境资源
5	浙江省	台州市	椒江区	49.74
6	湖南省	衡阳市	南岳区	49.35
7	海南省	三亚市	吉阳区	49.34
8	福建省	泉州市	晋江市	48.97
9	山东省	威海市	荣成市北海口	47.72
10	甘肃省	武威市	天祝藏族自治县	47.26
11	浙江省	宁波市	象山县（滨海）	46.95
12	内蒙古自治区	赤峰市	巴林右旗	46.81
13	广东省	湛江市	吴川市	46.45
14	云南省	曲靖市	会泽县	46.15
15	山东省	青岛市	胶州市	45.32
16	辽宁省	大连市	金州区	45.07
17	内蒙古自治区	鄂尔多斯市	杭锦旗	44.95
18	新疆维吾尔自治区	博尔塔拉蒙古自治州	阿拉山口市	44.69
19	内蒙古自治区	锡林郭勒盟	苏尼特右旗朱日和	44.58
20	内蒙古自治区	通辽市	科尔沁左翼后旗	44.57
21	内蒙古自治区	包头市	白云鄂博矿区	44.48
22	内蒙古自治区	阿拉善盟	额济纳旗东部	44.36
23	内蒙古自治区	呼伦贝尔市	新巴尔虎右旗	43.99
24	内蒙古自治区	呼伦贝尔市	海拉尔区	42.82
25	山东省	烟台市	长岛县	42.82
26	海南省	三沙市	西沙群岛珊瑚岛	42.36
27	福建省	泉州市	惠安县	41.21
28	福建省	漳州市	东山县	40.41
29	广西壮族自治区	柳州市	柳北区	40.36
30	福建省	福州市	平潭县	40.30
31	福建省	福州市	福清市	39.65
32	安徽省	安庆市	望江县	39.60
33	广东省	湛江市	徐闻县	39.51
34	浙江省	台州市	玉环市	39.44
35	浙江省	舟山市	岱山县	39.28
36	海南省	三沙市	西沙区	39.17
37	广东省	江门市	上川岛	39.06
38	浙江省	舟山市	普陀区	38.96
39	湖北省	荆门市	掇刀区	38.88
40	广东省	阳江市	江城区	38.77
41	云南省	昆明市	呈贡区	38.60
42	黑龙江省	鹤岗市	绥滨县	38.41
43	江苏省	连云港市	连云区	38.38
44	广西壮族自治区	贵港市	桂平市	38.17

续表

排名	省级	地市级	区县级	宜居级大气环境资源
45	内蒙古自治区	乌兰察布市	察哈尔右翼中旗	38.08
46	广西壮族自治区	防城港市	港口区	38.06
47	江西省	九江市	都昌县	38.03
48	西藏自治区	昌都市	八宿县	37.88
49	内蒙古自治区	阿拉善盟	阿拉善左旗南部	37.80
50	广西壮族自治区	柳州市	柳城县	37.75
51	江苏省	南通市	启东市（滨海）	37.68
52	海南省	海口市	美兰区	37.66
53	云南省	红河哈尼族彝族自治州	红河县	37.66
54	广西壮族自治区	桂林市	临桂区	37.59
55	江西省	九江市	湖口县	37.53
56	福建省	莆田市	秀屿区	37.49
57	江西省	南昌市	进贤县	37.35
58	广西壮族自治区	玉林市	容县	37.34
59	海南省	东方市	东方市	37.34
60	安徽省	马鞍山市	当涂县	37.30
61	浙江省	杭州市	萧山区	37.27
62	云南省	曲靖市	马龙县	37.21
63	云南省	楚雄彝族自治州	永仁县	37.20
64	内蒙古自治区	兴安盟	扎赉特旗	37.17
65	山东省	青岛市	李沧区	37.09
66	山东省	烟台市	栖霞市	37.08
67	湖北省	鄂州市	鄂城区	37.04
68	广东省	茂名市	电白区	37.03
69	广西壮族自治区	北海市	海城区（涠洲岛）	37.03
70	云南省	昆明市	西山区	37.02
71	内蒙古自治区	乌兰察布市	商都县	37.01
72	广西壮族自治区	柳州市	融水苗族自治县	36.98
73	广东省	湛江市	遂溪县	36.96
74	辽宁省	锦州市	凌海市	36.96
75	西藏自治区	那曲市	班戈县	36.96
76	广西壮族自治区	钦州市	钦南区	36.89
77	湖南省	郴州市	北湖区	36.87
78	广西壮族自治区	南宁市	邕宁区	36.86
79	云南省	红河哈尼族彝族自治州	蒙自市	36.86
80	内蒙古自治区	锡林郭勒盟	苏尼特右旗	36.83
81	广东省	湛江市	雷州市	36.82
82	湖南省	永州市	江华瑶族自治县县	36.80
83	广东省	江门市	新会区	36.77
84	内蒙古自治区	兴安盟	科尔沁右翼中旗	36.77

排名	省级	地市级	区县级	宜居级大气环境资源
85	河南省	洛阳市	孟津县	36.68
86	广西壮族自治区	崇左市	江州区	36.67
87	广西壮族自治区	玉林市	博白县	36.67
88	广东省	揭阳市	惠来县	36.60
89	福建省	厦门市	湖里区	36.58
90	广东省	湛江市	霞山区	36.58
91	广东省	汕头市	澄海区	36.57
92	江西省	抚州市	东乡区	36.52
93	湖北省	襄阳市	襄城区	36.41
94	安徽省	安庆市	太湖县	36.40
95	山东省	威海市	荣成市南海口	36.40
96	山东省	烟台市	芝罘区	36.40
97	甘肃省	金昌市	永昌县	36.32
98	云南省	曲靖市	师宗县	36.31
99	内蒙古自治区	锡林郭勒盟	正镶白旗	36.28
100	广东省	汕尾市	陆丰市	36.26
101	浙江省	温州市	洞头区	36.26
102	贵州省	贵阳市	清镇市	36.25
103	黑龙江省	绥化市	肇东市	36.24
104	海南省	定安县	定安县	36.23
105	广西壮族自治区	玉林市	陆川县	36.16
106	湖南省	永州市	双牌县	36.15
107	辽宁省	锦州市	北镇市	36.15
108	广东省	湛江市	廉江市	36.14
109	河南省	信阳市	新县	36.13
110	辽宁省	大连市	长海县	36.13
111	广西壮族自治区	崇左市	扶绥县	36.10
112	广东省	佛山市	禅城区	36.07
113	广西壮族自治区	南宁市	青秀区	36.06
114	辽宁省	营口市	大石桥市	36.06
115	浙江省	温州市	平阳县	36.06
116	广西壮族自治区	南宁市	宾阳县	36.03
117	广东省	江门市	鹤山市	36.00
118	湖北省	随州市	广水市	35.98
119	云南省	曲靖市	陆良县	35.98
120	广东省	潮州市	饶平县	35.94
121	广东省	佛山市	三水区	35.94
122	山东省	青岛市	市南区	35.94
123	吉林省	吉林市	丰满区	35.93
124	江苏省	南通市	如东县	35.91

排名	省级	地市级	区县级	宜居级大气环境资源
125	广东省	茂名市	高州市	35.90
126	山东省	威海市	文登区	35.90
127	海南省	万宁市	万宁市	35.88
128	内蒙古自治区	锡林郭勒盟	二连浩特市	35.87
129	山东省	济南市	章丘区	35.87
130	广东省	清远市	清城区	35.85
131	广西壮族自治区	百色市	田阳县	35.85
132	江苏省	淮安市	金湖县	35.85
133	青海省	海西蒙古族藏族自治州	格尔木市西部	35.85
134	云南省	丽江市	宁蒗彝族自治县	35.85
135	内蒙古自治区	阿拉善盟	阿拉善左旗东南	35.84
136	广东省	珠海市	香洲区	35.83
137	广西壮族自治区	防城港市	东兴市	35.83
138	福建省	福州市	长乐区	35.82
139	甘肃省	酒泉市	肃北蒙古族自治县	35.79
140	广西壮族自治区	河池市	南丹县	35.77
141	广西壮族自治区	玉林市	北流市	35.77
142	广西壮族自治区	贵港市	港北区	35.74
143	云南省	昆明市	宜良县	35.74
144	安徽省	蚌埠市	怀远县	35.73
145	山东省	烟台市	牟平区	35.72
146	内蒙古自治区	鄂尔多斯市	杭锦旗西北	35.70
147	福建省	漳州市	云霄县	35.69
148	福建省	漳州市	诏安县	35.68
149	福建省	漳州市	龙海市	35.66
150	云南省	玉溪市	通海县	35.66
151	广西壮族自治区	柳州市	鹿寨县	35.65
152	广西壮族自治区	南宁市	隆安县	35.65
153	广东省	惠州市	惠东县	35.64
154	黑龙江省	佳木斯市	同江市	35.63
155	内蒙古自治区	兴安盟	突泉县	35.63
156	内蒙古自治区	阿拉善盟	阿拉善左旗	35.60
157	广东省	佛山市	顺德区	35.56
158	内蒙古自治区	锡林郭勒盟	正蓝旗	35.56
159	广西壮族自治区	河池市	环江毛南族自治县	35.55
160	宁夏回族自治区	中卫市	沙坡头区	35.55
161	西藏自治区	拉萨市	墨竹工卡县	35.55
162	重庆市	巫山县	巫山县	35.54
163	贵州省	黔东南苗族侗族自治州	丹寨县	35.54
164	云南省	昆明市	晋宁区	35.54

排名	省级	地市级	区县级	宜居级大气环境资源
165	浙江省	宁波市	余姚市	35.54
166	辽宁省	葫芦岛市	连山区	35.53
167	河北省	邢台市	桥东区	35.52
168	贵州省	安顺市	平坝区	35.50
169	湖北省	荆门市	钟祥市	35.49
170	广东省	韶关市	翁源县	35.47
171	上海市	松江区	松江区	35.47
172	福建省	泉州市	南安市	35.45
173	江西省	上饶市	铅山县	35.45
174	浙江省	温州市	乐清市	35.45
175	贵州省	毕节市	大方县	35.43
176	湖南省	衡阳市	衡南县	35.41
177	广西壮族自治区	百色市	西林县	35.40
178	广西壮族自治区	河池市	都安瑶族自治县	35.39
179	河北省	邯郸市	武安市	35.38
180	黑龙江省	佳木斯市	富锦市	35.38
181	内蒙古自治区	赤峰市	阿鲁科尔沁旗	35.38
182	西藏自治区	山南市	琼结县	35.38
183	广西壮族自治区	桂林市	全州县	35.36
184	广西壮族自治区	河池市	宜州区	35.36
185	广西壮族自治区	柳州市	融安县	35.36
186	福建省	泉州市	安溪县	35.35
187	黑龙江省	佳木斯市	桦南县	35.33
188	黑龙江省	绥化市	庆安县	35.33
189	山东省	济南市	平阴县	35.33
190	山东省	烟台市	蓬莱市	35.33
191	海南省	临高县	临高县	35.32
192	山西省	忻州市	神池县	35.32
193	云南省	红河哈尼族彝族自治州	元阳县	35.32
194	广东省	汕头市	潮阳区	35.31
195	甘肃省	张掖市	民乐县	35.31
196	浙江省	绍兴市	柯桥区	35.30
197	西藏自治区	那曲市	安多县	35.29
198	广东省	阳江市	阳春市	35.28
199	山东省	烟台市	招远市	35.28
200	河南省	洛阳市	宜阳县	35.27
201	江苏省	苏州市	吴中区	35.27
202	广西壮族自治区	百色市	田东县	35.26
203	黑龙江省	齐齐哈尔市	讷河市	35.26
204	贵州省	贵阳市	开阳县	35.24

续表

排名	省级	地市级	区县级	宜居级大气环境资源
205	辽宁省	沈阳市	康平县	35.23
206	安徽省	安庆市	潜山县	35.22
207	上海市	浦东新区	浦东新区	35.22
208	福建省	漳州市	漳浦县	35.21
209	四川省	宜宾市	翠屏区	35.21
210	宁夏回族自治区	固原市	泾源县	35.20
211	云南省	大理白族自治州	剑川县	35.20
212	吉林省	白城市	镇赉县	35.19
213	江苏省	镇江市	扬中市	35.19
214	山东省	潍坊市	昌邑市	35.19
215	云南省	曲靖市	宣威市	35.19
216	云南省	红河哈尼族彝族自治州	建水县	35.17
217	广西壮族自治区	南宁市	横县	35.16
218	广西壮族自治区	贺州市	钟山县	35.15
219	江苏省	泰州市	靖江市	35.15
220	安徽省	合肥市	长丰县	35.14
221	黑龙江省	哈尔滨市	双城区	35.14
222	江西省	九江市	庐山市	35.14
223	广西壮族自治区	南宁市	武鸣区	35.12
224	云南省	曲靖市	富源县	35.09
225	广东省	茂名市	化州市	35.08
226	湖南省	岳阳市	汨罗市	35.08
227	江西省	九江市	永修县	35.08
228	广西壮族自治区	梧州市	藤县	35.07
229	湖北省	黄冈市	黄州区	35.07
230	河北省	唐山市	滦南县	35.06
231	青海省	海西蒙古族藏族自治州	格尔木市西南	35.06
232	内蒙古自治区	通辽市	奈曼旗南部	35.05
233	西藏自治区	日喀则市	聂拉木县	35.04
234	重庆市	大足区	大足区	35.03
235	广西壮族自治区	防城港市	上思县	35.03
236	广东省	揭阳市	普宁市	35.02
237	广西壮族自治区	贵港市	平南县	35.02
238	广东省	韶关市	乐昌市	35.01
239	广东省	肇庆市	四会市	35.01
240	黑龙江省	大庆市	肇源县	35.00
241	海南省	文昌市	文昌市	34.99
242	西藏自治区	山南市	错那县	34.99
243	广东省	汕头市	南澳县	34.98
244	黑龙江省	鸡西市	虎林市	34.98

续表

排名	省级	地市级	区县级	宜居级大气环境资源
245	内蒙古自治区	包头市	达尔罕茂明安联合旗北部	34.98
246	浙江省	宁波市	象山县	34.98
247	黑龙江省	佳木斯市	抚远市	34.97
248	广东省	江门市	开平市	34.96
249	浙江省	嘉兴市	平湖市	34.94
250	内蒙古自治区	呼和浩特市	新城区	34.93
251	山西省	吕梁市	中阳县	34.93
252	山西省	长治市	长治县	34.93
253	福建省	龙岩市	连城县	34.92
254	贵州省	铜仁市	万山区	34.92
255	海南省	琼海市	琼海市	34.92
256	四川省	凉山彝族自治州	喜德县	34.92
257	广西壮族自治区	桂林市	龙胜各族自治县	34.91
258	黑龙江省	鸡西市	鸡东县	34.91
259	吉林省	长春市	榆树市	34.90
260	广西壮族自治区	北海市	海城区	34.89
261	湖南省	湘潭市	湘潭县	34.89
262	福建省	莆田市	城厢区	34.88
263	湖南省	常德市	临澧县	34.88
264	青海省	海西蒙古族藏族自治州	天峻县	34.88
265	西藏自治区	日喀则市	亚东县	34.88
266	江西省	九江市	彭泽县	34.87
267	内蒙古自治区	通辽市	库伦旗	34.87
268	山东省	临沂市	兰山区	34.87
269	安徽省	合肥市	庐江县	34.86
270	安徽省	铜陵市	枞阳县	34.86
271	广西壮族自治区	梧州市	龙圩区	34.86
272	云南省	德宏傣族景颇族自治州	梁河县	34.86
273	贵州省	贵阳市	南明区	34.84
274	云南省	曲靖市	罗平县	34.84
275	广西壮族自治区	河池市	罗城仫佬族自治县	34.83
276	广西壮族自治区	来宾市	象州县	34.83
277	四川省	凉山彝族自治州	德昌县	34.82
278	海南省	昌江黎族自治县	昌江黎族自治县	34.81
279	内蒙古自治区	包头市	达尔罕茂明安联合旗东南	34.81
280	广东省	汕尾市	城区	34.79
281	浙江省	衢州市	江山市	34.77
282	甘肃省	甘南藏族自治州	夏河县	34.76
283	广西壮族自治区	贺州市	富川瑶族自治县	34.76
284	西藏自治区	阿里地区	改则县	34.76

排名	省级	地市级	区县级	宜居级大气环境资源
285	浙江省	嘉兴市	秀洲区	34.76
286	云南省	大理白族自治州	鹤庆县	34.75
287	安徽省	宿州市	灵璧县	34.74
288	广东省	珠海市	斗门区	34.74
289	吉林省	白城市	洮南市	34.74
290	江苏省	常州市	金坛区	34.74
291	海南省	海口市	琼山区	34.73
292	上海市	嘉定区	嘉定区	34.72
293	广东省	云浮市	新兴县	34.71
294	湖南省	株洲市	茶陵县	34.71
295	云南省	曲靖市	麒麟区	34.71
296	安徽省	滁州市	明光市	34.70
297	山东省	青岛市	即墨区	34.70
298	安徽省	安庆市	怀宁县	34.69
299	安徽省	合肥市	肥东县	34.68
300	黑龙江省	齐齐哈尔市	克山县	34.68
301	安徽省	池州市	东至县	34.67
302	湖北省	咸宁市	咸安区	34.67
303	四川省	攀枝花市	仁和区	34.67
304	上海市	奉贤区	奉贤区	34.67
305	江西省	上饶市	广丰区	34.66
306	内蒙古自治区	通辽市	科尔沁左翼中旗南部	34.66
307	江西省	抚州市	南城县	34.65
308	福建省	宁德市	柘荣县	34.64
309	上海市	崇明区	崇明区	34.64
310	福建省	三明市	梅列区	34.63
311	广西壮族自治区	北海市	合浦县	34.63
312	黑龙江省	鸡西市	密山市	34.63
313	湖南省	益阳市	南县	34.62
314	浙江省	台州市	天台县	34.62
315	甘肃省	临夏回族自治州	东乡族自治县	34.61
316	广西壮族自治区	桂林市	兴安县	34.61
317	黑龙江省	大庆市	杜尔伯特蒙古族自治县	34.61
318	广东省	广州市	天河区	34.60
319	广西壮族自治区	梧州市	岑溪市	34.59
320	湖北省	黄冈市	黄梅县	34.59
321	重庆市	潼南区	潼南区	34.58
322	福建省	宁德市	霞浦县	34.58
323	江苏省	泰州市	海陵区	34.58
324	江西省	吉安市	万安县	34.58

续表

排名	省级	地市级	区县级	宜居级大气环境资源
325	西藏自治区	那曲市	申扎县	34.58
326	云南省	楚雄彝族自治州	牟定县	34.58
327	广东省	揭阳市	榕城区	34.57
328	安徽省	安庆市	宿松县	34.56
329	河南省	驻马店市	正阳县	34.56
330	江苏省	泰州市	兴化市	34.55
331	云南省	昆明市	石林彝族自治县	34.55
332	湖北省	黄冈市	武穴市	34.54
333	山西省	吕梁市	方山县	34.54
334	黑龙江省	绥化市	明水县	34.53
335	云南省	昆明市	嵩明县	34.53
336	安徽省	淮南市	田家庵区	34.52
337	贵州省	黔东南苗族侗族自治州	锦屏县	34.52
338	江苏省	南京市	浦口区	34.52
339	山东省	德州市	武城县	34.52
340	云南省	丽江市	永胜县	34.52
341	广西壮族自治区	桂林市	资源县	34.51
342	广西壮族自治区	贺州市	八步区	34.50
343	内蒙古自治区	通辽市	扎鲁特旗西北	34.50
344	宁夏回族自治区	吴忠市	同心县	34.50
345	重庆市	渝北区	渝北区	34.49
346	山西省	长治市	壶关县	34.49
347	云南省	文山壮族苗族自治州	丘北县	34.49
348	湖南省	常德市	武陵区	34.48
349	安徽省	滁州市	天长市	34.47
350	广东省	惠州市	惠城区	34.47
351	内蒙古自治区	呼伦贝尔市	满洲里市	34.47
352	山东省	潍坊市	临朐县	34.47
353	广西壮族自治区	钦州市	灵山县	34.45
354	河南省	鹤壁市	淇县	34.45
355	上海市	金山区	金山区	34.45
356	江西省	景德镇市	乐平市	34.44
357	广西壮族自治区	梧州市	万秀区	34.42
358	云南省	红河哈尼族彝族自治州	绿春县	34.42
359	广西壮族自治区	百色市	那坡县	34.40
360	江西省	上饶市	上饶县	34.40
361	四川省	凉山彝族自治州	盐源县	34.40
362	陕西省	铜川市	宜君县	34.40
363	新疆维吾尔自治区	和田地区	洛浦县	34.40
364	河南省	郑州市	登封市	34.39

续表

排名	省级	地市级	区县级	宜居级大气环境资源
365	湖南省	衡阳市	衡阳县	34.39
366	青海省	海东市	乐都区	34.39
367	山西省	临汾市	乡宁县	34.39
368	安徽省	阜阳市	界首市	34.38
369	湖北省	荆州市	石首市	34.38
370	黑龙江省	哈尔滨市	巴彦县	34.38
371	四川省	甘孜藏族自治州	白玉县	34.38
372	贵州省	黔西南布依族苗族自治州	安龙县	34.37
373	河北省	邯郸市	永年区	34.37
374	广西壮族自治区	崇左市	天等县	34.36
375	广西壮族自治区	来宾市	金秀瑶族自治县	34.36
376	山东省	临沂市	临沭县	34.36
377	安徽省	安庆市	大观区	34.35
378	黑龙江省	七台河市	勃利县	34.35
379	内蒙古自治区	锡林郭勒盟	太仆寺旗	34.35
380	四川省	内江市	隆昌市	34.35
381	安徽省	滁州市	来安县	34.34
382	福建省	福州市	晋安区	34.34
383	福建省	漳州市	南靖县	34.34
384	云南省	红河哈尼族彝族自治州	弥勒市	34.34
385	云南省	昆明市	寻甸回族彝族自治县	34.34
386	广东省	河源市	连平县	34.33
387	江西省	抚州市	金溪县	34.33
388	广东省	梅州市	蕉岭县	34.32
389	湖北省	孝感市	安陆市	34.32
390	河南省	驻马店市	确山县	34.32
391	云南省	昭通市	鲁甸县	34.32
392	安徽省	蚌埠市	五河县	34.31
393	安徽省	宣城市	绩溪县	34.31
394	广东省	江门市	台山市	34.31
395	甘肃省	天水市	武山县	34.31
396	广西壮族自治区	桂林市	永福县	34.31
397	江苏省	南通市	海门市	34.31
398	安徽省	池州市	贵池区	34.30
399	广西壮族自治区	南宁市	马山县	34.30
400	吉林省	四平市	公主岭市	34.30
401	湖南省	郴州市	汝城县	34.29
402	云南省	大理白族自治州	弥渡县	34.29
403	广西壮族自治区	来宾市	武宣县	34.28
404	辽宁省	朝阳市	北票市	34.28

排名	省级	地市级	区县级	宜居级大气环境资源
405	广东省	惠州市	博罗县	34.27
406	广东省	韶关市	南雄市	34.27
407	广西壮族自治区	来宾市	忻城县	34.27
408	云南省	玉溪市	元江哈尼族彝族傣族自治县	34.26
409	福建省	福州市	闽侯县	34.25
410	福建省	漳州市	长泰县	34.25
411	广东省	韶关市	武江区	34.24
412	贵州省	安顺市	西秀区	34.24
413	湖北省	武汉市	蔡甸区	34.24
414	江苏省	南京市	高淳区	34.24
415	安徽省	滁州市	全椒县	34.23
416	安徽省	阜阳市	阜南县	34.23
417	福建省	厦门市	同安区	34.23
418	河南省	洛阳市	偃师市	34.23
419	河南省	南阳市	唐河县	34.23
420	江苏省	盐城市	亭湖区	34.23
421	山东省	菏泽市	牡丹区	34.23
422	西藏自治区	日喀则市	拉孜县	34.23
423	云南省	楚雄彝族自治州	双柏县	34.23
424	安徽省	马鞍山市	花山区	34.22
425	安徽省	芜湖市	鸠江区	34.22
426	福建省	龙岩市	武平县	34.21
427	广东省	肇庆市	封开县	34.21
428	广西壮族自治区	百色市	靖西市	34.21
429	辽宁省	盘锦市	双台子区	34.21
430	重庆市	秀山土家族苗族自治县	秀山土家族苗族自治县	34.20
431	广西壮族自治区	梧州市	蒙山县	34.20
432	贵州省	贵阳市	白云区	34.20
433	河南省	洛阳市	洛宁县	34.20
434	黑龙江省	绥化市	青冈县	34.20
435	广东省	潮州市	湘桥区	34.19
436	河北省	张家口市	康保县	34.19
437	黑龙江省	鸡西市	鸡冠区	34.19
438	黑龙江省	齐齐哈尔市	克东县	34.19
439	内蒙古自治区	鄂尔多斯市	伊金霍洛旗	34.19
440	广东省	江门市	恩平市	34.18
441	广西壮族自治区	百色市	平果市	34.18
442	江苏省	苏州市	太仓市	34.18
443	云南省	红河哈尼族彝族自治州	石屏县	34.18
444	广东省	梅州市	丰顺县	34.17

续表

排名	省级	地市级	区县级	宜居级大气环境资源
445	广东省	梅州市	平远县	34.17
446	广西壮族自治区	百色市	隆林各族自治县	34.17
447	河北省	沧州市	海兴县	34.17
448	云南省	临沧市	永德县	34.17
449	内蒙古自治区	包头市	固阳县	34.16
450	福建省	福州市	罗源县	34.15
451	广东省	韶关市	始兴县	34.15
452	四川省	甘孜藏族自治州	九龙县	34.15
453	云南省	大理白族自治州	祥云县	34.15
454	云南省	昭通市	永善县	34.15
455	广东省	汕尾市	海丰县	34.14
456	湖南省	郴州市	临武县	34.14
457	江苏省	盐城市	建湖县	34.14
458	上海市	青浦区	青浦区	34.14
459	云南省	普洱市	镇沅彝族哈尼族拉祜族自治县	34.14
460	甘肃省	甘南藏族自治州	临潭县	34.13
461	内蒙古自治区	巴彦淖尔市	磴口县	34.13
462	陕西省	铜川市	王益区	34.13
463	云南省	曲靖市	沾益区	34.13
464	广东省	梅州市	五华县	34.12
465	广东省	肇庆市	德庆县	34.12
466	黑龙江省	哈尔滨市	木兰县	34.12
467	四川省	攀枝花市	盐边县	34.12
468	山东省	济宁市	金乡县	34.12
469	浙江省	湖州市	长兴县	34.12
470	湖北省	黄石市	大冶市	34.11
471	江苏省	苏州市	张家港市	34.11
472	西藏自治区	阿里地区	普兰县	34.11
473	河南省	洛阳市	新安县	34.10
474	四川省	甘孜藏族自治州	丹巴县	34.10
475	河南省	三门峡市	湖滨区	34.09
476	广东省	肇庆市	端州区	34.08
477	浙江省	杭州市	桐庐县	34.07
478	广东省	广州市	花都区	34.06
479	广西壮族自治区	南宁市	上林县	34.06
480	广西壮族自治区	玉林市	玉州区	34.06
481	湖北省	武汉市	黄陂区	34.06
482	四川省	资阳市	安岳县	34.06
483	天津市	宁河区	宁河区	34.06
484	云南省	楚雄彝族自治州	姚安县	34.06

排名	省级	地市级	区县级	宜居级大气环境资源
485	安徽省	安庆市	桐城市	34.05
486	河南省	许昌市	长葛市	34.05
487	江苏省	南通市	崇川区	34.05
488	山东省	潍坊市	高密市	34.05
489	江西省	南昌市	安义县	34.04
490	山西省	忻州市	宁武县	34.03
491	新疆维吾尔自治区	塔城地区	和布克赛尔蒙古自治县	34.03
492	云南省	楚雄彝族自治州	大姚县	34.03
493	黑龙江省	齐齐哈尔市	龙江县	34.02
494	辽宁省	丹东市	东港市	34.02
495	山东省	临沂市	平邑县	34.02
496	西藏自治区	山南市	乃东区	34.02
497	云南省	红河哈尼族彝族自治州	开远市	34.02
498	湖北省	咸宁市	嘉鱼县	34.01
499	河南省	三门峡市	灵宝市	34.01
500	江西省	赣州市	石城县	34.01
501	云南省	玉溪市	江川区	34.01
502	福建省	泉州市	永春县	34.00
503	四川省	南充市	仪陇县	34.00
504	云南省	玉溪市	新平彝族傣族自治县	34.00
505	广西壮族自治区	防城港市	防城区	33.99
506	河南省	焦作市	温县	33.99
507	黑龙江省	佳木斯市	桦川县	33.99
508	江西省	赣州市	大余县	33.99
509	江西省	吉安市	吉水县	33.99
510	云南省	文山壮族苗族自治州	西麻栗坡县	33.99
511	山东省	济南市	长清区	33.98
512	安徽省	淮南市	凤台县	33.97
513	甘肃省	定西市	安定区	33.97
514	贵州省	贵阳市	修文县	33.97
515	湖南省	岳阳市	岳阳县	33.97
516	江苏省	扬州市	宝应县	33.97
517	江苏省	镇江市	丹阳市	33.97
518	云南省	文山壮族苗族自治州	砚山县	33.97
519	浙江省	衢州市	柯城区	33.97
520	湖北省	黄冈市	罗田县	33.96
521	河南省	鹤壁市	浚县	33.96
522	江苏省	南通市	启东市	33.96
523	山西省	运城市	临猗县	33.96
524	安徽省	芜湖市	繁昌县	33.95

续表

排名	省级	地市级	区县级	宜居级大气环境资源
525	江西省	吉安市	新干县	33.95
526	云南省	昆明市	安宁市	33.95
527	福建省	泉州市	德化县	33.94
528	广东省	肇庆市	怀集县	33.94
529	江西省	宜春市	樟树市	33.93
530	山东省	威海市	荣成市	33.92
531	山西省	运城市	稷山县	33.92
532	广西壮族自治区	桂林市	叠彩区	33.91
533	湖北省	武汉市	新洲区	33.91
534	河北省	邢台市	威县	33.91
535	河南省	信阳市	息县	33.91
536	湖南省	长沙市	宁乡市	33.91
537	江西省	吉安市	永新县	33.91
538	福建省	福州市	鼓楼区	33.90
539	湖南省	岳阳市	湘阴县	33.90
540	四川省	雅安市	汉源县	33.90
541	陕西省	榆林市	榆阳区	33.90
542	山西省	临汾市	襄汾县	33.90
543	安徽省	宣城市	郎溪县	33.89
544	江苏省	淮安市	淮安区	33.89
545	广西壮族自治区	桂林市	恭城瑶族自治县	33.88
546	广西壮族自治区	桂林市	雁山区	33.88
547	黑龙江省	大庆市	林甸县	33.88
548	江苏省	淮安市	洪泽区	33.88
549	辽宁省	大连市	旅顺口区	33.88
550	四川省	攀枝花市	米易县	33.88
551	山西省	晋中市	榆次区	33.88
552	江西省	鹰潭市	月湖区	33.87
553	山西省	晋城市	沁水县	33.87
554	新疆维吾尔自治区	塔城地区	裕民县	33.87
555	浙江省	湖州市	德清县	33.87
556	安徽省	芜湖市	镜湖区	33.86
557	贵州省	毕节市	威宁彝族回族苗族自治县	33.86
558	云南省	昆明市	富民县	33.86
559	浙江省	嘉兴市	桐乡市	33.86
560	广东省	云浮市	郁南县	33.85
561	广西壮族自治区	河池市	巴马瑶族自治县	33.85
562	贵州省	安顺市	普定县	33.85
563	贵州省	黔南布依族苗族自治州	瓮安县	33.85
564	江苏省	连云港市	海州区	33.85

排名	省级	地市级	区县级	宜居级大气环境资源
565	贵州省	黔西南布依族苗族自治州	晴隆县	33.84
566	黑龙江省	牡丹江市	绥芬河市	33.84
567	山西省	大同市	左云县	33.84
568	安徽省	芜湖市	无为县	33.83
569	河南省	安阳市	汤阴县	33.83
570	江西省	九江市	浔阳区	33.83
571	山西省	长治市	平顺县	33.83
572	广东省	河源市	和平县	33.82
573	河北省	邢台市	内丘县	33.82
574	湖南省	永州市	零陵区	33.82
575	四川省	南充市	南部县	33.82
576	山东省	潍坊市	诸城市	33.82
577	湖北省	孝感市	大悟县	33.81
578	江西省	吉安市	泰和县	33.81
579	安徽省	阜阳市	临泉县	33.80
580	安徽省	蚌埠市	固镇县	33.79
581	广东省	梅州市	兴宁市	33.79
582	海南省	澄迈县	澄迈县	33.79
583	江苏省	苏州市	常熟市	33.78
584	安徽省	宿州市	泗县	33.77
585	河南省	南阳市	宛城区	33.77
586	辽宁省	鞍山市	台安县	33.77
587	内蒙古自治区	阿拉善盟	阿拉善右旗	33.77
588	湖北省	襄阳市	谷城县	33.76
589	云南省	临沧市	凤庆县	33.76
590	广西壮族自治区	崇左市	大新县	33.75
591	湖南省	衡阳市	耒阳市	33.75
592	江苏省	南通市	通州区	33.75
593	山东省	日照市	东港区	33.75
594	上海市	宝山区	宝山区	33.75
595	安徽省	阜阳市	太和县	33.74
596	甘肃省	庆阳市	正宁县	33.74
597	内蒙古自治区	锡林郭勒盟	阿巴嘎旗西北	33.74
598	山西省	运城市	芮城县	33.74
599	江西省	赣州市	定南县	33.73
600	辽宁省	营口市	西市区	33.73
601	浙江省	温州市	泰顺县	33.73
602	广东省	广州市	从化区	33.72
603	甘肃省	甘南藏族自治州	碌曲县	33.72
604	河南省	驻马店市	上蔡县	33.72

排名	省级	地市级	区县级	宜居级大气环境资源
605	湖南省	株洲市	攸县	33.72
606	重庆市	铜梁区	铜梁区	33.71
607	福建省	福州市	永泰县	33.71
608	甘肃省	武威市	古浪县	33.71
609	四川省	凉山彝族自治州	木里藏族自治县	33.70
610	山东省	德州市	夏津县	33.70
611	浙江省	丽水市	青田县	33.70
612	河南省	新乡市	原阳县	33.69
613	河南省	驻马店市	汝南县	33.69
614	云南省	大理白族自治州	巍山彝族回族自治县	33.69
615	河南省	安阳市	林州市	33.68
616	河南省	南阳市	镇平县	33.68
617	山西省	临汾市	蒲县	33.68
618	西藏自治区	昌都市	芒康县	33.68
619	广东省	广州市	增城区	33.67
620	湖北省	咸宁市	通城县	33.67
621	四川省	阿坝藏族羌族自治州	茂县	33.67
622	山西省	吕梁市	临县	33.67
623	安徽省	池州市	青阳县	33.65
624	重庆市	合川区	合川区	33.65
625	内蒙古自治区	鄂尔多斯市	乌审旗	33.65
626	甘肃省	武威市	民勤县	33.64
627	广西壮族自治区	钦州市	浦北县	33.64
628	河南省	焦作市	武陟县	33.64
629	河南省	洛阳市	嵩县	33.64
630	湖南省	长沙市	芙蓉区	33.64
631	江西省	吉安市	峡江县	33.64
632	云南省	大理白族自治州	宾川县	33.64
633	甘肃省	张掖市	甘州区	33.63
634	山东省	德州市	临邑县	33.63
635	广东省	深圳市	罗湖区	33.62
636	内蒙古自治区	巴彦淖尔市	杭锦后旗	33.62
637	内蒙古自治区	呼和浩特市	武川县	33.62
638	云南省	玉溪市	澄江县	33.62
639	安徽省	黄山市	徽州区	33.61
640	湖北省	武汉市	江夏区	33.61
641	黑龙江省	齐齐哈尔市	拜泉县	33.61
642	山东省	东营市	河口区	33.61
643	山东省	枣庄市	薛城区	33.61
644	海南省	儋州市	儋州市	33.60

续表

排名	省级	地市级	区县级	宜居级大气环境资源
645	辽宁省	沈阳市	辽中区	33.60
646	四川省	阿坝藏族羌族自治州	汶川县	33.60
647	山东省	德州市	宁津县	33.60
648	云南省	普洱市	景谷傣族彝族自治县	33.60
649	贵州省	黔西南布依族苗族自治州	贞丰县	33.59
650	江西省	上饶市	余干县	33.59
651	四川省	凉山彝族自治州	布拖县	33.59
652	山东省	聊城市	阳谷县	33.59
653	山西省	吕梁市	兴县	33.59
654	福建省	南平市	松溪县	33.58
655	湖南省	株洲市	炎陵县	33.58
656	四川省	甘孜藏族自治州	康定市	33.58
657	四川省	南充市	营山县	33.58
658	云南省	大理白族自治州	永平县	33.58
659	广西壮族自治区	桂林市	灌阳县	33.57
660	广西壮族自治区	柳州市	柳江区	33.57
661	江西省	新余市	分宜县	33.57
662	山西省	长治市	武乡县	33.57
663	贵州省	贵阳市	乌当区	33.56
664	湖北省	黄冈市	浠水县	33.56
665	江苏省	南通市	如皋市	33.56
666	青海省	黄南藏族自治州	泽库县	33.56
667	云南省	红河哈尼族彝族自治州	泸西县	33.56
668	黑龙江省	齐齐哈尔市	甘南县	33.55
669	内蒙古自治区	通辽市	开鲁县	33.55
670	山西省	忻州市	岢岚县	33.55
671	新疆维吾尔自治区	昌吉回族自治州	木垒哈萨克自治县	33.55
672	浙江省	嘉兴市	海宁市	33.55
673	广东省	中山市	西区	33.54
674	贵州省	安顺市	关岭布依族苗族自治县	33.54
675	江西省	抚州市	南丰县	33.54
676	辽宁省	朝阳市	喀喇沁左翼蒙古族自治县	33.54
677	海南省	陵水黎族自治县	陵水黎族自治县	33.53
678	山东省	聊城市	茌平县	33.53
679	河北省	邢台市	巨鹿县	33.52
680	河南省	驻马店市	新蔡县	33.52
681	江西省	萍乡市	安源区	33.52
682	内蒙古自治区	锡林郭勒盟	镶黄旗	33.52
683	山东省	威海市	环翠区	33.52
684	贵州省	贵阳市	花溪区	33.51

续表

排名	省级	地市级	区县级	宜居级大气环境资源
685	湖南省	株洲市	醴陵市	33.51
686	湖北省	荆州市	监利县	33.50
687	吉林省	吉林市	舒兰市	33.49
688	江西省	赣州市	全南县	33.49
689	内蒙古自治区	乌兰察布市	化德县	33.49
690	福建省	漳州市	华安县	33.48
691	吉林省	长春市	德惠市	33.48
692	福建省	宁德市	周宁县	33.47
693	广东省	惠州市	龙门县	33.47
694	贵州省	黔南布依族苗族自治州	独山县	33.47
695	湖北省	宜昌市	夷陵区	33.47
696	内蒙古自治区	赤峰市	敖汉旗	33.47
697	内蒙古自治区	赤峰市	巴林左旗	33.47
698	四川省	阿坝藏族羌族自治州	松潘县	33.47
699	四川省	雅安市	石棉县	33.47
700	广东省	茂名市	信宜市	33.46
701	内蒙古自治区	赤峰市	巴林左旗北部	33.46
702	云南省	普洱市	西盟佤族自治县	33.46
703	云南省	文山壮族苗族自治州	富宁县	33.46
704	河北省	唐山市	丰南区	33.45
705	河南省	郑州市	巩义市	33.45
706	江苏省	苏州市	吴江区	33.45
707	内蒙古自治区	鄂尔多斯市	乌审旗北部	33.45
708	云南省	文山壮族苗族自治州	西畴县	33.45
709	广西壮族自治区	百色市	乐业县	33.44
710	广西壮族自治区	百色市	田林县	33.44
711	湖北省	孝感市	应城市	33.44
712	江苏省	扬州市	江都区	33.44
713	江西省	抚州市	广昌县	33.44
714	广东省	揭阳市	揭西县	33.43
715	广西壮族自治区	百色市	德保县	33.43
716	陕西省	延安市	黄龙县	33.43
717	山西省	临汾市	汾西县	33.43
718	云南省	普洱市	孟连傣族拉祜族佤族自治县	33.43
719	湖北省	十堰市	郧阳区	33.42
720	湖北省	宜昌市	远安县	33.42
721	河北省	唐山市	曹妃甸区	33.42
722	安徽省	铜陵市	义安区	33.41
723	河北省	邯郸市	曲周县	33.41
724	天津市	滨海新区	滨海新区南部沿海	33.41

续表

排名	省级	地市级	区县级	宜居级大气环境资源
725	辽宁省	大连市	普兰店区（滨海）	33.40
726	广东省	韶关市	仁化县	33.39
727	安徽省	宣城市	宣州区	33.37
728	河南省	商丘市	宁陵县	33.37
729	湖南省	郴州市	桂阳县	33.37
730	云南省	玉溪市	峨山彝族自治县	33.37
731	重庆市	南川区	南川区	33.36
732	河南省	驻马店市	遂平县	33.36
733	内蒙古自治区	鄂尔多斯市	乌审旗南部	33.36
734	四川省	甘孜藏族自治州	泸定县	33.36
735	广东省	汕头市	金平区	33.35
736	湖南省	张家界市	慈利县	33.35
737	江西省	上饶市	弋阳县	33.35
738	四川省	凉山彝族自治州	普格县	33.35
739	浙江省	衢州市	常山县	33.35
740	广东省	清远市	佛冈县	33.34
741	广东省	韶关市	乳源瑶族自治县	33.34
742	广西壮族自治区	桂林市	平乐县	33.34
743	湖南省	衡阳市	衡山县	33.34
744	江西省	宜春市	上高县	33.34
745	内蒙古自治区	通辽市	奈曼旗	33.34
746	内蒙古自治区	锡林郭勒盟	东乌珠穆沁旗东部	33.34
747	山东省	临沂市	莒南县	33.34
748	山西省	朔州市	平鲁区	33.34
749	河北省	沧州市	南皮县	33.33
750	四川省	眉山市	洪雅县	33.33
751	四川省	眉山市	丹棱县	33.33
752	江西省	九江市	武宁县	33.32
753	江苏省	南京市	秦淮区	33.31
754	陕西省	咸阳市	淳化县	33.31
755	山西省	大同市	广灵县	33.31
756	西藏自治区	山南市	浪卡子县	33.31
757	贵州省	铜仁市	玉屏侗族自治县	33.30
758	吉林省	白城市	通榆县	33.30
759	江西省	宜春市	丰城市	33.30
760	四川省	广安市	广安区	33.30
761	山东省	滨州市	沾化区	33.30
762	浙江省	嘉兴市	嘉善县	33.30
763	贵州省	遵义市	播州区	33.29
764	湖南省	郴州市	永兴县	33.29

续表

排名	省级	地市级	区县级	宜居级大气环境资源
765	山西省	长治市	黎城县	33.29
766	湖北省	孝感市	汉川市	33.28
767	黑龙江省	齐齐哈尔市	依安县	33.28
768	陕西省	咸阳市	礼泉县	33.28
769	浙江省	台州市	温岭市	33.28
770	广东省	清远市	英德市	33.27
771	云南省	德宏傣族景颇族自治州	陇川县	33.27
772	甘肃省	酒泉市	玉门市	33.26
773	湖北省	仙桃市	仙桃市	33.26
774	湖北省	宜昌市	当阳市	33.26
775	青海省	海南藏族自治州	同德县	33.26
776	天津市	静海区	静海区	33.26
777	广东省	广州市	番禺区	33.25
778	广东省	云浮市	云城区	33.25
779	河南省	开封市	通许县	33.25
780	浙江省	绍兴市	上虞区	33.25
781	甘肃省	庆阳市	合水县	33.24
782	湖北省	宜昌市	宜都市	33.24
783	辽宁省	辽阳市	灯塔市	33.24
784	四川省	凉山彝族自治州	美姑县	33.24
785	湖南省	湘潭市	韶山市	33.23
786	江苏省	淮安市	涟水县	33.23
787	江苏省	泰州市	姜堰区	33.23
788	辽宁省	大连市	西岗区	33.23
789	辽宁省	铁岭市	昌图县	33.23
790	四川省	甘孜藏族自治州	乡城县	33.23
791	西藏自治区	日喀则市	江孜县	33.23
792	广东省	河源市	龙川县	33.22
793	贵州省	毕节市	金沙县	33.22
794	四川省	泸州市	纳溪区	33.22
795	山东省	泰安市	新泰市	33.22
796	河北省	衡水市	冀州区	33.21
797	辽宁省	朝阳市	建平县	33.21
798	浙江省	杭州市	上城区	33.21
799	四川省	成都市	简阳市	33.20
800	四川省	宜宾市	屏山县	33.20
801	新疆维吾尔自治区	阿勒泰地区	吉木乃县	33.20
802	云南省	西双版纳傣族自治州	勐海县	33.20
803	重庆市	綦江区	綦江区	33.19
804	甘肃省	甘南藏族自治州	卓尼县	33.19

排名	省级	地市级	区县级	宜居级大气环境资源
805	河北省	邯郸市	峰峰矿区	33.19
806	内蒙古自治区	巴彦淖尔市	乌拉特前旗	33.19
807	西藏自治区	山南市	隆子县	33.19
808	福建省	漳州市	平和县	33.18
809	湖南省	邵阳市	新宁县	33.18
810	云南省	保山市	龙陵县	33.18
811	重庆市	巴南区	巴南区	33.17
812	河北省	邢台市	新河县	33.17
813	四川省	凉山彝族自治州	冕宁县	33.17
814	浙江省	宁波市	宁海县	33.17
815	广东省	清远市	连南瑶族自治县	33.16
816	广西壮族自治区	桂林市	荔浦县	33.16
817	青海省	海西蒙古族藏族自治州	都兰县	33.16
818	四川省	德阳市	中江县	33.16
819	安徽省	马鞍山市	和县	33.15
820	河北省	秦皇岛市	昌黎县	33.15
821	海南省	五指山市	五指山市	33.15
822	江西省	吉安市	安福县	33.15
823	云南省	红河哈尼族彝族自治州	金平苗族瑶族傣族自治县	33.15
824	云南省	昭通市	彝良县	33.15
825	浙江省	宁波市	奉化区	33.15
826	江西省	上饶市	玉山县	33.14
827	内蒙古自治区	乌兰察布市	四子王旗	33.14
828	陕西省	延安市	洛川县	33.14
829	山西省	运城市	河津市	33.14
830	天津市	滨海新区	滨海新区北部沿海	33.14
831	安徽省	合肥市	巢湖市	33.13
832	湖北省	黄冈市	麻城市	33.13
833	河南省	周口市	郸城县	33.13
834	吉林省	长春市	九台区	33.13
835	四川省	绵阳市	三台县	33.13
836	浙江省	杭州市	富阳区	33.13
837	甘肃省	陇南市	文县	33.12
838	黑龙江省	齐齐哈尔市	泰来县	33.12
839	黑龙江省	绥化市	望奎县	33.12
840	辽宁省	大连市	普兰店区	33.12
841	山西省	运城市	绛县	33.12
842	浙江省	宁波市	鄞州区	33.12
843	安徽省	滁州市	定远县	33.11
844	广东省	梅州市	梅江区	33.11

排名	省级	地市级	区县级	宜居级大气环境资源
845	河北省	邢台市	临西县	33.11
846	江西省	吉安市	遂川县	33.11
847	江西省	新余市	渝水区	33.11
848	陕西省	渭南市	白水县	33.11
849	福建省	漳州市	芗城区	33.10
850	河南省	商丘市	虞城县	33.10
851	黑龙江省	黑河市	五大连池市	33.10
852	江西省	赣州市	南康区	33.10
853	内蒙古自治区	乌兰察布市	察哈尔右翼前旗	33.10
854	陕西省	咸阳市	旬邑县	33.10
855	重庆市	璧山区	璧山区	33.09
856	河北省	沧州市	黄骅市	33.09
857	西藏自治区	拉萨市	城关区	33.09
858	江苏省	宿迁市	宿城区	33.08
859	山东省	德州市	齐河县	33.08
860	山西省	长治市	屯留县	33.08
861	安徽省	合肥市	肥西县	33.07
862	北京市	门头沟区	门头沟区	33.07
863	福建省	龙岩市	上杭县	33.07
864	吉林省	白城市	大安市	33.07
865	江苏省	盐城市	射阳县	33.07
866	江苏省	镇江市	句容市	33.07
867	辽宁省	辽阳市	辽阳县	33.07
868	西藏自治区	林芝市	巴宜区	33.07
869	云南省	楚雄彝族自治州	元谋县	33.07
870	安徽省	合肥市	蜀山区	33.06
871	安徽省	芜湖市	南陵县	33.06
872	湖北省	孝感市	云梦县	33.06
873	河南省	安阳市	内黄县	33.06
874	河南省	安阳市	北关区	33.06
875	山东省	济宁市	嘉祥县	33.06
876	山东省	潍坊市	昌乐县	33.06
877	安徽省	亳州市	蒙城县	33.05
878	内蒙古自治区	乌兰察布市	察哈尔右翼后旗	33.04
879	四川省	德阳市	什邡市	33.04
880	重庆市	云阳县	云阳县	33.03
881	甘肃省	兰州市	永登县	33.03
882	四川省	内江市	威远县	33.03
883	山东省	德州市	平原县	33.03
884	山西省	长治市	长子县	33.03

排名	省级	地市级	区县级	宜居级大气环境资源
885	贵州省	铜仁市	江口县	33.02
886	湖南省	娄底市	娄星区	33.02
887	内蒙古自治区	通辽市	科尔沁左翼中旗	33.02
888	四川省	凉山彝族自治州	金阳县	33.02
889	贵州省	贵阳市	息烽县	33.01
890	辽宁省	阜新市	彰武县	33.01
891	宁夏回族自治区	银川市	灵武市	33.01
892	浙江省	杭州市	淳安县	33.01
893	浙江省	金华市	义乌市	33.01
894	福建省	南平市	光泽县	33.00
895	福建省	莆田市	仙游县	33.00
896	河南省	新乡市	获嘉县	33.00
897	黑龙江省	鹤岗市	萝北县	33.00
898	内蒙古自治区	乌兰察布市	兴和县	33.00
899	湖北省	宜昌市	枝江市	32.99
900	辽宁省	沈阳市	法库县	32.99
901	山东省	济宁市	梁山县	32.99
902	山西省	晋中市	左权县	32.99
903	重庆市	涪陵区	涪陵区	32.98
904	福建省	三明市	宁化县	32.98
905	湖北省	黄冈市	蕲春县	32.98
906	江苏省	连云港市	东海县	32.98
907	河南省	许昌市	禹州市	32.97
908	黑龙江省	哈尔滨市	五常市	32.97
909	黑龙江省	双鸭山市	集贤县	32.97
910	江苏省	南京市	六合区	32.97
911	福建省	宁德市	福安市	32.95
912	广东省	河源市	源城区	32.95
913	江西省	赣州市	龙南县	32.95
914	内蒙古自治区	包头市	青山区	32.95
915	山西省	忻州市	忻府区	32.95
916	黑龙江省	绥化市	兰西县	32.94
917	山西省	太原市	古交市	32.94
918	山西省	阳泉市	郊区	32.94
919	云南省	昭通市	巧家县	32.94
920	安徽省	滁州市	凤阳县	32.93
921	安徽省	阜阳市	颍泉区	32.93
922	内蒙古自治区	赤峰市	宁城县	32.93
923	四川省	成都市	金堂县	32.93
924	四川省	广安市	岳池县	32.93

续表

排名	省级	地市级	区县级	宜居级大气环境资源
925	安徽省	淮南市	寿县	32.92
926	安徽省	宣城市	广德县	32.92
927	湖南省	长沙市	岳麓区	32.92
928	江西省	宜春市	袁州区	32.92
929	浙江省	温州市	瑞安市	32.92
930	江西省	赣州市	宁都县	32.91
931	四川省	绵阳市	盐亭县	32.91
932	四川省	遂宁市	蓬溪县	32.91
933	山东省	枣庄市	峄城区	32.91
934	云南省	大理白族自治州	大理市	32.91
935	湖北省	荆门市	京山县	32.90
936	河北省	沧州市	献县	32.90
937	河北省	邢台市	临城县	32.90
938	河南省	南阳市	新野县	32.90
939	河南省	商丘市	民权县	32.90
940	江苏省	南通市	海安县	32.90
941	江西省	宜春市	奉新县	32.90
942	辽宁省	锦州市	黑山县	32.90
943	山西省	大同市	浑源县	32.90
944	安徽省	淮北市	濉溪县	32.89
945	福建省	福州市	闽清县	32.89
946	河南省	郑州市	新郑市	32.89
947	青海省	海北藏族自治州	刚察县	32.89
948	四川省	甘孜藏族自治州	雅江县	32.89
949	浙江省	衢州市	龙游县	32.89
950	黑龙江省	哈尔滨市	宾县	32.88
951	江西省	鹰潭市	贵溪市	32.88
952	内蒙古自治区	锡林郭勒盟	阿巴嘎旗	32.88
953	天津市	东丽区	东丽区	32.88
954	云南省	临沧市	云县	32.88
955	安徽省	亳州市	谯城区	32.87
956	湖北省	襄阳市	宜城市	32.87
957	河南省	安阳市	滑县	32.87
958	吉林省	四平市	梨树县	32.86
959	江西省	南昌市	新建区	32.86
960	山东省	聊城市	东阿县	32.86
961	安徽省	蚌埠市	龙子湖区	32.85
962	湖南省	邵阳市	邵东县	32.85
963	内蒙古自治区	阿拉善盟	阿拉善左旗西北	32.85
964	河北省	沧州市	青县	32.84

续表

排名	省级	地市级	区县级	宜居级大气环境资源
965	河北省	张家口市	沽源县	32.84
966	西藏自治区	阿里地区	噶尔县	32.84
967	云南省	保山市	施甸县	32.84
968	云南省	德宏傣族景颇族自治州	盈江县	32.84
969	安徽省	亳州市	涡阳县	32.83
970	甘肃省	庆阳市	华池县	32.83
971	湖北省	恩施土家族苗族自治州	咸丰县	32.83
972	青海省	海西蒙古族藏族自治州	冷湖行政区	32.83
973	贵州省	黔西南布依族苗族自治州	兴义市	32.82
974	河南省	开封市	兰考县	32.82
975	四川省	南充市	西充县	32.82
976	黑龙江省	佳木斯市	汤原县	32.81
977	吉林省	松原市	长岭县	32.81
978	云南省	玉溪市	易门县	32.81
979	黑龙江省	双鸭山市	饶河县	32.80
980	四川省	甘孜藏族自治州	石渠县	32.80
981	上海市	闵行区	闵行区	32.80
982	浙江省	湖州市	吴兴区	32.80
983	重庆市	永川区	永川区	32.79
984	河南省	三门峡市	渑池县	32.79
985	江西省	上饶市	信州区	32.79
986	山西省	太原市	清徐县	32.79
987	云南省	大理白族自治州	南涧彝族自治县	32.79
988	河北省	邯郸市	鸡泽县	32.78
989	河北省	石家庄市	赞皇县	32.78
990	河北省	邢台市	柏乡县	32.78
991	山东省	青岛市	莱西市	32.78
992	浙江省	湖州市	安吉县	32.78
993	福建省	龙岩市	永定区	32.77
994	湖北省	黄冈市	红安县	32.77
995	湖南省	湘西土家族苗族自治州	泸溪县	32.77
996	陕西省	宝鸡市	凤翔县	32.77
997	陕西省	渭南市	大荔县	32.77
998	云南省	迪庆藏族自治州	德钦县	32.77
999	安徽省	宿州市	埇桥区	32.76
1000	贵州省	黔南布依族苗族自治州	长顺县	32.76
1001	江苏省	无锡市	江阴市	32.76
1002	江苏省	盐城市	响水县	32.76
1003	四川省	自贡市	自流井区	32.76
1004	山东省	德州市	庆云县	32.76

续表

排名	省级	地市级	区县级	宜居级大气环境资源
1005	山东省	菏泽市	成武县	32.76
1006	甘肃省	庆阳市	宁县	32.75
1007	河北省	邢台市	清河县	32.75
1008	山东省	滨州市	滨城区	32.75
1009	安徽省	马鞍山市	含山县	32.74
1010	福建省	龙岩市	新罗区	32.74
1011	四川省	阿坝藏族羌族自治州	若尔盖县	32.74
1012	云南省	文山壮族苗族自治州	文山市	32.74
1013	江西省	鹰潭市	余江县	32.73
1014	四川省	南充市	顺庆区	32.73
1015	西藏自治区	日喀则市	定日县	32.73
1016	浙江省	杭州市	建德市	32.73
1017	广东省	清远市	连州市	32.72
1018	广西壮族自治区	贺州市	昭平县	32.72
1019	河北省	衡水市	武强县	32.72
1020	江苏省	南京市	溧水区	32.72
1021	山东省	济宁市	鱼台县	32.72
1022	安徽省	淮北市	相山区	32.71
1023	河北省	沧州市	运河区	32.71
1024	河北省	邯郸市	大名县	32.71
1025	河北省	邢台市	广宗县	32.71
1026	辽宁省	大连市	瓦房店市	32.71
1027	四川省	眉山市	仁寿县	32.71
1028	安徽省	六安市	舒城县	32.70
1029	广东省	云浮市	罗定市	32.70
1030	湖北省	荆州市	公安县	32.70
1031	黑龙江省	牡丹江市	宁安市	32.70
1032	辽宁省	盘锦市	大洼区	32.70
1033	山东省	烟台市	龙口市	32.70
1034	江西省	上饶市	鄱阳县	32.69
1035	内蒙古自治区	兴安盟	扎赉特旗西部	32.69
1036	山东省	菏泽市	东明县	32.69
1037	云南省	保山市	腾冲市	32.69
1038	安徽省	亳州市	利辛县	32.68
1039	江西省	抚州市	崇仁县	32.68
1040	内蒙古自治区	鄂尔多斯市	鄂托克前旗	32.68
1041	四川省	泸州市	古蔺县	32.68
1042	天津市	河西区	河西区	32.68
1043	福建省	三明市	建宁县	32.67
1044	广西壮族自治区	来宾市	兴宾区	32.67

续表

排名	省级	地市级	区县级	宜居级大气环境资源
1045	辽宁省	沈阳市	新民市	32.67
1046	四川省	雅安市	宝兴县	32.67
1047	河南省	濮阳市	南乐县	32.66
1048	江西省	萍乡市	上栗县	32.66
1049	山东省	菏泽市	鄄城县	32.66
1050	陕西省	咸阳市	泾阳县	32.66
1051	山西省	忻州市	繁峙县	32.66
1052	安徽省	宣城市	旌德县	32.65
1053	海南省	白沙黎族自治县	白沙黎族自治县	32.65
1054	江苏省	扬州市	仪征市	32.65
1055	浙江省	台州市	临海市	32.65
1056	贵州省	六盘水市	盘州市	32.64
1057	河南省	濮阳市	濮阳县	32.64
1058	河南省	商丘市	柘城县	32.64
1059	青海省	西宁市	城西区	32.64
1060	陕西省	安康市	平利县	32.64
1061	广西壮族自治区	柳州市	三江侗族自治县	32.63
1062	贵州省	安顺市	紫云苗族布依族自治县	32.63
1063	黑龙江省	哈尔滨市	呼兰区	32.63
1064	江苏省	扬州市	邗江区	32.63
1065	云南省	楚雄彝族自治州	武定县	32.63
1066	浙江省	台州市	三门县	32.63
1067	广东省	韶关市	新丰县	32.62
1068	河北省	邢台市	隆尧县	32.62
1069	江苏省	常州市	钟楼区	32.62
1070	辽宁省	铁岭市	银州区	32.62
1071	山西省	临汾市	浮山县	32.62
1072	云南省	大理白族自治州	洱源县	32.62
1073	云南省	文山壮族苗族自治州	马关县	32.62
1074	浙江省	绍兴市	诸暨市	32.62
1075	重庆市	石柱土家族自治县	石柱土家族自治县	32.61
1076	甘肃省	平凉市	崆峒区	32.61
1077	湖北省	恩施土家族苗族自治州	巴东县	32.61
1078	河南省	濮阳市	清丰县	32.61
1079	吉林省	松原市	宁江区	32.61
1080	内蒙古自治区	兴安盟	科尔沁右翼中旗东南	32.61
1081	云南省	迪庆藏族自治州	香格里拉市	32.61
1082	浙江省	金华市	兰溪市	32.61
1083	浙江省	绍兴市	新昌县	32.61
1084	河南省	商丘市	睢县	32.60

续表

排名	省级	地市级	区县级	宜居级大气环境资源
1085	湖南省	益阳市	桃江县	32.60
1086	湖南省	益阳市	沅江市	32.60
1087	江苏省	淮安市	盱眙县	32.60
1088	河北省	邢台市	南和县	32.59
1089	河南省	商丘市	夏邑县	32.59
1090	江苏省	泰州市	泰兴市	32.59
1091	辽宁省	沈阳市	苏家屯区	32.59
1092	贵州省	黔西南布依族苗族自治州	兴仁县	32.58
1093	山东省	菏泽市	郓城县	32.58
1094	山东省	烟台市	福山区	32.58
1095	陕西省	西安市	临潼区	32.58
1096	四川省	内江市	资中县	32.57
1097	四川省	资阳市	乐至县	32.57
1098	山西省	运城市	永济市	32.57
1099	安徽省	六安市	霍邱县	32.56
1100	贵州省	铜仁市	德江县	32.56
1101	河南省	焦作市	孟州市	32.56
1102	湖南省	永州市	道县	32.56
1103	山西省	朔州市	应县	32.56
1104	甘肃省	庆阳市	西峰区	32.55
1105	海南省	屯昌县	屯昌县	32.55
1106	湖南省	邵阳市	大祥区	32.55
1107	四川省	资阳市	雁江区	32.55
1108	甘肃省	平凉市	灵台县	32.54
1109	贵州省	黔南布依族苗族自治州	贵定县	32.54
1110	湖南省	怀化市	靖州苗族侗族自治县	32.54
1111	湖南省	永州市	祁阳县	32.54
1112	江西省	上饶市	横峰县	32.54
1113	青海省	海东市	循化撒拉族自治县	32.54
1114	四川省	凉山彝族自治州	昭觉县	32.54
1115	山西省	晋中市	昔阳县	32.54
1116	天津市	滨海新区	滨海新区中部沿海	32.54
1117	西藏自治区	那曲市	色尼区	32.54
1118	甘肃省	甘南藏族自治州	玛曲县	32.53
1119	河北省	邯郸市	磁县	32.53
1120	河南省	焦作市	沁阳市	32.53
1121	河南省	新乡市	延津县	32.53
1122	江西省	赣州市	瑞金市	32.53
1123	内蒙古自治区	呼和浩特市	托克托县	32.53
1124	四川省	达州市	大竹县	32.53

续表

排名	省级	地市级	区县级	宜居级大气环境资源
1125	安徽省	阜阳市	颍上县	32.52
1126	广西壮族自治区	崇左市	凭祥市	32.52
1127	河北省	石家庄市	元氏县	32.52
1128	甘肃省	酒泉市	肃州区	32.51
1129	黑龙江省	哈尔滨市	阿城区	32.51
1130	黑龙江省	绥化市	海伦市	32.51
1131	山东省	德州市	禹城市	32.51
1132	广西壮族自治区	河池市	金城江区	32.50
1133	湖北省	天门市	天门市	32.50
1134	河北省	保定市	安国市	32.50
1135	河北省	邢台市	宁晋县	32.50
1136	湖南省	衡阳市	常宁市	32.50
1137	江西省	赣州市	会昌县	32.50
1138	四川省	德阳市	广汉市	32.50
1139	山东省	淄博市	临淄区	32.50
1140	广西壮族自治区	百色市	凌云县	32.49
1141	贵州省	黔南布依族苗族自治州	惠水县	32.49
1142	河南省	南阳市	内乡县	32.49
1143	宁夏回族自治区	中卫市	海原县	32.49
1144	山东省	青岛市	黄岛区	32.49
1145	山东省	潍坊市	安丘市	32.49
1146	山西省	朔州市	山阴县	32.49
1147	山西省	忻州市	河曲县	32.49
1148	安徽省	黄山市	休宁县	32.48
1149	重庆市	忠县	忠县	32.48
1150	贵州省	黔南布依族苗族自治州	都匀市	32.48
1151	湖北省	咸宁市	崇阳县	32.48
1152	河北省	邯郸市	广平县	32.48
1153	四川省	达州市	渠县	32.48
1154	山东省	菏泽市	巨野县	32.48
1155	山东省	济南市	天桥区	32.48
1156	河南省	信阳市	潢川县	32.47
1157	内蒙古自治区	锡林郭勒盟	锡林浩特市	32.47
1158	四川省	阿坝藏族羌族自治州	理县	32.47
1159	四川省	凉山彝族自治州	甘洛县	32.47
1160	安徽省	宣城市	泾县	32.46
1161	福建省	宁德市	古田县	32.46
1162	湖南省	长沙市	浏阳市	32.46
1163	宁夏回族自治区	石嘴山市	平罗县	32.46
1164	新疆维吾尔自治区	吐鲁番市	托克逊县	32.46

续表

排名	省级	地市级	区县级	宜居级大气环境资源
1165	吉林省	长春市	双阳区	32.45
1166	吉林省	四平市	伊通满族自治县	32.45
1167	山东省	枣庄市	台儿庄区	32.45
1168	山西省	运城市	新绛县	32.45
1169	河南省	开封市	禹王台区	32.44
1170	河南省	洛阳市	伊川县	32.44
1171	黑龙江省	绥化市	绥棱县	32.44
1172	湖南省	常德市	津市市	32.44
1173	湖南省	郴州市	资兴市	32.44
1174	江苏省	无锡市	梁溪区	32.44
1175	江苏省	盐城市	阜宁县	32.44
1176	江西省	赣州市	信丰县	32.44
1177	内蒙古自治区	巴彦淖尔市	乌拉特后旗	32.44
1178	陕西省	铜川市	耀州区	32.44
1179	山西省	吕梁市	岚县	32.44
1180	浙江省	杭州市	临安区	32.44
1181	广东省	清远市	阳山县	32.43
1182	甘肃省	定西市	渭源县	32.43
1183	河北省	沧州市	盐山县	32.43
1184	河南省	焦作市	修武县	32.43
1185	江西省	吉安市	井冈山市	32.43
1186	山西省	晋城市	城区	32.43
1187	重庆市	奉节县	奉节县	32.42
1188	重庆市	荣昌区	荣昌区	32.42
1189	湖北省	宜昌市	西陵区	32.42
1190	黑龙江省	大庆市	肇州县	32.42
1191	江苏省	盐城市	滨海县	32.42
1192	四川省	凉山彝族自治州	宁南县	32.42
1193	云南省	保山市	昌宁县	32.42
1194	福建省	三明市	清流县	32.41
1195	甘肃省	定西市	漳县	32.41
1196	河南省	许昌市	襄城县	32.41
1197	吉林省	延边朝鲜族自治州	珲春市	32.40
1198	四川省	阿坝藏族羌族自治州	小金县	32.40
1199	河南省	漯河市	舞阳县	32.39
1200	河南省	周口市	淮阳县	32.39
1201	河南省	周口市	项城市	32.39
1202	四川省	绵阳市	北川羌族自治县	32.39
1203	山东省	临沂市	沂水县	32.39
1204	陕西省	安康市	镇坪县	32.39

排名	省级	地市级	区县级	宜居级大气环境资源
1205	广东省	河源市	紫金县	32.38
1206	河北省	石家庄市	高邑县	32.38
1207	江西省	宜春市	万载县	32.38
1208	云南省	玉溪市	红塔区	32.38
1209	山东省	济宁市	邹城市	32.37
1210	山东省	烟台市	莱州市	32.37
1211	山东省	枣庄市	市中区	32.37
1212	河北省	张家口市	宣化区	32.36
1213	湖南省	岳阳市	华容县	32.36
1214	辽宁省	朝阳市	双塔区	32.36
1215	内蒙古自治区	鄂尔多斯市	鄂托克旗西北	32.36
1216	广西壮族自治区	百色市	右江区	32.35
1217	吉林省	松原市	乾安县	32.35
1218	江西省	抚州市	黎川县	32.35
1219	内蒙古自治区	巴彦淖尔市	五原县	32.35
1220	四川省	乐山市	峨眉山市	32.35
1221	山东省	济南市	商河县	32.35
1222	湖北省	潜江市	潜江市	32.34
1223	黑龙江省	黑河市	逊克县	32.34
1224	江西省	吉安市	永丰县	32.34
1225	内蒙古自治区	阿拉善盟	额济纳旗	32.34
1226	四川省	甘孜藏族自治州	新龙县	32.34
1227	山东省	济宁市	汶上县	32.34
1228	陕西省	渭南市	澄城县	32.34
1229	山西省	忻州市	偏关县	32.34
1230	湖北省	荆州市	荆州区	32.33
1231	湖北省	咸宁市	赤壁市	32.33
1232	宁夏回族自治区	固原市	隆德县	32.33
1233	青海省	海北藏族自治州	海晏县	32.33
1234	四川省	自贡市	荣县	32.33
1235	广东省	肇庆市	广宁县	32.32
1236	海南省	乐东黎族自治县	乐东黎族自治县	32.32
1237	黑龙江省	哈尔滨市	延寿县	32.32
1238	山东省	聊城市	冠县	32.32
1239	云南省	楚雄彝族自治州	禄丰县	32.32
1240	甘肃省	平凉市	庄浪县	32.31
1241	河北省	沧州市	孟村回族自治县	32.31
1242	江苏省	徐州市	新沂市	32.31
1243	内蒙古自治区	鄂尔多斯市	达拉特旗	32.31
1244	陕西省	榆林市	神木市	32.31

排名	省级	地市级	区县级	宜居级大气环境资源
1245	广西壮族自治区	河池市	东兰县	32.30
1246	河北省	沧州市	东光县	32.30
1247	河南省	洛阳市	栾川县	32.30
1248	辽宁省	鞍山市	铁东区	32.30
1249	辽宁省	丹东市	振兴区	32.30
1250	四川省	甘孜藏族自治州	理塘县	32.30
1251	河北省	邢台市	沙河市	32.29
1252	海南省	保亭黎族苗族自治县	保亭黎族苗族自治县	32.29
1253	四川省	甘孜藏族自治州	炉霍县	32.29
1254	山东省	菏泽市	曹县	32.29
1255	山东省	威海市	乳山市	32.29
1256	河南省	南阳市	邓州市	32.28
1257	河南省	周口市	沈丘县	32.28
1258	四川省	德阳市	旌阳区	32.28
1259	山东省	德州市	乐陵市	32.28
1260	山东省	烟台市	莱阳市	32.28
1261	山西省	吕梁市	汾阳市	32.28
1262	云南省	昭通市	大关县	32.28
1263	重庆市	武隆区	武隆区	32.27
1264	河南省	许昌市	建安区	32.27
1265	新疆维吾尔自治区	伊犁哈萨克自治州	霍尔果斯市	32.27
1266	浙江省	宁波市	慈溪市	32.27
1267	湖北省	荆州市	松滋市	32.26
1268	河北省	承德市	滦平县	32.26
1269	河北省	邯郸市	肥乡区	32.26
1270	河南省	新乡市	封丘县	32.26
1271	江西省	南昌市	南昌县	32.26
1272	四川省	成都市	龙泉驿区	32.26
1273	陕西省	渭南市	富平县	32.26
1274	陕西省	延安市	宜川县	32.26
1275	湖北省	荆州市	洪湖市	32.25
1276	湖北省	宜昌市	长阳土家族自治县	32.25
1277	河南省	许昌市	鄢陵县	32.25
1278	云南省	昆明市	东川区	32.25
1279	贵州省	六盘水市	六枝特区	32.24
1280	河北省	衡水市	安平县	32.24
1281	江西省	赣州市	崇义县	32.24
1282	山东省	滨州市	无棣县	32.24
1283	山西省	大同市	大同县	32.24
1284	新疆维吾尔自治区	巴音郭楞蒙古自治州	轮台县	32.24

排名	省级	地市级	区县级	宜居级大气环境资源
1285	云南省	楚雄彝族自治州	楚雄市	32.24
1286	福建省	三明市	永安市	32.23
1287	黑龙江省	牡丹江市	东宁市	32.23
1288	湖南省	湘潭市	湘乡市	32.23
1289	吉林省	辽源市	东丰县	32.23
1290	山西省	太原市	阳曲县	32.23
1291	山西省	阳泉市	盂县	32.23
1292	西藏自治区	那曲市	索县	32.23
1293	安徽省	六安市	金寨县	32.22
1294	黑龙江省	哈尔滨市	香坊区	32.22
1295	黑龙江省	哈尔滨市	通河县	32.22
1296	江苏省	盐城市	东台市	32.22
1297	内蒙古自治区	呼伦贝尔市	阿荣旗	32.22
1298	四川省	成都市	蒲江县	32.22
1299	陕西省	西安市	高陵区	32.22
1300	河北省	张家口市	万全区	32.21
1301	河南省	南阳市	方城县	32.21
1302	江西省	上饶市	万年县	32.21
1303	四川省	绵阳市	涪城区	32.21
1304	山东省	聊城市	高唐县	32.21
1305	湖南省	怀化市	溆浦县	32.20
1306	江苏省	连云港市	灌南县	32.20
1307	青海省	黄南藏族自治州	同仁县	32.20
1308	四川省	雅安市	荥经县	32.20
1309	陕西省	西安市	鄠邑区	32.20
1310	陕西省	榆林市	定边县	32.20
1311	重庆市	酉阳土家族苗族自治县	酉阳土家族苗族自治县	32.19
1312	吉林省	通化市	辉南县	32.19
1313	四川省	甘孜藏族自治州	道孚县	32.19
1314	四川省	乐山市	马边彝族自治县	32.19
1315	陕西省	咸阳市	彬县	32.18
1316	河北省	邯郸市	邯山区	32.17
1317	河南省	南阳市	西峡县	32.17
1318	吉林省	通化市	柳河县	32.17
1319	江苏省	盐城市	大丰区	32.17
1320	辽宁省	沈阳市	沈北新区	32.17
1321	山东省	潍坊市	寿光市	32.17
1322	贵州省	黔西南布依族苗族自治州	普安县	32.16
1323	河南省	焦作市	博爱县	32.16
1324	内蒙古自治区	赤峰市	克什克腾旗	32.16

排名	省级	地市级	区县级	宜居级大气环境资源
1325	四川省	巴中市	南江县	32.16
1326	四川省	德阳市	绵竹市	32.16
1327	陕西省	延安市	子长县	32.16
1328	江西省	赣州市	章贡区	32.15
1329	江西省	萍乡市	莲花县	32.15
1330	青海省	海东市	平安区	32.15
1331	四川省	广安市	武胜县	32.15
1332	浙江省	绍兴市	越城区	32.15
1333	辽宁省	锦州市	义县	32.14
1334	内蒙古自治区	呼和浩特市	清水河县	32.14
1335	四川省	凉山彝族自治州	会理县	32.14
1336	浙江省	舟山市	定海区	32.14
1337	北京市	房山区	房山区	32.13
1338	广东省	清远市	连山壮族瑶族自治县	32.13
1339	河北省	沧州市	吴桥县	32.13
1340	河南省	信阳市	浉河区	32.13
1341	四川省	成都市	彭州市	32.13
1342	四川省	广元市	剑阁县	32.13
1343	四川省	泸州市	龙马潭区	32.13
1344	山东省	济宁市	微山县	32.13
1345	山西省	忻州市	五寨县	32.13
1346	山西省	运城市	闻喜县	32.13
1347	河北省	张家口市	怀安县	32.12
1348	江苏省	扬州市	高邮市	32.12
1349	内蒙古自治区	包头市	达尔罕茂明安联合旗	32.12
1350	甘肃省	庆阳市	庆城县	32.11
1351	贵州省	遵义市	赤水市	32.11
1352	四川省	达州市	宣汉县	32.11
1353	四川省	凉山彝族自治州	西昌市	32.11
1354	四川省	眉山市	青神县	32.11
1355	山西省	临汾市	翼城县	32.11
1356	山西省	朔州市	怀仁县	32.11
1357	河北省	邯郸市	邱县	32.10
1358	河北省	邢台市	平乡县	32.10
1359	河南省	驻马店市	平舆县	32.10
1360	湖南省	株洲市	荷塘区	32.10
1361	江苏省	徐州市	沛县	32.10
1362	江西省	上饶市	德兴市	32.10
1363	内蒙古自治区	锡林郭勒盟	苏尼特左旗	32.10
1364	浙江省	宁波市	镇海区	32.10

排名	省级	地市级	区县级	宜居级大气环境资源
1365	贵州省	黔南布依族苗族自治州	平塘县	32.09
1366	河南省	驻马店市	驿城区	32.09
1367	湖南省	常德市	汉寿县	32.09
1368	湖南省	娄底市	涟源市	32.09
1369	四川省	攀枝花市	东区	32.09
1370	陕西省	宝鸡市	陈仓区	32.09
1371	山西省	运城市	平陆县	32.09
1372	广西壮族自治区	桂林市	阳朔县	32.08
1373	河北省	沧州市	任丘市	32.08
1374	吉林省	长春市	绿园区	32.08
1375	内蒙古自治区	赤峰市	松山区	32.08
1376	浙江省	金华市	婺城区	32.08
1377	重庆市	梁平区	梁平区	32.07
1378	福建省	三明市	大田县	32.07
1379	河北省	唐山市	乐亭县	32.07
1380	黑龙江省	黑河市	北安市	32.07
1381	江西省	上饶市	婺源县	32.07
1382	山东省	菏泽市	定陶区	32.07
1383	山东省	日照市	五莲县	32.07
1384	陕西省	咸阳市	长武县	32.07
1385	重庆市	黔江区	黔江区	32.06
1386	贵州省	黔东南苗族侗族自治州	雷山县	32.06
1387	湖北省	咸宁市	通山县	32.06
1388	江苏省	宿迁市	泗阳县	32.06
1389	湖南省	常德市	安乡县	32.05
1390	江苏省	苏州市	昆山市	32.05
1391	山东省	枣庄市	滕州市	32.05
1392	云南省	昭通市	昭阳区	32.05
1393	湖北省	十堰市	丹江口市	32.04
1394	吉林省	白城市	洮北区	32.04
1395	四川省	宜宾市	江安县	32.04
1396	山东省	德州市	德城区	32.04
1397	新疆维吾尔自治区	巴音郭楞蒙古自治州	和静县	32.04
1398	云南省	大理白族自治州	云龙县	32.04
1399	河北省	唐山市	丰润区	32.03
1400	河北省	张家口市	尚义县	32.03
1401	江西省	赣州市	于都县	32.03
1402	内蒙古自治区	赤峰市	翁牛特旗	32.03
1403	四川省	达州市	开江县	32.03
1404	山东省	东营市	利津县	32.03

排名	省级	地市级	区县级	宜居级大气环境资源
1405	陕西省	延安市	富县	32.03
1406	河南省	南阳市	社旗县	32.02
1407	山东省	聊城市	临清市	32.02
1408	陕西省	汉中市	略阳县	32.02
1409	北京市	朝阳区	朝阳区	32.01
1410	福建省	龙岩市	漳平市	32.01
1411	甘肃省	张掖市	临泽县	32.01
1412	河北省	沧州市	河间市	32.01
1413	河北省	衡水市	阜城县	32.01
1414	湖南省	怀化市	洪江市	32.01
1415	湖南省	邵阳市	隆回县	32.01
1416	江西省	九江市	瑞昌市	32.01
1417	辽宁省	朝阳市	凌源市	32.01
1418	山西省	晋中市	祁县	32.01
1419	甘肃省	张掖市	山丹县	32.00
1420	河北省	张家口市	张北县	32.00
1421	黑龙江省	双鸭山市	宝清县	32.00
1422	吉林省	延边朝鲜族自治州	安图县	32.00
1423	内蒙古自治区	赤峰市	林西县	32.00
1424	山东省	泰安市	泰山区	32.00
1425	陕西省	西安市	周至县	32.00
1426	山西省	吕梁市	文水县	32.00
1427	福建省	南平市	延平区	31.99
1428	河南省	洛阳市	汝阳县	31.99
1429	湖南省	怀化市	通道侗族自治县	31.99
1430	四川省	阿坝藏族羌族自治州	阿坝县	31.99
1431	四川省	乐山市	井研县	31.99
1432	山西省	吕梁市	交口县	31.99
1433	云南省	大理白族自治州	漾濞彝族自治县	31.99
1434	河南省	商丘市	永城市	31.98
1435	内蒙古自治区	呼伦贝尔市	鄂温克族自治旗	31.98
1436	四川省	雅安市	芦山县	31.98
1437	四川省	宜宾市	南溪区	31.98
1438	贵州省	安顺市	镇宁布依族苗族自治县	31.97
1439	河南省	郑州市	中牟县	31.97
1440	四川省	宜宾市	筠连县	31.97
1441	湖北省	襄阳市	老河口市	31.96
1442	辽宁省	阜新市	细河区	31.96
1443	青海省	西宁市	湟源县	31.96
1444	四川省	凉山彝族自治州	会东县	31.96

排名	省级	地市级	区县级	宜居级大气环境资源
1445	四川省	南充市	蓬安县	31.96
1446	山西省	忻州市	静乐县	31.96
1447	新疆维吾尔自治区	巴音郭楞蒙古自治州	库尔勒市	31.96
1448	安徽省	安庆市	岳西县	31.95
1449	河南省	开封市	尉氏县	31.95
1450	河南省	濮阳市	台前县	31.95
1451	江苏省	淮安市	淮阴区	31.95
1452	四川省	阿坝藏族羌族自治州	红原县	31.95
1453	山东省	莱芜市	莱城区	31.95
1454	山西省	吕梁市	石楼县	31.95
1455	山西省	长治市	沁源县	31.95
1456	甘肃省	平凉市	静宁县	31.94
1457	贵州省	黔东南苗族侗族自治州	施秉县	31.94
1458	河南省	新乡市	辉县	31.94
1459	黑龙江省	双鸭山市	尖山区	31.94
1460	江苏省	连云港市	灌云县	31.94
1461	江西省	宜春市	靖安县	31.94
1462	四川省	成都市	新都区	31.94
1463	山东省	淄博市	周村区	31.94
1464	湖北省	神农架林区	神农架林区	31.93
1465	河北省	衡水市	故城县	31.93
1466	湖南省	衡阳市	衡东县	31.93
1467	江西省	赣州市	兴国县	31.93
1468	四川省	广元市	苍溪县	31.93
1469	新疆维吾尔自治区	和田地区	和田市	31.93
1470	贵州省	黔东南苗族侗族自治州	黄平县	31.92
1471	河南省	信阳市	固始县	31.92
1472	四川省	甘孜藏族自治州	稻城县	31.92
1473	山东省	临沂市	兰陵县	31.92
1474	重庆市	垫江县	垫江县	31.91
1475	福建省	三明市	将乐县	31.91
1476	云南省	玉溪市	华宁县	31.91
1477	福建省	南平市	顺昌县	31.90
1478	湖北省	襄阳市	南漳县	31.90
1479	河北省	衡水市	武邑县	31.90
1480	辽宁省	葫芦岛市	兴城市	31.90
1481	内蒙古自治区	兴安盟	科尔沁右翼前旗	31.90
1482	四川省	成都市	大邑县	31.90
1483	四川省	泸州市	合江县	31.90
1484	陕西省	榆林市	佳县	31.90

排名	省级	地市级	区县级	宜居级大气环境资源
1485	山西省	晋中市	介休市	31.90
1486	甘肃省	陇南市	徽县	31.89
1487	河南省	开封市	杞县	31.89
1488	山西省	临汾市	霍州市	31.89
1489	河南省	平顶山市	郏县	31.88
1490	江西省	抚州市	乐安县	31.88
1491	内蒙古自治区	通辽市	科尔沁区	31.88
1492	内蒙古自治区	锡林郭勒盟	西乌珠穆沁旗	31.88
1493	山东省	淄博市	高青县	31.88
1494	天津市	津南区	津南区	31.88
1495	新疆维吾尔自治区	喀什地区	喀什市	31.88
1496	云南省	文山壮族苗族自治州	广南县	31.88
1497	浙江省	绍兴市	嵊州市	31.88
1498	河北省	邯郸市	成安县	31.87
1499	西藏自治区	山南市	加查县	31.87
1500	甘肃省	酒泉市	金塔县	31.86
1501	甘肃省	张掖市	肃南裕固族自治县	31.86
1502	贵州省	毕节市	纳雍县	31.86
1503	贵州省	黔东南苗族侗族自治州	凯里市	31.86
1504	四川省	宜宾市	高县	31.86
1505	甘肃省	酒泉市	瓜州县	31.85
1506	甘肃省	兰州市	安宁区	31.85
1507	黑龙江省	哈尔滨市	方正县	31.85
1508	山西省	晋中市	和顺县	31.85
1509	浙江省	温州市	永嘉县	31.85
1510	安徽省	黄山市	祁门县	31.84
1511	贵州省	黔东南苗族侗族自治州	麻江县	31.84
1512	河北省	邢台市	任县	31.84
1513	内蒙古自治区	乌兰察布市	凉城县	31.84
1514	四川省	甘孜藏族自治州	得荣县	31.84
1515	四川省	宜宾市	长宁县	31.84
1516	云南省	普洱市	宁洱哈尼族彝族自治县	31.84
1517	云南省	昭通市	镇雄县	31.84
1518	安徽省	六安市	金安区	31.83
1519	甘肃省	白银市	景泰县	31.83
1520	河北省	保定市	雄县	31.83
1521	河北省	衡水市	枣强县	31.83
1522	河南省	新乡市	长垣县	31.83
1523	河南省	周口市	西华县	31.83
1524	湖南省	邵阳市	新邵县	31.83

排名	省级	地市级	区县级	宜居级大气环境资源
1525	四川省	阿坝藏族羌族自治州	黑水县	31.83
1526	广东省	梅州市	大埔县	31.82
1527	河南省	驻马店市	泌阳县	31.82
1528	黑龙江省	伊春市	五营区	31.82
1529	四川省	宜宾市	兴文县	31.82
1530	山西省	大同市	阳高县	31.82
1531	福建省	南平市	政和县	31.81
1532	甘肃省	天水市	秦州区	31.80
1533	甘肃省	武威市	凉州区	31.80
1534	湖北省	十堰市	竹溪县	31.80
1535	河南省	周口市	扶沟县	31.80
1536	湖南省	岳阳市	临湘市	31.80
1537	山东省	济宁市	泗水县	31.80
1538	河南省	信阳市	商城县	31.79
1539	湖南省	郴州市	安仁县	31.79
1540	江苏省	徐州市	丰县	31.79
1541	山东省	淄博市	桓台县	31.79
1542	陕西省	咸阳市	武功县	31.79
1543	陕西省	咸阳市	渭城区	31.79
1544	山西省	太原市	小店区	31.79
1545	山西省	忻州市	保德县	31.79
1546	湖南省	邵阳市	邵阳县	31.78
1547	内蒙古自治区	赤峰市	红山区	31.78
1548	内蒙古自治区	呼伦贝尔市	新巴尔虎左旗	31.78
1549	四川省	自贡市	富顺县	31.78
1550	山东省	潍坊市	青州市	31.78
1551	山东省	淄博市	博山区	31.78
1552	河北省	邯郸市	临漳县	31.77
1553	山西省	长治市	潞城市	31.77
1554	云南省	临沧市	镇康县	31.77
1555	江西省	宜春市	高安市	31.76
1556	辽宁省	抚顺市	顺城区	31.76
1557	山东省	滨州市	阳信县	31.76
1558	西藏自治区	日喀则市	南木林县	31.76
1559	福建省	宁德市	寿宁县	31.75
1560	甘肃省	白银市	会宁县	31.75
1561	广西壮族自治区	崇左市	龙州县	31.75
1562	广西壮族自治区	桂林市	灵川县	31.75
1563	青海省	玉树藏族自治州	称多县	31.75
1564	福建省	龙岩市	长汀县	31.74

续表

排名	省级	地市级	区县级	宜居级大气环境资源
1565	湖南省	益阳市	安化县	31.74
1566	四川省	巴中市	通江县	31.74
1567	陕西省	延安市	安塞区	31.74
1568	西藏自治区	山南市	贡嘎县	31.74
1569	河北省	秦皇岛市	抚宁区	31.73
1570	河南省	信阳市	罗山县	31.73
1571	辽宁省	铁岭市	开原市	31.73
1572	四川省	绵阳市	梓潼县	31.73
1573	山西省	晋中市	灵石县	31.73
1574	山西省	太原市	娄烦县	31.73
1575	云南省	保山市	隆阳区	31.73
1576	贵州省	黔东南苗族侗族自治州	岑巩县	31.72
1577	河北省	承德市	平泉市	31.72
1578	河南省	漯河市	临颍县	31.72
1579	湖南省	永州市	宁远县	31.72
1580	贵州省	黔南布依族苗族自治州	龙里县	31.71
1581	河北省	石家庄市	赵县	31.71
1582	陕西省	宝鸡市	陇县	31.71
1583	陕西省	宝鸡市	千阳县	31.71
1584	山西省	忻州市	代县	31.71
1585	山西省	运城市	万荣县	31.71
1586	重庆市	北碚区	北碚区	31.70
1587	四川省	巴中市	巴州区	31.70
1588	山西省	忻州市	五台县	31.70
1589	安徽省	滁州市	琅琊区	31.69
1590	甘肃省	陇南市	西和县	31.69
1591	贵州省	黔东南苗族侗族自治州	三穗县	31.69
1592	山西省	运城市	夏县	31.69
1593	新疆维吾尔自治区	昌吉回族自治州	呼图壁县	31.69
1594	浙江省	金华市	东阳市	31.69
1595	湖南省	怀化市	会同县	31.68
1596	江西省	宜春市	铜鼓县	31.68
1597	河北省	保定市	高阳县	31.67
1598	湖南省	永州市	蓝山县	31.67
1599	江苏省	镇江市	润州区	31.67
1600	宁夏回族自治区	银川市	永宁县	31.67
1601	云南省	楚雄彝族自治州	南华县	31.67
1602	甘肃省	定西市	通渭县	31.66
1603	内蒙古自治区	鄂尔多斯市	东胜区	31.66
1604	内蒙古自治区	鄂尔多斯市	鄂托克旗	31.66

排名	省级	地市级	区县级	宜居级大气环境资源
1605	山东省	临沂市	蒙阴县	31.66
1606	北京市	通州区	通州区	31.65
1607	江西省	赣州市	安远县	31.65
1608	山东省	德州市	陵城区	31.65
1609	云南省	昭通市	威信县	31.65
1610	北京市	昌平区	昌平区	31.64
1611	北京市	大兴区	大兴区	31.64
1612	青海省	果洛藏族自治州	玛多县	31.64
1613	山东省	滨州市	博兴县	31.64
1614	西藏自治区	昌都市	昌都市	31.64
1615	江西省	吉安市	吉州区	31.63
1616	山西省	临汾市	大宁县	31.62
1617	云南省	普洱市	墨江哈尼族自治县	31.62
1618	内蒙古自治区	鄂尔多斯市	准格尔旗	31.61
1619	山西省	晋中市	榆社县	31.61
1620	山西省	运城市	盐湖区	31.61
1621	云南省	临沧市	双江拉祜族佤族布朗族傣族自治县	31.61
1622	安徽省	池州市	石台县	31.60
1623	贵州省	遵义市	桐梓县	31.60
1624	河南省	信阳市	光山县	31.60
1625	四川省	乐山市	犍为县	31.60
1626	山西省	大同市	天镇县	31.60
1627	山西省	晋中市	寿阳县	31.60
1628	吉林省	四平市	双辽市	31.59
1629	陕西省	渭南市	临渭区	31.59
1630	山西省	临汾市	曲沃县	31.59
1631	北京市	怀柔区	怀柔区	31.58
1632	贵州省	黔东南苗族侗族自治州	镇远县	31.58
1633	湖北省	十堰市	茅箭区	31.58
1634	河北省	石家庄市	晋州市	31.58
1635	河南省	平顶山市	汝州市	31.58
1636	江苏省	连云港市	赣榆区	31.58
1637	青海省	海东市	民和回族土族自治县	31.58
1638	陕西省	咸阳市	永寿县	31.58
1639	山西省	临汾市	永和县	31.58
1640	北京市	顺义区	顺义区	31.57
1641	湖北省	黄石市	阳新县	31.57
1642	河南省	平顶山市	宝丰县	31.57
1643	广西壮族自治区	河池市	凤山县	31.56
1644	河南省	三门峡市	卢氏县	31.56

续表

排名	省级	地市级	区县级	宜居级大气环境资源
1645	河南省	周口市	商水县	31.56
1646	山东省	聊城市	莘县	31.56
1647	陕西省	宝鸡市	太白县	31.56
1648	新疆维吾尔自治区	哈密市	伊吾县	31.56
1649	湖北省	恩施土家族苗族自治州	鹤峰县	31.55
1650	湖北省	十堰市	竹山县	31.55
1651	河北省	衡水市	景县	31.55
1652	河北省	廊坊市	大城县	31.55
1653	湖南省	湘西土家族苗族自治州	凤凰县	31.55
1654	四川省	甘孜藏族自治州	色达县	31.55
1655	山东省	临沂市	郯城县	31.55
1656	河北省	石家庄市	平山县	31.54
1657	海南省	琼中黎族苗族自治县	琼中黎族苗族自治县	31.54
1658	内蒙古自治区	呼伦贝尔市	陈巴尔虎旗	31.54
1659	山西省	临汾市	洪洞县	31.54
1660	河北省	唐山市	玉田县	31.53
1661	黑龙江省	伊春市	汤旺河区	31.53
1662	内蒙古自治区	呼伦贝尔市	莫力达瓦达斡尔族自治旗	31.53
1663	山东省	东营市	广饶县	31.53
1664	山东省	淄博市	张店区	31.53
1665	天津市	北辰区	北辰区	31.53
1666	西藏自治区	拉萨市	尼木县	31.53
1667	云南省	丽江市	华坪县	31.53
1668	云南省	临沧市	临翔区	31.53
1669	河北省	石家庄市	行唐县	31.52
1670	河南省	济源市	济源市	31.52
1671	青海省	玉树藏族自治州	杂多县	31.52
1672	四川省	凉山彝族自治州	越西县	31.52
1673	云南省	昆明市	禄劝彝族苗族自治县	31.52
1674	重庆市	九龙坡区	九龙坡区	31.51
1675	湖北省	恩施土家族苗族自治州	宣恩县	31.51
1676	四川省	成都市	邛崃市	31.50
1677	四川省	宜宾市	珙县	31.50
1678	陕西省	汉中市	勉县	31.50
1679	陕西省	商洛市	丹凤县	31.50
1680	天津市	南开区	南开区	31.50
1681	湖北省	恩施土家族苗族自治州	利川市	31.49
1682	湖南省	衡阳市	蒸湘区	31.49
1683	山西省	阳泉市	平定县	31.49
1684	新疆维吾尔自治区	阿克苏地区	阿克苏市	31.49

排名	省级	地市级	区县级	宜居级大气环境资源
1685	福建省	南平市	邵武市	31.48
1686	甘肃省	庆阳市	泾川县	31.48
1687	江西省	赣州市	上犹县	31.48
1688	辽宁省	本溪市	明山区	31.48
1689	山东省	滨州市	邹平县	31.48
1690	陕西省	商洛市	商州区	31.48
1691	浙江省	金华市	武义县	31.48
1692	甘肃省	天水市	甘谷县	31.47
1693	河北省	沧州市	泊头市	31.47
1694	浙江省	金华市	浦江县	31.47
1695	四川省	广安市	邻水县	31.46
1696	山西省	吕梁市	交城县	31.46
1697	云南省	德宏傣族景颇族自治州	芒市	31.46
1698	河北省	廊坊市	大厂回族自治县	31.45
1699	河北省	张家口市	桥东区	31.45
1700	河南省	焦作市	山阳区	31.45
1701	湖南省	永州市	江永县	31.45
1702	辽宁省	营口市	盖州市	31.45
1703	西藏自治区	日喀则市	桑珠孜区	31.45
1704	安徽省	黄山市	黟县	31.44
1705	四川省	成都市	新津县	31.44
1706	四川省	内江市	东兴区	31.44
1707	浙江省	金华市	永康市	31.44
1708	福建省	三明市	沙县	31.43
1709	甘肃省	定西市	陇西县	31.43
1710	江苏省	常州市	溧阳市	31.43
1711	青海省	果洛藏族自治州	久治县	31.43
1712	四川省	广元市	青川县	31.43
1713	山西省	晋中市	太谷县	31.43
1714	河北省	石家庄市	井陉县	31.42
1715	江西省	九江市	德安县	31.42
1716	陕西省	延安市	延长县	31.42
1717	甘肃省	天水市	麦积区	31.41
1718	黑龙江省	绥化市	安达市	31.41
1719	内蒙古自治区	赤峰市	敖汉旗东部	31.40
1720	四川省	阿坝藏族羌族自治州	九寨沟县	31.40
1721	四川省	成都市	崇州市	31.40
1722	四川省	甘孜藏族自治州	甘孜县	31.40
1723	陕西省	咸阳市	乾县	31.40
1724	陕西省	延安市	延川县	31.40

排名	省级	地市级	区县级	宜居级大气环境资源
1725	甘肃省	甘南藏族自治州	迭部县	31.39
1726	甘肃省	临夏回族自治州	康乐县	31.39
1727	贵州省	遵义市	正安县	31.39
1728	河北省	衡水市	桃城区	31.39
1729	河北省	唐山市	路北区	31.39
1730	陕西省	延安市	甘泉县	31.39
1731	山西省	晋中市	平遥县	31.39
1732	云南省	普洱市	景东彝族自治县	31.39
1733	河北省	石家庄市	桥西区	31.38
1734	新疆维吾尔自治区	克孜勒苏柯尔克孜自治州	阿合奇县	31.38
1735	甘肃省	兰州市	榆中县	31.37
1736	湖南省	衡阳市	祁东县	31.37
1737	湖南省	湘西土家族苗族自治州	保靖县	31.37
1738	甘肃省	陇南市	宕昌县	31.36
1739	黑龙江省	伊春市	铁力市	31.36
1740	黑龙江省	伊春市	嘉荫县	31.36
1741	江苏省	宿迁市	泗洪县	31.36
1742	青海省	玉树藏族自治州	治多县	31.35
1743	四川省	阿坝藏族羌族自治州	壤塘县	31.35
1744	山东省	济宁市	曲阜市	31.35
1745	山东省	泰安市	宁阳县	31.35
1746	河北省	衡水市	深州市	31.34
1747	湖南省	永州市	新田县	31.34
1748	江西省	宜春市	宜丰县	31.34
1749	湖南省	永州市	东安县	31.33
1750	江西省	抚州市	宜黄县	31.33
1751	北京市	石景山区	石景山区	31.32
1752	贵州省	毕节市	赫章县	31.32
1753	湖南省	常德市	桃源县	31.32
1754	吉林省	延边朝鲜族自治州	龙井市	31.32
1755	内蒙古自治区	乌兰察布市	丰镇市	31.32
1756	浙江省	丽水市	庆元县	31.32
1757	福建省	南平市	武夷山市	31.31
1758	河北省	唐山市	滦县	31.31
1759	四川省	乐山市	沐川县	31.31
1760	山西省	太原市	尖草坪区	31.31
1761	甘肃省	平凉市	崇信县	31.30
1762	河北省	保定市	蠡县	31.30
1763	河南省	周口市	鹿邑县	31.30
1764	内蒙古自治区	巴彦淖尔市	临河区	31.30

排名	省级	地市级	区县级	宜居级大气环境资源
1765	宁夏回族自治区	中卫市	中宁县	31.30
1766	西藏自治区	昌都市	丁青县	31.30
1767	贵州省	黔南布依族苗族自治州	三都水族自治县	31.29
1768	湖北省	黄石市	黄石港区	31.29
1769	河北省	承德市	宽城满族自治县	31.29
1770	河南省	商丘市	梁园区	31.29
1771	黑龙江省	牡丹江市	西安区	31.29
1772	湖南省	常德市	石门县	31.29
1773	内蒙古自治区	赤峰市	喀喇沁旗	31.29
1774	青海省	果洛藏族自治州	甘德县	31.29
1775	新疆维吾尔自治区	哈密市	巴里坤哈萨克自治县	31.29
1776	福建省	南平市	建瓯市	31.28
1777	河南省	新乡市	牧野区	31.28
1778	辽宁省	辽阳市	宏伟区	31.28
1779	新疆维吾尔自治区	昌吉回族自治州	吉木萨尔县	31.28
1780	浙江省	丽水市	龙泉市	31.28
1781	福建省	宁德市	福鼎市	31.27
1782	福建省	三明市	明溪县	31.27
1783	吉林省	松原市	扶余市	31.27
1784	宁夏回族自治区	固原市	原州区	31.27
1785	青海省	海西蒙古族藏族自治州	格尔木市	31.27
1786	四川省	甘孜藏族自治州	巴塘县	31.27
1787	安徽省	黄山市	黄山区	31.26
1788	北京市	东城区	东城区	31.26
1789	重庆市	长寿区	长寿区	31.26
1790	甘肃省	庆阳市	环县	31.26
1791	重庆市	巫溪县	巫溪县	31.25
1792	广西壮族自治区	河池市	天峨县	31.25
1793	湖北省	黄冈市	英山县	31.25
1794	河北省	秦皇岛市	卢龙县	31.25
1795	青海省	海北藏族自治州	祁连县	31.25
1796	青海省	海南藏族自治州	兴海县	31.25
1797	四川省	泸州市	叙永县	31.25
1798	四川省	遂宁市	射洪县	31.25
1799	山西省	晋城市	高平市	31.25
1800	新疆维吾尔自治区	和田地区	策勒县	31.25
1801	重庆市	江津区	江津区	31.24
1802	甘肃省	天水市	清水县	31.24
1803	河北省	廊坊市	三河市	31.24
1804	河南省	郑州市	荥阳市	31.24

续表

排名	省级	地市级	区县级	宜居级大气环境资源
1805	湖南省	怀化市	麻阳苗族自治县	31.24
1806	西藏自治区	昌都市	洛隆县	31.24
1807	北京市	丰台区	丰台区	31.23
1808	黑龙江省	齐齐哈尔市	富裕县	31.23
1809	湖南省	郴州市	嘉禾县	31.23
1810	山东省	滨州市	惠民县	31.23
1811	山东省	东营市	垦利区	31.23
1812	陕西省	延安市	志丹县	31.23
1813	天津市	宝坻区	宝坻区	31.23
1814	山西省	忻州市	原平市	31.22
1815	河北省	张家口市	阳原县	31.21
1816	吉林省	通化市	通化县	31.21
1817	四川省	雅安市	名山区	31.21
1818	陕西省	西安市	蓝田县	31.21
1819	甘肃省	陇南市	武都区	31.20
1820	湖北省	恩施土家族苗族自治州	来凤县	31.20
1821	辽宁省	丹东市	凤城市	31.20
1822	四川省	广元市	朝天区	31.20
1823	山东省	青岛市	平度市	31.20
1824	陕西省	延安市	宝塔区	31.20
1825	山西省	吕梁市	离石区	31.20
1826	云南省	德宏傣族景颇族自治州	瑞丽市	31.20
1827	重庆市	丰都县	丰都县	31.19
1828	内蒙古自治区	通辽市	扎鲁特旗	31.19
1829	黑龙江省	黑河市	嫩江县	31.18
1830	吉林省	延边朝鲜族自治州	延吉市	31.18
1831	宁夏回族自治区	吴忠市	利通区	31.18
1832	山东省	济宁市	任城区	31.18
1833	安徽省	黄山市	屯溪区	31.17
1834	河南省	郑州市	二七区	31.17
1835	福建省	三明市	尤溪县	31.16
1836	辽宁省	铁岭市	西丰县	31.16
1837	内蒙古自治区	呼和浩特市	和林格尔县	31.16
1838	山东省	临沂市	沂南县	31.16
1839	陕西省	汉中市	南郑区	31.16
1840	新疆维吾尔自治区	乌鲁木齐市	乌鲁木齐县	31.16
1841	贵州省	遵义市	仁怀市	31.15
1842	湖北省	襄阳市	枣阳市	31.15
1843	河北省	邯郸市	魏县	31.15
1844	陕西省	商洛市	山阳县	31.15

排名	省级	地市级	区县级	宜居级大气环境资源
1845	河北省	保定市	徐水区	31.14
1846	河北省	承德市	隆化县	31.14
1847	辽宁省	锦州市	古塔区	31.14
1848	四川省	巴中市	平昌县	31.14
1849	天津市	武清区	武清区	31.14
1850	吉林省	通化市	梅河口市	31.13
1851	辽宁省	鞍山市	海城市	31.13
1852	青海省	黄南藏族自治州	河南蒙古族自治县	31.13
1853	甘肃省	甘南藏族自治州	合作市	31.12
1854	河北省	廊坊市	文安县	31.12
1855	天津市	蓟州区	蓟州区	31.12
1856	云南省	普洱市	澜沧拉祜族自治县	31.12
1857	内蒙古自治区	巴彦淖尔市	乌拉特前旗北部	31.11
1858	陕西省	西安市	长安区	31.11
1859	北京市	平谷区	平谷区	31.10
1860	福建省	南平市	建阳区	31.10
1861	贵州省	毕节市	七星关区	31.10
1862	河南省	新乡市	卫辉市	31.10
1863	甘肃省	平凉市	华亭县	31.09
1864	湖北省	恩施土家族苗族自治州	建始县	31.09
1865	湖北省	宜昌市	兴山县	31.09
1866	河北省	保定市	容城县	31.09
1867	湖南省	湘西土家族苗族自治州	花垣县	31.09
1868	江苏省	宿迁市	沭阳县	31.09
1869	青海省	玉树藏族自治州	曲麻莱县	31.09
1870	四川省	凉山彝族自治州	雷波县	31.09
1871	河北省	保定市	阜平县	31.08
1872	河北省	石家庄市	新乐市	31.08
1873	黑龙江省	牡丹江市	林口县	31.08
1874	辽宁省	大连市	庄河市	31.08
1875	河北省	张家口市	赤城县	31.07
1876	山东省	淄博市	淄川区	31.07
1877	新疆维吾尔自治区	阿勒泰地区	哈巴河县	31.07
1878	贵州省	黔东南苗族侗族自治州	台江县	31.06
1879	江西省	九江市	修水县	31.06
1880	西藏自治区	那曲市	嘉黎县	31.06
1881	贵州省	黔东南苗族侗族自治州	黎平县	31.05
1882	湖北省	襄阳市	保康县	31.05
1883	宁夏回族自治区	吴忠市	青铜峡市	31.05
1884	四川省	乐山市	市中区	31.05

排名	省级	地市级	区县级	宜居级大气环境资源
1885	山东省	济南市	济阳县	31.05
1886	陕西省	汉中市	镇巴县	31.05
1887	贵州省	黔西南布依族苗族自治州	册亨县	31.04
1888	青海省	海南藏族自治州	贵德县	31.04
1889	陕西省	汉中市	洋县	31.04
1890	云南省	昭通市	盐津县	31.04
1891	浙江省	丽水市	遂昌县	31.04
1892	甘肃省	陇南市	礼县	31.03
1893	河北省	保定市	安新县	31.03
1894	四川省	阿坝藏族羌族自治州	金川县	31.03
1895	四川省	宜宾市	宜宾县	31.03
1896	陕西省	渭南市	蒲城县	31.03
1897	湖北省	十堰市	房县	31.02
1898	湖南省	张家界市	永定区	31.02
1899	四川省	绵阳市	江油市	31.02
1900	贵州省	遵义市	余庆县	31.01
1901	贵州省	遵义市	务川仡佬族苗族自治县	31.01
1902	河北省	承德市	围场满族蒙古族自治县	31.01
1903	内蒙古自治区	巴彦淖尔市	乌拉特中旗	31.01
1904	内蒙古自治区	兴安盟	乌兰浩特市	31.01
1905	陕西省	榆林市	米脂县	31.01
1906	河北省	保定市	涞源县	31.00
1907	四川省	绵阳市	平武县	31.00
1908	四川省	遂宁市	船山区	31.00
1909	山西省	临汾市	隰县	31.00
1910	浙江省	衢州市	开化县	31.00
1911	甘肃省	庆阳市	镇原县	30.99
1912	湖南省	怀化市	辰溪县	30.99
1913	宁夏回族自治区	吴忠市	盐池县	30.99
1914	福建省	福州市	连江县	30.98
1915	河南省	漯河市	郾城区	30.98
1916	贵州省	铜仁市	印江土家族苗族自治县	30.97
1917	吉林省	四平市	铁西区	30.97
1918	青海省	海东市	化隆回族自治县	30.97
1919	四川省	雅安市	天全县	30.97
1920	河北省	衡水市	饶阳县	30.96
1921	贵州省	遵义市	湄潭县	30.95
1922	江西省	赣州市	寻乌县	30.95
1923	内蒙古自治区	呼和浩特市	土默特左旗	30.95
1924	陕西省	渭南市	韩城市	30.95

续表

排名	省级	地市级	区县级	宜居级大气环境资源
1925	甘肃省	张掖市	高台县	30.94
1926	贵州省	六盘水市	钟山区	30.93
1927	四川省	成都市	双流区	30.93
1928	西藏自治区	昌都市	左贡县	30.93
1929	宁夏回族自治区	石嘴山市	惠农区	30.92
1930	新疆维吾尔自治区	博尔塔拉蒙古自治州	精河县	30.92
1931	河北省	唐山市	迁西县	30.91
1932	河南省	郑州市	新密市	30.91
1933	四川省	广元市	旺苍县	30.91
1934	陕西省	渭南市	华阴市	30.91
1935	黑龙江省	绥化市	北林区	30.89
1936	吉林省	长春市	农安县	30.89
1937	四川省	达州市	万源市	30.89
1938	山东省	日照市	莒县	30.89
1939	山西省	忻州市	定襄县	30.89
1940	辽宁省	朝阳市	朝阳县	30.88
1941	山西省	长治市	沁县	30.88
1942	贵州省	毕节市	黔西县	30.86
1943	陕西省	安康市	岚皋县	30.86
1944	四川省	达州市	达川区	30.85
1945	贵州省	遵义市	习水县	30.84
1946	湖北省	武汉市	东西湖区	30.84
1947	黑龙江省	黑河市	爱辉区	30.84
1948	黑龙江省	佳木斯市	郊区	30.84
1949	四川省	成都市	温江区	30.84
1950	新疆维吾尔自治区	和田地区	墨玉县	30.84
1951	新疆维吾尔自治区	伊犁哈萨克自治州	特克斯县	30.84
1952	贵州省	遵义市	绥阳县	30.83
1953	陕西省	延安市	黄陵县	30.83
1954	安徽省	宿州市	砀山县	30.82
1955	甘肃省	陇南市	康县	30.82
1956	山东省	烟台市	海阳市	30.82
1957	黑龙江省	齐齐哈尔市	建华区	30.81
1958	湖南省	邵阳市	武冈市	30.81
1959	甘肃省	天水市	张家川回族自治县	30.80
1960	贵州省	铜仁市	石阡县	30.80
1961	河北省	石家庄市	灵寿县	30.80
1962	辽宁省	本溪市	本溪满族自治县	30.80
1963	内蒙古自治区	包头市	土默特右旗	30.80
1964	内蒙古自治区	乌兰察布市	卓资县	30.80

续表

排名	省级	地市级	区县级	宜居级大气环境资源
1965	河北省	邢台市	南宫市	30.79
1966	山东省	潍坊市	潍城区	30.79
1967	陕西省	榆林市	靖边县	30.79
1968	北京市	海淀区	海淀区	30.78
1969	福建省	南平市	浦城县	30.78
1970	贵州省	黔东南苗族侗族自治州	榕江县	30.78
1971	青海省	海西蒙古族藏族自治州	乌兰县	30.78
1972	云南省	怒江傈僳族自治州	兰坪白族普米族自治县	30.78
1973	河南省	平顶山市	鲁山县	30.77
1974	黑龙江省	牡丹江市	穆棱市	30.77
1975	贵州省	黔东南苗族侗族自治州	天柱县	30.76
1976	贵州省	黔东南苗族侗族自治州	从江县	30.76
1977	吉林省	吉林市	蛟河市	30.76
1978	新疆维吾尔自治区	巴音郭楞蒙古自治州	且末县	30.76
1979	新疆维吾尔自治区	塔城地区	额敏县	30.76
1980	河北省	石家庄市	正定县	30.75
1981	北京市	延庆区	延庆区	30.74
1982	河北省	保定市	望都县	30.74
1983	河北省	保定市	满城区	30.74
1984	吉林省	通化市	集安市	30.74
1985	陕西省	榆林市	横山区	30.74
1986	湖南省	永州市	冷水滩区	30.73
1987	安徽省	宣城市	宁国市	30.72
1988	云南省	迪庆藏族自治州	维西傈僳族自治县	30.72
1989	浙江省	温州市	文成县	30.72
1990	青海省	海西蒙古族藏族自治州	茫崖行政区	30.71
1991	贵州省	铜仁市	沿河土家族自治县	30.70
1992	陕西省	榆林市	吴堡县	30.70
1993	重庆市	城口县	城口县	30.69
1994	贵州省	铜仁市	碧江区	30.69
1995	河北省	张家口市	怀来县	30.69
1996	江苏省	无锡市	宜兴市	30.69
1997	四川省	南充市	阆中市	30.69
1998	陕西省	安康市	汉滨区	30.69
1999	陕西省	汉中市	留坝县	30.69
2000	江苏省	徐州市	睢宁县	30.68
2001	重庆市	开州区	开州区	30.67
2002	贵州省	黔南布依族苗族自治州	荔波县	30.67
2003	河北省	承德市	兴隆县	30.67
2004	河南省	南阳市	淅川县	30.67

排名	省级	地市级	区县级	宜居级大气环境资源
2005	陕西省	汉中市	西乡县	30.67
2006	河北省	石家庄市	深泽县	30.66
2007	青海省	果洛藏族自治州	达日县	30.66
2008	湖北省	十堰市	郧西县	30.65
2009	湖南省	湘西土家族苗族自治州	永顺县	30.65
2010	辽宁省	葫芦岛市	建昌县	30.65
2011	四川省	甘孜藏族自治州	德格县	30.65
2012	河北省	张家口市	涿鹿县	30.64
2013	山西省	晋城市	阳城县	30.64
2014	湖南省	邵阳市	绥宁县	30.63
2015	宁夏回族自治区	银川市	金凤区	30.63
2016	陕西省	安康市	旬阳县	30.63
2017	河北省	沧州市	肃宁县	30.62
2018	河南省	南阳市	桐柏县	30.62
2019	吉林省	白山市	抚松县	30.62
2020	新疆维吾尔自治区	伊犁哈萨克自治州	新源县	30.62
2021	江西省	抚州市	资溪县	30.61
2022	山西省	运城市	垣曲县	30.61
2023	甘肃省	临夏回族自治州	广河县	30.60
2024	安徽省	六安市	霍山县	30.59
2025	云南省	红河哈尼族彝族自治州	屏边苗族自治县	30.59
2026	黑龙江省	牡丹江市	海林市	30.58
2027	河北省	承德市	丰宁满族自治县	30.57
2028	内蒙古自治区	锡林郭勒盟	东乌珠穆沁旗	30.57
2029	新疆维吾尔自治区	吐鲁番市	高昌区	30.57
2030	新疆维吾尔自治区	乌鲁木齐市	天山区	30.57
2031	甘肃省	兰州市	皋兰县	30.56
2032	陕西省	宝鸡市	麟游县	30.56
2033	湖南省	娄底市	新化县	30.55
2034	甘肃省	定西市	临洮县	30.54
2035	甘肃省	天水市	秦安县	30.54
2036	湖南省	湘西土家族苗族自治州	龙山县	30.54
2037	四川省	乐山市	夹江县	30.54
2038	新疆维吾尔自治区	喀什地区	塔什库尔干塔吉克自治县	30.54
2039	甘肃省	临夏回族自治州	和政县	30.53
2040	贵州省	遵义市	汇川区	30.53
2041	河南省	周口市	川汇区	30.53
2042	青海省	黄南藏族自治州	尖扎县	30.53
2043	云南省	普洱市	思茅区	30.52
2044	河北省	保定市	顺平县	30.51

续表

排名	省级	地市级	区县级	宜居级大气环境资源
2045	黑龙江省	哈尔滨市	依兰县	30.51
2046	辽宁省	鞍山市	岫岩满族自治县	30.51
2047	甘肃省	定西市	岷县	30.50
2048	青海省	海西蒙古族藏族自治州	德令哈市	30.50
2049	西藏自治区	昌都市	类乌齐县	30.50
2050	河北省	唐山市	迁安市	30.49
2051	山东省	泰安市	东平县	30.49
2052	新疆维吾尔自治区	塔城地区	托里县	30.49
2053	湖北省	宜昌市	秭归县	30.48
2054	河北省	保定市	高碑店市	30.48
2055	吉林省	松原市	前郭尔罗斯蒙古族自治县	30.48
2056	内蒙古自治区	呼伦贝尔市	牙克石市	30.48
2057	内蒙古自治区	呼伦贝尔市	扎兰屯市	30.48
2058	宁夏回族自治区	石嘴山市	大武口区	30.48
2059	陕西省	安康市	石泉县	30.48
2060	新疆维吾尔自治区	阿勒泰地区	布尔津县	30.47
2061	青海省	玉树藏族自治州	囊谦县	30.46
2062	河北省	廊坊市	安次区	30.45
2063	吉林省	延边朝鲜族自治州	敦化市	30.45
2064	福建省	三明市	泰宁县	30.44
2065	贵州省	黔东南苗族侗族自治州	剑河县	30.44
2066	黑龙江省	大兴安岭地区	塔河县	30.44
2067	青海省	海南藏族自治州	贵南县	30.44
2068	陕西省	宝鸡市	岐山县	30.44
2069	云南省	临沧市	沧源佤族自治县	30.44
2070	云南省	西双版纳傣族自治州	景洪市	30.44
2071	新疆维吾尔自治区	阿克苏地区	阿瓦提县	30.43
2072	江苏省	徐州市	邳州市	30.42
2073	陕西省	汉中市	城固县	30.42
2074	新疆维吾尔自治区	阿克苏地区	乌什县	30.42
2075	新疆维吾尔自治区	巴音郭楞蒙古自治州	若羌县	30.42
2076	新疆维吾尔自治区	克孜勒苏柯尔克孜自治州	乌恰县	30.42
2077	河北省	保定市	涿州市	30.41
2078	新疆维吾尔自治区	阿克苏地区	新和县	30.41
2079	云南省	普洱市	江城哈尼族彝族自治县	30.41
2080	陕西省	汉中市	汉台区	30.40
2081	陕西省	汉中市	宁强县	30.40
2082	西藏自治区	林芝市	察隅县	30.40
2083	浙江省	温州市	鹿城区	30.40
2084	贵州省	毕节市	织金县	30.39

排名	省级	地市级	区县级	宜居级大气环境资源
2085	江苏省	徐州市	鼓楼区	30.38
2086	西藏自治区	林芝市	波密县	30.37
2087	云南省	昭通市	绥江县	30.37
2088	甘肃省	临夏回族自治州	永靖县	30.36
2089	陕西省	安康市	汉阴县	30.36
2090	重庆市	万州区	万州区	30.35
2091	甘肃省	白银市	靖远县	30.34
2092	内蒙古自治区	呼伦贝尔市	牙克石市东部	30.34
2093	浙江省	丽水市	缙云县	30.34
2094	青海省	西宁市	湟中县	30.32
2095	新疆维吾尔自治区	巴音郭楞蒙古自治州	焉耆回族自治县	30.32
2096	甘肃省	陇南市	成县	30.31
2097	四川省	眉山市	东坡区	30.31
2098	云南省	丽江市	玉龙纳西族自治县	30.31
2099	河北省	石家庄市	栾城区	30.30
2100	湖南省	张家界市	桑植县	30.30
2101	内蒙古自治区	乌兰察布市	集宁区	30.30
2102	山东省	淄博市	沂源县	30.30
2103	陕西省	榆林市	清涧县	30.30
2104	新疆维吾尔自治区	阿勒泰地区	福海县	30.30
2105	山东省	聊城市	东昌府区	30.29
2106	黑龙江省	鹤岗市	东山区	30.27
2107	内蒙古自治区	锡林郭勒盟	多伦县	30.27
2108	山西省	大同市	灵丘县	30.27
2109	吉林省	辽源市	龙山区	30.25
2110	安徽省	宿州市	萧县	30.24
2111	贵州省	遵义市	凤冈县	30.24
2112	辽宁省	沈阳市	和平区	30.24
2113	陕西省	宝鸡市	凤县	30.24
2114	山西省	临汾市	尧都区	30.24
2115	云南省	西双版纳傣族自治州	勐腊县	30.24
2116	辽宁省	本溪市	桓仁满族自治县	30.23
2117	西藏自治区	拉萨市	当雄县	30.23
2118	河北省	邯郸市	涉县	30.22
2119	河北省	张家口市	崇礼区	30.22
2120	新疆维吾尔自治区	巴音郭楞蒙古自治州	和静县西北	30.22
2121	黑龙江省	哈尔滨市	尚志市	30.21
2122	吉林省	吉林市	磐石市	30.21
2123	陕西省	延安市	吴起县	30.21
2124	山西省	临汾市	侯马市	30.21

排名	省级	地市级	区县级	宜居级大气环境资源
2125	河南省	信阳市	淮滨县	30.20
2126	内蒙古自治区	呼伦贝尔市	鄂伦春自治旗	30.20
2127	新疆维吾尔自治区	克孜勒苏柯尔克孜自治州	阿克陶县	30.20
2128	新疆维吾尔自治区	乌鲁木齐市	新市区	30.20
2129	甘肃省	临夏回族自治州	临夏市	30.19
2130	河南省	周口市	太康县	30.19
2131	浙江省	台州市	仙居县	30.18
2132	河北省	石家庄市	无极县	30.17
2133	湖南省	怀化市	新晃侗族自治县	30.17
2134	新疆维吾尔自治区	喀什地区	叶城县	30.17
2135	新疆维吾尔自治区	塔城地区	沙湾县	30.17
2136	河南省	平顶山市	舞钢市	30.16
2137	湖南省	郴州市	宜章县	30.16
2138	新疆维吾尔自治区	乌鲁木齐市	达坂城区	30.16
2139	河北省	石家庄市	辛集市	30.13
2140	四川省	成都市	都江堰市	30.13
2141	河北省	廊坊市	香河县	30.12
2142	浙江省	丽水市	莲都区	30.11
2143	四川省	雅安市	雨城区	30.09
2144	陕西省	安康市	紫阳县	30.09
2145	新疆维吾尔自治区	巴音郭楞蒙古自治州	和硕县	30.09
2146	陕西省	安康市	白河县	30.08
2147	新疆维吾尔自治区	喀什地区	泽普县	30.08
2148	山西省	朔州市	右玉县	30.06
2149	黑龙江省	大兴安岭地区	加格达奇区	30.04
2150	湖北省	恩施土家族苗族自治州	恩施市	30.02
2151	河北省	保定市	莲池区	30.02
2152	新疆维吾尔自治区	博尔塔拉蒙古自治州	温泉县	30.01
2153	陕西省	宝鸡市	渭滨区	30.00
2154	陕西省	榆林市	绥德县	30.00
2155	山西省	朔州市	朔城区	30.00
2156	黑龙江省	黑河市	孙吴县	29.99
2157	山西省	临汾市	古县	29.99
2158	新疆维吾尔自治区	和田地区	民丰县	29.98
2159	新疆维吾尔自治区	阿克苏地区	温宿县	29.97
2160	黑龙江省	伊春市	伊春区	29.96
2161	山西省	临汾市	安泽县	29.96
2162	山东省	临沂市	费县	29.94
2163	新疆维吾尔自治区	昌吉回族自治州	奇台县	29.94
2164	新疆维吾尔自治区	巴音郭楞蒙古自治州	且末县西北	29.92

排名	省级	地市级	区县级	宜居级大气环境资源
2165	重庆市	彭水苗族土家族自治县	彭水苗族土家族自治县	29.91
2166	四川省	成都市	郫都区	29.91
2167	湖南省	怀化市	沅陵县	29.90
2168	西藏自治区	那曲市	比如县	29.89
2169	湖南省	怀化市	鹤城区	29.88
2170	山西省	长治市	襄垣县	29.88
2171	湖南省	湘西土家族苗族自治州	吉首市	29.87
2172	甘肃省	酒泉市	敦煌市	29.86
2173	陕西省	宝鸡市	眉县	29.86
2174	贵州省	黔西南布依族苗族自治州	望谟县	29.85
2175	江西省	景德镇市	昌江区	29.85
2176	吉林省	延边朝鲜族自治州	汪清县	29.84
2177	内蒙古自治区	呼和浩特市	赛罕区	29.84
2178	湖南省	怀化市	芷江侗族自治县	29.82
2179	吉林省	白山市	靖宇县	29.81
2180	湖南省	郴州市	桂东县	29.80
2181	河北省	廊坊市	永清县	29.79
2182	新疆维吾尔自治区	和田地区	皮山县	29.79
2183	贵州省	遵义市	道真仡佬族苗族自治县	29.73
2184	新疆维吾尔自治区	伊犁哈萨克自治州	昭苏县	29.73
2185	贵州省	铜仁市	思南县	29.70
2186	云南省	临沧市	耿马傣族佤族自治县	29.70
2187	河北省	廊坊市	霸州市	29.69
2188	黑龙江省	大兴安岭地区	呼玛县	29.69
2189	新疆维吾尔自治区	克拉玛依市	克拉玛依区	29.66
2190	甘肃省	陇南市	两当县	29.64
2191	贵州省	铜仁市	松桃苗族自治县	29.64
2192	新疆维吾尔自治区	和田地区	于田县	29.63
2193	青海省	海北藏族自治州	门源回族自治县	29.60
2194	四川省	阿坝藏族羌族自治州	马尔康市	29.60
2195	陕西省	商洛市	镇安县	29.60
2196	山西省	大同市	南郊区	29.60
2197	山东省	济宁市	兖州区	29.59
2198	陕西省	渭南市	华州区	29.59
2199	新疆维吾尔自治区	博尔塔拉蒙古自治州	博乐市	29.59
2200	西藏自治区	林芝市	米林县	29.59
2201	新疆维吾尔自治区	伊犁哈萨克自治州	察布查尔锡伯自治县	29.58
2202	青海省	海东市	互助土族自治县	29.57
2203	新疆维吾尔自治区	喀什地区	伽师县	29.57
2204	吉林省	吉林市	永吉县	29.56

排名	省级	地市级	区县级	宜居级大气环境资源
2205	陕西省	安康市	宁陕县	29.56
2206	湖南省	岳阳市	平江县	29.55
2207	甘肃省	兰州市	城关区	29.53
2208	河北省	邯郸市	馆陶县	29.53
2209	湖南省	娄底市	双峰县	29.51
2210	河北省	唐山市	遵化市	29.50
2211	吉林省	延边朝鲜族自治州	和龙市	29.50
2212	陕西省	商洛市	柞水县	29.50
2213	新疆维吾尔自治区	阿克苏地区	库车县	29.48
2214	山东省	泰安市	肥城市	29.47
2215	河北省	石家庄市	藁城区	29.46
2216	新疆维吾尔自治区	乌鲁木齐市	米东区	29.46
2217	浙江省	丽水市	云和县	29.45
2218	河北省	承德市	双桥区	29.44
2219	北京市	密云区	密云区	29.43
2220	吉林省	吉林市	桦甸市	29.43
2221	河北省	保定市	易县	29.42
2222	河南省	南阳市	南召县	29.41
2223	湖北省	宜昌市	五峰土家族自治县	29.39
2224	河北省	张家口市	蔚县	29.38
2225	新疆维吾尔自治区	塔城地区	塔城市	29.38
2226	新疆维吾尔自治区	塔城地区	乌苏市	29.36
2227	新疆维吾尔自治区	哈密市	伊州区	29.35
2228	贵州省	黔南布依族苗族自治州	罗甸县	29.30
2229	青海省	海西蒙古族藏族自治州	大柴旦行政区	29.26
2230	新疆维吾尔自治区	昌吉回族自治州	阜康市	29.26
2231	新疆维吾尔自治区	五家渠市	五家渠市	29.26
2232	新疆维吾尔自治区	巴音郭楞蒙古自治州	尉犁县	29.24
2233	新疆维吾尔自治区	喀什地区	麦盖提县	29.22
2234	宁夏回族自治区	固原市	西吉县	29.19
2235	青海省	果洛藏族自治州	玛沁县	29.19
2236	云南省	怒江傈僳族自治州	贡山独龙族怒族自治县	29.19
2237	云南省	怒江傈僳族自治州	福贡县	29.19
2238	河北省	承德市	承德县	29.15
2239	新疆维吾尔自治区	昌吉回族自治州	玛纳斯县	29.12
2240	河北省	秦皇岛市	海港区	29.11
2241	新疆维吾尔自治区	阿克苏地区	柯坪县	29.10
2242	青海省	果洛藏族自治州	班玛县	29.09
2243	新疆维吾尔自治区	伊犁哈萨克自治州	霍城县	29.07
2244	河北省	秦皇岛市	青龙满族自治县	29.02

排名	省级	地市级	区县级	宜居级大气环境资源
2245	新疆维吾尔自治区	阿勒泰地区	富蕴县	29.02
2246	新疆维吾尔自治区	阿拉尔市	阿拉尔市	29.00
2247	辽宁省	丹东市	宽甸满族自治县	28.99
2248	辽宁省	抚顺市	新宾满族自治县	28.99
2249	陕西省	宝鸡市	扶风县	28.98
2250	陕西省	渭南市	合阳县	28.97
2251	新疆维吾尔自治区	伊犁哈萨克自治州	伊宁县	28.97
2252	吉林省	通化市	东昌区	28.96
2253	新疆维吾尔自治区	喀什地区	莎车县	28.95
2254	内蒙古自治区	呼伦贝尔市	根河市	28.92
2255	宁夏回族自治区	银川市	贺兰县	28.89
2256	新疆维吾尔自治区	克孜勒苏柯尔克孜自治州	阿图什市	28.86
2257	新疆维吾尔自治区	喀什地区	巴楚县	28.85
2258	辽宁省	抚顺市	清原满族自治县	28.73
2259	内蒙古自治区	呼伦贝尔市	牙克石市东北	28.70
2260	河北省	保定市	曲阳县	28.67
2261	河北省	保定市	唐县	28.65
2262	河北省	廊坊市	固安县	28.63
2263	上海市	徐汇区	徐汇区	28.59
2264	新疆维吾尔自治区	石河子市	石河子市	28.58
2265	新疆维吾尔自治区	吐鲁番市	鄯善县	28.57
2266	内蒙古自治区	呼伦贝尔市	额尔古纳市	28.56
2267	青海省	玉树藏族自治州	玉树市	28.55
2268	内蒙古自治区	兴安盟	阿尔山市	28.54
2269	云南省	红河哈尼族彝族自治州	河口瑶族自治县	28.52
2270	新疆维吾尔自治区	喀什地区	英吉沙县	28.50
2271	新疆维吾尔自治区	巴音郭楞蒙古自治州	和静县北部	28.44
2272	青海省	海南藏族自治州	共和县	28.43
2273	新疆维吾尔自治区	伊犁哈萨克自治州	伊宁市	28.38
2274	新疆维吾尔自治区	阿克苏地区	沙雅县	28.24
2275	新疆维吾尔自治区	伊犁哈萨克自治州	巩留县	28.11
2276	新疆维吾尔自治区	阿克苏地区	拜城县	28.07
2277	新疆维吾尔自治区	喀什地区	岳普湖县	28.04
2278	陕西省	商洛市	商南县	27.95
2279	黑龙江省	大兴安岭地区	漠河县	27.86
2280	陕西省	榆林市	子洲县	27.82
2281	新疆维吾尔自治区	阿勒泰地区	阿勒泰市	27.80
2282	吉林省	延边朝鲜族自治州	图们市	27.68
2283	新疆维吾尔自治区	伊犁哈萨克自治州	尼勒克县	27.40
2284	新疆维吾尔自治区	阿勒泰地区	青河县	27.17

四 中国发展级大气环境资源县级排名

表 4-8 中国发展级大气环境资源县级排名（2019-县级-ASPI 50%分位数排序）

排名	省级	地市级	区县级	发展级大气环境资源
1	浙江省	台州市	椒江区	79.41
2	浙江省	舟山市	嵊泗县	77.86
3	甘肃省	武威市	天祝藏族自治县	77.31
4	湖南省	衡阳市	南岳区	76.68
5	云南省	红河哈尼族彝族自治州	个旧市	76.06
6	内蒙古自治区	巴彦淖尔市	乌拉特后旗西北	75.84
7	山东省	威海市	荣成市北海口	74.79
8	海南省	三沙市	南沙区	67.38
9	福建省	泉州市	晋江市	64.7
10	福建省	福州市	福清市	64.16
11	西藏自治区	昌都市	八宿县	63.67
12	内蒙古自治区	赤峰市	巴林右旗	62.88
13	江苏省	连云港市	连云区	62.76
14	海南省	三亚市	吉阳区	62.63
15	福建省	漳州市	东山县	61.93
16	内蒙古自治区	鄂尔多斯市	杭锦旗	61.59
17	内蒙古自治区	包头市	白云鄂博矿区	61.40
18	内蒙古自治区	通辽市	科尔沁左翼后旗	61.37
19	内蒙古自治区	呼伦贝尔市	新巴尔虎右旗	61.30
20	福建省	泉州市	惠安县	61.20
21	内蒙古自治区	阿拉善盟	额济纳旗东部	61.14
22	浙江省	宁波市	象山县（滨海）	61.09
23	新疆维吾尔自治区	博尔塔拉蒙古自治州	阿拉山口市	61.00
24	广东省	江门市	上川岛	60.96
25	内蒙古自治区	乌兰察布市	察哈尔右翼中旗	60.82
26	山东省	烟台市	长岛县	60.72
27	辽宁省	大连市	金州区	60.54
28	云南省	曲靖市	会泽县	60.37
29	广东省	湛江市	吴川市	60.35
30	西藏自治区	日喀则市	聂拉木县	60.22
31	内蒙古自治区	锡林郭勒盟	苏尼特右旗朱日和	60.10
32	山东省	青岛市	胶州市	59.87
33	云南省	昆明市	西山区	59.81
34	安徽省	安庆市	望江县	59.54
35	内蒙古自治区	呼伦贝尔市	海拉尔区	59.46

排名	省级	地市级	区县级	发展级大气环境资源
36	内蒙古自治区	锡林郭勒盟	阿巴嘎旗	59.26
37	辽宁省	锦州市	凌海市	59.01
38	内蒙古自治区	锡林郭勒盟	正镶白旗	58.91
39	福建省	福州市	平潭县	58.82
40	内蒙古自治区	阿拉善盟	阿拉善左旗南部	58.61
41	辽宁省	锦州市	北镇市	58.57
42	内蒙古自治区	乌兰察布市	商都县	58.41
43	山东省	烟台市	栖霞市	58.15
44	浙江省	舟山市	岱山县	58.05
45	西藏自治区	那曲市	班戈县	57.85
46	内蒙古自治区	锡林郭勒盟	苏尼特右旗	57.74
47	内蒙古自治区	呼伦贝尔市	满洲里市	57.33
48	黑龙江省	鹤岗市	绥滨县	56.98
49	内蒙古自治区	兴安盟	扎赉特旗	56.74
50	内蒙古自治区	锡林郭勒盟	二连浩特市	56.41
51	内蒙古自治区	包头市	达尔罕茂明安联合旗北部	55.98
52	内蒙古自治区	赤峰市	巴林左旗	55.68
53	黑龙江省	齐齐哈尔市	讷河市	55.42
54	山东省	济南市	章丘区	55.41
55	内蒙古自治区	兴安盟	科尔沁右翼中旗	55.07
56	黑龙江省	绥化市	肇东市	54.90
57	黑龙江省	鸡西市	虎林市	54.76
58	黑龙江省	佳木斯市	同江市	54.55
59	海南省	三沙市	西沙群岛珊瑚岛	54.43
60	浙江省	台州市	玉环市	53.80
61	广西壮族自治区	柳州市	柳北区	52.86
62	海南省	东方市	东方市	52.56
63	云南省	昆明市	呈贡区	52.38
64	山东省	青岛市	李沧区	52.10
65	海南省	三沙市	西沙区	52.01
66	广西壮族自治区	贵港市	桂平市	51.86
67	西藏自治区	日喀则市	亚东县	51.69
68	广东省	湛江市	徐闻县	51.68
69	江苏省	南通市	启东市（滨海）	51.58
70	江西省	九江市	湖口县	51.57
71	山东省	威海市	荣成市南海口	51.57
72	山东省	烟台市	芝罘区	51.49
73	浙江省	舟山市	普陀区	51.21
74	云南省	曲靖市	陆良县	51.10
75	辽宁省	营口市	大石桥市	50.97

续表

排名	省级	地市级	区县级	发展级大气环境资源
76	黑龙江省	哈尔滨市	双城区	50.96
77	黑龙江省	绥化市	庆安县	50.95
78	广东省	阳江市	江城区	50.93
79	黑龙江省	佳木斯市	富锦市	50.86
80	西藏自治区	山南市	错那县	50.79
81	山东省	烟台市	招远市	50.71
82	江西省	九江市	都昌县	50.58
83	甘肃省	金昌市	永昌县	50.40
84	河南省	信阳市	新县	50.33
85	辽宁省	葫芦岛市	连山区	50.28
86	西藏自治区	那曲市	申扎县	50.24
87	黑龙江省	哈尔滨市	木兰县	50.22
88	广西壮族自治区	柳州市	柳城县	50.14
89	湖北省	荆门市	掇刀区	50.13
90	山东省	威海市	文登区	50.08
91	广西壮族自治区	防城港市	港口区	50.05
92	湖南省	永州市	双牌县	50.03
93	江苏省	南通市	如东县	49.98
94	云南省	红河哈尼族彝族自治州	蒙自市	49.97
95	辽宁省	沈阳市	康平县	49.95
96	山东省	烟台市	牟平区	49.95
97	广西壮族自治区	北海市	海城区（涠洲岛）	49.89
98	河北省	张家口市	康保县	49.89
99	内蒙古自治区	赤峰市	阿鲁科尔沁旗	49.89
100	湖南省	郴州市	北湖区	49.87
101	内蒙古自治区	鄂尔多斯市	杭锦旗西北	49.85
102	广西壮族自治区	桂林市	临桂区	49.80
103	内蒙古自治区	包头市	达尔罕茂明安联合旗东南	49.77
104	广西壮族自治区	玉林市	博白县	49.73
105	云南省	德宏傣族景颇族自治州	梁河县	49.66
106	吉林省	延边朝鲜族自治州	珲春市	49.64
107	黑龙江省	鸡西市	鸡东县	49.63
108	福建省	莆田市	秀屿区	49.59
109	河北省	邯郸市	武安市	49.51
110	浙江省	温州市	洞头区	49.51
111	黑龙江省	齐齐哈尔市	克东县	49.48
112	内蒙古自治区	通辽市	扎鲁特旗西北	49.46
113	黑龙江省	佳木斯市	桦南县	49.44
114	安徽省	马鞍山市	当涂县	49.40
115	内蒙古自治区	阿拉善盟	阿拉善左旗	49.40

排名	省级	地市级	区县级	发展级大气环境资源
116	辽宁省	盘锦市	双台子区	49.37
117	安徽省	安庆市	太湖县	49.36
118	广西壮族自治区	玉林市	容县	49.36
119	云南省	昆明市	宜良县	49.30
120	西藏自治区	那曲市	安多县	49.26
121	云南省	楚雄彝族自治州	永仁县	49.26
122	吉林省	长春市	德惠市	49.22
123	内蒙古自治区	锡林郭勒盟	正蓝旗	49.22
124	山西省	忻州市	神池县	49.21
125	黑龙江省	鸡西市	鸡冠区	49.20
126	内蒙古自治区	锡林郭勒盟	太仆寺旗	49.11
127	辽宁省	大连市	长海县	49.10
128	江西省	南昌市	进贤县	49.09
129	甘肃省	酒泉市	肃北蒙古族自治县	49.08
130	湖南省	永州市	江华瑶族自治县县	49.07
131	吉林省	吉林市	丰满区	49.06
132	黑龙江省	哈尔滨市	巴彦县	49.04
133	山东省	济南市	平阴县	49.03
134	浙江省	杭州市	萧山区	49.01
135	山东省	青岛市	市南区	49.00
136	贵州省	贵阳市	清镇市	48.99
137	云南省	玉溪市	通海县	48.96
138	云南省	丽江市	宁蒗彝族自治县	48.94
139	广西壮族自治区	钦州市	钦南区	48.89
140	海南省	海口市	美兰区	48.84
141	浙江省	宁波市	余姚市	48.83
142	青海省	海西蒙古族藏族自治州	格尔木市西南	48.79
143	黑龙江省	佳木斯市	抚远市	48.76
144	青海省	海东市	乐都区	48.75
145	吉林省	长春市	榆树市	48.74
146	黑龙江省	大庆市	肇源县	48.66
147	内蒙古自治区	兴安盟	突泉县	48.64
148	青海省	海西蒙古族藏族自治州	格尔木市西部	48.62
149	湖北省	襄阳市	襄城区	48.60
150	内蒙古自治区	阿拉善盟	阿拉善左旗东南	48.58
151	黑龙江省	七台河市	勃利县	48.56
152	吉林省	白城市	镇赉县	48.56
153	辽宁省	朝阳市	北票市	48.51
154	广东省	揭阳市	惠来县	48.49
155	吉林省	四平市	公主岭市	48.49

续表

排名	省级	地市级	区县级	发展级大气环境资源
156	内蒙古自治区	鄂尔多斯市	伊金霍洛旗	48.46
157	黑龙江省	大庆市	杜尔伯特蒙古族自治县	48.45
158	云南省	曲靖市	马龙县	48.42
159	内蒙古自治区	通辽市	库伦旗	48.41
160	河南省	洛阳市	孟津县	48.40
161	内蒙古自治区	呼和浩特市	武川县	48.40
162	广东省	茂名市	电白区	48.39
163	云南省	曲靖市	师宗县	48.38
164	河北省	唐山市	滦南县	48.35
165	山西省	忻州市	岢岚县	48.35
166	黑龙江省	齐齐哈尔市	拜泉县	48.34
167	广西壮族自治区	百色市	田阳县	48.33
168	内蒙古自治区	通辽市	科尔沁左翼中旗南部	48.32
169	河北省	邢台市	桥东区	48.24
170	辽宁省	营口市	西市区	48.23
171	内蒙古自治区	阿拉善盟	阿拉善右旗	48.21
172	黑龙江省	齐齐哈尔市	克山县	48.17
173	西藏自治区	阿里地区	改则县	48.17
174	江苏省	淮安市	金湖县	48.16
175	宁夏回族自治区	吴忠市	同心县	48.14
176	山东省	临沂市	兰山区	48.14
177	内蒙古自治区	包头市	固阳县	48.12
178	河南省	三门峡市	湖滨区	48.11
179	内蒙古自治区	赤峰市	敖汉旗	48.11
180	吉林省	白城市	洮南市	48.08
181	云南省	昆明市	晋宁区	48.05
182	山东省	烟台市	蓬莱市	48.01
183	山西省	长治市	壶关县	48.01
184	河南省	鹤壁市	淇县	47.99
185	黑龙江省	绥化市	明水县	47.94
186	山西省	长治市	长治县	47.88
187	江西省	抚州市	东乡区	47.86
188	内蒙古自治区	阿拉善盟	阿拉善左旗西北	47.85
189	广西壮族自治区	南宁市	邕宁区	47.82
190	内蒙古自治区	锡林郭勒盟	镶黄旗	47.79
191	内蒙古自治区	锡林郭勒盟	阿巴嘎旗西北	47.76
192	新疆维吾尔自治区	塔城地区	和布克赛尔蒙古自治县	47.76
193	黑龙江省	齐齐哈尔市	甘南县	47.74
194	内蒙古自治区	通辽市	奈曼旗南部	47.70
195	山东省	青岛市	即墨区	47.70

排名	省级	地市级	区县级	发展级大气环境资源
196	山东省	威海市	环翠区	47.67
197	内蒙古自治区	乌兰察布市	化德县	47.66
198	内蒙古自治区	乌兰察布市	察哈尔右翼前旗	47.65
199	山东省	潍坊市	临朐县	47.58
200	青海省	海西蒙古族藏族自治州	冷湖行政区	47.57
201	云南省	红河哈尼族彝族自治州	红河县	47.54
202	浙江省	温州市	乐清市	47.52
203	黑龙江省	绥化市	青冈县	47.49
204	辽宁省	大连市	普兰店区	47.48
205	新疆维吾尔自治区	阿勒泰地区	吉木乃县	47.47
206	广西壮族自治区	柳州市	融水苗族自治县	47.46
207	云南省	红河哈尼族彝族自治州	建水县	47.46
208	湖北省	鄂州市	鄂城区	47.43
209	浙江省	温州市	平阳县	47.41
210	湖北省	随州市	广水市	47.40
211	宁夏回族自治区	中卫市	沙坡头区	47.37
212	云南省	楚雄彝族自治州	牟定县	47.36
213	甘肃省	张掖市	民乐县	47.25
214	辽宁省	沈阳市	辽中区	47.25
215	辽宁省	鞍山市	台安县	47.23
216	内蒙古自治区	呼和浩特市	新城区	47.19
217	浙江省	嘉兴市	平湖市	47.19
218	山西省	吕梁市	中阳县	47.14
219	河北省	邯郸市	永年区	47.08
220	新疆维吾尔自治区	昌吉回族自治州	木垒哈萨克自治县	47.07
221	西藏自治区	昌都市	芒康县	47.05
222	黑龙江省	哈尔滨市	宾县	47.04
223	内蒙古自治区	赤峰市	巴林左旗北部	47.03
224	河北省	沧州市	海兴县	46.93
225	吉林省	长春市	九台区	46.89
226	江西省	九江市	庐山市	46.88
227	甘肃省	临夏回族自治州	东乡族自治县	46.87
228	吉林省	四平市	梨树县	46.84
229	山东省	济南市	长清区	46.78
230	山东省	潍坊市	昌邑市	46.77
231	浙江省	宁波市	象山县	46.72
232	内蒙古自治区	锡林郭勒盟	东乌珠穆沁旗东部	46.67
233	新疆维吾尔自治区	塔城地区	裕民县	46.67
234	广东省	湛江市	霞山区	46.63
235	新疆维吾尔自治区	和田地区	洛浦县	46.63

续表

排名	省级	地市级	区县级	发展级大气环境资源
236	辽宁省	盘锦市	大洼区	46.62
237	吉林省	白城市	通榆县	46.61
238	安徽省	蚌埠市	怀远县	46.55
239	福建省	厦门市	湖里区	46.55
240	广西壮族自治区	防城港市	东兴市	46.50
241	黑龙江省	哈尔滨市	通河县	46.46
242	山东省	威海市	荣成市	46.43
243	江苏省	南通市	崇川区	46.41
244	内蒙古自治区	乌兰察布市	四子王旗	46.37
245	黑龙江省	鸡西市	密山市	46.32
246	黑龙江省	牡丹江市	绥芬河市	46.32
247	浙江省	衢州市	江山市	46.31
248	贵州省	贵阳市	开阳县	46.28
249	广东省	珠海市	香洲区	46.27
250	黑龙江省	黑河市	五大连池市	46.26
251	辽宁省	锦州市	黑山县	46.23
252	黑龙江省	大庆市	林甸县	46.21
253	河南省	洛阳市	宜阳县	46.16
254	黑龙江省	齐齐哈尔市	龙江县	46.16
255	吉林省	白城市	大安市	46.16
256	吉林省	吉林市	舒兰市	46.12
257	内蒙古自治区	通辽市	开鲁县	46.05
258	江苏省	苏州市	吴中区	46.04
259	辽宁省	沈阳市	法库县	46.04
260	辽宁省	朝阳市	建平县	46.03
261	黑龙江省	佳木斯市	桦川县	46.01
262	青海省	海西蒙古族藏族自治州	天峻县	45.96
263	山西省	吕梁市	方山县	45.91
264	内蒙古自治区	兴安盟	扎赉特旗西部	45.89
265	辽宁省	大连市	瓦房店市	45.86
266	辽宁省	铁岭市	昌图县	45.85
267	甘肃省	天水市	武山县	45.84
268	辽宁省	大连市	旅顺口区	45.77
269	辽宁省	丹东市	东港市	45.76
270	内蒙古自治区	锡林郭勒盟	苏尼特左旗	45.76
271	黑龙江省	黑河市	嫩江县	45.75
272	辽宁省	朝阳市	喀喇沁左翼蒙古族自治县	45.73
273	黑龙江省	齐齐哈尔市	泰来县	45.72
274	黑龙江省	黑河市	北安市	45.66
275	甘肃省	酒泉市	玉门市	45.65

续表

排名	省级	地市级	区县级	发展级大气环境资源
276	浙江省	绍兴市	柯桥区	45.64
277	黑龙江省	齐齐哈尔市	依安县	45.63
278	内蒙古自治区	乌兰察布市	兴和县	45.60
279	宁夏回族自治区	固原市	泾源县	45.52
280	湖北省	荆门市	钟祥市	45.49
281	安徽省	宿州市	灵璧县	45.46
282	山东省	日照市	东港区	45.42
283	安徽省	合肥市	长丰县	45.38
284	甘肃省	甘南藏族自治州	夏河县	45.32
285	辽宁省	葫芦岛市	兴城市	45.27
286	重庆市	巫山县	巫山县	45.20
287	山东省	烟台市	龙口市	45.20
288	内蒙古自治区	通辽市	奈曼旗	45.16
289	山西省	忻州市	宁武县	45.16
290	安徽省	安庆市	大观区	45.03
291	黑龙江省	哈尔滨市	阿城区	45.03
292	内蒙古自治区	锡林郭勒盟	锡林浩特市	45.03
293	辽宁省	阜新市	彰武县	45.01
294	山东省	临沂市	临沭县	45.01
295	内蒙古自治区	锡林郭勒盟	西乌珠穆沁旗	44.98
296	黑龙江省	绥化市	绥棱县	44.84
297	河北省	石家庄市	赞皇县	44.81
298	河北省	沧州市	黄骅市	44.77
299	河北省	邢台市	威县	44.76
300	内蒙古自治区	通辽市	科尔沁左翼中旗	44.76
301	山西省	朔州市	平鲁区	44.75
302	四川省	甘孜藏族自治州	康定市	44.73
303	山东省	临沂市	平邑县	44.70
304	内蒙古自治区	乌兰察布市	察哈尔右翼后旗	44.69
305	山东省	德州市	武城县	44.69
306	辽宁省	大连市	西岗区	44.67
307	黑龙江省	绥化市	兰西县	44.66
308	黑龙江省	大庆市	肇州县	44.63
309	吉林省	松原市	宁江区	44.63
310	天津市	宁河区	宁河区	44.62
311	吉林省	辽源市	东丰县	44.58
312	辽宁省	阜新市	细河区	44.55
313	河北省	唐山市	丰南区	44.50
314	河北省	邢台市	内丘县	44.50
315	内蒙古自治区	包头市	青山区	44.45

续表

排名	省级	地市级	区县级	发展级大气环境资源
316	黑龙江省	绥化市	海伦市	44.43
317	内蒙古自治区	巴彦淖尔市	磴口县	44.40
318	吉林省	松原市	长岭县	44.38
319	西藏自治区	山南市	琼结县	44.36
320	黑龙江省	双鸭山市	集贤县	44.34
321	辽宁省	沈阳市	新民市	44.31
322	黑龙江省	佳木斯市	汤原县	44.22
323	黑龙江省	双鸭山市	饶河县	44.21
324	河北省	沧州市	南皮县	44.19
325	辽宁省	辽阳市	灯塔市	44.09
326	黑龙江省	哈尔滨市	五常市	44.06
327	甘肃省	张掖市	甘州区	44.05
328	黑龙江省	哈尔滨市	呼兰区	43.96
329	内蒙古自治区	呼伦贝尔市	鄂温克族自治旗	43.92
330	黑龙江省	绥化市	望奎县	43.88
331	辽宁省	锦州市	义县	43.85
332	山东省	烟台市	福山区	43.79
333	黑龙江省	鹤岗市	萝北县	43.78
334	内蒙古自治区	赤峰市	敖汉旗东部	43.76
335	内蒙古自治区	赤峰市	克什克腾旗	43.65
336	内蒙古自治区	赤峰市	林西县	43.61
337	黑龙江省	哈尔滨市	香坊区	43.60
338	河北省	张家口市	沽源县	43.47
339	黑龙江省	双鸭山市	宝清县	43.43
340	内蒙古自治区	呼伦贝尔市	新巴尔虎左旗	43.27
341	新疆维吾尔自治区	乌鲁木齐市	达坂城区	43.14
342	四川省	阿坝藏族羌族自治州	茂县	42.87
343	河北省	张家口市	张北县	42.83
344	江苏省	盐城市	射阳县	42.69
345	广东省	江门市	新会区	42.67
346	内蒙古自治区	包头市	达尔罕茂明安联合旗	42.61
347	内蒙古自治区	呼和浩特市	清水河县	42.53
348	广东省	湛江市	遂溪县	42.36
349	黑龙江省	黑河市	逊克县	42.22
350	云南省	昆明市	寻甸回族彝族自治县	42.21
351	广东省	汕头市	澄海区	42.10
352	吉林省	长春市	双阳区	42.09
353	内蒙古自治区	锡林郭勒盟	东乌珠穆沁旗	41.82
354	贵州省	毕节市	大方县	41.75
355	安徽省	安庆市	潜山县	41.70

排名	省级	地市级	区县级	发展级大气环境资源
356	吉林省	松原市	乾安县	41.65
357	广东省	湛江市	雷州市	41.59
358	广西壮族自治区	柳州市	融安县	41.51
359	广西壮族自治区	崇左市	江州区	41.47
360	上海市	松江区	松江区	41.38
361	海南省	万宁市	万宁市	41.32
362	江西省	九江市	彭泽县	41.30
363	浙江省	台州市	天台县	41.27
364	安徽省	滁州市	明光市	41.18
365	甘肃省	甘南藏族自治州	碌曲县	41.18
366	海南省	定安县	定安县	41.16
367	广西壮族自治区	南宁市	青秀区	41.10
368	上海市	崇明区	崇明区	41.08
369	安徽省	池州市	东至县	40.96
370	广东省	茂名市	高州市	40.95
371	西藏自治区	拉萨市	墨竹工卡县	40.94
372	广东省	汕尾市	陆丰市	40.91
373	广西壮族自治区	玉林市	北流市	40.91
374	福建省	福州市	长乐区	40.84
375	青海省	黄南藏族自治州	泽库县	40.83
376	云南省	大理白族自治州	剑川县	40.79
377	广东省	佛山市	禅城区	40.72
378	河南省	安阳市	汤阴县	40.71
379	福建省	漳州市	诏安县	40.70
380	湖北省	孝感市	大悟县	40.64
381	广东省	潮州市	饶平县	40.63
382	广西壮族自治区	河池市	南丹县	40.55
383	云南省	红河哈尼族彝族自治州	元阳县	40.54
384	吉林省	四平市	铁西区	40.52
385	广东省	湛江市	廉江市	40.51
386	江苏省	泰州市	靖江市	40.50
387	云南省	曲靖市	富源县	40.47
388	广西壮族自治区	南宁市	宾阳县	40.46
389	云南省	昆明市	石林彝族自治县	40.46
390	山西省	运城市	稷山县	40.35
391	湖南省	岳阳市	汨罗市	40.31
392	河南省	洛阳市	洛宁县	40.28
393	广西壮族自治区	百色市	西林县	40.25
394	青海省	海东市	循化撒拉族自治县	40.25
395	山西省	临汾市	襄汾县	40.23

排名	省级	地市级	区县级	发展级大气环境资源
396	云南省	丽江市	永胜县	40.23
397	广东省	佛山市	三水区	40.22
398	广西壮族自治区	南宁市	隆安县	40.22
399	广东省	惠州市	惠东县	40.17
400	山东省	潍坊市	诸城市	40.11
401	云南省	楚雄彝族自治州	双柏县	40.10
402	广东省	清远市	清城区	40.09
403	广西壮族自治区	玉林市	陆川县	40.09
404	贵州省	安顺市	平坝区	40.07
405	云南省	红河哈尼族彝族自治州	开远市	40.06
406	广西壮族自治区	崇左市	扶绥县	40.04
407	广西壮族自治区	河池市	环江毛南族自治县	40.04
408	广西壮族自治区	河池市	都安瑶族自治县	40.04
409	山东省	德州市	宁津县	40.04
410	广西壮族自治区	桂林市	全州县	40.03
411	河南省	鹤壁市	浚县	40.03
412	广东省	汕头市	南澳县	39.96
413	江西省	九江市	永修县	39.94
414	重庆市	大足区	大足区	39.93
415	山东省	潍坊市	高密市	39.92
416	广西壮族自治区	柳州市	鹿寨县	39.89
417	山东省	德州市	临邑县	39.85
418	广东省	江门市	鹤山市	39.84
419	云南省	临沧市	永德县	39.84
420	贵州省	黔东南苗族侗族自治州	锦屏县	39.83
421	四川省	宜宾市	翠屏区	39.82
422	贵州省	黔东南苗族侗族自治州	丹寨县	39.78
423	湖南省	益阳市	南县	39.77
424	四川省	凉山彝族自治州	喜德县	39.77
425	广西壮族自治区	百色市	那坡县	39.71
426	江西省	上饶市	铅山县	39.69
427	浙江省	衢州市	柯城区	39.69
428	上海市	浦东新区	浦东新区	39.68
429	安徽省	合肥市	庐江县	39.67
430	云南省	文山壮族苗族自治州	丘北县	39.63
431	青海省	海北藏族自治州	刚察县	39.62
432	江苏省	连云港市	海州区	39.60
433	广西壮族自治区	防城港市	防城区	39.59
434	内蒙古自治区	兴安盟	科尔沁右翼中旗东南	39.59
435	云南省	楚雄彝族自治州	大姚县	39.57

续表

排名	省级	地市级	区县级	发展级大气环境资源
436	安徽省	安庆市	宿松县	39.56
437	山西省	临汾市	乡宁县	39.56
438	江苏省	南通市	如皋市	39.54
439	福建省	泉州市	南安市	39.53
440	上海市	奉贤区	奉贤区	39.53
441	云南省	楚雄彝族自治州	武定县	39.52
442	山东省	菏泽市	牡丹区	39.49
443	陕西省	榆林市	榆阳区	39.48
444	江西省	抚州市	南城县	39.46
445	湖南省	常德市	临澧县	39.45
446	西藏自治区	阿里地区	普兰县	39.42
447	云南省	文山壮族苗族自治州	砚山县	39.42
448	广西壮族自治区	贵港市	港北区	39.41
449	云南省	昆明市	安宁市	39.41
450	海南省	琼海市	琼海市	39.40
451	内蒙古自治区	赤峰市	宁城县	39.40
452	江苏省	镇江市	扬中市	39.35
453	云南省	昆明市	嵩明县	39.34
454	福建省	漳州市	龙海市	39.33
455	安徽省	滁州市	天长市	39.32
456	河南省	驻马店市	正阳县	39.31
457	河南省	南阳市	镇平县	39.30
458	上海市	嘉定区	嘉定区	39.29
459	福建省	宁德市	霞浦县	39.28
460	云南省	玉溪市	易门县	39.27
461	广西壮族自治区	百色市	田东县	39.26
462	广西壮族自治区	南宁市	武鸣区	39.24
463	内蒙古自治区	鄂尔多斯市	乌审旗	39.24
464	安徽省	马鞍山市	花山区	39.21
465	内蒙古自治区	巴彦淖尔市	杭锦后旗	39.21
466	安徽省	合肥市	肥东县	39.20
467	江苏省	南通市	海门市	39.20
468	福建省	漳州市	云霄县	39.19
469	江苏省	常州市	金坛区	39.19
470	四川省	凉山彝族自治州	德昌县	39.18
471	河北省	邯郸市	峰峰矿区	39.16
472	河北省	秦皇岛市	昌黎县	39.16
473	湖南省	长沙市	岳麓区	39.16
474	广东省	汕尾市	城区	39.14
475	云南省	大理白族自治州	弥渡县	39.14

续表

排名	省级	地市级	区县级	发展级大气环境资源
476	湖北省	黄冈市	武穴市	39.13
477	安徽省	阜阳市	界首市	39.11
478	湖北省	黄冈市	黄州区	39.11
479	云南省	曲靖市	沾益区	39.10
480	河北省	张家口市	尚义县	39.09
481	河南省	南阳市	唐河县	39.08
482	甘肃省	甘南藏族自治州	临潭县	39.06
483	河南省	驻马店市	确山县	39.05
484	山西省	晋中市	榆次区	39.04
485	福建省	宁德市	柘荣县	39.00
486	广西壮族自治区	北海市	海城区	39.00
487	四川省	甘孜藏族自治州	丹巴县	39.00
488	广东省	佛山市	顺德区	38.99
489	福建省	龙岩市	连城县	38.96
490	甘肃省	定西市	安定区	38.96
491	安徽省	铜陵市	枞阳县	38.94
492	江西省	上饶市	广丰区	38.94
493	辽宁省	辽阳市	辽阳县	38.93
494	安徽省	芜湖市	鸠江区	38.89
495	安徽省	蚌埠市	五河县	38.88
496	安徽省	阜阳市	阜南县	38.88
497	福建省	泉州市	安溪县	38.88
498	湖南省	衡阳市	衡南县	38.88
499	四川省	凉山彝族自治州	盐源县	38.88
500	云南省	红河哈尼族彝族自治州	泸西县	38.88
501	浙江省	嘉兴市	秀洲区	38.88
502	山东省	济宁市	金乡县	38.86
503	甘肃省	武威市	民勤县	38.85
504	吉林省	四平市	双辽市	38.84
505	上海市	宝山区	宝山区	38.83
506	海南省	临高县	临高县	38.82
507	江西省	吉安市	万安县	38.80
508	云南省	玉溪市	元江哈尼族彝族傣族自治县	38.79
509	安徽省	滁州市	来安县	38.78
510	湖南省	郴州市	临武县	38.78
511	湖南省	郴州市	汝城县	38.78
512	江苏省	苏州市	太仓市	38.78
513	云南省	昆明市	东川区	38.78
514	广西壮族自治区	河池市	宜州区	38.77
515	广西壮族自治区	南宁市	横县	38.77

排名	省级	地市级	区县级	发展级大气环境资源
516	山西省	运城市	芮城县	38.76
517	广西壮族自治区	桂林市	资源县	38.75
518	湖南省	常德市	武陵区	38.75
519	湖南省	湘潭市	湘潭县	38.74
520	四川省	甘孜藏族自治州	九龙县	38.74
521	安徽省	宣城市	郎溪县	38.73
522	辽宁省	朝阳市	双塔区	38.73
523	江苏省	盐城市	亭湖区	38.72
524	河南省	洛阳市	偃师市	38.71
525	山西省	吕梁市	兴县	38.71
526	广西壮族自治区	贺州市	八步区	38.68
527	河北省	邢台市	巨鹿县	38.68
528	陕西省	铜川市	宜君县	38.68
529	安徽省	安庆市	怀宁县	38.67
530	河南省	南阳市	宛城区	38.67
531	新疆维吾尔自治区	哈密市	伊吾县	38.66
532	广东省	韶关市	乐昌市	38.65
533	广东省	韶关市	翁源县	38.65
534	河南省	郑州市	登封市	38.65
535	西藏自治区	阿里地区	噶尔县	38.64
536	海南省	文昌市	文昌市	38.63
537	山东省	东营市	河口区	38.62
538	福建省	漳州市	漳浦县	38.60
539	贵州省	贵阳市	南明区	38.60
540	安徽省	淮南市	田家庵区	38.59
541	广东省	江门市	开平市	38.59
542	广西壮族自治区	百色市	靖西市	38.57
543	江苏省	泰州市	兴化市	38.57
544	安徽省	滁州市	全椒县	38.55
545	湖南省	岳阳市	岳阳县	38.54
546	江苏省	淮安市	淮安区	38.54
547	广西壮族自治区	贺州市	钟山县	38.53
548	云南省	曲靖市	罗平县	38.53
549	江苏省	南京市	浦口区	38.52
550	安徽省	阜阳市	临泉县	38.51
551	湖北省	黄冈市	黄梅县	38.51
552	湖南省	衡阳市	衡阳县	38.51
553	江苏省	南通市	启东市	38.49
554	江西省	抚州市	金溪县	38.49
555	西藏自治区	日喀则市	拉孜县	38.49

排名	省级	地市级	区县级	发展级大气环境资源
556	河南省	新乡市	原阳县	38.48
557	江苏省	盐城市	建湖县	38.48
558	上海市	金山区	金山区	38.45
559	山西省	运城市	临猗县	38.45
560	浙江省	衢州市	常山县	38.45
561	吉林省	长春市	农安县	38.44
562	广西壮族自治区	钦州市	灵山县	38.43
563	河南省	许昌市	长葛市	38.43
564	内蒙古自治区	巴彦淖尔市	乌拉特前旗	38.43
565	河南省	焦作市	温县	38.39
566	安徽省	芜湖市	繁昌县	38.38
567	吉林省	长春市	绿园区	38.38
568	云南省	楚雄彝族自治州	姚安县	38.38
569	广西壮族自治区	贺州市	富川瑶族自治县	38.37
570	黑龙江省	绥化市	安达市	38.37
571	浙江省	宁波市	奉化区	38.37
572	河北省	邯郸市	曲周县	38.35
573	内蒙古自治区	鄂尔多斯市	鄂托克旗	38.35
574	云南省	大理白族自治州	祥云县	38.35
575	湖北省	荆州市	石首市	38.33
576	重庆市	渝北区	渝北区	38.32
577	广西壮族自治区	贵港市	平南县	38.31
578	河南省	三门峡市	灵宝市	38.30
579	广东省	汕头市	潮阳区	38.29
580	云南省	曲靖市	宣威市	38.29
581	山东省	聊城市	阳谷县	38.28
582	黑龙江省	伊春市	汤旺河区	38.27
583	安徽省	淮南市	凤台县	38.25
584	广西壮族自治区	河池市	罗城仫佬族自治县	38.25
585	海南省	海口市	琼山区	38.24
586	江苏省	泰州市	海陵区	38.24
587	河北省	唐山市	曹妃甸区	38.23
588	湖南省	永州市	零陵区	38.23
589	湖南省	岳阳市	湘阴县	38.23
590	贵州省	铜仁市	万山区	38.22
591	山东省	德州市	齐河县	38.22
592	广东省	河源市	连平县	38.21
593	河北省	衡水市	冀州区	38.19
594	广东省	茂名市	化州市	38.18
595	吉林省	白城市	洮北区	38.18

排名	省级	地市级	区县级	发展级大气环境资源
596	河南省	安阳市	林州市	38.17
597	云南省	大理白族自治州	鹤庆县	38.17
598	安徽省	蚌埠市	固镇县	38.16
599	河南省	焦作市	武陟县	38.16
600	四川省	攀枝花市	米易县	38.16
601	山西省	大同市	广灵县	38.16
602	河南省	洛阳市	嵩县	38.15
603	安徽省	铜陵市	义安区	38.14
604	重庆市	秀山土家族苗族自治县	秀山土家族苗族自治县	38.14
605	河南省	驻马店市	上蔡县	38.13
606	江苏省	镇江市	丹阳市	38.13
607	吉林省	四平市	伊通满族自治县	38.12
608	山东省	聊城市	东阿县	38.12
609	广西壮族自治区	来宾市	象州县	38.11
610	广西壮族自治区	梧州市	藤县	38.11
611	江苏省	淮安市	盱眙县	38.11
612	广东省	阳江市	阳春市	38.10
613	青海省	海西蒙古族藏族自治州	都兰县	38.10
614	上海市	青浦区	青浦区	38.10
615	贵州省	黔西南布依族苗族自治州	安龙县	38.08
616	云南省	保山市	龙陵县	38.08
617	山西省	晋城市	沁水县	38.07
618	山东省	枣庄市	峄城区	38.06
619	河南省	新乡市	获嘉县	38.05
620	辽宁省	大连市	普兰店区（滨海）	38.05
621	山西省	长治市	武乡县	38.05
622	青海省	海北藏族自治州	海晏县	38.04
623	天津市	河西区	河西区	38.04
624	西藏自治区	山南市	隆子县	38.04
625	贵州省	贵阳市	白云区	38.03
626	贵州省	黔南布依族苗族自治州	瓮安县	38.03
627	河南省	信阳市	息县	38.03
628	江苏省	扬州市	宝应县	38.03
629	云南省	迪庆藏族自治州	香格里拉市	38.03
630	内蒙古自治区	鄂尔多斯市	乌审旗北部	38.02
631	山东省	聊城市	茌平县	38.02
632	广东省	珠海市	斗门区	38.00
633	四川省	阿坝藏族羌族自治州	汶川县	38.00
634	山西省	大同市	左云县	38.00
635	天津市	滨海新区	滨海新区北部沿海	38.00

续表

排名	省级	地市级	区县级	发展级大气环境资源
636	云南省	玉溪市	新平彝族傣族自治县	38.00
637	黑龙江省	哈尔滨市	延寿县	37.99
638	青海省	西宁市	湟源县	37.99
639	山东省	德州市	夏津县	37.99
640	山东省	烟台市	莱阳市	37.99
641	广西壮族自治区	梧州市	龙圩区	37.98
642	四川省	攀枝花市	仁和区	37.98
643	广东省	江门市	台山市	37.97
644	内蒙古自治区	鄂尔多斯市	乌审旗南部	37.97
645	山西省	晋中市	昔阳县	37.97
646	广西壮族自治区	桂林市	兴安县	37.96
647	湖北省	武汉市	蔡甸区	37.96
648	河南省	周口市	郸城县	37.96
649	陕西省	铜川市	王益区	37.96
650	贵州省	黔西南布依族苗族自治州	晴隆县	37.95
651	河北省	邢台市	临西县	37.95
652	福建省	莆田市	城厢区	37.94
653	甘肃省	陇南市	文县	37.94
654	广西壮族自治区	防城港市	上思县	37.94
655	浙江省	嘉兴市	桐乡市	37.93
656	广东省	揭阳市	普宁市	37.92
657	湖北省	咸宁市	嘉鱼县	37.91
658	湖南省	长沙市	宁乡市	37.91
659	黑龙江省	牡丹江市	西安区	37.90
660	广东省	揭阳市	榕城区	37.88
661	广东省	韶关市	南雄市	37.88
662	四川省	甘孜藏族自治州	乡城县	37.88
663	云南省	红河哈尼族彝族自治州	绿春县	37.88
664	江西省	上饶市	余干县	37.87
665	西藏自治区	山南市	乃东区	37.87
666	湖北省	黄石市	大冶市	37.86
667	江苏省	南京市	高淳区	37.86
668	贵州省	黔西南布依族苗族自治州	贞丰县	37.85
669	安徽省	阜阳市	太和县	37.84
670	重庆市	潼南区	潼南区	37.84
671	福建省	福州市	晋安区	37.84
672	山东省	济宁市	梁山县	37.84
673	广西壮族自治区	崇左市	天等县	37.83
674	河南省	安阳市	内黄县	37.83
675	河南省	濮阳市	清丰县	37.83

排名	省级	地市级	区县级	发展级大气环境资源
676	内蒙古自治区	呼和浩特市	托克托县	37.83
677	海南省	昌江黎族自治县	昌江黎族自治县	37.82
678	云南省	玉溪市	华宁县	37.82
679	广东省	惠州市	惠城区	37.81
680	广西壮族自治区	梧州市	蒙山县	37.81
681	河南省	开封市	通许县	37.81
682	湖南省	长沙市	芙蓉区	37.80
683	江苏省	淮安市	洪泽区	37.80
684	云南省	大理白族自治州	洱源县	37.80
685	内蒙古自治区	赤峰市	红山区	37.79
686	山东省	枣庄市	薛城区	37.79
687	江西省	赣州市	石城县	37.78
688	安徽省	宿州市	泗县	37.77
689	青海省	西宁市	城西区	37.77
690	山西省	长治市	黎城县	37.77
691	宁夏回族自治区	银川市	灵武市	37.76
692	广东省	广州市	天河区	37.75
693	广西壮族自治区	来宾市	武宣县	37.75
694	河北省	张家口市	宣化区	37.74
695	河南省	洛阳市	新安县	37.73
696	吉林省	通化市	辉南县	37.73
697	江西省	上饶市	上饶县	37.73
698	山东省	滨州市	沾化区	37.73
699	浙江省	湖州市	德清县	37.73
700	贵州省	安顺市	普定县	37.72
701	湖北省	荆州市	监利县	37.72
702	云南省	大理白族自治州	南涧彝族自治县	37.72
703	江苏省	南京市	秦淮区	37.71
704	西藏自治区	山南市	浪卡子县	37.71
705	河北省	石家庄市	元氏县	37.70
706	贵州省	安顺市	西秀区	37.69
707	湖北省	咸宁市	咸安区	37.69
708	河南省	三门峡市	渑池县	37.69
709	江苏省	连云港市	东海县	37.69
710	山东省	威海市	乳山市	37.69
711	内蒙古自治区	呼伦贝尔市	牙克石市东部	37.68
712	广西壮族自治区	玉林市	玉州区	37.67
713	广东省	肇庆市	端州区	37.66
714	甘肃省	武威市	古浪县	37.66
715	河北省	沧州市	盐山县	37.66

排名	省级	地市级	区县级	发展级大气环境资源
716	河南省	安阳市	北关区	37.66
717	广西壮族自治区	桂林市	龙胜各族自治县	37.65
718	四川省	凉山彝族自治州	木里藏族自治县	37.65
719	山西省	运城市	绛县	37.65
720	河北省	邢台市	清河县	37.64
721	安徽省	池州市	贵池区	37.63
722	山东省	潍坊市	昌乐县	37.63
723	天津市	滨海新区	滨海新区中部沿海	37.63
724	河南省	许昌市	禹州市	37.62
725	广西壮族自治区	来宾市	忻城县	37.61
726	河北省	沧州市	青县	37.61
727	内蒙古自治区	鄂尔多斯市	鄂托克前旗	37.61
728	浙江省	湖州市	长兴县	37.61
729	安徽省	安庆市	桐城市	37.60
730	江西省	景德镇市	乐平市	37.60
731	山西省	吕梁市	临县	37.60
732	广东省	梅州市	五华县	37.59
733	湖南省	株洲市	茶陵县	37.59
734	辽宁省	铁岭市	银州区	37.59
735	陕西省	延安市	洛川县	37.59
736	福建省	福州市	罗源县	37.58
737	广西壮族自治区	百色市	平果市	37.58
738	湖北省	仙桃市	仙桃市	37.58
739	河南省	商丘市	宁陵县	37.57
740	内蒙古自治区	兴安盟	科尔沁右翼前旗	37.57
741	安徽省	亳州市	蒙城县	37.56
742	安徽省	宿州市	埇桥区	37.56
743	贵州省	贵阳市	修文县	37.56
744	河北省	沧州市	献县	37.55
745	黑龙江省	牡丹江市	宁安市	37.55
746	山东省	德州市	平原县	37.55
747	山西省	临汾市	汾西县	37.55
748	山西省	运城市	永济市	37.55
749	云南省	德宏傣族景颇族自治州	陇川县	37.55
750	山东省	临沂市	莒南县	37.54
751	河北省	邢台市	隆尧县	37.52
752	内蒙古自治区	巴彦淖尔市	乌拉特后旗	37.52
753	河北省	邢台市	新河县	37.51
754	江西省	南昌市	安义县	37.51
755	山西省	临汾市	蒲县	37.51

排名	省级	地市级	区县级	发展级大气环境资源
756	江西省	吉安市	吉水县	37.50
757	云南省	昭通市	鲁甸县	37.50
758	江西省	宜春市	樟树市	37.49
759	四川省	甘孜藏族自治州	白玉县	37.49
760	广西壮族自治区	梧州市	岑溪市	37.47
761	江苏省	苏州市	常熟市	37.47
762	山东省	青岛市	莱西市	37.47
763	安徽省	淮南市	寿县	37.46
764	西藏自治区	林芝市	巴宜区	37.45
765	安徽省	亳州市	谯城区	37.44
766	广东省	云浮市	新兴县	37.44
767	河南省	驻马店市	遂平县	37.44
768	云南省	大理白族自治州	巍山彝族回族自治县	37.44
769	广东省	韶关市	武江区	37.43
770	湖北省	宜昌市	夷陵区	37.43
771	河北省	邯郸市	磁县	37.43
772	吉林省	通化市	柳河县	37.43
773	青海省	果洛藏族自治州	玛多县	37.43
774	浙江省	宁波市	鄞州区	37.43
775	广东省	肇庆市	四会市	37.42
776	广西壮族自治区	来宾市	金秀瑶族自治县	37.42
777	河北省	邢台市	广宗县	37.42
778	四川省	甘孜藏族自治州	石渠县	37.42
779	山西省	长治市	平顺县	37.42
780	福建省	三明市	梅列区	37.41
781	天津市	静海区	静海区	37.41
782	云南省	临沧市	凤庆县	37.41
783	安徽省	芜湖市	无为县	37.40
784	北京市	门头沟区	门头沟区	37.40
785	湖北省	武汉市	江夏区	37.40
786	江西省	吉安市	峡江县	37.40
787	内蒙古自治区	阿拉善盟	额济纳旗	37.40
788	云南省	玉溪市	江川区	37.40
789	贵州省	毕节市	威宁彝族回族苗族自治县	37.39
790	辽宁省	朝阳市	凌源市	37.39
791	贵州省	安顺市	关岭布依族苗族自治县	37.38
792	江苏省	南京市	六合区	37.38
793	安徽省	蚌埠市	龙子湖区	37.37
794	安徽省	合肥市	蜀山区	37.37
795	安徽省	宣城市	绩溪县	37.37

续表

排名	省级	地市级	区县级	发展级大气环境资源
796	湖北省	武汉市	黄陂区	37.37
797	广西壮族自治区	北海市	合浦县	37.36
798	广西壮族自治区	南宁市	马山县	37.36
799	河北省	邯郸市	大名县	37.36
800	河北省	石家庄市	高邑县	37.36
801	河南省	安阳市	滑县	37.36
802	天津市	滨海新区	滨海新区南部沿海	37.36
803	山东省	德州市	禹城市	37.34
804	辽宁省	鞍山市	铁东区	37.33
805	内蒙古自治区	赤峰市	翁牛特旗	37.33
806	四川省	雅安市	石棉县	37.33
807	河北省	承德市	滦平县	37.32
808	重庆市	合川区	合川区	37.30
809	福建省	福州市	鼓楼区	37.29
810	甘肃省	庆阳市	正宁县	37.29
811	河北省	衡水市	武强县	37.29
812	海南省	陵水黎族自治县	陵水黎族自治县	37.29
813	江苏省	宿迁市	宿城区	37.28
814	安徽省	阜阳市	颍泉区	37.27
815	福建省	龙岩市	武平县	37.27
816	河北省	邢台市	柏乡县	37.27
817	江苏省	南通市	通州区	37.27
818	西藏自治区	日喀则市	定日县	37.27
819	贵州省	黔南布依族苗族自治州	独山县	37.26
820	江西省	赣州市	信丰县	37.26
821	四川省	阿坝藏族羌族自治州	松潘县	37.26
822	四川省	内江市	隆昌市	37.26
823	山东省	青岛市	黄岛区	37.26
824	新疆维吾尔自治区	昌吉回族自治州	呼图壁县	37.26
825	安徽省	滁州市	定远县	37.25
826	重庆市	南川区	南川区	37.25
827	河北省	沧州市	孟村回族自治县	37.25
828	新疆维吾尔自治区	吐鲁番市	托克逊县	37.25
829	云南省	玉溪市	澄江县	37.25
830	河北省	承德市	丰宁满族自治县	37.24
831	湖南省	湘西土家族苗族自治州	泸溪县	37.24
832	江苏省	苏州市	张家港市	37.23
833	安徽省	合肥市	巢湖市	37.22
834	湖北省	孝感市	安陆市	37.22
835	湖南省	湘潭市	韶山市	37.22

排名	省级	地市级	区县级	发展级大气环境资源
836	新疆维吾尔自治区	巴音郭楞蒙古自治州	轮台县	37.22
837	安徽省	淮北市	濉溪县	37.21
838	湖北省	十堰市	郧阳区	37.21
839	山东省	济宁市	嘉祥县	37.21
840	安徽省	池州市	青阳县	37.20
841	安徽省	芜湖市	镜湖区	37.20
842	福建省	漳州市	长泰县	37.20
843	甘肃省	张掖市	肃南裕固族自治县	37.20
844	江苏省	苏州市	吴江区	37.20
845	浙江省	温州市	泰顺县	37.20
846	广西壮族自治区	梧州市	万秀区	37.19
847	辽宁省	丹东市	振兴区	37.19
848	云南省	红河哈尼族彝族自治州	弥勒市	37.19
849	河北省	承德市	平泉市	37.18
850	江西省	九江市	浔阳区	37.18
851	山东省	泰安市	新泰市	37.18
852	云南省	楚雄彝族自治州	楚雄市	37.18
853	浙江省	嘉兴市	海宁市	37.18
854	山西省	吕梁市	石楼县	37.17
855	山西省	太原市	清徐县	37.17
856	浙江省	绍兴市	上虞区	37.17
857	河北省	沧州市	运河区	37.16
858	黑龙江省	伊春市	铁力市	37.16
859	江西省	吉安市	泰和县	37.16
860	河南省	商丘市	民权县	37.15
861	江西省	鹰潭市	月湖区	37.15
862	山西省	大同市	浑源县	37.15
863	西藏自治区	那曲市	色尼区	37.15
864	福建省	福州市	闽侯县	37.14
865	山西省	阳泉市	郊区	37.14
866	河南省	商丘市	虞城县	37.13
867	湖南省	株洲市	攸县	37.13
868	云南省	楚雄彝族自治州	禄丰县	37.13
869	云南省	昆明市	富民县	37.12
870	广西壮族自治区	桂林市	叠彩区	37.11
871	河南省	驻马店市	汝南县	37.11
872	福建省	泉州市	德化县	37.10
873	江西省	九江市	武宁县	37.10
874	贵州省	贵阳市	花溪区	37.09
875	山东省	德州市	庆云县	37.09

排名	省级	地市级	区县级	发展级大气环境资源
876	云南省	玉溪市	红塔区	37.09
877	湖南省	郴州市	桂阳县	37.08
878	四川省	阿坝藏族羌族自治州	若尔盖县	37.08
879	云南省	曲靖市	麒麟区	37.08
880	河北省	沧州市	吴桥县	37.07
881	湖南省	衡阳市	耒阳市	37.07
882	福建省	南平市	松溪县	37.06
883	云南省	玉溪市	峨山彝族自治县	37.06
884	湖北省	咸宁市	通城县	37.05
885	河北省	邢台市	临城县	37.05
886	四川省	攀枝花市	盐边县	37.05
887	广西壮族自治区	桂林市	永福县	37.04
888	天津市	东丽区	东丽区	37.04
889	云南省	红河哈尼族彝族自治州	石屏县	37.04
890	辽宁省	朝阳市	朝阳县	37.03
891	河北省	张家口市	赤城县	37.02
892	内蒙古自治区	赤峰市	松山区	37.02
893	甘肃省	甘南藏族自治州	玛曲县	37.01
894	山西省	朔州市	山阴县	37.01
895	福建省	厦门市	同安区	37.00
896	陕西省	渭南市	白水县	36.99
897	广东省	揭阳市	揭西县	36.98
898	甘肃省	甘南藏族自治州	卓尼县	36.98
899	河北省	邯郸市	鸡泽县	36.98
900	山东省	济宁市	鱼台县	36.98
901	山西省	运城市	河津市	36.98
902	四川省	甘孜藏族自治州	雅江县	36.97
903	河北省	保定市	安国市	36.96
904	福建省	漳州市	南靖县	36.95
905	广西壮族自治区	百色市	隆林各族自治县	36.95
906	河南省	商丘市	夏邑县	36.95
907	江苏省	扬州市	江都区	36.95
908	山西省	晋中市	左权县	36.95
909	湖南省	张家界市	慈利县	36.94
910	山西省	太原市	古交市	36.94
911	内蒙古自治区	乌兰察布市	凉城县	36.93
912	西藏自治区	日喀则市	桑珠孜区	36.93
913	云南省	楚雄彝族自治州	元谋县	36.93
914	四川省	资阳市	安岳县	36.92
915	河北省	邢台市	宁晋县	36.91

排名	省级	地市级	区县级	发展级大气环境资源
916	内蒙古自治区	呼伦贝尔市	阿荣旗	36.91
917	河南省	南阳市	邓州市	36.89
918	四川省	雅安市	汉源县	36.89
919	云南省	普洱市	镇沅彝族哈尼族拉祜族自治县	36.89
920	河南省	商丘市	柘城县	36.88
921	吉林省	延边朝鲜族自治州	延吉市	36.88
922	浙江省	杭州市	桐庐县	36.88
923	湖北省	孝感市	应城市	36.86
924	山东省	济宁市	邹城市	36.85
925	安徽省	淮北市	相山区	36.84
926	吉林省	松原市	扶余市	36.84
927	山东省	菏泽市	鄄城县	36.84
928	广东省	汕尾市	海丰县	36.83
929	江苏省	镇江市	句容市	36.83
930	四川省	眉山市	洪雅县	36.83
931	广东省	中山市	西区	36.82
932	湖南省	益阳市	桃江县	36.81
933	吉林省	延边朝鲜族自治州	图们市	36.81
934	江苏省	盐城市	东台市	36.81
935	江西省	抚州市	南丰县	36.81
936	四川省	南充市	南部县	36.81
937	山东省	潍坊市	安丘市	36.81
938	陕西省	宝鸡市	陈仓区	36.81
939	广东省	肇庆市	德庆县	36.78
940	贵州省	贵阳市	乌当区	36.78
941	湖北省	黄冈市	罗田县	36.78
942	江苏省	无锡市	梁溪区	36.78
943	山西省	忻州市	繁峙县	36.78
944	辽宁省	营口市	盖州市	36.77
945	湖北省	黄冈市	麻城市	36.76
946	湖北省	宜昌市	当阳市	36.76
947	河南省	濮阳市	濮阳县	36.76
948	山东省	临沂市	沂水县	36.76
949	陕西省	榆林市	神木市	36.76
950	山西省	朔州市	应县	36.76
951	浙江省	嘉兴市	嘉善县	36.76
952	广东省	江门市	恩平市	36.75
953	内蒙古自治区	呼和浩特市	和林格尔县	36.75
954	宁夏回族自治区	中卫市	海原县	36.75
955	江西省	抚州市	广昌县	36.74

续表

排名	省级	地市级	区县级	发展级大气环境资源
956	浙江省	湖州市	吴兴区	36.74
957	江苏省	南京市	溧水区	36.73
958	辽宁省	鞍山市	海城市	36.73
959	云南省	昭通市	永善县	36.73
960	甘肃省	兰州市	永登县	36.72
961	江西省	吉安市	新干县	36.72
962	内蒙古自治区	鄂尔多斯市	鄂托克旗西北	36.72
963	江苏省	连云港市	灌云县	36.71
964	湖北省	黄冈市	浠水县	36.70
965	江苏省	淮安市	涟水县	36.70
966	陕西省	铜川市	耀州区	36.70
967	湖北省	十堰市	竹溪县	36.69
968	湖北省	襄阳市	谷城县	36.69
969	江西省	宜春市	上高县	36.69
970	陕西省	榆林市	定边县	36.69
971	山西省	大同市	大同县	36.69
972	广西壮族自治区	崇左市	凭祥市	36.68
973	河南省	许昌市	建安区	36.68
974	江苏省	淮安市	淮阴区	36.68
975	江苏省	盐城市	滨海县	36.68
976	四川省	南充市	营山县	36.68
977	陕西省	渭南市	大荔县	36.68
978	河南省	郑州市	巩义市	36.67
979	江苏省	连云港市	赣榆区	36.67
980	四川省	南充市	仪陇县	36.67
981	山东省	菏泽市	东明县	36.67
982	安徽省	宣城市	宣州区	36.66
983	河北省	张家口市	桥东区	36.66
984	海南省	五指山市	五指山市	36.66
985	山东省	淄博市	临淄区	36.66
986	江苏省	扬州市	仪征市	36.65
987	山东省	德州市	乐陵市	36.65
988	湖北省	武汉市	新洲区	36.64
989	河南省	郑州市	新郑市	36.64
990	黑龙江省	牡丹江市	东宁市	36.64
991	云南省	普洱市	西盟佤族自治县	36.64
992	浙江省	台州市	温岭市	36.64
993	新疆维吾尔自治区	伊犁哈萨克自治州	霍尔果斯市	36.63
994	浙江省	宁波市	宁海县	36.63
995	安徽省	合肥市	肥西县	36.62

排名	省级	地市级	区县级	发展级大气环境资源
996	陕西省	西安市	高陵区	36.62
997	广西壮族自治区	南宁市	上林县	36.61
998	江苏省	泰州市	姜堰区	36.61
999	江西省	宜春市	丰城市	36.61
1000	江西省	鹰潭市	贵溪市	36.61
1001	内蒙古自治区	呼伦贝尔市	莫力达瓦达斡尔族自治旗	36.61
1002	广东省	肇庆市	怀集县	36.60
1003	广东省	肇庆市	封开县	36.60
1004	西藏自治区	拉萨市	城关区	36.60
1005	河北省	邯郸市	肥乡区	36.59
1006	广东省	梅州市	丰顺县	36.58
1007	江苏省	盐城市	大丰区	36.58
1008	云南省	普洱市	景谷傣族彝族自治县	36.58
1009	浙江省	丽水市	青田县	36.58
1010	广西壮族自治区	崇左市	大新县	36.57
1011	河南省	南阳市	新野县	36.57
1012	江苏省	盐城市	阜宁县	36.57
1013	福建省	漳州市	平和县	36.56
1014	河北省	唐山市	丰润区	36.56
1015	内蒙古自治区	呼伦贝尔市	陈巴尔虎旗	36.56
1016	山东省	滨州市	无棣县	36.56
1017	山西省	吕梁市	岚县	36.56
1018	广东省	韶关市	始兴县	36.55
1019	河南省	周口市	项城市	36.55
1020	黑龙江省	伊春市	五营区	36.55
1021	辽宁省	沈阳市	沈北新区	36.55
1022	云南省	文山壮族苗族自治州	西畴县	36.55
1023	安徽省	马鞍山市	和县	36.54
1024	河南省	濮阳市	南乐县	36.54
1025	山西省	长治市	屯留县	36.54
1026	海南省	澄迈县	澄迈县	36.53
1027	山东省	聊城市	冠县	36.53
1028	山东省	烟台市	莱州市	36.53
1029	山西省	忻州市	河曲县	36.53
1030	广东省	梅州市	蕉岭县	36.52
1031	江西省	吉安市	永新县	36.52
1032	陕西省	咸阳市	泾阳县	36.52
1033	云南省	普洱市	孟连傣族拉祜族佤族自治县	36.52
1034	云南省	文山壮族苗族自治州	西麻栗坡县	36.52
1035	山东省	菏泽市	成武县	36.51

续表

排名	省级	地市级	区县级	发展级大气环境资源
1036	新疆维吾尔自治区	阿勒泰地区	布尔津县	36.51
1037	贵州省	毕节市	金沙县	36.50
1038	贵州省	贵阳市	息烽县	36.50
1039	湖北省	孝感市	汉川市	36.50
1040	河南省	开封市	禹王台区	36.50
1041	四川省	凉山彝族自治州	普格县	36.50
1042	重庆市	铜梁区	铜梁区	36.49
1043	广东省	潮州市	湘桥区	36.49
1044	河南省	焦作市	沁阳市	36.49
1045	河南省	南阳市	社旗县	36.49
1046	黑龙江省	哈尔滨市	依兰县	36.49
1047	江苏省	南通市	海安县	36.49
1048	山西省	长治市	长子县	36.49
1049	山东省	济南市	商河县	36.48
1050	新疆维吾尔自治区	巴音郭楞蒙古自治州	库尔勒市	36.48
1051	西藏自治区	日喀则市	江孜县	36.48
1052	贵州省	黔南布依族苗族自治州	长顺县	36.47
1053	贵州省	遵义市	播州区	36.47
1054	山东省	菏泽市	定陶区	36.47
1055	内蒙古自治区	鄂尔多斯市	达拉特旗	36.46
1056	四川省	甘孜藏族自治州	泸定县	36.46
1057	河北省	邢台市	沙河市	36.45
1058	河南省	南阳市	方城县	36.45
1059	内蒙古自治区	通辽市	科尔沁区	36.45
1060	云南省	大理白族自治州	大理市	36.45
1061	浙江省	杭州市	上城区	36.45
1062	浙江省	杭州市	富阳区	36.44
1063	安徽省	黄山市	徽州区	36.43
1064	广西壮族自治区	桂林市	雁山区	36.43
1065	江西省	新余市	分宜县	36.43
1066	山东省	菏泽市	曹县	36.43
1067	黑龙江省	大兴安岭地区	呼玛县	36.42
1068	海南省	儋州市	儋州市	36.41
1069	黑龙江省	佳木斯市	郊区	36.41
1070	山东省	临沂市	兰陵县	36.41
1071	甘肃省	酒泉市	金塔县	36.40
1072	四川省	凉山彝族自治州	冕宁县	36.39
1073	陕西省	宝鸡市	凤翔县	36.39
1074	河南省	周口市	淮阳县	36.38
1075	福建省	泉州市	永春县	36.37

排名	省级	地市级	区县级	发展级大气环境资源
1076	广东省	河源市	和平县	36.37
1077	广东省	梅州市	平远县	36.37
1078	山东省	枣庄市	台儿庄区	36.37
1079	安徽省	滁州市	凤阳县	36.36
1080	贵州省	铜仁市	江口县	36.36
1081	江西省	赣州市	大余县	36.36
1082	山东省	东营市	利津县	36.36
1083	浙江省	金华市	义乌市	36.36
1084	福建省	宁德市	周宁县	36.35
1085	广东省	广州市	花都区	36.35
1086	河北省	邯郸市	广平县	36.35
1087	河北省	唐山市	乐亭县	36.35
1088	河南省	商丘市	睢县	36.35
1089	四川省	眉山市	丹棱县	36.35
1090	云南省	大理白族自治州	永平县	36.35
1091	贵州省	安顺市	紫云苗族布依族自治县	36.34
1092	河北省	衡水市	安平县	36.34
1093	河北省	衡水市	故城县	36.34
1094	海南省	屯昌县	屯昌县	36.34
1095	辽宁省	铁岭市	西丰县	36.34
1096	四川省	阿坝藏族羌族自治州	红原县	36.34
1097	陕西省	咸阳市	礼泉县	36.34
1098	浙江省	湖州市	安吉县	36.34
1099	广东省	深圳市	罗湖区	36.33
1100	湖北省	黄冈市	蕲春县	36.33
1101	江西省	上饶市	弋阳县	36.33
1102	云南省	大理白族自治州	宾川县	36.33
1103	云南省	红河哈尼族彝族自治州	金平苗族瑶族傣族自治县	36.33
1104	安徽省	亳州市	利辛县	36.32
1105	湖北省	襄阳市	宜城市	36.32
1106	四川省	广安市	广安区	36.32
1107	山东省	滨州市	滨城区	36.32
1108	山西省	太原市	阳曲县	36.32
1109	新疆维吾尔自治区	喀什地区	喀什市	36.32
1110	江苏省	盐城市	响水县	36.31
1111	陕西省	渭南市	澄城县	36.31
1112	湖北省	宜昌市	枝江市	36.30
1113	河南省	驻马店市	平舆县	36.30
1114	江西省	赣州市	龙南县	36.30
1115	内蒙古自治区	巴彦淖尔市	乌拉特中旗	36.30

排名	省级	地市级	区县级	发展级大气环境资源
1116	山东省	济南市	天桥区	36.30
1117	广东省	惠州市	博罗县	36.29
1118	广东省	云浮市	郁南县	36.29
1119	山东省	菏泽市	郓城县	36.29
1120	青海省	海南藏族自治州	同德县	36.28
1121	山东省	青岛市	平度市	36.28
1122	山东省	淄博市	高青县	36.28
1123	内蒙古自治区	巴彦淖尔市	五原县	36.27
1124	广东省	广州市	增城区	36.26
1125	甘肃省	平凉市	崆峒区	36.26
1126	河北省	保定市	高阳县	36.26
1127	河南省	驻马店市	新蔡县	36.26
1128	江西省	上饶市	玉山县	36.26
1129	云南省	保山市	腾冲市	36.26
1130	云南省	西双版纳傣族自治州	勐海县	36.26
1131	安徽省	宣城市	广德县	36.24
1132	山西省	晋中市	介休市	36.24
1133	广东省	汕头市	金平区	36.23
1134	河南省	漯河市	舞阳县	36.23
1135	陕西省	延安市	黄龙县	36.23
1136	安徽省	亳州市	涡阳县	36.22
1137	河南省	新乡市	封丘县	36.22
1138	河北省	唐山市	路北区	36.21
1139	河南省	周口市	商水县	36.21
1140	新疆维吾尔自治区	和田地区	和田市	36.21
1141	福建省	福州市	永泰县	36.20
1142	广西壮族自治区	来宾市	兴宾区	36.20
1143	湖北省	荆门市	京山县	36.20
1144	青海省	黄南藏族自治州	同仁县	36.19
1145	云南省	文山壮族苗族自治州	富宁县	36.19
1146	黑龙江省	牡丹江市	林口县	36.18
1147	山西省	晋城市	城区	36.18
1148	黑龙江省	哈尔滨市	方正县	36.17
1149	黑龙江省	齐齐哈尔市	建华区	36.17
1150	四川省	绵阳市	盐亭县	36.17
1151	山西省	忻州市	忻府区	36.17
1152	广西壮族自治区	桂林市	平乐县	36.16
1153	广西壮族自治区	钦州市	浦北县	36.16
1154	河北省	张家口市	万全区	36.16
1155	湖南省	郴州市	永兴县	36.16

排名	省级	地市级	区县级	发展级大气环境资源
1156	广东省	茂名市	信宜市	36.15
1157	河南省	周口市	沈丘县	36.15
1158	湖南省	常德市	津市市	36.15
1159	山东省	日照市	五莲县	36.15
1160	陕西省	咸阳市	淳化县	36.15
1161	江苏省	常州市	钟楼区	36.14
1162	四川省	成都市	简阳市	36.14
1163	四川省	凉山彝族自治州	布拖县	36.14
1164	安徽省	六安市	舒城县	36.13
1165	广西壮族自治区	桂林市	恭城瑶族自治县	36.13
1166	河北省	沧州市	东光县	36.13
1167	江西省	赣州市	定南县	36.13
1168	江西省	上饶市	鄱阳县	36.13
1169	山西省	运城市	平陆县	36.13
1170	甘肃省	庆阳市	合水县	36.12
1171	河北省	沧州市	任丘市	36.12
1172	河南省	新乡市	延津县	36.12
1173	山西省	阳泉市	盂县	36.12
1174	广西壮族自治区	贺州市	昭平县	36.11
1175	湖北省	宜昌市	远安县	36.11
1176	湖南省	邵阳市	新宁县	36.11
1177	湖南省	株洲市	炎陵县	36.11
1178	云南省	楚雄彝族自治州	南华县	36.11
1179	湖北省	宜昌市	宜都市	36.10
1180	河北省	邢台市	南和县	36.10
1181	江苏省	徐州市	新沂市	36.10
1182	辽宁省	沈阳市	苏家屯区	36.10
1183	四川省	德阳市	什邡市	36.10
1184	云南省	临沧市	云县	36.10
1185	河北省	秦皇岛市	抚宁区	36.09
1186	四川省	泸州市	纳溪区	36.09
1187	云南省	文山壮族苗族自治州	马关县	36.09
1188	福建省	莆田市	仙游县	36.08
1189	贵州省	黔东南苗族侗族自治州	黄平县	36.08
1190	海南省	白沙黎族自治县	白沙黎族自治县	36.08
1191	江苏省	徐州市	沛县	36.08
1192	广东省	清远市	英德市	36.07
1193	山西省	大同市	阳高县	36.07
1194	河南省	南阳市	内乡县	36.06
1195	河南省	驻马店市	泌阳县	36.06

排名	省级	地市级	区县级	发展级大气环境资源
1196	江苏省	泰州市	泰兴市	36.06
1197	四川省	凉山彝族自治州	美姑县	36.06
1198	广东省	清远市	佛冈县	36.05
1199	甘肃省	酒泉市	肃州区	36.05
1200	贵州省	黔西南布依族苗族自治州	兴仁县	36.05
1201	内蒙古自治区	鄂尔多斯市	东胜区	36.05
1202	山东省	菏泽市	巨野县	36.05
1203	广东省	广州市	从化区	36.04
1204	广东省	河源市	龙川县	36.04
1205	湖南省	娄底市	娄星区	36.04
1206	辽宁省	大连市	庄河市	36.04
1207	四川省	绵阳市	三台县	36.04
1208	广东省	梅州市	兴宁市	36.03
1209	广西壮族自治区	百色市	德保县	36.03
1210	贵州省	黔西南布依族苗族自治州	兴义市	36.03
1211	河南省	洛阳市	伊川县	36.03
1212	四川省	德阳市	中江县	36.03
1213	陕西省	咸阳市	旬邑县	36.03
1214	广东省	广州市	番禺区	36.02
1215	浙江省	杭州市	临安区	36.02
1216	浙江省	温州市	瑞安市	36.02
1217	广东省	韶关市	乳源瑶族自治县	36.01
1218	吉林省	延边朝鲜族自治州	安图县	36.01
1219	江西省	萍乡市	安源区	36.01
1220	青海省	玉树藏族自治州	称多县	36.01
1221	陕西省	渭南市	富平县	36.01
1222	福建省	福州市	闽清县	36.00
1223	湖南省	株洲市	醴陵市	36.00
1224	四川省	凉山彝族自治州	金阳县	36.00
1225	山东省	滨州市	阳信县	36.00
1226	山东省	枣庄市	市中区	36.00
1227	安徽省	芜湖市	南陵县	35.99
1228	四川省	甘孜藏族自治州	道孚县	35.99
1229	山西省	吕梁市	汾阳市	35.99
1230	广西壮族自治区	柳州市	柳江区	35.98
1231	贵州省	黔东南苗族侗族自治州	雷山县	35.98
1232	湖北省	荆州市	荆州区	35.98
1233	黑龙江省	齐齐哈尔市	富裕县	35.98
1234	江苏省	苏州市	昆山市	35.98
1235	江苏省	无锡市	江阴市	35.98

排名	省级	地市级	区县级	发展级大气环境资源
1236	四川省	南充市	顺庆区	35.98
1237	广西壮族自治区	百色市	田林县	35.97
1238	河南省	洛阳市	栾川县	35.96
1239	山东省	潍坊市	青州市	35.96
1240	广西壮族自治区	河池市	巴马瑶族自治县	35.95
1241	贵州省	黔南布依族苗族自治州	平塘县	35.95
1242	河南省	焦作市	博爱县	35.95
1243	陕西省	西安市	临潼区	35.95
1244	广西壮族自治区	桂林市	灌阳县	35.94
1245	河南省	开封市	兰考县	35.94
1246	山东省	淄博市	周村区	35.94
1247	山西省	朔州市	怀仁县	35.94
1248	西藏自治区	昌都市	洛隆县	35.94
1249	浙江省	舟山市	定海区	35.94
1250	北京市	通州区	通州区	35.93
1251	福建省	漳州市	芗城区	35.93
1252	河北省	邯郸市	邱县	35.93
1253	河南省	平顶山市	宝丰县	35.93
1254	山西省	大同市	天镇县	35.93
1255	江西省	鹰潭市	余江县	35.92
1256	陕西省	安康市	镇坪县	35.92
1257	甘肃省	庆阳市	华池县	35.91
1258	贵州省	铜仁市	玉屏侗族自治县	35.91
1259	河北省	保定市	雄县	35.91
1260	山西省	忻州市	代县	35.91
1261	山东省	烟台市	海阳市	35.90
1262	云南省	保山市	昌宁县	35.90
1263	广西壮族自治区	百色市	乐业县	35.89
1264	河北省	沧州市	河间市	35.89
1265	江西省	赣州市	南康区	35.89
1266	甘肃省	庆阳市	西峰区	35.88
1267	江西省	吉安市	遂川县	35.88
1268	云南省	普洱市	宁洱哈尼族彝族自治县	35.88
1269	山西省	太原市	小店区	35.87
1270	云南省	文山壮族苗族自治州	文山市	35.87
1271	广东省	河源市	源城区	35.86
1272	河北省	廊坊市	大城县	35.86
1273	河南省	濮阳市	台前县	35.86
1274	辽宁省	铁岭市	开原市	35.86
1275	山西省	忻州市	五寨县	35.86

续表

排名	省级	地市级	区县级	发展级大气环境资源
1276	山西省	运城市	闻喜县	35.86
1277	黑龙江省	鹤岗市	东山区	35.85
1278	江苏省	扬州市	邗江区	35.85
1279	江西省	上饶市	信州区	35.85
1280	重庆市	綦江区	綦江区	35.84
1281	黑龙江省	黑河市	爱辉区	35.84
1282	上海市	闵行区	闵行区	35.84
1283	云南省	德宏傣族景颇族自治州	盈江县	35.84
1284	云南省	昭通市	彝良县	35.84
1285	山东省	聊城市	临清市	35.83
1286	云南省	保山市	施甸县	35.83
1287	贵州省	六盘水市	盘州市	35.82
1288	河北省	邯郸市	邯山区	35.82
1289	河南省	焦作市	修武县	35.82
1290	浙江省	衢州市	龙游县	35.82
1291	福建省	漳州市	华安县	35.81
1292	四川省	宜宾市	屏山县	35.81
1293	陕西省	咸阳市	彬县	35.81
1294	浙江省	台州市	三门县	35.81
1295	安徽省	马鞍山市	含山县	35.80
1296	福建省	龙岩市	新罗区	35.80
1297	贵州省	黔东南苗族侗族自治州	麻江县	35.80
1298	贵州省	黔南布依族苗族自治州	惠水县	35.80
1299	山东省	聊城市	莘县	35.80
1300	浙江省	宁波市	慈溪市	35.80
1301	江西省	宜春市	奉新县	35.79
1302	四川省	甘孜藏族自治州	新龙县	35.79
1303	山东省	济宁市	汶上县	35.79
1304	重庆市	巴南区	巴南区	35.78
1305	青海省	海东市	平安区	35.78
1306	广东省	惠州市	龙门县	35.77
1307	甘肃省	酒泉市	瓜州县	35.77
1308	湖南省	益阳市	沅江市	35.77
1309	江西省	萍乡市	上栗县	35.77
1310	新疆维吾尔自治区	克孜勒苏柯尔克孜自治州	阿合奇县	35.77
1311	广东省	韶关市	仁化县	35.76
1312	河南省	周口市	扶沟县	35.76
1313	吉林省	吉林市	磐石市	35.76
1314	江西省	吉安市	安福县	35.76
1315	山西省	运城市	新绛县	35.76

排名	省级	地市级	区县级	发展级大气环境资源
1316	内蒙古自治区	锡林郭勒盟	多伦县	35.75
1317	天津市	津南区	津南区	35.75
1318	甘肃省	张掖市	临泽县	35.74
1319	河南省	信阳市	浉河区	35.74
1320	辽宁省	锦州市	古塔区	35.74
1321	重庆市	永川区	永川区	35.73
1322	广东省	云浮市	云城区	35.73
1323	广东省	云浮市	罗定市	35.73
1324	河北省	唐山市	迁西县	35.73
1325	湖南省	永州市	道县	35.73
1326	北京市	房山区	房山区	35.72
1327	广东省	梅州市	梅江区	35.72
1328	河南省	焦作市	孟州市	35.72
1329	吉林省	延边朝鲜族自治州	龙井市	35.72
1330	山西省	临汾市	浮山县	35.72
1331	重庆市	涪陵区	涪陵区	35.71
1332	湖南省	邵阳市	邵东县	35.71
1333	福建省	南平市	光泽县	35.70
1334	贵州省	铜仁市	德江县	35.70
1335	湖北省	天门市	天门市	35.70
1336	湖南省	湘潭市	湘乡市	35.70
1337	江苏省	徐州市	丰县	35.70
1338	辽宁省	葫芦岛市	建昌县	35.70
1339	山西省	吕梁市	交口县	35.70
1340	甘肃省	庆阳市	宁县	35.69
1341	河南省	信阳市	潢川县	35.69
1342	宁夏回族自治区	石嘴山市	平罗县	35.69
1343	四川省	甘孜藏族自治州	得荣县	35.69
1344	山东省	德州市	陵城区	35.69
1345	新疆维吾尔自治区	巴音郭楞蒙古自治州	且末县西北	35.69
1346	浙江省	杭州市	淳安县	35.69
1347	江西省	宜春市	袁州区	35.68
1348	四川省	甘孜藏族自治州	理塘县	35.68
1349	云南省	昆明市	禄劝彝族苗族自治县	35.68
1350	贵州省	黔西南布依族苗族自治州	普安县	35.67
1351	江苏省	连云港市	灌南县	35.67
1352	江西省	赣州市	全南县	35.67
1353	新疆维吾尔自治区	哈密市	巴里坤哈萨克自治县	35.67
1354	河北省	衡水市	枣强县	35.66
1355	云南省	大理白族自治州	漾濞彝族自治县	35.66

续表

排名	省级	地市级	区县级	发展级大气环境资源
1356	河北省	沧州市	泊头市	35.65
1357	辽宁省	本溪市	本溪满族自治县	35.65
1358	山东省	淄博市	张店区	35.65
1359	福建省	龙岩市	上杭县	35.64
1360	福建省	宁德市	福安市	35.64
1361	河北省	衡水市	阜城县	35.64
1362	湖南省	怀化市	洪江市	35.64
1363	山东省	济宁市	微山县	35.64
1364	山东省	潍坊市	寿光市	35.64
1365	山西省	晋中市	灵石县	35.64
1366	西藏自治区	拉萨市	尼木县	35.64
1367	青海省	海西蒙古族藏族自治州	格尔木市	35.63
1368	四川省	遂宁市	蓬溪县	35.63
1369	陕西省	宝鸡市	太白县	35.63
1370	浙江省	台州市	临海市	35.63
1371	安徽省	阜阳市	颍上县	35.62
1372	贵州省	黔南布依族苗族自治州	都匀市	35.62
1373	湖南省	衡阳市	常宁市	35.62
1374	四川省	成都市	金堂县	35.62
1375	福建省	龙岩市	永定区	35.61
1376	福建省	三明市	宁化县	35.61
1377	湖南省	永州市	宁远县	35.61
1378	山西省	吕梁市	文水县	35.61
1379	河南省	新乡市	牧野区	35.60
1380	青海省	玉树藏族自治州	曲麻莱县	35.60
1381	四川省	南充市	西充县	35.60
1382	山西省	忻州市	保德县	35.60
1383	广西壮族自治区	百色市	凌云县	35.59
1384	广西壮族自治区	桂林市	荔浦县	35.59
1385	甘肃省	平凉市	庄浪县	35.58
1386	湖南省	怀化市	靖州苗族侗族自治县	35.58
1387	山东省	淄博市	博山区	35.58
1388	西藏自治区	那曲市	嘉黎县	35.58
1389	广东省	清远市	连南瑶族自治县	35.57
1390	江苏省	扬州市	高邮市	35.57
1391	江西省	赣州市	宁都县	35.57
1392	江西省	新余市	渝水区	35.57
1393	四川省	凉山彝族自治州	昭觉县	35.56
1394	四川省	内江市	威远县	35.56
1395	山东省	聊城市	高唐县	35.56

排名	省级	地市级	区县级	发展级大气环境资源
1396	陕西省	咸阳市	渭城区	35.56
1397	重庆市	奉节县	奉节县	35.55
1398	河南省	信阳市	商城县	35.55
1399	河南省	许昌市	鄢陵县	35.55
1400	四川省	广安市	岳池县	35.55
1401	四川省	凉山彝族自治州	会理县	35.55
1402	四川省	眉山市	仁寿县	35.55
1403	山东省	临沂市	郯城县	35.55
1404	云南省	大理白族自治州	云龙县	35.55
1405	浙江省	金华市	婺城区	35.55
1406	浙江省	金华市	兰溪市	35.55
1407	湖南省	衡阳市	衡山县	35.54
1408	广西壮族自治区	河池市	金城江区	35.53
1409	广西壮族自治区	柳州市	三江侗族自治县	35.53
1410	天津市	宝坻区	宝坻区	35.53
1411	贵州省	安顺市	镇宁布依族苗族自治县	35.52
1412	山东省	东营市	垦利区	35.52
1413	河南省	商丘市	永城市	35.51
1414	湖南省	岳阳市	临湘市	35.51
1415	江西省	九江市	瑞昌市	35.51
1416	福建省	三明市	清流县	35.50
1417	湖北省	荆州市	洪湖市	35.50
1418	吉林省	吉林市	蛟河市	35.50
1419	内蒙古自治区	通辽市	扎鲁特旗	35.50
1420	云南省	迪庆藏族自治州	德钦县	35.50
1421	河北省	石家庄市	井陉县	35.49
1422	吉林省	白山市	抚松县	35.49
1423	山东省	临沂市	沂南县	35.49
1424	陕西省	商洛市	山阳县	35.49
1425	新疆维吾尔自治区	阿勒泰地区	哈巴河县	35.49
1426	西藏自治区	那曲市	索县	35.49
1427	云南省	昭通市	镇雄县	35.49
1428	浙江省	宁波市	镇海区	35.49
1429	北京市	朝阳区	朝阳区	35.48
1430	贵州省	黔南布依族苗族自治州	贵定县	35.48
1431	河南省	周口市	西华县	35.48
1432	海南省	保亭黎族苗族自治县	保亭黎族苗族自治县	35.48
1433	湖南省	邵阳市	大祥区	35.48
1434	内蒙古自治区	乌兰察布市	丰镇市	35.48
1435	四川省	绵阳市	涪城区	35.48

续表

排名	省级	地市级	区县级	发展级大气环境资源
1436	山西省	晋中市	和顺县	35.48
1437	山西省	忻州市	偏关县	35.48
1438	北京市	大兴区	大兴区	35.47
1439	湖北省	黄冈市	红安县	35.47
1440	河南省	许昌市	襄城县	35.47
1441	四川省	雅安市	宝兴县	35.47
1442	四川省	宜宾市	高县	35.47
1443	山西省	运城市	万荣县	35.47
1444	云南省	丽江市	华坪县	35.47
1445	云南省	昭通市	巧家县	35.47
1446	浙江省	绍兴市	诸暨市	35.47
1447	贵州省	六盘水市	六枝特区	35.46
1448	河北省	邯郸市	成安县	35.46
1449	山西省	运城市	盐湖区	35.46
1450	浙江省	绍兴市	新昌县	35.46
1451	北京市	顺义区	顺义区	35.45
1452	甘肃省	定西市	通渭县	35.45
1453	贵州省	遵义市	赤水市	35.45
1454	湖北省	荆州市	公安县	35.45
1455	山东省	日照市	莒县	35.45
1456	云南省	保山市	隆阳区	35.45
1457	山西省	晋中市	祁县	35.44
1458	河南省	南阳市	西峡县	35.43
1459	江西省	赣州市	会昌县	35.43
1460	安徽省	宣城市	旌德县	35.42
1461	湖南省	岳阳市	华容县	35.42
1462	河北省	邢台市	任县	35.40
1463	河南省	信阳市	罗山县	35.40
1464	山东省	滨州市	惠民县	35.40
1465	山西省	运城市	夏县	35.40
1466	云南省	昭通市	昭阳区	35.40
1467	重庆市	璧山区	璧山区	35.39
1468	湖北省	潜江市	潜江市	35.39
1469	湖南省	衡阳市	蒸湘区	35.39
1470	内蒙古自治区	巴彦淖尔市	临河区	35.39
1471	宁夏回族自治区	固原市	隆德县	35.39
1472	四川省	泸州市	古蔺县	35.39
1473	北京市	东城区	东城区	35.38
1474	山东省	泰安市	泰山区	35.38
1475	河北省	张家口市	阳原县	35.37

续表

排名	省级	地市级	区县级	发展级大气环境资源
1476	河南省	信阳市	固始县	35.37
1477	山东省	莱芜市	莱城区	35.37
1478	云南省	普洱市	墨江哈尼族自治县	35.37
1479	内蒙古自治区	鄂尔多斯市	准格尔旗	35.36
1480	江西省	赣州市	兴国县	35.35
1481	海南省	乐东黎族自治县	乐东黎族自治县	35.34
1482	江西省	南昌市	南昌县	35.34
1483	辽宁省	抚顺市	顺城区	35.34
1484	青海省	海东市	民和回族土族自治县	35.34
1485	四川省	阿坝藏族羌族自治州	小金县	35.34
1486	四川省	凉山彝族自治州	宁南县	35.34
1487	天津市	北辰区	北辰区	35.34
1488	广东省	韶关市	新丰县	35.33
1489	河北省	唐山市	玉田县	35.33
1490	河南省	新乡市	辉县	35.33
1491	吉林省	通化市	梅河口市	35.33
1492	四川省	绵阳市	北川羌族自治县	35.33
1493	山东省	临沂市	蒙阴县	35.33
1494	浙江省	丽水市	庆元县	35.33
1495	江西省	宜春市	万载县	35.32
1496	四川省	阿坝藏族羌族自治州	理县	35.32
1497	四川省	攀枝花市	东区	35.32
1498	四川省	资阳市	雁江区	35.32
1499	重庆市	石柱土家族自治县	石柱土家族自治县	35.31
1500	广东省	清远市	连州市	35.31
1501	江西省	赣州市	瑞金市	35.31
1502	江西省	上饶市	横峰县	35.31
1503	西藏自治区	山南市	贡嘎县	35.31
1504	青海省	玉树藏族自治州	治多县	35.30
1505	山东省	淄博市	桓台县	35.30
1506	陕西省	咸阳市	长武县	35.30
1507	云南省	临沧市	双江拉祜族佤族布朗族傣族自治县	35.30
1508	吉林省	松原市	前郭尔罗斯蒙古族自治县	35.29
1509	江西省	赣州市	崇义县	35.29
1510	山西省	临汾市	翼城县	35.29
1511	西藏自治区	日喀则市	南木林县	35.29
1512	浙江省	绍兴市	越城区	35.29
1513	湖南省	常德市	安乡县	35.28
1514	江西省	抚州市	宜黄县	35.28
1515	山西省	阳泉市	平定县	35.28

排名	省级	地市级	区县级	发展级大气环境资源
1516	湖北省	孝感市	云梦县	35.27
1517	湖南省	株洲市	荷塘区	35.27
1518	江西省	南昌市	新建区	35.27
1519	山东省	滨州市	博兴县	35.27
1520	山东省	泰安市	宁阳县	35.27
1521	安徽省	六安市	霍邱县	35.26
1522	湖北省	襄阳市	老河口市	35.26
1523	河北省	承德市	隆化县	35.26
1524	青海省	果洛藏族自治州	达日县	35.26
1525	四川省	成都市	龙泉驿区	35.26
1526	四川省	资阳市	乐至县	35.26
1527	甘肃省	武威市	凉州区	35.25
1528	湖南省	郴州市	资兴市	35.25
1529	安徽省	宣城市	泾县	35.24
1530	湖北省	恩施土家族苗族自治州	咸丰县	35.24
1531	黑龙江省	伊春市	嘉荫县	35.24
1532	新疆维吾尔自治区	阿勒泰地区	福海县	35.24
1533	河北省	石家庄市	桥西区	35.23
1534	河南省	三门峡市	卢氏县	35.23
1535	北京市	平谷区	平谷区	35.22
1536	福建省	宁德市	古田县	35.22
1537	江西省	赣州市	安远县	35.22
1538	新疆维吾尔自治区	巴音郭楞蒙古自治州	和静县	35.22
1539	四川省	阿坝藏族羌族自治州	阿坝县	35.21
1540	陕西省	安康市	平利县	35.21
1541	陕西省	延安市	富县	35.21
1542	安徽省	六安市	金寨县	35.20
1543	湖北省	恩施土家族苗族自治州	巴东县	35.20
1544	湖北省	黄石市	阳新县	35.20
1545	河南省	平顶山市	郏县	35.20
1546	江苏省	宿迁市	泗阳县	35.20
1547	四川省	德阳市	广汉市	35.20
1548	山西省	临汾市	霍州市	35.20
1549	北京市	昌平区	昌平区	35.19
1550	重庆市	云阳县	云阳县	35.19
1551	广西壮族自治区	百色市	右江区	35.19
1552	湖南省	永州市	祁阳县	35.19
1553	内蒙古自治区	兴安盟	乌兰浩特市	35.19
1554	山西省	晋中市	寿阳县	35.19
1555	云南省	文山壮族苗族自治州	广南县	35.19

排名	省级	地市级	区县级	发展级大气环境资源
1556	福建省	三明市	建宁县	35.18
1557	河北省	保定市	徐水区	35.18
1558	四川省	凉山彝族自治州	会东县	35.18
1559	甘肃省	张掖市	山丹县	35.17
1560	河北省	承德市	宽城满族自治县	35.17
1561	河北省	石家庄市	平山县	35.17
1562	湖南省	邵阳市	隆回县	35.17
1563	江西省	上饶市	婺源县	35.17
1564	陕西省	汉中市	略阳县	35.17
1565	新疆维吾尔自治区	昌吉回族自治州	吉木萨尔县	35.17
1566	重庆市	酉阳土家族苗族自治县	酉阳土家族苗族自治县	35.16
1567	湖南省	永州市	江永县	35.16
1568	江苏省	镇江市	润州区	35.16
1569	四川省	乐山市	峨眉山市	35.16
1570	陕西省	商洛市	商州区	35.16
1571	湖北省	宜昌市	长阳土家族自治县	35.15
1572	湖北省	宜昌市	西陵区	35.15
1573	湖南省	衡阳市	衡东县	35.15
1574	江西省	吉安市	永丰县	35.15
1575	四川省	甘孜藏族自治州	色达县	35.14
1576	山西省	晋中市	太谷县	35.14
1577	江西省	吉安市	井冈山市	35.13
1578	陕西省	商洛市	丹凤县	35.13
1579	重庆市	梁平区	梁平区	35.12
1580	湖北省	十堰市	丹江口市	35.12
1581	青海省	果洛藏族自治州	甘德县	35.12
1582	福建省	南平市	政和县	35.11
1583	河南省	商丘市	梁园区	35.11
1584	江苏省	宿迁市	泗洪县	35.11
1585	四川省	成都市	彭州市	35.11
1586	河北省	张家口市	怀来县	35.10
1587	江苏省	宿迁市	沭阳县	35.10
1588	江西省	抚州市	黎川县	35.10
1589	四川省	自贡市	自流井区	35.10
1590	山东省	德州市	德城区	35.10
1591	安徽省	黄山市	休宁县	35.09
1592	湖北省	咸宁市	崇阳县	35.09
1593	湖南省	邵阳市	邵阳县	35.09
1594	江西省	赣州市	于都县	35.09
1595	福建省	三明市	永安市	35.08

排名	省级	地市级	区县级	发展级大气环境资源
1596	四川省	凉山彝族自治州	甘洛县	35.08
1597	山西省	忻州市	原平市	35.08
1598	山西省	忻州市	静乐县	35.08
1599	北京市	石景山区	石景山区	35.07
1600	吉林省	延边朝鲜族自治州	敦化市	35.07
1601	四川省	成都市	蒲江县	35.07
1602	浙江省	金华市	东阳市	35.07
1603	贵州省	黔东南苗族侗族自治州	施秉县	35.06
1604	河北省	廊坊市	大厂回族自治县	35.06
1605	河北省	邢台市	平乡县	35.06
1606	河南省	信阳市	光山县	35.06
1607	江西省	抚州市	乐安县	35.06
1608	新疆维吾尔自治区	博尔塔拉蒙古自治州	精河县	35.06
1609	江西省	抚州市	崇仁县	35.05
1610	四川省	内江市	资中县	35.05
1611	四川省	雅安市	荥经县	35.05
1612	云南省	德宏傣族景颇族自治州	芒市	35.05
1613	广西壮族自治区	桂林市	阳朔县	35.03
1614	湖南省	郴州市	安仁县	35.03
1615	陕西省	渭南市	华阴市	35.03
1616	陕西省	延安市	宜川县	35.03
1617	新疆维吾尔自治区	阿克苏地区	阿克苏市	35.03
1618	新疆维吾尔自治区	巴音郭楞蒙古自治州	和静县西北	35.03
1619	贵州省	黔东南苗族侗族自治州	岑巩县	35.02
1620	湖南省	娄底市	涟源市	35.02
1621	江西省	宜春市	高安市	35.02
1622	浙江省	杭州市	建德市	35.02
1623	河南省	驻马店市	驿城区	35.01
1624	四川省	宜宾市	筠连县	35.01
1625	陕西省	榆林市	佳县	35.01
1626	四川省	达州市	大竹县	35.00
1627	陕西省	渭南市	蒲城县	35.00
1628	贵州省	黔东南苗族侗族自治州	黎平县	34.99
1629	内蒙古自治区	呼伦贝尔市	扎兰屯市	34.99
1630	甘肃省	定西市	漳县	34.98
1631	湖北省	咸宁市	赤壁市	34.98
1632	黑龙江省	绥化市	北林区	34.98
1633	湖南省	怀化市	溆浦县	34.98
1634	山东省	枣庄市	滕州市	34.98
1635	重庆市	垫江县	垫江县	34.97

排名	省级	地市级	区县级	发展级大气环境资源
1636	河南省	洛阳市	汝阳县	34.97
1637	四川省	巴中市	南江县	34.97
1638	四川省	甘孜藏族自治州	稻城县	34.97
1639	贵州省	毕节市	纳雍县	34.96
1640	贵州省	黔东南苗族侗族自治州	镇远县	34.96
1641	河南省	平顶山市	汝州市	34.96
1642	内蒙古自治区	乌兰察布市	集宁区	34.96
1643	山东省	济南市	济阳县	34.96
1644	山西省	晋中市	榆社县	34.96
1645	山西省	忻州市	五台县	34.96
1646	广西壮族自治区	河池市	东兰县	34.95
1647	湖南省	长沙市	浏阳市	34.95
1648	宁夏回族自治区	吴忠市	盐池县	34.95
1649	广东省	清远市	连山壮族瑶族自治县	34.94
1650	河北省	廊坊市	三河市	34.94
1651	四川省	巴中市	巴州区	34.94
1652	福建省	三明市	大田县	34.93
1653	贵州省	遵义市	桐梓县	34.93
1654	河北省	衡水市	饶阳县	34.93
1655	辽宁省	本溪市	明山区	34.93
1656	四川省	阿坝藏族羌族自治州	黑水县	34.93
1657	陕西省	宝鸡市	凤县	34.93
1658	河北省	保定市	阜平县	34.92
1659	河北省	衡水市	武邑县	34.92
1660	河南省	焦作市	山阳区	34.92
1661	四川省	宜宾市	南溪区	34.92
1662	浙江省	绍兴市	嵊州市	34.92
1663	湖北省	荆州市	松滋市	34.91
1664	湖南省	怀化市	通道侗族自治县	34.91
1665	青海省	海北藏族自治州	祁连县	34.91
1666	青海省	海西蒙古族藏族自治州	茫崖行政区	34.91
1667	四川省	阿坝藏族羌族自治州	九寨沟县	34.91
1668	浙江省	金华市	武义县	34.91
1669	福建省	南平市	延平区	34.90
1670	甘肃省	定西市	渭源县	34.90
1671	湖北省	武汉市	东西湖区	34.90
1672	湖南省	常德市	汉寿县	34.90
1673	宁夏回族自治区	固原市	原州区	34.90
1674	青海省	黄南藏族自治州	河南蒙古族自治县	34.90
1675	四川省	自贡市	荣县	34.90

排名	省级	地市级	区县级	发展级大气环境资源
1676	陕西省	榆林市	横山区	34.90
1677	甘肃省	白银市	会宁县	34.89
1678	甘肃省	平凉市	灵台县	34.89
1679	河北省	石家庄市	赵县	34.89
1680	江西省	吉安市	吉州区	34.89
1681	陕西省	咸阳市	武功县	34.89
1682	海南省	琼中黎族苗族自治县	琼中黎族苗族自治县	34.88
1683	四川省	乐山市	马边彝族自治县	34.88
1684	四川省	乐山市	井研县	34.87
1685	江西省	上饶市	万年县	34.86
1686	浙江省	温州市	永嘉县	34.86
1687	安徽省	六安市	金安区	34.85
1688	湖南省	永州市	蓝山县	34.85
1689	四川省	德阳市	绵竹市	34.85
1690	重庆市	武隆区	武隆区	34.84
1691	贵州省	黔东南苗族侗族自治州	凯里市	34.84
1692	河北省	唐山市	滦县	34.84
1693	河南省	郑州市	中牟县	34.84
1694	内蒙古自治区	赤峰市	喀喇沁旗	34.84
1695	青海省	果洛藏族自治州	久治县	34.84
1696	四川省	成都市	大邑县	34.84
1697	山西省	吕梁市	交城县	34.84
1698	广东省	肇庆市	广宁县	34.83
1699	陕西省	延安市	宝塔区	34.83
1700	甘肃省	白银市	景泰县	34.82
1701	黑龙江省	牡丹江市	海林市	34.82
1702	宁夏回族自治区	石嘴山市	惠农区	34.82
1703	四川省	达州市	渠县	34.82
1704	四川省	甘孜藏族自治州	炉霍县	34.82
1705	山东省	济宁市	曲阜市	34.82
1706	新疆维吾尔自治区	克孜勒苏柯尔克孜自治州	乌恰县	34.82
1707	江西省	赣州市	章贡区	34.81
1708	四川省	德阳市	旌阳区	34.81
1709	河北省	保定市	容城县	34.80
1710	湖南省	衡阳市	祁东县	34.80
1711	江西省	上饶市	德兴市	34.80
1712	四川省	达州市	宣汉县	34.80
1713	四川省	眉山市	青神县	34.80
1714	浙江省	金华市	浦江县	34.80
1715	河北省	秦皇岛市	卢龙县	34.79

续表

排名	省级	地市级	区县级	发展级大气环境资源
1716	江西省	宜春市	靖安县	34.79
1717	天津市	武清区	武清区	34.79
1718	西藏自治区	山南市	加查县	34.79
1719	重庆市	荣昌区	荣昌区	34.78
1720	贵州省	遵义市	湄潭县	34.78
1721	河北省	石家庄市	行唐县	34.78
1722	四川省	广元市	剑阁县	34.78
1723	云南省	临沧市	镇康县	34.78
1724	安徽省	滁州市	琅琊区	34.77
1725	重庆市	忠县	忠县	34.77
1726	陕西省	西安市	鄠邑区	34.77
1727	河南省	新乡市	长垣县	34.76
1728	河南省	郑州市	二七区	34.76
1729	江西省	萍乡市	莲花县	34.76
1730	宁夏回族自治区	银川市	永宁县	34.76
1731	青海省	海南藏族自治州	兴海县	34.76
1732	新疆维吾尔自治区	喀什地区	塔什库尔干塔吉克自治县	34.76
1733	福建省	宁德市	寿宁县	34.75
1734	广东省	清远市	阳山县	34.75
1735	河北省	邯郸市	临漳县	34.75
1736	四川省	泸州市	龙马潭区	34.75
1737	陕西省	西安市	周至县	34.75
1738	甘肃省	天水市	甘谷县	34.74
1739	河南省	漯河市	临颍县	34.74
1740	浙江省	金华市	永康市	34.74
1741	甘肃省	平凉市	静宁县	34.73
1742	贵州省	黔南布依族苗族自治州	龙里县	34.73
1743	湖北省	咸宁市	通山县	34.73
1744	河北省	张家口市	怀安县	34.73
1745	河南省	漯河市	郾城区	34.73
1746	青海省	玉树藏族自治州	杂多县	34.73
1747	四川省	宜宾市	江安县	34.73
1748	甘肃省	庆阳市	庆城县	34.72
1749	宁夏回族自治区	吴忠市	利通区	34.71
1750	湖北省	襄阳市	枣阳市	34.70
1751	河南省	济源市	济源市	34.70
1752	辽宁省	辽阳市	宏伟区	34.70
1753	山东省	潍坊市	潍城区	34.70
1754	山西省	临汾市	大宁县	34.70
1755	河南省	开封市	尉氏县	34.69

续表

排名	省级	地市级	区县级	发展级大气环境资源
1756	湖南省	邵阳市	新邵县	34.69
1757	内蒙古自治区	巴彦淖尔市	乌拉特前旗北部	34.69
1758	山东省	东营市	广饶县	34.69
1759	山东省	泰安市	东平县	34.69
1760	四川省	达州市	开江县	34.68
1761	天津市	南开区	南开区	34.68
1762	西藏自治区	拉萨市	当雄县	34.68
1763	云南省	昭通市	大关县	34.68
1764	吉林省	通化市	通化县	34.67
1765	四川省	广安市	武胜县	34.67
1766	陕西省	渭南市	临渭区	34.67
1767	新疆维吾尔自治区	巴音郭楞蒙古自治州	且末县	34.67
1768	重庆市	黔江区	黔江区	34.66
1769	湖北省	神农架林区	神农架林区	34.66
1770	湖南省	郴州市	嘉禾县	34.66
1771	四川省	阿坝藏族羌族自治州	壤塘县	34.66
1772	四川省	凉山彝族自治州	西昌市	34.66
1773	山西省	临汾市	隰县	34.66
1774	陕西省	宝鸡市	陇县	34.65
1775	安徽省	安庆市	岳西县	34.64
1776	黑龙江省	哈尔滨市	尚志市	34.64
1777	河北省	廊坊市	文安县	34.63
1778	河南省	开封市	杞县	34.63
1779	甘肃省	天水市	麦积区	34.62
1780	河南省	郑州市	新密市	34.62
1781	青海省	海东市	化隆回族自治县	34.62
1782	山东省	滨州市	邹平县	34.62
1783	新疆维吾尔自治区	乌鲁木齐市	天山区	34.62
1784	福建省	三明市	沙县	34.61
1785	湖南省	永州市	东安县	34.61
1786	四川省	成都市	新都区	34.61
1787	河北省	邯郸市	魏县	34.60
1788	宁夏回族自治区	中卫市	中宁县	34.60
1789	吉林省	辽源市	龙山区	34.59
1790	四川省	绵阳市	梓潼县	34.59
1791	山东省	济宁市	泗水县	34.59
1792	山西省	长治市	潞城市	34.59
1793	浙江省	丽水市	龙泉市	34.59
1794	湖南省	怀化市	麻阳苗族自治县	34.58
1795	江西省	九江市	德安县	34.58

续表

排名	省级	地市级	区县级	发展级大气环境资源
1796	四川省	自贡市	富顺县	34.58
1797	甘肃省	张掖市	高台县	34.57
1798	河北省	衡水市	桃城区	34.57
1799	湖南省	湘西土家族苗族自治州	凤凰县	34.57
1800	安徽省	宿州市	砀山县	34.56
1801	福建省	龙岩市	长汀县	34.56
1802	广东省	河源市	紫金县	34.56
1803	湖北省	十堰市	茅箭区	34.56
1804	西藏自治区	昌都市	昌都市	34.56
1805	新疆维吾尔自治区	乌鲁木齐市	乌鲁木齐县	34.55
1806	四川省	成都市	崇州市	34.54
1807	陕西省	榆林市	绥德县	34.54
1808	重庆市	北碚区	北碚区	34.53
1809	湖北省	襄阳市	南漳县	34.53
1810	新疆维吾尔自治区	乌鲁木齐市	新市区	34.53
1811	福建省	龙岩市	漳平市	34.52
1812	河北省	石家庄市	晋州市	34.52
1813	江苏省	常州市	溧阳市	34.52
1814	江苏省	徐州市	邳州市	34.52
1815	新疆维吾尔自治区	塔城地区	托里县	34.52
1816	福建省	三明市	将乐县	34.50
1817	甘肃省	陇南市	徽县	34.50
1818	贵州省	黔东南苗族侗族自治州	三穗县	34.50
1819	江苏省	徐州市	鼓楼区	34.50
1820	甘肃省	天水市	秦州区	34.49
1821	湖北省	黄石市	黄石港区	34.49
1822	黑龙江省	大兴安岭地区	加格达奇区	34.49
1823	陕西省	延安市	子长县	34.49
1824	福建省	宁德市	福鼎市	34.48
1825	陕西省	榆林市	米脂县	34.48
1826	甘肃省	兰州市	榆中县	34.47
1827	云南省	怒江傈僳族自治州	兰坪白族普米族自治县	34.47
1828	湖南省	常德市	桃源县	34.46
1829	四川省	广元市	苍溪县	34.46
1830	陕西省	咸阳市	永寿县	34.46
1831	西藏自治区	林芝市	察隅县	34.46
1832	云南省	普洱市	江城哈尼族彝族自治县	34.46
1833	云南省	昭通市	威信县	34.46
1834	河北省	衡水市	景县	34.45
1835	湖南省	怀化市	会同县	34.45

排名	省级	地市级	区县级	发展级大气环境资源
1836	陕西省	延安市	安塞区	34.45
1837	广西壮族自治区	崇左市	龙州县	34.44
1838	广西壮族自治区	河池市	凤山县	34.44
1839	青海省	海西蒙古族藏族自治州	德令哈市	34.44
1840	四川省	成都市	新津县	34.44
1841	陕西省	西安市	蓝田县	34.44
1842	云南省	临沧市	沧源佤族自治县	34.44
1843	四川省	宜宾市	兴文县	34.43
1844	山西省	长治市	沁源县	34.43
1845	甘肃省	陇南市	西和县	34.42
1846	河南省	南阳市	淅川县	34.42
1847	重庆市	江津区	江津区	34.40
1848	广西壮族自治区	桂林市	灵川县	34.40
1849	湖北省	黄冈市	英山县	34.40
1850	河北省	衡水市	深州市	34.40
1851	江西省	赣州市	上犹县	34.40
1852	贵州省	遵义市	正安县	34.39
1853	河北省	保定市	安新县	34.39
1854	江苏省	徐州市	睢宁县	34.39
1855	四川省	甘孜藏族自治州	甘孜县	34.39
1856	山西省	太原市	娄烦县	34.39
1857	黑龙江省	双鸭山市	尖山区	34.38
1858	四川省	雅安市	芦山县	34.38
1859	浙江省	丽水市	遂昌县	34.38
1860	安徽省	黄山市	祁门县	34.37
1861	河北省	沧州市	肃宁县	34.37
1862	河北省	承德市	围场满族蒙古族自治县	34.37
1863	辽宁省	沈阳市	和平区	34.37
1864	江苏省	无锡市	宜兴市	34.36
1865	四川省	南充市	蓬安县	34.36
1866	四川省	遂宁市	射洪县	34.35
1867	陕西省	汉中市	勉县	34.35
1868	陕西省	榆林市	靖边县	34.35
1869	甘肃省	兰州市	安宁区	34.34
1870	贵州省	黔西南布依族苗族自治州	册亨县	34.34
1871	四川省	内江市	东兴区	34.34
1872	新疆维吾尔自治区	塔城地区	额敏县	34.34
1873	安徽省	黄山市	黟县	34.33
1874	甘肃省	庆阳市	环县	34.33
1875	河北省	邢台市	南宫市	34.33

排名	省级	地市级	区县级	发展级大气环境资源
1876	山西省	晋中市	平遥县	34.33
1877	黑龙江省	牡丹江市	穆棱市	34.32
1878	内蒙古自治区	呼伦贝尔市	牙克石市	34.32
1879	陕西省	宝鸡市	千阳县	34.32
1880	黑龙江省	伊春市	伊春区	34.31
1881	湖南省	怀化市	辰溪县	34.31
1882	山西省	临汾市	洪洞县	34.31
1883	河北省	承德市	兴隆县	34.30
1884	河南省	郑州市	荥阳市	34.30
1885	贵州省	铜仁市	印江土家族苗族自治县	34.29
1886	山东省	淄博市	淄川区	34.29
1887	湖南省	益阳市	安化县	34.28
1888	四川省	宜宾市	珙县	34.28
1889	云南省	临沧市	临翔区	34.28
1890	贵州省	毕节市	赫章县	34.27
1891	河北省	保定市	顺平县	34.27
1892	吉林省	延边朝鲜族自治州	汪清县	34.27
1893	青海省	海南藏族自治州	贵德县	34.27
1894	陕西省	宝鸡市	岐山县	34.27
1895	新疆维吾尔自治区	和田地区	策勒县	34.27
1896	西藏自治区	昌都市	左贡县	34.27
1897	山西省	吕梁市	离石区	34.26
1898	安徽省	池州市	石台县	34.25
1899	湖南省	常德市	石门县	34.25
1900	河南省	周口市	鹿邑县	34.24
1901	吉林省	通化市	集安市	34.24
1902	山西省	临汾市	曲沃县	34.24
1903	四川省	泸州市	合江县	34.23
1904	甘肃省	定西市	陇西县	34.22
1905	河北省	保定市	蠡县	34.22
1906	山西省	运城市	垣曲县	34.22
1907	新疆维吾尔自治区	克拉玛依市	克拉玛依区	34.22
1908	甘肃省	庆阳市	泾川县	34.21
1909	四川省	凉山彝族自治州	越西县	34.21
1910	云南省	普洱市	景东彝族自治县	34.21
1911	湖北省	恩施土家族苗族自治州	鹤峰县	34.20
1912	黑龙江省	黑河市	孙吴县	34.19
1913	甘肃省	天水市	清水县	34.18
1914	黑龙江省	大兴安岭地区	塔河县	34.18
1915	西藏自治区	昌都市	丁青县	34.18

续表

排名	省级	地市级	区县级	发展级大气环境资源
1916	四川省	成都市	邛崃市	34.17
1917	四川省	广元市	朝天区	34.17
1918	贵州省	遵义市	仁怀市	34.16
1919	河南省	新乡市	卫辉市	34.16
1920	安徽省	黄山市	黄山区	34.15
1921	重庆市	九龙坡区	九龙坡区	34.15
1922	陕西省	延安市	志丹县	34.15
1923	广西壮族自治区	河池市	天峨县	34.14
1924	河北省	保定市	莲池区	34.14
1925	四川省	宜宾市	长宁县	34.14
1926	甘肃省	陇南市	武都区	34.13
1927	贵州省	六盘水市	钟山区	34.13
1928	陕西省	榆林市	吴堡县	34.13
1929	广东省	梅州市	大埔县	34.12
1930	甘肃省	庆阳市	镇原县	34.12
1931	四川省	甘孜藏族自治州	巴塘县	34.12
1932	重庆市	丰都县	丰都县	34.11
1933	福建省	南平市	顺昌县	34.10
1934	河北省	保定市	涞源县	34.10
1935	陕西省	延安市	甘泉县	34.10
1936	宁夏回族自治区	吴忠市	青铜峡市	34.09
1937	福建省	三明市	尤溪县	34.08
1938	青海省	黄南藏族自治州	尖扎县	34.08
1939	四川省	绵阳市	江油市	34.08
1940	陕西省	延安市	延长县	34.08
1941	河北省	张家口市	涿鹿县	34.07
1942	江西省	赣州市	寻乌县	34.07
1943	福建省	南平市	建瓯市	34.06
1944	福建省	南平市	邵武市	34.06
1945	湖南省	湘西土家族苗族自治州	花垣县	34.06
1946	陕西省	安康市	旬阳县	34.06
1947	山西省	晋城市	高平市	34.06
1948	重庆市	长寿区	长寿区	34.05
1949	四川省	广安市	邻水县	34.05
1950	陕西省	宝鸡市	眉县	34.05
1951	四川省	乐山市	犍为县	34.04
1952	湖北省	襄阳市	保康县	34.03
1953	青海省	西宁市	湟中县	34.03
1954	四川省	成都市	双流区	34.03
1955	北京市	丰台区	丰台区	34.02

排名	省级	地市级	区县级	发展级大气环境资源
1956	重庆市	巫溪县	巫溪县	34.02
1957	河北省	石家庄市	新乐市	34.02
1958	四川省	雅安市	名山区	34.02
1959	甘肃省	陇南市	礼县	34.01
1960	陕西省	榆林市	清涧县	34.01
1961	贵州省	遵义市	习水县	34.00
1962	湖南省	永州市	冷水滩区	34.00
1963	辽宁省	鞍山市	岫岩满族自治县	34.00
1964	山西省	太原市	尖草坪区	34.00
1965	天津市	蓟州区	蓟州区	34.00
1966	云南省	迪庆藏族自治州	维西傈僳族自治县	34.00
1967	湖南省	永州市	新田县	33.99
1968	四川省	雅安市	天全县	33.99
1969	云南省	普洱市	澜沧拉祜族自治县	33.99
1970	贵州省	毕节市	黔西县	33.98
1971	四川省	巴中市	通江县	33.98
1972	陕西省	汉中市	镇巴县	33.98
1973	新疆维吾尔自治区	和田地区	墨玉县	33.98
1974	安徽省	宿州市	萧县	33.97
1975	河南省	平顶山市	鲁山县	33.97
1976	河北省	保定市	高碑店市	33.95
1977	青海省	玉树藏族自治州	囊谦县	33.95
1978	四川省	广元市	青川县	33.95
1979	北京市	怀柔区	怀柔区	33.94
1980	甘肃省	甘南藏族自治州	合作市	33.94
1981	四川省	成都市	温江区	33.94
1982	新疆维吾尔自治区	阿克苏地区	阿瓦提县	33.94
1983	甘肃省	陇南市	宕昌县	33.93
1984	辽宁省	丹东市	凤城市	33.93
1985	陕西省	安康市	汉阴县	33.93
1986	云南省	德宏傣族景颇族自治州	瑞丽市	33.93
1987	甘肃省	甘南藏族自治州	迭部县	33.92
1988	甘肃省	临夏回族自治州	康乐县	33.92
1989	山东省	聊城市	东昌府区	33.92
1990	福建省	福州市	连江县	33.91
1991	贵州省	遵义市	余庆县	33.91
1992	内蒙古自治区	呼和浩特市	土默特左旗	33.91
1993	山东省	济宁市	任城区	33.91
1994	山西省	大同市	南郊区	33.91
1995	甘肃省	天水市	张家川回族自治县	33.90

续表

排名	省级	地市级	区县级	发展级大气环境资源
1996	四川省	泸州市	叙永县	33.90
1997	辽宁省	本溪市	桓仁满族自治县	33.89
1998	福建省	南平市	武夷山市	33.88
1999	山西省	长治市	沁县	33.88
2000	新疆维吾尔自治区	伊犁哈萨克自治州	昭苏县	33.88
2001	江西省	宜春市	宜丰县	33.87
2002	河北省	石家庄市	深泽县	33.86
2003	河北省	石家庄市	灵寿县	33.86
2004	内蒙古自治区	乌兰察布市	卓资县	33.86
2005	山西省	临汾市	永和县	33.86
2006	山西省	临汾市	古县	33.86
2007	甘肃省	平凉市	崇信县	33.85
2008	湖北省	恩施土家族苗族自治州	利川市	33.85
2009	江西省	宜春市	铜鼓县	33.85
2010	内蒙古自治区	包头市	土默特右旗	33.85
2011	甘肃省	陇南市	康县	33.84
2012	贵州省	铜仁市	碧江区	33.84
2013	河北省	保定市	满城区	33.84
2014	陕西省	西安市	长安区	33.84
2015	湖北省	十堰市	郧西县	33.83
2016	内蒙古自治区	呼伦贝尔市	鄂伦春自治旗	33.83
2017	山西省	临汾市	侯马市	33.83
2018	新疆维吾尔自治区	阿克苏地区	新和县	33.83
2019	甘肃省	临夏回族自治州	广河县	33.82
2020	贵州省	铜仁市	沿河土家族自治县	33.82
2021	湖北省	十堰市	房县	33.82
2022	河南省	平顶山市	舞钢市	33.82
2023	四川省	绵阳市	平武县	33.82
2024	陕西省	汉中市	洋县	33.82
2025	山西省	晋城市	阳城县	33.82
2026	陕西省	咸阳市	乾县	33.81
2027	浙江省	衢州市	开化县	33.81
2028	河南省	周口市	太康县	33.80
2029	陕西省	汉中市	城固县	33.80
2030	云南省	昭通市	绥江县	33.80
2031	江西省	九江市	修水县	33.79
2032	安徽省	黄山市	屯溪区	33.78
2033	湖南省	湘西土家族苗族自治州	保靖县	33.78
2034	新疆维吾尔自治区	博尔塔拉蒙古自治州	温泉县	33.78
2035	新疆维吾尔自治区	喀什地区	叶城县	33.78

排名	省级	地市级	区县级	发展级大气环境资源
2036	新疆维吾尔自治区	伊犁哈萨克自治州	新源县	33.78
2037	陕西省	汉中市	南郑区	33.77
2038	河北省	保定市	望都县	33.76
2039	新疆维吾尔自治区	阿克苏地区	乌什县	33.76
2040	云南省	西双版纳傣族自治州	勐腊县	33.76
2041	湖北省	恩施土家族苗族自治州	宣恩县	33.75
2042	河南省	周口市	川汇区	33.75
2043	山东省	淄博市	沂源县	33.74
2044	陕西省	宝鸡市	麟游县	33.74
2045	浙江省	温州市	文成县	33.74
2046	湖南省	邵阳市	绥宁县	33.73
2047	云南省	普洱市	思茅区	33.73
2048	陕西省	汉中市	留坝县	33.72
2049	贵州省	遵义市	务川仡佬族苗族自治县	33.71
2050	青海省	海西蒙古族藏族自治州	乌兰县	33.70
2051	甘肃省	平凉市	华亭县	33.68
2052	甘肃省	天水市	秦安县	33.68
2053	陕西省	渭南市	韩城市	33.68
2054	新疆维吾尔自治区	巴音郭楞蒙古自治州	若羌县	33.68
2055	四川省	乐山市	夹江县	33.67
2056	山西省	忻州市	定襄县	33.67
2057	甘肃省	临夏回族自治州	永靖县	33.66
2058	贵州省	黔南布依族苗族自治州	三都水族自治县	33.66
2059	湖北省	宜昌市	兴山县	33.66
2060	青海省	海南藏族自治州	贵南县	33.66
2061	河北省	张家口市	崇礼区	33.64
2062	四川省	凉山彝族自治州	雷波县	33.64
2063	陕西省	延安市	延川县	33.64
2064	河北省	唐山市	迁安市	33.63
2065	宁夏回族自治区	银川市	金凤区	33.63
2066	四川省	宜宾市	宜宾县	33.63
2067	新疆维吾尔自治区	巴音郭楞蒙古自治州	焉耆回族自治县	33.63
2068	新疆维吾尔自治区	吐鲁番市	高昌区	33.63
2069	四川省	乐山市	市中区	33.62
2070	四川省	遂宁市	船山区	33.62
2071	山东省	临沂市	费县	33.62
2072	湖南省	邵阳市	武冈市	33.60
2073	青海省	果洛藏族自治州	玛沁县	33.60
2074	四川省	乐山市	沐川县	33.60
2075	贵州省	黔东南苗族侗族自治州	台江县	33.59

续表

排名	省级	地市级	区县级	发展级大气环境资源
2076	陕西省	安康市	岚皋县	33.59
2077	陕西省	汉中市	西乡县	33.59
2078	湖北省	恩施土家族苗族自治州	来凤县	33.58
2079	湖北省	恩施土家族苗族自治州	建始县	33.58
2080	湖南省	怀化市	芷江侗族自治县	33.58
2081	新疆维吾尔自治区	昌吉回族自治州	奇台县	33.58
2082	西藏自治区	昌都市	类乌齐县	33.58
2083	河南省	信阳市	淮滨县	33.57
2084	西藏自治区	林芝市	波密县	33.57
2085	北京市	海淀区	海淀区	33.55
2086	四川省	巴中市	平昌县	33.55
2087	贵州省	毕节市	七星关区	33.53
2088	福建省	三明市	明溪县	33.52
2089	甘肃省	酒泉市	敦煌市	33.51
2090	贵州省	黔东南苗族侗族自治州	天柱县	33.51
2091	河北省	保定市	涿州市	33.51
2092	四川省	甘孜藏族自治州	德格县	33.51
2093	甘肃省	白银市	靖远县	33.50
2094	甘肃省	定西市	岷县	33.50
2095	湖北省	十堰市	竹山县	33.50
2096	新疆维吾尔自治区	和田地区	民丰县	33.50
2097	河北省	邯郸市	涉县	33.48
2098	陕西省	渭南市	华州区	33.48
2099	贵州省	遵义市	汇川区	33.47
2100	河南省	南阳市	桐柏县	33.47
2101	云南省	丽江市	玉龙纳西族自治县	33.47
2102	甘肃省	临夏回族自治州	和政县	33.46
2103	山西省	临汾市	尧都区	33.46
2104	新疆维吾尔自治区	克孜勒苏柯尔克孜自治州	阿克陶县	33.46
2105	新疆维吾尔自治区	伊犁哈萨克自治州	特克斯县	33.46
2106	西藏自治区	那曲市	比如县	33.46
2107	重庆市	开州区	开州区	33.44
2108	河北省	石家庄市	栾城区	33.44
2109	江西省	抚州市	资溪县	33.44
2110	安徽省	宣城市	宁国市	33.43
2111	福建省	南平市	浦城县	33.43
2112	福建省	三明市	泰宁县	33.43
2113	河北省	廊坊市	香河县	33.43
2114	河北省	石家庄市	辛集市	33.43
2115	新疆维吾尔自治区	塔城地区	沙湾县	33.43

排名	省级	地市级	区县级	发展级大气环境资源
2116	贵州省	黔东南苗族侗族自治州	榕江县	33.42
2117	河北省	秦皇岛市	青龙满族自治县	33.42
2118	新疆维吾尔自治区	阿勒泰地区	富蕴县	33.42
2119	四川省	达州市	万源市	33.41
2120	贵州省	黔南布依族苗族自治州	荔波县	33.40
2121	云南省	昭通市	盐津县	33.40
2122	河北省	石家庄市	无极县	33.39
2123	新疆维吾尔自治区	巴音郭楞蒙古自治州	尉犁县	33.37
2124	福建省	南平市	建阳区	33.36
2125	贵州省	铜仁市	石阡县	33.36
2126	河北省	石家庄市	正定县	33.36
2127	湖南省	张家界市	永定区	33.36
2128	山东省	济宁市	兖州区	33.36
2129	陕西省	延安市	黄陵县	33.36
2130	云南省	红河哈尼族彝族自治州	屏边苗族自治县	33.36
2131	重庆市	万州区	万州区	33.35
2132	浙江省	丽水市	缙云县	33.35
2133	甘肃省	定西市	临洮县	33.33
2134	河北省	邯郸市	馆陶县	33.33
2135	陕西省	宝鸡市	渭滨区	33.33
2136	新疆维吾尔自治区	喀什地区	麦盖提县	33.33
2137	浙江省	台州市	仙居县	33.33
2138	北京市	延庆区	延庆区	33.31
2139	山西省	朔州市	右玉县	33.31
2140	山西省	长治市	襄垣县	33.31
2141	重庆市	城口县	城口县	33.30
2142	贵州省	毕节市	织金县	33.30
2143	河北省	廊坊市	安次区	33.30
2144	宁夏回族自治区	石嘴山市	大武口区	33.30
2145	山东省	泰安市	肥城市	33.30
2146	甘肃省	兰州市	皋兰县	33.29
2147	甘肃省	陇南市	成县	33.28
2148	新疆维吾尔自治区	昌吉回族自治州	玛纳斯县	33.28
2149	四川省	阿坝藏族羌族自治州	金川县	33.27
2150	安徽省	六安市	霍山县	33.26
2151	吉林省	吉林市	永吉县	33.24
2152	四川省	达州市	达川区	33.24
2153	吉林省	白山市	靖宇县	33.23
2154	河北省	廊坊市	霸州市	33.21
2155	陕西省	安康市	石泉县	33.21

排名	省级	地市级	区县级	发展级大气环境资源
2156	新疆维吾尔自治区	乌鲁木齐市	米东区	33.21
2157	四川省	南充市	阆中市	33.20
2158	贵州省	遵义市	绥阳县	33.19
2159	湖南省	娄底市	新化县	33.19
2160	湖南省	张家界市	桑植县	33.19
2161	新疆维吾尔自治区	阿克苏地区	温宿县	33.19
2162	河北省	廊坊市	永清县	33.18
2163	湖南省	湘西土家族苗族自治州	吉首市	33.18
2164	青海省	海北藏族自治州	门源回族自治县	33.17
2165	山西省	大同市	灵丘县	33.17
2166	贵州省	黔东南苗族侗族自治州	从江县	33.16
2167	四川省	广元市	旺苍县	33.16
2168	新疆维吾尔自治区	巴音郭楞蒙古自治州	和硕县	33.16
2169	西藏自治区	林芝市	米林县	33.16
2170	新疆维吾尔自治区	和田地区	皮山县	33.15
2171	云南省	西双版纳傣族自治州	景洪市	33.15
2172	湖南省	湘西土家族苗族自治州	永顺县	33.14
2173	青海省	海西蒙古族藏族自治州	大柴旦行政区	33.14
2174	陕西省	商洛市	镇安县	33.14
2175	湖南省	郴州市	桂东县	33.13
2176	内蒙古自治区	呼伦贝尔市	额尔古纳市	33.13
2177	河北省	唐山市	遵化市	33.12
2178	陕西省	安康市	白河县	33.12
2179	新疆维吾尔自治区	博尔塔拉蒙古自治州	博乐市	33.12
2180	河北省	秦皇岛市	海港区	33.11
2181	湖南省	怀化市	鹤城区	33.11
2182	湖南省	怀化市	沅陵县	33.10
2183	新疆维吾尔自治区	喀什地区	泽普县	33.10
2184	内蒙古自治区	兴安盟	阿尔山市	33.08
2185	吉林省	吉林市	桦甸市	33.06
2186	河北省	保定市	易县	33.05
2187	吉林省	延边朝鲜族自治州	和龙市	33.05
2188	山西省	临汾市	安泽县	33.04
2189	新疆维吾尔自治区	昌吉回族自治州	阜康市	33.03
2190	陕西省	安康市	汉滨区	33.02
2191	湖南省	郴州市	宜章县	33.01
2192	陕西省	商洛市	柞水县	33.01
2193	新疆维吾尔自治区	和田地区	于田县	33.01
2194	四川省	成都市	都江堰市	33.00
2195	湖南省	岳阳市	平江县	32.99

续表

排名	省级	地市级	区县级	发展级大气环境资源
2196	新疆维吾尔自治区	伊犁哈萨克自治州	察布查尔锡伯自治县	32.99
2197	甘肃省	临夏回族自治州	临夏市	32.97
2198	贵州省	黔东南苗族侗族自治州	剑河县	32.97
2199	贵州省	遵义市	凤冈县	32.97
2200	河北省	廊坊市	固安县	32.97
2201	新疆维吾尔自治区	阿拉尔市	阿拉尔市	32.97
2202	河南省	南阳市	南召县	32.96
2203	湖南省	娄底市	双峰县	32.96
2204	湖北省	宜昌市	秭归县	32.94
2205	内蒙古自治区	呼和浩特市	赛罕区	32.94
2206	陕西省	宝鸡市	扶风县	32.94
2207	新疆维吾尔自治区	五家渠市	五家渠市	32.93
2208	四川省	眉山市	东坡区	32.92
2209	湖南省	湘西土家族苗族自治州	龙山县	32.90
2210	陕西省	安康市	宁陕县	32.90
2211	山西省	朔州市	朔城区	32.90
2212	新疆维吾尔自治区	喀什地区	伽师县	32.90
2213	青海省	海东市	互助土族自治县	32.88
2214	陕西省	延安市	吴起县	32.88
2215	陕西省	汉中市	宁强县	32.86
2216	河北省	石家庄市	藁城区	32.84
2217	浙江省	温州市	鹿城区	32.84
2218	浙江省	丽水市	莲都区	32.82
2219	青海省	海南藏族自治州	共和县	32.80
2220	贵州省	遵义市	道真仡佬族苗族自治县	32.79
2221	陕西省	安康市	紫阳县	32.78
2222	青海省	果洛藏族自治州	班玛县	32.75
2223	新疆维吾尔自治区	塔城地区	塔城市	32.75
2224	河北省	张家口市	蔚县	32.74
2225	陕西省	汉中市	汉台区	32.74
2226	四川省	成都市	郫都区	32.73
2227	河北省	保定市	曲阳县	32.71
2228	河北省	承德市	承德县	32.70
2229	云南省	临沧市	耿马傣族佤族自治县	32.68
2230	四川省	雅安市	雨城区	32.64
2231	宁夏回族自治区	固原市	西吉县	32.62
2232	新疆维吾尔自治区	塔城地区	乌苏市	32.60
2233	青海省	玉树藏族自治州	玉树市	32.59
2234	贵州省	黔西南布依族苗族自治州	望谟县	32.58
2235	新疆维吾尔自治区	阿克苏地区	库车县	32.57

排名	省级	地市级	区县级	发展级大气环境资源
2236	贵州省	铜仁市	松桃苗族自治县	32.56
2237	内蒙古自治区	呼伦贝尔市	牙克石市东北	32.56
2238	四川省	阿坝藏族羌族自治州	马尔康市	32.56
2239	新疆维吾尔自治区	喀什地区	莎车县	32.56
2240	新疆维吾尔自治区	伊犁哈萨克自治州	伊宁县	32.55
2241	湖南省	怀化市	新晃侗族自治县	32.54
2242	贵州省	铜仁市	思南县	32.52
2243	湖北省	恩施土家族苗族自治州	恩施市	32.52
2244	新疆维吾尔自治区	哈密市	伊州区	32.51
2245	新疆维吾尔自治区	喀什地区	巴楚县	32.49
2246	重庆市	彭水苗族土家族自治县	彭水苗族土家族自治县	32.48
2247	辽宁省	抚顺市	清原满族自治县	32.48
2248	吉林省	通化市	东昌区	32.47
2249	江西省	景德镇市	昌江区	32.44
2250	河北省	承德市	双桥区	32.42
2251	甘肃省	陇南市	两当县	32.40
2252	北京市	密云区	密云区	32.33
2253	辽宁省	丹东市	宽甸满族自治县	32.31
2254	浙江省	丽水市	云和县	32.27
2255	河北省	保定市	唐县	32.26
2256	新疆维吾尔自治区	巴音郭楞蒙古自治州	和静县北部	32.19
2257	湖北省	宜昌市	五峰土家族自治县	32.17
2258	新疆维吾尔自治区	伊犁哈萨克自治州	霍城县	32.17
2259	辽宁省	抚顺市	新宾满族自治县	32.13
2260	甘肃省	兰州市	城关区	32.12
2261	新疆维吾尔自治区	克孜勒苏柯尔克孜自治州	阿图什市	31.98
2262	新疆维吾尔自治区	石河子市	石河子市	31.97
2263	新疆维吾尔自治区	伊犁哈萨克自治州	巩留县	31.94
2264	内蒙古自治区	呼伦贝尔市	根河市	31.92
2265	新疆维吾尔自治区	阿克苏地区	沙雅县	31.80
2266	新疆维吾尔自治区	阿克苏地区	柯坪县	31.76
2267	云南省	怒江傈僳族自治州	贡山独龙族怒族自治县	31.76
2268	新疆维吾尔自治区	喀什地区	岳普湖县	31.75
2269	陕西省	渭南市	合阳县	31.74
2270	新疆维吾尔自治区	伊犁哈萨克自治州	伊宁市	31.74
2271	云南省	怒江傈僳族自治州	福贡县	31.74
2272	贵州省	黔南布依族苗族自治州	罗甸县	31.69
2273	新疆维吾尔自治区	吐鲁番市	鄯善县	31.63
2274	宁夏回族自治区	银川市	贺兰县	31.54
2275	新疆维吾尔自治区	喀什地区	英吉沙县	31.48

续表

排名	省级	地市级	区县级	发展级大气环境资源
2276	云南省	红河哈尼族彝族自治州	河口瑶族自治县	31.42
2277	陕西省	榆林市	子洲县	31.16
2278	黑龙江省	大兴安岭地区	漠河县	31.06
2279	新疆维吾尔自治区	阿克苏地区	拜城县	30.90
2280	上海市	徐汇区	徐汇区	30.83
2281	新疆维吾尔自治区	阿勒泰地区	阿勒泰市	30.82
2282	新疆维吾尔自治区	伊犁哈萨克自治州	尼勒克县	30.54
2283	陕西省	商洛市	商南县	30.53
2284	新疆维吾尔自治区	阿勒泰地区	青河县	30.35

五 中国大气环境资源储量县级排名

表 4-9 中国大气环境资源储量县级排名（2019-县级-ASPI 均值排序）

排名	省级	地市级	区县级	大气环境资源储量
1	浙江省	舟山市	嵊泗县	70.65
2	浙江省	台州市	椒江区	70.32
3	内蒙古自治区	巴彦淖尔市	乌拉特后旗西北	70.08
4	湖南省	衡阳市	南岳区	68.59
5	甘肃省	武威市	天祝藏族自治县	68.49
6	海南省	三沙市	南沙区	68.18
7	云南省	红河哈尼族彝族自治州	个旧市	66.75
8	山东省	威海市	荣成市北海口	66.42
9	福建省	泉州市	晋江市	66.37
10	内蒙古自治区	赤峰市	巴林右旗	65.18
11	福建省	福州市	福清市	64.05
12	新疆维吾尔自治区	博尔塔拉蒙古自治州	阿拉山口市	63.67
13	江苏省	连云港市	连云区	63.62
14	海南省	三亚市	吉阳区	63.37
15	西藏自治区	昌都市	八宿县	63.10
16	福建省	漳州市	东山县	62.83
17	内蒙古自治区	阿拉善盟	额济纳旗东部	62.77
18	内蒙古自治区	鄂尔多斯市	杭锦旗	62.75
19	内蒙古自治区	呼伦贝尔市	新巴尔虎右旗	62.68
20	浙江省	宁波市	象山县（滨海）	62.51
21	内蒙古自治区	通辽市	科尔沁左翼后旗	62.45
22	内蒙古自治区	包头市	白云鄂博矿区	62.39
23	西藏自治区	日喀则市	聂拉木县	61.72
24	内蒙古自治区	锡林郭勒盟	苏尼特右旗朱日和	61.71
25	山东省	烟台市	长岛县	61.71

排名	省级	地市级	区县级	大气环境资源储量
26	内蒙古自治区	乌兰察布市	察哈尔右翼中旗	61.56
27	福建省	泉州市	惠安县	61.38
28	广东省	江门市	上川岛	61.35
29	内蒙古自治区	呼伦贝尔市	海拉尔区	60.81
30	山东省	青岛市	胶州市	60.66
31	辽宁省	锦州市	凌海市	60.37
32	辽宁省	大连市	金州区	60.17
33	云南省	曲靖市	会泽县	59.98
34	安徽省	安庆市	望江县	59.94
35	广东省	湛江市	吴川市	59.88
36	内蒙古自治区	乌兰察布市	商都县	59.70
37	山东省	烟台市	栖霞市	59.58
38	内蒙古自治区	锡林郭勒盟	苏尼特右旗	59.46
39	内蒙古自治区	锡林郭勒盟	阿巴嘎旗	59.43
40	浙江省	舟山市	岱山县	59.18
41	辽宁省	锦州市	北镇市	59.08
42	云南省	昆明市	西山区	59.00
43	内蒙古自治区	呼伦贝尔市	满洲里市	58.96
44	西藏自治区	那曲市	班戈县	58.86
45	海南省	三沙市	西沙群岛珊瑚岛	58.81
46	西藏自治区	日喀则市	亚东县	58.77
47	海南省	东方市	东方市	58.48
48	内蒙古自治区	阿拉善盟	阿拉善左旗南部	58.40
49	内蒙古自治区	锡林郭勒盟	正镶白旗	58.39
50	浙江省	台州市	玉环市	58.21
51	福建省	福州市	平潭县	58.19
52	内蒙古自治区	兴安盟	扎赉特旗	58.09
53	内蒙古自治区	赤峰市	巴林左旗	57.90
54	辽宁省	营口市	大石桥市	57.81
55	内蒙古自治区	兴安盟	科尔沁右翼中旗	57.63
56	内蒙古自治区	锡林郭勒盟	二连浩特市	57.57
57	黑龙江省	鹤岗市	绥滨县	57.55
58	山东省	济南市	章丘区	57.49
59	云南省	丽江市	宁蒗彝族自治县	56.98
60	内蒙古自治区	包头市	达尔罕茂明安联合旗北部	56.94
61	海南省	三沙市	西沙区	56.93
62	云南省	昆明市	呈贡区	56.91
63	河北省	张家口市	康保县	56.67
64	广西壮族自治区	柳州市	柳北区	56.65
65	广西壮族自治区	贵港市	桂平市	56.36

排名	省级	地市级	区县级	大气环境资源储量
66	西藏自治区	山南市	错那县	56.30
67	山东省	威海市	荣成市南海口	56.27
68	西藏自治区	那曲市	申扎县	56.27
69	山东省	青岛市	李沧区	56.26
70	山东省	烟台市	芝罘区	56.25
71	湖南省	郴州市	北湖区	56.22
72	辽宁省	盘锦市	双台子区	56.13
73	黑龙江省	齐齐哈尔市	讷河市	56.12
74	黑龙江省	绥化市	肇东市	56.04
75	辽宁省	葫芦岛市	连山区	56.01
76	黑龙江省	鸡西市	虎林市	55.99
77	江苏省	南通市	启东市（滨海）	55.99
78	吉林省	延边朝鲜族自治州	珲春市	55.95
79	内蒙古自治区	鄂尔多斯市	杭锦旗西北	55.86
80	辽宁省	沈阳市	康平县	55.82
81	山东省	烟台市	招远市	55.82
82	黑龙江省	哈尔滨市	木兰县	55.79
83	云南省	德宏傣族景颇族自治州	梁河县	55.72
84	黑龙江省	哈尔滨市	双城区	55.70
85	广东省	湛江市	徐闻县	55.68
86	黑龙江省	佳木斯市	桦南县	55.64
87	黑龙江省	鸡西市	鸡东县	55.59
88	内蒙古自治区	包头市	达尔罕茂明安联合旗东南	55.58
89	云南省	楚雄彝族自治州	永仁县	55.58
90	云南省	曲靖市	陆良县	55.57
91	山东省	烟台市	牟平区	55.56
92	山东省	威海市	文登区	55.41
93	江西省	九江市	湖口县	55.40
94	内蒙古自治区	赤峰市	阿鲁科尔沁旗	55.36
95	黑龙江省	鸡西市	鸡冠区	55.30
96	浙江省	舟山市	普陀区	55.29
97	甘肃省	金昌市	永昌县	55.17
98	黑龙江省	哈尔滨市	巴彦县	55.14
99	黑龙江省	佳木斯市	富锦市	55.14
100	湖北省	荆门市	掇刀区	55.05
101	黑龙江省	佳木斯市	同江市	54.97
102	广西壮族自治区	桂林市	临桂区	54.96
103	内蒙古自治区	包头市	固阳县	54.91
104	内蒙古自治区	通辽市	扎鲁特旗西北	54.82
105	青海省	海西蒙古族藏族自治州	格尔木市西南	54.81

排名	省级	地市级	区县级	大气环境资源储量
106	吉林省	长春市	德惠市	54.68
107	河北省	邯郸市	武安市	54.60
108	内蒙古自治区	阿拉善盟	阿拉善左旗东南	54.49
109	黑龙江省	齐齐哈尔市	克东县	54.45
110	山西省	忻州市	岢岚县	54.40
111	新疆维吾尔自治区	阿勒泰地区	吉木乃县	54.35
112	吉林省	长春市	榆树市	54.33
113	湖南省	永州市	双牌县	54.32
114	青海省	海东市	循化撒拉族自治县	54.21
115	黑龙江省	绥化市	庆安县	54.14
116	内蒙古自治区	锡林郭勒盟	正蓝旗	54.13
117	黑龙江省	七台河市	勃利县	54.12
118	安徽省	安庆市	太湖县	54.11
119	黑龙江省	大庆市	肇源县	54.01
120	内蒙古自治区	锡林郭勒盟	阿巴嘎旗西北	53.98
121	河南省	信阳市	新县	53.96
122	黑龙江省	佳木斯市	抚远市	53.94
123	西藏自治区	那曲市	安多县	53.94
124	黑龙江省	齐齐哈尔市	克山县	53.92
125	云南省	红河哈尼族彝族自治州	蒙自市	53.87
126	青海省	海西蒙古族藏族自治州	格尔木市西部	53.85
127	内蒙古自治区	阿拉善盟	阿拉善右旗	53.83
128	山西省	忻州市	神池县	53.76
129	内蒙古自治区	锡林郭勒盟	太仆寺旗	53.72
130	广西壮族自治区	北海市	海城区（涠洲岛）	53.71
131	云南省	玉溪市	通海县	53.71
132	广东省	阳江市	江城区	53.55
133	广西壮族自治区	柳州市	柳城县	53.54
134	甘肃省	酒泉市	肃北蒙古族自治县	53.50
135	吉林省	吉林市	丰满区	53.45
136	辽宁省	大连市	长海县	53.44
137	内蒙古自治区	阿拉善盟	阿拉善左旗西北	53.44
138	青海省	海西蒙古族藏族自治州	冷湖行政区	53.36
139	内蒙古自治区	阿拉善盟	阿拉善左旗	53.29
140	内蒙古自治区	赤峰市	巴林左旗北部	53.27
141	黑龙江省	齐齐哈尔市	拜泉县	53.26
142	内蒙古自治区	乌兰察布市	察哈尔右翼前旗	53.23
143	吉林省	四平市	公主岭市	53.17
144	黑龙江省	绥化市	明水县	53.13
145	吉林省	白城市	镇赉县	53.07

排名	省级	地市级	区县级	大气环境资源储量
146	云南省	昆明市	宜良县	53.07
147	云南省	曲靖市	师宗县	53.05
148	云南省	楚雄彝族自治州	牟定县	53.04
149	山西省	长治市	壶关县	52.95
150	西藏自治区	阿里地区	改则县	52.94
151	新疆维吾尔自治区	塔城地区	和布克赛尔蒙古自治县	52.89
152	黑龙江省	哈尔滨市	宾县	52.80
153	宁夏回族自治区	吴忠市	同心县	52.78
154	内蒙古自治区	鄂尔多斯市	伊金霍洛旗	52.76
155	广西壮族自治区	玉林市	博白县	52.68
156	江西省	九江市	都昌县	52.66
157	辽宁省	朝阳市	北票市	52.65
158	山东省	济南市	平阴县	52.65
159	黑龙江省	大庆市	杜尔伯特蒙古族自治县	52.56
160	内蒙古自治区	兴安盟	突泉县	52.55
161	辽宁省	营口市	西市区	52.50
162	湖北省	襄阳市	襄城区	52.47
163	云南省	昆明市	寻甸回族彝族自治县	52.44
164	内蒙古自治区	通辽市	科尔沁左翼中旗南部	52.43
165	浙江省	温州市	洞头区	52.40
166	广西壮族自治区	钦州市	钦南区	52.38
167	内蒙古自治区	乌兰察布市	四子王旗	52.37
168	江苏省	南通市	如东县	52.31
169	内蒙古自治区	乌兰察布市	化德县	52.29
170	广西壮族自治区	防城港市	港口区	52.23
171	河北省	邢台市	桥东区	52.22
172	内蒙古自治区	呼和浩特市	武川县	52.22
173	山东省	威海市	环翠区	52.17
174	云南省	昆明市	晋宁区	52.16
175	内蒙古自治区	赤峰市	敖汉旗	52.15
176	广西壮族自治区	百色市	田阳县	52.12
177	四川省	甘孜藏族自治州	康定市	52.06
178	浙江省	宁波市	余姚市	52.02
179	河南省	鹤壁市	淇县	52.00
180	云南省	曲靖市	马龙县	51.93
181	吉林省	白城市	洮南市	51.87
182	山东省	青岛市	市南区	51.85
183	福建省	莆田市	秀屿区	51.83
184	浙江省	杭州市	萧山区	51.80
185	安徽省	马鞍山市	当涂县	51.79

续表

排名	省级	地市级	区县级	大气环境资源储量
186	湖北省	孝感市	大悟县	51.69
187	河南省	三门峡市	湖滨区	51.66
188	山西省	长治市	长治县	51.66
189	黑龙江省	哈尔滨市	通河县	51.65
190	河北省	唐山市	滦南县	51.62
191	广东省	揭阳市	惠来县	51.60
192	内蒙古自治区	通辽市	奈曼旗南部	51.60
193	辽宁省	沈阳市	辽中区	51.58
194	广西壮族自治区	玉林市	容县	51.54
195	山东省	潍坊市	临朐县	51.52
196	青海省	海东市	乐都区	51.50
197	内蒙古自治区	呼和浩特市	新城区	51.47
198	内蒙古自治区	锡林郭勒盟	镶黄旗	51.44
199	四川省	阿坝藏族羌族自治州	茂县	51.41
200	西藏自治区	昌都市	芒康县	51.37
201	吉林省	长春市	九台区	51.35
202	贵州省	贵阳市	清镇市	51.34
203	辽宁省	锦州市	黑山县	51.33
204	湖北省	随州市	广水市	51.30
205	吉林省	白城市	大安市	51.25
206	湖南省	永州市	江华瑶族自治县县	51.23
207	内蒙古自治区	通辽市	库伦旗	51.23
208	吉林省	四平市	梨树县	51.22
209	山东省	烟台市	蓬莱市	51.20
210	河北省	沧州市	海兴县	51.19
211	辽宁省	葫芦岛市	兴城市	51.12
212	山东省	济南市	长清区	51.10
213	河北省	邯郸市	永年区	51.09
214	河南省	洛阳市	孟津县	51.08
215	辽宁省	朝阳市	喀喇沁左翼蒙古族自治县	51.07
216	云南省	大理白族自治州	剑川县	51.05
217	吉林省	辽源市	东丰县	51.03
218	黑龙江省	绥化市	兰西县	50.93
219	宁夏回族自治区	中卫市	沙坡头区	50.91
220	江西省	南昌市	进贤县	50.89
221	黑龙江省	绥化市	青冈县	50.84
222	浙江省	温州市	乐清市	50.84
223	江西省	九江市	庐山市	50.71
224	内蒙古自治区	赤峰市	克什克腾旗	50.71
225	四川省	甘孜藏族自治州	丹巴县	50.69

排名	省级	地市级	区县级	大气环境资源储量
226	辽宁省	大连市	普兰店区	50.64
227	吉林省	白城市	通榆县	50.62
228	辽宁省	鞍山市	台安县	50.59
229	广东省	茂名市	电白区	50.54
230	甘肃省	酒泉市	玉门市	50.53
231	广西壮族自治区	南宁市	邕宁区	50.52
232	黑龙江省	齐齐哈尔市	龙江县	50.50
233	新疆维吾尔自治区	塔城地区	裕民县	50.47
234	四川省	凉山彝族自治州	盐源县	50.44
235	山东省	临沂市	兰山区	50.43
236	河北省	石家庄市	赞皇县	50.41
237	河南省	洛阳市	宜阳县	50.41
238	辽宁省	朝阳市	建平县	50.40
239	西藏自治区	山南市	琼结县	50.40
240	辽宁省	盘锦市	大洼区	50.39
241	黑龙江省	黑河市	五大连池市	50.30
242	浙江省	衢州市	江山市	50.29
243	黑龙江省	牡丹江市	西安区	50.24
244	山西省	吕梁市	中阳县	50.23
245	内蒙古自治区	通辽市	开鲁县	50.22
246	黑龙江省	牡丹江市	绥芬河市	50.19
247	江西省	抚州市	东乡区	50.18
248	青海省	海西蒙古族藏族自治州	天峻县	50.16
249	浙江省	温州市	平阳县	50.16
250	黑龙江省	齐齐哈尔市	甘南县	50.12
251	内蒙古自治区	呼和浩特市	清水河县	50.12
252	贵州省	毕节市	大方县	50.10
253	广西壮族自治区	防城港市	东兴市	50.09
254	内蒙古自治区	赤峰市	林西县	50.08
255	广西壮族自治区	柳州市	融水苗族自治县	50.07
256	云南省	楚雄彝族自治州	双柏县	50.07
257	黑龙江省	黑河市	嫩江县	50.05
258	甘肃省	甘南藏族自治州	碌曲县	50.03
259	云南省	丽江市	永胜县	50.03
260	海南省	海口市	美兰区	50.01
261	吉林省	吉林市	舒兰市	50.01
262	黑龙江省	双鸭山市	饶河县	50.00
263	辽宁省	锦州市	义县	49.97
264	内蒙古自治区	锡林郭勒盟	东乌珠穆沁旗东部	49.97
265	黑龙江省	黑河市	北安市	49.96

续表

排名	省级	地市级	区县级	大气环境资源储量
266	福建省	漳州市	诏安县	49.94
267	内蒙古自治区	兴安盟	扎赉特旗西部	49.93
268	黑龙江省	齐齐哈尔市	泰来县	49.91
269	河北省	张家口市	沽源县	49.89
270	江苏省	淮安市	金湖县	49.89
271	云南省	楚雄彝族自治州	大姚县	49.87
272	内蒙古自治区	锡林郭勒盟	锡林浩特市	49.85
273	辽宁省	铁岭市	昌图县	49.83
274	内蒙古自治区	锡林郭勒盟	苏尼特左旗	49.82
275	河北省	张家口市	尚义县	49.78
276	青海省	黄南藏族自治州	泽库县	49.76
277	内蒙古自治区	乌兰察布市	察哈尔右翼后旗	49.74
278	海南省	万宁市	万宁市	49.71
279	辽宁省	丹东市	东港市	49.71
280	山东省	烟台市	福山区	49.71
281	云南省	楚雄彝族自治州	武定县	49.69
282	浙江省	台州市	天台县	49.69
283	黑龙江省	大庆市	林甸县	49.68
284	内蒙古自治区	通辽市	科尔沁左翼中旗	49.68
285	福建省	福州市	长乐区	49.67
286	辽宁省	沈阳市	法库县	49.66
287	云南省	昆明市	石林彝族自治县	49.66
288	河北省	沧州市	南皮县	49.65
289	甘肃省	天水市	武山县	49.60
290	黑龙江省	佳木斯市	桦川县	49.56
291	山西省	朔州市	平鲁区	49.53
292	云南省	红河哈尼族彝族自治州	红河县	49.53
293	山东省	青岛市	即墨区	49.51
294	山东省	潍坊市	昌邑市	49.51
295	江苏省	南通市	崇川区	49.49
296	新疆维吾尔自治区	昌吉回族自治州	木垒哈萨克自治县	49.49
297	广东省	汕尾市	陆丰市	49.48
298	河北省	承德市	丰宁满族自治县	49.48
299	云南省	迪庆藏族自治州	香格里拉市	49.42
300	广东省	湛江市	遂溪县	49.41
301	辽宁省	大连市	旅顺口区	49.39
302	山西省	晋中市	榆次区	49.36
303	广东省	茂名市	高州市	49.34
304	辽宁省	大连市	瓦房店市	49.32
305	内蒙古自治区	乌兰察布市	兴和县	49.32

排名	省级	地市级	区县级	大气环境资源储量
306	湖北省	鄂州市	鄂城区	49.30
307	云南省	红河哈尼族彝族自治州	建水县	49.28
308	山西省	忻州市	宁武县	49.24
309	浙江省	宁波市	象山县	49.19
310	云南省	玉溪市	易门县	49.16
311	安徽省	安庆市	大观区	49.14
312	黑龙江省	鸡西市	密山市	49.13
313	辽宁省	阜新市	彰武县	49.10
314	安徽省	池州市	东至县	49.09
315	贵州省	贵阳市	开阳县	49.09
316	河北省	邢台市	内丘县	49.09
317	内蒙古自治区	锡林郭勒盟	西乌珠穆沁旗	49.08
318	安徽省	蚌埠市	怀远县	49.07
319	内蒙古自治区	通辽市	奈曼旗	49.07
320	浙江省	嘉兴市	平湖市	49.06
321	广西壮族自治区	玉林市	北流市	49.04
322	甘肃省	临夏回族自治州	东乡族自治县	49.03
323	山东省	临沂市	平邑县	49.02
324	吉林省	四平市	铁西区	48.96
325	广东省	湛江市	雷州市	48.95
326	黑龙江省	齐齐哈尔市	依安县	48.95
327	西藏自治区	阿里地区	噶尔县	48.95
328	山东省	日照市	东港区	48.92
329	内蒙古自治区	呼伦贝尔市	牙克石市东部	48.91
330	广东省	汕头市	澄海区	48.86
331	云南省	红河哈尼族彝族自治州	开远市	48.86
332	河北省	张家口市	宣化区	48.84
333	黑龙江省	牡丹江市	宁安市	48.83
334	广东省	江门市	新会区	48.82
335	云南省	昆明市	东川区	48.82
336	新疆维吾尔自治区	和田地区	洛浦县	48.80
337	河南省	安阳市	汤阴县	48.79
338	云南省	楚雄彝族自治州	姚安县	48.77
339	吉林省	延边朝鲜族自治州	延吉市	48.76
340	黑龙江省	大庆市	肇州县	48.75
341	广西壮族自治区	崇左市	江州区	48.73
342	山东省	威海市	荣成市	48.72
343	辽宁省	阜新市	细河区	48.70
344	辽宁省	辽阳市	灯塔市	48.68
345	云南省	曲靖市	富源县	48.65

续表

排名	省级	地市级	区县级	大气环境资源储量
346	广东省	珠海市	香洲区	48.61
347	安徽省	安庆市	潜山县	48.57
348	四川省	凉山彝族自治州	喜德县	48.57
349	云南省	玉溪市	元江哈尼族彝族傣族自治县	48.57
350	山东省	德州市	武城县	48.55
351	黑龙江省	佳木斯市	汤原县	48.54
352	黑龙江省	双鸭山市	宝清县	48.53
353	广西壮族自治区	河池市	环江毛南族自治县	48.52
354	河北省	张家口市	张北县	48.50
355	广东省	湛江市	霞山区	48.46
356	吉林省	通化市	辉南县	48.45
357	河北省	沧州市	黄骅市	48.44
358	内蒙古自治区	赤峰市	松山区	48.41
359	四川省	凉山彝族自治州	德昌县	48.41
360	云南省	红河哈尼族彝族自治州	泸西县	48.40
361	黑龙江省	绥化市	海伦市	48.39
362	新疆维吾尔自治区	乌鲁木齐市	达坂城区	48.37
363	云南省	大理白族自治州	洱源县	48.37
364	河南省	南阳市	镇平县	48.36
365	云南省	大理白族自治州	弥渡县	48.36
366	内蒙古自治区	赤峰市	宁城县	48.31
367	广东省	清远市	清城区	48.29
368	江苏省	苏州市	吴中区	48.29
369	吉林省	长春市	双阳区	48.28
370	山东省	潍坊市	诸城市	48.28
371	福建省	厦门市	湖里区	48.27
372	广西壮族自治区	柳州市	融安县	48.26
373	山西省	晋中市	昔阳县	48.24
374	安徽省	宿州市	灵璧县	48.22
375	山西省	运城市	稷山县	48.22
376	山东省	临沂市	临沭县	48.20
377	广东省	惠州市	惠东县	48.15
378	吉林省	长春市	农安县	48.15
379	宁夏回族自治区	固原市	泾源县	48.14
380	内蒙古自治区	包头市	达尔罕茂明安联合旗	48.13
381	西藏自治区	阿里地区	普兰县	48.10
382	内蒙古自治区	巴彦淖尔市	磴口县	48.08
383	江苏省	盐城市	射阳县	48.07
384	辽宁省	辽阳市	辽阳县	48.06
385	广西壮族自治区	百色市	那坡县	48.05

续表

排名	省级	地市级	区县级	大气环境资源储量
386	安徽省	合肥市	长丰县	48.04
387	四川省	甘孜藏族自治州	九龙县	48.04
388	云南省	昆明市	嵩明县	48.03
389	云南省	玉溪市	新平彝族傣族自治县	48.02
390	河北省	邯郸市	峰峰矿区	48.01
391	吉林省	松原市	长岭县	48.00
392	内蒙古自治区	包头市	青山区	47.98
393	辽宁省	沈阳市	新民市	47.96
394	内蒙古自治区	赤峰市	敖汉旗东部	47.95
395	山西省	大同市	广灵县	47.91
396	江西省	九江市	彭泽县	47.90
397	河南省	安阳市	林州市	47.89
398	广西壮族自治区	桂林市	全州县	47.88
399	山东省	德州市	临邑县	47.88
400	河南省	鹤壁市	浚县	47.85
401	重庆市	巫山县	巫山县	47.84
402	广东省	潮州市	饶平县	47.84
403	山西省	吕梁市	方山县	47.84
404	甘肃省	张掖市	甘州区	47.82
405	黑龙江省	哈尔滨市	阿城区	47.79
406	黑龙江省	哈尔滨市	五常市	47.79
407	河北省	邯郸市	曲周县	47.78
408	黑龙江省	绥化市	绥棱县	47.77
409	甘肃省	张掖市	民乐县	47.76
410	河北省	张家口市	赤城县	47.72
411	青海省	海北藏族自治州	海晏县	47.71
412	安徽省	安庆市	宿松县	47.70
413	天津市	宁河区	宁河区	47.69
414	黑龙江省	哈尔滨市	延寿县	47.64
415	浙江省	绍兴市	柯桥区	47.64
416	湖南省	常德市	临澧县	47.61
417	内蒙古自治区	鄂尔多斯市	鄂托克旗	47.61
418	山西省	临汾市	襄汾县	47.61
419	河北省	秦皇岛市	昌黎县	47.58
420	湖南省	岳阳市	汨罗市	47.57
421	内蒙古自治区	呼伦贝尔市	鄂温克族自治旗	47.56
422	西藏自治区	日喀则市	定日县	47.56
423	广东省	佛山市	禅城区	47.55
424	甘肃省	甘南藏族自治州	夏河县	47.53
425	广西壮族自治区	百色市	西林县	47.50

续表

排名	省级	地市级	区县级	大气环境资源储量
426	黑龙江省	绥化市	望奎县	47.48
427	云南省	红河哈尼族彝族自治州	元阳县	47.46
428	广西壮族自治区	南宁市	青秀区	47.44
429	黑龙江省	哈尔滨市	香坊区	47.44
430	甘肃省	甘南藏族自治州	临潭县	47.43
431	吉林省	四平市	双辽市	47.42
432	山东省	德州市	宁津县	47.40
433	黑龙江省	大兴安岭地区	呼玛县	47.39
434	山西省	运城市	芮城县	47.39
435	云南省	玉溪市	华宁县	47.38
436	河北省	邢台市	威县	47.37
437	广西壮族自治区	防城港市	防城区	47.36
438	河南省	洛阳市	洛宁县	47.35
439	吉林省	四平市	伊通满族自治县	47.34
440	内蒙古自治区	巴彦淖尔市	杭锦后旗	47.33
441	湖北省	荆门市	钟祥市	47.32
442	青海省	海北藏族自治州	刚察县	47.29
443	云南省	临沧市	永德县	47.29
444	江苏省	连云港市	海州区	47.25
445	海南省	定安县	定安县	47.24
446	黑龙江省	哈尔滨市	依兰县	47.21
447	甘肃省	定西市	安定区	47.18
448	山西省	大同市	浑源县	47.18
449	广东省	河源市	连平县	47.16
450	山东省	菏泽市	牡丹区	47.16
451	吉林省	松原市	宁江区	47.12
452	辽宁省	大连市	西岗区	47.12
453	云南省	玉溪市	峨山彝族自治县	47.11
454	安徽省	合肥市	庐江县	47.09
455	四川省	甘孜藏族自治州	乡城县	47.09
456	新疆维吾尔自治区	哈密市	伊吾县	47.08
457	广西壮族自治区	河池市	南丹县	47.02
458	黑龙江省	哈尔滨市	呼兰区	47.01
459	河北省	承德市	平泉市	47.00
460	山东省	烟台市	龙口市	47.00
461	河南省	洛阳市	偃师市	46.99
462	青海省	西宁市	城西区	46.99
463	青海省	果洛藏族自治州	玛多县	46.94
464	广东省	汕头市	南澳县	46.92
465	内蒙古自治区	锡林郭勒盟	东乌珠穆沁旗	46.92

排名	省级	地市级	区县级	大气环境资源储量
466	上海市	松江区	松江区	46.89
467	上海市	浦东新区	浦东新区	46.88
468	河南省	驻马店市	正阳县	46.87
469	山西省	大同市	左云县	46.87
470	山东省	德州市	齐河县	46.79
471	广东省	韶关市	乐昌市	46.78
472	安徽省	滁州市	天长市	46.77
473	湖南省	长沙市	岳麓区	46.77
474	上海市	崇明区	崇明区	46.76
475	青海省	西宁市	湟源县	46.73
476	山东省	济宁市	金乡县	46.72
477	山东省	潍坊市	高密市	46.72
478	广东省	湛江市	廉江市	46.70
479	山西省	长治市	武乡县	46.70
480	山西省	临汾市	乡宁县	46.68
481	湖南省	益阳市	南县	46.67
482	云南省	文山壮族苗族自治州	砚山县	46.65
483	内蒙古自治区	鄂尔多斯市	乌审旗北部	46.64
484	河北省	唐山市	丰南区	46.63
485	河南省	新乡市	原阳县	46.63
486	吉林省	松原市	扶余市	46.63
487	云南省	楚雄彝族自治州	禄丰县	46.61
488	河北省	石家庄市	元氏县	46.57
489	吉林省	通化市	柳河县	46.57
490	黑龙江省	鹤岗市	萝北县	46.56
491	山东省	德州市	夏津县	46.50
492	浙江省	衢州市	柯城区	46.49
493	安徽省	滁州市	明光市	46.48
494	湖北省	黄冈市	武穴市	46.48
495	河南省	新乡市	获嘉县	46.47
496	西藏自治区	拉萨市	墨竹工卡县	46.47
497	黑龙江省	双鸭山市	集贤县	46.43
498	江西省	九江市	永修县	46.42
499	山东省	聊城市	茌平县	46.41
500	福建省	宁德市	霞浦县	46.40
501	安徽省	阜阳市	界首市	46.37
502	内蒙古自治区	呼伦贝尔市	新巴尔虎左旗	46.36
503	内蒙古自治区	鄂尔多斯市	乌审旗	46.34
504	浙江省	宁波市	奉化区	46.33
505	辽宁省	朝阳市	双塔区	46.32

续表

排名	省级	地市级	区县级	大气环境资源储量
506	内蒙古自治区	赤峰市	翁牛特旗	46.29
507	内蒙古自治区	赤峰市	红山区	46.26
508	西藏自治区	日喀则市	拉孜县	46.26
509	河南省	南阳市	唐河县	46.24
510	重庆市	大足区	大足区	46.19
511	云南省	大理白族自治州	南涧彝族自治县	46.19
512	云南省	曲靖市	沾益区	46.19
513	内蒙古自治区	兴安盟	科尔沁右翼前旗	46.18
514	河北省	邢台市	巨鹿县	46.15
515	四川省	雅安市	宝兴县	46.14
516	海南省	琼海市	琼海市	46.10
517	内蒙古自治区	鄂尔多斯市	乌审旗南部	46.10
518	江苏省	南通市	如皋市	46.09
519	江西省	上饶市	铅山县	46.09
520	河南省	安阳市	北关区	46.07
521	江西省	吉安市	万安县	46.06
522	云南省	昆明市	安宁市	46.06
523	吉林省	延边朝鲜族自治州	图们市	46.04
524	山西省	阳泉市	郊区	46.04
525	上海市	奉贤区	奉贤区	46.03
526	福建省	泉州市	南安市	46.02
527	湖南省	郴州市	汝城县	46.01
528	西藏自治区	山南市	隆子县	45.99
529	山东省	烟台市	莱阳市	45.97
530	云南省	文山壮族苗族自治州	丘北县	45.97
531	广西壮族自治区	柳州市	鹿寨县	45.95
532	安徽省	滁州市	来安县	45.93
533	山西省	晋城市	沁水县	45.93
534	河北省	沧州市	献县	45.91
535	黑龙江省	黑河市	逊克县	45.91
536	河北省	邢台市	隆尧县	45.89
537	内蒙古自治区	呼和浩特市	托克托县	45.89
538	天津市	河西区	河西区	45.89
539	江苏省	泰州市	靖江市	45.88
540	安徽省	合肥市	肥东县	45.87
541	贵州省	黔东南苗族侗族自治州	锦屏县	45.87
542	广西壮族自治区	玉林市	陆川县	45.86
543	河南省	许昌市	长葛市	45.86
544	黑龙江省	伊春市	铁力市	45.86
545	广东省	汕尾市	城区	45.85

排名	省级	地市级	区县级	大气环境资源储量
546	河北省	石家庄市	高邑县	45.84
547	河南省	郑州市	登封市	45.84
548	广西壮族自治区	南宁市	宾阳县	45.82
549	湖南省	岳阳市	湘阴县	45.79
550	江苏省	镇江市	扬中市	45.77
551	河北省	衡水市	冀州区	45.74
552	福建省	龙岩市	连城县	45.73
553	吉林省	松原市	乾安县	45.73
554	辽宁省	铁岭市	西丰县	45.73
555	山西省	晋中市	左权县	45.73
556	贵州省	安顺市	平坝区	45.72
557	广西壮族自治区	来宾市	象州县	45.69
558	山东省	聊城市	阳谷县	45.68
559	广西壮族自治区	崇左市	扶绥县	45.67
560	吉林省	吉林市	蛟河市	45.67
561	北京市	门头沟区	门头沟区	45.66
562	广西壮族自治区	桂林市	资源县	45.65
563	山东省	东营市	河口区	45.65
564	河南省	焦作市	武陟县	45.64
565	安徽省	蚌埠市	五河县	45.62
566	河南省	洛阳市	嵩县	45.62
567	山东省	威海市	乳山市	45.62
568	陕西省	榆林市	榆阳区	45.62
569	河北省	唐山市	曹妃甸区	45.61
570	河南省	南阳市	宛城区	45.61
571	黑龙江省	伊春市	汤旺河区	45.58
572	江苏省	常州市	金坛区	45.57
573	广西壮族自治区	贺州市	钟山县	45.56
574	四川省	攀枝花市	仁和区	45.56
575	四川省	宜宾市	翠屏区	45.56
576	西藏自治区	那曲市	色尼区	45.56
577	江西省	上饶市	广丰区	45.55
578	广西壮族自治区	河池市	都安瑶族自治县	45.54
579	辽宁省	铁岭市	银州区	45.54
580	上海市	嘉定区	嘉定区	45.51
581	浙江省	衢州市	常山县	45.51
582	甘肃省	武威市	民勤县	45.50
583	江西省	抚州市	金溪县	45.50
584	云南省	大理白族自治州	鹤庆县	45.49
585	内蒙古自治区	锡林郭勒盟	多伦县	45.48

续表

排名	省级	地市级	区县级	大气环境资源储量
586	云南省	曲靖市	罗平县	45.48
587	黑龙江省	绥化市	安达市	45.47
588	河南省	三门峡市	灵宝市	45.45
589	湖北省	黄冈市	黄州区	45.44
590	新疆维吾尔自治区	吐鲁番市	托克逊县	45.43
591	安徽省	芜湖市	鸠江区	45.42
592	河南省	驻马店市	确山县	45.42
593	青海省	海西蒙古族藏族自治州	都兰县	45.42
594	云南省	大理白族自治州	巍山彝族回族自治县	45.42
595	内蒙古自治区	兴安盟	科尔沁右翼中旗东南	45.40
596	河南省	焦作市	温县	45.39
597	广西壮族自治区	南宁市	隆安县	45.38
598	贵州省	黔东南苗族侗族自治州	丹寨县	45.38
599	四川省	攀枝花市	米易县	45.38
600	福建省	漳州市	漳浦县	45.35
601	广西壮族自治区	南宁市	横县	45.32
602	湖南省	郴州市	临武县	45.32
603	辽宁省	朝阳市	凌源市	45.32
604	山西省	临汾市	蒲县	45.31
605	安徽省	马鞍山市	花山区	45.30
606	福建省	福州市	罗源县	45.30
607	广东省	佛山市	三水区	45.30
608	河北省	张家口市	桥东区	45.29
609	山西省	长治市	黎城县	45.29
610	吉林省	白城市	洮北区	45.28
611	辽宁省	朝阳市	朝阳县	45.28
612	新疆维吾尔自治区	阿勒泰地区	福海县	45.28
613	广东省	江门市	鹤山市	45.27
614	甘肃省	陇南市	文县	45.26
615	黑龙江省	佳木斯市	郊区	45.25
616	吉林省	长春市	绿园区	45.25
617	内蒙古自治区	巴彦淖尔市	乌拉特后旗	45.20
618	安徽省	铜陵市	义安区	45.19
619	黑龙江省	牡丹江市	东宁市	45.19
620	河北省	沧州市	青县	45.18
621	辽宁省	本溪市	本溪满族自治县	45.18
622	山西省	运城市	临猗县	45.15
623	广西壮族自治区	百色市	田东县	45.14
624	山西省	运城市	永济市	45.13
625	山西省	太原市	古交市	45.11

排名	省级	地市级	区县级	大气环境资源储量
626	西藏自治区	拉萨市	尼木县	45.10
627	辽宁省	大连市	普兰店区（滨海）	45.09
628	山西省	吕梁市	岚县	45.07
629	江苏省	南通市	海门市	45.06
630	内蒙古自治区	巴彦淖尔市	乌拉特中旗	45.06
631	安徽省	宿州市	埇桥区	45.05
632	河北省	承德市	滦平县	45.05
633	河北省	邢台市	临西县	45.05
634	宁夏回族自治区	银川市	灵武市	45.05
635	河南省	濮阳市	清丰县	45.04
636	安徽省	铜陵市	枞阳县	45.03
637	山东省	德州市	平原县	45.03
638	云南省	玉溪市	江川区	45.02
639	河北省	沧州市	盐山县	45.01
640	内蒙古自治区	呼伦贝尔市	陈巴尔虎旗	45.01
641	四川省	凉山彝族自治州	木里藏族自治县	45.00
642	山东省	青岛市	莱西市	44.97
643	河北省	邢台市	新河县	44.93
644	内蒙古自治区	乌兰察布市	凉城县	44.93
645	广西壮族自治区	贵港市	港北区	44.92
646	贵州省	安顺市	关岭布依族苗族自治县	44.92
647	江西省	抚州市	南城县	44.91
648	内蒙古自治区	阿拉善盟	额济纳旗	44.91
649	湖北省	黄冈市	黄梅县	44.90
650	江苏省	盐城市	亭湖区	44.88
651	内蒙古自治区	巴彦淖尔市	乌拉特前旗	44.88
652	江苏省	淮安市	盱眙县	44.86
653	河北省	邯郸市	磁县	44.85
654	河北省	沧州市	孟村回族自治县	44.83
655	福建省	漳州市	龙海市	44.82
656	广东省	韶关市	翁源县	44.81
657	河北省	沧州市	吴桥县	44.80
658	山东省	聊城市	东阿县	44.80
659	河南省	许昌市	禹州市	44.78
660	安徽省	阜阳市	临泉县	44.76
661	福建省	宁德市	柘荣县	44.76
662	广西壮族自治区	南宁市	武鸣区	44.75
663	云南省	大理白族自治州	祥云县	44.75
664	宁夏回族自治区	中卫市	海原县	44.74
665	湖北省	荆州市	监利县	44.71

续表

排名	省级	地市级	区县级	大气环境资源储量
666	辽宁省	鞍山市	海城市	44.70
667	河北省	邯郸市	肥乡区	44.69
668	云南省	保山市	龙陵县	44.69
669	云南省	玉溪市	红塔区	44.67
670	河北省	邢台市	柏乡县	44.66
671	辽宁省	丹东市	振兴区	44.64
672	陕西省	铜川市	宜君县	44.63
673	山西省	吕梁市	石楼县	44.62
674	江苏省	南京市	浦口区	44.61
675	四川省	甘孜藏族自治州	石渠县	44.61
676	安徽省	阜阳市	阜南县	44.60
677	陕西省	延安市	洛川县	44.60
678	福建省	泉州市	安溪县	44.59
679	黑龙江省	牡丹江市	林口县	44.59
680	内蒙古自治区	鄂尔多斯市	鄂托克旗西北	44.59
681	内蒙古自治区	鄂尔多斯市	鄂托克前旗	44.58
682	重庆市	南川区	南川区	44.56
683	河北省	衡水市	武强县	44.56
684	云南省	昭通市	鲁甸县	44.56
685	广东省	江门市	开平市	44.53
686	天津市	滨海新区	滨海新区北部沿海	44.53
687	广西壮族自治区	贺州市	八步区	44.51
688	贵州省	黔西南布依族苗族自治州	安龙县	44.50
689	吉林省	吉林市	磐石市	44.50
690	江苏省	苏州市	太仓市	44.48
691	山东省	枣庄市	峄城区	44.45
692	新疆维吾尔自治区	巴音郭楞蒙古自治州	且末县西北	44.45
693	河北省	张家口市	万全区	44.44
694	内蒙古自治区	呼伦贝尔市	阿荣旗	44.44
695	河南省	洛阳市	新安县	44.42
696	湖南省	湘潭市	湘潭县	44.42
697	安徽省	蚌埠市	固镇县	44.39
698	黑龙江省	伊春市	五营区	44.39
699	安徽省	淮南市	田家庵区	44.38
700	海南省	陵水黎族自治县	陵水黎族自治县	44.38
701	吉林省	延边朝鲜族自治州	安图县	44.38
702	四川省	甘孜藏族自治州	雅江县	44.36
703	新疆维吾尔自治区	巴音郭楞蒙古自治州	和静县西北	44.36
704	西藏自治区	山南市	浪卡子县	44.36
705	山西省	临汾市	汾西县	44.35

排名	省级	地市级	区县级	大气环境资源储量
706	湖南省	岳阳市	岳阳县	44.34
707	福建省	漳州市	云霄县	44.33
708	安徽省	芜湖市	繁昌县	44.32
709	新疆维吾尔自治区	巴音郭楞蒙古自治州	轮台县	44.32
710	河北省	邯郸市	大名县	44.30
711	浙江省	嘉兴市	秀洲区	44.30
712	山西省	大同市	阳高县	44.28
713	浙江省	宁波市	鄞州区	44.28
714	湖北省	武汉市	蔡甸区	44.27
715	湖南省	湘西土家族苗族自治州	泸溪县	44.27
716	云南省	楚雄彝族自治州	楚雄市	44.27
717	四川省	阿坝藏族羌族自治州	汶川县	44.25
718	陕西省	榆林市	神木市	44.25
719	山西省	朔州市	山阴县	44.25
720	广西壮族自治区	百色市	靖西市	44.23
721	湖南省	衡阳市	衡阳县	44.21
722	上海市	宝山区	宝山区	44.21
723	贵州省	黔南布依族苗族自治州	瓮安县	44.18
724	湖北省	荆州市	石首市	44.18
725	黑龙江省	鹤岗市	东山区	44.18
726	河北省	承德市	宽城满族自治县	44.17
727	辽宁省	抚顺市	顺城区	44.17
728	陕西省	宝鸡市	太白县	44.17
729	湖南省	株洲市	茶陵县	44.16
730	陕西省	铜川市	王益区	44.16
731	山西省	太原市	阳曲县	44.16
732	广西壮族自治区	钦州市	灵山县	44.15
733	山东省	济宁市	梁山县	44.14
734	山东省	潍坊市	昌乐县	44.14
735	安徽省	蚌埠市	龙子湖区	44.13
736	河北省	邢台市	临城县	44.12
737	云南省	楚雄彝族自治州	南华县	44.11
738	天津市	滨海新区	滨海新区中部沿海	44.09
739	福建省	莆田市	城厢区	44.08
740	安徽省	安庆市	怀宁县	44.07
741	甘肃省	酒泉市	瓜州县	44.05
742	新疆维吾尔自治区	阿勒泰地区	富蕴县	44.05
743	河南省	驻马店市	上蔡县	44.04
744	山西省	太原市	清徐县	44.04
745	山西省	忻州市	河曲县	44.04

排名	省级	地市级	区县级	大气环境资源储量
746	云南省	红河哈尼族彝族自治州	石屏县	44.04
747	江苏省	淮安市	淮安区	44.03
748	青海省	玉树藏族自治州	称多县	44.02
749	上海市	金山区	金山区	44.02
750	河南省	信阳市	息县	44.01
751	河北省	沧州市	运河区	43.99
752	河南省	开封市	通许县	43.99
753	四川省	阿坝藏族羌族自治州	红原县	43.98
754	新疆维吾尔自治区	巴音郭楞蒙古自治州	库尔勒市	43.98
755	云南省	曲靖市	宣威市	43.97
756	安徽省	淮南市	凤台县	43.95
757	辽宁省	鞍山市	铁东区	43.95
758	江西省	赣州市	石城县	43.94
759	甘肃省	酒泉市	金塔县	43.93
760	山东省	泰安市	新泰市	43.93
761	安徽省	阜阳市	颍泉区	43.92
762	贵州省	黔西南布依族苗族自治州	贞丰县	43.92
763	山西省	运城市	绛县	43.92
764	河北省	唐山市	路北区	43.91
765	新疆维吾尔自治区	伊犁哈萨克自治州	霍尔果斯市	43.91
766	广东省	韶关市	武江区	43.90
767	湖南省	常德市	武陵区	43.90
768	云南省	楚雄彝族自治州	元谋县	43.89
769	四川省	甘孜藏族自治州	道孚县	43.87
770	吉林省	延边朝鲜族自治州	龙井市	43.86
771	内蒙古自治区	呼伦贝尔市	莫力达瓦达斡尔族自治旗	43.85
772	安徽省	亳州市	蒙城县	43.84
773	甘肃省	张掖市	肃南裕固族自治县	43.84
774	河北省	承德市	隆化县	43.84
775	山西省	长治市	长子县	43.81
776	云南省	玉溪市	澄江县	43.80
777	河北省	邯郸市	鸡泽县	43.79
778	广西壮族自治区	北海市	海城区	43.78
779	新疆维吾尔自治区	昌吉回族自治州	呼图壁县	43.78
780	黑龙江省	黑河市	爱辉区	43.77
781	四川省	阿坝藏族羌族自治州	若尔盖县	43.74
782	江苏省	扬州市	宝应县	43.72
783	广西壮族自治区	梧州市	蒙山县	43.71
784	新疆维吾尔自治区	阿勒泰地区	哈巴河县	43.71
785	西藏自治区	林芝市	巴宜区	43.71

排名	省级	地市级	区县级	大气环境资源储量
786	河南省	安阳市	滑县	43.67
787	江苏省	南通市	启东市	43.66
788	新疆维吾尔自治区	哈密市	巴里坤哈萨克自治县	43.65
789	天津市	滨海新区	滨海新区南部沿海	43.64
790	贵州省	贵阳市	修文县	43.63
791	安徽省	滁州市	全椒县	43.61
792	贵州省	贵阳市	南明区	43.61
793	浙江省	湖州市	德清县	43.61
794	河北省	邢台市	清河县	43.60
795	四川省	凉山彝族自治州	冕宁县	43.60
796	安徽省	合肥市	蜀山区	43.59
797	广东省	广州市	天河区	43.59
798	广西壮族自治区	贺州市	富川瑶族自治县	43.59
799	山西省	运城市	河津市	43.59
800	江苏省	泰州市	兴化市	43.58
801	河南省	周口市	郸城县	43.57
802	甘肃省	甘南藏族自治州	卓尼县	43.56
803	河南省	三门峡市	渑池县	43.56
804	内蒙古自治区	呼和浩特市	和林格尔县	43.55
805	福建省	泉州市	德化县	43.54
806	山东省	德州市	庆云县	43.54
807	安徽省	池州市	贵池区	43.53
808	河北省	邢台市	沙河市	43.53
809	安徽省	宣城市	郎溪县	43.52
810	黑龙江省	齐齐哈尔市	建华区	43.50
811	江苏省	泰州市	海陵区	43.50
812	广西壮族自治区	防城港市	上思县	43.49
813	湖南省	衡阳市	衡南县	43.48
814	安徽省	阜阳市	太和县	43.47
815	广东省	肇庆市	端州区	43.47
816	河南省	安阳市	内黄县	43.46
817	山西省	朔州市	应县	43.46
818	江苏省	连云港市	东海县	43.45
819	江苏省	连云港市	赣榆区	43.45
820	山西省	吕梁市	临县	43.45
821	河北省	唐山市	迁西县	43.44
822	安徽省	宿州市	泗县	43.43
823	江苏省	盐城市	建湖县	43.43
824	湖南省	永州市	零陵区	43.42
825	山东省	滨州市	沾化区	43.41

续表

排名	省级	地市级	区县级	大气环境资源储量
826	江苏省	淮安市	洪泽区	43.40
827	江苏省	南京市	秦淮区	43.40
828	四川省	凉山彝族自治州	普格县	43.40
829	新疆维吾尔自治区	喀什地区	喀什市	43.40
830	福建省	福州市	晋安区	43.39
831	甘肃省	甘南藏族自治州	玛曲县	43.39
832	新疆维吾尔自治区	阿勒泰地区	布尔津县	43.39
833	河北省	张家口市	怀来县	43.37
834	山西省	大同市	大同县	43.36
835	山西省	晋中市	介休市	43.36
836	内蒙古自治区	巴彦淖尔市	五原县	43.35
837	广西壮族自治区	来宾市	忻城县	43.34
838	贵州省	黔西南布依族苗族自治州	晴隆县	43.34
839	湖北省	咸宁市	嘉鱼县	43.34
840	辽宁省	葫芦岛市	建昌县	43.34
841	辽宁省	沈阳市	沈北新区	43.33
842	云南省	大理白族自治州	永平县	43.32
843	浙江省	绍兴市	上虞区	43.32
844	海南省	临高县	临高县	43.31
845	西藏自治区	山南市	乃东区	43.31
846	云南省	昆明市	富民县	43.31
847	安徽省	淮南市	寿县	43.30
848	山西省	大同市	天镇县	43.30
849	新疆维吾尔自治区	巴音郭楞蒙古自治州	和静县	43.29
850	安徽省	池州市	青阳县	43.26
851	重庆市	潼南区	潼南区	43.25
852	四川省	攀枝花市	盐边县	43.25
853	山东省	临沂市	莒南县	43.25
854	辽宁省	营口市	盖州市	43.23
855	天津市	静海区	静海区	43.23
856	云南省	普洱市	孟连傣族拉祜族佤族自治县	43.23
857	陕西省	榆林市	定边县	43.22
858	四川省	雅安市	汉源县	43.20
859	辽宁省	大连市	庄河市	43.19
860	安徽省	亳州市	谯城区	43.18
861	广西壮族自治区	桂林市	兴安县	43.18
862	内蒙古自治区	通辽市	科尔沁区	43.16
863	山西省	吕梁市	交口县	43.15
864	河南省	许昌市	建安区	43.14
865	江西省	赣州市	信丰县	43.13

排名	省级	地市级	区县级	大气环境资源储量
866	贵州省	安顺市	普定县	43.12
867	湖北省	黄冈市	麻城市	43.12
868	山西省	吕梁市	兴县	43.10
869	云南省	德宏傣族景颇族自治州	陇川县	43.10
870	浙江省	湖州市	长兴县	43.10
871	辽宁省	铁岭市	开原市	43.09
872	山西省	阳泉市	盂县	43.07
873	天津市	东丽区	东丽区	43.07
874	广东省	揭阳市	普宁市	43.06
875	江苏省	镇江市	丹阳市	43.05
876	广东省	佛山市	顺德区	43.03
877	广东省	韶关市	南雄市	43.03
878	山西省	吕梁市	汾阳市	43.03
879	广东省	梅州市	五华县	43.02
880	湖北省	十堰市	竹溪县	43.02
881	陕西省	渭南市	澄城县	43.01
882	山西省	忻州市	五寨县	43.01
883	江西省	上饶市	余干县	43.00
884	云南省	红河哈尼族彝族自治州	绿春县	43.00
885	新疆维吾尔自治区	巴音郭楞蒙古自治州	且末县	42.99
886	黑龙江省	齐齐哈尔市	富裕县	42.98
887	山东省	淄博市	临淄区	42.98
888	新疆维吾尔自治区	克孜勒苏柯尔克孜自治州	乌恰县	42.95
889	广西壮族自治区	桂林市	龙胜各族自治县	42.93
890	重庆市	渝北区	渝北区	42.92
891	山东省	青岛市	黄岛区	42.92
892	广西壮族自治区	玉林市	玉州区	42.90
893	湖北省	黄石市	大冶市	42.90
894	河南省	南阳市	邓州市	42.89
895	山东省	济宁市	嘉祥县	42.88
896	山西省	忻州市	保德县	42.88
897	云南省	文山壮族苗族自治州	西麻栗坡县	42.88
898	湖北省	宜昌市	夷陵区	42.87
899	山东省	聊城市	冠县	42.87
900	山西省	忻州市	繁峙县	42.86
901	安徽省	淮北市	濉溪县	42.85
902	山西省	朔州市	怀仁县	42.84
903	河北省	唐山市	丰润区	42.82
904	江苏省	南京市	六合区	42.81
905	内蒙古自治区	乌兰察布市	丰镇市	42.81

续表

排名	省级	地市级	区县级	大气环境资源储量
906	山东省	德州市	禹城市	42.81
907	河南省	濮阳市	濮阳县	42.80
908	湖南省	株洲市	攸县	42.80
909	安徽省	安庆市	桐城市	42.79
910	广东省	揭阳市	榕城区	42.78
911	河南省	商丘市	柘城县	42.74
912	西藏自治区	昌都市	洛隆县	42.74
913	广东省	江门市	台山市	42.73
914	河北省	沧州市	河间市	42.73
915	福建省	龙岩市	武平县	42.72
916	河北省	衡水市	安平县	42.72
917	河南省	商丘市	宁陵县	42.72
918	海南省	文昌市	文昌市	42.72
919	内蒙古自治区	乌兰察布市	集宁区	42.71
920	四川省	阿坝藏族羌族自治州	松潘县	42.69
921	四川省	凉山彝族自治州	布拖县	42.67
922	山西省	晋城市	城区	42.67
923	广东省	汕尾市	海丰县	42.64
924	广东省	云浮市	新兴县	42.64
925	安徽省	合肥市	巢湖市	42.63
926	安徽省	淮北市	相山区	42.63
927	宁夏回族自治区	石嘴山市	平罗县	42.63
928	山西省	临汾市	隰县	42.62
929	山西省	忻州市	忻府区	42.60
930	青海省	玉树藏族自治州	曲麻莱县	42.57
931	陕西省	榆林市	横山区	42.56
932	山东省	菏泽市	鄄城县	42.55
933	云南省	昆明市	禄劝彝族苗族自治县	42.54
934	河南省	驻马店市	遂平县	42.52
935	黑龙江省	伊春市	伊春区	42.52
936	陕西省	商洛市	山阳县	42.52
937	安徽省	芜湖市	无为县	42.51
938	山东省	临沂市	沂水县	42.51
939	陕西省	铜川市	耀州区	42.51
940	湖北省	仙桃市	仙桃市	42.49
941	黑龙江省	牡丹江市	海林市	42.49
942	四川省	甘孜藏族自治州	得荣县	42.49
943	江西省	吉安市	泰和县	42.47
944	江苏省	南京市	溧水区	42.46
945	贵州省	黔南布依族苗族自治州	独山县	42.45

排名	省级	地市级	区县级	大气环境资源储量
946	江西省	南昌市	安义县	42.45
947	河北省	衡水市	故城县	42.43
948	江西省	九江市	武宁县	42.43
949	江西省	宜春市	樟树市	42.43
950	安徽省	滁州市	定远县	42.42
951	云南省	保山市	腾冲市	42.42
952	云南省	红河哈尼族彝族自治州	弥勒市	42.42
953	广西壮族自治区	河池市	宜州区	42.41
954	广西壮族自治区	河池市	罗城仫佬族自治县	42.41
955	河北省	唐山市	乐亭县	42.41
956	山西省	长治市	平顺县	42.41
957	河南省	郑州市	新郑市	42.40
958	山东省	德州市	陵城区	42.40
959	山东省	烟台市	海阳市	42.40
960	广西壮族自治区	梧州市	龙圩区	42.39
961	河北省	秦皇岛市	抚宁区	42.39
962	河北省	邯郸市	邱县	42.38
963	河南省	南阳市	社旗县	42.38
964	河北省	保定市	安国市	42.37
965	北京市	房山区	房山区	42.36
966	广西壮族自治区	梧州市	岑溪市	42.36
967	贵州省	贵阳市	息烽县	42.36
968	贵州省	黔东南苗族侗族自治州	雷山县	42.36
969	陕西省	商洛市	丹凤县	42.36
970	吉林省	白山市	抚松县	42.35
971	吉林省	延边朝鲜族自治州	敦化市	42.34
972	山西省	晋中市	和顺县	42.34
973	河北省	保定市	雄县	42.33
974	江西省	上饶市	上饶县	42.33
975	山东省	枣庄市	薛城区	42.33
976	江西省	九江市	浔阳区	42.32
977	山东省	济南市	天桥区	42.32
978	湖南省	长沙市	宁乡市	42.31
979	江西省	吉安市	峡江县	42.31
980	河北省	保定市	高阳县	42.29
981	河北省	邯郸市	广平县	42.29
982	云南省	曲靖市	麒麟区	42.29
983	湖北省	十堰市	郧阳区	42.28
984	河北省	邢台市	广宗县	42.28
985	湖南省	张家界市	慈利县	42.28

排名	省级	地市级	区县级	大气环境资源储量
986	福建省	福州市	鼓楼区	42.27
987	河南省	商丘市	夏邑县	42.27
988	四川省	甘孜藏族自治州	色达县	42.26
989	山东省	济南市	商河县	42.25
990	湖北省	武汉市	江夏区	42.24
991	重庆市	秀山土家族苗族自治县	秀山土家族苗族自治县	42.22
992	西藏自治区	日喀则市	桑珠孜区	42.22
993	山东省	潍坊市	安丘市	42.19
994	贵州省	安顺市	西秀区	42.17
995	山东省	德州市	乐陵市	42.17
996	陕西省	渭南市	大荔县	42.17
997	浙江省	湖州市	安吉县	42.16
998	浙江省	嘉兴市	桐乡市	42.15
999	江苏省	连云港市	灌云县	42.14
1000	江苏省	南京市	高淳区	42.14
1001	浙江省	台州市	温岭市	42.14
1002	广西壮族自治区	百色市	平果县	42.13
1003	山东省	济宁市	鱼台县	42.13
1004	广东省	江门市	恩平市	42.12
1005	贵州省	毕节市	威宁彝族回族苗族自治县	42.12
1006	辽宁省	锦州市	古塔区	42.12
1007	西藏自治区	拉萨市	当雄县	42.12
1008	河北省	张家口市	怀安县	42.11
1009	河南省	新乡市	延津县	42.11
1010	湖南省	长沙市	芙蓉区	42.10
1011	江西省	赣州市	龙南县	42.10
1012	四川省	甘孜藏族自治州	泸定县	42.10
1013	云南省	保山市	昌宁县	42.10
1014	山西省	晋中市	寿阳县	42.09
1015	山西省	忻州市	五台县	42.09
1016	甘肃省	平凉市	崆峒区	42.08
1017	江苏省	淮安市	淮阴区	42.08
1018	青海省	玉树藏族自治州	治多县	42.08
1019	甘肃省	酒泉市	肃州区	42.07
1020	甘肃省	兰州市	永登县	42.07
1021	甘肃省	庆阳市	正宁县	42.07
1022	河北省	保定市	涞源县	42.07
1023	江苏省	宿迁市	宿城区	42.07
1024	江西省	抚州市	广昌县	42.07
1025	湖北省	武汉市	黄陂区	42.06

排名	省级	地市级	区县级	大气环境资源储量
1026	山西省	阳泉市	平定县	42.05
1027	云南省	临沧市	凤庆县	42.05
1028	青海省	海西蒙古族藏族自治州	茫崖行政区	42.04
1029	广东省	阳江市	阳春市	42.03
1030	河南省	商丘市	虞城县	42.03
1031	辽宁省	鞍山市	岫岩满族自治县	42.02
1032	云南省	大理白族自治州	大理市	42.02
1033	广西壮族自治区	来宾市	武宣县	42.01
1034	湖南省	湘潭市	韶山市	42.01
1035	吉林省	通化市	梅河口市	41.99
1036	内蒙古自治区	呼伦贝尔市	牙克石市	41.99
1037	陕西省	渭南市	白水县	41.99
1038	浙江省	温州市	泰顺县	41.99
1039	北京市	通州区	通州区	41.98
1040	重庆市	合川区	合川区	41.98
1041	贵州省	贵阳市	花溪区	41.98
1042	河北省	衡水市	枣强县	41.98
1043	湖南省	株洲市	炎陵县	41.98
1044	广西壮族自治区	百色市	隆林各族自治县	41.97
1045	天津市	宝坻区	宝坻区	41.97
1046	河南省	驻马店市	汝南县	41.96
1047	黑龙江省	大兴安岭地区	加格达奇区	41.96
1048	山东省	青岛市	平度市	41.95
1049	陕西省	渭南市	华阴市	41.95
1050	河南省	南阳市	方城县	41.94
1051	河南省	焦作市	沁阳市	41.93
1052	黑龙江省	哈尔滨市	方正县	41.93
1053	上海市	青浦区	青浦区	41.93
1054	山东省	菏泽市	定陶区	41.92
1055	山东省	济宁市	邹城市	41.90
1056	吉林省	辽源市	龙山区	41.89
1057	内蒙古自治区	兴安盟	阿尔山市	41.89
1058	安徽省	宣城市	绩溪县	41.86
1059	甘肃省	定西市	通渭县	41.86
1060	河北省	沧州市	任丘市	41.86
1061	河北省	廊坊市	大城县	41.86
1062	福建省	福州市	闽侯县	41.85
1063	湖北省	武汉市	新洲区	41.85
1064	河北省	唐山市	玉田县	41.84
1065	河北省	邢台市	宁晋县	41.83

续表

排名	省级	地市级	区县级	大气环境资源储量
1066	河南省	新乡市	辉县	41.83
1067	吉林省	松原市	前郭尔罗斯蒙古族自治县	41.81
1068	福建省	福州市	永泰县	41.80
1069	广东省	惠州市	惠城区	41.80
1070	广东省	汕头市	潮阳区	41.80
1071	山东省	滨州市	无棣县	41.79
1072	河北省	石家庄市	井陉县	41.78
1073	广西壮族自治区	崇左市	天等县	41.77
1074	贵州省	贵阳市	白云区	41.76
1075	甘肃省	武威市	古浪县	41.74
1076	青海省	黄南藏族自治州	同仁县	41.74
1077	山西省	晋中市	灵石县	41.73
1078	山东省	滨州市	滨城区	41.72
1079	西藏自治区	那曲市	索县	41.72
1080	河南省	濮阳市	南乐县	41.71
1081	黑龙江省	哈尔滨市	尚志市	41.71
1082	山西省	大同市	南郊区	41.71
1083	河南省	洛阳市	伊川县	41.70
1084	江西省	抚州市	南丰县	41.70
1085	青海省	果洛藏族自治州	达日县	41.70
1086	陕西省	西安市	高陵区	41.70
1087	江苏省	盐城市	大丰区	41.69
1088	福建省	三明市	梅列区	41.68
1089	西藏自治区	那曲市	嘉黎县	41.67
1090	云南省	普洱市	景谷傣族彝族自治县	41.67
1091	广东省	珠海市	斗门区	41.66
1092	河南省	周口市	淮阳县	41.66
1093	江苏省	盐城市	东台市	41.66
1094	河北省	沧州市	东光县	41.65
1095	河北省	石家庄市	桥西区	41.65
1096	西藏自治区	日喀则市	江孜县	41.65
1097	湖北省	咸宁市	咸安区	41.64
1098	四川省	甘孜藏族自治州	白玉县	41.64
1099	内蒙古自治区	兴安盟	乌兰浩特市	41.61
1100	福建省	漳州市	南靖县	41.60
1101	甘肃省	庆阳市	华池县	41.60
1102	江西省	鹰潭市	贵溪市	41.60
1103	陕西省	宝鸡市	陈仓区	41.60
1104	河南省	平顶山市	宝丰县	41.59
1105	山东省	聊城市	高唐县	41.59

排名	省级	地市级	区县级	大气环境资源储量
1106	浙江省	宁波市	宁海县	41.59
1107	河北省	邢台市	南和县	41.58
1108	湖北省	咸宁市	通城县	41.57
1109	河南省	焦作市	修武县	41.57
1110	河南省	商丘市	民权县	41.57
1111	河南省	驻马店市	新蔡县	41.57
1112	内蒙古自治区	通辽市	扎鲁特旗	41.57
1113	河北省	秦皇岛市	青龙满族自治县	41.56
1114	河南省	周口市	项城市	41.56
1115	山东省	聊城市	临清市	41.56
1116	山西省	忻州市	代县	41.54
1117	广东省	肇庆市	四会市	41.53
1118	浙江省	湖州市	吴兴区	41.52
1119	浙江省	嘉兴市	海宁市	41.52
1120	河北省	邯郸市	成安县	41.51
1121	福建省	漳州市	平和县	41.49
1122	湖北省	孝感市	安陆市	41.49
1123	湖北省	宜昌市	枝江市	41.49
1124	江西省	景德镇市	乐平市	41.49
1125	内蒙古自治区	鄂尔多斯市	东胜区	41.49
1126	陕西省	榆林市	佳县	41.49
1127	广西壮族自治区	贵港市	平南县	41.48
1128	山东省	聊城市	莘县	41.48
1129	山东省	淄博市	高青县	41.48
1130	陕西省	咸阳市	彬县	41.48
1131	浙江省	金华市	义乌市	41.48
1132	新疆维吾尔自治区	和田地区	和田市	41.46
1133	江西省	鹰潭市	月湖区	41.45
1134	内蒙古自治区	呼伦贝尔市	鄂伦春自治旗	41.45
1135	内蒙古自治区	呼伦贝尔市	扎兰屯市	41.45
1136	湖北省	黄冈市	蕲春县	41.44
1137	河北省	张家口市	阳原县	41.44
1138	内蒙古自治区	鄂尔多斯市	准格尔旗	41.44
1139	四川省	甘孜藏族自治州	新龙县	41.43
1140	山西省	长治市	屯留县	41.43
1141	贵州省	黔南布依族苗族自治州	长顺县	41.41
1142	四川省	阿坝藏族羌族自治州	小金县	41.41
1143	山东省	潍坊市	青州市	41.41
1144	广西壮族自治区	梧州市	藤县	41.40
1145	河南省	新乡市	牧野区	41.40

续表

排名	省级	地市级	区县级	大气环境资源储量
1146	安徽省	合肥市	肥西县	41.38
1147	广东省	梅州市	丰顺县	41.38
1148	湖南省	邵阳市	新宁县	41.37
1149	江苏省	盐城市	阜宁县	41.37
1150	云南省	临沧市	云县	41.37
1151	江苏省	镇江市	句容市	41.36
1152	四川省	凉山彝族自治州	美姑县	41.36
1153	河南省	南阳市	内乡县	41.35
1154	江西省	吉安市	吉水县	41.35
1155	浙江省	杭州市	临安区	41.34
1156	湖北省	孝感市	应城市	41.33
1157	河南省	郑州市	巩义市	41.33
1158	江苏省	苏州市	常熟市	41.33
1159	内蒙古自治区	鄂尔多斯市	达拉特旗	41.33
1160	山西省	晋中市	太谷县	41.33
1161	山西省	运城市	平陆县	41.33
1162	广西壮族自治区	崇左市	凭祥市	41.32
1163	新疆维吾尔自治区	昌吉回族自治州	吉木萨尔县	41.32
1164	江苏省	南通市	通州区	41.31
1165	河北省	秦皇岛市	卢龙县	41.30
1166	广东省	茂名市	化州市	41.29
1167	陕西省	咸阳市	礼泉县	41.28
1168	黑龙江省	伊春市	嘉荫县	41.27
1169	河南省	开封市	禹王台区	41.26
1170	山东省	菏泽市	曹县	41.26
1171	福建省	厦门市	同安区	41.24
1172	广西壮族自治区	来宾市	金秀瑶族自治县	41.23
1173	湖南省	益阳市	桃江县	41.23
1174	甘肃省	庆阳市	合水县	41.22
1175	河北省	衡水市	饶阳县	41.21
1176	江苏省	扬州市	江都区	41.21
1177	青海省	黄南藏族自治州	河南蒙古族自治县	41.20
1178	黑龙江省	黑河市	孙吴县	41.19
1179	山东省	枣庄市	台儿庄区	41.16
1180	广西壮族自治区	桂林市	永福县	41.14
1181	河南省	驻马店市	平舆县	41.13
1182	内蒙古自治区	乌兰察布市	卓资县	41.13
1183	四川省	凉山彝族自治州	昭觉县	41.13
1184	山东省	东营市	利津县	41.13
1185	山西省	临汾市	浮山县	41.13

排名	省级	地市级	区县级	大气环境资源储量
1186	甘肃省	平凉市	庄浪县	41.12
1187	江苏省	苏州市	张家港市	41.12
1188	山东省	滨州市	阳信县	41.12
1189	山西省	朔州市	右玉县	41.12
1190	山西省	忻州市	偏关县	41.12
1191	河北省	沧州市	泊头市	41.11
1192	青海省	海南藏族自治州	同德县	41.10
1193	陕西省	宝鸡市	凤翔县	41.10
1194	广西壮族自治区	桂林市	叠彩区	41.09
1195	辽宁省	沈阳市	和平区	41.09
1196	内蒙古自治区	呼伦贝尔市	牙克石市东北	41.09
1197	云南省	昭通市	彝良县	41.09
1198	河北省	保定市	阜平县	41.08
1199	海南省	昌江黎族自治县	昌江黎族自治县	41.08
1200	山东省	淄博市	周村区	41.08
1201	湖北省	黄冈市	罗田县	41.07
1202	河南省	商丘市	睢县	41.07
1203	山东省	临沂市	兰陵县	41.07
1204	山东省	日照市	莒县	41.07
1205	新疆维吾尔自治区	喀什地区	塔什库尔干塔吉克自治县	41.07
1206	陕西省	咸阳市	泾阳县	41.06
1207	北京市	昌平区	昌平区	41.05
1208	贵州省	铜仁市	万山区	41.05
1209	江苏省	淮安市	涟水县	41.05
1210	广西壮族自治区	南宁市	马山县	41.04
1211	山东省	菏泽市	东明县	41.03
1212	广东省	梅州市	蕉岭县	41.02
1213	吉林省	延边朝鲜族自治州	汪清县	41.02
1214	浙江省	台州市	三门县	41.02
1215	山西省	吕梁市	交城县	41.01
1216	云南省	红河哈尼族彝族自治州	金平苗族瑶族傣族自治县	41.00
1217	内蒙古自治区	巴彦淖尔市	临河区	40.99
1218	福建省	漳州市	长泰县	40.98
1219	四川省	资阳市	安岳县	40.98
1220	河南省	南阳市	新野县	40.97
1221	黑龙江省	大兴安岭地区	塔河县	40.97
1222	陕西省	榆林市	绥德县	40.97
1223	贵州省	黔西南布依族苗族自治州	兴仁县	40.95
1224	江西省	吉安市	永新县	40.95
1225	四川省	内江市	隆昌市	40.95

排名	省级	地市级	区县级	大气环境资源储量
1226	广东省	韶关市	始兴县	40.94
1227	河北省	承德市	兴隆县	40.94
1228	河北省	邯郸市	邯山区	40.92
1229	江西省	宜春市	上高县	40.92
1230	四川省	雅安市	石棉县	40.92
1231	甘肃省	武威市	凉州区	40.91
1232	湖北省	荆门市	京山县	40.91
1233	海南省	海口市	琼山区	40.90
1234	广东省	深圳市	罗湖区	40.89
1235	安徽省	黄山市	徽州区	40.88
1236	江苏省	无锡市	梁溪区	40.88
1237	河南省	驻马店市	泌阳县	40.87
1238	江苏省	徐州市	新沂市	40.87
1239	浙江省	杭州市	富阳区	40.87
1240	贵州省	铜仁市	江口县	40.86
1241	河南省	三门峡市	卢氏县	40.86
1242	陕西省	咸阳市	淳化县	40.86
1243	湖北省	宜昌市	当阳市	40.85
1244	河北省	保定市	徐水区	40.85
1245	四川省	甘孜藏族自治州	理塘县	40.85
1246	安徽省	芜湖市	镜湖区	40.84
1247	北京市	东城区	东城区	40.84
1248	北京市	石景山区	石景山区	40.83
1249	河北省	张家口市	崇礼区	40.83
1250	新疆维吾尔自治区	塔城地区	托里县	40.81
1251	云南省	昭通市	永善县	40.81
1252	河南省	漯河市	舞阳县	40.80
1253	江苏省	盐城市	滨海县	40.80
1254	云南省	临沧市	沧源佤族自治县	40.80
1255	浙江省	杭州市	上城区	40.79
1256	陕西省	商洛市	商州区	40.78
1257	陕西省	延安市	富县	40.78
1258	山西省	晋中市	榆社县	40.77
1259	云南省	普洱市	西盟佤族自治县	40.77
1260	广东省	梅州市	平远县	40.76
1261	河北省	廊坊市	大厂回族自治县	40.76
1262	青海省	果洛藏族自治州	甘德县	40.76
1263	河南省	周口市	商水县	40.75
1264	浙江省	丽水市	青田县	40.75
1265	贵州省	黔西南布依族苗族自治州	兴义市	40.74

排名	省级	地市级	区县级	大气环境资源储量
1266	江西省	吉安市	新干县	40.74
1267	山东省	淄博市	张店区	40.74
1268	广东省	肇庆市	德庆县	40.73
1269	湖南省	郴州市	桂阳县	40.73
1270	青海省	果洛藏族自治州	久治县	40.73
1271	湖南省	常德市	津市市	40.71
1272	河南省	周口市	扶沟县	40.70
1273	甘肃省	张掖市	临泽县	40.69
1274	辽宁省	沈阳市	苏家屯区	40.69
1275	陕西省	渭南市	富平县	40.68
1276	陕西省	延安市	宝塔区	40.68
1277	福建省	南平市	松溪县	40.66
1278	河南省	濮阳市	台前县	40.66
1279	浙江省	舟山市	定海区	40.66
1280	河南省	洛阳市	栾川县	40.65
1281	贵州省	六盘水市	盘州市	40.64
1282	河南省	新乡市	封丘县	40.64
1283	安徽省	滁州市	凤阳县	40.63
1284	云南省	普洱市	宁洱哈尼族彝族自治县	40.62
1285	四川省	南充市	南部县	40.60
1286	山西省	吕梁市	文水县	40.60
1287	内蒙古自治区	巴彦淖尔市	乌拉特前旗北部	40.59
1288	青海省	海南藏族自治州	兴海县	40.59
1289	四川省	南充市	顺庆区	40.59
1290	山东省	济宁市	汶上县	40.58
1291	青海省	海西蒙古族藏族自治州	格尔木市	40.57
1292	山东省	淄博市	博山区	40.57
1293	广东省	肇庆市	怀集县	40.55
1294	贵州省	黔南布依族苗族自治州	平塘县	40.55
1295	湖北省	荆州市	荆州区	40.54
1296	河南省	商丘市	永城市	40.53
1297	广东省	揭阳市	揭西县	40.49
1298	江苏省	常州市	钟楼区	40.49
1299	山西省	运城市	盐湖区	40.49
1300	山东省	菏泽市	巨野县	40.48
1301	河北省	张家口市	涿鹿县	40.47
1302	山东省	枣庄市	市中区	40.47
1303	天津市	北辰区	北辰区	40.47
1304	云南省	大理白族自治州	宾川县	40.46
1305	云南省	丽江市	华坪县	40.46

排名	省级	地市级	区县级	大气环境资源储量
1306	广西壮族自治区	桂林市	平乐县	40.44
1307	贵州省	毕节市	金沙县	40.43
1308	河北省	承德市	围场满族蒙古族自治县	40.43
1309	宁夏回族自治区	固原市	原州区	40.43
1310	山东省	菏泽市	成武县	40.43
1311	北京市	顺义区	顺义区	40.42
1312	湖南省	衡阳市	耒阳市	40.42
1313	山西省	太原市	小店区	40.42
1314	广西壮族自治区	北海市	合浦县	40.41
1315	山东省	临沂市	郯城县	40.41
1316	广东省	中山市	西区	40.40
1317	四川省	眉山市	洪雅县	40.40
1318	河北省	保定市	顺平县	40.39
1319	宁夏回族自治区	石嘴山市	惠农区	40.39
1320	陕西省	咸阳市	旬邑县	40.39
1321	新疆维吾尔自治区	阿克苏地区	阿克苏市	40.39
1322	四川省	眉山市	丹棱县	40.38
1323	山东省	滨州市	惠民县	40.38
1324	山西省	晋中市	祁县	40.37
1325	广西壮族自治区	桂林市	雁山区	40.36
1326	云南省	保山市	隆阳区	40.36
1327	北京市	大兴区	大兴区	40.35
1328	广西壮族自治区	南宁市	上林县	40.35
1329	江西省	宜春市	丰城市	40.35
1330	四川省	绵阳市	盐亭县	40.35
1331	湖北省	黄冈市	浠水县	40.33
1332	山东省	东营市	垦利区	40.33
1333	陕西省	渭南市	蒲城县	40.32
1334	贵州省	安顺市	紫云苗族布依族自治县	40.31
1335	江苏省	徐州市	沛县	40.30
1336	江苏省	扬州市	仪征市	40.29
1337	四川省	甘孜藏族自治州	稻城县	40.29
1338	新疆维吾尔自治区	克拉玛依市	克拉玛依区	40.29
1339	河北省	唐山市	滦县	40.28
1340	浙江省	杭州市	桐庐县	40.28
1341	福建省	泉州市	永春县	40.27
1342	河南省	焦作市	博爱县	40.27
1343	湖南省	郴州市	永兴县	40.27
1344	广西壮族自治区	来宾市	兴宾区	40.26
1345	辽宁省	本溪市	明山区	40.26

排名	省级	地市级	区县级	大气环境资源储量
1346	青海省	果洛藏族自治州	玛沁县	40.26
1347	新疆维吾尔自治区	博尔塔拉蒙古自治州	精河县	40.26
1348	浙江省	温州市	瑞安市	40.26
1349	青海省	海北藏族自治州	祁连县	40.25
1350	湖北省	宜昌市	远安县	40.22
1351	广东省	河源市	和平县	40.21
1352	甘肃省	平凉市	静宁县	40.21
1353	山西省	忻州市	原平市	40.21
1354	云南省	西双版纳傣族自治州	勐海县	40.21
1355	贵州省	黔南布依族苗族自治州	惠水县	40.20
1356	山东省	日照市	五莲县	40.20
1357	西藏自治区	拉萨市	城关区	40.20
1358	浙江省	宁波市	慈溪市	40.20
1359	宁夏回族自治区	吴忠市	盐池县	40.18
1360	云南省	普洱市	墨江哈尼族自治县	40.18
1361	江苏省	徐州市	丰县	40.17
1362	江苏省	盐城市	响水县	40.17
1363	山西省	运城市	夏县	40.17
1364	云南省	临沧市	双江拉祜族佤族布朗族傣族自治县	40.17
1365	福建省	宁德市	周宁县	40.16
1366	甘肃省	张掖市	高台县	40.16
1367	湖北省	襄阳市	老河口市	40.15
1368	云南省	普洱市	镇沅彝族哈尼族拉祜族自治县	40.15
1369	安徽省	宣城市	广德县	40.14
1370	广西壮族自治区	梧州市	万秀区	40.14
1371	湖北省	天门市	天门市	40.14
1372	黑龙江省	绥化市	北林区	40.14
1373	陕西省	汉中市	略阳县	40.14
1374	江西省	萍乡市	上栗县	40.13
1375	山东省	烟台市	莱州市	40.13
1376	陕西省	榆林市	米脂县	40.13
1377	山西省	运城市	垣曲县	40.13
1378	河北省	石家庄市	行唐县	40.12
1379	广东省	广州市	增城区	40.11
1380	贵州省	黔西南布依族苗族自治州	普安县	40.11
1381	云南省	文山壮族苗族自治州	西畴县	40.11
1382	河南省	许昌市	鄢陵县	40.10
1383	甘肃省	定西市	渭源县	40.09
1384	山东省	滨州市	邹平县	40.08
1385	陕西省	延安市	志丹县	40.08

排名	省级	地市级	区县级	大气环境资源储量
1386	浙江省	台州市	临海市	40.08
1387	广西壮族自治区	崇左市	大新县	40.07
1388	江苏省	苏州市	吴江区	40.07
1389	河南省	信阳市	商城县	40.06
1390	吉林省	通化市	通化县	40.06
1391	宁夏回族自治区	中卫市	中宁县	40.06
1392	山东省	潍坊市	寿光市	40.06
1393	陕西省	咸阳市	渭城区	40.06
1394	山西省	临汾市	大宁县	40.06
1395	新疆维吾尔自治区	乌鲁木齐市	新市区	40.06
1396	安徽省	马鞍山市	含山县	40.05
1397	广东省	清远市	佛冈县	40.05
1398	湖南省	永州市	道县	40.05
1399	北京市	朝阳区	朝阳区	40.04
1400	湖北省	襄阳市	谷城县	40.03
1401	内蒙古自治区	呼伦贝尔市	额尔古纳市	40.02
1402	湖北省	恩施土家族苗族自治州	巴东县	40.01
1403	四川省	阿坝藏族羌族自治州	壤塘县	40.01
1404	云南省	大理白族自治州	云龙县	40.01
1405	安徽省	宣城市	宣州区	40.00
1406	江西省	萍乡市	安源区	40.00
1407	河南省	信阳市	浉河区	39.99
1408	陕西省	西安市	临潼区	39.99
1409	新疆维吾尔自治区	巴音郭楞蒙古自治州	焉耆回族自治县	39.99
1410	西藏自治区	日喀则市	南木林县	39.99
1411	河北省	邢台市	任县	39.98
1412	云南省	文山壮族苗族自治州	马关县	39.98
1413	北京市	平谷区	平谷区	39.97
1414	河南省	周口市	沈丘县	39.97
1415	四川省	宜宾市	屏山县	39.97
1416	河北省	沧州市	肃宁县	39.96
1417	四川省	南充市	仪陇县	39.96
1418	山东省	泰安市	东平县	39.96
1419	黑龙江省	牡丹江市	穆棱市	39.94
1420	陕西省	安康市	镇坪县	39.94
1421	安徽省	马鞍山市	和县	39.91
1422	广东省	河源市	龙川县	39.91
1423	贵州省	贵阳市	乌当区	39.91
1424	山东省	莱芜市	莱城区	39.91
1425	福建省	莆田市	仙游县	39.88

排名	省级	地市级	区县级	大气环境资源储量
1426	河北省	廊坊市	文安县	39.87
1427	江西省	赣州市	大余县	39.87
1428	陕西省	宝鸡市	凤县	39.87
1429	山东省	泰安市	泰山区	39.86
1430	河北省	衡水市	阜城县	39.83
1431	湖南省	怀化市	洪江市	39.83
1432	四川省	南充市	营山县	39.83
1433	安徽省	亳州市	涡阳县	39.82
1434	甘肃省	庆阳市	宁县	39.82
1435	湖南省	怀化市	靖州苗族侗族自治县	39.82
1436	陕西省	延安市	黄龙县	39.82
1437	浙江省	嘉兴市	嘉善县	39.81
1438	河南省	平顶山市	郏县	39.78
1439	广东省	惠州市	博罗县	39.77
1440	四川省	凉山彝族自治州	会理县	39.77
1441	甘肃省	庆阳市	西峰区	39.76
1442	河南省	商丘市	梁园区	39.76
1443	吉林省	白山市	靖宇县	39.76
1444	江西省	吉安市	遂川县	39.75
1445	广西壮族自治区	百色市	田林县	39.74
1446	辽宁省	本溪市	桓仁满族自治县	39.74
1447	辽宁省	抚顺市	清原满族自治县	39.74
1448	山西省	晋城市	阳城县	39.74
1449	河南省	驻马店市	驿城区	39.73
1450	江西省	鹰潭市	余江县	39.73
1451	青海省	海南藏族自治州	贵德县	39.73
1452	贵州省	黔东南苗族侗族自治州	黄平县	39.72
1453	四川省	德阳市	什邡市	39.72
1454	天津市	武清区	武清区	39.72
1455	浙江省	丽水市	庆元县	39.72
1456	甘肃省	张掖市	山丹县	39.70
1457	山东省	临沂市	沂南县	39.70
1458	山西省	运城市	闻喜县	39.70
1459	甘肃省	天水市	麦积区	39.67
1460	贵州省	遵义市	播州区	39.67
1461	山东省	临沂市	蒙阴县	39.67
1462	广西壮族自治区	桂林市	恭城瑶族自治县	39.65
1463	贵州省	铜仁市	德江县	39.64
1464	江西省	上饶市	玉山县	39.64
1465	河北省	保定市	容城县	39.62

续表

排名	省级	地市级	区县级	大气环境资源储量
1466	四川省	广安市	广安区	39.62
1467	山西省	临汾市	霍州市	39.62
1468	安徽省	亳州市	利辛县	39.61
1469	安徽省	六安市	舒城县	39.61
1470	福建省	南平市	光泽县	39.61
1471	广东省	韶关市	乳源瑶族自治县	39.61
1472	江苏省	苏州市	昆山市	39.61
1473	山西省	太原市	娄烦县	39.61
1474	重庆市	武隆区	武隆区	39.58
1475	山东省	济南市	济阳县	39.58
1476	云南省	昭通市	昭阳区	39.58
1477	四川省	阿坝藏族羌族自治州	九寨沟县	39.57
1478	湖南省	株洲市	醴陵市	39.54
1479	河北省	廊坊市	三河市	39.52
1480	河南省	洛阳市	汝阳县	39.51
1481	四川省	雅安市	荥经县	39.51
1482	河南省	开封市	兰考县	39.49
1483	安徽省	芜湖市	南陵县	39.48
1484	广东省	云浮市	罗定市	39.48
1485	河北省	石家庄市	赵县	39.46
1486	重庆市	奉节县	奉节县	39.45
1487	新疆维吾尔自治区	巴音郭楞蒙古自治州	若羌县	39.45
1488	广东省	茂名市	信宜市	39.44
1489	河南省	信阳市	潢川县	39.44
1490	甘肃省	庆阳市	环县	39.42
1491	内蒙古自治区	赤峰市	喀喇沁旗	39.42
1492	福建省	龙岩市	新罗区	39.41
1493	山东省	潍坊市	潍城区	39.41
1494	重庆市	铜梁区	铜梁区	39.40
1495	吉林省	通化市	集安市	39.40
1496	江苏省	宿迁市	沭阳县	39.39
1497	四川省	阿坝藏族羌族自治州	阿坝县	39.39
1498	西藏自治区	山南市	加查县	39.38
1499	云南省	文山壮族苗族自治州	富宁县	39.38
1500	江西省	上饶市	弋阳县	39.37
1501	重庆市	綦江区	綦江区	39.36
1502	山东省	淄博市	桓台县	39.36
1503	广东省	清远市	英德市	39.35
1504	黑龙江省	双鸭山市	尖山区	39.35
1505	内蒙古自治区	呼和浩特市	土默特左旗	39.34

排名	省级	地市级	区县级	大气环境资源储量
1506	湖北省	襄阳市	宜城市	39.33
1507	河北省	保定市	莲池区	39.33
1508	江西省	宜春市	奉新县	39.33
1509	新疆维吾尔自治区	塔城地区	额敏县	39.33
1510	广东省	广州市	花都区	39.31
1511	甘肃省	酒泉市	敦煌市	39.31
1512	江苏省	泰州市	姜堰区	39.31
1513	山东省	东营市	广饶县	39.30
1514	天津市	津南区	津南区	39.30
1515	新疆维吾尔自治区	和田地区	墨玉县	39.30
1516	甘肃省	庆阳市	庆城县	39.28
1517	河北省	邢台市	平乡县	39.28
1518	河南省	焦作市	孟州市	39.26
1519	辽宁省	丹东市	凤城市	39.26
1520	湖南省	益阳市	沅江市	39.25
1521	四川省	成都市	金堂县	39.24
1522	四川省	绵阳市	三台县	39.24
1523	山东省	菏泽市	郓城县	39.24
1524	新疆维吾尔自治区	克孜勒苏柯尔克孜自治州	阿合奇县	39.24
1525	江苏省	连云港市	灌南县	39.23
1526	河北省	邯郸市	魏县	39.22
1527	吉林省	吉林市	桦甸市	39.22
1528	山西省	晋中市	平遥县	39.22
1529	湖南省	湘潭市	湘乡市	39.20
1530	浙江省	杭州市	淳安县	39.20
1531	四川省	广元市	剑阁县	39.19
1532	河北省	衡水市	武邑县	39.18
1533	河南省	许昌市	襄城县	39.18
1534	海南省	五指山市	五指山市	39.16
1535	湖南省	永州市	江永县	39.16
1536	江苏省	徐州市	邳州市	39.15
1537	湖北省	宜昌市	宜都市	39.13
1538	河北省	邯郸市	临漳县	39.13
1539	新疆维吾尔自治区	博尔塔拉蒙古自治州	温泉县	39.13
1540	安徽省	滁州市	琅琊区	39.12
1541	湖北省	黄冈市	红安县	39.12
1542	四川省	德阳市	中江县	39.12
1543	广东省	肇庆市	封开县	39.10
1544	青海省	海东市	平安区	39.10
1545	福建省	漳州市	华安县	39.09

排名	省级	地市级	区县级	大气环境资源储量
1546	湖北省	孝感市	汉川市	39.09
1547	山西省	忻州市	静乐县	39.09
1548	湖南省	娄底市	娄星区	39.08
1549	北京市	怀柔区	怀柔区	39.07
1550	贵州省	铜仁市	玉屏侗族自治县	39.06
1551	湖南省	怀化市	溆浦县	39.06
1552	河南省	漯河市	郾城区	39.05
1553	四川省	甘孜藏族自治州	甘孜县	39.05
1554	甘肃省	天水市	甘谷县	39.04
1555	重庆市	涪陵区	涪陵区	39.02
1556	吉林省	吉林市	永吉县	39.02
1557	四川省	眉山市	仁寿县	39.02
1558	云南省	大理白族自治州	漾濞彝族自治县	39.02
1559	青海省	海东市	化隆回族自治县	39.01
1560	江西省	九江市	瑞昌市	39.00
1561	山西省	长治市	襄垣县	38.99
1562	云南省	保山市	施甸县	38.99
1563	安徽省	宣城市	旌德县	38.98
1564	广东省	潮州市	湘桥区	38.98
1565	广西壮族自治区	桂林市	灌阳县	38.98
1566	湖南省	岳阳市	临湘市	38.97
1567	江苏省	南通市	海安县	38.97
1568	山东省	枣庄市	滕州市	38.97
1569	重庆市	石柱土家族自治县	石柱土家族自治县	38.96
1570	河南省	济源市	济源市	38.95
1571	河南省	平顶山市	汝州市	38.95
1572	河南省	南阳市	淅川县	38.94
1573	江西省	赣州市	兴国县	38.93
1574	江西省	上饶市	鄱阳县	38.93
1575	山西省	临汾市	翼城县	38.93
1576	河北省	石家庄市	平山县	38.92
1577	四川省	南充市	西充县	38.92
1578	甘肃省	白银市	会宁县	38.91
1579	四川省	绵阳市	北川羌族自治县	38.91
1580	陕西省	榆林市	清涧县	38.91
1581	江西省	吉安市	永丰县	38.90
1582	宁夏回族自治区	银川市	永宁县	38.89
1583	四川省	阿坝藏族羌族自治州	黑水县	38.89
1584	浙江省	绍兴市	嵊州市	38.89
1585	河南省	信阳市	罗山县	38.88

排名	省级	地市级	区县级	大气环境资源储量
1586	山西省	吕梁市	离石区	38.88
1587	广东省	韶关市	新丰县	38.87
1588	江西省	新余市	分宜县	38.87
1589	宁夏回族自治区	固原市	隆德县	38.87
1590	广东省	广州市	从化区	38.85
1591	广东省	河源市	源城区	38.85
1592	浙江省	绍兴市	新昌县	38.85
1593	湖南省	衡阳市	蒸湘区	38.84
1594	江苏省	宿迁市	泗洪县	38.84
1595	四川省	攀枝花市	东区	38.84
1596	湖北省	黄石市	阳新县	38.83
1597	山西省	大同市	灵丘县	38.83
1598	浙江省	金华市	兰溪市	38.83
1599	湖北省	宜昌市	长阳土家族自治县	38.81
1600	四川省	阿坝藏族羌族自治州	理县	38.81
1601	四川省	宜宾市	高县	38.81
1602	陕西省	咸阳市	武功县	38.81
1603	陕西省	咸阳市	长武县	38.80
1604	天津市	蓟州区	蓟州区	38.80
1605	四川省	凉山彝族自治州	甘洛县	38.79
1606	山西省	运城市	万荣县	38.79
1607	河北省	廊坊市	香河县	38.78
1608	山东省	济宁市	微山县	38.77
1609	浙江省	衢州市	龙游县	38.77
1610	四川省	乐山市	峨眉山市	38.76
1611	贵州省	黔南布依族苗族自治州	都匀市	38.75
1612	辽宁省	辽阳市	宏伟区	38.75
1613	湖南省	衡阳市	常宁市	38.74
1614	贵州省	黔东南苗族侗族自治州	麻江县	38.73
1615	新疆维吾尔自治区	乌鲁木齐市	天山区	38.73
1616	西藏自治区	山南市	贡嘎县	38.73
1617	江苏省	无锡市	江阴市	38.72
1618	四川省	泸州市	古蔺县	38.72
1619	西藏自治区	昌都市	左贡县	38.72
1620	江苏省	泰州市	泰兴市	38.71
1621	北京市	延庆区	延庆区	38.70
1622	广东省	梅州市	兴宁市	38.70
1623	河北省	保定市	高碑店市	38.70
1624	吉林省	延边朝鲜族自治州	和龙市	38.70
1625	山东省	淄博市	沂源县	38.70

续表

排名	省级	地市级	区县级	大气环境资源储量
1626	河北省	保定市	满城区	38.69
1627	贵州省	安顺市	镇宁布依族苗族自治县	38.67
1628	江西省	宜春市	袁州区	38.67
1629	云南省	文山壮族苗族自治州	广南县	38.67
1630	广东省	清远市	连州市	38.66
1631	四川省	绵阳市	涪城区	38.65
1632	重庆市	永川区	永川区	38.64
1633	河南省	周口市	西华县	38.64
1634	四川省	凉山彝族自治州	金阳县	38.63
1635	云南省	德宏傣族景颇族自治州	盈江县	38.63
1636	湖北省	荆州市	洪湖市	38.62
1637	江西省	赣州市	南康区	38.62
1638	四川省	遂宁市	蓬溪县	38.62
1639	河南省	信阳市	固始县	38.61
1640	甘肃省	兰州市	榆中县	38.60
1641	西藏自治区	昌都市	丁青县	38.60
1642	河北省	保定市	望都县	38.59
1643	广东省	云浮市	郁南县	38.58
1644	山西省	运城市	新绛县	38.58
1645	四川省	泸州市	纳溪区	38.57
1646	广西壮族自治区	百色市	德保县	38.56
1647	福建省	三明市	宁化县	38.55
1648	海南省	澄迈县	澄迈县	38.55
1649	湖南省	永州市	宁远县	38.55
1650	浙江省	绍兴市	诸暨市	38.55
1651	福建省	福州市	闽清县	38.54
1652	山西省	长治市	潞城市	38.54
1653	云南省	临沧市	镇康县	38.54
1654	陕西省	延安市	安塞区	38.53
1655	重庆市	巴南区	巴南区	38.52
1656	湖南省	邵阳市	邵东县	38.50
1657	青海省	海东市	民和回族土族自治县	38.50
1658	西藏自治区	林芝市	察隅县	38.50
1659	云南省	怒江傈僳族自治州	兰坪白族普米族自治县	38.49
1660	广东省	清远市	连南瑶族自治县	38.48
1661	甘肃省	甘南藏族自治州	合作市	38.48
1662	广西壮族自治区	钦州市	浦北县	38.47
1663	青海省	玉树藏族自治州	囊谦县	38.47
1664	四川省	成都市	简阳市	38.47
1665	广东省	汕头市	金平区	38.46

排名	省级	地市级	区县级	大气环境资源储量
1666	安徽省	安庆市	岳西县	38.45
1667	河南省	开封市	尉氏县	38.44
1668	江西省	吉安市	安福县	38.44
1669	湖北省	咸宁市	通山县	38.43
1670	湖南省	怀化市	通道侗族自治县	38.43
1671	四川省	凉山彝族自治州	会东县	38.43
1672	河北省	张家口市	蔚县	38.41
1673	江西省	赣州市	安远县	38.41
1674	云南省	迪庆藏族自治州	维西傈僳族自治县	38.41
1675	河北省	邢台市	南宫市	38.40
1676	四川省	巴中市	南江县	38.39
1677	山东省	滨州市	博兴县	38.39
1678	陕西省	安康市	平利县	38.39
1679	湖南省	邵阳市	大祥区	38.37
1680	河南省	郑州市	二七区	38.36
1681	山东省	泰安市	宁阳县	38.36
1682	江西省	赣州市	定南县	38.34
1683	青海省	海西蒙古族藏族自治州	乌兰县	38.34
1684	江西省	上饶市	婺源县	38.33
1685	青海省	海西蒙古族藏族自治州	德令哈市	38.33
1686	西藏自治区	昌都市	昌都市	38.33
1687	贵州省	遵义市	桐梓县	38.31
1688	吉林省	通化市	东昌区	38.31
1689	青海省	玉树藏族自治州	杂多县	38.31
1690	内蒙古自治区	包头市	土默特右旗	38.30
1691	陕西省	延安市	子长县	38.29
1692	湖北省	十堰市	丹江口市	38.28
1693	云南省	迪庆藏族自治州	德钦县	38.28
1694	湖北省	宜昌市	西陵区	38.27
1695	新疆维吾尔自治区	阿克苏地区	新和县	38.27
1696	四川省	甘孜藏族自治州	巴塘县	38.26
1697	山东省	济宁市	曲阜市	38.26
1698	广西壮族自治区	柳州市	柳江区	38.24
1699	四川省	广元市	朝天区	38.24
1700	云南省	昭通市	巧家县	38.24
1701	甘肃省	白银市	景泰县	38.22
1702	云南省	昭通市	镇雄县	38.22
1703	广西壮族自治区	柳州市	三江侗族自治县	38.21
1704	江苏省	扬州市	高邮市	38.21
1705	湖北省	武汉市	东西湖区	38.20

续表

排名	省级	地市级	区县级	大气环境资源储量
1706	陕西省	宝鸡市	岐山县	38.20
1707	四川省	成都市	龙泉驿区	38.19
1708	重庆市	酉阳土家族苗族自治县	酉阳土家族苗族自治县	38.18
1709	河北省	衡水市	景县	38.18
1710	山东省	德州市	德城区	38.18
1711	广西壮族自治区	百色市	凌云县	38.17
1712	河南省	平顶山市	舞钢市	38.17
1713	福建省	漳州市	芗城区	38.15
1714	海南省	儋州市	儋州市	38.14
1715	陕西省	榆林市	靖边县	38.14
1716	浙江省	宁波市	镇海区	38.13
1717	新疆维吾尔自治区	巴音郭楞蒙古自治州	尉犁县	38.10
1718	陕西省	渭南市	临渭区	38.08
1719	广东省	韶关市	仁化县	38.06
1720	宁夏回族自治区	吴忠市	利通区	38.06
1721	陕西省	咸阳市	永寿县	38.06
1722	陕西省	延安市	宜川县	38.06
1723	陕西省	榆林市	吴堡县	38.06
1724	安徽省	宿州市	砀山县	38.05
1725	甘肃省	陇南市	礼县	38.05
1726	江苏省	扬州市	邗江区	38.05
1727	江西省	新余市	渝水区	38.05
1728	四川省	内江市	威远县	38.04
1729	河北省	保定市	安新县	38.03
1730	山东省	淄博市	淄川区	38.03
1731	新疆维吾尔自治区	和田地区	民丰县	38.03
1732	福建省	龙岩市	永定区	38.02
1733	河北省	承德市	双桥区	38.01
1734	河南省	郑州市	新密市	38.01
1735	青海省	海西蒙古族藏族自治州	大柴旦行政区	38.01
1736	安徽省	六安市	金安区	38.00
1737	江西省	上饶市	信州区	38.00
1738	安徽省	阜阳市	颍上县	37.98
1739	湖北省	神农架林区	神农架林区	37.98
1740	江西省	抚州市	乐安县	37.97
1741	福建省	龙岩市	上杭县	37.96
1742	甘肃省	定西市	漳县	37.95
1743	福建省	三明市	清流县	37.94
1744	河北省	衡水市	桃城区	37.94
1745	江西省	宜春市	万载县	37.94

排名	省级	地市级	区县级	大气环境资源储量
1746	安徽省	六安市	金寨县	37.93
1747	四川省	广安市	岳池县	37.92
1748	广东省	惠州市	龙门县	37.91
1749	海南省	乐东黎族自治县	乐东黎族自治县	37.91
1750	湖南省	岳阳市	华容县	37.90
1751	湖北省	襄阳市	南漳县	37.89
1752	山西省	临汾市	洪洞县	37.89
1753	河南省	信阳市	光山县	37.87
1754	湖南省	郴州市	资兴市	37.87
1755	湖南省	怀化市	辰溪县	37.87
1756	贵州省	黔东南苗族侗族自治州	黎平县	37.86
1757	安徽省	六安市	霍邱县	37.85
1758	北京市	丰台区	丰台区	37.84
1759	山东省	济宁市	泗水县	37.84
1760	贵州省	遵义市	赤水市	37.83
1761	江西省	赣州市	宁都县	37.83
1762	河南省	南阳市	西峡县	37.81
1763	广西壮族自治区	河池市	巴马瑶族自治县	37.80
1764	甘肃省	陇南市	武都区	37.79
1765	安徽省	黄山市	祁门县	37.78
1766	广东省	梅州市	梅江区	37.76
1767	新疆维吾尔自治区	伊犁哈萨克自治州	昭苏县	37.76
1768	广西壮族自治区	河池市	金城江区	37.74
1769	山西省	晋城市	高平市	37.74
1770	河北省	唐山市	遵化市	37.73
1771	江西省	赣州市	全南县	37.73
1772	海南省	白沙黎族自治县	白沙黎族自治县	37.72
1773	四川省	凉山彝族自治州	宁南县	37.72
1774	黑龙江省	大兴安岭地区	漠河县	37.71
1775	湖北省	孝感市	云梦县	37.70
1776	浙江省	绍兴市	越城区	37.70
1777	贵州省	遵义市	湄潭县	37.69
1778	海南省	保亭黎族苗族自治县	保亭黎族苗族自治县	37.68
1779	内蒙古自治区	呼伦贝尔市	根河市	37.68
1780	河北省	廊坊市	霸州市	37.67
1781	江苏省	宿迁市	泗阳县	37.67
1782	四川省	巴中市	巴州区	37.67
1783	贵州省	六盘水市	六枝特区	37.66
1784	四川省	乐山市	马边彝族自治县	37.66
1785	陕西省	汉中市	镇巴县	37.65

续表

排名	省级	地市级	区县级	大气环境资源储量
1786	贵州省	黔南布依族苗族自治州	贵定县	37.64
1787	海南省	琼中黎族苗族自治县	琼中黎族苗族自治县	37.64
1788	上海市	闵行区	闵行区	37.64
1789	山西省	朔州市	朔城区	37.64
1790	江西省	萍乡市	莲花县	37.63
1791	河南省	焦作市	山阳区	37.62
1792	陕西省	宝鸡市	陇县	37.62
1793	河北省	保定市	蠡县	37.61
1794	甘肃省	白银市	靖远县	37.60
1795	甘肃省	平凉市	灵台县	37.60
1796	海南省	屯昌县	屯昌县	37.60
1797	湖北省	十堰市	茅箭区	37.59
1798	四川省	成都市	蒲江县	37.59
1799	新疆维吾尔自治区	阿克苏地区	阿瓦提县	37.59
1800	广西壮族自治区	百色市	乐业县	37.58
1801	广西壮族自治区	贺州市	昭平县	37.58
1802	湖南省	郴州市	嘉禾县	37.58
1803	江苏省	常州市	溧阳市	37.56
1804	甘肃省	天水市	秦州区	37.55
1805	四川省	德阳市	广汉市	37.55
1806	山西省	长治市	沁县	37.55
1807	福建省	宁德市	寿宁县	37.54
1808	江苏省	镇江市	润州区	37.54
1809	浙江省	金华市	婺城区	37.54
1810	江西省	南昌市	南昌县	37.52
1811	安徽省	黄山市	休宁县	37.50
1812	贵州省	黔东南苗族侗族自治州	施秉县	37.50
1813	陕西省	西安市	鄠邑区	37.49
1814	山西省	长治市	沁源县	37.49
1815	浙江省	杭州市	建德市	37.49
1816	河北省	石家庄市	晋州市	37.48
1817	山西省	临汾市	侯马市	37.48
1818	福建省	宁德市	福鼎市	37.47
1819	湖南省	株洲市	荷塘区	37.47
1820	云南省	文山壮族苗族自治州	文山市	37.47
1821	安徽省	宣城市	泾县	37.46
1822	湖北省	十堰市	郧西县	37.46
1823	河南省	漯河市	临颍县	37.46
1824	江苏省	徐州市	鼓楼区	37.46
1825	江西省	上饶市	德兴市	37.45

排名	省级	地市级	区县级	大气环境资源储量
1826	四川省	资阳市	雁江区	37.45
1827	福建省	宁德市	福安市	37.43
1828	甘肃省	陇南市	徽县	37.41
1829	河南省	平顶山市	鲁山县	37.41
1830	湖北省	黄石市	黄石港区	37.40
1831	江西省	抚州市	宜黄县	37.38
1832	重庆市	黔江区	黔江区	37.37
1833	西藏自治区	林芝市	波密县	37.37
1834	重庆市	云阳县	云阳县	37.36
1835	河南省	开封市	杞县	37.34
1836	福建省	三明市	建宁县	37.33
1837	广东省	广州市	番禺区	37.33
1838	江西省	宜春市	高安市	37.33
1839	福建省	南平市	政和县	37.32
1840	河北省	唐山市	迁安市	37.32
1841	宁夏回族自治区	吴忠市	青铜峡市	37.32
1842	四川省	凉山彝族自治州	西昌市	37.31
1843	新疆维吾尔自治区	阿拉尔市	阿拉尔市	37.31
1844	云南省	丽江市	玉龙纳西族自治县	37.31
1845	新疆维吾尔自治区	昌吉回族自治州	奇台县	37.30
1846	河北省	衡水市	深州市	37.28
1847	四川省	甘孜藏族自治州	炉霍县	37.28
1848	河南省	新乡市	卫辉市	37.27
1849	湖南省	永州市	祁阳县	37.25
1850	云南省	普洱市	江城哈尼族彝族自治县	37.25
1851	陕西省	西安市	周至县	37.23
1852	甘肃省	陇南市	西和县	37.22
1853	广西壮族自治区	桂林市	荔浦县	37.21
1854	贵州省	黔东南苗族侗族自治州	凯里市	37.21
1855	四川省	成都市	彭州市	37.19
1856	江西省	抚州市	黎川县	37.18
1857	陕西省	汉中市	留坝县	37.18
1858	甘肃省	庆阳市	镇原县	37.17
1859	湖北省	潜江市	潜江市	37.17
1860	山西省	临汾市	安泽县	37.17
1861	福建省	三明市	永安市	37.16
1862	新疆维吾尔自治区	伊犁哈萨克自治州	新源县	37.16
1863	甘肃省	庆阳市	泾川县	37.15
1864	湖北省	宜昌市	兴山县	37.14
1865	广西壮族自治区	百色市	右江区	37.13

续表

排名	省级	地市级	区县级	大气环境资源储量
1866	山西省	太原市	尖草坪区	37.13
1867	河南省	郑州市	中牟县	37.12
1868	湖南省	衡阳市	衡山县	37.12
1869	江苏省	无锡市	宜兴市	37.12
1870	四川省	绵阳市	梓潼县	37.12
1871	四川省	宜宾市	筠连县	37.12
1872	新疆维吾尔自治区	乌鲁木齐市	乌鲁木齐县	37.12
1873	甘肃省	陇南市	康县	37.11
1874	湖北省	恩施土家族苗族自治州	咸丰县	37.11
1875	湖北省	咸宁市	崇阳县	37.11
1876	四川省	德阳市	绵竹市	37.11
1877	贵州省	黔东南苗族侗族自治州	岑巩县	37.10
1878	新疆维吾尔自治区	五家渠市	五家渠市	37.10
1879	湖南省	长沙市	浏阳市	37.09
1880	四川省	达州市	大竹县	37.09
1881	新疆维吾尔自治区	和田地区	策勒县	37.09
1882	西藏自治区	那曲市	比如县	37.09
1883	福建省	宁德市	古田县	37.08
1884	重庆市	梁平区	梁平区	37.07
1885	青海省	西宁市	湟中县	37.07
1886	河北省	石家庄市	深泽县	37.06
1887	江西省	赣州市	章贡区	37.05
1888	重庆市	璧山区	璧山区	37.04
1889	广东省	云浮市	云城区	37.04
1890	河北省	保定市	涿州市	37.04
1891	四川省	达州市	万源市	37.04
1892	四川省	资阳市	乐至县	37.01
1893	陕西省	西安市	蓝田县	37.01
1894	新疆维吾尔自治区	伊犁哈萨克自治州	特克斯县	36.99
1895	山西省	忻州市	定襄县	36.98
1896	浙江省	金华市	武义县	36.98
1897	陕西省	渭南市	华州区	36.97
1898	浙江省	金华市	浦江县	36.97
1899	江西省	吉安市	吉州区	36.96
1900	湖南省	常德市	安乡县	36.94
1901	辽宁省	抚顺市	新宾满族自治县	36.94
1902	广东省	清远市	连山壮族瑶族自治县	36.93
1903	贵州省	毕节市	纳雍县	36.93
1904	山西省	临汾市	曲沃县	36.93
1905	湖北省	襄阳市	枣阳市	36.92

排名	省级	地市级	区县级	大气环境资源储量
1906	陕西省	延安市	吴起县	36.92
1907	陕西省	延安市	甘泉县	36.91
1908	河北省	石家庄市	灵寿县	36.90
1909	湖南省	邵阳市	隆回县	36.90
1910	四川省	成都市	大邑县	36.89
1911	河北省	石家庄市	新乐市	36.88
1912	湖南省	娄底市	涟源市	36.87
1913	江西省	吉安市	井冈山市	36.87
1914	辽宁省	丹东市	宽甸满族自治县	36.87
1915	陕西省	安康市	汉阴县	36.87
1916	山西省	临汾市	永和县	36.85
1917	云南省	临沧市	临翔区	36.85
1918	福建省	龙岩市	长汀县	36.83
1919	福建省	三明市	大田县	36.83
1920	贵州省	铜仁市	印江土家族苗族自治县	36.83
1921	甘肃省	定西市	岷县	36.82
1922	河北省	保定市	易县	36.81
1923	江西省	赣州市	会昌县	36.80
1924	宁夏回族自治区	石嘴山市	大武口区	36.80
1925	湖北省	咸宁市	赤壁市	36.78
1926	河南省	新乡市	长垣县	36.78
1927	广东省	肇庆市	广宁县	36.77
1928	四川省	德阳市	旌阳区	36.77
1929	四川省	乐山市	井研县	36.77
1930	河北省	秦皇岛市	海港区	36.76
1931	江西省	赣州市	瑞金市	36.76
1932	四川省	凉山彝族自治州	越西县	36.75
1933	陕西省	延安市	延川县	36.75
1934	贵州省	毕节市	织金县	36.74
1935	湖南省	常德市	汉寿县	36.73
1936	湖南省	永州市	冷水滩区	36.73
1937	重庆市	垫江县	垫江县	36.72
1938	湖南省	郴州市	桂东县	36.72
1939	湖南省	衡阳市	衡东县	36.72
1940	江西省	南昌市	新建区	36.72
1941	山东省	临沂市	费县	36.72
1942	江西省	抚州市	崇仁县	36.71
1943	江苏省	徐州市	睢宁县	36.69
1944	浙江省	金华市	东阳市	36.69
1945	福建省	南平市	延平区	36.68

排名	省级	地市级	区县级	大气环境资源储量
1946	湖北省	十堰市	房县	36.68
1947	河南省	周口市	鹿邑县	36.68
1948	宁夏回族自治区	银川市	金凤区	36.67
1949	江西省	上饶市	横峰县	36.66
1950	浙江省	温州市	永嘉县	36.66
1951	湖南省	永州市	蓝山县	36.64
1952	新疆维吾尔自治区	阿克苏地区	乌什县	36.64
1953	湖北省	荆州市	公安县	36.63
1954	天津市	南开区	南开区	36.63
1955	甘肃省	定西市	陇西县	36.59
1956	湖北省	黄冈市	英山县	36.58
1957	四川省	达州市	开江县	36.58
1958	四川省	自贡市	荣县	36.56
1959	新疆维吾尔自治区	塔城地区	塔城市	36.56
1960	福建省	龙岩市	漳平市	36.55
1961	湖南省	常德市	桃源县	36.55
1962	湖南省	怀化市	麻阳苗族自治县	36.54
1963	陕西省	宝鸡市	千阳县	36.53
1964	四川省	内江市	资中县	36.52
1965	四川省	自贡市	自流井区	36.52
1966	新疆维吾尔自治区	吐鲁番市	高昌区	36.51
1967	陕西省	汉中市	勉县	36.47
1968	贵州省	铜仁市	碧江区	36.46
1969	新疆维吾尔自治区	昌吉回族自治州	阜康市	36.45
1970	贵州省	毕节市	黔西县	36.44
1971	江西省	赣州市	于都县	36.44
1972	陕西省	渭南市	韩城市	36.44
1973	江西省	赣州市	崇义县	36.42
1974	贵州省	黔东南苗族侗族自治州	三穗县	36.41
1975	陕西省	延安市	延长县	36.41
1976	甘肃省	天水市	清水县	36.40
1977	湖南省	郴州市	安仁县	36.40
1978	云南省	普洱市	澜沧拉祜族自治县	36.39
1979	重庆市	忠县	忠县	36.38
1980	云南省	昭通市	绥江县	36.38
1981	湖北省	荆州市	松滋市	36.37
1982	四川省	达州市	宣汉县	36.37
1983	陕西省	宝鸡市	眉县	36.37
1984	湖南省	湘西土家族苗族自治州	凤凰县	36.31
1985	江西省	抚州市	资溪县	36.31

续表

排名	省级	地市级	区县级	大气环境资源储量
1986	湖南省	邵阳市	邵阳县	36.30
1987	福建省	三明市	尤溪县	36.29
1988	江西省	九江市	德安县	36.29
1989	湖南省	常德市	石门县	36.28
1990	云南省	红河哈尼族彝族自治州	屏边苗族自治县	36.28
1991	四川省	达州市	渠县	36.27
1992	重庆市	丰都县	丰都县	36.25
1993	贵州省	黔东南苗族侗族自治州	镇远县	36.25
1994	新疆维吾尔自治区	昌吉回族自治州	玛纳斯县	36.25
1995	浙江省	丽水市	遂昌县	36.24
1996	贵州省	黔西南布依族苗族自治州	册亨县	36.23
1997	青海省	海南藏族自治州	共和县	36.23
1998	西藏自治区	昌都市	类乌齐县	36.23
1999	安徽省	池州市	石台县	36.22
2000	山东省	济宁市	兖州区	36.22
2001	新疆维吾尔自治区	阿克苏地区	库车县	36.22
2002	江西省	上饶市	万年县	36.21
2003	山西省	临汾市	古县	36.21
2004	四川省	眉山市	青神县	36.20
2005	四川省	内江市	东兴区	36.20
2006	四川省	宜宾市	南溪区	36.20
2007	四川省	广元市	青川县	36.19
2008	甘肃省	兰州市	皋兰县	36.18
2009	北京市	海淀区	海淀区	36.16
2010	贵州省	遵义市	正安县	36.15
2011	湖南省	衡阳市	祁东县	36.15
2012	云南省	德宏傣族景颇族自治州	芒市	36.15
2013	安徽省	黄山市	黄山区	36.14
2014	甘肃省	平凉市	崇信县	36.11
2015	青海省	海南藏族自治州	贵南县	36.11
2016	新疆维吾尔自治区	塔城地区	沙湾县	36.11
2017	安徽省	黄山市	黟县	36.10
2018	甘肃省	平凉市	华亭县	36.10
2019	青海省	黄南藏族自治州	尖扎县	36.10
2020	贵州省	遵义市	仁怀市	36.09
2021	青海省	果洛藏族自治州	班玛县	36.09
2022	新疆维吾尔自治区	喀什地区	麦盖提县	36.09
2023	河北省	邯郸市	涉县	36.08
2024	福建省	三明市	沙县	36.07
2025	四川省	成都市	新都区	36.07

续表

排名	省级	地市级	区县级	大气环境资源储量
2026	四川省	泸州市	叙永县	36.07
2027	甘肃省	天水市	张家川回族自治县	36.06
2028	山东省	聊城市	东昌府区	36.06
2029	陕西省	安康市	旬阳县	36.05
2030	贵州省	遵义市	余庆县	36.02
2031	河北省	廊坊市	永清县	36.02
2032	湖南省	永州市	东安县	36.02
2033	河北省	承德市	承德县	36.01
2034	河南省	郑州市	荥阳市	36.01
2035	江西省	宜春市	靖安县	36.01
2036	青海省	海北藏族自治州	门源回族自治县	36.01
2037	新疆维吾尔自治区	和田地区	皮山县	36.00
2038	四川省	成都市	新津县	35.99
2039	安徽省	黄山市	屯溪区	35.96
2040	浙江省	丽水市	龙泉市	35.96
2041	江西省	赣州市	寻乌县	35.95
2042	安徽省	宿州市	萧县	35.94
2043	云南省	普洱市	景东彝族自治县	35.94
2044	陕西省	安康市	石泉县	35.91
2045	山西省	临汾市	尧都区	35.91
2046	湖南省	怀化市	芷江侗族自治县	35.89
2047	广西壮族自治区	河池市	凤山县	35.88
2048	福建省	南平市	邵武市	35.87
2049	贵州省	遵义市	习水县	35.87
2050	新疆维吾尔自治区	阿克苏地区	温宿县	35.87
2051	新疆维吾尔自治区	伊犁哈萨克自治州	察布查尔锡伯自治县	35.87
2052	甘肃省	临夏回族自治州	康乐县	35.86
2053	新疆维吾尔自治区	巴音郭楞蒙古自治州	和硕县	35.86
2054	重庆市	荣昌区	荣昌区	35.85
2055	贵州省	铜仁市	沿河土家族自治县	35.84
2056	重庆市	北碚区	北碚区	35.82
2057	江西省	九江市	修水县	35.82
2058	陕西省	商洛市	柞水县	35.80
2059	甘肃省	天水市	秦安县	35.79
2060	河北省	廊坊市	安次区	35.79
2061	湖南省	邵阳市	新邵县	35.76
2062	云南省	昭通市	大关县	35.76
2063	贵州省	黔南布依族苗族自治州	龙里县	35.75
2064	湖南省	怀化市	会同县	35.75
2065	四川省	广安市	武胜县	35.75

排名	省级	地市级	区县级	大气环境资源储量
2066	广东省	河源市	紫金县	35.74
2067	四川省	成都市	崇州市	35.74
2068	甘肃省	定西市	临洮县	35.73
2069	四川省	成都市	邛崃市	35.73
2070	四川省	广元市	苍溪县	35.73
2071	浙江省	金华市	永康市	35.73
2072	安徽省	六安市	霍山县	35.72
2073	广西壮族自治区	河池市	东兰县	35.72
2074	湖南省	娄底市	双峰县	35.72
2075	四川省	成都市	温江区	35.72
2076	青海省	玉树藏族自治州	玉树市	35.68
2077	四川省	泸州市	龙马潭区	35.67
2078	新疆维吾尔自治区	巴音郭楞蒙古自治州	和静县北部	35.67
2079	四川省	甘孜藏族自治州	德格县	35.66
2080	云南省	西双版纳傣族自治州	勐腊县	35.66
2081	广西壮族自治区	河池市	天峨县	35.65
2082	陕西省	咸阳市	乾县	35.65
2083	新疆维吾尔自治区	喀什地区	巴楚县	35.65
2084	湖北省	恩施土家族苗族自治州	建始县	35.63
2085	湖南省	永州市	新田县	35.62
2086	湖北省	襄阳市	保康县	35.61
2087	福建省	三明市	将乐县	35.59
2088	贵州省	毕节市	赫章县	35.59
2089	内蒙古自治区	呼和浩特市	赛罕区	35.58
2090	湖南省	湘西土家族苗族自治州	吉首市	35.57
2091	四川省	乐山市	夹江县	35.57
2092	四川省	宜宾市	兴文县	35.57
2093	四川省	自贡市	富顺县	35.57
2094	广西壮族自治区	桂林市	阳朔县	35.56
2095	云南省	德宏傣族景颇族自治州	瑞丽市	35.56
2096	浙江省	台州市	仙居县	35.53
2097	湖南省	岳阳市	平江县	35.52
2098	重庆市	江津区	江津区	35.50
2099	四川省	南充市	蓬安县	35.50
2100	河北省	石家庄市	栾城区	35.49
2101	福建省	南平市	建瓯市	35.48
2102	宁夏回族自治区	固原市	西吉县	35.48
2103	四川省	绵阳市	江油市	35.48
2104	广西壮族自治区	崇左市	龙州县	35.47
2105	甘肃省	陇南市	宕昌县	35.46

排名	省级	地市级	区县级	大气环境资源储量
2106	新疆维吾尔自治区	塔城地区	乌苏市	35.46
2107	安徽省	宣城市	宁国市	35.43
2108	河北省	保定市	曲阳县	35.43
2109	广东省	梅州市	大埔县	35.42
2110	四川省	宜宾市	珙县	35.42
2111	陕西省	汉中市	洋县	35.41
2112	陕西省	宝鸡市	扶风县	35.40
2113	贵州省	六盘水市	钟山区	35.38
2114	湖南省	益阳市	安化县	35.38
2115	福建省	南平市	浦城县	35.37
2116	四川省	宜宾市	江安县	35.37
2117	山东省	济宁市	任城区	35.37
2118	广东省	清远市	阳山县	35.32
2119	湖南省	邵阳市	武冈市	35.32
2120	江西省	宜春市	宜丰县	35.32
2121	浙江省	温州市	文成县	35.31
2122	新疆维吾尔自治区	哈密市	伊州区	35.30
2123	陕西省	西安市	长安区	35.29
2124	河北省	石家庄市	无极县	35.28
2125	新疆维吾尔自治区	博尔塔拉蒙古自治州	博乐市	35.28
2126	重庆市	巫溪县	巫溪县	35.27
2127	福建省	福州市	连江县	35.27
2128	河北省	石家庄市	正定县	35.26
2129	江西省	赣州市	上犹县	35.25
2130	四川省	雅安市	天全县	35.25
2131	福建省	南平市	武夷山市	35.24
2132	新疆维吾尔自治区	喀什地区	泽普县	35.24
2133	新疆维吾尔自治区	喀什地区	叶城县	35.20
2134	河南省	周口市	太康县	35.18
2135	湖北省	恩施土家族苗族自治州	宣恩县	35.14
2136	四川省	遂宁市	射洪县	35.11
2137	云南省	昭通市	威信县	35.11
2138	云南省	普洱市	思茅区	35.09
2139	河北省	邯郸市	馆陶县	35.08
2140	四川省	绵阳市	平武县	35.07
2141	河南省	南阳市	南召县	35.06
2142	四川省	巴中市	通江县	35.06
2143	湖南省	娄底市	新化县	35.04
2144	重庆市	九龙坡区	九龙坡区	35.03
2145	重庆市	长寿区	长寿区	35.03

排名	省级	地市级	区县级	大气环境资源储量
2146	四川省	雅安市	芦山县	35.03
2147	河南省	南阳市	桐柏县	35.02
2148	湖南省	湘西土家族苗族自治州	保靖县	35.02
2149	新疆维吾尔自治区	喀什地区	伽师县	35.02
2150	新疆维吾尔自治区	伊犁哈萨克自治州	伊宁县	35.02
2151	浙江省	衢州市	开化县	35.01
2152	湖北省	恩施土家族苗族自治州	鹤峰县	34.99
2153	新疆维吾尔自治区	克孜勒苏柯尔克孜自治州	阿克陶县	34.99
2154	广西壮族自治区	桂林市	灵川县	34.98
2155	新疆维吾尔自治区	和田地区	于田县	34.98
2156	甘肃省	兰州市	安宁区	34.97
2157	陕西省	延安市	黄陵县	34.97
2158	陕西省	汉中市	西乡县	34.96
2159	陕西省	商洛市	镇安县	34.95
2160	湖南省	湘西土家族苗族自治州	花垣县	34.94
2161	江西省	宜春市	铜鼓县	34.94
2162	贵州省	黔东南苗族侗族自治州	从江县	34.93
2163	湖北省	恩施土家族苗族自治州	利川市	34.93
2164	湖北省	恩施土家族苗族自治州	来凤县	34.93
2165	新疆维吾尔自治区	喀什地区	莎车县	34.93
2166	湖南省	张家界市	桑植县	34.91
2167	北京市	密云区	密云区	34.85
2168	河北省	廊坊市	固安县	34.85
2169	湖南省	怀化市	鹤城区	34.85
2170	四川省	遂宁市	船山区	34.85
2171	西藏自治区	林芝市	米林县	34.84
2172	甘肃省	临夏回族自治州	广河县	34.82
2173	甘肃省	临夏回族自治州	永靖县	34.82
2174	新疆维吾尔自治区	乌鲁木齐市	米东区	34.82
2175	贵州省	铜仁市	石阡县	34.81
2176	四川省	宜宾市	长宁县	34.80
2177	陕西省	安康市	岚皋县	34.79
2178	浙江省	丽水市	缙云县	34.78
2179	陕西省	安康市	宁陕县	34.77
2180	新疆维吾尔自治区	阿勒泰地区	阿勒泰市	34.77
2181	贵州省	黔南布依族苗族自治州	三都水族自治县	34.75
2182	四川省	泸州市	合江县	34.75
2183	贵州省	黔东南苗族侗族自治州	台江县	34.73
2184	陕西省	宝鸡市	麟游县	34.72
2185	四川省	雅安市	名山区	34.69

续表

排名	省级	地市级	区县级	大气环境资源储量
2186	新疆维吾尔自治区	伊犁哈萨克自治州	伊宁市	34.68
2187	贵州省	黔东南苗族侗族自治州	榕江县	34.65
2188	四川省	广安市	邻水县	34.61
2189	贵州省	黔南布依族苗族自治州	荔波县	34.60
2190	福建省	三明市	泰宁县	34.56
2191	甘肃省	临夏回族自治州	和政县	34.55
2192	陕西省	宝鸡市	渭滨区	34.54
2193	甘肃省	临夏回族自治州	临夏市	34.53
2194	四川省	巴中市	平昌县	34.50
2195	福建省	南平市	顺昌县	34.49
2196	四川省	凉山彝族自治州	雷波县	34.48
2197	甘肃省	甘南藏族自治州	迭部县	34.47
2198	贵州省	黔东南苗族侗族自治州	天柱县	34.45
2199	新疆维吾尔自治区	伊犁哈萨克自治州	巩留县	34.45
2200	河南省	周口市	川汇区	34.44
2201	青海省	海东市	互助土族自治县	34.42
2202	四川省	乐山市	市中区	34.38
2203	湖南省	邵阳市	绥宁县	34.36
2204	四川省	南充市	阆中市	34.36
2205	湖南省	怀化市	沅陵县	34.35
2206	陕西省	汉中市	城固县	34.35
2207	四川省	乐山市	犍为县	34.32
2208	云南省	西双版纳傣族自治州	景洪市	34.32
2209	贵州省	遵义市	务川仡佬族苗族自治县	34.31
2210	四川省	成都市	双流区	34.31
2211	山东省	泰安市	肥城市	34.26
2212	贵州省	遵义市	凤冈县	34.25
2213	贵州省	毕节市	七星关区	34.24
2214	四川省	乐山市	沐川县	34.24
2215	四川省	阿坝藏族羌族自治州	马尔康市	34.21
2216	湖南省	郴州市	宜章县	34.18
2217	重庆市	开州区	开州区	34.17
2218	重庆市	万州区	万州区	34.15
2219	福建省	南平市	建阳区	34.14
2220	湖北省	十堰市	竹山县	34.14
2221	云南省	怒江傈僳族自治州	贡山独龙族怒族自治县	34.14
2222	陕西省	汉中市	南郑区	34.10
2223	河北省	石家庄市	辛集市	34.09
2224	四川省	宜宾市	宜宾县	34.09
2225	云南省	红河哈尼族彝族自治州	河口瑶族自治县	34.08

排名	省级	地市级	区县级	大气环境资源储量
2226	四川省	阿坝藏族羌族自治州	金川县	34.06
2227	新疆维吾尔自治区	阿克苏地区	沙雅县	34.06
2228	贵州省	遵义市	汇川区	34.02
2229	福建省	三明市	明溪县	33.99
2230	甘肃省	陇南市	成县	33.99
2231	四川省	成都市	都江堰市	33.98
2232	重庆市	城口县	城口县	33.94
2233	河北省	保定市	唐县	33.94
2234	河南省	信阳市	淮滨县	33.94
2235	陕西省	安康市	汉滨区	33.90
2236	陕西省	汉中市	宁强县	33.89
2237	湖北省	宜昌市	秭归县	33.86
2238	湖南省	张家界市	永定区	33.86
2239	陕西省	安康市	白河县	33.83
2240	四川省	达州市	达川区	33.80
2241	新疆维吾尔自治区	阿勒泰地区	青河县	33.80
2242	浙江省	丽水市	莲都区	33.78
2243	贵州省	黔东南苗族侗族自治州	剑河县	33.77
2244	贵州省	遵义市	绥阳县	33.77
2245	河北省	石家庄市	藁城区	33.77
2246	新疆维吾尔自治区	伊犁哈萨克自治州	霍城县	33.74
2247	湖南省	湘西土家族苗族自治州	永顺县	33.73
2248	贵州省	铜仁市	松桃苗族自治县	33.71
2249	新疆维吾尔自治区	克孜勒苏柯尔克孜自治州	阿图什市	33.70
2250	云南省	临沧市	耿马傣族佤族自治县	33.70
2251	浙江省	丽水市	云和县	33.68
2252	陕西省	安康市	紫阳县	33.65
2253	新疆维吾尔自治区	阿克苏地区	柯坪县	33.59
2254	陕西省	汉中市	汉台区	33.58
2255	云南省	昭通市	盐津县	33.58
2256	新疆维吾尔自治区	石河子市	石河子市	33.56
2257	江西省	景德镇市	昌江区	33.47
2258	湖南省	湘西土家族苗族自治州	龙山县	33.45
2259	陕西省	榆林市	子洲县	33.45
2260	贵州省	黔西南布依族苗族自治州	望谟县	33.37
2261	湖北省	宜昌市	五峰土家族自治县	33.32
2262	湖南省	怀化市	新晃侗族自治县	33.31
2263	贵州省	遵义市	道真仡佬族苗族自治县	33.30
2264	新疆维吾尔自治区	吐鲁番市	鄯善县	33.29
2265	浙江省	温州市	鹿城区	33.23

续表

排名	省级	地市级	区县级	大气环境资源储量
2266	四川省	广元市	旺苍县	33.14
2267	贵州省	铜仁市	思南县	33.12
2268	四川省	眉山市	东坡区	33.08
2269	甘肃省	陇南市	两当县	33.04
2270	四川省	成都市	郫都区	32.97
2271	新疆维吾尔自治区	伊犁哈萨克自治州	尼勒克县	32.96
2272	云南省	怒江傈僳族自治州	福贡县	32.90
2273	湖北省	恩施土家族苗族自治州	恩施市	32.84
2274	甘肃省	兰州市	城关区	32.69
2275	四川省	雅安市	雨城区	32.66
2276	重庆市	彭水苗族土家族自治县	彭水苗族土家族自治县	32.55
2277	新疆维吾尔自治区	喀什地区	岳普湖县	32.46
2278	宁夏回族自治区	银川市	贺兰县	32.44
2279	新疆维吾尔自治区	喀什地区	英吉沙县	32.36
2280	陕西省	渭南市	合阳县	32.20
2281	陕西省	商洛市	商南县	32.16
2282	贵州省	黔南布依族苗族自治州	罗甸县	31.93
2283	新疆维吾尔自治区	阿克苏地区	拜城县	31.70
2284	上海市	徐汇区	徐汇区	31.01

六 中国大气环境容量指数县级排名

表 4-10 中国大气环境容量指数县级排名 (2019-县级-AECI 均值排序)

排名	省级	地市级	区县级	大气环境容量指数均值
1	海南省	三沙市	南沙区	0.76
2	浙江省	台州市	椒江区	0.76
3	浙江省	舟山市	嵊泗县	0.76
4	福建省	泉州市	晋江市	0.74
5	福建省	漳州市	东山县	0.74
6	广东省	江门市	上川岛	0.74
7	海南省	三亚市	吉阳区	0.74
8	湖南省	衡阳市	南岳区	0.74
9	福建省	福州市	福清市	0.73
10	海南省	东方市	东方市	0.73
11	海南省	三沙市	西沙区	0.73
12	海南省	三沙市	西沙群岛珊瑚岛	0.73
13	江苏省	连云港市	连云区	0.73
14	山东省	威海市	荣成市北海口	0.73

续表

排名	省级	地市级	区县级	大气环境容量指数均值
15	新疆维吾尔自治区	博尔塔拉蒙古自治州	阿拉山口市	0.73
16	云南省	红河哈尼族彝族自治州	个旧市	0.73
17	福建省	泉州市	惠安县	0.72
18	广东省	湛江市	吴川市	0.72
19	内蒙古自治区	巴彦淖尔市	乌拉特后旗西北	0.72
20	内蒙古自治区	赤峰市	巴林右旗	0.72
21	浙江省	宁波市	象山县（滨海）	0.72
22	安徽省	安庆市	望江县	0.71
23	福建省	福州市	平潭县	0.71
24	广东省	湛江市	徐闻县	0.71
25	广西壮族自治区	贵港市	桂平市	0.71
26	内蒙古自治区	阿拉善盟	额济纳旗东部	0.71
27	山东省	青岛市	胶州市	0.71
28	山东省	烟台市	长岛县	0.71
29	浙江省	舟山市	岱山县	0.71
30	广东省	阳江市	江城区	0.70
31	甘肃省	武威市	天祝藏族自治县	0.70
32	广西壮族自治区	北海市	海城区（涠洲岛）	0.70
33	广西壮族自治区	桂林市	临桂区	0.70
34	广西壮族自治区	柳州市	柳北区	0.70
35	广西壮族自治区	钦州市	钦南区	0.70
36	海南省	海口市	美兰区	0.70
37	湖南省	郴州市	北湖区	0.70
38	辽宁省	大连市	金州区	0.70
39	辽宁省	锦州市	北镇市	0.70
40	辽宁省	锦州市	凌海市	0.70
41	内蒙古自治区	鄂尔多斯市	杭锦旗	0.70
42	内蒙古自治区	呼伦贝尔市	新巴尔虎右旗	0.70
43	内蒙古自治区	通辽市	科尔沁左翼后旗	0.70
44	山东省	济南市	章丘区	0.70
45	山东省	烟台市	栖霞市	0.70
46	西藏自治区	昌都市	八宿县	0.70
47	云南省	楚雄彝族自治州	永仁县	0.70
48	浙江省	台州市	玉环市	0.70
49	安徽省	安庆市	太湖县	0.69
50	福建省	莆田市	秀屿区	0.69
51	广东省	江门市	新会区	0.69
52	广东省	揭阳市	惠来县	0.69
53	广东省	茂名市	高州市	0.69
54	广东省	茂名市	电白区	0.69

排名	省级	地市级	区县级	大气环境容量指数均值
55	广东省	汕尾市	陆丰市	0.69
56	广东省	湛江市	雷州市	0.69
57	广东省	湛江市	霞山区	0.69
58	广东省	湛江市	遂溪县	0.69
59	广东省	珠海市	香洲区	0.69
60	广西壮族自治区	百色市	田阳县	0.69
61	广西壮族自治区	防城港市	港口区	0.69
62	广西壮族自治区	防城港市	东兴市	0.69
63	广西壮族自治区	柳州市	柳城县	0.69
64	广西壮族自治区	南宁市	邕宁区	0.69
65	广西壮族自治区	玉林市	博白县	0.69
66	广西壮族自治区	玉林市	容县	0.69
67	湖北省	荆门市	掇刀区	0.69
68	河北省	邯郸市	武安市	0.69
69	海南省	万宁市	万宁市	0.69
70	湖南省	永州市	双牌县	0.69
71	江苏省	南通市	启东市（滨海）	0.69
72	江西省	九江市	湖口县	0.69
73	辽宁省	盘锦市	双台子区	0.69
74	辽宁省	营口市	大石桥市	0.69
75	内蒙古自治区	阿拉善盟	阿拉善左旗南部	0.69
76	内蒙古自治区	包头市	白云鄂博矿区	0.69
77	内蒙古自治区	赤峰市	巴林左旗	0.69
78	内蒙古自治区	锡林郭勒盟	苏尼特右旗朱日和	0.69
79	内蒙古自治区	锡林郭勒盟	阿巴嘎旗	0.69
80	内蒙古自治区	锡林郭勒盟	苏尼特右旗	0.69
81	内蒙古自治区	兴安盟	科尔沁右翼中旗	0.69
82	山东省	青岛市	李沧区	0.69
83	山东省	威海市	荣成市南海口	0.69
84	山东省	烟台市	招远市	0.69
85	山东省	烟台市	牟平区	0.69
86	山东省	烟台市	芝罘区	0.69
87	云南省	德宏傣族景颇族自治州	梁河县	0.69
88	云南省	红河哈尼族彝族自治州	元阳县	0.69
89	云南省	红河哈尼族彝族自治州	蒙自市	0.69
90	云南省	昆明市	呈贡区	0.69
91	云南省	丽江市	宁蒗彝族自治县	0.69
92	云南省	曲靖市	陆良县	0.69
93	云南省	曲靖市	会泽县	0.69
94	云南省	玉溪市	元江哈尼族彝族傣族自治县	0.69

排名	省级	地市级	区县级	大气环境容量指数均值
95	浙江省	舟山市	普陀区	0.69
96	安徽省	马鞍山市	当涂县	0.68
97	福建省	福州市	长乐区	0.68
98	福建省	厦门市	湖里区	0.68
99	福建省	漳州市	诏安县	0.68
100	广东省	潮州市	饶平县	0.68
101	广东省	佛山市	禅城区	0.68
102	广东省	惠州市	惠东县	0.68
103	广东省	清远市	清城区	0.68
104	广东省	汕头市	澄海区	0.68
105	广东省	汕头市	南澳县	0.68
106	广东省	汕尾市	城区	0.68
107	广东省	湛江市	廉江市	0.68
108	广西壮族自治区	崇左市	江州区	0.68
109	广西壮族自治区	柳州市	融水苗族自治县	0.68
110	广西壮族自治区	南宁市	青秀区	0.68
111	广西壮族自治区	玉林市	北流市	0.68
112	湖北省	鄂州市	鄂城区	0.68
113	湖北省	随州市	广水市	0.68
114	湖北省	襄阳市	襄城区	0.68
115	湖北省	孝感市	大悟县	0.68
116	河北省	沧州市	海兴县	0.68
117	河北省	邯郸市	永年区	0.68
118	河北省	邢台市	桥东区	0.68
119	河南省	鹤壁市	淇县	0.68
120	河南省	洛阳市	孟津县	0.68
121	河南省	信阳市	新县	0.68
122	海南省	定安县	定安县	0.68
123	海南省	琼海市	琼海市	0.68
124	湖南省	永州市	江华瑶族自治县	0.68
125	吉林省	延边朝鲜族自治州	珲春市	0.68
126	江苏省	南通市	如东县	0.68
127	江西省	抚州市	东乡区	0.68
128	江西省	九江市	都昌县	0.68
129	江西省	九江市	庐山市	0.68
130	江西省	南昌市	进贤县	0.68
131	辽宁省	葫芦岛市	连山区	0.68
132	辽宁省	沈阳市	康平县	0.68
133	内蒙古自治区	阿拉善盟	阿拉善左旗东南	0.68
134	内蒙古自治区	包头市	达尔罕茂明安联合旗北部	0.68

续表

排名	省级	地市级	区县级	大气环境容量指数均值
135	内蒙古自治区	赤峰市	阿鲁科尔沁旗	0.68
136	内蒙古自治区	鄂尔多斯市	杭锦旗西北	0.68
137	内蒙古自治区	呼伦贝尔市	海拉尔区	0.68
138	内蒙古自治区	呼伦贝尔市	满洲里市	0.68
139	内蒙古自治区	乌兰察布市	商都县	0.68
140	内蒙古自治区	乌兰察布市	察哈尔右翼中旗	0.68
141	内蒙古自治区	锡林郭勒盟	二连浩特市	0.68
142	内蒙古自治区	兴安盟	扎赉特旗	0.68
143	山东省	济南市	长清区	0.68
144	山东省	济南市	平阴县	0.68
145	山东省	威海市	文登区	0.68
146	山东省	潍坊市	临朐县	0.68
147	西藏自治区	日喀则市	聂拉木县	0.68
148	云南省	楚雄彝族自治州	牟定县	0.68
149	云南省	红河哈尼族彝族自治州	红河县	0.68
150	云南省	红河哈尼族彝族自治州	建水县	0.68
151	云南省	红河哈尼族彝族自治州	开远市	0.68
152	云南省	昆明市	西山区	0.68
153	云南省	昆明市	宜良县	0.68
154	云南省	昆明市	东川区	0.68
155	云南省	曲靖市	师宗县	0.68
156	云南省	玉溪市	通海县	0.68
157	浙江省	杭州市	萧山区	0.68
158	浙江省	宁波市	余姚市	0.68
159	浙江省	温州市	乐清市	0.68
160	浙江省	温州市	洞头区	0.68
161	安徽省	安庆市	潜山县	0.67
162	安徽省	安庆市	宿松县	0.67
163	安徽省	安庆市	大观区	0.67
164	安徽省	蚌埠市	怀远县	0.67
165	安徽省	池州市	东至县	0.67
166	安徽省	合肥市	庐江县	0.67
167	安徽省	合肥市	长丰县	0.67
168	安徽省	宿州市	灵璧县	0.67
169	重庆市	巫山县	巫山县	0.67
170	福建省	宁德市	霞浦县	0.67
171	福建省	泉州市	安溪县	0.67
172	福建省	泉州市	南安市	0.67
173	福建省	漳州市	云霄县	0.67
174	福建省	漳州市	龙海市	0.67

排名	省级	地市级	区县级	大气环境容量指数均值
175	福建省	漳州市	漳浦县	0.67
176	广东省	佛山市	顺德区	0.67
177	广东省	佛山市	三水区	0.67
178	广东省	河源市	连平县	0.67
179	广东省	江门市	开平市	0.67
180	广东省	江门市	鹤山市	0.67
181	广东省	韶关市	乐昌市	0.67
182	广东省	肇庆市	端州区	0.67
183	广西壮族自治区	百色市	西林县	0.67
184	广西壮族自治区	百色市	那坡县	0.67
185	广西壮族自治区	百色市	田东县	0.67
186	广西壮族自治区	北海市	海城区	0.67
187	广西壮族自治区	崇左市	扶绥县	0.67
188	广西壮族自治区	防城港市	防城区	0.67
189	广西壮族自治区	贵港市	港北区	0.67
190	广西壮族自治区	桂林市	全州县	0.67
191	广西壮族自治区	河池市	环江毛南族自治县	0.67
192	广西壮族自治区	河池市	都安瑶族自治县	0.67
193	广西壮族自治区	来宾市	象州县	0.67
194	广西壮族自治区	柳州市	鹿寨县	0.67
195	广西壮族自治区	柳州市	融安县	0.67
196	广西壮族自治区	南宁市	横县	0.67
197	广西壮族自治区	南宁市	武鸣区	0.67
198	广西壮族自治区	南宁市	宾阳县	0.67
199	广西壮族自治区	南宁市	隆安县	0.67
200	广西壮族自治区	钦州市	灵山县	0.67
201	广西壮族自治区	玉林市	陆川县	0.67
202	贵州省	贵阳市	清镇市	0.67
203	湖北省	黄冈市	武穴市	0.67
204	湖北省	荆门市	钟祥市	0.67
205	河北省	沧州市	黄骅市	0.67
206	河北省	沧州市	南皮县	0.67
207	河北省	邯郸市	峰峰矿区	0.67
208	河北省	石家庄市	赞皇县	0.67
209	河北省	唐山市	滦南县	0.67
210	河北省	邢台市	内丘县	0.67
211	河北省	张家口市	康保县	0.67
212	河南省	安阳市	汤阴县	0.67
213	河南省	安阳市	林州市	0.67
214	河南省	鹤壁市	浚县	0.67

续表

排名	省级	地市级	区县级	大气环境容量指数均值
215	河南省	洛阳市	偃师市	0.67
216	河南省	洛阳市	宜阳县	0.67
217	河南省	南阳市	镇平县	0.67
218	河南省	三门峡市	湖滨区	0.67
219	海南省	昌江黎族自治县	昌江黎族自治县	0.67
220	海南省	临高县	临高县	0.67
221	海南省	陵水黎族自治县	陵水黎族自治县	0.67
222	海南省	文昌市	文昌市	0.67
223	黑龙江省	大庆市	肇源县	0.67
224	黑龙江省	哈尔滨市	木兰县	0.67
225	黑龙江省	哈尔滨市	双城区	0.67
226	黑龙江省	哈尔滨市	巴彦县	0.67
227	黑龙江省	鹤岗市	绥滨县	0.67
228	黑龙江省	鸡西市	鸡冠区	0.67
229	黑龙江省	鸡西市	虎林市	0.67
230	黑龙江省	鸡西市	鸡东县	0.67
231	黑龙江省	佳木斯市	桦南县	0.67
232	黑龙江省	七台河市	勃利县	0.67
233	黑龙江省	齐齐哈尔市	讷河市	0.67
234	黑龙江省	绥化市	肇东市	0.67
235	湖南省	常德市	临澧县	0.67
236	湖南省	岳阳市	汨罗市	0.67
237	吉林省	白城市	镇赉县	0.67
238	吉林省	长春市	德惠市	0.67
239	吉林省	长春市	榆树市	0.67
240	吉林省	吉林市	丰满区	0.67
241	吉林省	四平市	公主岭市	0.67
242	江苏省	淮安市	金湖县	0.67
243	江苏省	南通市	崇川区	0.67
244	江苏省	苏州市	吴中区	0.67
245	江西省	吉安市	万安县	0.67
246	江西省	九江市	彭泽县	0.67
247	辽宁省	朝阳市	北票市	0.67
248	辽宁省	朝阳市	喀喇沁左翼蒙古族自治县	0.67
249	辽宁省	大连市	长海县	0.67
250	辽宁省	葫芦岛市	兴城市	0.67
251	辽宁省	锦州市	黑山县	0.67
252	辽宁省	沈阳市	辽中区	0.67
253	辽宁省	营口市	西市区	0.67
254	内蒙古自治区	阿拉善盟	阿拉善左旗西北	0.67

排名	省级	地市级	区县级	大气环境容量指数均值
255	内蒙古自治区	阿拉善盟	阿拉善右旗	0.67
256	内蒙古自治区	阿拉善盟	阿拉善左旗	0.67
257	内蒙古自治区	包头市	固阳县	0.67
258	内蒙古自治区	通辽市	扎鲁特旗西北	0.67
259	内蒙古自治区	通辽市	科尔沁左翼中旗南部	0.67
260	内蒙古自治区	锡林郭勒盟	正镶白旗	0.67
261	内蒙古自治区	兴安盟	突泉县	0.67
262	宁夏回族自治区	吴忠市	同心县	0.67
263	青海省	海东市	循化撒拉族自治县	0.67
264	四川省	甘孜藏族自治州	丹巴县	0.67
265	四川省	凉山彝族自治州	德昌县	0.67
266	四川省	攀枝花市	仁和区	0.67
267	四川省	攀枝花市	米易县	0.67
268	山东省	德州市	武城县	0.67
269	山东省	德州市	临邑县	0.67
270	山东省	菏泽市	牡丹区	0.67
271	山东省	临沂市	兰山区	0.67
272	山东省	临沂市	平邑县	0.67
273	山东省	青岛市	即墨区	0.67
274	山东省	青岛市	市南区	0.67
275	山东省	威海市	环翠区	0.67
276	山东省	潍坊市	昌邑市	0.67
277	山东省	烟台市	福山区	0.67
278	山东省	烟台市	蓬莱市	0.67
279	上海市	松江区	松江区	0.67
280	山西省	忻州市	岢岚县	0.67
281	山西省	运城市	稷山县	0.67
282	山西省	长治市	壶关县	0.67
283	山西省	长治市	长治县	0.67
284	新疆维吾尔自治区	阿勒泰地区	吉木乃县	0.67
285	新疆维吾尔自治区	和田地区	洛浦县	0.67
286	新疆维吾尔自治区	吐鲁番市	托克逊县	0.67
287	云南省	楚雄彝族自治州	大姚县	0.67
288	云南省	楚雄彝族自治州	武定县	0.67
289	云南省	楚雄彝族自治州	元谋县	0.67
290	云南省	昆明市	石林彝族自治县	0.67
291	云南省	昆明市	寻甸回族彝族自治县	0.67
292	云南省	昆明市	晋宁区	0.67
293	云南省	曲靖市	马龙县	0.67
294	云南省	玉溪市	新平彝族傣族自治县	0.67

续表

排名	省级	地市级	区县级	大气环境容量指数均值
295	浙江省	嘉兴市	平湖市	0.67
296	浙江省	宁波市	象山县	0.67
297	浙江省	衢州市	江山市	0.67
298	浙江省	绍兴市	柯桥区	0.67
299	浙江省	台州市	天台县	0.67
300	浙江省	温州市	平阳县	0.67
301	安徽省	安庆市	怀宁县	0.66
302	安徽省	蚌埠市	五河县	0.66
303	安徽省	滁州市	来安县	0.66
304	安徽省	滁州市	天长市	0.66
305	安徽省	滁州市	明光市	0.66
306	安徽省	阜阳市	界首市	0.66
307	安徽省	阜阳市	临泉县	0.66
308	安徽省	阜阳市	阜南县	0.66
309	安徽省	阜阳市	颍泉区	0.66
310	安徽省	合肥市	肥东县	0.66
311	安徽省	淮南市	凤台县	0.66
312	安徽省	淮南市	田家庵区	0.66
313	安徽省	马鞍山市	花山区	0.66
314	安徽省	宿州市	埇桥区	0.66
315	安徽省	铜陵市	枞阳县	0.66
316	安徽省	铜陵市	义安区	0.66
317	安徽省	芜湖市	鸠江区	0.66
318	北京市	门头沟区	门头沟区	0.66
319	重庆市	大足区	大足区	0.66
320	福建省	福州市	鼓楼区	0.66
321	福建省	福州市	晋安区	0.66
322	福建省	福州市	罗源县	0.66
323	福建省	龙岩市	连城县	0.66
324	福建省	莆田市	城厢区	0.66
325	福建省	厦门市	同安区	0.66
326	福建省	漳州市	南靖县	0.66
327	福建省	漳州市	长泰县	0.66
328	广东省	广州市	天河区	0.66
329	广东省	惠州市	惠城区	0.66
330	广东省	江门市	台山市	0.66
331	广东省	江门市	恩平市	0.66
332	广东省	揭阳市	普宁市	0.66
333	广东省	揭阳市	榕城区	0.66
334	广东省	茂名市	化州市	0.66

排名	省级	地市级	区县级	大气环境容量指数均值
335	广东省	梅州市	五华县	0.66
336	广东省	梅州市	丰顺县	0.66
337	广东省	汕头市	潮阳区	0.66
338	广东省	汕尾市	海丰县	0.66
339	广东省	韶关市	南雄市	0.66
340	广东省	韶关市	武江区	0.66
341	广东省	韶关市	翁源县	0.66
342	广东省	深圳市	罗湖区	0.66
343	广东省	阳江市	阳春市	0.66
344	广东省	云浮市	新兴县	0.66
345	广东省	肇庆市	四会市	0.66
346	广东省	中山市	西区	0.66
347	广东省	珠海市	斗门区	0.66
348	甘肃省	金昌市	永昌县	0.66
349	甘肃省	酒泉市	肃北蒙古族自治县	0.66
350	甘肃省	酒泉市	玉门市	0.66
351	甘肃省	天水市	武山县	0.66
352	广西壮族自治区	百色市	平果市	0.66
353	广西壮族自治区	百色市	靖西市	0.66
354	广西壮族自治区	北海市	合浦县	0.66
355	广西壮族自治区	防城港市	上思县	0.66
356	广西壮族自治区	贵港市	平南县	0.66
357	广西壮族自治区	桂林市	资源县	0.66
358	广西壮族自治区	河池市	南丹县	0.66
359	广西壮族自治区	河池市	宜州区	0.66
360	广西壮族自治区	贺州市	钟山县	0.66
361	广西壮族自治区	贺州市	富川瑶族自治县	0.66
362	广西壮族自治区	贺州市	八步区	0.66
363	广西壮族自治区	来宾市	武宣县	0.66
364	广西壮族自治区	来宾市	忻城县	0.66
365	广西壮族自治区	梧州市	龙圩区	0.66
366	广西壮族自治区	梧州市	藤县	0.66
367	广西壮族自治区	梧州市	蒙山县	0.66
368	广西壮族自治区	梧州市	岑溪市	0.66
369	广西壮族自治区	玉林市	玉州区	0.66
370	湖北省	黄冈市	黄州区	0.66
371	湖北省	黄冈市	黄梅县	0.66
372	湖北省	荆州市	石首市	0.66
373	湖北省	荆州市	监利县	0.66
374	湖北省	武汉市	蔡甸区	0.66

排名	省级	地市级	区县级	大气环境容量指数均值
375	湖北省	咸宁市	嘉鱼县	0.66
376	河北省	沧州市	青县	0.66
377	河北省	沧州市	献县	0.66
378	河北省	邯郸市	曲周县	0.66
379	河北省	衡水市	冀州区	0.66
380	河北省	秦皇岛市	昌黎县	0.66
381	河北省	石家庄市	元氏县	0.66
382	河北省	石家庄市	高邑县	0.66
383	河北省	唐山市	丰南区	0.66
384	河北省	邢台市	隆尧县	0.66
385	河北省	邢台市	威县	0.66
386	河北省	邢台市	临西县	0.66
387	河北省	邢台市	巨鹿县	0.66
388	河北省	张家口市	宣化区	0.66
389	河南省	安阳市	北关区	0.66
390	河南省	焦作市	武陟县	0.66
391	河南省	焦作市	温县	0.66
392	河南省	洛阳市	洛宁县	0.66
393	河南省	南阳市	宛城区	0.66
394	河南省	南阳市	唐河县	0.66
395	河南省	三门峡市	灵宝市	0.66
396	河南省	新乡市	获嘉县	0.66
397	河南省	新乡市	原阳县	0.66
398	河南省	许昌市	禹州市	0.66
399	河南省	许昌市	长葛市	0.66
400	河南省	郑州市	登封市	0.66
401	河南省	驻马店市	正阳县	0.66
402	河南省	驻马店市	确山县	0.66
403	海南省	海口市	琼山区	0.66
404	黑龙江省	大庆市	杜尔伯特蒙古族自治县	0.66
405	黑龙江省	哈尔滨市	宾县	0.66
406	黑龙江省	佳木斯市	富锦市	0.66
407	黑龙江省	佳木斯市	同江市	0.66
408	黑龙江省	佳木斯市	抚远市	0.66
409	黑龙江省	齐齐哈尔市	克东县	0.66
410	黑龙江省	齐齐哈尔市	拜泉县	0.66
411	黑龙江省	齐齐哈尔市	克山县	0.66
412	黑龙江省	绥化市	明水县	0.66
413	黑龙江省	绥化市	庆安县	0.66
414	湖南省	长沙市	岳麓区	0.66

排名	省级	地市级	区县级	大气环境容量指数均值
415	湖南省	郴州市	临武县	0.66
416	湖南省	郴州市	汝城县	0.66
417	湖南省	衡阳市	衡阳县	0.66
418	湖南省	湘潭市	湘潭县	0.66
419	湖南省	益阳市	南县	0.66
420	湖南省	岳阳市	岳阳县	0.66
421	湖南省	岳阳市	湘阴县	0.66
422	湖南省	株洲市	茶陵县	0.66
423	吉林省	白城市	通榆县	0.66
424	吉林省	白城市	洮南市	0.66
425	吉林省	白城市	大安市	0.66
426	吉林省	长春市	九台区	0.66
427	吉林省	辽源市	东丰县	0.66
428	吉林省	四平市	梨树县	0.66
429	江苏省	常州市	金坛区	0.66
430	江苏省	连云港市	海州区	0.66
431	江苏省	南京市	浦口区	0.66
432	江苏省	南通市	海门市	0.66
433	江苏省	南通市	如皋市	0.66
434	江苏省	泰州市	靖江市	0.66
435	江苏省	盐城市	亭湖区	0.66
436	江苏省	盐城市	射阳县	0.66
437	江苏省	镇江市	扬中市	0.66
438	江西省	抚州市	金溪县	0.66
439	江西省	抚州市	南城县	0.66
440	江西省	九江市	永修县	0.66
441	江西省	上饶市	广丰区	0.66
442	江西省	上饶市	铅山县	0.66
443	辽宁省	鞍山市	台安县	0.66
444	辽宁省	朝阳市	建平县	0.66
445	辽宁省	大连市	瓦房店市	0.66
446	辽宁省	大连市	旅顺口区	0.66
447	辽宁省	大连市	普兰店区	0.66
448	辽宁省	丹东市	东港市	0.66
449	辽宁省	阜新市	彰武县	0.66
450	辽宁省	锦州市	义县	0.66
451	辽宁省	辽阳市	灯塔市	0.66
452	辽宁省	辽阳市	辽阳县	0.66
453	辽宁省	盘锦市	大洼区	0.66
454	辽宁省	沈阳市	法库县	0.66

排名	省级	地市级	区县级	大气环境容量指数均值
455	辽宁省	铁岭市	昌图县	0.66
456	内蒙古自治区	巴彦淖尔市	磴口县	0.66
457	内蒙古自治区	包头市	达尔罕茂明安联合旗东南	0.66
458	内蒙古自治区	赤峰市	敖汉旗	0.66
459	内蒙古自治区	赤峰市	巴林左旗北部	0.66
460	内蒙古自治区	鄂尔多斯市	伊金霍洛旗	0.66
461	内蒙古自治区	呼和浩特市	新城区	0.66
462	内蒙古自治区	通辽市	奈曼旗南部	0.66
463	内蒙古自治区	通辽市	奈曼旗	0.66
464	内蒙古自治区	通辽市	科尔沁左翼中旗	0.66
465	内蒙古自治区	通辽市	开鲁县	0.66
466	内蒙古自治区	通辽市	库伦旗	0.66
467	内蒙古自治区	乌兰察布市	察哈尔右翼前旗	0.66
468	内蒙古自治区	锡林郭勒盟	阿巴嘎旗西北	0.66
469	内蒙古自治区	锡林郭勒盟	正蓝旗	0.66
470	宁夏回族自治区	中卫市	沙坡头区	0.66
471	四川省	阿坝藏族羌族自治州	茂县	0.66
472	四川省	凉山彝族自治州	喜德县	0.66
473	四川省	凉山彝族自治州	盐源县	0.66
474	四川省	攀枝花市	盐边县	0.66
475	四川省	宜宾市	翠屏区	0.66
476	山东省	德州市	宁津县	0.66
477	山东省	德州市	夏津县	0.66
478	山东省	德州市	齐河县	0.66
479	山东省	东营市	河口区	0.66
480	山东省	济宁市	金乡县	0.66
481	山东省	聊城市	茌平县	0.66
482	山东省	聊城市	阳谷县	0.66
483	山东省	临沂市	临沭县	0.66
484	山东省	日照市	东港区	0.66
485	山东省	威海市	荣成市	0.66
486	山东省	潍坊市	高密市	0.66
487	山东省	潍坊市	诸城市	0.66
488	山东省	烟台市	龙口市	0.66
489	上海市	崇明区	崇明区	0.66
490	上海市	奉贤区	奉贤区	0.66
491	上海市	嘉定区	嘉定区	0.66
492	上海市	浦东新区	浦东新区	0.66
493	山西省	晋中市	榆次区	0.66
494	山西省	临汾市	襄汾县	0.66

续表

排名	省级	地市级	区县级	大气环境容量指数均值
495	山西省	吕梁市	中阳县	0.66
496	山西省	忻州市	神池县	0.66
497	山西省	运城市	芮城县	0.66
498	天津市	河西区	河西区	0.66
499	天津市	宁河区	宁河区	0.66
500	新疆维吾尔自治区	塔城地区	和布克赛尔蒙古自治县	0.66
501	新疆维吾尔自治区	塔城地区	裕民县	0.66
502	云南省	楚雄彝族自治州	双柏县	0.66
503	云南省	楚雄彝族自治州	姚安县	0.66
504	云南省	楚雄彝族自治州	禄丰县	0.66
505	云南省	大理白族自治州	剑川县	0.66
506	云南省	大理白族自治州	南涧彝族自治县	0.66
507	云南省	大理白族自治州	弥渡县	0.66
508	云南省	红河哈尼族彝族自治州	石屏县	0.66
509	云南省	红河哈尼族彝族自治州	泸西县	0.66
510	云南省	昆明市	嵩明县	0.66
511	云南省	丽江市	永胜县	0.66
512	云南省	临沧市	永德县	0.66
513	云南省	曲靖市	富源县	0.66
514	云南省	文山壮族苗族自治州	丘北县	0.66
515	云南省	文山壮族苗族自治州	砚山县	0.66
516	云南省	玉溪市	易门县	0.66
517	云南省	玉溪市	华宁县	0.66
518	云南省	玉溪市	峨山彝族自治县	0.66
519	浙江省	嘉兴市	秀洲区	0.66
520	浙江省	宁波市	奉化区	0.66
521	浙江省	衢州市	常山县	0.66
522	浙江省	衢州市	柯城区	0.66
523	安徽省	安庆市	桐城市	0.65
524	安徽省	蚌埠市	龙子湖区	0.65
525	安徽省	蚌埠市	固镇县	0.65
526	安徽省	亳州市	谯城区	0.65
527	安徽省	亳州市	蒙城县	0.65
528	安徽省	池州市	青阳县	0.65
529	安徽省	池州市	贵池区	0.65
530	安徽省	滁州市	定远县	0.65
531	安徽省	滁州市	全椒县	0.65
532	安徽省	阜阳市	太和县	0.65
533	安徽省	合肥市	巢湖市	0.65
534	安徽省	合肥市	蜀山区	0.65

排名	省级	地市级	区县级	大气环境容量指数均值
535	安徽省	淮北市	相山区	0.65
536	安徽省	淮北市	濉溪县	0.65
537	安徽省	淮南市	寿县	0.65
538	安徽省	宿州市	泗县	0.65
539	安徽省	芜湖市	无为县	0.65
540	安徽省	芜湖市	镜湖区	0.65
541	安徽省	芜湖市	繁昌县	0.65
542	安徽省	宣城市	绩溪县	0.65
543	安徽省	宣城市	郎溪县	0.65
544	北京市	房山区	房山区	0.65
545	重庆市	合川区	合川区	0.65
546	重庆市	潼南区	潼南区	0.65
547	重庆市	南川区	南川区	0.65
548	重庆市	渝北区	渝北区	0.65
549	福建省	福州市	永泰县	0.65
550	福建省	福州市	闽侯县	0.65
551	福建省	龙岩市	新罗区	0.65
552	福建省	龙岩市	武平县	0.65
553	福建省	南平市	松溪县	0.65
554	福建省	宁德市	柘荣县	0.65
555	福建省	莆田市	仙游县	0.65
556	福建省	泉州市	德化县	0.65
557	福建省	泉州市	永春县	0.65
558	福建省	三明市	梅列区	0.65
559	福建省	漳州市	平和县	0.65
560	福建省	漳州市	芗城区	0.65
561	广东省	潮州市	湘桥区	0.65
562	广东省	广州市	增城区	0.65
563	广东省	广州市	花都区	0.65
564	广东省	河源市	龙川县	0.65
565	广东省	河源市	和平县	0.65
566	广东省	河源市	源城区	0.65
567	广东省	惠州市	博罗县	0.65
568	广东省	揭阳市	揭西县	0.65
569	广东省	茂名市	信宜市	0.65
570	广东省	梅州市	兴宁市	0.65
571	广东省	梅州市	平远县	0.65
572	广东省	梅州市	蕉岭县	0.65
573	广东省	清远市	英德市	0.65
574	广东省	清远市	佛冈县	0.65

排名	省级	地市级	区县级	大气环境容量指数均值
575	广东省	汕头市	金平区	0.65
576	广东省	韶关市	始兴县	0.65
577	广东省	云浮市	罗定市	0.65
578	广东省	云浮市	郁南县	0.65
579	广东省	肇庆市	怀集县	0.65
580	广东省	肇庆市	德庆县	0.65
581	广东省	肇庆市	封开县	0.65
582	甘肃省	陇南市	文县	0.65
583	甘肃省	武威市	民勤县	0.65
584	甘肃省	张掖市	甘州区	0.65
585	广西壮族自治区	百色市	田林县	0.65
586	广西壮族自治区	百色市	隆林各族自治县	0.65
587	广西壮族自治区	崇左市	天等县	0.65
588	广西壮族自治区	崇左市	凭祥市	0.65
589	广西壮族自治区	崇左市	大新县	0.65
590	广西壮族自治区	桂林市	叠彩区	0.65
591	广西壮族自治区	桂林市	永福县	0.65
592	广西壮族自治区	桂林市	兴安县	0.65
593	广西壮族自治区	桂林市	龙胜各族自治县	0.65
594	广西壮族自治区	河池市	罗城仫佬族自治县	0.65
595	广西壮族自治区	来宾市	兴宾区	0.65
596	广西壮族自治区	南宁市	马山县	0.65
597	广西壮族自治区	南宁市	上林县	0.65
598	广西壮族自治区	梧州市	万秀区	0.65
599	贵州省	安顺市	平坝区	0.65
600	贵州省	安顺市	关岭布依族苗族自治县	0.65
601	贵州省	毕节市	大方县	0.65
602	贵州省	贵阳市	开阳县	0.65
603	贵州省	黔东南苗族侗族自治州	丹寨县	0.65
604	贵州省	黔东南苗族侗族自治州	锦屏县	0.65
605	贵州省	黔西南布依族苗族自治州	安龙县	0.65
606	湖北省	黄冈市	罗田县	0.65
607	湖北省	黄冈市	蕲春县	0.65
608	湖北省	黄冈市	麻城市	0.65
609	湖北省	黄冈市	浠水县	0.65
610	湖北省	黄石市	大冶市	0.65
611	湖北省	十堰市	郧阳区	0.65
612	湖北省	武汉市	新洲区	0.65
613	湖北省	武汉市	黄陂区	0.65
614	湖北省	武汉市	江夏区	0.65

排名	省级	地市级	区县级	大气环境容量指数均值
615	湖北省	仙桃市	仙桃市	0.65
616	湖北省	咸宁市	咸安区	0.65
617	湖北省	孝感市	安陆市	0.65
618	湖北省	孝感市	应城市	0.65
619	湖北省	宜昌市	夷陵区	0.65
620	河北省	沧州市	任丘市	0.65
621	河北省	沧州市	运河区	0.65
622	河北省	沧州市	盐山县	0.65
623	河北省	沧州市	孟村回族自治县	0.65
624	河北省	沧州市	吴桥县	0.65
625	河北省	承德市	丰宁满族自治县	0.65
626	河北省	邯郸市	大名县	0.65
627	河北省	邯郸市	鸡泽县	0.65
628	河北省	邯郸市	磁县	0.65
629	河北省	邯郸市	肥乡区	0.65
630	河北省	邯郸市	广平县	0.65
631	河北省	衡水市	安平县	0.65
632	河北省	衡水市	武强县	0.65
633	河北省	石家庄市	桥西区	0.65
634	河北省	唐山市	路北区	0.65
635	河北省	唐山市	曹妃甸区	0.65
636	河北省	邢台市	广宗县	0.65
637	河北省	邢台市	新河县	0.65
638	河北省	邢台市	清河县	0.65
639	河北省	邢台市	沙河市	0.65
640	河北省	邢台市	柏乡县	0.65
641	河北省	邢台市	临城县	0.65
642	河北省	邢台市	宁晋县	0.65
643	河南省	安阳市	滑县	0.65
644	河南省	安阳市	内黄县	0.65
645	河南省	焦作市	修武县	0.65
646	河南省	焦作市	沁阳市	0.65
647	河南省	开封市	禹王台区	0.65
648	河南省	开封市	通许县	0.65
649	河南省	洛阳市	嵩县	0.65
650	河南省	洛阳市	新安县	0.65
651	河南省	南阳市	邓州市	0.65
652	河南省	濮阳市	濮阳县	0.65
653	河南省	濮阳市	清丰县	0.65
654	河南省	商丘市	宁陵县	0.65

排名	省级	地市级	区县级	大气环境容量指数均值
655	河南省	商丘市	民权县	0.65
656	河南省	商丘市	柘城县	0.65
657	河南省	新乡市	延津县	0.65
658	河南省	新乡市	辉县	0.65
659	河南省	新乡市	牧野区	0.65
660	河南省	信阳市	息县	0.65
661	河南省	许昌市	建安区	0.65
662	河南省	郑州市	新郑市	0.65
663	河南省	郑州市	巩义市	0.65
664	河南省	周口市	郸城县	0.65
665	河南省	驻马店市	汝南县	0.65
666	河南省	驻马店市	上蔡县	0.65
667	河南省	驻马店市	新蔡县	0.65
668	河南省	驻马店市	遂平县	0.65
669	海南省	澄迈县	澄迈县	0.65
670	海南省	儋州市	儋州市	0.65
671	海南省	屯昌县	屯昌县	0.65
672	海南省	五指山市	五指山市	0.65
673	黑龙江省	大庆市	林甸县	0.65
674	黑龙江省	大庆市	肇州县	0.65
675	黑龙江省	哈尔滨市	通河县	0.65
676	黑龙江省	鸡西市	密山市	0.65
677	黑龙江省	佳木斯市	桦川县	0.65
678	黑龙江省	牡丹江市	西安区	0.65
679	黑龙江省	牡丹江市	宁安市	0.65
680	黑龙江省	牡丹江市	绥芬河市	0.65
681	黑龙江省	齐齐哈尔市	甘南县	0.65
682	黑龙江省	齐齐哈尔市	龙江县	0.65
683	黑龙江省	齐齐哈尔市	泰来县	0.65
684	黑龙江省	绥化市	兰西县	0.65
685	黑龙江省	绥化市	青冈县	0.65
686	黑龙江省	双鸭山市	饶河县	0.65
687	湖南省	长沙市	芙蓉区	0.65
688	湖南省	长沙市	宁乡市	0.65
689	湖南省	常德市	武陵区	0.65
690	湖南省	衡阳市	衡南县	0.65
691	湖南省	湘西土家族苗族自治州	泸溪县	0.65
692	湖南省	永州市	零陵区	0.65
693	湖南省	张家界市	慈利县	0.65
694	湖南省	株洲市	炎陵县	0.65

续表

排名	省级	地市级	区县级	大气环境容量指数均值
695	湖南省	株洲市	攸县	0.65
696	吉林省	长春市	农安县	0.65
697	吉林省	长春市	双阳区	0.65
698	吉林省	吉林市	舒兰市	0.65
699	吉林省	四平市	双辽市	0.65
700	吉林省	四平市	铁西区	0.65
701	吉林省	四平市	伊通满族自治县	0.65
702	吉林省	松原市	长岭县	0.65
703	吉林省	通化市	辉南县	0.65
704	吉林省	延边朝鲜族自治州	延吉市	0.65
705	江苏省	淮安市	盱眙县	0.65
706	江苏省	淮安市	淮安区	0.65
707	江苏省	淮安市	洪泽区	0.65
708	江苏省	连云港市	东海县	0.65
709	江苏省	连云港市	赣榆区	0.65
710	江苏省	南京市	六合区	0.65
711	江苏省	南京市	溧水区	0.65
712	江苏省	南京市	秦淮区	0.65
713	江苏省	南京市	高淳区	0.65
714	江苏省	南通市	启东市	0.65
715	江苏省	苏州市	常熟市	0.65
716	江苏省	苏州市	张家港市	0.65
717	江苏省	苏州市	太仓市	0.65
718	江苏省	泰州市	兴化市	0.65
719	江苏省	泰州市	海陵区	0.65
720	江苏省	宿迁市	宿城区	0.65
721	江苏省	盐城市	建湖县	0.65
722	江苏省	扬州市	宝应县	0.65
723	江苏省	镇江市	丹阳市	0.65
724	江西省	抚州市	南丰县	0.65
725	江西省	抚州市	广昌县	0.65
726	江西省	赣州市	信丰县	0.65
727	江西省	赣州市	龙南县	0.65
728	江西省	赣州市	石城县	0.65
729	江西省	吉安市	峡江县	0.65
730	江西省	吉安市	永新县	0.65
731	江西省	吉安市	泰和县	0.65
732	江西省	吉安市	吉水县	0.65
733	江西省	吉安市	新干县	0.65
734	江西省	景德镇市	乐平市	0.65

排名	省级	地市级	区县级	大气环境容量指数均值
735	江西省	九江市	浔阳区	0.65
736	江西省	九江市	武宁县	0.65
737	江西省	南昌市	安义县	0.65
738	江西省	上饶市	余干县	0.65
739	江西省	上饶市	上饶县	0.65
740	江西省	宜春市	樟树市	0.65
741	江西省	宜春市	丰城市	0.65
742	江西省	鹰潭市	贵溪市	0.65
743	江西省	鹰潭市	月湖区	0.65
744	辽宁省	鞍山市	铁东区	0.65
745	辽宁省	朝阳市	双塔区	0.65
746	辽宁省	大连市	普兰店区（滨海）	0.65
747	辽宁省	大连市	西岗区	0.65
748	辽宁省	阜新市	细河区	0.65
749	辽宁省	沈阳市	新民市	0.65
750	内蒙古自治区	阿拉善盟	额济纳旗	0.65
751	内蒙古自治区	巴彦淖尔市	杭锦后旗	0.65
752	内蒙古自治区	包头市	青山区	0.65
753	内蒙古自治区	赤峰市	林西县	0.65
754	内蒙古自治区	赤峰市	克什克腾旗	0.65
755	内蒙古自治区	赤峰市	宁城县	0.65
756	内蒙古自治区	赤峰市	敖汉旗东部	0.65
757	内蒙古自治区	鄂尔多斯市	乌审旗	0.65
758	内蒙古自治区	呼和浩特市	武川县	0.65
759	内蒙古自治区	呼和浩特市	清水河县	0.65
760	内蒙古自治区	乌兰察布市	化德县	0.65
761	内蒙古自治区	乌兰察布市	兴和县	0.65
762	内蒙古自治区	乌兰察布市	四子王旗	0.65
763	内蒙古自治区	锡林郭勒盟	苏尼特左旗	0.65
764	内蒙古自治区	锡林郭勒盟	镶黄旗	0.65
765	内蒙古自治区	锡林郭勒盟	锡林浩特市	0.65
766	内蒙古自治区	锡林郭勒盟	太仆寺旗	0.65
767	内蒙古自治区	兴安盟	扎赉特旗西部	0.65
768	青海省	海东市	乐都区	0.65
769	青海省	海西蒙古族藏族自治州	冷湖行政区	0.65
770	青海省	海西蒙古族藏族自治州	格尔木市西部	0.65
771	四川省	甘孜藏族自治州	九龙县	0.65
772	四川省	甘孜藏族自治州	康定市	0.65
773	四川省	凉山彝族自治州	普格县	0.65
774	四川省	凉山彝族自治州	木里藏族自治县	0.65

续表

排名	省级	地市级	区县级	大气环境容量指数均值
775	四川省	内江市	隆昌市	0.65
776	四川省	攀枝花市	东区	0.65
777	四川省	雅安市	汉源县	0.65
778	四川省	资阳市	安岳县	0.65
779	山东省	滨州市	沾化区	0.65
780	山东省	德州市	平原县	0.65
781	山东省	德州市	庆云县	0.65
782	山东省	德州市	禹城市	0.65
783	山东省	菏泽市	鄄城县	0.65
784	山东省	济南市	天桥区	0.65
785	山东省	济宁市	鱼台县	0.65
786	山东省	济宁市	嘉祥县	0.65
787	山东省	济宁市	邹城市	0.65
788	山东省	济宁市	梁山县	0.65
789	山东省	聊城市	冠县	0.65
790	山东省	聊城市	东阿县	0.65
791	山东省	临沂市	莒南县	0.65
792	山东省	青岛市	莱西市	0.65
793	山东省	泰安市	新泰市	0.65
794	山东省	威海市	乳山市	0.65
795	山东省	潍坊市	昌乐县	0.65
796	山东省	烟台市	莱阳市	0.65
797	山东省	枣庄市	峄城区	0.65
798	山东省	枣庄市	薛城区	0.65
799	山东省	淄博市	临淄区	0.65
800	上海市	宝山区	宝山区	0.65
801	上海市	金山区	金山区	0.65
802	上海市	青浦区	青浦区	0.65
803	陕西省	榆林市	榆阳区	0.65
804	山西省	大同市	浑源县	0.65
805	山西省	大同市	广灵县	0.65
806	山西省	晋城市	沁水县	0.65
807	山西省	晋中市	昔阳县	0.65
808	山西省	临汾市	乡宁县	0.65
809	山西省	吕梁市	方山县	0.65
810	山西省	朔州市	平鲁区	0.65
811	山西省	忻州市	宁武县	0.65
812	山西省	阳泉市	郊区	0.65
813	山西省	运城市	永济市	0.65
814	山西省	运城市	临猗县	0.65

排名	省级	地市级	区县级	大气环境容量指数均值
815	山西省	运城市	河津市	0.65
816	山西省	长治市	黎城县	0.65
817	山西省	长治市	武乡县	0.65
818	天津市	滨海新区	滨海新区南部沿海	0.65
819	天津市	滨海新区	滨海新区中部沿海	0.65
820	天津市	滨海新区	滨海新区北部沿海	0.65
821	天津市	东丽区	东丽区	0.65
822	天津市	静海区	静海区	0.65
823	新疆维吾尔自治区	巴音郭楞蒙古自治州	和静县	0.65
824	新疆维吾尔自治区	巴音郭楞蒙古自治州	轮台县	0.65
825	新疆维吾尔自治区	巴音郭楞蒙古自治州	库尔勒市	0.65
826	新疆维吾尔自治区	昌吉回族自治州	木垒哈萨克自治县	0.65
827	新疆维吾尔自治区	喀什地区	喀什市	0.65
828	新疆维吾尔自治区	伊犁哈萨克自治州	霍尔果斯市	0.65
829	西藏自治区	那曲市	申扎县	0.65
830	西藏自治区	那曲市	班戈县	0.65
831	西藏自治区	日喀则市	亚东县	0.65
832	西藏自治区	山南市	琼结县	0.65
833	云南省	楚雄彝族自治州	楚雄市	0.65
834	云南省	大理白族自治州	永平县	0.65
835	云南省	大理白族自治州	宾川县	0.65
836	云南省	大理白族自治州	祥云县	0.65
837	云南省	大理白族自治州	巍山彝族回族自治县	0.65
838	云南省	大理白族自治州	洱源县	0.65
839	云南省	大理白族自治州	鹤庆县	0.65
840	云南省	德宏傣族景颇族自治州	陇川县	0.65
841	云南省	红河哈尼族彝族自治州	绿春县	0.65
842	云南省	红河哈尼族彝族自治州	弥勒市	0.65
843	云南省	昆明市	安宁市	0.65
844	云南省	昆明市	富民县	0.65
845	云南省	丽江市	华坪县	0.65
846	云南省	临沧市	云县	0.65
847	云南省	普洱市	孟连傣族拉祜族佤族自治县	0.65
848	云南省	普洱市	镇沅彝族哈尼族拉祜族自治县	0.65
849	云南省	普洱市	景谷傣族彝族自治县	0.65
850	云南省	曲靖市	罗平县	0.65
851	云南省	曲靖市	沾益区	0.65
852	云南省	曲靖市	宣威市	0.65
853	云南省	文山壮族苗族自治州	西麻栗坡县	0.65
854	云南省	玉溪市	澄江县	0.65

排名	省级	地市级	区县级	大气环境容量指数均值
855	云南省	玉溪市	江川区	0.65
856	云南省	玉溪市	红塔区	0.65
857	云南省	昭通市	巧家县	0.65
858	浙江省	杭州市	上城区	0.65
859	浙江省	湖州市	长兴县	0.65
860	浙江省	湖州市	吴兴区	0.65
861	浙江省	湖州市	德清县	0.65
862	浙江省	嘉兴市	海宁市	0.65
863	浙江省	嘉兴市	桐乡市	0.65
864	浙江省	金华市	义乌市	0.65
865	浙江省	丽水市	青田县	0.65
866	浙江省	宁波市	鄞州区	0.65
867	浙江省	绍兴市	上虞区	0.65
868	浙江省	台州市	温岭市	0.65
869	安徽省	亳州市	涡阳县	0.64
870	安徽省	亳州市	利辛县	0.64
871	安徽省	滁州市	凤阳县	0.64
872	安徽省	合肥市	肥西县	0.64
873	安徽省	黄山市	徽州区	0.64
874	安徽省	马鞍山市	含山县	0.64
875	安徽省	马鞍山市	和县	0.64
876	安徽省	六安市	舒城县	0.64
877	安徽省	芜湖市	南陵县	0.64
878	安徽省	宣城市	宣州区	0.64
879	安徽省	宣城市	广德县	0.64
880	北京市	昌平区	昌平区	0.64
881	北京市	朝阳区	朝阳区	0.64
882	北京市	通州区	通州区	0.64
883	北京市	大兴区	大兴区	0.64
884	北京市	东城区	东城区	0.64
885	北京市	石景山区	石景山区	0.64
886	北京市	顺义区	顺义区	0.64
887	重庆市	奉节县	奉节县	0.64
888	重庆市	涪陵区	涪陵区	0.64
889	重庆市	綦江区	綦江区	0.64
890	重庆市	铜梁区	铜梁区	0.64
891	重庆市	秀山土家族苗族自治县	秀山土家族苗族自治县	0.64
892	重庆市	永川区	永川区	0.64
893	重庆市	云阳县	云阳县	0.64
894	福建省	福州市	闽清县	0.64

排名	省级	地市级	区县级	大气环境容量指数均值
895	福建省	龙岩市	漳平市	0.64
896	福建省	龙岩市	上杭县	0.64
897	福建省	龙岩市	永定区	0.64
898	福建省	南平市	光泽县	0.64
899	福建省	南平市	延平区	0.64
900	福建省	宁德市	福安市	0.64
901	福建省	三明市	永安市	0.64
902	福建省	三明市	宁化县	0.64
903	福建省	漳州市	华安县	0.64
904	广东省	广州市	从化区	0.64
905	广东省	广州市	番禺区	0.64
906	广东省	惠州市	龙门县	0.64
907	广东省	梅州市	梅江区	0.64
908	广东省	清远市	连南瑶族自治县	0.64
909	广东省	清远市	连州市	0.64
910	广东省	韶关市	仁化县	0.64
911	广东省	韶关市	乳源瑶族自治县	0.64
912	广东省	韶关市	新丰县	0.64
913	广东省	云浮市	云城区	0.64
914	广东省	肇庆市	广宁县	0.64
915	甘肃省	定西市	安定区	0.64
916	甘肃省	酒泉市	金塔县	0.64
917	甘肃省	酒泉市	瓜州县	0.64
918	甘肃省	临夏回族自治州	东乡族自治县	0.64
919	广西壮族自治区	百色市	右江区	0.64
920	广西壮族自治区	百色市	德保县	0.64
921	广西壮族自治区	桂林市	平乐县	0.64
922	广西壮族自治区	桂林市	恭城瑶族自治县	0.64
923	广西壮族自治区	桂林市	灌阳县	0.64
924	广西壮族自治区	桂林市	雁山区	0.64
925	广西壮族自治区	河池市	巴马瑶族自治县	0.64
926	广西壮族自治区	河池市	金城江区	0.64
927	广西壮族自治区	贺州市	昭平县	0.64
928	广西壮族自治区	来宾市	金秀瑶族自治县	0.64
929	广西壮族自治区	柳州市	柳江区	0.64
930	广西壮族自治区	钦州市	浦北县	0.64
931	贵州省	安顺市	西秀区	0.64
932	贵州省	安顺市	普定县	0.64
933	贵州省	贵阳市	花溪区	0.64
934	贵州省	贵阳市	南明区	0.64

续表

排名	省级	地市级	区县级	大气环境容量指数均值
935	贵州省	贵阳市	修文县	0.64
936	贵州省	贵阳市	息烽县	0.64
937	贵州省	贵阳市	白云区	0.64
938	贵州省	黔东南苗族侗族自治州	雷山县	0.64
939	贵州省	黔南布依族苗族自治州	瓮安县	0.64
940	贵州省	黔南布依族苗族自治州	独山县	0.64
941	贵州省	黔西南布依族苗族自治州	兴义市	0.64
942	贵州省	黔西南布依族苗族自治州	兴仁县	0.64
943	贵州省	黔西南布依族苗族自治州	晴隆县	0.64
944	贵州省	黔西南布依族苗族自治州	贞丰县	0.64
945	湖北省	恩施土家族苗族自治州	巴东县	0.64
946	湖北省	黄冈市	红安县	0.64
947	湖北省	黄石市	阳新县	0.64
948	湖北省	荆门市	京山县	0.64
949	湖北省	荆州市	洪湖市	0.64
950	湖北省	荆州市	荆州区	0.64
951	湖北省	十堰市	竹溪县	0.64
952	湖北省	天门市	天门市	0.64
953	湖北省	咸宁市	通山县	0.64
954	湖北省	咸宁市	通城县	0.64
955	湖北省	襄阳市	宜城市	0.64
956	湖北省	襄阳市	老河口市	0.64
957	湖北省	襄阳市	谷城县	0.64
958	湖北省	孝感市	汉川市	0.64
959	湖北省	宜昌市	当阳市	0.64
960	湖北省	宜昌市	枝江市	0.64
961	湖北省	宜昌市	远安县	0.64
962	湖北省	宜昌市	宜都市	0.64
963	河北省	保定市	安国市	0.64
964	河北省	保定市	高阳县	0.64
965	河北省	保定市	阜平县	0.64
966	河北省	保定市	徐水区	0.64
967	河北省	保定市	雄县	0.64
968	河北省	沧州市	泊头市	0.64
969	河北省	沧州市	河间市	0.64
970	河北省	沧州市	东光县	0.64
971	河北省	承德市	滦平县	0.64
972	河北省	承德市	平泉市	0.64
973	河北省	承德市	宽城满族自治县	0.64
974	河北省	邯郸市	邯山区	0.64

排名	省级	地市级	区县级	大气环境容量指数均值
975	河北省	邯郸市	邱县	0.64
976	河北省	邯郸市	成安县	0.64
977	河北省	衡水市	饶阳县	0.64
978	河北省	衡水市	武邑县	0.64
979	河北省	衡水市	故城县	0.64
980	河北省	衡水市	枣强县	0.64
981	河北省	衡水市	阜城县	0.64
982	河北省	廊坊市	大城县	0.64
983	河北省	秦皇岛市	卢龙县	0.64
984	河北省	秦皇岛市	抚宁区	0.64
985	河北省	石家庄市	行唐县	0.64
986	河北省	石家庄市	井陉县	0.64
987	河北省	唐山市	迁西县	0.64
988	河北省	唐山市	玉田县	0.64
989	河北省	唐山市	丰润区	0.64
990	河北省	唐山市	乐亭县	0.64
991	河北省	邢台市	南和县	0.64
992	河北省	邢台市	平乡县	0.64
993	河北省	邢台市	任县	0.64
994	河北省	张家口市	张北县	0.64
995	河北省	张家口市	沽源县	0.64
996	河北省	张家口市	赤城县	0.64
997	河北省	张家口市	怀来县	0.64
998	河北省	张家口市	桥东区	0.64
999	河北省	张家口市	尚义县	0.64
1000	河北省	张家口市	万全区	0.64
1001	河南省	济源市	济源市	0.64
1002	河南省	焦作市	博爱县	0.64
1003	河南省	焦作市	孟州市	0.64
1004	河南省	焦作市	山阳区	0.64
1005	河南省	开封市	兰考县	0.64
1006	河南省	洛阳市	汝阳县	0.64
1007	河南省	洛阳市	伊川县	0.64
1008	河南省	漯河市	舞阳县	0.64
1009	河南省	南阳市	方城县	0.64
1010	河南省	南阳市	内乡县	0.64
1011	河南省	南阳市	社旗县	0.64
1012	河南省	南阳市	新野县	0.64
1013	河南省	平顶山市	宝丰县	0.64
1014	河南省	平顶山市	郏县	0.64

续表

排名	省级	地市级	区县级	大气环境容量指数均值
1015	河南省	濮阳市	台前县	0.64
1016	河南省	濮阳市	南乐县	0.64
1017	河南省	三门峡市	渑池县	0.64
1018	河南省	商丘市	夏邑县	0.64
1019	河南省	商丘市	永城市	0.64
1020	河南省	商丘市	睢县	0.64
1021	河南省	商丘市	虞城县	0.64
1022	河南省	新乡市	封丘县	0.64
1023	河南省	信阳市	商城县	0.64
1024	河南省	信阳市	浉河区	0.64
1025	河南省	信阳市	固始县	0.64
1026	河南省	信阳市	潢川县	0.64
1027	河南省	许昌市	鄢陵县	0.64
1028	河南省	许昌市	襄城县	0.64
1029	河南省	郑州市	二七区	0.64
1030	河南省	周口市	淮阳县	0.64
1031	河南省	周口市	西华县	0.64
1032	河南省	周口市	沈丘县	0.64
1033	河南省	周口市	扶沟县	0.64
1034	河南省	周口市	项城市	0.64
1035	河南省	周口市	商水县	0.64
1036	河南省	驻马店市	泌阳县	0.64
1037	河南省	驻马店市	平舆县	0.64
1038	河南省	驻马店市	驿城区	0.64
1039	海南省	保亭黎族苗族自治县	保亭黎族苗族自治县	0.64
1040	海南省	白沙黎族自治县	白沙黎族自治县	0.64
1041	海南省	乐东黎族自治县	乐东黎族自治县	0.64
1042	海南省	琼中黎族苗族自治县	琼中黎族苗族自治县	0.64
1043	黑龙江省	哈尔滨市	阿城区	0.64
1044	黑龙江省	哈尔滨市	香坊区	0.64
1045	黑龙江省	哈尔滨市	呼兰区	0.64
1046	黑龙江省	哈尔滨市	依兰县	0.64
1047	黑龙江省	哈尔滨市	延寿县	0.64
1048	黑龙江省	哈尔滨市	五常市	0.64
1049	黑龙江省	黑河市	北安市	0.64
1050	黑龙江省	黑河市	五大连池市	0.64
1051	黑龙江省	黑河市	嫩江县	0.64
1052	黑龙江省	佳木斯市	汤原县	0.64
1053	黑龙江省	牡丹江市	东宁市	0.64
1054	黑龙江省	齐齐哈尔市	依安县	0.64

排名	省级	地市级	区县级	大气环境容量指数均值
1055	黑龙江省	绥化市	安达市	0.64
1056	黑龙江省	绥化市	望奎县	0.64
1057	黑龙江省	绥化市	绥棱县	0.64
1058	黑龙江省	绥化市	海伦市	0.64
1059	黑龙江省	双鸭山市	宝清县	0.64
1060	黑龙江省	双鸭山市	集贤县	0.64
1061	湖南省	常德市	津市市	0.64
1062	湖南省	郴州市	永兴县	0.64
1063	湖南省	郴州市	桂阳县	0.64
1064	湖南省	衡阳市	耒阳市	0.64
1065	湖南省	衡阳市	常宁市	0.64
1066	湖南省	衡阳市	蒸湘区	0.64
1067	湖南省	怀化市	靖州苗族侗族自治县	0.64
1068	湖南省	邵阳市	新宁县	0.64
1069	湖南省	湘潭市	韶山市	0.64
1070	湖南省	益阳市	桃江县	0.64
1071	湖南省	益阳市	沅江市	0.64
1072	湖南省	永州市	道县	0.64
1073	湖南省	株洲市	醴陵市	0.64
1074	吉林省	白城市	洮北区	0.64
1075	吉林省	长春市	绿园区	0.64
1076	吉林省	松原市	乾安县	0.64
1077	吉林省	松原市	宁江区	0.64
1078	吉林省	松原市	扶余市	0.64
1079	吉林省	通化市	柳河县	0.64
1080	江苏省	常州市	钟楼区	0.64
1081	江苏省	淮安市	涟水县	0.64
1082	江苏省	淮安市	淮阴区	0.64
1083	江苏省	连云港市	灌云县	0.64
1084	江苏省	南通市	海安县	0.64
1085	江苏省	南通市	通州区	0.64
1086	江苏省	苏州市	吴江区	0.64
1087	江苏省	苏州市	昆山市	0.64
1088	江苏省	泰州市	姜堰区	0.64
1089	江苏省	泰州市	泰兴市	0.64
1090	江苏省	无锡市	梁溪区	0.64
1091	江苏省	无锡市	江阴市	0.64
1092	江苏省	徐州市	丰县	0.64
1093	江苏省	徐州市	新沂市	0.64
1094	江苏省	徐州市	沛县	0.64

续表

排名	省级	地市级	区县级	大气环境容量指数均值
1095	江苏省	盐城市	阜宁县	0.64
1096	江苏省	盐城市	滨海县	0.64
1097	江苏省	盐城市	响水县	0.64
1098	江苏省	盐城市	东台市	0.64
1099	江苏省	盐城市	大丰区	0.64
1100	江苏省	扬州市	江都区	0.64
1101	江苏省	扬州市	仪征市	0.64
1102	江苏省	镇江市	句容市	0.64
1103	江西省	赣州市	兴国县	0.64
1104	江西省	赣州市	大余县	0.64
1105	江西省	赣州市	南康区	0.64
1106	江西省	赣州市	宁都县	0.64
1107	江西省	赣州市	章贡区	0.64
1108	江西省	赣州市	定南县	0.64
1109	江西省	吉安市	安福县	0.64
1110	江西省	吉安市	遂川县	0.64
1111	江西省	吉安市	永丰县	0.64
1112	江西省	九江市	瑞昌市	0.64
1113	江西省	南昌市	南昌县	0.64
1114	江西省	萍乡市	上栗县	0.64
1115	江西省	萍乡市	安源区	0.64
1116	江西省	上饶市	玉山县	0.64
1117	江西省	上饶市	信州区	0.64
1118	江西省	上饶市	鄱阳县	0.64
1119	江西省	上饶市	弋阳县	0.64
1120	江西省	新余市	分宜县	0.64
1121	江西省	宜春市	袁州区	0.64
1122	江西省	宜春市	上高县	0.64
1123	江西省	宜春市	奉新县	0.64
1124	江西省	鹰潭市	余江县	0.64
1125	辽宁省	鞍山市	海城市	0.64
1126	辽宁省	本溪市	本溪满族自治县	0.64
1127	辽宁省	朝阳市	朝阳县	0.64
1128	辽宁省	朝阳市	凌源市	0.64
1129	辽宁省	大连市	庄河市	0.64
1130	辽宁省	丹东市	振兴区	0.64
1131	辽宁省	抚顺市	顺城区	0.64
1132	辽宁省	锦州市	古塔区	0.64
1133	辽宁省	沈阳市	沈北新区	0.64
1134	辽宁省	铁岭市	西丰县	0.64

排名	省级	地市级	区县级	大气环境容量指数均值
1135	辽宁省	铁岭市	银州区	0.64
1136	辽宁省	营口市	盖州市	0.64
1137	内蒙古自治区	巴彦淖尔市	乌拉特后旗	0.64
1138	内蒙古自治区	巴彦淖尔市	乌拉特前旗	0.64
1139	内蒙古自治区	包头市	达尔罕茂明安联合旗	0.64
1140	内蒙古自治区	赤峰市	红山区	0.64
1141	内蒙古自治区	赤峰市	松山区	0.64
1142	内蒙古自治区	赤峰市	翁牛特旗	0.64
1143	内蒙古自治区	鄂尔多斯市	乌审旗北部	0.64
1144	内蒙古自治区	鄂尔多斯市	乌审旗南部	0.64
1145	内蒙古自治区	鄂尔多斯市	鄂托克旗西北	0.64
1146	内蒙古自治区	鄂尔多斯市	鄂托克前旗	0.64
1147	内蒙古自治区	鄂尔多斯市	鄂托克旗	0.64
1148	内蒙古自治区	呼和浩特市	托克托县	0.64
1149	内蒙古自治区	通辽市	科尔沁区	0.64
1150	内蒙古自治区	乌兰察布市	察哈尔右翼后旗	0.64
1151	内蒙古自治区	锡林郭勒盟	东乌珠穆沁旗东部	0.64
1152	内蒙古自治区	锡林郭勒盟	西乌珠穆沁旗	0.64
1153	内蒙古自治区	兴安盟	科尔沁右翼中旗东南	0.64
1154	宁夏回族自治区	固原市	泾源县	0.64
1155	宁夏回族自治区	银川市	灵武市	0.64
1156	四川省	阿坝藏族羌族自治州	汶川县	0.64
1157	四川省	成都市	简阳市	0.64
1158	四川省	成都市	金堂县	0.64
1159	四川省	德阳市	什邡市	0.64
1160	四川省	德阳市	中江县	0.64
1161	四川省	甘孜藏族自治州	雅江县	0.64
1162	四川省	甘孜藏族自治州	乡城县	0.64
1163	四川省	甘孜藏族自治州	得荣县	0.64
1164	四川省	甘孜藏族自治州	泸定县	0.64
1165	四川省	广安市	广安区	0.64
1166	四川省	凉山彝族自治州	宁南县	0.64
1167	四川省	凉山彝族自治州	冕宁县	0.64
1168	四川省	泸州市	纳溪区	0.64
1169	四川省	眉山市	洪雅县	0.64
1170	四川省	眉山市	丹棱县	0.64
1171	四川省	眉山市	仁寿县	0.64
1172	四川省	绵阳市	涪城区	0.64
1173	四川省	绵阳市	盐亭县	0.64
1174	四川省	绵阳市	三台县	0.64

排名	省级	地市级	区县级	大气环境容量指数均值
1175	四川省	南充市	营山县	0.64
1176	四川省	南充市	仪陇县	0.64
1177	四川省	南充市	西充县	0.64
1178	四川省	南充市	顺庆区	0.64
1179	四川省	南充市	南部县	0.64
1180	四川省	内江市	威远县	0.64
1181	四川省	遂宁市	蓬溪县	0.64
1182	四川省	雅安市	宝兴县	0.64
1183	四川省	雅安市	石棉县	0.64
1184	四川省	宜宾市	屏山县	0.64
1185	四川省	宜宾市	高县	0.64
1186	山东省	滨州市	阳信县	0.64
1187	山东省	滨州市	无棣县	0.64
1188	山东省	滨州市	邹平县	0.64
1189	山东省	滨州市	滨城区	0.64
1190	山东省	滨州市	惠民县	0.64
1191	山东省	德州市	陵城区	0.64
1192	山东省	德州市	乐陵市	0.64
1193	山东省	东营市	利津县	0.64
1194	山东省	东营市	垦利区	0.64
1195	山东省	菏泽市	成武县	0.64
1196	山东省	菏泽市	定陶区	0.64
1197	山东省	菏泽市	巨野县	0.64
1198	山东省	菏泽市	东明县	0.64
1199	山东省	菏泽市	曹县	0.64
1200	山东省	菏泽市	郓城县	0.64
1201	山东省	济南市	商河县	0.64
1202	山东省	济宁市	微山县	0.64
1203	山东省	济宁市	汶上县	0.64
1204	山东省	莱芜市	莱城区	0.64
1205	山东省	聊城市	高唐县	0.64
1206	山东省	聊城市	临清市	0.64
1207	山东省	聊城市	莘县	0.64
1208	山东省	临沂市	兰陵县	0.64
1209	山东省	临沂市	沂水县	0.64
1210	山东省	临沂市	郯城县	0.64
1211	山东省	青岛市	黄岛区	0.64
1212	山东省	青岛市	平度市	0.64
1213	山东省	日照市	莒县	0.64
1214	山东省	日照市	五莲县	0.64

排名	省级	地市级	区县级	大气环境容量指数均值
1215	山东省	泰安市	泰山区	0.64
1216	山东省	潍坊市	安丘市	0.64
1217	山东省	潍坊市	寿光市	0.64
1218	山东省	潍坊市	青州市	0.64
1219	山东省	烟台市	海阳市	0.64
1220	山东省	烟台市	莱州市	0.64
1221	山东省	枣庄市	台儿庄区	0.64
1222	山东省	枣庄市	市中区	0.64
1223	山东省	淄博市	周村区	0.64
1224	山东省	淄博市	张店区	0.64
1225	山东省	淄博市	高青县	0.64
1226	山东省	淄博市	博山区	0.64
1227	山东省	淄博市	桓台县	0.64
1228	陕西省	宝鸡市	陈仓区	0.64
1229	陕西省	商洛市	丹凤县	0.64
1230	陕西省	铜川市	耀州区	0.64
1231	陕西省	铜川市	宜君县	0.64
1232	陕西省	铜川市	王益区	0.64
1233	陕西省	渭南市	澄城县	0.64
1234	陕西省	渭南市	大荔县	0.64
1235	陕西省	渭南市	白水县	0.64
1236	陕西省	渭南市	富平县	0.64
1237	陕西省	渭南市	华阴市	0.64
1238	陕西省	西安市	高陵区	0.64
1239	陕西省	西安市	临潼区	0.64
1240	陕西省	咸阳市	礼泉县	0.64
1241	陕西省	咸阳市	泾阳县	0.64
1242	陕西省	延安市	洛川县	0.64
1243	陕西省	榆林市	神木市	0.64
1244	陕西省	榆林市	定边县	0.64
1245	山西省	大同市	左云县	0.64
1246	山西省	大同市	阳高县	0.64
1247	山西省	晋城市	城区	0.64
1248	山西省	晋中市	左权县	0.64
1249	山西省	晋中市	介休市	0.64
1250	山西省	晋中市	灵石县	0.64
1251	山西省	临汾市	浮山县	0.64
1252	山西省	临汾市	蒲县	0.64
1253	山西省	临汾市	汾西县	0.64
1254	山西省	吕梁市	石楼县	0.64

续表

排名	省级	地市级	区县级	大气环境容量指数均值
1255	山西省	吕梁市	岚县	0.64
1256	山西省	吕梁市	汾阳市	0.64
1257	山西省	吕梁市	兴县	0.64
1258	山西省	吕梁市	临县	0.64
1259	山西省	朔州市	山阴县	0.64
1260	山西省	朔州市	应县	0.64
1261	山西省	太原市	阳曲县	0.64
1262	山西省	太原市	古交市	0.64
1263	山西省	太原市	清徐县	0.64
1264	山西省	忻州市	繁峙县	0.64
1265	山西省	忻州市	河曲县	0.64
1266	山西省	忻州市	保德县	0.64
1267	山西省	忻州市	忻府区	0.64
1268	山西省	阳泉市	盂县	0.64
1269	山西省	阳泉市	平定县	0.64
1270	山西省	运城市	绛县	0.64
1271	山西省	运城市	平陆县	0.64
1272	山西省	运城市	盐湖区	0.64
1273	山西省	长治市	长子县	0.64
1274	天津市	宝坻区	宝坻区	0.64
1275	天津市	北辰区	北辰区	0.64
1276	天津市	津南区	津南区	0.64
1277	新疆维吾尔自治区	阿克苏地区	阿克苏市	0.64
1278	新疆维吾尔自治区	阿勒泰地区	福海县	0.64
1279	新疆维吾尔自治区	巴音郭楞蒙古自治州	且末县西北	0.64
1280	新疆维吾尔自治区	巴音郭楞蒙古自治州	且末县	0.64
1281	新疆维吾尔自治区	昌吉回族自治州	呼图壁县	0.64
1282	新疆维吾尔自治区	哈密市	伊吾县	0.64
1283	新疆维吾尔自治区	和田地区	和田市	0.64
1284	新疆维吾尔自治区	吐鲁番市	高昌区	0.64
1285	新疆维吾尔自治区	乌鲁木齐市	达坂城区	0.64
1286	西藏自治区	阿里地区	改则县	0.64
1287	西藏自治区	昌都市	芒康县	0.64
1288	西藏自治区	山南市	错那县	0.64
1289	云南省	保山市	龙陵县	0.64
1290	云南省	保山市	隆阳区	0.64
1291	云南省	保山市	腾冲市	0.64
1292	云南省	保山市	昌宁县	0.64
1293	云南省	楚雄彝族自治州	南华县	0.64
1294	云南省	大理白族自治州	大理市	0.64

排名	省级	地市级	区县级	大气环境容量指数均值
1295	云南省	德宏傣族景颇族自治州	盈江县	0.64
1296	云南省	红河哈尼族彝族自治州	金平苗族瑶族傣族自治县	0.64
1297	云南省	昆明市	禄劝彝族苗族自治县	0.64
1298	云南省	临沧市	凤庆县	0.64
1299	云南省	临沧市	双江拉祜族佤族布朗族傣族自治县	0.64
1300	云南省	普洱市	宁洱哈尼族彝族自治县	0.64
1301	云南省	普洱市	西盟佤族自治县	0.64
1302	云南省	曲靖市	麒麟区	0.64
1303	云南省	文山壮族苗族自治州	富宁县	0.64
1304	云南省	文山壮族苗族自治州	马关县	0.64
1305	云南省	西双版纳傣族自治州	勐海县	0.64
1306	云南省	昭通市	永善县	0.64
1307	云南省	昭通市	鲁甸县	0.64
1308	云南省	昭通市	彝良县	0.64
1309	浙江省	杭州市	桐庐县	0.64
1310	浙江省	杭州市	淳安县	0.64
1311	浙江省	杭州市	临安区	0.64
1312	浙江省	杭州市	富阳区	0.64
1313	浙江省	湖州市	安吉县	0.64
1314	浙江省	嘉兴市	嘉善县	0.64
1315	浙江省	金华市	婺城区	0.64
1316	浙江省	金华市	兰溪市	0.64
1317	浙江省	丽水市	庆元县	0.64
1318	浙江省	宁波市	慈溪市	0.64
1319	浙江省	宁波市	宁海县	0.64
1320	浙江省	衢州市	龙游县	0.64
1321	浙江省	绍兴市	诸暨市	0.64
1322	浙江省	台州市	三门县	0.64
1323	浙江省	台州市	临海市	0.64
1324	浙江省	温州市	泰顺县	0.64
1325	浙江省	温州市	瑞安市	0.64
1326	浙江省	舟山市	定海区	0.64
1327	安徽省	安庆市	岳西县	0.63
1328	安徽省	滁州市	琅琊区	0.63
1329	安徽省	阜阳市	颍上县	0.63
1330	安徽省	黄山市	祁门县	0.63
1331	安徽省	黄山市	休宁县	0.63
1332	安徽省	六安市	霍邱县	0.63
1333	安徽省	六安市	金寨县	0.63
1334	安徽省	六安市	金安区	0.63

续表

排名	省级	地市级	区县级	大气环境容量指数均值
1335	安徽省	宿州市	砀山县	0.63
1336	安徽省	宣城市	旌德县	0.63
1337	安徽省	宣城市	泾县	0.63
1338	北京市	丰台区	丰台区	0.63
1339	北京市	怀柔区	怀柔区	0.63
1340	北京市	平谷区	平谷区	0.63
1341	重庆市	巴南区	巴南区	0.63
1342	重庆市	北碚区	北碚区	0.63
1343	重庆市	璧山区	璧山区	0.63
1344	重庆市	垫江县	垫江县	0.63
1345	重庆市	丰都县	丰都县	0.63
1346	重庆市	江津区	江津区	0.63
1347	重庆市	九龙坡区	九龙坡区	0.63
1348	重庆市	梁平区	梁平区	0.63
1349	重庆市	荣昌区	荣昌区	0.63
1350	重庆市	石柱土家族自治县	石柱土家族自治县	0.63
1351	重庆市	武隆区	武隆区	0.63
1352	重庆市	忠县	忠县	0.63
1353	福建省	福州市	连江县	0.63
1354	福建省	龙岩市	长汀县	0.63
1355	福建省	南平市	政和县	0.63
1356	福建省	南平市	建瓯市	0.63
1357	福建省	南平市	邵武市	0.63
1358	福建省	宁德市	福鼎市	0.63
1359	福建省	宁德市	古田县	0.63
1360	福建省	宁德市	周宁县	0.63
1361	福建省	三明市	建宁县	0.63
1362	福建省	三明市	清流县	0.63
1363	福建省	三明市	将乐县	0.63
1364	福建省	三明市	尤溪县	0.63
1365	福建省	三明市	沙县	0.63
1366	福建省	三明市	大田县	0.63
1367	广东省	河源市	紫金县	0.63
1368	广东省	梅州市	大埔县	0.63
1369	广东省	清远市	阳山县	0.63
1370	广东省	清远市	连山壮族瑶族自治县	0.63
1371	甘肃省	甘南藏族自治州	碌曲县	0.63
1372	甘肃省	甘南藏族自治州	临潭县	0.63
1373	甘肃省	甘南藏族自治州	夏河县	0.63
1374	甘肃省	酒泉市	肃州区	0.63

续表

排名	省级	地市级	区县级	大气环境容量指数均值
1375	甘肃省	陇南市	武都区	0.63
1376	甘肃省	平凉市	崆峒区	0.63
1377	甘肃省	庆阳市	合水县	0.63
1378	甘肃省	庆阳市	华池县	0.63
1379	甘肃省	庆阳市	正宁县	0.63
1380	甘肃省	天水市	麦积区	0.63
1381	甘肃省	张掖市	民乐县	0.63
1382	甘肃省	张掖市	临泽县	0.63
1383	广西壮族自治区	百色市	凌云县	0.63
1384	广西壮族自治区	百色市	乐业县	0.63
1385	广西壮族自治区	崇左市	龙州县	0.63
1386	广西壮族自治区	桂林市	荔浦县	0.63
1387	广西壮族自治区	河池市	东兰县	0.63
1388	广西壮族自治区	河池市	凤山县	0.63
1389	广西壮族自治区	柳州市	三江侗族自治县	0.63
1390	贵州省	安顺市	紫云苗族布依族自治县	0.63
1391	贵州省	毕节市	金沙县	0.63
1392	贵州省	毕节市	威宁彝族回族苗族自治县	0.63
1393	贵州省	贵阳市	乌当区	0.63
1394	贵州省	六盘水市	盘州市	0.63
1395	贵州省	黔东南苗族侗族自治州	黄平县	0.63
1396	贵州省	黔南布依族苗族自治州	长顺县	0.63
1397	贵州省	黔南布依族苗族自治州	惠水县	0.63
1398	贵州省	黔南布依族苗族自治州	平塘县	0.63
1399	贵州省	黔西南布依族苗族自治州	普安县	0.63
1400	贵州省	铜仁市	玉屏侗族自治县	0.63
1401	贵州省	铜仁市	江口县	0.63
1402	贵州省	铜仁市	德江县	0.63
1403	贵州省	铜仁市	万山区	0.63
1404	贵州省	遵义市	赤水市	0.63
1405	贵州省	遵义市	播州区	0.63
1406	湖北省	黄冈市	英山县	0.63
1407	湖北省	黄石市	黄石港区	0.63
1408	湖北省	荆州市	松滋市	0.63
1409	湖北省	荆州市	公安县	0.63
1410	湖北省	潜江市	潜江市	0.63
1411	湖北省	十堰市	郧西县	0.63
1412	湖北省	十堰市	茅箭区	0.63
1413	湖北省	十堰市	丹江口市	0.63
1414	湖北省	武汉市	东西湖区	0.63

续表

排名	省级	地市级	区县级	大气环境容量指数均值
1415	湖北省	咸宁市	崇阳县	0.63
1416	湖北省	咸宁市	赤壁市	0.63
1417	湖北省	襄阳市	枣阳市	0.63
1418	湖北省	襄阳市	南漳县	0.63
1419	湖北省	孝感市	云梦县	0.63
1420	湖北省	宜昌市	长阳土家族自治县	0.63
1421	湖北省	宜昌市	兴山县	0.63
1422	湖北省	宜昌市	西陵区	0.63
1423	河北省	保定市	安新县	0.63
1424	河北省	保定市	容城县	0.63
1425	河北省	保定市	高碑店市	0.63
1426	河北省	保定市	莲池区	0.63
1427	河北省	保定市	望都县	0.63
1428	河北省	保定市	满城区	0.63
1429	河北省	保定市	蠡县	0.63
1430	河北省	保定市	顺平县	0.63
1431	河北省	保定市	涞源县	0.63
1432	河北省	沧州市	肃宁县	0.63
1433	河北省	承德市	隆化县	0.63
1434	河北省	邯郸市	临漳县	0.63
1435	河北省	邯郸市	魏县	0.63
1436	河北省	衡水市	深州市	0.63
1437	河北省	衡水市	桃城区	0.63
1438	河北省	衡水市	景县	0.63
1439	河北省	廊坊市	文安县	0.63
1440	河北省	廊坊市	大厂回族自治县	0.63
1441	河北省	廊坊市	三河市	0.63
1442	河北省	廊坊市	香河县	0.63
1443	河北省	秦皇岛市	青龙满族自治县	0.63
1444	河北省	石家庄市	灵寿县	0.63
1445	河北省	石家庄市	晋州市	0.63
1446	河北省	石家庄市	平山县	0.63
1447	河北省	石家庄市	新乐市	0.63
1448	河北省	石家庄市	赵县	0.63
1449	河北省	唐山市	遵化市	0.63
1450	河北省	唐山市	滦县	0.63
1451	河北省	邢台市	南宫市	0.63
1452	河北省	张家口市	阳原县	0.63
1453	河北省	张家口市	涿鹿县	0.63
1454	河北省	张家口市	怀安县	0.63

排名	省级	地市级	区县级	大气环境容量指数均值
1455	河南省	开封市	尉氏县	0.63
1456	河南省	开封市	杞县	0.63
1457	河南省	洛阳市	栾川县	0.63
1458	河南省	漯河市	临颍县	0.63
1459	河南省	漯河市	郾城区	0.63
1460	河南省	南阳市	淅川县	0.63
1461	河南省	南阳市	西峡县	0.63
1462	河南省	平顶山市	汝州市	0.63
1463	河南省	平顶山市	舞钢市	0.63
1464	河南省	三门峡市	卢氏县	0.63
1465	河南省	商丘市	梁园区	0.63
1466	河南省	新乡市	长垣县	0.63
1467	河南省	新乡市	卫辉市	0.63
1468	河南省	信阳市	罗山县	0.63
1469	河南省	信阳市	光山县	0.63
1470	河南省	郑州市	荥阳市	0.63
1471	河南省	郑州市	新密市	0.63
1472	河南省	郑州市	中牟县	0.63
1473	黑龙江省	大兴安岭地区	呼玛县	0.63
1474	黑龙江省	鹤岗市	萝北县	0.63
1475	黑龙江省	黑河市	逊克县	0.63
1476	黑龙江省	佳木斯市	郊区	0.63
1477	黑龙江省	牡丹江市	林口县	0.63
1478	黑龙江省	齐齐哈尔市	富裕县	0.63
1479	黑龙江省	齐齐哈尔市	建华区	0.63
1480	黑龙江省	伊春市	铁力市	0.63
1481	湖南省	长沙市	浏阳市	0.63
1482	湖南省	常德市	安乡县	0.63
1483	湖南省	常德市	石门县	0.63
1484	湖南省	常德市	汉寿县	0.63
1485	湖南省	郴州市	嘉禾县	0.63
1486	湖南省	郴州市	安仁县	0.63
1487	湖南省	郴州市	资兴市	0.63
1488	湖南省	衡阳市	衡山县	0.63
1489	湖南省	衡阳市	衡东县	0.63
1490	湖南省	怀化市	洪江市	0.63
1491	湖南省	怀化市	溆浦县	0.63
1492	湖南省	怀化市	通道侗族自治县	0.63
1493	湖南省	娄底市	涟源市	0.63
1494	湖南省	娄底市	娄星区	0.63

续表

排名	省级	地市级	区县级	大气环境容量指数均值
1495	湖南省	邵阳市	邵东县	0.63
1496	湖南省	邵阳市	大祥区	0.63
1497	湖南省	湘潭市	湘乡市	0.63
1498	湖南省	永州市	江永县	0.63
1499	湖南省	永州市	蓝山县	0.63
1500	湖南省	永州市	宁远县	0.63
1501	湖南省	永州市	祁阳县	0.63
1502	湖南省	岳阳市	华容县	0.63
1503	湖南省	岳阳市	临湘市	0.63
1504	湖南省	株洲市	荷塘区	0.63
1505	吉林省	吉林市	磐石市	0.63
1506	吉林省	吉林市	蛟河市	0.63
1507	吉林省	松原市	前郭尔罗斯蒙古族自治县	0.63
1508	吉林省	通化市	梅河口市	0.63
1509	吉林省	延边朝鲜族自治州	安图县	0.63
1510	吉林省	延边朝鲜族自治州	龙井市	0.63
1511	吉林省	延边朝鲜族自治州	图们市	0.63
1512	江苏省	常州市	溧阳市	0.63
1513	江苏省	连云港市	灌南县	0.63
1514	江苏省	宿迁市	沭阳县	0.63
1515	江苏省	宿迁市	泗阳县	0.63
1516	江苏省	宿迁市	泗洪县	0.63
1517	江苏省	徐州市	鼓楼区	0.63
1518	江苏省	徐州市	邳州市	0.63
1519	江苏省	徐州市	睢宁县	0.63
1520	江苏省	扬州市	邗江区	0.63
1521	江苏省	扬州市	高邮市	0.63
1522	江苏省	镇江市	润州区	0.63
1523	江西省	抚州市	宜黄县	0.63
1524	江西省	抚州市	乐安县	0.63
1525	江西省	抚州市	崇仁县	0.63
1526	江西省	抚州市	黎川县	0.63
1527	江西省	赣州市	瑞金市	0.63
1528	江西省	赣州市	于都县	0.63
1529	江西省	赣州市	全南县	0.63
1530	江西省	赣州市	安远县	0.63
1531	江西省	赣州市	会昌县	0.63
1532	江西省	赣州市	崇义县	0.63
1533	江西省	吉安市	井冈山市	0.63
1534	江西省	吉安市	吉州区	0.63

续表

排名	省级	地市级	区县级	大气环境容量指数均值
1535	江西省	九江市	德安县	0.63
1536	江西省	南昌市	新建区	0.63
1537	江西省	萍乡市	莲花县	0.63
1538	江西省	上饶市	万年县	0.63
1539	江西省	上饶市	德兴市	0.63
1540	江西省	上饶市	横峰县	0.63
1541	江西省	上饶市	婺源县	0.63
1542	江西省	新余市	渝水区	0.63
1543	江西省	宜春市	靖安县	0.63
1544	江西省	宜春市	高安市	0.63
1545	江西省	宜春市	万载县	0.63
1546	辽宁省	本溪市	明山区	0.63
1547	辽宁省	葫芦岛市	建昌县	0.63
1548	辽宁省	辽阳市	宏伟区	0.63
1549	辽宁省	沈阳市	苏家屯区	0.63
1550	辽宁省	沈阳市	和平区	0.63
1551	辽宁省	铁岭市	开原市	0.63
1552	内蒙古自治区	巴彦淖尔市	乌拉特中旗	0.63
1553	内蒙古自治区	巴彦淖尔市	五原县	0.63
1554	内蒙古自治区	巴彦淖尔市	临河区	0.63
1555	内蒙古自治区	鄂尔多斯市	达拉特旗	0.63
1556	内蒙古自治区	呼和浩特市	和林格尔县	0.63
1557	内蒙古自治区	呼伦贝尔市	牙克石市东部	0.63
1558	内蒙古自治区	呼伦贝尔市	莫力达瓦达斡尔族自治旗	0.63
1559	内蒙古自治区	呼伦贝尔市	鄂温克族自治旗	0.63
1560	内蒙古自治区	呼伦贝尔市	新巴尔虎左旗	0.63
1561	内蒙古自治区	呼伦贝尔市	阿荣旗	0.63
1562	内蒙古自治区	通辽市	扎鲁特旗	0.63
1563	内蒙古自治区	乌兰察布市	丰镇市	0.63
1564	内蒙古自治区	乌兰察布市	凉城县	0.63
1565	内蒙古自治区	锡林郭勒盟	东乌珠穆沁旗	0.63
1566	内蒙古自治区	兴安盟	乌兰浩特市	0.63
1567	内蒙古自治区	兴安盟	科尔沁右翼前旗	0.63
1568	宁夏回族自治区	石嘴山市	平罗县	0.63
1569	宁夏回族自治区	石嘴山市	惠农区	0.63
1570	宁夏回族自治区	中卫市	海原县	0.63
1571	宁夏回族自治区	中卫市	中宁县	0.63
1572	青海省	海西蒙古族藏族自治州	天峻县	0.63
1573	青海省	海西蒙古族藏族自治州	格尔木市西南	0.63
1574	青海省	西宁市	城西区	0.63

排名	省级	地市级	区县级	大气环境容量指数均值
1575	四川省	阿坝藏族羌族自治州	小金县	0.63
1576	四川省	巴中市	巴州区	0.63
1577	四川省	巴中市	南江县	0.63
1578	四川省	成都市	彭州市	0.63
1579	四川省	成都市	蒲江县	0.63
1580	四川省	成都市	龙泉驿区	0.63
1581	四川省	达州市	宣汉县	0.63
1582	四川省	达州市	大竹县	0.63
1583	四川省	达州市	渠县	0.63
1584	四川省	达州市	开江县	0.63
1585	四川省	德阳市	旌阳区	0.63
1586	四川省	德阳市	绵竹市	0.63
1587	四川省	德阳市	广汉市	0.63
1588	四川省	甘孜藏族自治州	道孚县	0.63
1589	四川省	广安市	岳池县	0.63
1590	四川省	广安市	武胜县	0.63
1591	四川省	广元市	朝天区	0.63
1592	四川省	广元市	剑阁县	0.63
1593	四川省	乐山市	峨眉山市	0.63
1594	四川省	乐山市	马边彝族自治县	0.63
1595	四川省	乐山市	井研县	0.63
1596	四川省	凉山彝族自治州	会东县	0.63
1597	四川省	凉山彝族自治州	美姑县	0.63
1598	四川省	凉山彝族自治州	甘洛县	0.63
1599	四川省	凉山彝族自治州	西昌市	0.63
1600	四川省	凉山彝族自治州	金阳县	0.63
1601	四川省	凉山彝族自治州	昭觉县	0.63
1602	四川省	凉山彝族自治州	布拖县	0.63
1603	四川省	凉山彝族自治州	会理县	0.63
1604	四川省	泸州市	叙永县	0.63
1605	四川省	泸州市	古蔺县	0.63
1606	四川省	眉山市	青神县	0.63
1607	四川省	绵阳市	梓潼县	0.63
1608	四川省	绵阳市	北川羌族自治县	0.63
1609	四川省	内江市	东兴区	0.63
1610	四川省	内江市	资中县	0.63
1611	四川省	雅安市	荥经县	0.63
1612	四川省	宜宾市	筠连县	0.63
1613	四川省	宜宾市	南溪区	0.63
1614	四川省	资阳市	雁江区	0.63

排名	省级	地市级	区县级	大气环境容量指数均值
1615	四川省	资阳市	乐至县	0.63
1616	四川省	自贡市	自流井区	0.63
1617	四川省	自贡市	荣县	0.63
1618	山东省	滨州市	博兴县	0.63
1619	山东省	德州市	德城区	0.63
1620	山东省	东营市	广饶县	0.63
1621	山东省	济南市	济阳县	0.63
1622	山东省	济宁市	曲阜市	0.63
1623	山东省	济宁市	泗水县	0.63
1624	山东省	临沂市	沂南县	0.63
1625	山东省	临沂市	蒙阴县	0.63
1626	山东省	泰安市	东平县	0.63
1627	山东省	泰安市	宁阳县	0.63
1628	山东省	潍坊市	潍城区	0.63
1629	山东省	枣庄市	滕州市	0.63
1630	山东省	淄博市	淄川区	0.63
1631	山东省	淄博市	沂源县	0.63
1632	上海市	闵行区	闵行区	0.63
1633	陕西省	安康市	平利县	0.63
1634	陕西省	安康市	镇坪县	0.63
1635	陕西省	宝鸡市	凤翔县	0.63
1636	陕西省	宝鸡市	太白县	0.63
1637	陕西省	汉中市	略阳县	0.63
1638	陕西省	商洛市	商州区	0.63
1639	陕西省	商洛市	山阳县	0.63
1640	陕西省	渭南市	蒲城县	0.63
1641	陕西省	西安市	鄠邑区	0.63
1642	陕西省	咸阳市	彬县	0.63
1643	陕西省	咸阳市	淳化县	0.63
1644	陕西省	咸阳市	武功县	0.63
1645	陕西省	咸阳市	渭城区	0.63
1646	陕西省	延安市	富县	0.63
1647	陕西省	延安市	黄龙县	0.63
1648	陕西省	榆林市	横山区	0.63
1649	陕西省	榆林市	绥德县	0.63
1650	陕西省	榆林市	佳县	0.63
1651	山西省	大同市	天镇县	0.63
1652	山西省	大同市	大同县	0.63
1653	山西省	晋城市	阳城县	0.63
1654	山西省	晋中市	寿阳县	0.63

续表

排名	省级	地市级	区县级	大气环境容量指数均值
1655	山西省	晋中市	平遥县	0.63
1656	山西省	晋中市	榆社县	0.63
1657	山西省	晋中市	太谷县	0.63
1658	山西省	晋中市	祁县	0.63
1659	山西省	临汾市	翼城县	0.63
1660	山西省	临汾市	大宁县	0.63
1661	山西省	临汾市	侯马市	0.63
1662	山西省	临汾市	霍州市	0.63
1663	山西省	临汾市	洪洞县	0.63
1664	山西省	临汾市	曲沃县	0.63
1665	山西省	临汾市	隰县	0.63
1666	山西省	吕梁市	交城县	0.63
1667	山西省	吕梁市	交口县	0.63
1668	山西省	吕梁市	文水县	0.63
1669	山西省	朔州市	怀仁县	0.63
1670	山西省	太原市	小店区	0.63
1671	山西省	忻州市	原平市	0.63
1672	山西省	忻州市	偏关县	0.63
1673	山西省	忻州市	代县	0.63
1674	山西省	运城市	万荣县	0.63
1675	山西省	运城市	闻喜县	0.63
1676	山西省	运城市	新绛县	0.63
1677	山西省	运城市	垣曲县	0.63
1678	山西省	运城市	夏县	0.63
1679	山西省	长治市	平顺县	0.63
1680	山西省	长治市	屯留县	0.63
1681	天津市	蓟州区	蓟州区	0.63
1682	天津市	南开区	南开区	0.63
1683	天津市	武清区	武清区	0.63
1684	新疆维吾尔自治区	阿克苏地区	新和县	0.63
1685	新疆维吾尔自治区	阿勒泰地区	哈巴河县	0.63
1686	新疆维吾尔自治区	阿勒泰地区	布尔津县	0.63
1687	新疆维吾尔自治区	阿勒泰地区	富蕴县	0.63
1688	新疆维吾尔自治区	巴音郭楞蒙古自治州	焉耆回族自治县	0.63
1689	新疆维吾尔自治区	巴音郭楞蒙古自治州	若羌县	0.63
1690	新疆维吾尔自治区	巴音郭楞蒙古自治州	尉犁县	0.63
1691	新疆维吾尔自治区	博尔塔拉蒙古自治州	精河县	0.63
1692	新疆维吾尔自治区	昌吉回族自治州	吉木萨尔县	0.63
1693	新疆维吾尔自治区	克拉玛依市	克拉玛依区	0.63
1694	新疆维吾尔自治区	克孜勒苏柯尔克孜自治州	乌恰县	0.63

排名	省级	地市级	区县级	大气环境容量指数均值
1695	西藏自治区	拉萨市	墨竹工卡县	0.63
1696	西藏自治区	那曲市	安多县	0.63
1697	西藏自治区	林芝市	巴宜区	0.63
1698	西藏自治区	日喀则市	拉孜县	0.63
1699	西藏自治区	山南市	乃东区	0.63
1700	云南省	保山市	施甸县	0.63
1701	云南省	大理白族自治州	云龙县	0.63
1702	云南省	大理白族自治州	漾濞彝族自治县	0.63
1703	云南省	德宏傣族景颇族自治州	瑞丽市	0.63
1704	云南省	德宏傣族景颇族自治州	芒市	0.63
1705	云南省	迪庆藏族自治州	香格里拉市	0.63
1706	云南省	丽江市	玉龙纳西族自治县	0.63
1707	云南省	临沧市	沧源佤族自治县	0.63
1708	云南省	临沧市	镇康县	0.63
1709	云南省	普洱市	澜沧拉祜族自治县	0.63
1710	云南省	普洱市	墨江哈尼族自治县	0.63
1711	云南省	普洱市	景东彝族自治县	0.63
1712	云南省	文山壮族苗族自治州	文山市	0.63
1713	云南省	文山壮族苗族自治州	广南县	0.63
1714	云南省	文山壮族苗族自治州	西畴县	0.63
1715	云南省	西双版纳傣族自治州	勐腊县	0.63
1716	浙江省	杭州市	建德市	0.63
1717	浙江省	金华市	东阳市	0.63
1718	浙江省	金华市	武义县	0.63
1719	浙江省	金华市	浦江县	0.63
1720	浙江省	宁波市	镇海区	0.63
1721	浙江省	绍兴市	越城区	0.63
1722	浙江省	绍兴市	新昌县	0.63
1723	浙江省	绍兴市	嵊州市	0.63
1724	浙江省	温州市	永嘉县	0.63
1725	安徽省	池州市	石台县	0.62
1726	安徽省	黄山市	黄山区	0.62
1727	安徽省	黄山市	黟县	0.62
1728	安徽省	黄山市	屯溪区	0.62
1729	安徽省	六安市	霍山县	0.62
1730	安徽省	宿州市	萧县	0.62
1731	安徽省	宣城市	宁国市	0.62
1732	北京市	海淀区	海淀区	0.62
1733	北京市	延庆区	延庆区	0.62
1734	重庆市	开州区	开州区	0.62

续表

排名	省级	地市级	区县级	大气环境容量指数均值
1735	重庆市	黔江区	黔江区	0.62
1736	重庆市	万州区	万州区	0.62
1737	重庆市	巫溪县	巫溪县	0.62
1738	重庆市	西阳土家族苗族自治县	西阳土家族苗族自治县	0.62
1739	重庆市	长寿区	长寿区	0.62
1740	福建省	南平市	顺昌县	0.62
1741	福建省	南平市	浦城县	0.62
1742	福建省	南平市	建阳区	0.62
1743	福建省	南平市	武夷山市	0.62
1744	福建省	宁德市	寿宁县	0.62
1745	福建省	三明市	泰宁县	0.62
1746	甘肃省	白银市	靖远县	0.62
1747	甘肃省	白银市	景泰县	0.62
1748	甘肃省	定西市	通渭县	0.62
1749	甘肃省	甘南藏族自治州	卓尼县	0.62
1750	甘肃省	酒泉市	敦煌市	0.62
1751	甘肃省	兰州市	安宁区	0.62
1752	甘肃省	兰州市	永登县	0.62
1753	甘肃省	陇南市	徽县	0.62
1754	甘肃省	平凉市	庄浪县	0.62
1755	甘肃省	平凉市	静宁县	0.62
1756	甘肃省	平凉市	灵台县	0.62
1757	甘肃省	庆阳市	宁县	0.62
1758	甘肃省	庆阳市	西峰区	0.62
1759	甘肃省	庆阳市	庆城县	0.62
1760	甘肃省	庆阳市	环县	0.62
1761	甘肃省	天水市	秦州区	0.62
1762	甘肃省	天水市	甘谷县	0.62
1763	甘肃省	武威市	凉州区	0.62
1764	甘肃省	武威市	古浪县	0.62
1765	甘肃省	张掖市	高台县	0.62
1766	甘肃省	张掖市	山丹县	0.62
1767	甘肃省	张掖市	肃南裕固族自治县	0.62
1768	广西壮族自治区	桂林市	阳朔县	0.62
1769	广西壮族自治区	桂林市	灵川县	0.62
1770	广西壮族自治区	河池市	天峨县	0.62
1771	贵州省	安顺市	镇宁布依族苗族自治县	0.62
1772	贵州省	六盘水市	六枝特区	0.62
1773	贵州省	黔东南苗族侗族自治州	黎平县	0.62
1774	贵州省	黔东南苗族侗族自治州	凯里市	0.62

续表

排名	省级	地市级	区县级	大气环境容量指数均值
1775	贵州省	黔东南苗族侗族自治州	镇远县	0.62
1776	贵州省	黔东南苗族侗族自治州	岑巩县	0.62
1777	贵州省	黔东南苗族侗族自治州	施秉县	0.62
1778	贵州省	黔东南苗族侗族自治州	麻江县	0.62
1779	贵州省	黔东南苗族侗族自治州	三穗县	0.62
1780	贵州省	黔东南苗族侗族自治州	榕江县	0.62
1781	贵州省	黔南布依族苗族自治州	贵定县	0.62
1782	贵州省	黔南布依族苗族自治州	荔波县	0.62
1783	贵州省	黔南布依族苗族自治州	都匀市	0.62
1784	贵州省	黔西南布依族苗族自治州	册亨县	0.62
1785	贵州省	铜仁市	印江土家族苗族自治县	0.62
1786	贵州省	铜仁市	碧江区	0.62
1787	贵州省	铜仁市	沿河土家族自治县	0.62
1788	贵州省	遵义市	余庆县	0.62
1789	贵州省	遵义市	仁怀市	0.62
1790	贵州省	遵义市	桐梓县	0.62
1791	贵州省	遵义市	正安县	0.62
1792	贵州省	遵义市	湄潭县	0.62
1793	湖北省	恩施土家族苗族自治州	咸丰县	0.62
1794	湖北省	恩施土家族苗族自治州	来凤县	0.62
1795	湖北省	恩施土家族苗族自治州	建始县	0.62
1796	湖北省	神农架林区	神农架林区	0.62
1797	湖北省	十堰市	房县	0.62
1798	湖北省	襄阳市	保康县	0.62
1799	河北省	保定市	易县	0.62
1800	河北省	保定市	涿州市	0.62
1801	河北省	承德市	双桥区	0.62
1802	河北省	承德市	兴隆县	0.62
1803	河北省	邯郸市	涉县	0.62
1804	河北省	廊坊市	安次区	0.62
1805	河北省	廊坊市	永清县	0.62
1806	河北省	廊坊市	霸州市	0.62
1807	河北省	石家庄市	正定县	0.62
1808	河北省	石家庄市	辛集市	0.62
1809	河北省	石家庄市	深泽县	0.62
1810	河北省	石家庄市	无极县	0.62
1811	河北省	石家庄市	栾城区	0.62
1812	河北省	唐山市	迁安市	0.62
1813	河南省	南阳市	桐柏县	0.62
1814	河南省	平顶山市	鲁山县	0.62

续表

排名	省级	地市级	区县级	大气环境容量指数均值
1815	河南省	周口市	川汇区	0.62
1816	河南省	周口市	鹿邑县	0.62
1817	河南省	周口市	太康县	0.62
1818	黑龙江省	哈尔滨市	方正县	0.62
1819	黑龙江省	哈尔滨市	尚志市	0.62
1820	黑龙江省	鹤岗市	东山区	0.62
1821	黑龙江省	黑河市	爱辉区	0.62
1822	黑龙江省	牡丹江市	海林市	0.62
1823	黑龙江省	绥化市	北林区	0.62
1824	黑龙江省	双鸭山市	尖山区	0.62
1825	黑龙江省	伊春市	五营区	0.62
1826	黑龙江省	伊春市	汤旺河区	0.62
1827	黑龙江省	伊春市	伊春区	0.62
1828	湖南省	常德市	桃源县	0.62
1829	湖南省	郴州市	桂东县	0.62
1830	湖南省	衡阳市	祁东县	0.62
1831	湖南省	怀化市	会同县	0.62
1832	湖南省	怀化市	辰溪县	0.62
1833	湖南省	怀化市	芷江侗族自治县	0.62
1834	湖南省	怀化市	麻阳苗族自治县	0.62
1835	湖南省	娄底市	双峰县	0.62
1836	湖南省	娄底市	新化县	0.62
1837	湖南省	邵阳市	武冈市	0.62
1838	湖南省	邵阳市	隆回县	0.62
1839	湖南省	邵阳市	新邵县	0.62
1840	湖南省	邵阳市	邵阳县	0.62
1841	湖南省	湘西土家族苗族自治州	凤凰县	0.62
1842	湖南省	湘西土家族苗族自治州	保靖县	0.62
1843	湖南省	湘西土家族苗族自治州	吉首市	0.62
1844	湖南省	益阳市	安化县	0.62
1845	湖南省	永州市	新田县	0.62
1846	湖南省	永州市	冷水滩区	0.62
1847	湖南省	永州市	东安县	0.62
1848	湖南省	岳阳市	平江县	0.62
1849	吉林省	白山市	抚松县	0.62
1850	吉林省	辽源市	龙山区	0.62
1851	吉林省	通化市	通化县	0.62
1852	吉林省	通化市	集安市	0.62
1853	吉林省	延边朝鲜族自治州	汪清县	0.62
1854	吉林省	延边朝鲜族自治州	敦化市	0.62

排名	省级	地市级	区县级	大气环境容量指数均值
1855	江苏省	无锡市	宜兴市	0.62
1856	江西省	抚州市	资溪县	0.62
1857	江西省	赣州市	上犹县	0.62
1858	江西省	赣州市	寻乌县	0.62
1859	江西省	九江市	修水县	0.62
1860	江西省	宜春市	铜鼓县	0.62
1861	江西省	宜春市	宜丰县	0.62
1862	辽宁省	鞍山市	岫岩满族自治县	0.62
1863	辽宁省	本溪市	桓仁满族自治县	0.62
1864	辽宁省	丹东市	凤城市	0.62
1865	内蒙古自治区	巴彦淖尔市	乌拉特前旗北部	0.62
1866	内蒙古自治区	包头市	土默特右旗	0.62
1867	内蒙古自治区	赤峰市	喀喇沁旗	0.62
1868	内蒙古自治区	鄂尔多斯市	准格尔旗	0.62
1869	内蒙古自治区	鄂尔多斯市	东胜区	0.62
1870	内蒙古自治区	呼和浩特市	土默特左旗	0.62
1871	内蒙古自治区	呼伦贝尔市	扎兰屯市	0.62
1872	内蒙古自治区	呼伦贝尔市	陈巴尔虎旗	0.62
1873	内蒙古自治区	乌兰察布市	集宁区	0.62
1874	内蒙古自治区	锡林郭勒盟	多伦县	0.62
1875	宁夏回族自治区	固原市	原州区	0.62
1876	宁夏回族自治区	吴忠市	利通区	0.62
1877	宁夏回族自治区	吴忠市	盐池县	0.62
1878	宁夏回族自治区	银川市	永宁县	0.62
1879	宁夏回族自治区	银川市	金凤区	0.62
1880	青海省	海北藏族自治州	刚察县	0.62
1881	青海省	海北藏族自治州	海晏县	0.62
1882	青海省	海东市	民和回族土族自治县	0.62
1883	青海省	海南藏族自治州	贵德县	0.62
1884	青海省	海西蒙古族藏族自治州	都兰县	0.62
1885	青海省	黄南藏族自治州	同仁县	0.62
1886	青海省	黄南藏族自治州	泽库县	0.62
1887	青海省	西宁市	湟源县	0.62
1888	四川省	阿坝藏族羌族自治州	松潘县	0.62
1889	四川省	阿坝藏族羌族自治州	理县	0.62
1890	四川省	阿坝藏族羌族自治州	九寨沟县	0.62
1891	四川省	巴中市	平昌县	0.62
1892	四川省	巴中市	通江县	0.62
1893	四川省	成都市	温江区	0.62
1894	四川省	成都市	邛崃市	0.62

排名	省级	地市级	区县级	大气环境容量指数均值
1895	四川省	成都市	新都区	0.62
1896	四川省	成都市	大邑县	0.62
1897	四川省	成都市	新津县	0.62
1898	四川省	成都市	崇州市	0.62
1899	四川省	达州市	万源市	0.62
1900	四川省	达州市	达川区	0.62
1901	四川省	甘孜藏族自治州	白玉县	0.62
1902	四川省	甘孜藏族自治州	巴塘县	0.62
1903	四川省	甘孜藏族自治州	新龙县	0.62
1904	四川省	广安市	邻水县	0.62
1905	四川省	广元市	苍溪县	0.62
1906	四川省	乐山市	夹江县	0.62
1907	四川省	乐山市	市中区	0.62
1908	四川省	乐山市	犍为县	0.62
1909	四川省	泸州市	龙马潭区	0.62
1910	四川省	泸州市	合江县	0.62
1911	四川省	绵阳市	江油市	0.62
1912	四川省	南充市	阆中市	0.62
1913	四川省	南充市	蓬安县	0.62
1914	四川省	遂宁市	射洪县	0.62
1915	四川省	遂宁市	船山区	0.62
1916	四川省	宜宾市	宜宾县	0.62
1917	四川省	宜宾市	珙县	0.62
1918	四川省	宜宾市	江安县	0.62
1919	四川省	宜宾市	兴文县	0.62
1920	四川省	宜宾市	长宁县	0.62
1921	四川省	自贡市	富顺县	0.62
1922	山东省	济宁市	兖州区	0.62
1923	山东省	济宁市	任城区	0.62
1924	山东省	聊城市	东昌府区	0.62
1925	山东省	临沂市	费县	0.62
1926	陕西省	安康市	汉滨区	0.62
1927	陕西省	安康市	汉阴县	0.62
1928	陕西省	安康市	石泉县	0.62
1929	陕西省	安康市	旬阳县	0.62
1930	陕西省	宝鸡市	凤县	0.62
1931	陕西省	宝鸡市	眉县	0.62
1932	陕西省	宝鸡市	岐山县	0.62
1933	陕西省	宝鸡市	陇县	0.62
1934	陕西省	宝鸡市	千阳县	0.62

排名	省级	地市级	区县级	大气环境容量指数均值
1935	陕西省	汉中市	勉县	0.62
1936	陕西省	汉中市	镇巴县	0.62
1937	陕西省	汉中市	洋县	0.62
1938	陕西省	渭南市	华州区	0.62
1939	陕西省	渭南市	临渭区	0.62
1940	陕西省	渭南市	韩城市	0.62
1941	陕西省	西安市	蓝田县	0.62
1942	陕西省	西安市	周至县	0.62
1943	陕西省	咸阳市	乾县	0.62
1944	陕西省	咸阳市	长武县	0.62
1945	陕西省	咸阳市	永寿县	0.62
1946	陕西省	咸阳市	旬邑县	0.62
1947	陕西省	延安市	安塞区	0.62
1948	陕西省	延安市	延长县	0.62
1949	陕西省	延安市	宝塔区	0.62
1950	陕西省	延安市	延川县	0.62
1951	陕西省	延安市	志丹县	0.62
1952	陕西省	延安市	宜川县	0.62
1953	陕西省	延安市	子长县	0.62
1954	陕西省	榆林市	靖边县	0.62
1955	陕西省	榆林市	吴堡县	0.62
1956	陕西省	榆林市	米脂县	0.62
1957	陕西省	榆林市	清涧县	0.62
1958	山西省	大同市	灵丘县	0.62
1959	山西省	大同市	南郊区	0.62
1960	山西省	晋城市	高平市	0.62
1961	山西省	晋中市	和顺县	0.62
1962	山西省	临汾市	永和县	0.62
1963	山西省	临汾市	尧都区	0.62
1964	山西省	吕梁市	离石区	0.62
1965	山西省	太原市	娄烦县	0.62
1966	山西省	太原市	尖草坪区	0.62
1967	山西省	忻州市	五台县	0.62
1968	山西省	忻州市	静乐县	0.62
1969	山西省	忻州市	五寨县	0.62
1970	山西省	长治市	襄垣县	0.62
1971	山西省	长治市	潞城市	0.62
1972	山西省	长治市	沁县	0.62
1973	山西省	长治市	沁源县	0.62
1974	新疆维吾尔自治区	阿克苏地区	温宿县	0.62

排名	省级	地市级	区县级	大气环境容量指数均值
1975	新疆维吾尔自治区	阿克苏地区	阿瓦提县	0.62
1976	新疆维吾尔自治区	阿克苏地区	库车县	0.62
1977	新疆维吾尔自治区	阿拉尔市	阿拉尔市	0.62
1978	新疆维吾尔自治区	哈密市	伊州区	0.62
1979	新疆维吾尔自治区	哈密市	巴里坤哈萨克自治县	0.62
1980	新疆维吾尔自治区	喀什地区	叶城县	0.62
1981	新疆维吾尔自治区	喀什地区	麦盖提县	0.62
1982	新疆维吾尔自治区	喀什地区	巴楚县	0.62
1983	新疆维吾尔自治区	和田地区	墨玉县	0.62
1984	新疆维吾尔自治区	和田地区	策勒县	0.62
1985	新疆维吾尔自治区	和田地区	皮山县	0.62
1986	新疆维吾尔自治区	和田地区	民丰县	0.62
1987	新疆维吾尔自治区	塔城地区	额敏县	0.62
1988	新疆维吾尔自治区	塔城地区	托里县	0.62
1989	新疆维吾尔自治区	乌鲁木齐市	天山区	0.62
1990	新疆维吾尔自治区	乌鲁木齐市	新市区	0.62
1991	新疆维吾尔自治区	伊犁哈萨克自治州	新源县	0.62
1992	新疆维吾尔自治区	伊犁哈萨克自治州	察布查尔锡伯自治县	0.62
1993	西藏自治区	阿里地区	噶尔县	0.62
1994	西藏自治区	阿里地区	普兰县	0.62
1995	西藏自治区	拉萨市	城关区	0.62
1996	西藏自治区	拉萨市	尼木县	0.62
1997	西藏自治区	日喀则市	定日县	0.62
1998	西藏自治区	山南市	隆子县	0.62
1999	云南省	红河哈尼族彝族自治州	河口瑶族自治县	0.62
2000	云南省	红河哈尼族彝族自治州	屏边苗族自治县	0.62
2001	云南省	临沧市	临翔区	0.62
2002	云南省	普洱市	思茅区	0.62
2003	云南省	普洱市	江城哈尼族彝族自治县	0.62
2004	云南省	西双版纳傣族自治	景洪市	0.62
2005	云南省	昭通市	绥江县	0.62
2006	云南省	昭通市	昭阳区	0.62
2007	浙江省	金华市	永康市	0.62
2008	浙江省	丽水市	遂昌县	0.62
2009	浙江省	丽水市	莲都区	0.62
2010	浙江省	丽水市	龙泉市	0.62
2011	浙江省	衢州市	开化县	0.62
2012	浙江省	台州市	仙居县	0.62
2013	浙江省	温州市	文成县	0.62
2014	北京市	密云区	密云区	0.61

排名	省级	地市级	区县级	大气环境容量指数均值
2015	福建省	三明市	明溪县	0.61
2016	甘肃省	白银市	会宁县	0.61
2017	甘肃省	定西市	漳县	0.61
2018	甘肃省	定西市	渭源县	0.61
2019	甘肃省	定西市	陇西县	0.61
2020	甘肃省	甘南藏族自治州	玛曲县	0.61
2021	甘肃省	兰州市	榆中县	0.61
2022	甘肃省	陇南市	西和县	0.61
2023	甘肃省	陇南市	礼县	0.61
2024	甘肃省	陇南市	康县	0.61
2025	甘肃省	平凉市	崇信县	0.61
2026	甘肃省	庆阳市	泾川县	0.61
2027	甘肃省	庆阳市	镇原县	0.61
2028	甘肃省	天水市	清水县	0.61
2029	甘肃省	天水市	秦安县	0.61
2030	贵州省	毕节市	织金县	0.61
2031	贵州省	毕节市	黔西县	0.61
2032	贵州省	毕节市	赫章县	0.61
2033	贵州省	毕节市	纳雍县	0.61
2034	贵州省	六盘水市	钟山区	0.61
2035	贵州省	黔东南苗族侗族自治州	天柱县	0.61
2036	贵州省	黔东南苗族侗族自治州	从江县	0.61
2037	贵州省	黔东南苗族侗族自治州	台江县	0.61
2038	贵州省	黔南布依族苗族自治州	三都水族自治县	0.61
2039	贵州省	黔南布依族苗族自治州	龙里县	0.61
2040	贵州省	黔西南布依族苗族自治州	望谟县	0.61
2041	贵州省	铜仁市	石阡县	0.61
2042	贵州省	铜仁市	松桃苗族自治县	0.61
2043	贵州省	铜仁市	思南县	0.61
2044	贵州省	遵义市	习水县	0.61
2045	贵州省	遵义市	务川仡佬族苗族自治县	0.61
2046	贵州省	遵义市	汇川区	0.61
2047	湖北省	恩施土家族苗族自治州	鹤峰县	0.61
2048	湖北省	恩施土家族苗族自治州	宣恩县	0.61
2049	湖北省	恩施土家族苗族自治州	利川市	0.61
2050	湖北省	恩施土家族苗族自治州	恩施市	0.61
2051	湖北省	十堰市	竹山县	0.61
2052	湖北省	宜昌市	秭归县	0.61
2053	河北省	保定市	曲阳县	0.61
2054	河北省	保定市	唐县	0.61

排名	省级	地市级	区县级	大气环境容量指数均值
2055	河北省	承德市	围场满族蒙古族自治县	0.61
2056	河北省	承德市	承德县	0.61
2057	河北省	邯郸市	馆陶县	0.61
2058	河北省	廊坊市	固安县	0.61
2059	河北省	秦皇岛市	海港区	0.61
2060	河北省	石家庄市	藁城区	0.61
2061	河北省	张家口市	崇礼区	0.61
2062	河北省	张家口市	蔚县	0.61
2063	河南省	南阳市	南召县	0.61
2064	河南省	信阳市	淮滨县	0.61
2065	黑龙江省	大兴安岭地区	加格达奇区	0.61
2066	黑龙江省	黑河市	孙吴县	0.61
2067	黑龙江省	牡丹江市	穆棱市	0.61
2068	黑龙江省	伊春市	嘉荫县	0.61
2069	湖南省	郴州市	宜章县	0.61
2070	湖南省	怀化市	沅陵县	0.61
2071	湖南省	怀化市	鹤城区	0.61
2072	湖南省	邵阳市	绥宁县	0.61
2073	湖南省	湘西土家族苗族自治州	龙山县	0.61
2074	湖南省	湘西土家族苗族自治州	永顺县	0.61
2075	湖南省	湘西土家族苗族自治州	花垣县	0.61
2076	湖南省	张家界市	永定区	0.61
2077	湖南省	张家界市	桑植县	0.61
2078	吉林省	白山市	靖宇县	0.61
2079	吉林省	吉林市	永吉县	0.61
2080	吉林省	吉林市	桦甸市	0.61
2081	吉林省	通化市	东昌区	0.61
2082	吉林省	延边朝鲜族自治州	和龙市	0.61
2083	江西省	景德镇市	昌江区	0.61
2084	辽宁省	丹东市	宽甸满族自治县	0.61
2085	辽宁省	抚顺市	清原满族自治县	0.61
2086	内蒙古自治区	呼伦贝尔市	鄂伦春自治旗	0.61
2087	内蒙古自治区	呼伦贝尔市	牙克石市	0.61
2088	内蒙古自治区	乌兰察布市	卓资县	0.61
2089	宁夏回族自治区	固原市	隆德县	0.61
2090	宁夏回族自治区	石嘴山市	大武口区	0.61
2091	宁夏回族自治区	吴忠市	青铜峡市	0.61
2092	青海省	海东市	平安区	0.61
2093	青海省	海南藏族自治州	同德县	0.61
2094	青海省	海西蒙古族藏族自治州	茫崖行政区	0.61

排名	省级	地市级	区县级	大气环境容量指数均值
2095	青海省	海西蒙古族藏族自治州	格尔木市	0.61
2096	四川省	阿坝藏族羌族自治州	红原县	0.61
2097	四川省	阿坝藏族羌族自治州	若尔盖县	0.61
2098	四川省	阿坝藏族羌族自治州	黑水县	0.61
2099	四川省	成都市	双流区	0.61
2100	四川省	成都市	都江堰市	0.61
2101	四川省	广元市	旺苍县	0.61
2102	四川省	广元市	青川县	0.61
2103	四川省	乐山市	沐川县	0.61
2104	四川省	凉山彝族自治州	越西县	0.61
2105	四川省	凉山彝族自治州	雷波县	0.61
2106	四川省	眉山市	东坡区	0.61
2107	四川省	绵阳市	平武县	0.61
2108	四川省	雅安市	芦山县	0.61
2109	四川省	雅安市	名山区	0.61
2110	四川省	雅安市	雨城区	0.61
2111	四川省	雅安市	天全县	0.61
2112	山东省	泰安市	肥城市	0.61
2113	陕西省	安康市	岚皋县	0.61
2114	陕西省	安康市	白河县	0.61
2115	陕西省	宝鸡市	扶风县	0.61
2116	陕西省	宝鸡市	渭滨区	0.61
2117	陕西省	汉中市	南郑区	0.61
2118	陕西省	汉中市	城固县	0.61
2119	陕西省	汉中市	西乡县	0.61
2120	陕西省	汉中市	留坝县	0.61
2121	陕西省	汉中市	汉台区	0.61
2122	陕西省	商洛市	镇安县	0.61
2123	陕西省	商洛市	柞水县	0.61
2124	陕西省	西安市	长安区	0.61
2125	陕西省	延安市	甘泉县	0.61
2126	陕西省	延安市	黄陵县	0.61
2127	陕西省	延安市	吴起县	0.61
2128	山西省	临汾市	安泽县	0.61
2129	山西省	临汾市	古县	0.61
2130	山西省	朔州市	朔城区	0.61
2131	山西省	朔州市	右玉县	0.61
2132	山西省	忻州市	定襄县	0.61
2133	新疆维吾尔自治区	阿克苏地区	沙雅县	0.61
2134	新疆维吾尔自治区	阿克苏地区	乌什县	0.61

续表

排名	省级	地市级	区县级	大气环境容量指数均值
2135	新疆维吾尔自治区	巴音郭楞蒙古自治州	和硕县	0.61
2136	新疆维吾尔自治区	博尔塔拉蒙古自治州	博乐市	0.61
2137	新疆维吾尔自治区	博尔塔拉蒙古自治州	温泉县	0.61
2138	新疆维吾尔自治区	昌吉回族自治州	阜康市	0.61
2139	新疆维吾尔自治区	昌吉回族自治州	奇台县	0.61
2140	新疆维吾尔自治区	昌吉回族自治州	玛纳斯县	0.61
2141	新疆维吾尔自治区	喀什地区	伽师县	0.61
2142	新疆维吾尔自治区	喀什地区	泽普县	0.61
2143	新疆维吾尔自治区	喀什地区	塔什库尔干塔吉克自治县	0.61
2144	新疆维吾尔自治区	喀什地区	莎车县	0.61
2145	新疆维吾尔自治区	和田地区	于田县	0.61
2146	新疆维吾尔自治区	克孜勒苏柯尔克孜自治州	阿克陶县	0.61
2147	新疆维吾尔自治区	克孜勒苏柯尔克孜自治州	阿图什市	0.61
2148	新疆维吾尔自治区	克孜勒苏柯尔克孜自治州	阿合奇县	0.61
2149	新疆维吾尔自治区	塔城地区	沙湾县	0.61
2150	新疆维吾尔自治区	塔城地区	塔城市	0.61
2151	新疆维吾尔自治区	塔城地区	乌苏市	0.61
2152	新疆维吾尔自治区	吐鲁番市	鄯善县	0.61
2153	新疆维吾尔自治区	五家渠市	五家渠市	0.61
2154	新疆维吾尔自治区	乌鲁木齐市	米东区	0.61
2155	新疆维吾尔自治区	伊犁哈萨克自治州	特克斯县	0.61
2156	新疆维吾尔自治区	伊犁哈萨克自治州	霍城县	0.61
2157	新疆维吾尔自治区	伊犁哈萨克自治州	伊宁市	0.61
2158	新疆维吾尔自治区	伊犁哈萨克自治州	伊宁县	0.61
2159	西藏自治区	昌都市	昌都市	0.61
2160	西藏自治区	昌都市	洛隆县	0.61
2161	西藏自治区	那曲市	色尼区	0.61
2162	西藏自治区	林芝市	察隅县	0.61
2163	西藏自治区	日喀则市	江孜县	0.61
2164	西藏自治区	日喀则市	桑珠孜区	0.61
2165	西藏自治区	山南市	浪卡子县	0.61
2166	西藏自治区	山南市	加查县	0.61
2167	西藏自治区	山南市	贡嘎县	0.61
2168	云南省	迪庆藏族自治州	维西傈僳族自治县	0.61
2169	云南省	临沧市	耿马傣族佤族自治县	0.61
2170	云南省	怒江傈僳族自治州	兰坪白族普米族自治县	0.61
2171	云南省	昭通市	大关县	0.61
2172	云南省	昭通市	盐津县	0.61
2173	云南省	昭通市	镇雄县	0.61
2174	云南省	昭通市	威信县	0.61

排名	省级	地市级	区县级	大气环境容量指数均值
2175	浙江省	丽水市	缙云县	0.61
2176	浙江省	丽水市	云和县	0.61
2177	浙江省	温州市	鹿城区	0.61
2178	重庆市	城口县	城口县	0.60
2179	重庆市	彭水苗族土家族自治县	彭水苗族土家族自治县	0.60
2180	甘肃省	定西市	岷县	0.60
2181	甘肃省	定西市	临洮县	0.60
2182	甘肃省	兰州市	城关区	0.60
2183	甘肃省	兰州市	皋兰县	0.60
2184	甘肃省	临夏回族自治州	康乐县	0.60
2185	甘肃省	临夏回族自治州	临夏市	0.60
2186	甘肃省	临夏回族自治州	永靖县	0.60
2187	甘肃省	陇南市	成县	0.60
2188	甘肃省	陇南市	两当县	0.60
2189	甘肃省	陇南市	宕昌县	0.60
2190	甘肃省	平凉市	华亭县	0.60
2191	甘肃省	天水市	张家川回族自治县	0.60
2192	贵州省	毕节市	七星关区	0.60
2193	贵州省	黔东南苗族侗族自治州	剑河县	0.60
2194	贵州省	黔南布依族苗族自治州	罗甸县	0.60
2195	贵州省	遵义市	绥阳县	0.60
2196	贵州省	遵义市	道真仡佬族苗族自治县	0.60
2197	贵州省	遵义市	凤冈县	0.60
2198	湖北省	宜昌市	五峰土家族自治县	0.60
2199	黑龙江省	大兴安岭地区	塔河县	0.60
2200	湖南省	怀化市	新晃侗族自治县	0.60
2201	辽宁省	抚顺市	新宾满族自治县	0.60
2202	内蒙古自治区	呼和浩特市	赛罕区	0.60
2203	内蒙古自治区	呼伦贝尔市	额尔古纳市	0.60
2204	内蒙古自治区	呼伦贝尔市	牙克石市东北	0.60
2205	内蒙古自治区	兴安盟	阿尔山市	0.60
2206	青海省	果洛藏族自治州	久治县	0.60
2207	青海省	果洛藏族自治州	玛多县	0.60
2208	青海省	海北藏族自治州	祁连县	0.60
2209	青海省	海东市	化隆回族自治县	0.60
2210	青海省	海南藏族自治州	兴海县	0.60
2211	青海省	海西蒙古族藏族自治州	德令哈市	0.60
2212	青海省	海西蒙古族藏族自治州	乌兰县	0.60
2213	青海省	黄南藏族自治州	尖扎县	0.60
2214	四川省	阿坝藏族羌族自治州	金川县	0.60

排名	省级	地市级	区县级	大气环境容量指数均值
2215	四川省	阿坝藏族羌族自治州	阿坝县	0.60
2216	四川省	阿坝藏族羌族自治州	壤塘县	0.60
2217	四川省	成都市	郫都区	0.60
2218	四川省	甘孜藏族自治州	理塘县	0.60
2219	四川省	甘孜藏族自治州	色达县	0.60
2220	四川省	甘孜藏族自治州	稻城县	0.60
2221	四川省	甘孜藏族自治州	石渠县	0.60
2222	四川省	甘孜藏族自治州	炉霍县	0.60
2223	四川省	甘孜藏族自治州	甘孜县	0.60
2224	陕西省	安康市	宁陕县	0.60
2225	陕西省	安康市	紫阳县	0.60
2226	陕西省	宝鸡市	麟游县	0.60
2227	陕西省	汉中市	宁强县	0.60
2228	陕西省	渭南市	合阳县	0.60
2229	新疆维吾尔自治区	阿克苏地区	柯坪县	0.60
2230	新疆维吾尔自治区	巴音郭楞蒙古自治州	和静县西北	0.60
2231	新疆维吾尔自治区	喀什地区	岳普湖县	0.60
2232	新疆维吾尔自治区	喀什地区	英吉沙县	0.60
2233	新疆维吾尔自治区	石河子市	石河子市	0.60
2234	新疆维吾尔自治区	乌鲁木齐市	乌鲁木齐县	0.60
2235	新疆维吾尔自治区	伊犁哈萨克自治州	昭苏县	0.60
2236	新疆维吾尔自治区	伊犁哈萨克自治州	巩留县	0.60
2237	西藏自治区	拉萨市	当雄县	0.60
2238	西藏自治区	那曲市	索县	0.60
2239	西藏自治区	林芝市	波密县	0.60
2240	西藏自治区	日喀则市	南木林县	0.60
2241	云南省	迪庆藏族自治州	德钦县	0.60
2242	云南省	怒江傈僳族自治州	贡山独龙族怒族自治县	0.60
2243	云南省	怒江傈僳族自治州	福贡县	0.60
2244	甘肃省	甘南藏族自治州	迭部县	0.59
2245	甘肃省	甘南藏族自治州	合作市	0.59
2246	甘肃省	临夏回族自治州	和政县	0.59
2247	甘肃省	临夏回族自治州	广河县	0.59
2248	黑龙江省	大兴安岭地区	漠河县	0.59
2249	内蒙古自治区	呼伦贝尔市	根河市	0.59
2250	宁夏回族自治区	固原市	西吉县	0.59
2251	宁夏回族自治区	银川市	贺兰县	0.59
2252	青海省	果洛藏族自治州	玛沁县	0.59
2253	青海省	果洛藏族自治州	达日县	0.59
2254	青海省	海南藏族自治州	共和县	0.59

排名	省级	地市级	区县级	大气环境容量指数均值
2255	青海省	海西蒙古族藏族自治州	大柴旦行政区	0.59
2256	青海省	黄南藏族自治州	河南蒙古族自治县	0.59
2257	青海省	西宁市	湟中县	0.59
2258	青海省	玉树藏族自治州	治多县	0.59
2259	青海省	玉树藏族自治州	杂多县	0.59
2260	青海省	玉树藏族自治州	曲麻莱县	0.59
2261	青海省	玉树藏族自治州	囊谦县	0.59
2262	青海省	玉树藏族自治州	称多县	0.59
2263	四川省	阿坝藏族羌族自治州	马尔康市	0.59
2264	四川省	甘孜藏族自治州	德格县	0.59
2265	上海市	徐汇区	徐汇区	0.59
2266	陕西省	商洛市	商南县	0.59
2267	陕西省	榆林市	子洲县	0.59
2268	新疆维吾尔自治区	阿克苏地区	拜城县	0.59
2269	新疆维吾尔自治区	阿勒泰地区	阿勒泰市	0.59
2270	新疆维吾尔自治区	巴音郭楞蒙古自治州	和静县北部	0.59
2271	新疆维吾尔自治区	伊犁哈萨克自治州	尼勒克县	0.59
2272	西藏自治区	昌都市	左贡县	0.59
2273	西藏自治区	昌都市	丁青县	0.59
2274	西藏自治区	那曲市	嘉黎县	0.59
2275	西藏自治区	林芝市	米林县	0.59
2276	青海省	果洛藏族自治州	甘德县	0.58
2277	青海省	果洛藏族自治州	班玛县	0.58
2278	青海省	海北藏族自治州	门源回族自治县	0.58
2279	青海省	海东市	互助土族自治县	0.58
2280	青海省	海南藏族自治州	贵南县	0.58
2281	青海省	玉树藏族自治州	玉树市	0.58
2282	新疆维吾尔自治区	阿勒泰地区	青河县	0.58
2283	西藏自治区	昌都市	类乌齐县	0.58
2284	西藏自治区	那曲市	比如县	0.58

七 分地区大气污染物平衡排放警戒线参考值

表 4-11 分地区大气污染物平衡排放警戒线参考值（2019-县级-按宜居级 EE 排序）

单位：kg/km² · h

排序	省级	地市级	区县级	发展级大气环境资源
1	浙江省	台州市	椒江区	79.41
2	浙江省	舟山市	嵊泗县	77.86
3	甘肃省	武威市	天祝藏族自治县	77.31

排序	省级	地市级	区县级	发展级大气环境资源
4	湖南省	衡阳市	南岳区	76.68
5	云南省	红河哈尼族彝族自治州	个旧市	76.06
6	内蒙古自治区	巴彦淖尔市	乌拉特后旗西北	75.84
7	山东省	威海市	荣成市北海口	74.79
8	海南省	三沙市	南沙区	67.38
9	福建省	泉州市	晋江市	64.70
10	福建省	福州市	福清市	64.16
11	西藏自治区	昌都市	八宿县	63.67
12	内蒙古自治区	赤峰市	巴林右旗	62.88
13	江苏省	连云港市	连云区	62.76
14	海南省	三亚市	吉阳区	62.63
15	福建省	漳州市	东山县	61.93
16	内蒙古自治区	鄂尔多斯市	杭锦旗	61.59
17	内蒙古自治区	包头市	白云鄂博矿区	61.40
18	内蒙古自治区	通辽市	科尔沁左翼后旗	61.37
19	内蒙古自治区	呼伦贝尔市	新巴尔虎右旗	61.30
20	福建省	泉州市	惠安县	61.20
21	内蒙古自治区	阿拉善盟	额济纳旗东部	61.14
22	浙江省	宁波市	象山县（滨海）	61.09
23	新疆维吾尔自治区	博尔塔拉蒙古自治州	阿拉山口市	61.00
24	广东省	江门市	上川岛	60.96
25	内蒙古自治区	乌兰察布市	察哈尔右翼中旗	60.82
26	山东省	烟台市	长岛县	60.72
27	辽宁省	大连市	金州区	60.54
28	云南省	曲靖市	会泽县	60.37
29	广东省	湛江市	吴川市	60.35
30	西藏自治区	日喀则市	聂拉木县	60.22
31	内蒙古自治区	锡林郭勒盟	苏尼特右旗朱日和	60.10
32	山东省	青岛市	胶州市	59.87
33	云南省	昆明市	西山区	59.81
34	安徽省	安庆市	望江县	59.54
35	内蒙古自治区	呼伦贝尔市	海拉尔区	59.46
36	内蒙古自治区	锡林郭勒盟	阿巴嘎旗	59.26
37	辽宁省	锦州市	凌海市	59.01
38	内蒙古自治区	锡林郭勒盟	正镶白旗	58.91
39	福建省	福州市	平潭县	58.82
40	内蒙古自治区	阿拉善盟	阿拉善左旗南部	58.61
41	辽宁省	锦州市	北镇市	58.57
42	内蒙古自治区	乌兰察布市	商都县	58.41
43	山东省	烟台市	栖霞市	58.15

排序	省级	地市级	区县级	发展级大气环境资源
44	浙江省	舟山市	岱山县	58.05
45	西藏自治区	那曲市	班戈县	57.85
46	内蒙古自治区	锡林郭勒盟	苏尼特右旗	57.74
47	内蒙古自治区	呼伦贝尔市	满洲里市	57.33
48	黑龙江省	鹤岗市	绥滨县	56.98
49	内蒙古自治区	兴安盟	扎赉特旗	56.74
50	内蒙古自治区	锡林郭勒盟	二连浩特市	56.41
51	内蒙古自治区	包头市	达尔罕茂明安联合旗北部	55.98
52	内蒙古自治区	赤峰市	巴林左旗	55.68
53	黑龙江省	齐齐哈尔市	讷河市	55.42
54	山东省	济南市	章丘区	55.41
55	内蒙古自治区	兴安盟	科尔沁右翼中旗	55.07
56	黑龙江省	绥化市	肇东市	54.90
57	黑龙江省	鸡西市	虎林市	54.76
58	黑龙江省	佳木斯市	同江市	54.55
59	海南省	三沙市	西沙群岛珊瑚岛	54.43
60	浙江省	台州市	玉环市	53.80
61	广西壮族自治区	柳州市	柳北区	52.86
62	海南省	东方市	东方市	52.56
63	云南省	昆明市	呈贡区	52.38
64	山东省	青岛市	李沧区	52.10
65	海南省	三沙市	西沙区	52.01
66	广西壮族自治区	贵港市	桂平市	51.86
67	西藏自治区	日喀则市	亚东县	51.69
68	广东省	湛江市	徐闻县	51.68
69	江苏省	南通市	启东市（滨海）	51.58
70	江西省	九江市	湖口县	51.57
71	山东省	威海市	荣成市南海口	51.57
72	山东省	烟台市	芝罘区	51.49
73	浙江省	舟山市	普陀区	51.21
74	云南省	曲靖市	陆良县	51.10
75	辽宁省	营口市	大石桥市	50.97
76	黑龙江省	哈尔滨市	双城区	50.96
77	黑龙江省	绥化市	庆安县	50.95
78	广东省	阳江市	江城区	50.93
79	黑龙江省	佳木斯市	富锦市	50.86
80	西藏自治区	山南市	错那县	50.79
81	山东省	烟台市	招远市	50.71
82	江西省	九江市	都昌县	50.58
83	甘肃省	金昌市	永昌县	50.40

续表

排序	省级	地市级	区县级	发展级大气环境资源
84	河南省	信阳市	新县	50.33
85	辽宁省	葫芦岛市	连山区	50.28
86	西藏自治区	那曲市	申扎县	50.24
87	黑龙江省	哈尔滨市	木兰县	50.22
88	广西壮族自治区	柳州市	柳城县	50.14
89	湖北省	荆门市	掇刀区	50.13
90	山东省	威海市	文登区	50.08
91	广西壮族自治区	防城港市	港口区	50.05
92	湖南省	永州市	双牌县	50.03
93	江苏省	南通市	如东县	49.98
94	云南省	红河哈尼族彝族自治州	蒙自市	49.97
95	辽宁省	沈阳市	康平县	49.95
96	山东省	烟台市	牟平区	49.95
97	广西壮族自治区	北海市	海城区（涠洲岛）	49.89
98	河北省	张家口市	康保县	49.89
99	内蒙古自治区	赤峰市	阿鲁科尔沁旗	49.89
100	湖南省	郴州市	北湖区	49.87
101	内蒙古自治区	鄂尔多斯市	杭锦旗西北	49.85
102	广西壮族自治区	桂林市	临桂区	49.80
103	内蒙古自治区	包头市	达尔罕茂明安联合旗东南	49.77
104	广西壮族自治区	玉林市	博白县	49.73
105	云南省	德宏傣族景颇族自治州	梁河县	49.66
106	吉林省	延边朝鲜族自治州	珲春市	49.64
107	黑龙江省	鸡西市	鸡东县	49.63
108	福建省	莆田市	秀屿区	49.59
109	河北省	邯郸市	武安市	49.51
110	浙江省	温州市	洞头区	49.51
111	黑龙江省	齐齐哈尔市	克东县	49.48
112	内蒙古自治区	通辽市	扎鲁特旗西北	49.46
113	黑龙江省	佳木斯市	桦南县	49.44
114	安徽省	马鞍山市	当涂县	49.40
115	内蒙古自治区	阿拉善盟	阿拉善左旗	49.40
116	辽宁省	盘锦市	双台子区	49.37
117	安徽省	安庆市	太湖县	49.36
118	广西壮族自治区	玉林市	容县	49.36
119	云南省	昆明市	宜良县	49.30
120	西藏自治区	那曲市	安多县	49.26
121	云南省	楚雄彝族自治州	永仁县	49.26
122	吉林省	长春市	德惠市	49.22
123	内蒙古自治区	锡林郭勒盟	正蓝旗	49.22

排序	省级	地市级	区县级	发展级大气环境资源
124	山西省	忻州市	神池县	49.21
125	黑龙江省	鸡西市	鸡冠区	49.2
126	内蒙古自治区	锡林郭勒盟	太仆寺旗	49.11
127	辽宁省	大连市	长海县	49.10
128	江西省	南昌市	进贤县	49.09
129	甘肃省	酒泉市	肃北蒙古族自治县	49.08
130	湖南省	永州市	江华瑶族自治县县	49.07
131	吉林省	吉林市	丰满区	49.06
132	黑龙江省	哈尔滨市	巴彦县	49.04
133	山东省	济南市	平阴县	49.03
134	浙江省	杭州市	萧山区	49.01
135	山东省	青岛市	市南区	49.00
136	贵州省	贵阳市	清镇市	48.99
137	云南省	玉溪市	通海县	48.96
138	云南省	丽江市	宁蒗彝族自治县	48.94
139	广西壮族自治区	钦州市	钦南区	48.89
140	海南省	海口市	美兰区	48.84
141	浙江省	宁波市	余姚市	48.83
142	青海省	海西蒙古族藏族自治州	格尔木市西南	48.79
143	黑龙江省	佳木斯市	抚远市	48.76
144	青海省	海东市	乐都区	48.75
145	吉林省	长春市	榆树市	48.74
146	黑龙江省	大庆市	肇源县	48.66
147	内蒙古自治区	兴安盟	突泉县	48.64
148	青海省	海西蒙古族藏族自治州	格尔木市西部	48.62
149	湖北省	襄阳市	襄城区	48.60
150	内蒙古自治区	阿拉善盟	阿拉善左旗东南	48.58
151	黑龙江省	七台河市	勃利县	48.56
152	吉林省	白城市	镇赉县	48.56
153	辽宁省	朝阳市	北票市	48.51
154	广东省	揭阳市	惠来县	48.49
155	吉林省	四平市	公主岭市	48.49
156	内蒙古自治区	鄂尔多斯市	伊金霍洛旗	48.46
157	黑龙江省	大庆市	杜尔伯特蒙古族自治县	48.45
158	云南省	曲靖市	马龙县	48.42
159	内蒙古自治区	通辽市	库伦旗	48.41
160	河南省	洛阳市	孟津县	48.40
161	内蒙古自治区	呼和浩特市	武川县	48.40
162	广东省	茂名市	电白区	48.39
163	云南省	曲靖市	师宗县	48.38

排序	省级	地市级	区县级	发展级大气环境资源
164	河北省	唐山市	滦南县	48.35
165	山西省	忻州市	岢岚县	48.35
166	黑龙江省	齐齐哈尔市	拜泉县	48.34
167	广西壮族自治区	百色市	田阳县	48.33
168	内蒙古自治区	通辽市	科尔沁左翼中旗南部	48.32
169	河北省	邢台市	桥东区	48.24
170	辽宁省	营口市	西市区	48.23
171	内蒙古自治区	阿拉善盟	阿拉善右旗	48.21
172	黑龙江省	齐齐哈尔市	克山县	48.17
173	西藏自治区	阿里地区	改则县	48.17
174	江苏省	淮安市	金湖县	48.16
175	宁夏回族自治区	吴忠市	同心县	48.14
176	山东省	临沂市	兰山区	48.14
177	内蒙古自治区	包头市	固阳县	48.12
178	河南省	三门峡市	湖滨区	48.11
179	内蒙古自治区	赤峰市	敖汉旗	48.11
180	吉林省	白城市	洮南市	48.08
181	云南省	昆明市	晋宁区	48.05
182	山东省	烟台市	蓬莱市	48.01
183	山西省	长治市	壶关县	48.01
184	河南省	鹤壁市	淇县	47.99
185	黑龙江省	绥化市	明水县	47.94
186	山西省	长治市	长治县	47.88
187	江西省	抚州市	东乡区	47.86
188	内蒙古自治区	阿拉善盟	阿拉善左旗西北	47.85
189	广西壮族自治区	南宁市	邕宁区	47.82
190	内蒙古自治区	锡林郭勒盟	镶黄旗	47.79
191	内蒙古自治区	锡林郭勒盟	阿巴嘎旗西北	47.76
192	新疆维吾尔自治区	塔城地区	和布克赛尔蒙古自治县	47.76
193	黑龙江省	齐齐哈尔市	甘南县	47.74
194	内蒙古自治区	通辽市	奈曼旗南部	47.70
195	山东省	青岛市	即墨区	47.70
196	山东省	威海市	环翠区	47.67
197	内蒙古自治区	乌兰察布市	化德县	47.66
198	内蒙古自治区	乌兰察布市	察哈尔右翼前旗	47.65
199	山东省	潍坊市	临朐县	47.58
200	青海省	海西蒙古族藏族自治州	冷湖行政区	47.57
201	云南省	红河哈尼族彝族自治州	红河县	47.54
202	浙江省	温州市	乐清市	47.52
203	黑龙江省	绥化市	青冈县	47.49

排序	省级	地市级	区县级	发展级大气环境资源
204	辽宁省	大连市	普兰店区	47.48
205	新疆维吾尔自治区	阿勒泰地区	吉木乃县	47.47
206	广西壮族自治区	柳州市	融水苗族自治县	47.46
207	云南省	红河哈尼族彝族自治州	建水县	47.46
208	湖北省	鄂州市	鄂城区	47.43
209	浙江省	温州市	平阳县	47.41
210	湖北省	随州市	广水市	47.40
211	宁夏回族自治区	中卫市	沙坡头区	47.37
212	云南省	楚雄彝族自治州	牟定县	47.36
213	甘肃省	张掖市	民乐县	47.25
214	辽宁省	沈阳市	辽中区	47.25
215	辽宁省	鞍山市	台安县	47.23
216	内蒙古自治区	呼和浩特市	新城区	47.19
217	浙江省	嘉兴市	平湖市	47.19
218	山西省	吕梁市	中阳县	47.14
219	河北省	邯郸市	永年区	47.08
220	新疆维吾尔自治区	昌吉回族自治州	木垒哈萨克自治县	47.07
221	西藏自治区	昌都市	芒康县	47.05
222	黑龙江省	哈尔滨市	宾县	47.04
223	内蒙古自治区	赤峰市	巴林左旗北部	47.03
224	河北省	沧州市	海兴县	46.93
225	吉林省	长春市	九台区	46.89
226	江西省	九江市	庐山市	46.88
227	甘肃省	临夏回族自治州	东乡族自治县	46.87
228	吉林省	四平市	梨树县	46.84
229	山东省	济南市	长清区	46.78
230	山东省	潍坊市	昌邑市	46.77
231	浙江省	宁波市	象山县	46.72
232	内蒙古自治区	锡林郭勒盟	东乌珠穆沁旗东部	46.67
233	新疆维吾尔自治区	塔城地区	裕民县	46.67
234	广东省	湛江市	霞山区	46.63
235	新疆维吾尔自治区	和田地区	洛浦县	46.63
236	辽宁省	盘锦市	大洼区	46.62
237	吉林省	白城市	通榆县	46.61
238	安徽省	蚌埠市	怀远县	46.55
239	福建省	厦门市	湖里区	46.55
240	广西壮族自治区	防城港市	东兴市	46.50
241	黑龙江省	哈尔滨市	通河县	46.46
242	山东省	威海市	荣成市	46.43
243	江苏省	南通市	崇川区	46.41

排序	省级	地市级	区县级	发展级大气环境资源
244	内蒙古自治区	乌兰察布市	四子王旗	46.37
245	黑龙江省	鸡西市	密山市	46.32
246	黑龙江省	牡丹江市	绥芬河市	46.32
247	浙江省	衢州市	江山市	46.31
248	贵州省	贵阳市	开阳县	46.28
249	广东省	珠海市	香洲区	46.27
250	黑龙江省	黑河市	五大连池市	46.26
251	辽宁省	锦州市	黑山县	46.23
252	黑龙江省	大庆市	林甸县	46.21
253	河南省	洛阳市	宜阳县	46.16
254	黑龙江省	齐齐哈尔市	龙江县	46.16
255	吉林省	白城市	大安市	46.16
256	吉林省	吉林市	舒兰市	46.12
257	内蒙古自治区	通辽市	开鲁县	46.05
258	江苏省	苏州市	吴中区	46.04
259	辽宁省	沈阳市	法库县	46.04
260	辽宁省	朝阳市	建平县	46.03
261	黑龙江省	佳木斯市	桦川县	46.01
262	青海省	海西蒙古族藏族自治州	天峻县	45.96
263	山西省	吕梁市	方山县	45.91
264	内蒙古自治区	兴安盟	扎赉特旗西部	45.89
265	辽宁省	大连市	瓦房店市	45.86
266	辽宁省	铁岭市	昌图县	45.85
267	甘肃省	天水市	武山县	45.84
268	辽宁省	大连市	旅顺口区	45.77
269	辽宁省	丹东市	东港市	45.76
270	内蒙古自治区	锡林郭勒盟	苏尼特左旗	45.76
271	黑龙江省	黑河市	嫩江县	45.75
272	辽宁省	朝阳市	喀喇沁左翼蒙古族自治县	45.73
273	黑龙江省	齐齐哈尔市	泰来县	45.72
274	黑龙江省	黑河市	北安市	45.66
275	甘肃省	酒泉市	玉门市	45.65
276	浙江省	绍兴市	柯桥区	45.64
277	黑龙江省	齐齐哈尔市	依安县	45.63
278	内蒙古自治区	乌兰察布市	兴和县	45.60
279	宁夏回族自治区	固原市	泾源县	45.52
280	湖北省	荆门市	钟祥市	45.49
281	安徽省	宿州市	灵璧县	45.46
282	山东省	日照市	东港区	45.42
283	安徽省	合肥市	长丰县	45.38

排序	省级	地市级	区县级	发展级大气环境资源
284	甘肃省	甘南藏族自治州	夏河县	45.32
285	辽宁省	葫芦岛市	兴城市	45.27
286	重庆市	巫山县	巫山县	45.20
287	山东省	烟台市	龙口市	45.20
288	内蒙古自治区	通辽市	奈曼旗	45.16
289	山西省	忻州市	宁武县	45.16
290	安徽省	安庆市	大观区	45.03
291	黑龙江省	哈尔滨市	阿城区	45.03
292	内蒙古自治区	锡林郭勒盟	锡林浩特市	45.03
293	辽宁省	阜新市	彰武县	45.01
294	山东省	临沂市	临沭县	45.01
295	内蒙古自治区	锡林郭勒盟	西乌珠穆沁旗	44.98
296	黑龙江省	绥化市	绥棱县	44.84
297	河北省	石家庄市	赞皇县	44.81
298	河北省	沧州市	黄骅市	44.77
299	河北省	邢台市	威县	44.76
300	内蒙古自治区	通辽市	科尔沁左翼中旗	44.76
301	山西省	朔州市	平鲁区	44.75
302	四川省	甘孜藏族自治州	康定市	44.73
303	山东省	临沂市	平邑县	44.70
304	内蒙古自治区	乌兰察布市	察哈尔右翼后旗	44.69
305	山东省	德州市	武城县	44.69
306	辽宁省	大连市	西岗区	44.67
307	黑龙江省	绥化市	兰西县	44.66
308	黑龙江省	大庆市	肇州县	44.63
309	吉林省	松原市	宁江区	44.63
310	天津市	宁河区	宁河区	44.62
311	吉林省	辽源市	东丰县	44.58
312	辽宁省	阜新市	细河区	44.55
313	河北省	唐山市	丰南区	44.50
314	河北省	邢台市	内丘县	44.50
315	内蒙古自治区	包头市	青山区	44.45
316	黑龙江省	绥化市	海伦市	44.43
317	内蒙古自治区	巴彦淖尔市	磴口县	44.40
318	吉林省	松原市	长岭县	44.38
319	西藏自治区	山南市	琼结县	44.36
320	黑龙江省	双鸭山市	集贤县	44.34
321	辽宁省	沈阳市	新民市	44.31
322	黑龙江省	佳木斯市	汤原县	44.22
323	黑龙江省	双鸭山市	饶河县	44.21

续表

排序	省级	地市级	区县级	发展级大气环境资源
324	河北省	沧州市	南皮县	44.19
325	辽宁省	辽阳市	灯塔市	44.09
326	黑龙江省	哈尔滨市	五常市	44.06
327	甘肃省	张掖市	甘州区	44.05
328	黑龙江省	哈尔滨市	呼兰区	43.96
329	内蒙古自治区	呼伦贝尔市	鄂温克族自治旗	43.92
330	黑龙江省	绥化市	望奎县	43.88
331	辽宁省	锦州市	义县	43.85
332	山东省	烟台市	福山区	43.79
333	黑龙江省	鹤岗市	萝北县	43.78
334	内蒙古自治区	赤峰市	敖汉旗东部	43.76
335	内蒙古自治区	赤峰市	克什克腾旗	43.65
336	内蒙古自治区	赤峰市	林西县	43.61
337	黑龙江省	哈尔滨市	香坊区	43.60
338	河北省	张家口市	沽源县	43.47
339	黑龙江省	双鸭山市	宝清县	43.43
340	内蒙古自治区	呼伦贝尔市	新巴尔虎左旗	43.27
341	新疆维吾尔自治区	乌鲁木齐市	达坂城区	43.14
342	四川省	阿坝藏族羌族自治州	茂县	42.87
343	河北省	张家口市	张北县	42.83
344	江苏省	盐城市	射阳县	42.69
345	广东省	江门市	新会区	42.67
346	内蒙古自治区	包头市	达尔罕茂明安联合旗	42.61
347	内蒙古自治区	呼和浩特市	清水河县	42.53
348	广东省	湛江市	遂溪县	42.36
349	黑龙江省	黑河市	逊克县	42.22
350	云南省	昆明市	寻甸回族彝族自治县	42.21
351	广东省	汕头市	澄海区	42.10
352	吉林省	长春市	双阳区	42.09
353	内蒙古自治区	锡林郭勒盟	东乌珠穆沁旗	41.82
354	贵州省	毕节市	大方县	41.75
355	安徽省	安庆市	潜山县	41.70
356	吉林省	松原市	乾安县	41.65
357	广东省	湛江市	雷州市	41.59
358	广西壮族自治区	柳州市	融安县	41.51
359	广西壮族自治区	崇左市	江州区	41.47
360	上海市	松江区	松江区	41.38
361	海南省	万宁市	万宁市	41.32
362	江西省	九江市	彭泽县	41.30
363	浙江省	台州市	天台县	41.27

排序	省级	地市级	区县级	发展级大气环境资源
364	安徽省	滁州市	明光市	41.18
365	甘肃省	甘南藏族自治州	碌曲县	41.18
366	海南省	定安县	定安县	41.16
367	广西壮族自治区	南宁市	青秀区	41.10
368	上海市	崇明区	崇明区	41.08
369	安徽省	池州市	东至县	40.96
370	广东省	茂名市	高州市	40.95
371	西藏自治区	拉萨市	墨竹工卡县	40.94
372	广东省	汕尾市	陆丰市	40.91
373	广西壮族自治区	玉林市	北流市	40.91
374	福建省	福州市	长乐区	40.84
375	青海省	黄南藏族自治州	泽库县	40.83
376	云南省	大理白族自治州	剑川县	40.79
377	广东省	佛山市	禅城区	40.72
378	河南省	安阳市	汤阴县	40.71
379	福建省	漳州市	诏安县	40.70
380	湖北省	孝感市	大悟县	40.64
381	广东省	潮州市	饶平县	40.63
382	广西壮族自治区	河池市	南丹县	40.55
383	云南省	红河哈尼族彝族自治州	元阳县	40.54
384	吉林省	四平市	铁西区	40.52
385	广东省	湛江市	廉江市	40.51
386	江苏省	泰州市	靖江市	40.50
387	云南省	曲靖市	富源县	40.47
388	广西壮族自治区	南宁市	宾阳县	40.46
389	云南省	昆明市	石林彝族自治县	40.46
390	山西省	运城市	稷山县	40.35
391	湖南省	岳阳市	汨罗市	40.31
392	河南省	洛阳市	洛宁县	40.28
393	广西壮族自治区	百色市	西林县	40.25
394	青海省	海东市	循化撒拉族自治县	40.25
395	山西省	临汾市	襄汾县	40.23
396	云南省	丽江市	永胜县	40.23
397	广东省	佛山市	三水区	40.22
398	广西壮族自治区	南宁市	隆安县	40.22
399	广东省	惠州市	惠东县	40.17
400	山东省	潍坊市	诸城市	40.11
401	云南省	楚雄彝族自治州	双柏县	40.10
402	广东省	清远市	清城区	40.09
403	广西壮族自治区	玉林市	陆川县	40.09

续表

排序	省级	地市级	区县级	发展级大气环境资源
404	贵州省	安顺市	平坝区	40.07
405	云南省	红河哈尼族彝族自治州	开远市	40.06
406	广西壮族自治区	崇左市	扶绥县	40.04
407	广西壮族自治区	河池市	环江毛南族自治县	40.04
408	广西壮族自治区	河池市	都安瑶族自治县	40.04
409	山东省	德州市	宁津县	40.04
410	广西壮族自治区	桂林市	全州县	40.03
411	河南省	鹤壁市	浚县	40.03
412	广东省	汕头市	南澳县	39.96
413	江西省	九江市	永修县	39.94
414	重庆市	大足区	大足区	39.93
415	山东省	潍坊市	高密市	39.92
416	广西壮族自治区	柳州市	鹿寨县	39.89
417	山东省	德州市	临邑县	39.85
418	广东省	江门市	鹤山市	39.84
419	云南省	临沧市	永德县	39.84
420	贵州省	黔东南苗族侗族自治州	锦屏县	39.83
421	四川省	宜宾市	翠屏区	39.82
422	贵州省	黔东南苗族侗族自治州	丹寨县	39.78
423	湖南省	益阳市	南县	39.77
424	四川省	凉山彝族自治州	喜德县	39.77
425	广西壮族自治区	百色市	那坡县	39.71
426	江西省	上饶市	铅山县	39.69
427	浙江省	衢州市	柯城区	39.69
428	上海市	浦东新区	浦东新区	39.68
429	安徽省	合肥市	庐江县	39.67
430	云南省	文山壮族苗族自治州	丘北县	39.63
431	青海省	海北藏族自治州	刚察县	39.62
432	江苏省	连云港市	海州区	39.60
433	广西壮族自治区	防城港市	防城区	39.59
434	内蒙古自治区	兴安盟	科尔沁右翼中旗东南	39.59
435	云南省	楚雄彝族自治州	大姚县	39.57
436	安徽省	安庆市	宿松县	39.56
437	山西省	临汾市	乡宁县	39.56
438	江苏省	南通市	如皋市	39.54
439	福建省	泉州市	南安市	39.53
440	上海市	奉贤区	奉贤区	39.53
441	云南省	楚雄彝族自治州	武定县	39.52
442	山东省	菏泽市	牡丹区	39.49
443	陕西省	榆林市	榆阳区	39.48

排序	省级	地市级	区县级	发展级大气环境资源
444	江西省	抚州市	南城县	39.46
445	湖南省	常德市	临澧县	39.45
446	西藏自治区	阿里地区	普兰县	39.42
447	云南省	文山壮族苗族自治州	砚山县	39.42
448	广西壮族自治区	贵港市	港北区	39.41
449	云南省	昆明市	安宁市	39.41
450	海南省	琼海市	琼海市	39.40
451	内蒙古自治区	赤峰市	宁城县	39.40
452	江苏省	镇江市	扬中市	39.35
453	云南省	昆明市	嵩明县	39.34
454	福建省	漳州市	龙海市	39.33
455	安徽省	滁州市	天长市	39.32
456	河南省	驻马店市	正阳县	39.31
457	河南省	南阳市	镇平县	39.30
458	上海市	嘉定区	嘉定区	39.29
459	福建省	宁德市	霞浦县	39.28
460	云南省	玉溪市	易门县	39.27
461	广西壮族自治区	百色市	田东县	39.26
462	广西壮族自治区	南宁市	武鸣区	39.24
463	内蒙古自治区	鄂尔多斯市	乌审旗	39.24
464	安徽省	马鞍山市	花山区	39.21
465	内蒙古自治区	巴彦淖尔市	杭锦后旗	39.21
466	安徽省	合肥市	肥东县	39.20
467	江苏省	南通市	海门市	39.20
468	福建省	漳州市	云霄县	39.19
469	江苏省	常州市	金坛区	39.19
470	四川省	凉山彝族自治州	德昌县	39.18
471	河北省	邯郸市	峰峰矿区	39.16
472	河北省	秦皇岛市	昌黎县	39.16
473	湖南省	长沙市	岳麓区	39.15
474	广东省	汕尾市	城区	39.14
475	云南省	大理白族自治州	弥渡县	39.14
476	湖北省	黄冈市	武穴市	39.13
477	安徽省	阜阳市	界首市	39.11
478	湖北省	黄冈市	黄州区	39.11
479	云南省	曲靖市	沾益区	39.10
480	河北省	张家口市	尚义县	39.09
481	河南省	南阳市	唐河县	39.08
482	甘肃省	甘南藏族自治州	临潭县	39.06
483	河南省	驻马店市	确山县	39.05

续表

排序	省级	地市级	区县级	发展级大气环境资源
484	山西省	晋中市	榆次区	39.04
485	福建省	宁德市	柘荣县	39.00
486	广西壮族自治区	北海市	海城区	39.00
487	四川省	甘孜藏族自治州	丹巴县	39.00
488	广东省	佛山市	顺德区	38.99
489	福建省	龙岩市	连城县	38.96
490	甘肃省	定西市	安定区	38.96
491	安徽省	铜陵市	枞阳县	38.94
492	江西省	上饶市	广丰区	38.94
493	辽宁省	辽阳市	辽阳县	38.93
494	安徽省	芜湖市	鸠江区	38.89
495	安徽省	蚌埠市	五河县	38.88
496	安徽省	阜阳市	阜南县	38.88
497	福建省	泉州市	安溪县	38.88
498	湖南省	衡阳市	衡南县	38.88
499	四川省	凉山彝族自治州	盐源县	38.88
500	云南省	红河哈尼族彝族自治州	泸西县	38.88
501	浙江省	嘉兴市	秀洲区	38.88
502	山东省	济宁市	金乡县	38.86
503	甘肃省	武威市	民勤县	38.85
504	吉林省	四平市	双辽市	38.84
505	上海市	宝山区	宝山区	38.83
506	海南省	临高县	临高县	38.82
507	江西省	吉安市	万安县	38.80
508	云南省	玉溪市	元江哈尼族彝族傣族自治县	38.79
509	安徽省	滁州市	来安县	38.78
510	湖南省	郴州市	临武县	38.78
511	湖南省	郴州市	汝城县	38.78
512	江苏省	苏州市	太仓市	38.78
513	云南省	昆明市	东川区	38.78
514	广西壮族自治区	河池市	宜州区	38.77
515	广西壮族自治区	南宁市	横县	38.77
516	山西省	运城市	芮城县	38.76
517	广西壮族自治区	桂林市	资源县	38.75
518	湖南省	常德市	武陵区	38.75
519	湖南省	湘潭市	湘潭县	38.74
520	四川省	甘孜藏族自治州	九龙县	38.74
521	安徽省	宣城市	郎溪县	38.73
522	辽宁省	朝阳市	双塔区	38.73
523	江苏省	盐城市	亭湖区	38.72

排序	省级	地市级	区县级	发展级大气环境资源
524	河南省	洛阳市	偃师市	38.71
525	山西省	吕梁市	兴县	38.71
526	广西壮族自治区	贺州市	八步区	38.68
527	河北省	邢台市	巨鹿县	38.68
528	陕西省	铜川市	宜君县	38.68
529	安徽省	安庆市	怀宁县	38.67
530	河南省	南阳市	宛城区	38.67
531	新疆维吾尔自治区	哈密市	伊吾县	38.66
532	广东省	韶关市	乐昌市	38.65
533	广东省	韶关市	翁源县	38.65
534	河南省	郑州市	登封市	38.65
535	西藏自治区	阿里地区	噶尔县	38.64
536	海南省	文昌市	文昌市	38.63
537	山东省	东营市	河口区	38.62
538	福建省	漳州市	漳浦县	38.60
539	贵州省	贵阳市	南明区	38.60
540	安徽省	淮南市	田家庵区	38.59
541	广东省	江门市	开平市	38.59
542	广西壮族自治区	百色市	靖西市	38.57
543	江苏省	泰州市	兴化市	38.57
544	安徽省	滁州市	全椒县	38.55
545	湖南省	岳阳市	岳阳县	38.54
546	江苏省	淮安市	淮安区	38.54
547	广西壮族自治区	贺州市	钟山县	38.53
548	云南省	曲靖市	罗平县	38.53
549	江苏省	南京市	浦口区	38.52
550	安徽省	阜阳市	临泉县	38.51
551	湖北省	黄冈市	黄梅县	38.51
552	湖南省	衡阳市	衡阳县	38.51
553	江苏省	南通市	启东市	38.49
554	江西省	抚州市	金溪县	38.49
555	西藏自治区	日喀则市	拉孜县	38.49
556	河南省	新乡市	原阳县	38.48
557	江苏省	盐城市	建湖县	38.48
558	上海市	金山区	金山区	38.45
559	山西省	运城市	临猗县	38.45
560	浙江省	衢州市	常山县	38.45
561	吉林省	长春市	农安县	38.44
562	广西壮族自治区	钦州市	灵山县	38.43
563	河南省	许昌市	长葛市	38.43

排序	省级	地市级	区县级	发展级大气环境资源
564	内蒙古自治区	巴彦淖尔市	乌拉特前旗	38.43
565	河南省	焦作市	温县	38.39
566	安徽省	芜湖市	繁昌县	38.38
567	吉林省	长春市	绿园区	38.38
568	云南省	楚雄彝族自治州	姚安县	38.38
569	广西壮族自治区	贺州市	富川瑶族自治县	38.37
570	黑龙江省	绥化市	安达市	38.37
571	浙江省	宁波市	奉化区	38.37
572	河北省	邯郸市	曲周县	38.35
573	内蒙古自治区	鄂尔多斯市	鄂托克旗	38.35
574	云南省	大理白族自治州	祥云县	38.35
575	湖北省	荆州市	石首市	38.33
576	重庆市	渝北区	渝北区	38.32
577	广西壮族自治区	贵港市	平南县	38.31
578	河南省	三门峡市	灵宝市	38.30
579	广东省	汕头市	潮阳区	38.29
580	云南省	曲靖市	宣威市	38.29
581	山东省	聊城市	阳谷县	38.28
582	黑龙江省	伊春市	汤旺河区	38.27
583	安徽省	淮南市	凤台县	38.25
584	广西壮族自治区	河池市	罗城仫佬族自治县	38.25
585	海南省	海口市	琼山区	38.24
586	江苏省	泰州市	海陵区	38.24
587	河北省	唐山市	曹妃甸区	38.23
588	湖南省	永州市	零陵区	38.23
589	湖南省	岳阳市	湘阴县	38.23
590	贵州省	铜仁市	万山区	38.22
591	山东省	德州市	齐河县	38.22
592	广东省	河源市	连平县	38.21
593	河北省	衡水市	冀州区	38.19
594	广东省	茂名市	化州市	38.18
595	吉林省	白城市	洮北区	38.18
596	河南省	安阳市	林州市	38.17
597	云南省	大理白族自治州	鹤庆县	38.17
598	安徽省	蚌埠市	固镇县	38.16
599	河南省	焦作市	武陟县	38.16
600	四川省	攀枝花市	米易县	38.16
601	山西省	大同市	广灵县	38.16
602	河南省	洛阳市	嵩县	38.15
603	安徽省	铜陵市	义安区	38.14

排序	省级	地市级	区县级	发展级大气环境资源
604	重庆市	秀山土家族苗族自治县	秀山土家族苗族自治县	38.14
605	河南省	驻马店市	上蔡县	38.13
606	江苏省	镇江市	丹阳市	38.13
607	吉林省	四平市	伊通满族自治县	38.12
608	山东省	聊城市	东阿县	38.12
609	广西壮族自治区	来宾市	象州县	38.11
610	广西壮族自治区	梧州市	藤县	38.11
611	江苏省	淮安市	盱眙县	38.11
612	广东省	阳江市	阳春市	38.10
613	青海省	海西蒙古族藏族自治州	都兰县	38.10
614	上海市	青浦区	青浦区	38.10
615	贵州省	黔西南布依族苗族自治州	安龙县	38.08
616	云南省	保山市	龙陵县	38.08
617	山西省	晋城市	沁水县	38.07
618	山东省	枣庄市	峄城区	38.06
619	河南省	新乡市	获嘉县	38.05
620	辽宁省	大连市	普兰店区（滨海）	38.05
621	山西省	长治市	武乡县	38.05
622	青海省	海北藏族自治州	海晏县	38.04
623	天津市	河西区	河西区	38.04
624	西藏自治区	山南市	隆子县	38.04
625	贵州省	贵阳市	白云区	38.03
626	贵州省	黔南布依族苗族自治州	瓮安县	38.03
627	河南省	信阳市	息县	38.03
628	江苏省	扬州市	宝应县	38.03
629	云南省	迪庆藏族自治州	香格里拉市	38.03
630	内蒙古自治区	鄂尔多斯市	乌审旗北部	38.02
631	山东省	聊城市	茌平县	38.02
632	广东省	珠海市	斗门区	38.00
633	四川省	阿坝藏族羌族自治州	汶川县	38.00
634	山西省	大同市	左云县	38.00
635	天津市	滨海新区	滨海新区北部沿海	38.00
636	云南省	玉溪市	新平彝族傣族自治县	38.00
637	黑龙江省	哈尔滨市	延寿县	37.99
638	青海省	西宁市	湟源县	37.99
639	山东省	德州市	夏津县	37.99
640	山东省	烟台市	莱阳市	37.99
641	广西壮族自治区	梧州市	龙圩区	37.98
642	四川省	攀枝花市	仁和区	37.98
643	广东省	江门市	台山市	37.97

续表

排序	省级	地市级	区县级	发展级大气环境资源
644	内蒙古自治区	鄂尔多斯市	乌审旗南部	37.97
645	山西省	晋中市	昔阳县	37.97
646	广西壮族自治区	桂林市	兴安县	37.96
647	湖北省	武汉市	蔡甸区	37.96
648	河南省	周口市	郸城县	37.96
649	陕西省	铜川市	王益区	37.96
650	贵州省	黔西南布依族苗族自治州	晴隆县	37.95
651	河北省	邢台市	临西县	37.95
652	福建省	莆田市	城厢区	37.94
653	甘肃省	陇南市	文县	37.94
654	广西壮族自治区	防城港市	上思县	37.94
655	浙江省	嘉兴市	桐乡市	37.93
656	广东省	揭阳市	普宁市	37.92
657	湖北省	咸宁市	嘉鱼县	37.91
658	湖南省	长沙市	宁乡市	37.91
659	黑龙江省	牡丹江市	西安区	37.90
660	广东省	揭阳市	榕城区	37.88
661	广东省	韶关市	南雄市	37.88
662	四川省	甘孜藏族自治州	乡城县	37.88
663	云南省	红河哈尼族彝族自治州	绿春县	37.88
664	江西省	上饶市	余干县	37.87
665	西藏自治区	山南市	乃东区	37.87
666	湖北省	黄石市	大冶市	37.86
667	江苏省	南京市	高淳区	37.86
668	贵州省	黔西南布依族苗族自治州	贞丰县	37.85
669	安徽省	阜阳市	太和县	37.84
670	重庆市	潼南区	潼南区	37.84
671	福建省	福州市	晋安区	37.84
672	山东省	济宁市	梁山县	37.84
673	广西壮族自治区	崇左市	天等县	37.83
674	河南省	安阳市	内黄县	37.83
675	河南省	濮阳市	清丰县	37.83
676	内蒙古自治区	呼和浩特市	托克托县	37.83
677	海南省	昌江黎族自治县	昌江黎族自治县	37.82
678	云南省	玉溪市	华宁县	37.82
679	广东省	惠州市	惠城区	37.81
680	广西壮族自治区	梧州市	蒙山县	37.81
681	河南省	开封市	通许县	37.81
682	湖南省	长沙市	芙蓉区	37.80
683	江苏省	淮安市	洪泽区	37.80

续表

排序	省级	地市级	区县级	发展级大气环境资源
684	云南省	大理白族自治州	洱源县	37.80
685	内蒙古自治区	赤峰市	红山区	37.79
686	山东省	枣庄市	薛城区	37.79
687	江西省	赣州市	石城县	37.78
688	安徽省	宿州市	泗县	37.77
689	青海省	西宁市	城西区	37.77
690	山西省	长治市	黎城县	37.77
691	宁夏回族自治区	银川市	灵武市	37.76
692	广东省	广州市	天河区	37.75
693	广西壮族自治区	来宾市	武宣县	37.75
694	河北省	张家口市	宣化区	37.74
695	河南省	洛阳市	新安县	37.73
696	吉林省	通化市	辉南县	37.73
697	江西省	上饶市	上饶县	37.73
698	山东省	滨州市	沾化区	37.73
699	浙江省	湖州市	德清县	37.73
700	贵州省	安顺市	普定县	37.72
701	湖北省	荆州市	监利县	37.72
702	云南省	大理白族自治州	南涧彝族自治县	37.72
703	江苏省	南京市	秦淮区	37.71
704	西藏自治区	山南市	浪卡子县	37.71
705	河北省	石家庄市	元氏县	37.70
706	贵州省	安顺市	西秀区	37.69
707	湖北省	咸宁市	咸安区	37.69
708	河南省	三门峡市	渑池县	37.69
709	江苏省	连云港市	东海县	37.69
710	山东省	威海市	乳山市	37.69
711	内蒙古自治区	呼伦贝尔市	牙克石市东部	37.68
712	广西壮族自治区	玉林市	玉州区	37.67
713	广东省	肇庆市	端州区	37.66
714	甘肃省	武威市	古浪县	37.66
715	河北省	沧州市	盐山县	37.66
716	河南省	安阳市	北关区	37.66
717	广西壮族自治区	桂林市	龙胜各族自治县	37.65
718	四川省	凉山彝族自治州	木里藏族自治县	37.65
719	山西省	运城市	绛县	37.65
720	河北省	邢台市	清河县	37.64
721	安徽省	池州市	贵池区	37.63
722	山东省	潍坊市	昌乐县	37.63
723	天津市	滨海新区	滨海新区中部沿海	37.63

续表

排序	省级	地市级	区县级	发展级大气环境资源
724	河南省	许昌市	禹州市	37.62
725	广西壮族自治区	来宾市	忻城县	37.61
726	河北省	沧州市	青县	37.61
727	内蒙古自治区	鄂尔多斯市	鄂托克前旗	37.61
728	浙江省	湖州市	长兴县	37.61
729	安徽省	安庆市	桐城市	37.60
730	江西省	景德镇市	乐平市	37.60
731	山西省	吕梁市	临县	37.60
732	广东省	梅州市	五华县	37.59
733	湖南省	株洲市	茶陵县	37.59
734	辽宁省	铁岭市	银州区	37.59
735	陕西省	延安市	洛川县	37.59
736	福建省	福州市	罗源县	37.58
737	广西壮族自治区	百色市	平果市	37.58
738	湖北省	仙桃市	仙桃市	37.58
739	河南省	商丘市	宁陵县	37.57
740	内蒙古自治区	兴安盟	科尔沁右翼前旗	37.57
741	安徽省	亳州市	蒙城县	37.56
742	安徽省	宿州市	埇桥区	37.56
743	贵州省	贵阳市	修文县	37.56
744	河北省	沧州市	献县	37.55
745	黑龙江省	牡丹江市	宁安市	37.55
746	山东省	德州市	平原县	37.55
747	山西省	临汾市	汾西县	37.55
748	山西省	运城市	永济市	37.55
749	云南省	德宏傣族景颇族自治州	陇川县	37.55
750	山东省	临沂市	莒南县	37.54
751	河北省	邢台市	隆尧县	37.52
752	内蒙古自治区	巴彦淖尔市	乌拉特后旗	37.52
753	河北省	邢台市	新河县	37.51
754	江西省	南昌市	安义县	37.51
755	山西省	临汾市	蒲县	37.51
756	江西省	吉安市	吉水县	37.50
757	云南省	昭通市	鲁甸县	37.50
758	江西省	宜春市	樟树市	37.49
759	四川省	甘孜藏族自治州	白玉县	37.49
760	广西壮族自治区	梧州市	岑溪市	37.47
761	江苏省	苏州市	常熟市	37.47
762	山东省	青岛市	莱西市	37.47
763	安徽省	淮南市	寿县	37.46

续表

排序	省级	地市级	区县级	发展级大气环境资源
764	西藏自治区	林芝市	巴宜区	37.45
765	安徽省	亳州市	谯城区	37.44
766	广东省	云浮市	新兴县	37.44
767	河南省	驻马店市	遂平县	37.44
768	云南省	大理白族自治州	巍山彝族回族自治县	37.44
769	广东省	韶关市	武江区	37.43
770	湖北省	宜昌市	夷陵区	37.43
771	河北省	邯郸市	磁县	37.43
772	吉林省	通化市	柳河县	37.43
773	青海省	果洛藏族自治州	玛多县	37.43
774	浙江省	宁波市	鄞州区	37.43
775	广东省	肇庆市	四会市	37.42
776	广西壮族自治区	来宾市	金秀瑶族自治县	37.42
777	河北省	邢台市	广宗县	37.42
778	四川省	甘孜藏族自治州	石渠县	37.42
779	山西省	长治市	平顺县	37.42
780	福建省	三明市	梅列区	37.41
781	天津市	静海区	静海区	37.41
782	云南省	临沧市	凤庆县	37.41
783	安徽省	芜湖市	无为县	37.40
784	北京市	门头沟区	门头沟区	37.40
785	湖北省	武汉市	江夏区	37.40
786	江西省	吉安市	峡江县	37.40
787	内蒙古自治区	阿拉善盟	额济纳旗	37.40
788	云南省	玉溪市	江川区	37.40
789	贵州省	毕节市	威宁彝族回族苗族自治县	37.39
790	辽宁省	朝阳市	凌源市	37.39
791	贵州省	安顺市	关岭布依族苗族自治县	37.38
792	江苏省	南京市	六合区	37.38
793	安徽省	蚌埠市	龙子湖区	37.37
794	安徽省	合肥市	蜀山区	37.37
795	安徽省	宣城市	绩溪县	37.37
796	湖北省	武汉市	黄陂区	37.37
797	广西壮族自治区	北海市	合浦县	37.36
798	广西壮族自治区	南宁市	马山县	37.36
799	河北省	邯郸市	大名县	37.36
800	河北省	石家庄市	高邑县	37.36
801	河南省	安阳市	滑县	37.36
802	天津市	滨海新区	滨海新区南部沿海	37.36
803	山东省	德州市	禹城市	37.34

续表

排序	省级	地市级	区县级	发展级大气环境资源
804	辽宁省	鞍山市	铁东区	37.33
805	内蒙古自治区	赤峰市	翁牛特旗	37.33
806	四川省	雅安市	石棉县	37.33
807	河北省	承德市	滦平县	37.32
808	重庆市	合川区	合川区	37.30
809	福建省	福州市	鼓楼区	37.29
810	甘肃省	庆阳市	正宁县	37.29
811	河北省	衡水市	武强县	37.29
812	海南省	陵水黎族自治县	陵水黎族自治县	37.29
813	江苏省	宿迁市	宿城区	37.28
814	安徽省	阜阳市	颍泉区	37.27
815	福建省	龙岩市	武平县	37.27
816	河北省	邢台市	柏乡县	37.27
817	江苏省	南通市	通州区	37.27
818	西藏自治区	日喀则市	定日县	37.27
819	贵州省	黔南布依族苗族自治州	独山县	37.26
820	江西省	赣州市	信丰县	37.26
821	四川省	阿坝藏族羌族自治州	松潘县	37.26
822	四川省	内江市	隆昌市	37.26
823	山东省	青岛市	黄岛区	37.26
824	新疆维吾尔自治区	昌吉回族自治州	呼图壁县	37.26
825	安徽省	滁州市	定远县	37.25
826	重庆市	南川区	南川区	37.25
827	河北省	沧州市	孟村回族自治县	37.25
828	新疆维吾尔自治区	吐鲁番市	托克逊县	37.25
829	云南省	玉溪市	澄江县	37.25
830	河北省	承德市	丰宁满族自治县	37.24
831	湖南省	湘西土家族苗族自治州	泸溪县	37.24
832	江苏省	苏州市	张家港市	37.23
833	安徽省	合肥市	巢湖市	37.22
834	湖北省	孝感市	安陆市	37.22
835	湖南省	湘潭市	韶山市	37.22
836	新疆维吾尔自治区	巴音郭楞蒙古自治州	轮台县	37.22
837	安徽省	淮北市	濉溪县	37.21
838	湖北省	十堰市	郧阳区	37.21
839	山东省	济宁市	嘉祥县	37.21
840	安徽省	池州市	青阳县	37.20
841	安徽省	芜湖市	镜湖区	37.20
842	福建省	漳州市	长泰县	37.20
843	甘肃省	张掖市	肃南裕固族自治县	37.20

排序	省级	地市级	区县级	发展级大气环境资源
844	江苏省	苏州市	吴江区	37.20
845	浙江省	温州市	泰顺县	37.20
846	广西壮族自治区	梧州市	万秀区	37.19
847	辽宁省	丹东市	振兴区	37.19
848	云南省	红河哈尼族彝族自治州	弥勒市	37.19
849	河北省	承德市	平泉市	37.18
850	江西省	九江市	浔阳区	37.18
851	山东省	泰安市	新泰市	37.18
852	云南省	楚雄彝族自治州	楚雄市	37.18
853	浙江省	嘉兴市	海宁市	37.18
854	山西省	吕梁市	石楼县	37.17
855	山西省	太原市	清徐县	37.17
856	浙江省	绍兴市	上虞区	37.17
857	河北省	沧州市	运河区	37.16
858	黑龙江省	伊春市	铁力市	37.16
859	江西省	吉安市	泰和县	37.16
860	河南省	商丘市	民权县	37.15
861	江西省	鹰潭市	月湖区	37.15
862	山西省	大同市	浑源县	37.15
863	西藏自治区	那曲市	色尼区	37.15
864	福建省	福州市	闽侯县	37.14
865	山西省	阳泉市	郊区	37.14
866	河南省	商丘市	虞城县	37.13
867	湖南省	株洲市	攸县	37.13
868	云南省	楚雄彝族自治州	禄丰县	37.13
869	云南省	昆明市	富民县	37.12
870	广西壮族自治区	桂林市	叠彩区	37.11
871	河南省	驻马店市	汝南县	37.11
872	福建省	泉州市	德化县	37.10
873	江西省	九江市	武宁县	37.10
874	贵州省	贵阳市	花溪区	37.09
875	山东省	德州市	庆云县	37.09
876	云南省	玉溪市	红塔区	37.09
877	湖南省	郴州市	桂阳县	37.08
878	四川省	阿坝藏族羌族自治州	若尔盖县	37.08
879	云南省	曲靖市	麒麟区	37.08
880	河北省	沧州市	吴桥县	37.07
881	湖南省	衡阳市	耒阳市	37.07
882	福建省	南平市	松溪县	37.06
883	云南省	玉溪市	峨山彝族自治县	37.06

排序	省级	地市级	区县级	发展级大气环境资源
884	湖北省	咸宁市	通城县	37.05
885	河北省	邢台市	临城县	37.05
886	四川省	攀枝花市	盐边县	37.05
887	广西壮族自治区	桂林市	永福县	37.04
888	天津市	东丽区	东丽区	37.04
889	云南省	红河哈尼族彝族自治州	石屏县	37.04
890	辽宁省	朝阳市	朝阳县	37.03
891	河北省	张家口市	赤城县	37.02
892	内蒙古自治区	赤峰市	松山区	37.02
893	甘肃省	甘南藏族自治州	玛曲县	37.01
894	山西省	朔州市	山阴县	37.01
895	福建省	厦门市	同安区	37.00
896	陕西省	渭南市	白水县	36.99
897	广东省	揭阳市	揭西县	36.98
898	甘肃省	甘南藏族自治州	卓尼县	36.98
899	河北省	邯郸市	鸡泽县	36.98
900	山东省	济宁市	鱼台县	36.98
901	山西省	运城市	河津市	36.98
902	四川省	甘孜藏族自治州	雅江县	36.97
903	河北省	保定市	安国市	36.96
904	福建省	漳州市	南靖县	36.95
905	广西壮族自治区	百色市	隆林各族自治县	36.95
906	河南省	商丘市	夏邑县	36.95
907	江苏省	扬州市	江都区	36.95
908	山西省	晋中市	左权县	36.95
909	湖南省	张家界市	慈利县	36.94
910	山西省	太原市	古交市	36.94
911	内蒙古自治区	乌兰察布市	凉城县	36.93
912	西藏自治区	日喀则市	桑珠孜区	36.93
913	云南省	楚雄彝族自治州	元谋县	36.93
914	四川省	资阳市	安岳县	36.92
915	河北省	邢台市	宁晋县	36.91
916	内蒙古自治区	呼伦贝尔市	阿荣旗	36.91
917	河南省	南阳市	邓州市	36.89
918	四川省	雅安市	汉源县	36.89
919	云南省	普洱市	镇沅彝族哈尼族拉祜族自治县	36.89
920	河南省	商丘市	柘城县	36.88
921	吉林省	延边朝鲜族自治州	延吉市	36.88
922	浙江省	杭州市	桐庐县	36.88
923	湖北省	孝感市	应城市	36.86

排序	省级	地市级	区县级	发展级大气环境资源
924	山东省	济宁市	邹城市	36.85
925	安徽省	淮北市	相山区	36.84
926	吉林省	松原市	扶余市	36.84
927	山东省	菏泽市	鄄城县	36.84
928	广东省	汕尾市	海丰县	36.83
929	江苏省	镇江市	句容市	36.83
930	四川省	眉山市	洪雅县	36.83
931	广东省	中山市	西区	36.82
932	湖南省	益阳市	桃江县	36.81
933	吉林省	延边朝鲜族自治州	图们市	36.81
934	江苏省	盐城市	东台市	36.81
935	江西省	抚州市	南丰县	36.81
936	四川省	南充市	南部县	36.81
937	山东省	潍坊市	安丘市	36.81
938	陕西省	宝鸡市	陈仓区	36.81
939	广东省	肇庆市	德庆县	36.78
940	贵州省	贵阳市	乌当区	36.78
941	湖北省	黄冈市	罗田县	36.78
942	江苏省	无锡市	梁溪区	36.78
943	山西省	忻州市	繁峙县	36.78
944	辽宁省	营口市	盖州市	36.77
945	湖北省	黄冈市	麻城市	36.76
946	湖北省	宜昌市	当阳市	36.76
947	河南省	濮阳市	濮阳县	36.76
948	山东省	临沂市	沂水县	36.76
949	陕西省	榆林市	神木市	36.76
950	山西省	朔州市	应县	36.76
951	浙江省	嘉兴市	嘉善县	36.76
952	广东省	江门市	恩平市	36.75
953	内蒙古自治区	呼和浩特市	和林格尔县	36.75
954	宁夏回族自治区	中卫市	海原县	36.75
955	江西省	抚州市	广昌县	36.74
956	浙江省	湖州市	吴兴区	36.74
957	江苏省	南京市	溧水区	36.73
958	辽宁省	鞍山市	海城市	36.73
959	云南省	昭通市	永善县	36.73
960	甘肃省	兰州市	永登县	36.72
961	江西省	吉安市	新干县	36.72
962	内蒙古自治区	鄂尔多斯市	鄂托克旗西北	36.72
963	江苏省	连云港市	灌云县	36.71

排序	省级	地市级	区县级	发展级大气环境资源
964	湖北省	黄冈市	浠水县	36.70
965	江苏省	淮安市	涟水县	36.70
966	陕西省	铜川市	耀州区	36.70
967	湖北省	十堰市	竹溪县	36.69
968	湖北省	襄阳市	谷城县	36.69
969	江西省	宜春市	上高县	36.69
970	陕西省	榆林市	定边县	36.69
971	山西省	大同市	大同县	36.69
972	广西壮族自治区	崇左市	凭祥市	36.68
973	河南省	许昌市	建安区	36.68
974	江苏省	淮安市	淮阴区	36.68
975	江苏省	盐城市	滨海县	36.68
976	四川省	南充市	营山县	36.68
977	陕西省	渭南市	大荔县	36.68
978	河南省	郑州市	巩义市	36.67
979	江苏省	连云港市	赣榆区	36.67
980	四川省	南充市	仪陇县	36.67
981	山东省	菏泽市	东明县	36.67
982	安徽省	宣城市	宣州区	36.66
983	河北省	张家口市	桥东区	36.66
984	海南省	五指山市	五指山市	36.66
985	山东省	淄博市	临淄区	36.66
986	江苏省	扬州市	仪征市	36.65
987	山东省	德州市	乐陵市	36.65
988	湖北省	武汉市	新洲区	36.64
989	河南省	郑州市	新郑市	36.64
990	黑龙江省	牡丹江市	东宁市	36.64
991	云南省	普洱市	西盟佤族自治县	36.64
992	浙江省	台州市	温岭市	36.64
993	新疆维吾尔自治区	伊犁哈萨克自治州	霍尔果斯市	36.63
994	浙江省	宁波市	宁海县	36.63
995	安徽省	合肥市	肥西县	36.62
996	陕西省	西安市	高陵区	36.62
997	广西壮族自治区	南宁市	上林县	36.61
998	江苏省	泰州市	姜堰区	36.61
999	江西省	宜春市	丰城市	36.61
1000	江西省	鹰潭市	贵溪市	36.61
1001	内蒙古自治区	呼伦贝尔市	莫力达瓦达斡尔族自治旗	36.61
1002	广东省	肇庆市	怀集县	36.60
1003	广东省	肇庆市	封开县	36.60

排序	省级	地市级	区县级	发展级大气环境资源
1004	西藏自治区	拉萨市	城关区	36.60
1005	河北省	邯郸市	肥乡区	36.59
1006	广东省	梅州市	丰顺县	36.58
1007	江苏省	盐城市	大丰区	36.58
1008	云南省	普洱市	景谷傣族彝族自治县	36.58
1009	浙江省	丽水市	青田县	36.58
1010	广西壮族自治区	崇左市	大新县	36.57
1011	河南省	南阳市	新野县	36.57
1012	江苏省	盐城市	阜宁县	36.57
1013	福建省	漳州市	平和县	36.56
1014	河北省	唐山市	丰润区	36.56
1015	内蒙古自治区	呼伦贝尔市	陈巴尔虎旗	36.56
1016	山东省	滨州市	无棣县	36.56
1017	山西省	吕梁市	岚县	36.56
1018	广东省	韶关市	始兴县	36.55
1019	河南省	周口市	项城市	36.55
1020	黑龙江省	伊春市	五营区	36.55
1021	辽宁省	沈阳市	沈北新区	36.55
1022	云南省	文山壮族苗族自治州	西畴县	36.55
1023	安徽省	马鞍山市	和县	36.54
1024	河南省	濮阳市	南乐县	36.54
1025	山西省	长治市	屯留县	36.54
1026	海南省	澄迈县	澄迈县	36.53
1027	山东省	聊城市	冠县	36.53
1028	山东省	烟台市	莱州市	36.53
1029	山西省	忻州市	河曲县	36.53
1030	广东省	梅州市	蕉岭县	36.52
1031	江西省	吉安市	永新县	36.52
1032	陕西省	咸阳市	泾阳县	36.52
1033	云南省	普洱市	孟连傣族拉祜族佤族自治县	36.52
1034	云南省	文山壮族苗族自治州	西麻栗坡县	36.52
1035	山东省	菏泽市	成武县	36.51
1036	新疆维吾尔自治区	阿勒泰地区	布尔津县	36.51
1037	贵州省	毕节市	金沙县	36.50
1038	贵州省	贵阳市	息烽县	36.50
1039	湖北省	孝感市	汉川市	36.50
1040	河南省	开封市	禹王台区	36.50
1041	四川省	凉山彝族自治州	普格县	36.50
1042	重庆市	铜梁区	铜梁区	36.49
1043	广东省	潮州市	湘桥区	36.49

续表

排序	省级	地市级	区县级	发展级大气环境资源
1044	河南省	焦作市	沁阳市	36.49
1045	河南省	南阳市	社旗县	36.49
1046	黑龙江省	哈尔滨市	依兰县	36.49
1047	江苏省	南通市	海安县	36.49
1048	山西省	长治市	长子县	36.49
1049	山东省	济南市	商河县	36.48
1050	新疆维吾尔自治区	巴音郭楞蒙古自治州	库尔勒市	36.48
1051	西藏自治区	日喀则市	江孜县	36.48
1052	贵州省	黔南布依族苗族自治州	长顺县	36.47
1053	贵州省	遵义市	播州区	36.47
1054	山东省	菏泽市	定陶区	36.47
1055	内蒙古自治区	鄂尔多斯市	达拉特旗	36.46
1056	四川省	甘孜藏族自治州	泸定县	36.46
1057	河北省	邢台市	沙河市	36.45
1058	河南省	南阳市	方城县	36.45
1059	内蒙古自治区	通辽市	科尔沁区	36.45
1060	云南省	大理白族自治州	大理市	36.45
1061	浙江省	杭州市	上城区	36.45
1062	浙江省	杭州市	富阳区	36.44
1063	安徽省	黄山市	徽州区	36.43
1064	广西壮族自治区	桂林市	雁山区	36.43
1065	江西省	新余市	分宜县	36.43
1066	山东省	菏泽市	曹县	36.43
1067	黑龙江省	大兴安岭地区	呼玛县	36.42
1068	海南省	儋州市	儋州市	36.41
1069	黑龙江省	佳木斯市	郊区	36.41
1070	山东省	临沂市	兰陵县	36.41
1071	甘肃省	酒泉市	金塔县	36.40
1072	四川省	凉山彝族自治州	冕宁县	36.39
1073	陕西省	宝鸡市	凤翔县	36.39
1074	河南省	周口市	淮阳县	36.38
1075	福建省	泉州市	永春县	36.37
1076	广东省	河源市	和平县	36.37
1077	广东省	梅州市	平远县	36.37
1078	山东省	枣庄市	台儿庄区	36.37
1079	安徽省	滁州市	凤阳县	36.36
1080	贵州省	铜仁市	江口县	36.36
1081	江西省	赣州市	大余县	36.36
1082	山东省	东营市	利津县	36.36
1083	浙江省	金华市	义乌市	36.36

排序	省级	地市级	区县级	发展级大气环境资源
1084	福建省	宁德市	周宁县	36.35
1085	广东省	广州市	花都区	36.35
1086	河北省	邯郸市	广平县	36.35
1087	河北省	唐山市	乐亭县	36.35
1088	河南省	商丘市	睢县	36.35
1089	四川省	眉山市	丹棱县	36.35
1090	云南省	大理白族自治州	永平县	36.35
1091	贵州省	安顺市	紫云苗族布依族自治县	36.34
1092	河北省	衡水市	安平县	36.34
1093	河北省	衡水市	故城县	36.34
1094	海南省	屯昌县	屯昌县	36.34
1095	辽宁省	铁岭市	西丰县	36.34
1096	四川省	阿坝藏族羌族自治州	红原县	36.34
1097	陕西省	咸阳市	礼泉县	36.34
1098	浙江省	湖州市	安吉县	36.34
1099	广东省	深圳市	罗湖区	36.33
1100	湖北省	黄冈市	蕲春县	36.33
1101	江西省	上饶市	弋阳县	36.33
1102	云南省	大理白族自治州	宾川县	36.33
1103	云南省	红河哈尼族彝族自治州	金平苗族瑶族傣族自治县	36.33
1104	安徽省	亳州市	利辛县	36.32
1105	湖北省	襄阳市	宜城市	36.32
1106	四川省	广安市	广安区	36.32
1107	山东省	滨州市	滨城区	36.32
1108	山西省	太原市	阳曲县	36.32
1109	新疆维吾尔自治区	喀什地区	喀什市	36.32
1110	江苏省	盐城市	响水县	36.31
1111	陕西省	渭南市	澄城县	36.31
1112	湖北省	宜昌市	枝江市	36.30
1113	河南省	驻马店市	平舆县	36.30
1114	江西省	赣州市	龙南县	36.30
1115	内蒙古自治区	巴彦淖尔市	乌拉特中旗	36.30
1116	山东省	济南市	天桥区	36.30
1117	广东省	惠州市	博罗县	36.29
1118	广东省	云浮市	郁南县	36.29
1119	山东省	菏泽市	郓城县	36.29
1120	青海省	海南藏族自治州	同德县	36.28
1121	山东省	青岛市	平度市	36.28
1122	山东省	淄博市	高青县	36.28
1123	内蒙古自治区	巴彦淖尔市	五原县	36.27

续表

排序	省级	地市级	区县级	发展级大气环境资源
1124	广东省	广州市	增城区	36.26
1125	甘肃省	平凉市	崆峒区	36.26
1126	河北省	保定市	高阳县	36.26
1127	河南省	驻马店市	新蔡县	36.26
1128	江西省	上饶市	玉山县	36.26
1129	云南省	保山市	腾冲市	36.26
1130	云南省	西双版纳傣族自治州	勐海县	36.26
1131	安徽省	宣城市	广德县	36.24
1132	山西省	晋中市	介休市	36.24
1133	广东省	汕头市	金平区	36.23
1134	河南省	漯河市	舞阳县	36.23
1135	陕西省	延安市	黄龙县	36.23
1136	安徽省	亳州市	涡阳县	36.22
1137	河南省	新乡市	封丘县	36.22
1138	河北省	唐山市	路北区	36.21
1139	河南省	周口市	商水县	36.21
1140	新疆维吾尔自治区	和田地区	和田市	36.21
1141	福建省	福州市	永泰县	36.20
1142	广西壮族自治区	来宾市	兴宾区	36.20
1143	湖北省	荆门市	京山县	36.20
1144	青海省	黄南藏族自治州	同仁县	36.19
1145	云南省	文山壮族苗族自治州	富宁县	36.19
1146	黑龙江省	牡丹江市	林口县	36.18
1147	山西省	晋城市	城区	36.18
1148	黑龙江省	哈尔滨市	方正县	36.17
1149	黑龙江省	齐齐哈尔市	建华区	36.17
1150	四川省	绵阳市	盐亭县	36.17
1151	山西省	忻州市	忻府区	36.17
1152	广西壮族自治区	桂林市	平乐县	36.16
1153	广西壮族自治区	钦州市	浦北县	36.16
1154	河北省	张家口市	万全区	36.16
1155	湖南省	郴州市	永兴县	36.16
1156	广东省	茂名市	信宜市	36.15
1157	河南省	周口市	沈丘县	36.15
1158	湖南省	常德市	津市市	36.15
1159	山东省	日照市	五莲县	36.15
1160	陕西省	咸阳市	淳化县	36.15
1161	江苏省	常州市	钟楼区	36.14
1162	四川省	成都市	简阳市	36.14
1163	四川省	凉山彝族自治州	布拖县	36.14

排序	省级	地市级	区县级	发展级大气环境资源
1164	安徽省	六安市	舒城县	36.13
1165	广西壮族自治区	桂林市	恭城瑶族自治县	36.13
1166	河北省	沧州市	东光县	36.13
1167	江西省	赣州市	定南县	36.13
1168	江西省	上饶市	鄱阳县	36.13
1169	山西省	运城市	平陆县	36.13
1170	甘肃省	庆阳市	合水县	36.12
1171	河北省	沧州市	任丘市	36.12
1172	河南省	新乡市	延津县	36.12
1173	山西省	阳泉市	盂县	36.12
1174	广西壮族自治区	贺州市	昭平县	36.11
1175	湖北省	宜昌市	远安县	36.11
1176	湖南省	邵阳市	新宁县	36.11
1177	湖南省	株洲市	炎陵县	36.11
1178	云南省	楚雄彝族自治州	南华县	36.11
1179	湖北省	宜昌市	宜都市	36.10
1180	河北省	邢台市	南和县	36.10
1181	江苏省	徐州市	新沂市	36.10
1182	辽宁省	沈阳市	苏家屯区	36.10
1183	四川省	德阳市	什邡市	36.10
1184	云南省	临沧市	云县	36.10
1185	河北省	秦皇岛市	抚宁区	36.09
1186	四川省	泸州市	纳溪区	36.09
1187	云南省	文山壮族苗族自治州	马关县	36.09
1188	福建省	莆田市	仙游县	36.08
1189	贵州省	黔东南苗族侗族自治州	黄平县	36.08
1190	海南省	白沙黎族自治县	白沙黎族自治县	36.08
1191	江苏省	徐州市	沛县	36.08
1192	广东省	清远市	英德市	36.07
1193	山西省	大同市	阳高县	36.07
1194	河南省	南阳市	内乡县	36.06
1195	河南省	驻马店市	泌阳县	36.06
1196	江苏省	泰州市	泰兴市	36.06
1197	四川省	凉山彝族自治州	美姑县	36.06
1198	广东省	清远市	佛冈县	36.05
1199	甘肃省	酒泉市	肃州区	36.05
1200	贵州省	黔西南布依族苗族自治州	兴仁县	36.05
1201	内蒙古自治区	鄂尔多斯市	东胜区	36.05
1202	山东省	菏泽市	巨野县	36.05
1203	广东省	广州市	从化区	36.04

续表

排序	省级	地市级	区县级	发展级大气环境资源
1204	广东省	河源市	龙川县	36.04
1205	湖南省	娄底市	娄星区	36.04
1206	辽宁省	大连市	庄河市	36.04
1207	四川省	绵阳市	三台县	36.04
1208	广东省	梅州市	兴宁市	36.03
1209	广西壮族自治区	百色市	德保县	36.03
1210	贵州省	黔西南布依族苗族自治州	兴义市	36.03
1211	河南省	洛阳市	伊川县	36.03
1212	四川省	德阳市	中江县	36.03
1213	陕西省	咸阳市	旬邑县	36.03
1214	广东省	广州市	番禺区	36.02
1215	浙江省	杭州市	临安区	36.02
1216	浙江省	温州市	瑞安市	36.02
1217	广东省	韶关市	乳源瑶族自治县	36.01
1218	吉林省	延边朝鲜族自治州	安图县	36.01
1219	江西省	萍乡市	安源区	36.01
1220	青海省	玉树藏族自治州	称多县	36.01
1221	陕西省	渭南市	富平县	36.01
1222	福建省	福州市	闽清县	36.00
1223	湖南省	株洲市	醴陵市	36.00
1224	四川省	凉山彝族自治州	金阳县	36.00
1225	山东省	滨州市	阳信县	36.00
1226	山东省	枣庄市	市中区	36.00
1227	安徽省	芜湖市	南陵县	35.99
1228	四川省	甘孜藏族自治州	道孚县	35.99
1229	山西省	吕梁市	汾阳市	35.99
1230	广西壮族自治区	柳州市	柳江区	35.98
1231	贵州省	黔东南苗族侗族自治州	雷山县	35.98
1232	湖北省	荆州市	荆州区	35.98
1233	黑龙江省	齐齐哈尔市	富裕县	35.98
1234	江苏省	苏州市	昆山市	35.98
1235	江苏省	无锡市	江阴市	35.98
1236	四川省	南充市	顺庆区	35.98
1237	广西壮族自治区	百色市	田林县	35.97
1238	河南省	洛阳市	栾川县	35.96
1239	山东省	潍坊市	青州市	35.96
1240	广西壮族自治区	河池市	巴马瑶族自治县	35.95
1241	贵州省	黔南布依族苗族自治州	平塘县	35.95
1242	河南省	焦作市	博爱县	35.95
1243	陕西省	西安市	临潼区	35.95

续表

排序	省级	地市级	区县级	发展级大气环境资源
1244	广西壮族自治区	桂林市	灌阳县	35.94
1245	河南省	开封市	兰考县	35.94
1246	山东省	淄博市	周村区	35.94
1247	山西省	朔州市	怀仁县	35.94
1248	西藏自治区	昌都市	洛隆县	35.94
1249	浙江省	舟山市	定海区	35.94
1250	北京市	通州区	通州区	35.93
1251	福建省	漳州市	芗城区	35.93
1252	河北省	邯郸市	邱县	35.93
1253	河南省	平顶山市	宝丰县	35.93
1254	山西省	大同市	天镇县	35.93
1255	江西省	鹰潭市	余江县	35.92
1256	陕西省	安康市	镇坪县	35.92
1257	甘肃省	庆阳市	华池县	35.91
1258	贵州省	铜仁市	玉屏侗族自治县	35.91
1259	河北省	保定市	雄县	35.91
1260	山西省	忻州市	代县	35.91
1261	山东省	烟台市	海阳市	35.90
1262	云南省	保山市	昌宁县	35.90
1263	广西壮族自治区	百色市	乐业县	35.89
1264	河北省	沧州市	河间市	35.89
1265	江西省	赣州市	南康区	35.89
1266	甘肃省	庆阳市	西峰区	35.88
1267	江西省	吉安市	遂川县	35.88
1268	云南省	普洱市	宁洱哈尼族彝族自治县	35.88
1269	山西省	太原市	小店区	35.87
1270	云南省	文山壮族苗族自治州	文山市	35.87
1271	广东省	河源市	源城区	35.86
1272	河北省	廊坊市	大城县	35.86
1273	河南省	濮阳市	台前县	35.86
1274	辽宁省	铁岭市	开原市	35.86
1275	山西省	忻州市	五寨县	35.86
1276	山西省	运城市	闻喜县	35.86
1277	黑龙江省	鹤岗市	东山区	35.85
1278	江苏省	扬州市	邗江区	35.85
1279	江西省	上饶市	信州区	35.85
1280	重庆市	綦江区	綦江区	35.84
1281	黑龙江省	黑河市	爱辉区	35.84
1282	上海市	闵行区	闵行区	35.84
1283	云南省	德宏傣族景颇族自治州	盈江县	35.84

排序	省级	地市级	区县级	发展级大气环境资源
1284	云南省	昭通市	彝良县	35.84
1285	山东省	聊城市	临清市	35.83
1286	云南省	保山市	施甸县	35.83
1287	贵州省	六盘水市	盘州市	35.82
1288	河北省	邯郸市	邯山区	35.82
1289	河南省	焦作市	修武县	35.82
1290	浙江省	衢州市	龙游县	35.82
1291	福建省	漳州市	华安县	35.81
1292	四川省	宜宾市	屏山县	35.81
1293	陕西省	咸阳市	彬县	35.81
1294	浙江省	台州市	三门县	35.81
1295	安徽省	马鞍山市	含山县	35.80
1296	福建省	龙岩市	新罗区	35.80
1297	贵州省	黔东南苗族侗族自治州	麻江县	35.80
1298	贵州省	黔南布依族苗族自治州	惠水县	35.80
1299	山东省	聊城市	莘县	35.80
1300	浙江省	宁波市	慈溪市	35.80
1301	江西省	宜春市	奉新县	35.79
1302	四川省	甘孜藏族自治州	新龙县	35.79
1303	山东省	济宁市	汶上县	35.79
1304	重庆市	巴南区	巴南区	35.78
1305	青海省	海东市	平安区	35.78
1306	广东省	惠州市	龙门县	35.77
1307	甘肃省	酒泉市	瓜州县	35.77
1308	湖南省	益阳市	沅江市	35.77
1309	江西省	萍乡市	上栗县	35.77
1310	新疆维吾尔自治区	克孜勒苏柯尔克孜自治州	阿合奇县	35.77
1311	广东省	韶关市	仁化县	35.76
1312	河南省	周口市	扶沟县	35.76
1313	吉林省	吉林市	磐石市	35.76
1314	江西省	吉安市	安福县	35.76
1315	山西省	运城市	新绛县	35.76
1316	内蒙古自治区	锡林郭勒盟	多伦县	35.75
1317	天津市	津南区	津南区	35.75
1318	甘肃省	张掖市	临泽县	35.74
1319	河南省	信阳市	浉河区	35.74
1320	辽宁省	锦州市	古塔区	35.74
1321	重庆市	永川区	永川区	35.73
1322	广东省	云浮市	云城区	35.73
1323	广东省	云浮市	罗定市	35.73

排序	省级	地市级	区县级	发展级大气环境资源
1324	河北省	唐山市	迁西县	35.73
1325	湖南省	永州市	道县	35.73
1326	北京市	房山区	房山区	35.72
1327	广东省	梅州市	梅江区	35.72
1328	河南省	焦作市	孟州市	35.72
1329	吉林省	延边朝鲜族自治州	龙井市	35.72
1330	山西省	临汾市	浮山县	35.72
1331	重庆市	涪陵区	涪陵区	35.71
1332	湖南省	邵阳市	邵东县	35.71
1333	福建省	南平市	光泽县	35.70
1334	贵州省	铜仁市	德江县	35.70
1335	湖北省	天门市	天门市	35.70
1336	湖南省	湘潭市	湘乡市	35.70
1337	江苏省	徐州市	丰县	35.70
1338	辽宁省	葫芦岛市	建昌县	35.70
1339	山西省	吕梁市	交口县	35.70
1340	甘肃省	庆阳市	宁县	35.69
1341	河南省	信阳市	潢川县	35.69
1342	宁夏回族自治区	石嘴山市	平罗县	35.69
1343	四川省	甘孜藏族自治州	得荣县	35.69
1344	山东省	德州市	陵城区	35.69
1345	新疆维吾尔自治区	巴音郭楞蒙古自治州	且末县西北	35.69
1346	浙江省	杭州市	淳安县	35.69
1347	江西省	宜春市	袁州区	35.68
1348	四川省	甘孜藏族自治州	理塘县	35.68
1349	云南省	昆明市	禄劝彝族苗族自治县	35.68
1350	贵州省	黔西南布依族苗族自治州	普安县	35.67
1351	江苏省	连云港市	灌南县	35.67
1352	江西省	赣州市	全南县	35.67
1353	新疆维吾尔自治区	哈密市	巴里坤哈萨克自治县	35.67
1354	河北省	衡水市	枣强县	35.66
1355	云南省	大理白族自治州	漾濞彝族自治县	35.66
1356	河北省	沧州市	泊头市	35.65
1357	辽宁省	本溪市	本溪满族自治县	35.65
1358	山东省	淄博市	张店区	35.65
1359	福建省	龙岩市	上杭县	35.64
1360	福建省	宁德市	福安市	35.64
1361	河北省	衡水市	阜城县	35.64
1362	湖南省	怀化市	洪江市	35.64
1363	山东省	济宁市	微山县	35.64

续表

排序	省级	地市级	区县级	发展级大气环境资源
1364	山东省	潍坊市	寿光市	35.64
1365	山西省	晋中市	灵石县	35.64
1366	西藏自治区	拉萨市	尼木县	35.64
1367	青海省	海西蒙古族藏族自治州	格尔木市	35.63
1368	四川省	遂宁市	蓬溪县	35.63
1369	陕西省	宝鸡市	太白县	35.63
1370	浙江省	台州市	临海市	35.63
1371	安徽省	阜阳市	颍上县	35.62
1372	贵州省	黔南布依族苗族自治州	都匀市	35.62
1373	湖南省	衡阳市	常宁市	35.62
1374	四川省	成都市	金堂县	35.62
1375	福建省	龙岩市	永定区	35.61
1376	福建省	三明市	宁化县	35.61
1377	湖南省	永州市	宁远县	35.61
1378	山西省	吕梁市	文水县	35.61
1379	河南省	新乡市	牧野区	35.60
1380	青海省	玉树藏族自治州	曲麻莱县	35.60
1381	四川省	南充市	西充县	35.60
1382	山西省	忻州市	保德县	35.60
1383	广西壮族自治区	百色市	凌云县	35.59
1384	广西壮族自治区	桂林市	荔浦县	35.59
1385	甘肃省	平凉市	庄浪县	35.58
1386	湖南省	怀化市	靖州苗族侗族自治县	35.58
1387	山东省	淄博市	博山区	35.58
1388	西藏自治区	那曲市	嘉黎县	35.58
1389	广东省	清远市	连南瑶族自治县	35.57
1390	江苏省	扬州市	高邮市	35.57
1391	江西省	赣州市	宁都县	35.57
1392	江西省	新余市	渝水区	35.57
1393	四川省	凉山彝族自治州	昭觉县	35.56
1394	四川省	内江市	威远县	35.56
1395	山东省	聊城市	高唐县	35.56
1396	陕西省	咸阳市	渭城区	35.56
1397	重庆市	奉节县	奉节县	35.55
1398	河南省	信阳市	商城县	35.55
1399	河南省	许昌市	鄢陵县	35.55
1400	四川省	广安市	岳池县	35.55
1401	四川省	凉山彝族自治州	会理县	35.55
1402	四川省	眉山市	仁寿县	35.55
1403	山东省	临沂市	郯城县	35.55

排序	省级	地市级	区县级	发展级大气环境资源
1404	云南省	大理白族自治州	云龙县	35.55
1405	浙江省	金华市	婺城区	35.55
1406	浙江省	金华市	兰溪市	35.55
1407	湖南省	衡阳市	衡山县	35.54
1408	广西壮族自治区	河池市	金城江区	35.53
1409	广西壮族自治区	柳州市	三江侗族自治县	35.53
1410	天津市	宝坻区	宝坻区	35.53
1411	贵州省	安顺市	镇宁布依族苗族自治县	35.52
1412	山东省	东营市	垦利区	35.52
1413	河南省	商丘市	永城市	35.51
1414	湖南省	岳阳市	临湘市	35.51
1415	江西省	九江市	瑞昌市	35.51
1416	福建省	三明市	清流县	35.50
1417	湖北省	荆州市	洪湖市	35.50
1418	吉林省	吉林市	蛟河市	35.50
1419	内蒙古自治区	通辽市	扎鲁特旗	35.50
1420	云南省	迪庆藏族自治州	德钦县	35.50
1421	河北省	石家庄市	井陉县	35.49
1422	吉林省	白山市	抚松县	35.49
1423	山东省	临沂市	沂南县	35.49
1424	陕西省	商洛市	山阳县	35.49
1425	新疆维吾尔自治区	阿勒泰地区	哈巴河县	35.49
1426	西藏自治区	那曲市	索县	35.49
1427	云南省	昭通市	镇雄县	35.49
1428	浙江省	宁波市	镇海区	35.49
1429	北京市	朝阳区	朝阳区	35.48
1430	贵州省	黔南布依族苗族自治州	贵定县	35.48
1431	河南省	周口市	西华县	35.48
1432	海南省	保亭黎族苗族自治县	保亭黎族苗族自治县	35.48
1433	湖南省	邵阳市	大祥区	35.48
1434	内蒙古自治区	乌兰察布市	丰镇市	35.48
1435	四川省	绵阳市	涪城区	35.48
1436	山西省	晋中市	和顺县	35.48
1437	山西省	忻州市	偏关县	35.48
1438	北京市	大兴区	大兴区	35.47
1439	湖北省	黄冈市	红安县	35.47
1440	河南省	许昌市	襄城县	35.47
1441	四川省	雅安市	宝兴县	35.47
1442	四川省	宜宾市	高县	35.47
1443	山西省	运城市	万荣县	35.47

排序	省级	地市级	区县级	发展级大气环境资源
1444	云南省	丽江市	华坪县	35.47
1445	云南省	昭通市	巧家县	35.47
1446	浙江省	绍兴市	诸暨市	35.47
1447	贵州省	六盘水市	六枝特区	35.46
1448	河北省	邯郸市	成安县	35.46
1449	山西省	运城市	盐湖区	35.46
1450	浙江省	绍兴市	新昌县	35.46
1451	北京市	顺义区	顺义区	35.45
1452	甘肃省	定西市	通渭县	35.45
1453	贵州省	遵义市	赤水市	35.45
1454	湖北省	荆州市	公安县	35.45
1455	山东省	日照市	莒县	35.45
1456	云南省	保山市	隆阳区	35.45
1457	山西省	晋中市	祁县	35.44
1458	河南省	南阳市	西峡县	35.43
1459	江西省	赣州市	会昌县	35.43
1460	安徽省	宣城市	旌德县	35.42
1461	湖南省	岳阳市	华容县	35.42
1462	河北省	邢台市	任县	35.40
1463	河南省	信阳市	罗山县	35.40
1464	山东省	滨州市	惠民县	35.40
1465	山西省	运城市	夏县	35.40
1466	云南省	昭通市	昭阳区	35.40
1467	重庆市	璧山区	璧山区	35.39
1468	湖北省	潜江市	潜江市	35.39
1469	湖南省	衡阳市	蒸湘区	35.39
1470	内蒙古自治区	巴彦淖尔市	临河区	35.39
1471	宁夏回族自治区	固原市	隆德县	35.39
1472	四川省	泸州市	古蔺县	35.39
1473	北京市	东城区	东城区	35.38
1474	山东省	泰安市	泰山区	35.38
1475	河北省	张家口市	阳原县	35.37
1476	河南省	信阳市	固始县	35.37
1477	山东省	莱芜市	莱城区	35.37
1478	云南省	普洱市	墨江哈尼族自治县	35.37
1479	内蒙古自治区	鄂尔多斯市	准格尔旗	35.36
1480	江西省	赣州市	兴国县	35.35
1481	海南省	乐东黎族自治县	乐东黎族自治县	35.34
1482	江西省	南昌市	南昌县	35.34
1483	辽宁省	抚顺市	顺城区	35.34

排序	省级	地市级	区县级	发展级大气环境资源
1484	青海省	海东市	民和回族土族自治县	35.34
1485	四川省	阿坝藏族羌族自治州	小金县	35.34
1486	四川省	凉山彝族自治州	宁南县	35.34
1487	天津市	北辰区	北辰区	35.34
1488	广东省	韶关市	新丰县	35.33
1489	河北省	唐山市	玉田县	35.33
1490	河南省	新乡市	辉县	35.33
1491	吉林省	通化市	梅河口市	35.33
1492	四川省	绵阳市	北川羌族自治县	35.33
1493	山东省	临沂市	蒙阴县	35.33
1494	浙江省	丽水市	庆元县	35.33
1495	江西省	宜春市	万载县	35.32
1496	四川省	阿坝藏族羌族自治州	理县	35.32
1497	四川省	攀枝花市	东区	35.32
1498	四川省	资阳市	雁江区	35.32
1499	重庆市	石柱土家族自治县	石柱土家族自治县	35.31
1500	广东省	清远市	连州市	35.31
1501	江西省	赣州市	瑞金市	35.31
1502	江西省	上饶市	横峰县	35.31
1503	西藏自治区	山南市	贡嘎县	35.31
1504	青海省	玉树藏族自治州	治多县	35.30
1505	山东省	淄博市	桓台县	35.30
1506	陕西省	咸阳市	长武县	35.30
1507	云南省	临沧市	双江拉祜族佤族布朗族傣族自治县	35.30
1508	吉林省	松原市	前郭尔罗斯蒙古族自治县	35.29
1509	江西省	赣州市	崇义县	35.29
1510	山西省	临汾市	翼城县	35.29
1511	西藏自治区	日喀则市	南木林县	35.29
1512	浙江省	绍兴市	越城区	35.29
1513	湖南省	常德市	安乡县	35.28
1514	江西省	抚州市	宜黄县	35.28
1515	山西省	阳泉市	平定县	35.28
1516	湖北省	孝感市	云梦县	35.27
1517	湖南省	株洲市	荷塘区	35.27
1518	江西省	南昌市	新建区	35.27
1519	山东省	滨州市	博兴县	35.27
1520	山东省	泰安市	宁阳县	35.27
1521	安徽省	六安市	霍邱县	35.26
1522	湖北省	襄阳市	老河口市	35.26
1523	河北省	承德市	隆化县	35.26

续表

排序	省级	地市级	区县级	发展级大气环境资源
1524	青海省	果洛藏族自治州	达日县	35.26
1525	四川省	成都市	龙泉驿区	35.26
1526	四川省	资阳市	乐至县	35.26
1527	甘肃省	武威市	凉州区	35.25
1528	湖南省	郴州市	资兴市	35.25
1529	安徽省	宣城市	泾县	35.24
1530	湖北省	恩施土家族苗族自治州	咸丰县	35.24
1531	黑龙江省	伊春市	嘉荫县	35.24
1532	新疆维吾尔自治区	阿勒泰地区	福海县	35.24
1533	河北省	石家庄市	桥西区	35.23
1534	河南省	三门峡市	卢氏县	35.23
1535	北京市	平谷区	平谷区	35.22
1536	福建省	宁德市	古田县	35.22
1537	江西省	赣州市	安远县	35.22
1538	新疆维吾尔自治区	巴音郭楞蒙古自治州	和静县	35.22
1539	四川省	阿坝藏族羌族自治州	阿坝县	35.21
1540	陕西省	安康市	平利县	35.21
1541	陕西省	延安市	富县	35.21
1542	安徽省	六安市	金寨县	35.20
1543	湖北省	恩施土家族苗族自治州	巴东县	35.20
1544	湖北省	黄石市	阳新县	35.20
1545	河南省	平顶山市	郏县	35.20
1546	江苏省	宿迁市	泗阳县	35.20
1547	四川省	德阳市	广汉市	35.20
1548	山西省	临汾市	霍州市	35.20
1549	北京市	昌平区	昌平区	35.19
1550	重庆市	云阳县	云阳县	35.19
1551	广西壮族自治区	百色市	右江区	35.19
1552	湖南省	永州市	祁阳县	35.19
1553	内蒙古自治区	兴安盟	乌兰浩特市	35.19
1554	山西省	晋中市	寿阳县	35.19
1555	云南省	文山壮族苗族自治州	广南县	35.19
1556	福建省	三明市	建宁县	35.18
1557	河北省	保定市	徐水区	35.18
1558	四川省	凉山彝族自治州	会东县	35.18
1559	甘肃省	张掖市	山丹县	35.17
1560	河北省	承德市	宽城满族自治县	35.17
1561	河北省	石家庄市	平山县	35.17
1562	湖南省	邵阳市	隆回县	35.17
1563	江西省	上饶市	婺源县	35.17

排序	省级	地市级	区县级	发展级大气环境资源
1564	陕西省	汉中市	略阳县	35.17
1565	新疆维吾尔自治区	昌吉回族自治州	吉木萨尔县	35.17
1566	重庆市	酉阳土家族苗族自治县	酉阳土家族苗族自治县	35.16
1567	湖南省	永州市	江永县	35.16
1568	江苏省	镇江市	润州区	35.16
1569	四川省	乐山市	峨眉山市	35.16
1570	陕西省	商洛市	商州区	35.16
1571	湖北省	宜昌市	长阳土家族自治县	35.15
1572	湖北省	宜昌市	西陵区	35.15
1573	湖南省	衡阳市	衡东县	35.15
1574	江西省	吉安市	永丰县	35.15
1575	四川省	甘孜藏族自治州	色达县	35.14
1576	山西省	晋中市	太谷县	35.14
1577	江西省	吉安市	井冈山市	35.13
1578	陕西省	商洛市	丹凤县	35.13
1579	重庆市	梁平区	梁平区	35.12
1580	湖北省	十堰市	丹江口市	35.12
1581	青海省	果洛藏族自治州	甘德县	35.12
1582	福建省	南平市	政和县	35.11
1583	河南省	商丘市	梁园区	35.11
1584	江苏省	宿迁市	泗洪县	35.11
1585	四川省	成都市	彭州市	35.11
1586	河北省	张家口市	怀来县	35.10
1587	江苏省	宿迁市	沭阳县	35.10
1588	江西省	抚州市	黎川县	35.10
1589	四川省	自贡市	自流井区	35.10
1590	山东省	德州市	德城区	35.10
1591	安徽省	黄山市	休宁县	35.09
1592	湖北省	咸宁市	崇阳县	35.09
1593	湖南省	邵阳市	邵阳县	35.09
1594	江西省	赣州市	于都县	35.09
1595	福建省	三明市	永安市	35.08
1596	四川省	凉山彝族自治州	甘洛县	35.08
1597	山西省	忻州市	原平市	35.08
1598	山西省	忻州市	静乐县	35.08
1599	北京市	石景山区	石景山区	35.07
1600	吉林省	延边朝鲜族自治州	敦化市	35.07
1601	四川省	成都市	蒲江县	35.07
1602	浙江省	金华市	东阳市	35.07
1603	贵州省	黔东南苗族侗族自治州	施秉县	35.06

排序	省级	地市级	区县级	发展级大气环境资源
1604	河北省	廊坊市	大厂回族自治县	35.06
1605	河北省	邢台市	平乡县	35.06
1606	河南省	信阳市	光山县	35.06
1607	江西省	抚州市	乐安县	35.06
1608	新疆维吾尔自治区	博尔塔拉蒙古自治州	精河县	35.06
1609	江西省	抚州市	崇仁县	35.05
1610	四川省	内江市	资中县	35.05
1611	四川省	雅安市	荥经县	35.05
1612	云南省	德宏傣族景颇族自治州	芒市	35.05
1613	广西壮族自治区	桂林市	阳朔县	35.03
1614	湖南省	郴州市	安仁县	35.03
1615	陕西省	渭南市	华阴市	35.03
1616	陕西省	延安市	宜川县	35.03
1617	新疆维吾尔自治区	阿克苏地区	阿克苏市	35.03
1618	新疆维吾尔自治区	巴音郭楞蒙古自治州	和静县西北	35.03
1619	贵州省	黔东南苗族侗族自治州	岑巩县	35.02
1620	湖南省	娄底市	涟源市	35.02
1621	江西省	宜春市	高安市	35.02
1622	浙江省	杭州市	建德市	35.02
1623	河南省	驻马店市	驿城区	35.01
1624	四川省	宜宾市	筠连县	35.01
1625	陕西省	榆林市	佳县	35.01
1626	四川省	达州市	大竹县	35.00
1627	陕西省	渭南市	蒲城县	35.00
1628	贵州省	黔东南苗族侗族自治州	黎平县	34.99
1629	内蒙古自治区	呼伦贝尔市	扎兰屯市	34.99
1630	甘肃省	定西市	漳县	34.98
1631	湖北省	咸宁市	赤壁市	34.98
1632	黑龙江省	绥化市	北林区	34.98
1633	湖南省	怀化市	溆浦县	34.98
1634	山东省	枣庄市	滕州市	34.98
1635	重庆市	垫江县	垫江县	34.97
1636	河南省	洛阳市	汝阳县	34.97
1637	四川省	巴中市	南江县	34.97
1638	四川省	甘孜藏族自治州	稻城县	34.97
1639	贵州省	毕节市	纳雍县	34.96
1640	贵州省	黔东南苗族侗族自治州	镇远县	34.96
1641	河南省	平顶山市	汝州市	34.96
1642	内蒙古自治区	乌兰察布市	集宁区	34.96
1643	山东省	济南市	济阳县	34.96

排序	省级	地市级	区县级	发展级大气环境资源
1644	山西省	晋中市	榆社县	34.96
1645	山西省	忻州市	五台县	34.96
1646	广西壮族自治区	河池市	东兰县	34.95
1647	湖南省	长沙市	浏阳市	34.95
1648	宁夏回族自治区	吴忠市	盐池县	34.95
1649	广东省	清远市	连山壮族瑶族自治县	34.94
1650	河北省	廊坊市	三河市	34.94
1651	四川省	巴中市	巴州区	34.94
1652	福建省	三明市	大田县	34.93
1653	贵州省	遵义市	桐梓县	34.93
1654	河北省	衡水市	饶阳县	34.93
1655	辽宁省	本溪市	明山区	34.93
1656	四川省	阿坝藏族羌族自治州	黑水县	34.93
1657	陕西省	宝鸡市	凤县	34.93
1658	河北省	保定市	阜平县	34.92
1659	河北省	衡水市	武邑县	34.92
1660	河南省	焦作市	山阳区	34.92
1661	四川省	宜宾市	南溪区	34.92
1662	浙江省	绍兴市	嵊州市	34.92
1663	湖北省	荆州市	松滋市	34.91
1664	湖南省	怀化市	通道侗族自治县	34.91
1665	青海省	海北藏族自治州	祁连县	34.91
1666	青海省	海西蒙古族藏族自治州	茫崖行政区	34.91
1667	四川省	阿坝藏族羌族自治州	九寨沟县	34.91
1668	浙江省	金华市	武义县	34.91
1669	福建省	南平市	延平区	34.90
1670	甘肃省	定西市	渭源县	34.90
1671	湖北省	武汉市	东西湖区	34.90
1672	湖南省	常德市	汉寿县	34.90
1673	宁夏回族自治区	固原市	原州区	34.90
1674	青海省	黄南藏族自治州	河南蒙古族自治县	34.90
1675	四川省	自贡市	荣县	34.90
1676	陕西省	榆林市	横山区	34.90
1677	甘肃省	白银市	会宁县	34.89
1678	甘肃省	平凉市	灵台县	34.89
1679	河北省	石家庄市	赵县	34.89
1680	江西省	吉安市	吉州区	34.89
1681	陕西省	咸阳市	武功县	34.89
1682	海南省	琼中黎族苗族自治县	琼中黎族苗族自治县	34.88
1683	四川省	乐山市	马边彝族自治县	34.88

排序	省级	地市级	区县级	发展级大气环境资源
1684	四川省	乐山市	井研县	34.87
1685	江西省	上饶市	万年县	34.86
1686	浙江省	温州市	永嘉县	34.86
1687	安徽省	六安市	金安区	34.85
1688	湖南省	永州市	蓝山县	34.85
1689	四川省	德阳市	绵竹市	34.85
1690	重庆市	武隆区	武隆区	34.84
1691	贵州省	黔东南苗族侗族自治州	凯里市	34.84
1692	河北省	唐山市	滦县	34.84
1693	河南省	郑州市	中牟县	34.84
1694	内蒙古自治区	赤峰市	喀喇沁旗	34.84
1695	青海省	果洛藏族自治州	久治县	34.84
1696	四川省	成都市	大邑县	34.84
1697	山西省	吕梁市	交城县	34.84
1698	广东省	肇庆市	广宁县	34.83
1699	陕西省	延安市	宝塔区	34.83
1700	甘肃省	白银市	景泰县	34.82
1701	黑龙江省	牡丹江市	海林市	34.82
1702	宁夏回族自治区	石嘴山市	惠农区	34.82
1703	四川省	达州市	渠县	34.82
1704	四川省	甘孜藏族自治州	炉霍县	34.82
1705	山东省	济宁市	曲阜市	34.82
1706	新疆维吾尔自治区	克孜勒苏柯尔克孜自治州	乌恰县	34.82
1707	江西省	赣州市	章贡区	34.81
1708	四川省	德阳市	旌阳区	34.81
1709	河北省	保定市	容城县	34.80
1710	湖南省	衡阳市	祁东县	34.80
1711	江西省	上饶市	德兴市	34.80
1712	四川省	达州市	宣汉县	34.80
1713	四川省	眉山市	青神县	34.80
1714	浙江省	金华市	浦江县	34.80
1715	河北省	秦皇岛市	卢龙县	34.79
1716	江西省	宜春市	靖安县	34.79
1717	天津市	武清区	武清区	34.79
1718	西藏自治区	山南市	加查县	34.79
1719	重庆市	荣昌区	荣昌区	34.78
1720	贵州省	遵义市	湄潭县	34.78
1721	河北省	石家庄市	行唐县	34.78
1722	四川省	广元市	剑阁县	34.78
1723	云南省	临沧市	镇康县	34.78

排序	省级	地市级	区县级	发展级大气环境资源
1724	安徽省	滁州市	琅琊区	34.77
1725	重庆市	忠县	忠县	34.77
1726	陕西省	西安市	鄠邑区	34.77
1727	河南省	新乡市	长垣县	34.76
1728	河南省	郑州市	二七区	34.76
1729	江西省	萍乡市	莲花县	34.76
1730	宁夏回族自治区	银川市	永宁县	34.76
1731	青海省	海南藏族自治州	兴海县	34.76
1732	新疆维吾尔自治区	喀什地区	塔什库尔干塔吉克自治县	34.76
1733	福建省	宁德市	寿宁县	34.75
1734	广东省	清远市	阳山县	34.75
1735	河北省	邯郸市	临漳县	34.75
1736	四川省	泸州市	龙马潭区	34.75
1737	陕西省	西安市	周至县	34.75
1738	甘肃省	天水市	甘谷县	34.74
1739	河南省	漯河市	临颍县	34.74
1740	浙江省	金华市	永康市	34.74
1741	甘肃省	平凉市	静宁县	34.73
1742	贵州省	黔南布依族苗族自治州	龙里县	34.73
1743	湖北省	咸宁市	通山县	34.73
1744	河北省	张家口市	怀安县	34.73
1745	河南省	漯河市	郾城区	34.73
1746	青海省	玉树藏族自治州	杂多县	34.73
1747	四川省	宜宾市	江安县	34.73
1748	甘肃省	庆阳市	庆城县	34.72
1749	宁夏回族自治区	吴忠市	利通区	34.71
1750	湖北省	襄阳市	枣阳市	34.70
1751	河南省	济源市	济源市	34.70
1752	辽宁省	辽阳市	宏伟区	34.70
1753	山东省	潍坊市	潍城区	34.70
1754	山西省	临汾市	大宁县	34.70
1755	河南省	开封市	尉氏县	34.69
1756	湖南省	邵阳市	新邵县	34.69
1757	内蒙古自治区	巴彦淖尔市	乌拉特前旗北部	34.69
1758	山东省	东营市	广饶县	34.69
1759	山东省	泰安市	东平县	34.69
1760	四川省	达州市	开江县	34.68
1761	天津市	南开区	南开区	34.68
1762	西藏自治区	拉萨市	当雄县	34.68
1763	云南省	昭通市	大关县	34.68

续表

排序	省级	地市级	区县级	发展级大气环境资源
1764	吉林省	通化市	通化县	34.67
1765	四川省	广安市	武胜县	34.67
1766	陕西省	渭南市	临渭区	34.67
1767	新疆维吾尔自治区	巴音郭楞蒙古自治州	且末县	34.67
1768	重庆市	黔江区	黔江区	34.66
1769	湖北省	神农架林区	神农架林区	34.66
1770	湖南省	郴州市	嘉禾县	34.66
1771	四川省	阿坝藏族羌族自治州	壤塘县	34.66
1772	四川省	凉山彝族自治州	西昌市	34.66
1773	山西省	临汾市	隰县	34.66
1774	陕西省	宝鸡市	陇县	34.65
1775	安徽省	安庆市	岳西县	34.64
1776	黑龙江省	哈尔滨市	尚志市	34.64
1777	河北省	廊坊市	文安县	34.63
1778	河南省	开封市	杞县	34.63
1779	甘肃省	天水市	麦积区	34.62
1780	河南省	郑州市	新密市	34.62
1781	青海省	海东市	化隆回族自治县	34.62
1782	山东省	滨州市	邹平县	34.62
1783	新疆维吾尔自治区	乌鲁木齐市	天山区	34.62
1784	福建省	三明市	沙县	34.61
1785	湖南省	永州市	东安县	34.61
1786	四川省	成都市	新都区	34.61
1787	河北省	邯郸市	魏县	34.60
1788	宁夏回族自治区	中卫市	中宁县	34.60
1789	吉林省	辽源市	龙山区	34.59
1790	四川省	绵阳市	梓潼县	34.59
1791	山东省	济宁市	泗水县	34.59
1792	山西省	长治市	潞城市	34.59
1793	浙江省	丽水市	龙泉市	34.59
1794	湖南省	怀化市	麻阳苗族自治县	34.58
1795	江西省	九江市	德安县	34.58
1796	四川省	自贡市	富顺县	34.58
1797	甘肃省	张掖市	高台县	34.57
1798	河北省	衡水市	桃城区	34.57
1799	湖南省	湘西土家族苗族自治州	凤凰县	34.57
1800	安徽省	宿州市	砀山县	34.56
1801	福建省	龙岩市	长汀县	34.56
1802	广东省	河源市	紫金县	34.56
1803	湖北省	十堰市	茅箭区	34.56

排序	省级	地市级	区县级	发展级大气环境资源
1804	西藏自治区	昌都市	昌都市	34.56
1805	新疆维吾尔自治区	乌鲁木齐市	乌鲁木齐县	34.55
1806	四川省	成都市	崇州市	34.54
1807	陕西省	榆林市	绥德县	34.54
1808	重庆市	北碚区	北碚区	34.53
1809	湖北省	襄阳市	南漳县	34.53
1810	新疆维吾尔自治区	乌鲁木齐市	新市区	34.53
1811	福建省	龙岩市	漳平市	34.52
1812	河北省	石家庄市	晋州市	34.52
1813	江苏省	常州市	溧阳市	34.52
1814	江苏省	徐州市	邳州市	34.52
1815	新疆维吾尔自治区	塔城地区	托里县	34.52
1816	福建省	三明市	将乐县	34.50
1817	甘肃省	陇南市	徽县	34.50
1818	贵州省	黔东南苗族侗族自治州	三穗县	34.50
1819	江苏省	徐州市	鼓楼区	34.50
1820	甘肃省	天水市	秦州区	34.49
1821	湖北省	黄石市	黄石港区	34.49
1822	黑龙江省	大兴安岭地区	加格达奇区	34.49
1823	陕西省	延安市	子长县	34.49
1824	福建省	宁德市	福鼎市	34.48
1825	陕西省	榆林市	米脂县	34.48
1826	甘肃省	兰州市	榆中县	34.47
1827	云南省	怒江傈僳族自治州	兰坪白族普米族自治县	34.47
1828	湖南省	常德市	桃源县	34.46
1829	四川省	广元市	苍溪县	34.46
1830	陕西省	咸阳市	永寿县	34.46
1831	西藏自治区	林芝市	察隅县	34.46
1832	云南省	普洱市	江城哈尼族彝族自治县	34.46
1833	云南省	昭通市	威信县	34.46
1834	河北省	衡水市	景县	34.45
1835	湖南省	怀化市	会同县	34.45
1836	陕西省	延安市	安塞区	34.45
1837	广西壮族自治区	崇左市	龙州县	34.44
1838	广西壮族自治区	河池市	凤山县	34.44
1839	青海省	海西蒙古族藏族自治州	德令哈市	34.44
1840	四川省	成都市	新津县	34.44
1841	陕西省	西安市	蓝田县	34.44
1842	云南省	临沧市	沧源佤族自治县	34.44
1843	四川省	宜宾市	兴文县	34.43

续表

排序	省级	地市级	区县级	发展级大气环境资源
1844	山西省	长治市	沁源县	34.43
1845	甘肃省	陇南市	西和县	34.42
1846	河南省	南阳市	淅川县	34.42
1847	重庆市	江津区	江津区	34.40
1848	广西壮族自治区	桂林市	灵川县	34.40
1849	湖北省	黄冈市	英山县	34.40
1850	河北省	衡水市	深州市	34.40
1851	江西省	赣州市	上犹县	34.40
1852	贵州省	遵义市	正安县	34.39
1853	河北省	保定市	安新县	34.39
1854	江苏省	徐州市	睢宁县	34.39
1855	四川省	甘孜藏族自治州	甘孜县	34.39
1856	山西省	太原市	娄烦县	34.39
1857	黑龙江省	双鸭山市	尖山区	34.38
1858	四川省	雅安市	芦山县	34.38
1859	浙江省	丽水市	遂昌县	34.38
1860	安徽省	黄山市	祁门县	34.37
1861	河北省	沧州市	肃宁县	34.37
1862	河北省	承德市	围场满族蒙古族自治县	34.37
1863	辽宁省	沈阳市	和平区	34.37
1864	江苏省	无锡市	宜兴市	34.36
1865	四川省	南充市	蓬安县	34.36
1866	四川省	遂宁市	射洪县	34.35
1867	陕西省	汉中市	勉县	34.35
1868	陕西省	榆林市	靖边县	34.35
1869	甘肃省	兰州市	安宁区	34.34
1870	贵州省	黔西南布依族苗族自治州	册亨县	34.34
1871	四川省	内江市	东兴区	34.34
1872	新疆维吾尔自治区	塔城地区	额敏县	34.34
1873	安徽省	黄山市	黟县	34.33
1874	甘肃省	庆阳市	环县	34.33
1875	河北省	邢台市	南宫市	34.33
1876	山西省	晋中市	平遥县	34.33
1877	黑龙江省	牡丹江市	穆棱市	34.32
1878	内蒙古自治区	呼伦贝尔市	牙克石市	34.32
1879	陕西省	宝鸡市	千阳县	34.32
1880	黑龙江省	伊春市	伊春区	34.31
1881	湖南省	怀化市	辰溪县	34.31
1882	山西省	临汾市	洪洞县	34.31
1883	河北省	承德市	兴隆县	34.30

排序	省级	地市级	区县级	发展级大气环境资源
1884	河南省	郑州市	荥阳市	34.30
1885	贵州省	铜仁市	印江土家族苗族自治县	34.29
1886	山东省	淄博市	淄川区	34.29
1887	湖南省	益阳市	安化县	34.28
1888	四川省	宜宾市	珙县	34.28
1889	云南省	临沧市	临翔区	34.28
1890	贵州省	毕节市	赫章县	34.27
1891	河北省	保定市	顺平县	34.27
1892	吉林省	延边朝鲜族自治州	汪清县	34.27
1893	青海省	海南藏族自治州	贵德县	34.27
1894	陕西省	宝鸡市	岐山县	34.27
1895	新疆维吾尔自治区	和田地区	策勒县	34.27
1896	西藏自治区	昌都市	左贡县	34.27
1897	山西省	吕梁市	离石区	34.26
1898	安徽省	池州市	石台县	34.25
1899	湖南省	常德市	石门县	34.25
1900	河南省	周口市	鹿邑县	34.24
1901	吉林省	通化市	集安市	34.24
1902	山西省	临汾市	曲沃县	34.24
1903	四川省	泸州市	合江县	34.23
1904	甘肃省	定西市	陇西县	34.22
1905	河北省	保定市	蠡县	34.22
1906	山西省	运城市	垣曲县	34.22
1907	新疆维吾尔自治区	克拉玛依市	克拉玛依区	34.22
1908	甘肃省	庆阳市	泾川县	34.21
1909	四川省	凉山彝族自治州	越西县	34.21
1910	云南省	普洱市	景东彝族自治县	34.21
1911	湖北省	恩施土家族苗族自治州	鹤峰县	34.20
1912	黑龙江省	黑河市	孙吴县	34.19
1913	甘肃省	天水市	清水县	34.18
1914	黑龙江省	大兴安岭地区	塔河县	34.18
1915	西藏自治区	昌都市	丁青县	34.18
1916	四川省	成都市	邛崃市	34.17
1917	四川省	广元市	朝天区	34.17
1918	贵州省	遵义市	仁怀市	34.16
1919	河南省	新乡市	卫辉市	34.16
1920	安徽省	黄山市	黄山区	34.15
1921	重庆市	九龙坡区	九龙坡区	34.15
1922	陕西省	延安市	志丹县	34.15
1923	广西壮族自治区	河池市	天峨县	34.14

排序	省级	地市级	区县级	发展级大气环境资源
1924	河北省	保定市	莲池区	34.14
1925	四川省	宜宾市	长宁县	34.14
1926	甘肃省	陇南市	武都区	34.13
1927	贵州省	六盘水市	钟山区	34.13
1928	陕西省	榆林市	吴堡县	34.13
1929	广东省	梅州市	大埔县	34.12
1930	甘肃省	庆阳市	镇原县	34.12
1931	四川省	甘孜藏族自治州	巴塘县	34.12
1932	重庆市	丰都县	丰都县	34.11
1933	福建省	南平市	顺昌县	34.10
1934	河北省	保定市	涞源县	34.10
1935	陕西省	延安市	甘泉县	34.10
1936	宁夏回族自治区	吴忠市	青铜峡市	34.09
1937	福建省	三明市	尤溪县	34.08
1938	青海省	黄南藏族自治州	尖扎县	34.08
1939	四川省	绵阳市	江油市	34.08
1940	陕西省	延安市	延长县	34.08
1941	河北省	张家口市	涿鹿县	34.07
1942	江西省	赣州市	寻乌县	34.07
1943	福建省	南平市	建瓯市	34.06
1944	福建省	南平市	邵武市	34.06
1945	湖南省	湘西土家族苗族自治州	花垣县	34.06
1946	陕西省	安康市	旬阳县	34.06
1947	山西省	晋城市	高平市	34.06
1948	重庆市	长寿区	长寿区	34.05
1949	四川省	广安市	邻水县	34.05
1950	陕西省	宝鸡市	眉县	34.05
1951	四川省	乐山市	犍为县	34.04
1952	湖北省	襄阳市	保康县	34.03
1953	青海省	西宁市	湟中县	34.03
1954	四川省	成都市	双流区	34.03
1955	北京市	丰台区	丰台区	34.02
1956	重庆市	巫溪县	巫溪县	34.02
1957	河北省	石家庄市	新乐市	34.02
1958	四川省	雅安市	名山区	34.02
1959	甘肃省	陇南市	礼县	34.01
1960	陕西省	榆林市	清涧县	34.01
1961	贵州省	遵义市	习水县	34.00
1962	湖南省	永州市	冷水滩区	34.00
1963	辽宁省	鞍山市	岫岩满族自治县	34.00

排序	省级	地市级	区县级	发展级大气环境资源
1964	山西省	太原市	尖草坪区	34.00
1965	天津市	蓟州区	蓟州区	34.00
1966	云南省	迪庆藏族自治州	维西傈僳族自治县	34.00
1967	湖南省	永州市	新田县	33.99
1968	四川省	雅安市	天全县	33.99
1969	云南省	普洱市	澜沧拉祜族自治县	33.99
1970	贵州省	毕节市	黔西县	33.98
1971	四川省	巴中市	通江县	33.98
1972	陕西省	汉中市	镇巴县	33.98
1973	新疆维吾尔自治区	和田地区	墨玉县	33.98
1974	安徽省	宿州市	萧县	33.97
1975	河南省	平顶山市	鲁山县	33.97
1976	河北省	保定市	高碑店市	33.95
1977	青海省	玉树藏族自治州	囊谦县	33.95
1978	四川省	广元市	青川县	33.95
1979	北京市	怀柔区	怀柔区	33.94
1980	甘肃省	甘南藏族自治州	合作市	33.94
1981	四川省	成都市	温江区	33.94
1982	新疆维吾尔自治区	阿克苏地区	阿瓦提县	33.94
1983	甘肃省	陇南市	宕昌县	33.93
1984	辽宁省	丹东市	凤城市	33.93
1985	陕西省	安康市	汉阴县	33.93
1986	云南省	德宏傣族景颇族自治州	瑞丽市	33.93
1987	甘肃省	甘南藏族自治州	迭部县	33.92
1988	甘肃省	临夏回族自治州	康乐县	33.92
1989	山东省	聊城市	东昌府区	33.92
1990	福建省	福州市	连江县	33.91
1991	贵州省	遵义市	余庆县	33.91
1992	内蒙古自治区	呼和浩特市	土默特左旗	33.91
1993	山东省	济宁市	任城区	33.91
1994	山西省	大同市	南郊区	33.91
1995	甘肃省	天水市	张家川回族自治县	33.90
1996	四川省	泸州市	叙永县	33.90
1997	辽宁省	本溪市	桓仁满族自治县	33.89
1998	福建省	南平市	武夷山市	33.88
1999	山西省	长治市	沁县	33.88
2000	新疆维吾尔自治区	伊犁哈萨克自治州	昭苏县	33.88
2001	江西省	宜春市	宜丰县	33.87
2002	河北省	石家庄市	深泽县	33.86
2003	河北省	石家庄市	灵寿县	33.86

续表

排序	省级	地市级	区县级	发展级大气环境资源
2004	内蒙古自治区	乌兰察布市	卓资县	33.86
2005	山西省	临汾市	永和县	33.86
2006	山西省	临汾市	古县	33.86
2007	甘肃省	平凉市	崇信县	33.85
2008	湖北省	恩施土家族苗族自治州	利川市	33.85
2009	江西省	宜春市	铜鼓县	33.85
2010	内蒙古自治区	包头市	土默特右旗	33.85
2011	甘肃省	陇南市	康县	33.84
2012	贵州省	铜仁市	碧江区	33.84
2013	河北省	保定市	满城区	33.84
2014	陕西省	西安市	长安区	33.84
2015	湖北省	十堰市	郧西县	33.83
2016	内蒙古自治区	呼伦贝尔市	鄂伦春自治旗	33.83
2017	山西省	临汾市	侯马市	33.83
2018	新疆维吾尔自治区	阿克苏地区	新和县	33.83
2019	甘肃省	临夏回族自治州	广河县	33.82
2020	贵州省	铜仁市	沿河土家族自治县	33.82
2021	湖北省	十堰市	房县	33.82
2022	河南省	平顶山市	舞钢市	33.82
2023	四川省	绵阳市	平武县	33.82
2024	陕西省	汉中市	洋县	33.82
2025	山西省	晋城市	阳城县	33.82
2026	陕西省	咸阳市	乾县	33.81
2027	浙江省	衢州市	开化县	33.81
2028	河南省	周口市	太康县	33.80
2029	陕西省	汉中市	城固县	33.80
2030	云南省	昭通市	绥江县	33.80
2031	江西省	九江市	修水县	33.79
2032	安徽省	黄山市	屯溪区	33.78
2033	湖南省	湘西土家族苗族自治州	保靖县	33.78
2034	新疆维吾尔自治区	博尔塔拉蒙古自治州	温泉县	33.78
2035	新疆维吾尔自治区	喀什地区	叶城县	33.78
2036	新疆维吾尔自治区	伊犁哈萨克自治州	新源县	33.78
2037	陕西省	汉中市	南郑区	33.77
2038	河北省	保定市	望都县	33.76
2039	新疆维吾尔自治区	阿克苏地区	乌什县	33.76
2040	云南省	西双版纳傣族自治州	勐腊县	33.76
2041	湖北省	恩施土家族苗族自治州	宣恩县	33.75
2042	河南省	周口市	川汇区	33.75
2043	山东省	淄博市	沂源县	33.74

续表

排序	省级	地市级	区县级	发展级大气环境资源
2044	陕西省	宝鸡市	麟游县	33.74
2045	浙江省	温州市	文成县	33.74
2046	湖南省	邵阳市	绥宁县	33.73
2047	云南省	普洱市	思茅区	33.73
2048	陕西省	汉中市	留坝县	33.72
2049	贵州省	遵义市	务川仡佬族苗族自治县	33.71
2050	青海省	海西蒙古族藏族自治州	乌兰县	33.70
2051	甘肃省	平凉市	华亭县	33.68
2052	甘肃省	天水市	秦安县	33.68
2053	陕西省	渭南市	韩城市	33.68
2054	新疆维吾尔自治区	巴音郭楞蒙古自治州	若羌县	33.68
2055	四川省	乐山市	夹江县	33.67
2056	山西省	忻州市	定襄县	33.67
2057	甘肃省	临夏回族自治州	永靖县	33.66
2058	贵州省	黔南布依族苗族自治州	三都水族自治县	33.66
2059	湖北省	宜昌市	兴山县	33.66
2060	青海省	海南藏族自治州	贵南县	33.66
2061	河北省	张家口市	崇礼区	33.64
2062	四川省	凉山彝族自治州	雷波县	33.64
2063	陕西省	延安市	延川县	33.64
2064	河北省	唐山市	迁安市	33.63
2065	宁夏回族自治区	银川市	金凤区	33.63
2066	四川省	宜宾市	宜宾县	33.63
2067	新疆维吾尔自治区	巴音郭楞蒙古自治州	焉耆回族自治县	33.63
2068	新疆维吾尔自治区	吐鲁番市	高昌区	33.63
2069	四川省	乐山市	市中区	33.62
2070	四川省	遂宁市	船山区	33.62
2071	山东省	临沂市	费县	33.62
2072	湖南省	邵阳市	武冈市	33.60
2073	青海省	果洛藏族自治州	玛沁县	33.60
2074	四川省	乐山市	沐川县	33.60
2075	贵州省	黔东南苗族侗族自治州	台江县	33.59
2076	陕西省	安康市	岚皋县	33.59
2077	陕西省	汉中市	西乡县	33.59
2078	湖北省	恩施土家族苗族自治州	来凤县	33.58
2079	湖北省	恩施土家族苗族自治州	建始县	33.58
2080	湖南省	怀化市	芷江侗族自治县	33.58
2081	新疆维吾尔自治区	昌吉回族自治州	奇台县	33.58
2082	西藏自治区	昌都市	类乌齐县	33.58
2083	河南省	信阳市	淮滨县	33.57

排序	省级	地市级	区县级	发展级大气环境资源
2084	西藏自治区	林芝市	波密县	33.57
2085	北京市	海淀区	海淀区	33.55
2086	四川省	巴中市	平昌县	33.55
2087	贵州省	毕节市	七星关区	33.53
2088	福建省	三明市	明溪县	33.52
2089	甘肃省	酒泉市	敦煌市	33.51
2090	贵州省	黔东南苗族侗族自治州	天柱县	33.51
2091	河北省	保定市	涿州市	33.51
2092	四川省	甘孜藏族自治州	德格县	33.51
2093	甘肃省	白银市	靖远县	33.50
2094	甘肃省	定西市	岷县	33.50
2095	湖北省	十堰市	竹山县	33.50
2096	新疆维吾尔自治区	和田地区	民丰县	33.50
2097	河北省	邯郸市	涉县	33.48
2098	陕西省	渭南市	华州区	33.48
2099	贵州省	遵义市	汇川区	33.47
2100	河南省	南阳市	桐柏县	33.47
2101	云南省	丽江市	玉龙纳西族自治县	33.47
2102	甘肃省	临夏回族自治州	和政县	33.46
2103	山西省	临汾市	尧都区	33.46
2104	新疆维吾尔自治区	克孜勒苏柯尔克孜自治州	阿克陶县	33.46
2105	新疆维吾尔自治区	伊犁哈萨克自治州	特克斯县	33.46
2106	西藏自治区	那曲市	比如县	33.46
2107	重庆市	开州区	开州区	33.44
2108	河北省	石家庄市	栾城区	33.44
2109	江西省	抚州市	资溪县	33.44
2110	安徽省	宣城市	宁国市	33.43
2111	福建省	南平市	浦城县	33.43
2112	福建省	三明市	泰宁县	33.43
2113	河北省	廊坊市	香河县	33.43
2114	河北省	石家庄市	辛集市	33.43
2115	新疆维吾尔自治区	塔城地区	沙湾县	33.43
2116	贵州省	黔东南苗族侗族自治州	榕江县	33.42
2117	河北省	秦皇岛市	青龙满族自治县	33.42
2118	新疆维吾尔自治区	阿勒泰地区	富蕴县	33.42
2119	四川省	达州市	万源市	33.41
2120	贵州省	黔南布依族苗族自治州	荔波县	33.40
2121	云南省	昭通市	盐津县	33.40
2122	河北省	石家庄市	无极县	33.39
2123	新疆维吾尔自治区	巴音郭楞蒙古自治州	尉犁县	33.37

续表

排序	省级	地市级	区县级	发展级大气环境资源
2124	福建省	南平市	建阳区	33.36
2125	贵州省	铜仁市	石阡县	33.36
2126	河北省	石家庄市	正定县	33.36
2127	湖南省	张家界市	永定区	33.36
2128	山东省	济宁市	兖州区	33.36
2129	陕西省	延安市	黄陵县	33.36
2130	云南省	红河哈尼族彝族自治州	屏边苗族自治县	33.36
2131	重庆市	万州区	万州区	33.35
2132	浙江省	丽水市	缙云县	33.35
2133	甘肃省	定西市	临洮县	33.33
2134	河北省	邯郸市	馆陶县	33.33
2135	陕西省	宝鸡市	渭滨区	33.33
2136	新疆维吾尔自治区	喀什地区	麦盖提县	33.33
2137	浙江省	台州市	仙居县	33.33
2138	北京市	延庆区	延庆区	33.31
2139	山西省	朔州市	右玉县	33.31
2140	山西省	长治市	襄垣县	33.31
2141	重庆市	城口县	城口县	33.30
2142	贵州省	毕节市	织金县	33.30
2143	河北省	廊坊市	安次区	33.30
2144	宁夏回族自治区	石嘴山市	大武口区	33.30
2145	山东省	泰安市	肥城市	33.30
2146	甘肃省	兰州市	皋兰县	33.29
2147	甘肃省	陇南市	成县	33.28
2148	新疆维吾尔自治区	昌吉回族自治州	玛纳斯县	33.28
2149	四川省	阿坝藏族羌族自治州	金川县	33.27
2150	安徽省	六安市	霍山县	33.26
2151	吉林省	吉林市	永吉县	33.24
2152	四川省	达州市	达川区	33.24
2153	吉林省	白山市	靖宇县	33.23
2154	河北省	廊坊市	霸州市	33.21
2155	陕西省	安康市	石泉县	33.21
2156	新疆维吾尔自治区	乌鲁木齐市	米东区	33.21
2157	四川省	南充市	阆中市	33.20
2158	贵州省	遵义市	绥阳县	33.19
2159	湖南省	娄底市	新化县	33.19
2160	湖南省	张家界市	桑植县	33.19
2161	新疆维吾尔自治区	阿克苏地区	温宿县	33.19
2162	河北省	廊坊市	永清县	33.18
2163	湖南省	湘西土家族苗族自治州	吉首市	33.18

续表

排序	省级	地市级	区县级	发展级大气环境资源
2164	青海省	海北藏族自治州	门源回族自治县	33.17
2165	山西省	大同市	灵丘县	33.17
2166	贵州省	黔东南苗族侗族自治州	从江县	33.16
2167	四川省	广元市	旺苍县	33.16
2168	新疆维吾尔自治区	巴音郭楞蒙古自治州	和硕县	33.16
2169	西藏自治区	林芝市	米林县	33.16
2170	新疆维吾尔自治区	和田地区	皮山县	33.15
2171	云南省	西双版纳傣族自治州	景洪市	33.15
2172	湖南省	湘西土家族苗族自治州	永顺县	33.14
2173	青海省	海西蒙古族藏族自治州	大柴旦行政区	33.14
2174	陕西省	商洛市	镇安县	33.14
2175	湖南省	郴州市	桂东县	33.13
2176	内蒙古自治区	呼伦贝尔市	额尔古纳市	33.13
2177	河北省	唐山市	遵化市	33.12
2178	陕西省	安康市	白河县	33.12
2179	新疆维吾尔自治区	博尔塔拉蒙古自治州	博乐市	33.12
2180	河北省	秦皇岛市	海港区	33.11
2181	湖南省	怀化市	鹤城区	33.11
2182	湖南省	怀化市	沅陵县	33.10
2183	新疆维吾尔自治区	喀什地区	泽普县	33.10
2184	内蒙古自治区	兴安盟	阿尔山市	33.08
2185	吉林省	吉林市	桦甸市	33.06
2186	河北省	保定市	易县	33.05
2187	吉林省	延边朝鲜族自治州	和龙市	33.05
2188	山西省	临汾市	安泽县	33.04
2189	新疆维吾尔自治区	昌吉回族自治州	阜康市	33.03
2190	陕西省	安康市	汉滨区	33.02
2191	湖南省	郴州市	宜章县	33.01
2192	陕西省	商洛市	柞水县	33.01
2193	新疆维吾尔自治区	和田地区	于田县	33.01
2194	四川省	成都市	都江堰市	33.00
2195	湖南省	岳阳市	平江县	32.99
2196	新疆维吾尔自治区	伊犁哈萨克自治州	察布查尔锡伯自治县	32.99
2197	甘肃省	临夏回族自治州	临夏市	32.97
2198	贵州省	黔东南苗族侗族自治州	剑河县	32.97
2199	贵州省	遵义市	凤冈县	32.97
2200	河北省	廊坊市	固安县	32.97
2201	新疆维吾尔自治区	阿拉尔市	阿拉尔市	32.97
2202	河南省	南阳市	南召县	32.96
2203	湖南省	娄底市	双峰县	32.96

排序	省级	地市级	区县级	发展级大气环境资源
2204	湖北省	宜昌市	秭归县	32.94
2205	内蒙古自治区	呼和浩特市	赛罕区	32.94
2206	陕西省	宝鸡市	扶风县	32.94
2207	新疆维吾尔自治区	五家渠市	五家渠市	32.93
2208	四川省	眉山市	东坡区	32.92
2209	湖南省	湘西土家族苗族自治州	龙山县	32.90
2210	陕西省	安康市	宁陕县	32.90
2211	山西省	朔州市	朔城区	32.90
2212	新疆维吾尔自治区	喀什地区	伽师县	32.90
2213	青海省	海东市	互助土族自治县	32.88
2214	陕西省	延安市	吴起县	32.88
2215	陕西省	汉中市	宁强县	32.86
2216	河北省	石家庄市	藁城区	32.84
2217	浙江省	温州市	鹿城区	32.84
2218	浙江省	丽水市	莲都区	32.82
2219	青海省	海南藏族自治州	共和县	32.80
2220	贵州省	遵义市	道真仡佬族苗族自治县	32.79
2221	陕西省	安康市	紫阳县	32.78
2222	青海省	果洛藏族自治州	班玛县	32.75
2223	新疆维吾尔自治区	塔城地区	塔城市	32.75
2224	河北省	张家口市	蔚县	32.74
2225	陕西省	汉中市	汉台区	32.74
2226	四川省	成都市	郫都区	32.73
2227	河北省	保定市	曲阳县	32.71
2228	河北省	承德市	承德县	32.70
2229	云南省	临沧市	耿马傣族佤族自治县	32.68
2230	四川省	雅安市	雨城区	32.64
2231	宁夏回族自治区	固原市	西吉县	32.62
2232	新疆维吾尔自治区	塔城地区	乌苏市	32.60
2233	青海省	玉树藏族自治州	玉树市	32.59
2234	贵州省	黔西南布依族苗族自治州	望谟县	32.58
2235	新疆维吾尔自治区	阿克苏地区	库车县	32.57
2236	贵州省	铜仁市	松桃苗族自治县	32.56
2237	内蒙古自治区	呼伦贝尔市	牙克石市东北	32.56
2238	四川省	阿坝藏族羌族自治州	马尔康市	32.56
2239	新疆维吾尔自治区	喀什地区	莎车县	32.56
2240	新疆维吾尔自治区	伊犁哈萨克自治州	伊宁县	32.55
2241	湖南省	怀化市	新晃侗族自治县	32.54
2242	贵州省	铜仁市	思南县	32.52
2243	湖北省	恩施土家族苗族自治州	恩施市	32.52

排序	省级	地市级	区县级	发展级大气环境资源
2244	新疆维吾尔自治区	哈密市	伊州区	32.51
2245	新疆维吾尔自治区	喀什地区	巴楚县	32.49
2246	重庆市	彭水苗族土家族自治县	彭水苗族土家族自治县	32.48
2247	辽宁省	抚顺市	清原满族自治县	32.48
2248	吉林省	通化市	东昌区	32.47
2249	江西省	景德镇市	昌江区	32.44
2250	河北省	承德市	双桥区	32.42
2251	甘肃省	陇南市	两当县	32.40
2252	北京市	密云区	密云区	32.33
2253	辽宁省	丹东市	宽甸满族自治县	32.31
2254	浙江省	丽水市	云和县	32.27
2255	河北省	保定市	唐县	32.26
2256	新疆维吾尔自治区	巴音郭楞蒙古自治州	和静县北部	32.19
2257	湖北省	宜昌市	五峰土家族自治县	32.17
2258	新疆维吾尔自治区	伊犁哈萨克自治州	霍城县	32.17
2259	辽宁省	抚顺市	新宾满族自治县	32.13
2260	甘肃省	兰州市	城关区	32.12
2261	新疆维吾尔自治区	克孜勒苏柯尔克孜自治州	阿图什市	31.98
2262	新疆维吾尔自治区	石河子市	石河子市	31.97
2263	新疆维吾尔自治区	伊犁哈萨克自治州	巩留县	31.94
2264	内蒙古自治区	呼伦贝尔市	根河市	31.92
2265	新疆维吾尔自治区	阿克苏地区	沙雅县	31.80
2266	新疆维吾尔自治区	阿克苏地区	柯坪县	31.76
2267	云南省	怒江傈僳族自治州	贡山独龙族怒族自治县	31.76
2268	新疆维吾尔自治区	喀什地区	岳普湖县	31.75
2269	陕西省	渭南市	合阳县	31.74
2270	新疆维吾尔自治区	伊犁哈萨克自治州	伊宁市	31.74
2271	云南省	怒江傈僳族自治州	福贡县	31.74
2272	贵州省	黔南布依族苗族自治州	罗甸县	31.69
2273	新疆维吾尔自治区	吐鲁番市	鄯善县	31.63
2274	宁夏回族自治区	银川市	贺兰县	31.54
2275	新疆维吾尔自治区	喀什地区	英吉沙县	31.48
2276	云南省	红河哈尼族彝族自治州	河口瑶族自治县	31.42
2277	陕西省	榆林市	子洲县	31.16
2278	黑龙江省	大兴安岭地区	漠河县	31.06
2279	新疆维吾尔自治区	阿克苏地区	拜城县	30.90
2280	上海市	徐汇区	徐汇区	30.83
2281	新疆维吾尔自治区	阿勒泰地区	阿勒泰市	30.82
2282	新疆维吾尔自治区	伊犁哈萨克自治州	尼勒克县	30.54
2283	陕西省	商洛市	商南县	30.53
2284	新疆维吾尔自治区	阿勒泰地区	青河县	30.35

第五章 区域大气环境资源统计

本章是对中国大陆地级市以上区域的大气环境资源状况进行的分省统计，包括本区域大气环境资源概况、大气自然净化能力指数的概率分布和月度分布。查阅这些数据，可以满足不同地区读者的需要，帮助人们深入了解本地区的大气环境资源状况。

区域大气环境资源统计旨在说明以下三个问题。

一是，大气环境资源的整体状况。本章对大气自然净化能力指数（ASPI）、大气环境容量指数（AECI）、污染物平衡排放强度（EE）、二次污染物生成系数（GCSP）、臭氧生成指数（GCO3）等指标的统计结果，可以大致反映一个地区的大气环境资源状况。

二是，大气自然净化能力的周期性差异。将全年较低大气自然净化能力出现频次较高的地区定义为大气环境资源相对匮乏的地区，反之则定义为大气环境资源丰富的地区。大气自然净化能力指数的概率分布，较好地反映了这一事实。概率分布越向左集中，说明大气环境资源越匮乏，反之则说明大气环境资源越丰富。

三是，大气环境资源的季节分布。大气自然净化能力既有实时性特征，又有周期性特征，还有季节性特征。大气自然净化能力指数的月度分布图可以反映这一特征。

考虑到直辖市特殊的政治地位与经济地位以及产业布局，本章对北京、上海、天津、重庆四个直辖市所辖区县的大气环境资源进行了统计，等同于其他省份的地级市；考虑到海南省比较特殊的地理位置和行政体系，本章对海南省的一些省辖县也做了大气环境资源统计，等同于其他省份的地级市；针对一些具有特殊地理特征的行政区划，本章按照地理方位进行了特别处理，如天津市滨海新区、海南省三沙市等；除个别地市外，本章各区域的编排顺序主要参照民政部行政区划信息。

北京市

北京市东城区

表 1 北京市东城区大气环境资源概况 （2019.1.1-2019.12.31）

指标类型	ASPI	AECI	EE	GCSP	GCO3
平均值	40.84	0.64	91.96	27.49	26.46
标准误	14.30	0.06	81.43	22.60	13.10
最小值	21.26	0.49	18.68	4.93	9.85
最大值	94.27	0.89	692.30	88.66	77.63
样本量（个）	2126	2126	2126	2126	2126

注：ASPI 为大气自然净化能力指数；AECI 为大气环境容量指数；EE 为污染物平衡排放强度，单位为 $kg/(km^2 \cdot h)$；GCSP 为二次污染物生成系数；GCO3 为臭氧生成指数。本章同。

表 2 北京市东城区大气环境资源分位数 （2019.1.1-2019.12.31）

指标类型	ASPI	AECI	EE	GCSP	GCO3
5%	27.09	0.54	38.17	7.93	12.63
10%	28.47	0.56	39.02	8.83	14.17
25%	31.26	0.60	40.35	11.05	18.91
50%	35.38	0.64	63.87	14.59	21.70
75%	48.08	0.68	105.37	44.70	25.13
90%	61.96	0.72	203.6	65.63	45.85

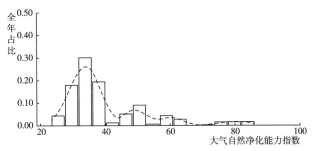

图 1 北京市东城区大气自然净化能力指数分布*（ASPI-2019.1.1-2019.12.31）

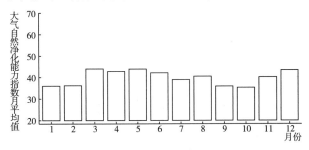

图 2 北京市东城区大气自然净化能力指数月均变化（ASPI-2019.1.1-2019.12.31）

----

* 图 1 中占比不是百分比，是指总体为 1 时，按照数值大小排序，不同数值范围所占的比例；柱状图底部宽度表示数值范围，高度表示所占比例。图 1 中虚线表示趋势线。本章同。

北京市朝阳区

表1 北京市朝阳区大气环境资源概况 (2019.1.1-2019.12.31)

指标类型	ASPI	AECI	EE	GCSP	GCO3
平均值	40.04	0.64	84.27	26.05	28.46
标准误	12.81	0.06	70.96	22.23	14.17
最小值	23.32	0.50	19.13	5.30	12.20
最大值	86.11	0.82	403.49	96.46	77.32
样本量 (个)	797	797	797	797	797

表2 北京市朝阳区大气环境资源分位数 (2019.1.1-2019.12.31)

指标类型	ASPI	AECI	EE	GCSP	GCO3
5%	27.85	0.54	38.63	8.26	13.45
10%	29.03	0.56	39.28	9.07	14.81
25%	32.01	0.60	40.74	11.15	19.56
50%	35.48	0.64	63.89	13.94	22.50
75%	46.73	0.68	103.84	41.31	42.50
90%	59.00	0.72	197.23	62.36	47.39

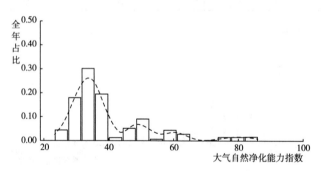

图1 北京市朝阳区大气自然净化能力指数分布 (ASPI-2019.1.1-2019.12.31)

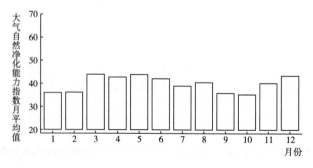

图2 北京市朝阳区大气自然净化能力指数月均变化 (ASPI-2019.1.1-2019.12.31)

北京市丰台区

表1 北京市丰台区大气环境资源概况（2019.1.1-2019.12.31）

指标类型	ASPI	AECI	EE	GCSP	GCO3
平均值	37.84	0.63	72.16	24.00	29.85
标准误	11.38	0.06	62.70	21.01	15.26
最小值	23.30	0.50	19.12	4.41	11.92
最大值	96.15	0.89	636.92	96.01	79.19
样本量（个）	796	796	796	796	796

表2 北京市丰台区大气环境资源分位数（2019.1.1-2019.12.31）

指标类型	ASPI	AECI	EE	GCSP	GCO3
5%	27.54	0.54	38.51	7.50	13.63
10%	28.76	0.56	39.06	8.48	16.77
25%	31.23	0.59	40.24	10.31	19.68
50%	34.02	0.63	42.23	13.43	22.66
75%	38.28	0.67	65.91	27.64	43.13
90%	51.72	0.70	109.50	60.91	48.42

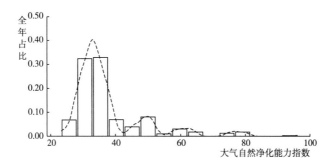

图1 北京市丰台区大气自然净化能力指数分布（ASPI-2019.1.1-2019.12.31）

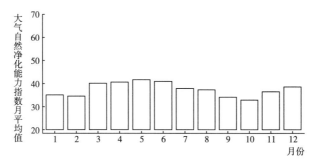

图2 北京市丰台区大气自然净化能力指数月均变化（ASPI-2019.1.1-2019.12.31）

北京市石景山区

表 1　北京市石景山区大气环境资源概况（2019.1.1-2019.12.31）

指标类型	ASPI	AECI	EE	GCSP	GCO3
平均值	40.83	0.64	92.09	25.31	28.55
标准误	15.21	0.07	98.93	22.13	14.33
最小值	23.12	0.50	19.08	4.93	11.94
最大值	96.10	0.94	774.96	94.67	78.46
样本量（个）	797	797	797	797	797

表 2　北京市石景山区大气环境资源分位数（2019.1.1-2019.12.31）

指标类型	ASPI	AECI	EE	GCSP	GCO3
5%	27.36	0.54	20.36	7.63	13.46
10%	28.54	0.55	39.03	8.79	14.59
25%	31.32	0.59	40.28	10.59	19.59
50%	35.07	0.63	63.52	13.76	22.47
75%	47.67	0.68	104.91	38.33	42.46
90%	62.55	0.72	204.87	63.90	47.43

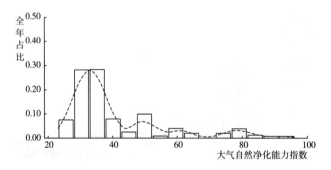

图 1　北京市石景山区大气自然净化能力指数分布（ASPI-2019.1.1-2019.12.31）

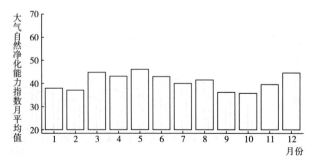

图 2　北京市石景山区大气自然净化能力指数月均变化（ASPI-2019.1.1-2019.12.31）

北京市海淀区

表1　北京市海淀区大气环境资源概况（2019.1.1-2019.12.31）

指标类型	ASPI	AECI	EE	GCSP	GCO3
平均值	36.16	0.62	63.46	29.50	28.50
标准误	10.05	0.05	52.20	26.41	15.02
最小值	23.16	0.49	19.09	4.40	11.99
最大值	81.91	0.81	341.61	98.66	79.03
样本量（个）	793	793	793	793	793

表2　北京市海淀区大气环境资源分位数（2019.1.1-2019.12.31）

指标类型	ASPI	AECI	EE	GCSP	GCO3
5%	26.62	0.54	19.84	7.65	13.38
10%	28.05	0.55	38.55	8.96	14.29
25%	30.78	0.59	40.05	10.94	19.58
50%	33.55	0.62	41.43	13.99	22.43
75%	37.27	0.66	65.21	46.56	41.70
90%	49.25	0.69	106.71	72.37	47.60

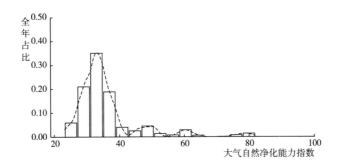

图1　北京市海淀区大气自然净化能力指数分布（ASPI-2019.1.1-2019.12.31）

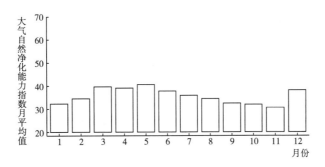

图2　北京市海淀区大气自然净化能力指数月均变化（ASPI-2019.1.1-2019.12.31）

北京市门头沟区

表1　北京市门头沟区大气环境资源概况（2019.1.1-2019.12.31）

指标类型	ASPI	AECI	EE	GCSP	GCO3
平均值	45.66	0.66	120.48	24.06	28.21
标准误	17.40	0.07	119.71	20.80	14.09
最小值	23.16	0.50	19.09	5.16	11.94
最大值	97.21	0.93	713.89	90.12	78.32
样本量（个）	798	798	798	798	798

表2　北京市门头沟区大气环境资源分位数（2019.1.1-2019.12.31）

指标类型	ASPI	AECI	EE	GCSP	GCO3
5%	28.59	0.55	39.05	7.63	13.48
10%	30.63	0.57	39.98	8.62	14.51
25%	33.07	0.61	41.47	10.80	19.50
50%	37.40	0.65	65.30	13.97	22.43
75%	51.83	0.70	109.63	27.56	42.29
90%	77.76	0.76	283.43	60.55	47.19

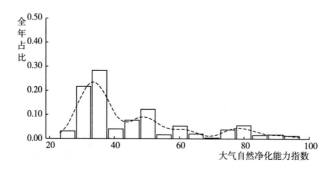

图1　北京市门头沟区大气自然净化能力指数分布（ASPI-2019.1.1-2019.12.31）

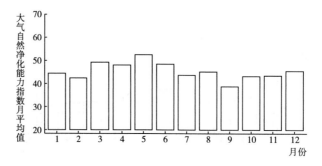

图2　北京市门头沟区大气自然净化能力指数月均变化（ASPI-2019.1.1-2019.12.31）

北京市房山区

表1 北京市房山区大气环境资源概况 (2019.1.1-2019.12.31)

指标类型	ASPI	AECI	EE	GCSP	GCO3
平均值	42.36	0.65	100.61	28.68	28.38
标准误	15.80	0.07	104.20	25.00	14.33
最小值	23.16	0.49	19.09	4.42	11.93
最大值	96.14	0.89	787.17	96.49	78.79
样本量（个）	798	798	798	798	798

表2 北京市房山区大气环境资源分位数 (2019.1.1-2019.12.31)

指标类型	ASPI	AECI	EE	GCSP	GCO3
5%	27.57	0.54	38.54	7.49	13.33
10%	28.95	0.56	39.21	8.62	14.41
25%	32.13	0.60	40.79	11.01	19.55
50%	35.72	0.64	64.11	14.45	22.43
75%	49.14	0.68	106.57	45.11	42.44
90%	64.43	0.73	208.91	72.16	47.52

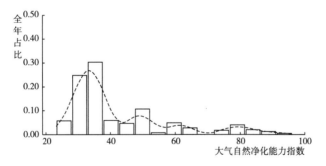

图1 北京市房山区大气自然净化能力指数分布 (ASPI-2019.1.1-2019.12.31)

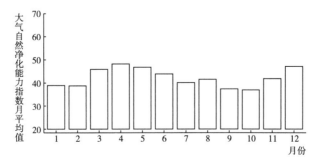

图2 北京市房山区大气自然净化能力指数月均变化 (ASPI-2019.1.1-2019.12.31)

北京市通州区

表 1　北京市通州区大气环境资源概况 （2019.1.1－2019.12.31）

指标类型	ASPI	AECI	EE	GCSP	GCO3
平均值	41.98	0.64	96.96	37.24	26.58
标准误	15.32	0.06	94.70	30.36	12.73
最小值	23.12	0.48	19.08	5.41	11.82
最大值	96.06	0.89	705.50	98.66	77.61
样本量（个）	797	797	797	797	797

表 2　北京市通州区大气环境资源分位数 （2019.1.1－2019.12.31）

指标类型	ASPI	AECI	EE	GCSP	GCO3
5%	27.45	0.54	20.18	8.24	13.39
10%	28.67	0.56	39.05	9.18	14.47
25%	31.65	0.59	40.46	11.65	19.44
50%	35.93	0.64	64.23	22.25	22.28
75%	49.43	0.68	106.90	63.69	24.91
90%	63.29	0.72	206.46	86.62	46.49

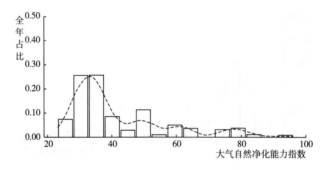

图 1　北京市通州区大气自然净化能力指数分布 （ASPI-2019.1.1－2019.12.31）

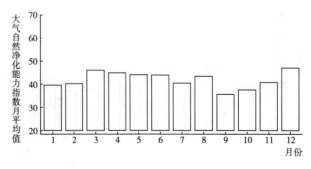

图 2　北京市通州区大气自然净化能力指数月均变化 （ASPI-2019.1.1－2019.12.31）

北京市顺义区

表 1 北京市顺义区大气环境资源概况（2019.1.1~2019.12.31）

指标类型	ASPI	AECI	EE	GCSP	GCO3
平均值	40.42	0.64	86.78	26.24	28.04
标准误	13.70	0.06	78.21	21.52	14.11
最小值	23.13	0.50	19.09	4.49	11.95
最大值	96.03	0.89	705.25	88.19	78.29
样本量（个）	797	797	797	797	797

表 2 北京市顺义区大气环境资源分位数（2019.1.1~2019.12.31）

指标类型	ASPI	AECI	EE	GCSP	GCO3
5%	27.78	0.54	38.56	7.94	13.37
10%	28.88	0.56	39.16	8.82	14.69
25%	31.57	0.59	40.46	11.00	19.48
50%	35.45	0.63	63.90	14.09	22.40
75%	47.51	0.68	104.73	43.80	41.91
90%	60.31	0.72	200.06	62.32	47.24

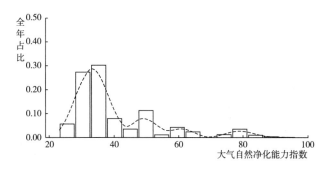

图 1 北京市顺义区大气自然净化能力指数分布（ASPI-2019.1.1~2019.12.31）

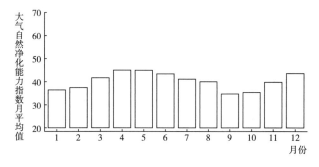

图 2 北京市顺义区大气自然净化能力指数月均变化（ASPI-2019.1.1~2019.12.31）

北京市昌平区

表 1　北京市昌平区大气环境资源概况（2019.1.1-2019.12.31）

指标类型	ASPI	AECI	EE	GCSP	GCO3
平均值	41.05	0.64	90.64	23.17	28.57
标准误	14.64	0.06	82.40	20.76	14.39
最小值	23.16	0.49	19.09	4.41	12.07
最大值	87.58	0.85	409.77	92.65	78.01
样本量（个）	796	796	796	796	796

表 2　北京市昌平区大气环境资源分位数（2019.1.1-2019.12.31）

指标类型	ASPI	AECI	EE	GCSP	GCO3
5%	28.38	0.55	38.95	7.31	13.48
10%	29.19	0.57	39.34	8.24	14.79
25%	31.64	0.60	40.50	10.31	19.48
50%	35.19	0.63	63.65	13.27	22.42
75%	47.48	0.68	104.69	26.88	42.42
90%	62.55	0.72	204.86	59.34	47.22

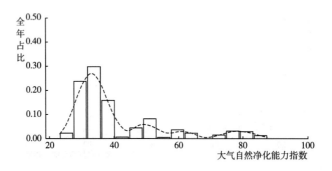

图 1　北京市昌平区大气自然净化能力指数分布（ASPI-2019.1.1-2019.12.31）

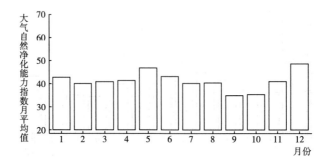

图 2　北京市昌平区大气自然净化能力指数月均变化（ASPI-2019.1.1-2019.12.31）

北京市大兴区

表1　北京市大兴区大气环境资源概况（2019.1.1－2019.12.31）

指标类型	ASPI	AECI	EE	GCSP	GCO3
平均值	40.35	0.64	84.45	28.66	27.97
标准误	13.31	0.06	71.97	23.96	13.96
最小值	23.20	0.49	19.10	5.40	11.86
最大值	91.24	0.83	604.37	94.68	78.21
样本量（个）	797	797	797	797	797

表2　北京市大兴区大气环境资源分位数（2019.1.1－2019.12.31）

指标类型	ASPI	AECI	EE	GCSP	GCO3
5%	27.23	0.54	20.00	7.95	13.38
10%	28.54	0.55	39.00	8.83	14.52
25%	31.64	0.60	40.42	11.17	19.55
50%	35.47	0.63	63.86	14.45	22.41
75%	47.86	0.68	105.13	45.09	42.07
90%	59.93	0.72	199.24	69.01	47.01

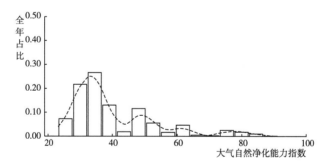

图1　北京市大兴区大气自然净化能力指数分布（ASPI-2019.1.1－2019.12.31）

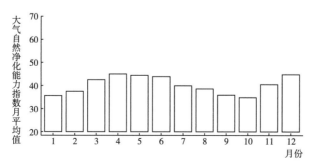

图2　北京市大兴区大气自然净化能力指数月均变化（ASPI-2019.1.1－2019.12.31）

北京市怀柔区

表 1 北京市怀柔区大气环境资源概况 （2019.1.1~2019.12.31）

指标类型	ASPI	AECI	EE	GCSP	GCO3
平均值	39.07	0.63	81.99	31.27	27.04
标准误	13.21	0.06	87.70	25.28	13.47
最小值	23.34	0.49	19.13	4.90	11.71
最大值	96.03	1.00	912.71	96.41	78.25
样本量（个）	798	798	798	798	798

表 2 北京市怀柔区大气环境资源分位数 （2019.1.1~2019.12.31）

指标类型	ASPI	AECI	EE	GCSP	GCO3
5%	27.78	0.54	38.54	8.00	13.11
10%	28.88	0.56	39.13	9.36	14.00
25%	31.58	0.59	40.45	11.66	19.34
50%	33.94	0.63	62.12	15.70	22.20
75%	39.45	0.67	66.72	50.40	25.31
90%	59.17	0.71	197.60	72.41	46.29

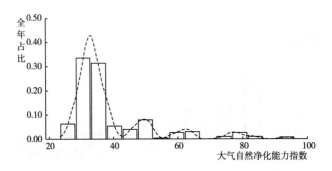

图 1 北京市怀柔区大气自然净化能力指数分布 （ASPI-2019.1.1~2019.12.31）

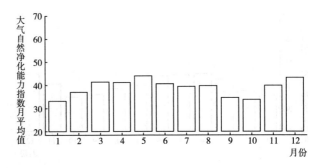

图 2 北京市怀柔区大气自然净化能力指数月均变化 （ASPI-2019.1.1~2019.12.31）

北京市平谷区

表 1　北京市平谷区大气环境资源概况（2019.1.1-2019.12.31）

指标类型	ASPI	AECI	EE	GCSP	GCO3
平均值	39.97	0.63	84.23	30.07	27.18
标准误	13.58	0.06	76.69	24.11	13.51
最小值	23.08	0.48	19.08	4.94	11.57
最大值	93.99	0.85	690.23	95.90	78.14
样本量（个）	796	796	796	796	796

表 2　北京市平谷区大气环境资源分位数（2019.1.1-2019.12.31）

指标类型	ASPI	AECI	EE	GCSP	GCO3
5%	27.45	0.53	20.55	8.01	13.00
10%	28.67	0.55	39.07	9.08	13.98
25%	31.10	0.59	40.18	11.64	19.32
50%	35.22	0.63	63.60	15.55	22.27
75%	47.25	0.68	104.43	47.71	25.64
90%	59.82	0.72	198.99	68.71	46.37

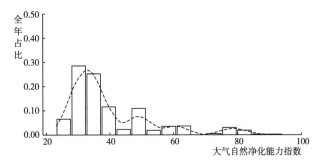

图 1　北京市平谷区大气自然净化能力指数分布（ASPI-2019.1.1-2019.12.31）

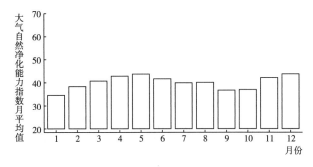

图 2　北京市平谷区大气自然净化能力指数月均变化（ASPI-2019.1.1-2019.12.31）

北京市密云区

表 1　北京市密云区大气环境资源概况（2019.1.1-2019.12.31）

指标类型	ASPI	AECI	EE	GCSP	GCO3
平均值	34.85	0.61	57.69	36.09	26.29
标准误	9.20	0.05	45.39	29.04	13.28
最小值	22.07	0.48	18.86	6.23	9.63
最大值	87.19	0.84	408.09	100.00	77.70
样本量（个）	1768	1768	1768	1768	1768

表 2　北京市密云区大气环境资源分位数（2019.1.1-2019.12.31）

指标类型	ASPI	AECI	EE	GCSP	GCO3
5%	26.21	0.52	19.83	8.51	12.14
10%	27.33	0.54	20.20	9.78	13.28
25%	29.43	0.57	39.34	12.18	19.11
50%	32.33	0.61	40.90	22.04	22.03
75%	36.68	0.64	64.81	60.57	25.02
90%	48.12	0.68	105.42	84.36	46.05

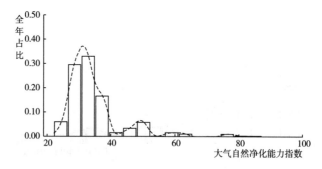

图 1　北京市密云区大气自然净化能力指数分布（ASPI-2019.1.1-2019.12.31）

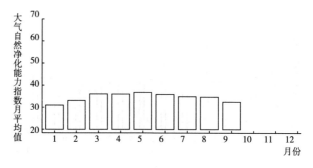

图 2　北京市密云区大气自然净化能力指数月均变化（ASPI-2019.1.1-2019.12.31）

北京市延庆区

表 1　北京市延庆区大气环境资源概况（2019. 1. 1–2019. 12. 31）

指标类型	ASPI	AECI	EE	GCSP	GCO3
平均值	38. 70	0. 62	79. 90	29. 23	24. 23
标准误	13. 75	0. 06	78. 12	25. 40	11. 12
最小值	22. 00	0. 48	18. 84	4. 93	9. 62
最大值	95. 98	0. 90	773. 99	96. 30	76. 55
样本量（个）	1766	1766	1766	1766	1766

表 2　北京市延庆区大气环境资源分位数（2019. 1. 1–2019. 12. 31）

指标类型	ASPI	AECI	EE	GCSP	GCO3
5%	26. 77	0. 52	20. 40	8. 22	12. 08
10%	28. 20	0. 54	38. 77	9. 09	13. 17
25%	30. 74	0. 58	40. 05	11. 30	18. 87
50%	33. 31	0. 62	41. 49	14. 01	21. 87
75%	38. 97	0. 66	66. 38	46. 17	24. 10
90%	60. 90	0. 71	201. 31	73. 75	44. 57

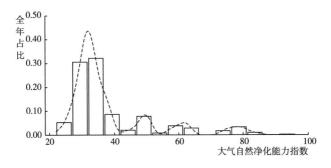

图 1　北京市延庆区大气自然净化能力指数分布（ASPI–2019. 1. 1–2019. 12. 31）

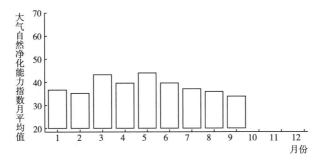

图 2　北京市延庆区大气自然净化能力指数月均变化（ASPI–2019. 1. 1–2019. 12. 31）

天津市

天津市河西区

表 1　天津市河西区大气环境资源概况（2019.1.1-2019.12.31）

指标类型	ASPI	AECI	EE	GCSP	GCO3
平均值	45.89	0.66	124.28	33.26	26.78
标准误	17.41	0.07	120.21	26.82	13.53
最小值	21.50	0.50	18.73	4.94	10.12
最大值	96.40	0.94	940.96	100.00	79.17
样本量（个）	2169	2169	2169	2169	2169

表 2　天津市河西区大气环境资源分位数（2019.1.1-2019.12.31）

指标类型	ASPI	AECI	EE	GCSP	GCO3
5%	27.80	0.55	38.68	8.64	12.67
10%	29.46	0.57	39.48	9.85	14.22
25%	32.68	0.61	60.71	12.62	18.89
50%	38.04	0.65	65.74	16.16	21.75
75%	56.77	0.70	192.42	53.47	25.54
90%	77.63	0.75	283.41	77.37	46.29

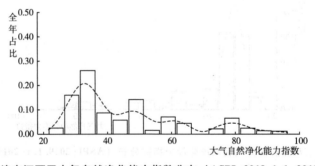

图 1　天津市河西区大气自然净化能力指数分布（ASPI-2019.1.1-2019.12.31）

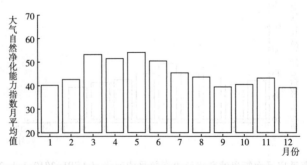

图 2　天津市河西区大气自然净化能力指数月均变化（ASPI-2019.1.1-2019.12.31）

天津市南开区

表1 天津市南开区大气环境资源概况 （2019.1.1-2019.12.31）

指标类型	ASPI	AECI	EE	GCSP	GCO3
平均值	36.63	0.63	64.33	24.10	30.10
标准误	8.26	0.05	37.87	19.23	14.87
最小值	23.46	0.51	19.16	4.91	12.39
最大值	79.20	0.77	287.78	100.00	80.19
样本量（个）	789	789	789	789	789

表2 天津市南开区大气环境资源分位数 （2019.1.1-2019.12.31）

指标类型	ASPI	AECI	EE	GCSP	GCO3
5%	27.99	0.55	38.74	7.76	14.01
10%	28.89	0.56	39.18	8.54	17.23
25%	31.50	0.60	40.36	11.22	19.86
50%	34.68	0.63	62.94	14.10	23.04
75%	38.10	0.67	65.79	36.05	43.56
90%	49.07	0.69	106.50	56.47	47.78

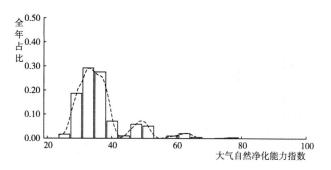

图1 天津市南开区大气自然净化能力指数分布 （ASPI-2019.1.1-2019.12.31）

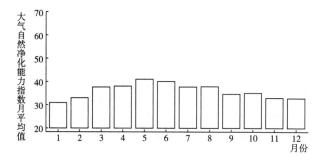

图2 天津市南开区大气自然净化能力指数月均变化 （ASPI-2019.1.1-2019.12.31）

天津市东丽区

表 1 天津市东丽区大气环境资源概况 （2019.1.1–2019.12.31）

指标类型	ASPI	AECI	EE	GCSP	GCO3
平均值	43.07	0.65	100.44	29.55	28.79
标准误	14.67	0.06	85.84	24.11	13.96
最小值	23.34	0.50	19.13	5.41	12.24
最大值	96.24	0.86	673.50	98.70	78.46
样本量（个）	791	791	791	791	791

表 2 天津市东丽区大气环境资源分位数 （2019.1.1–2019.12.31）

指标类型	ASPI	AECI	EE	GCSP	GCO3
5%	28.35	0.55	38.99	8.26	13.59
10%	29.41	0.57	39.45	9.09	16.48
25%	32.88	0.61	41.33	12.04	19.76
50%	37.04	0.65	65.05	15.59	22.73
75%	49.88	0.69	107.42	46.44	42.80
90%	62.77	0.73	205.34	67.56	47.00

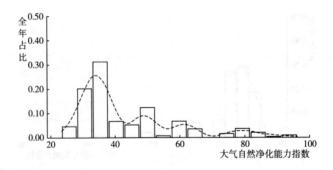

图 1 天津市东丽区大气自然净化能力指数分布 （ASPI-2019.1.1–2019.12.31）

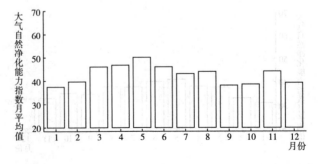

图 2 天津市东丽区大气自然净化能力指数月均变化 （ASPI-2019.1.1–2019.12.31）

天津市津南区

表 1 天津市津南区大气环境资源概况（2019.1.1—2019.12.31）

指标类型	ASPI	AECI	EE	GCSP	GCO3
平均值	39.30	0.64	78.50	24.47	28.84
标准误	11.50	0.06	61.05	19.11	14.12
最小值	23.27	0.49	19.12	4.93	12.20
最大值	89.72	0.84	594.34	83.23	78.04
样本量（个）	791	791	791	791	791

表 2 天津市津南区大气环境资源分位数（2019.1.1—2019.12.31）

指标类型	ASPI	AECI	EE	GCSP	GCO3
5%	27.68	0.54	38.64	7.64	13.52
10%	28.98	0.56	39.24	8.95	14.75
25%	31.88	0.60	40.58	11.43	19.73
50%	35.75	0.64	64.10	14.26	22.73
75%	46.11	0.67	103.14	36.20	42.83
90%	52.55	0.71	110.45	56.24	47.01

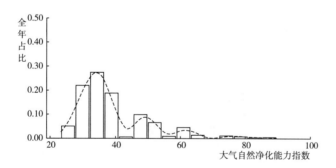

图 1 天津市津南区大气自然净化能力指数分布（ASPI-2019.1.1—2019.12.31）

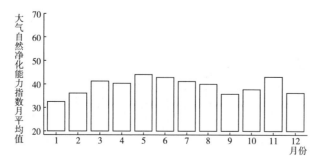

图 2 天津市津南区大气自然净化能力指数月均变化（ASPI-2019.1.1—2019.12.31）

天津市北辰区

表 1   天津市北辰区大气环境资源概况（2019. 1. 1–2019. 12. 31）

指标类型	ASPI	AECI	EE	GCSP	GCO3
平均值	40.47	0.64	87.24	32.24	27.79
标准误	13.43	0.06	73.72	27.80	14.15
最小值	22.40	0.49	18.93	4.48	10.78
最大值	93.38	0.83	618.54	100.00	79.15
样本量（个）	1866	1866	1866	1866	1866

表 2   天津市北辰区大气环境资源分位数（2019. 1. 1–2019. 12. 31）

指标类型	ASPI	AECI	EE	GCSP	GCO3
5%	27.13	0.54	20.35	8.03	12.84
10%	28.47	0.56	38.91	9.33	14.28
25%	31.53	0.59	40.45	11.83	19.21
50%	35.34	0.64	63.83	15.47	22.16
75%	47.98	0.68	105.26	51.50	41.89
90%	60.87	0.72	201.24	80.84	46.99

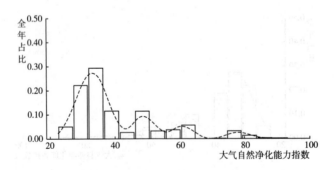

图 1   天津市北辰区大气自然净化能力指数分布（ASPI–2019. 1. 1–2019. 12. 31）

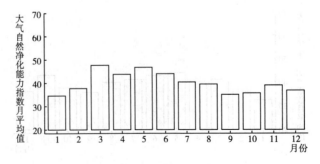

图 2   天津市北辰区大气自然净化能力指数月均变化（ASPI–2019. 1. 1–2019. 12. 31）

天津市滨海新区北部沿海

表 1　天津市滨海新区北部沿海大气环境资源概况（2019.1.1-2019.12.31）

指标类型	ASPI	AECI	EE	GCSP	GCO3
平均值	44.53	0.65	107.31	33.64	27.50
标准误	15.17	0.06	86.92	24.44	12.67
最小值	23.44	0.50	19.15	5.83	12.11
最大值	94.91	0.83	628.68	98.70	76.30
样本量（个）	791	791	791	791	791

表 2　天津市滨海新区北部沿海大气环境资源分位数（2019.1.1-2019.12.31）

指标类型	ASPI	AECI	EE	GCSP	GCO3
5%	28.41	0.54	39.00	8.81	13.45
10%	29.39	0.57	39.44	10.55	14.66
25%	33.14	0.61	61.31	13.22	19.56
50%	38.00	0.66	65.71	25.97	22.58
75%	50.51	0.69	108.14	52.04	41.56
90%	64.09	0.73	208.19	69.13	46.19

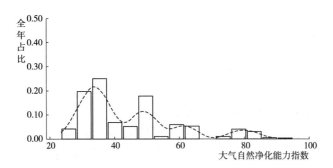

图 1　天津市滨海新区北部沿海大气自然净化能力指数分布（ASPI-2019.1.1-2019.12.31）

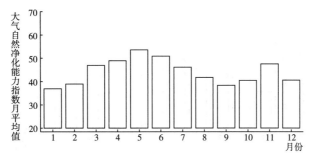

图 2　天津市滨海新区北部沿海大气自然净化能力指数月均变化（ASPI-2019.1.1-2019.12.31）

天津市滨海新区南部沿海

表 1　天津市滨海新区南部沿海大气环境资源概况（2019.1.1–2019.12.31）

指标类型	ASPI	AECI	EE	GCSP	GCO3
平均值	43.64	0.65	102.17	30.78	28.28
标准误	14.52	0.06	79.59	23.28	13.30
最小值	24.93	0.53	19.47	4.93	12.36
最大值	94.97	0.83	629.08	98.70	78.61
样本量（个）	790	790	790	790	790

表 2　天津市滨海新区南部沿海大气环境资源分位数（2019.1.1–2019.12.31）

指标类型	ASPI	AECI	EE	GCSP	GCO3
5%	28.64	0.56	39.06	8.31	13.73
10%	30.00	0.58	39.71	9.61	16.84
25%	33.41	0.61	62.03	12.62	19.73
50%	37.36	0.66	65.27	21.85	22.70
75%	50.08	0.69	107.65	48.71	42.62
90%	64.03	0.73	208.05	67.65	46.75

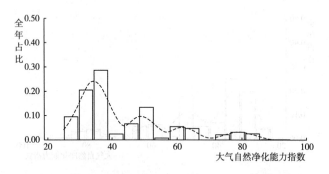

图 1　天津市滨海新区南部沿海大气自然净化能力指数分布（ASPI-2019.1.1–2019.12.31）

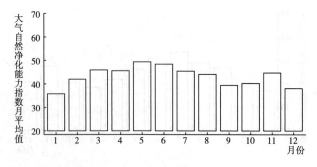

图 2　天津市滨海新区南部沿海大气自然净化能力指数月均变化（ASPI-2019.1.1–2019.12.31）

天津市滨海新区中部沿海

表 1　天津市滨海新区中部沿海大气环境资源概况（2019.1.1~2019.12.31）

指标类型	ASPI	AECI	EE	GCSP	GCO3
平均值	44.09	0.65	108.00	31.34	26.23
标准误	15.21	0.06	87.79	23.89	12.12
最小值	21.18	0.49	18.66	5.39	10.14
最大值	95.20	0.88	691.51	98.64	77.89
样本量（个）	2150	2150	2150	2150	2150

表 2　天津市滨海新区中部沿海大气环境资源分位数（2019.1.1~2019.12.31）

指标类型	ASPI	AECI	EE	GCSP	GCO3
5%	27.89	0.56	38.76	8.81	12.96
10%	29.49	0.58	39.50	10.32	15.34
25%	32.54	0.61	59.98	12.66	18.96
50%	37.63	0.65	65.46	16.31	21.86
75%	50.54	0.69	108.17	49.29	25.63
90%	63.90	0.73	207.78	70.52	45.31

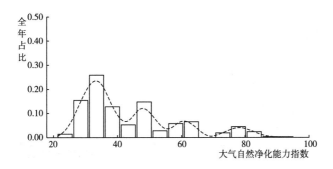

图 1　天津市滨海新区中部沿海大气自然净化能力指数分布（ASPI-2019.1.1~2019.12.31）

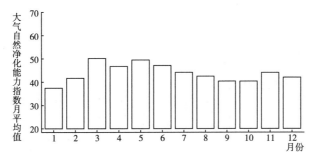

图 2　天津市滨海新区中部沿海大气自然净化能力指数月均变化（ASPI-2019.1.1~2019.12.31）

天津市武清区

表 1 天津市武清区大气环境资源概况（2019.1.1-2019.12.31）

指标类型	ASPI	AECI	EE	GCSP	GCO3
平均值	39.72	0.63	84.16	31.30	27.26
标准误	13.59	0.06	79.61	25.70	13.61
最小值	22.21	0.49	18.89	4.49	10.98
最大值	94.11	0.86	739.83	100.00	78.69
样本量（个）	1865	1865	1865	1865	1865

表 2 天津市武清区大气环境资源分位数（2019.1.1-2019.12.31）

指标类型	ASPI	AECI	EE	GCSP	GCO3
5%	26.60	0.54	19.98	8.28	12.92
10%	28.04	0.56	38.57	9.37	14.39
25%	31.14	0.59	40.33	11.69	19.15
50%	34.79	0.63	63.03	15.63	22.11
75%	46.21	0.67	103.25	49.96	40.33
90%	59.87	0.71	199.09	73.92	46.47

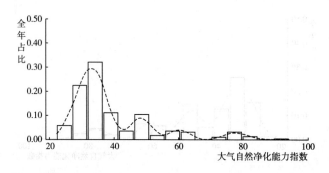

图 1 天津市武清区大气自然净化能力指数分布（ASPI-2019.1.1-2019.12.31）

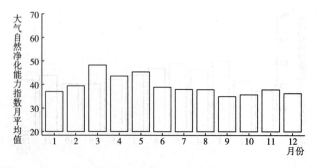

图 2 天津市武清区大气自然净化能力指数月均变化（ASPI-2019.1.1-2019.12.31）

天津市宝坻区

表 1 天津市宝坻区大气环境资源概况（2019.1.1-2019.12.31）

指标类型	ASPI	AECI	EE	GCSP	GCO3
平均值	41.97	0.64	103.31	32.56	25.61
标准误	16.24	0.07	112.93	25.71	12.36
最小值	21.32	0.49	18.69	4.90	9.82
最大值	96.14	0.98	844.10	96.47	77.07
样本量（个）	2127	2127	2127	2127	2127

表 2 天津市宝坻区大气环境资源分位数（2019.1.1-2019.12.31）

指标类型	ASPI	AECI	EE	GCSP	GCO3
5%	26.84	0.54	38.08	8.73	12.42
10%	28.17	0.56	38.87	9.80	13.72
25%	31.23	0.60	40.33	12.18	18.66
50%	35.53	0.64	63.97	16.19	21.62
75%	48.44	0.68	105.78	51.98	24.54
90%	72.38	0.73	267.23	75.94	45.50

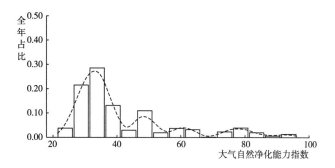

图 1 天津市宝坻区大气自然净化能力指数分布（ASPI-2019.1.1-2019.12.31）

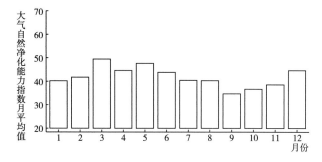

图 2 天津市宝坻区大气自然净化能力指数月均变化（ASPI-2019.1.1-2019.12.31）

天津市宁河区

表 1 天津市宁河区大气环境资源概况 （2019.1.1-2019.12.31）

指标类型	ASPI	AECI	EE	GCSP	GCO3
平均值	47.69	0.66	133.28	40.56	26.06
标准误	17.22	0.07	132.95	28.82	11.21
最小值	24.11	0.51	19.30	6.90	12.06
最大值	96.20	0.97	1013.45	100.00	63.73
样本量（个）	791	791	791	791	791

表 2 天津市宁河区大气环境资源分位数 （2019.1.1-2019.12.31）

指标类型	ASPI	AECI	EE	GCSP	GCO3
5%	28.80	0.55	39.17	9.61	13.30
10%	30.96	0.58	40.12	11.24	14.37
25%	34.06	0.61	62.63	14.10	19.55
50%	44.62	0.66	101.45	27.97	22.41
75%	58.32	0.70	195.76	62.38	25.09
90%	78.66	0.75	286.54	86.73	45.37

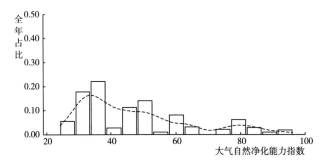

图 1 天津市宁河区大气自然净化能力指数分布 （ASPI-2019.1.1-2019.12.31）

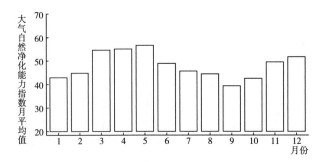

图 2 天津市宁河区大气自然净化能力指数月均变化 （ASPI-2019.1.1-2019.12.31）

天津市静海区

表 1 天津市静海区大气环境资源概况（2019.1.1－2019.12.31）

指标类型	ASPI	AECI	EE	GCSP	GCO3
平均值	43.23	0.65	100.42	30.97	28.95
标准误	14.34	0.06	84.50	25.56	14.52
最小值	23.28	0.49	19.12	4.91	12.19
最大值	94.47	0.87	693.78	100.00	78.77
样本量（个）	792	792	792	792	792

表 2 天津市静海区大气环境资源分位数（2019.1.1－2019.12.31）

指标类型	ASPI	AECI	EE	GCSP	GCO3
5%	28.09	0.54	38.79	8.23	13.54
10%	29.36	0.57	39.43	9.16	14.83
25%	33.26	0.61	41.56	11.67	19.80
50%	37.41	0.65	65.31	15.55	22.58
75%	49.87	0.69	107.41	50.73	43.07
90%	62.59	0.73	204.95	73.73	47.47

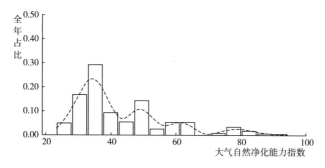

图 1 天津市静海区大气自然净化能力指数分布（ASPI-2019.1.1－2019.12.31）

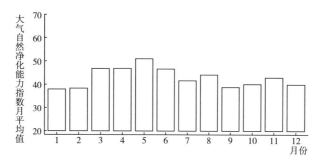

图 2 天津市静海区大气自然净化能力指数月均变化（ASPI-2019.1.1－2019.12.31）

天津市蓟州区

表 1 天津市蓟州区大气环境资源概况（2019.1.1-2019.12.31）

指标类型	ASPI	AECI	EE	GCSP	GCO3
平均值	38.80	0.63	78.13	34.69	26.45
标准误	13.05	0.06	75.28	27.43	12.36
最小值	23.27	0.48	19.12	5.39	11.79
最大值	96.05	0.89	690.67	100.00	78.30
样本量（个）	792	792	792	792	792

表 2 天津市蓟州区大气环境资源分位数（2019.1.1-2019.12.31）

指标类型	ASPI	AECI	EE	GCSP	GCO3
5%	27.26	0.54	20.23	7.94	13.28
10%	28.37	0.55	38.87	9.17	14.38
25%	31.12	0.59	40.18	11.66	19.39
50%	34.00	0.63	61.90	21.85	22.29
75%	39.71	0.67	66.90	57.76	24.82
90%	57.60	0.71	194.21	78.84	46.15

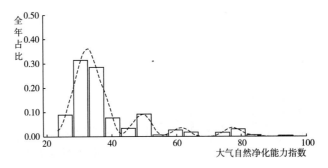

图 1 天津市蓟州区大气自然净化能力指数分布（ASPI-2019.1.1-2019.12.31）

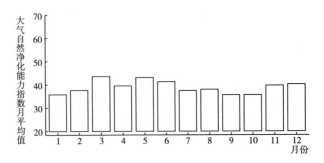

图 2 天津市蓟州区大气自然净化能力指数月均变化（ASPI-2019.1.1-2019.12.31）

河北省

河北省石家庄市

表1 河北省石家庄市大气环境资源概况（2019.1.1-2019.12.31）

指标类型	ASPI	AECI	EE	GCSP	GCO3
平均值	41.65	0.65	96.78	32.80	27.73
标准误	15.28	0.07	94.49	27.10	14.35
最小值	22.50	0.50	18.95	4.01	10.36
最大值	96.36	1.00	985.17	100.00	78.92
样本量（个）	2196	2196	2196	2196	2196

表2 河北省石家庄市大气环境资源分位数（2019.1.1-2019.12.31）

指标类型	ASPI	AECI	EE	GCSP	GCO3
5%	27.55	0.55	37.87	8.26	13.17
10%	28.64	0.57	39.07	9.77	15.37
25%	31.38	0.60	40.46	12.19	19.26
50%	35.23	0.64	63.71	16.05	21.95
75%	48.61	0.68	105.99	51.74	40.94
90%	62.68	0.73	205.15	79.04	46.97

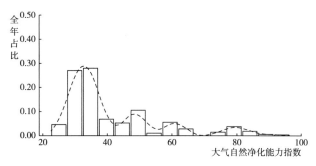

图1 河北省石家庄市大气自然净化能力指数分布（ASPI-2019.1.1-2019.12.31）

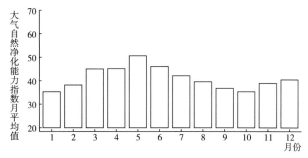

图2 河北省石家庄市大气自然净化能力指数月均变化（ASPI-2019.1.1-2019.12.31）

河北省唐山市

表 1   河北省唐山市大气环境资源概况（2019.1.1-2019.12.31）

指标类型	ASPI	AECI	EE	GCSP	GCO3
平均值	43.91	0.65	114.15	36.63	25.03
标准误	17.38	0.08	121.73	28.33	11.72
最小值	21.33	0.48	18.70	6.24	9.67
最大值	96.47	0.99	1177.29	100.00	77.37
样本量（个）	2180	2180	2180	2180	2180

表 2   河北省唐山市大气环境资源分位数（2019.1.1-2019.12.31）

指标类型	ASPI	AECI	EE	GCSP	GCO3
5%	26.54	0.53	20.11	9.09	12.35
10%	28.09	0.55	38.73	10.35	13.57
25%	31.39	0.59	40.48	13.12	18.65
50%	36.21	0.64	64.48	26.00	21.55
75%	50.35	0.69	107.96	58.55	24.30
90%	76.92	0.74	280.92	82.99	45.18

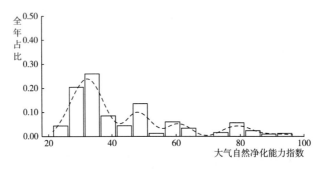

图 1   河北省唐山市大气自然净化能力指数分布（ASPI-2019.1.1-2019.12.31）

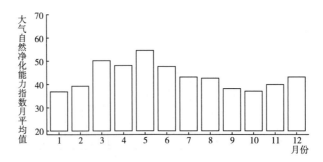

图 2   河北省唐山市大气自然净化能力指数月均变化（ASPI-2019.1.1-2019.12.31）

河北省秦皇岛市

表 1　河北省秦皇岛市大气环境资源概况（2019.1.1—2019.12.31）

指标类型	ASPI	AECI	EE	GCSP	GCO3
平均值	36.76	0.61	68.81	47.98	22.81
标准误	11.68	0.06	59.79	29.84	8.67
最小值	21.26	0.48	18.68	5.82	9.70
最大值	84.17	0.80	384.34	100.00	75.88
样本量（个）	2143	2143	2143	2143	2143

表 2　河北省秦皇岛市大气环境资源分位数（2019.1.1—2019.12.31）

指标类型	ASPI	AECI	EE	GCSP	GCO3
5%	25.52	0.52	19.65	10.32	12.41
10%	26.68	0.54	19.96	11.67	13.59
25%	29.11	0.57	39.18	15.39	18.64
50%	33.11	0.61	41.65	48.86	21.45
75%	38.61	0.65	66.14	75.73	23.87
90%	51.35	0.69	109.09	89.90	41.67

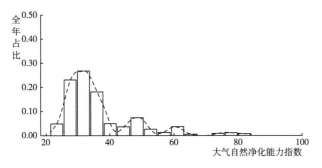

图 1　河北省秦皇岛市大气自然净化能力指数分布（ASPI-2019.1.1—2019.12.31）

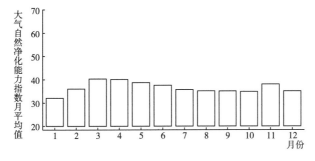

图 2　河北省秦皇岛市大气自然净化能力指数月均变化（ASPI-2019.1.1—2019.12.31）

河北省邯郸市

表 1　河北省邯郸市大气环境资源概况（2019.1.1–2019.12.31）

指标类型	ASPI	AECI	EE	GCSP	GCO3
平均值	40.92	0.64	85.63	29.19	30.94
标准误	13.01	0.06	68.83	23.22	15.88
最小值	23.77	0.50	19.22	5.39	12.61
最大值	87.13	0.85	407.85	100.00	81.24
样本量（个）	818	818	818	818	818

表 2　河北省邯郸市大气环境资源分位数（2019.1.1–2019.12.31）

指标类型	ASPI	AECI	EE	GCSP	GCO3
5%	27.85	0.54	20.18	8.79	14.41
10%	29.03	0.57	39.11	10.00	17.82
25%	32.17	0.60	40.69	12.33	20.52
50%	35.82	0.64	64.08	15.70	23.03
75%	49.42	0.68	106.89	45.03	44.40
90%	61.77	0.73	203.19	66.85	48.82

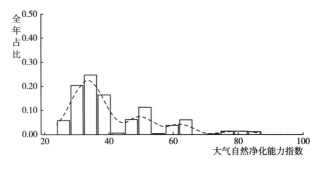

图 1　河北省邯郸市大气自然净化能力指数分布（ASPI-2019.1.1–2019.12.31）

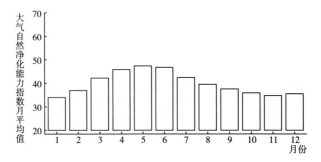

图 2　河北省邯郸市大气自然净化能力指数月均变化（ASPI-2019.1.1–2019.12.31）

河北省邢台市

表1　河北省邢台市大气环境资源概况（2019.1.1-2019.12.31）

指标类型	ASPI	AECI	EE	GCSP	GCO3
平均值	52.22	0.68	164.18	31.04	27.77
标准误	18.55	0.08	147.44	26.35	14.03
最小值	22.70	0.51	18.99	3.83	10.47
最大值	97.86	1.00	1153.81	100.00	80.32
样本量（个）	2201	2201	2201	2201	2201

表2　河北省邢台市大气环境资源分位数（2019.1.1-2019.12.31）

指标类型	ASPI	AECI	EE	GCSP	GCO3
5%	30.39	0.58	39.87	8.55	13.53
10%	32.20	0.60	41.01	9.78	16.02
25%	35.52	0.63	63.91	12.17	19.43
50%	48.24	0.68	105.56	15.57	22.11
75%	62.51	0.72	204.79	47.87	41.15
90%	80.58	0.78	335.57	75.74	46.78

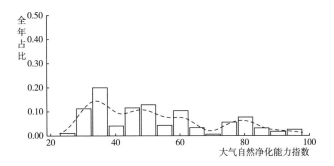

图1　河北省邢台市大气自然净化能力指数分布（ASPI-2019.1.1-2019.12.31）

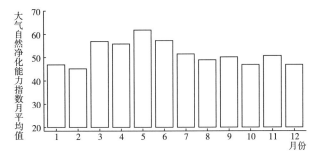

图2　河北省邢台市大气自然净化能力指数月均变化（ASPI-2019.1.1-2019.12.31）

河北省保定市

表 1   河北省保定市大气环境资源概况 （2019.1.1-2019.12.31）

指标类型	ASPI	AECI	EE	GCSP	GCO3
平均值	39.33	0.63	83.86	43.93	26.09
标准误	14.17	0.07	86.13	33.91	13.28
最小值	21.43	0.48	18.72	5.31	9.87
最大值	96.25	1.00	914.79	100.00	78.51
样本量（个）	2181	2181	2181	2181	2181

表 2   河北省保定市大气环境资源分位数 （2019.1.1-2019.12.31）

指标类型	ASPI	AECI	EE	GCSP	GCO3
5%	25.47	0.53	19.64	8.94	12.60
10%	27.22	0.54	20.21	10.33	13.87
25%	30.02	0.58	39.71	13.12	18.95
50%	34.14	0.62	62.76	27.56	21.72
75%	46.92	0.68	104.06	73.53	24.53
90%	60.31	0.72	200.05	100.00	46.08

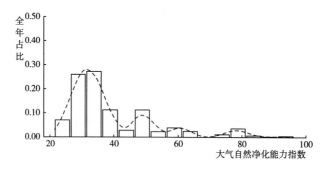

图 1   河北省保定市大气自然净化能力指数分布 （ASPI-2019.1.1-2019.12.31）

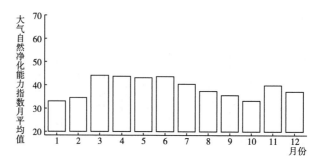

图 2   河北省保定市大气自然净化能力指数月均变化 （ASPI-2019.1.1-2019.12.31）

河北省张家口市

表 1 河北省张家口市大气环境资源概况（2019.1.1-2019.12.31）

指标类型	ASPI	AECI	EE	GCSP	GCO3
平均值	45.29	0.64	124.82	24.29	22.46
标准误	18.40	0.07	130.26	20.88	9.43
最小值	21.03	0.48	18.63	4.61	9.36
最大值	97.07	0.95	911.71	97.39	62.02
样本量（个）	2192	2192	2192	2192	2192

表 2 河北省张家口市大气环境资源分位数（2019.1.1-2019.12.31）

指标类型	ASPI	AECI	EE	GCSP	GCO3
5%	27.55	0.54	38.47	8.26	11.94
10%	28.86	0.55	39.16	9.38	13.09
25%	31.45	0.59	40.50	11.51	17.39
50%	36.66	0.63	64.79	13.94	21.07
75%	56.61	0.68	192.08	27.54	23.36
90%	77.48	0.74	285.98	59.59	42.42

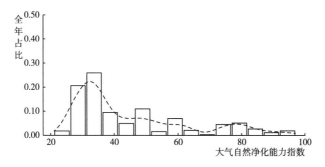

图 1 河北省张家口市大气自然净化能力指数分布（ASPI-2019.1.1-2019.12.31）

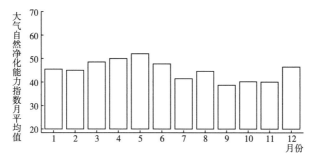

图 2 河北省张家口市大气自然净化能力指数月均变化（ASPI-2019.1.1-2019.12.31）

河北省承德市

表 1　河北省承德市大气环境资源概况（2019.1.1-2019.12.31）

指标类型	ASPI	AECI	EE	GCSP	GCO3
平均值	38.01	0.62	80.07	31.59	23.32
标准误	14.65	0.07	88.74	28.81	10.88
最小值	21.08	0.47	18.64	4.40	9.57
最大值	96.63	0.98	911.41	100.00	76.59
样本量（个）	2195	2195	2195	2195	2195

表 2　河北省承德市大气环境资源分位数（2019.1.1-2019.12.31）

指标类型	ASPI	AECI	EE	GCSP	GCO3
5%	25.26	0.52	19.57	8.24	12.00
10%	26.93	0.53	20.33	9.09	13.10
25%	29.44	0.57	39.44	11.32	17.97
50%	32.42	0.61	40.90	14.00	21.08
75%	38.66	0.65	66.17	49.19	23.49
90%	60.57	0.71	200.61	84.61	43.56

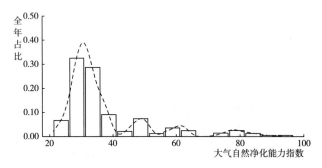

图 1　河北省承德市大气自然净化能力指数分布（ASPI-2019.1.1-2019.12.31）

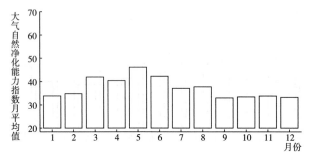

图 2　河北省承德市大气自然净化能力指数月均变化（ASPI-2019.1.1-2019.12.31）

河北省沧州市

表 1 河北省沧州市大气环境资源概况（2019.1.1-2019.12.31）

指标类型	ASPI	AECI	EE	GCSP	GCO3
平均值	43.99	0.65	110.33	31.09	28.79
标准误	16.27	0.07	112.93	24.69	14.66
最小值	23.37	0.48	19.14	5.41	12.02
最大值	96.31	0.88	637.98	100.00	79.08
样本量（个）	814	814	814	814	814

表 2 河北省沧州市大气环境资源分位数（2019.1.1-2019.12.31）

指标类型	ASPI	AECI	EE	GCSP	GCO3
5%	27.74	0.53	20.50	8.63	13.53
10%	29.04	0.56	39.20	10.01	14.78
25%	32.71	0.61	41.08	12.63	20.08
50%	37.16	0.65	65.13	15.85	22.66
75%	50.49	0.69	108.11	48.77	42.68
90%	63.94	0.74	207.87	71.90	47.60

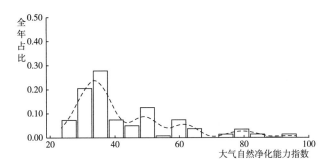

图 1 河北省沧州市大气自然净化能力指数分布（ASPI-2019.1.1-2019.12.31）

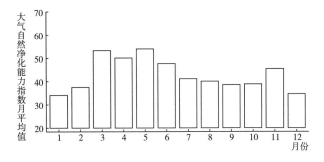

图 2 河北省沧州市大气自然净化能力指数月均变化（ASPI-2019.1.1-2019.12.31）

河北省廊坊市

表 1 河北省廊坊市大气环境资源概况 (2019.1.1-2019.12.31)

指标类型	ASPI	AECI	EE	GCSP	GCO3
平均值	35.79	0.62	60.74	28.37	28.48
标准误	9.56	0.05	48.07	23.94	14.12
最小值	23.23	0.49	19.11	5.82	11.93
最大值	85.81	0.82	402.21	96.34	78.53
样本量（个）	813	813	813	813	813

表 2 河北省廊坊市大气环境资源分位数 (2019.1.1-2019.12.31)

指标类型	ASPI	AECI	EE	GCSP	GCO3
5%	26.01	0.54	19.71	8.23	13.61
10%	28.00	0.55	20.46	8.83	16.56
25%	30.45	0.59	39.88	11.15	19.88
50%	33.30	0.62	41.29	13.99	22.55
75%	37.34	0.65	65.26	44.86	42.22
90%	47.90	0.68	105.17	67.16	47.33

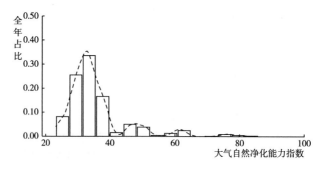

图 1 河北省廊坊市大气自然净化能力指数分布 (ASPI-2019.1.1-2019.12.31)

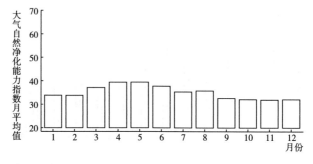

图 2 河北省廊坊市大气自然净化能力指数月均变化 (ASPI-2019.1.1-2019.12.31)

河北省衡水市

表 1 河北省衡水市大气环境资源概况（2019.1.1-2019.12.31）

指标类型	ASPI	AECI	EE	GCSP	GCO3
平均值	37.94	0.63	70.24	30.90	29.71
标准误	10.71	0.06	54.20	23.83	15.32
最小值	23.47	0.49	19.16	4.93	12.38
最大值	86.95	0.85	407.10	100.00	80.50
样本量（个）	813	813	813	813	813

表 2 河北省衡水市大气环境资源分位数（2019.1.1-2019.12.31）

指标类型	ASPI	AECI	EE	GCSP	GCO3
5%	27.18	0.54	19.96	8.53	13.89
10%	28.57	0.55	38.96	9.59	17.21
25%	31.39	0.59	40.31	12.01	20.26
50%	34.57	0.63	62.58	21.64	22.79
75%	39.54	0.67	66.78	47.71	43.40
90%	51.57	0.70	109.33	67.78	48.12

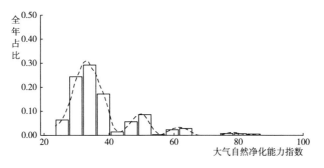

图 1 河北省衡水市大气自然净化能力指数分布（ASPI-2019.1.1-2019.12.31）

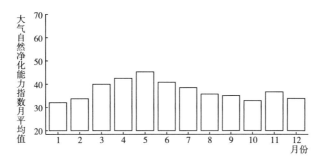

图 2 河北省衡水市大气自然净化能力指数月均变化（ASPI-2019.1.1-2019.12.31）

山西省

山西省大同市

表 1 山西省大同市大气环境资源概况 （2019.1.1－2019.12.31）

指标类型	ASPI	AECI	EE	GCSP	GCO3
平均值	41.71	0.62	104.09	33.74	21.50
标准误	17.95	0.08	122.81	27.70	8.37
最小值	21.10	0.46	18.65	5.65	9.21
最大值	96.86	0.94	902.86	96.08	60.91
样本量（个）	2173	2173	2173	2173	2173

表 2 山西省大同市大气环境资源分位数 （2019.1.1－2019.12.31）

指标类型	ASPI	AECI	EE	GCSP	GCO3
5%	25.50	0.51	19.62	8.54	11.73
10%	26.85	0.53	20.05	9.62	12.76
25%	29.60	0.56	39.43	12.01	15.85
50%	33.91	0.61	62.28	15.86	21.07
75%	48.32	0.67	105.65	56.41	23.35
90%	76.41	0.73	279.92	80.84	25.72

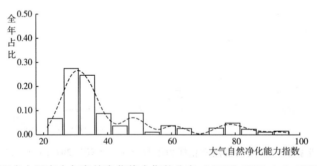

图 1 山西省大同市大气自然净化能力指数分布 （ASPI-2019.1.1－2019.12.31）

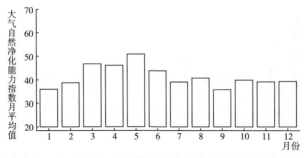

图 2 山西省大同市大气自然净化能力指数月均变化 （ASPI-2019.1.1－2019.12.31）

山西省晋城市

表1 山西省晋城市大气环境资源概况 （2019.1.1–2019.12.31）

指标类型	ASPI	AECI	EE	GCSP	GCO3
平均值	42.67	0.64	97.65	32.47	26.09
标准误	15.38	0.07	94.46	26.76	11.08
最小值	24.15	0.50	19.31	3.82	12.72
最大值	96.77	0.89	745.79	97.44	74.57
样本量（个）	792	792	792	792	792

表2 山西省晋城市大气环境资源分位数 （2019.1.1–2019.12.31）

指标类型	ASPI	AECI	EE	GCSP	GCO3
5%	28.31	0.54	20.74	7.94	14.27
10%	29.70	0.56	39.41	9.60	16.57
25%	32.43	0.59	40.86	12.30	20.14
50%	36.18	0.63	64.43	15.86	22.95
75%	49.72	0.68	107.24	52.06	25.29
90%	64.89	0.73	209.9	77.77	45.42

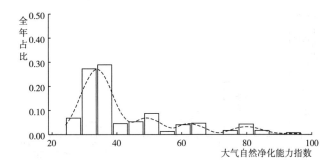

图1 山西省晋城市大气自然净化能力指数分布 （ASPI–2019.1.1–2019.12.31）

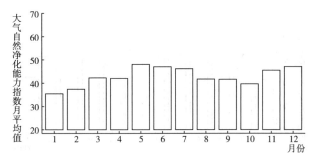

图2 山西省晋城市大气自然净化能力指数月均变化 （ASPI–2019.1.1–2019.12.31）

山西省晋中市

表1 山西省晋中市大气环境资源概况（2019.1.1-2019.12.31）

指标类型	ASPI	AECI	EE	GCSP	GCO3
平均值	49.36	0.66	150.00	28.94	25.78
标准误	19.74	0.08	156.76	26.65	11.56
最小值	24.62	0.50	19.41	3.83	11.91
最大值	97.56	0.99	904.36	98.66	74.67
样本量（个）	796	796	796	796	796

表2 山西省晋中市大气环境资源分位数（2019.1.1-2019.12.31）

指标类型	ASPI	AECI	EE	GCSP	GCO3
5%	29.64	0.55	39.51	7.23	13.42
10%	31.76	0.57	40.51	8.52	14.53
25%	33.88	0.61	62.24	11.01	19.61
50%	39.04	0.65	66.44	14.40	22.52
75%	62.05	0.71	203.79	44.92	24.91
90%	82.88	0.78	346.92	74.33	45.64

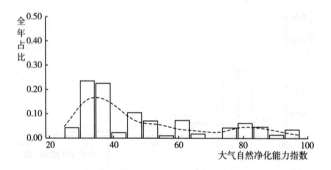

图1 山西省晋中市大气自然净化能力指数分布（ASPI-2019.1.1-2019.12.31）

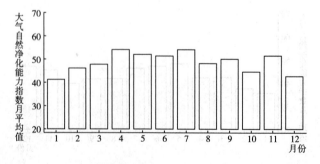

图2 山西省晋中市大气自然净化能力指数月均变化（ASPI-2019.1.1-2019.12.31）

山西省临汾市

表1 山西省临汾市大气环境资源概况（2019.1.1-2019.12.31）

指标类型	ASPI	AECI	EE	GCSP	GCO3
平均值	35.91	0.62	61.93	24.06	27.90
标准误	9.55	0.05	45.00	19.98	14.35
最小值	21.90	0.50	18.82	0.09	10.65
最大值	87.77	0.86	410.58	92.35	79.41
样本量（个）	2134	2134	2134	2134	2134

表2 山西省临汾市大气环境资源分位数（2019.1.1-2019.12.31）

指标类型	ASPI	AECI	EE	GCSP	GCO3
5%	26.02	0.54	19.75	6.94	13.41
10%	27.61	0.55	38.27	8.24	16.85
25%	30.24	0.58	39.79	10.97	19.59
50%	33.46	0.62	41.58	13.76	22.37
75%	37.74	0.66	65.54	36.05	26.37
90%	49.57	0.69	107.06	57.60	47.39

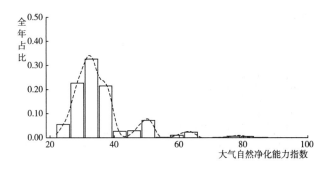

图1 山西省临汾市大气自然净化能力指数分布（ASPI-2019.1.1-2019.12.31）

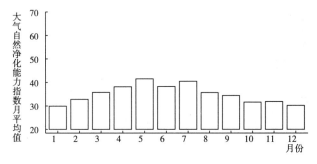

图2 山西省临汾市大气自然净化能力指数月均变化（ASPI-2019.1.1-2019.12.31）

山西省吕梁市

表1 山西省吕梁市大气环境资源概况 (2019.1.1-2019.12.31)

指标类型	ASPI	AECI	EE	GCSP	GCO3
平均值	38.88	0.62	79.26	30.60	23.88
标准误	12.93	0.06	69.01	26.14	10.44
最小值	22.59	0.49	18.97	5.65	10.16
最大值	96.45	0.85	638.88	100.00	74.92
样本量（个）	2173	2173	2173	2173	2173

表2 山西省吕梁市大气环境资源分位数 (2019.1.1-2019.12.31)

指标类型	ASPI	AECI	EE	GCSP	GCO3
5%	27.46	0.54	20.42	8.73	12.70
10%	28.79	0.55	39.00	9.86	13.89
25%	31.20	0.58	40.39	12.05	18.72
50%	34.26	0.62	62.38	15.11	21.71
75%	39.91	0.65	67.03	46.45	23.94
90%	59.16	0.7	197.58	74.27	44.27

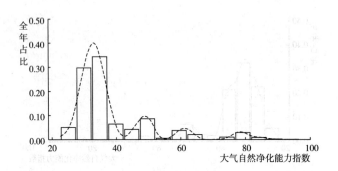

图1 山西省吕梁市大气自然净化能力指数分布 (ASPI-2019.1.1-2019.12.31)

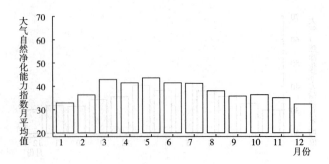

图2 山西省吕梁市大气自然净化能力指数月均变化 (ASPI-2019.1.1-2019.12.31)

山西省朔州市

表1　山西省朔州市大气环境资源概况（2019.1.1-2019.12.31）

指标类型	ASPI	AECI	EE	GCSP	GCO3
平均值	37.64	0.61	75.56	27.68	21.92
标准误	13.38	0.06	77.20	23.22	8.52
最小值	22.39	0.47	18.93	3.81	9.40
最大值	96.44	0.89	741.82	93.79	63.10
样本量（个）	2131	2131	2131	2131	2131

表2　山西省朔州市大气环境资源分位数（2019.1.1-2019.12.31）

指标类型	ASPI	AECI	EE	GCSP	GCO3
5%	26.78	0.52	20.54	7.93	11.96
10%	27.88	0.53	38.63	8.95	13.07
25%	30.00	0.57	39.70	11.21	17.05
50%	32.90	0.60	41.29	14.00	21.30
75%	37.83	0.65	65.6	43.94	23.53
90%	55.62	0.70	189.95	66.92	26.07

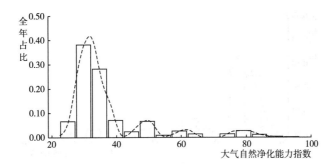

图1　山西省朔州市大气自然净化能力指数分布（ASPI-2019.1.1-2019.12.31）

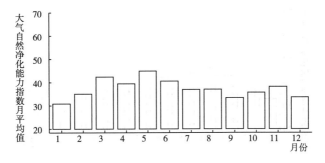

图2　山西省朔州市大气自然净化能力指数月均变化（ASPI-2019.1.1-2019.12.31）

山西省太原市

表1 山西省太原市大气环境资源概况 (2019.1.1-2019.12.31)

指标类型	ASPI	AECI	EE	GCSP	GCO3
平均值	39.67	0.63	86.44	31.50	24.53
标准误	14.61	0.06	90.40	27.57	11.28
最小值	21.49	0.48	18.73	4.90	10.03
最大值	96.43	0.92	777.61	100.00	75.04
样本量（个）	2177	2177	2177	2177	2177

表2 山西省太原市大气环境资源分位数 (2019.1.1-2019.12.31)

指标类型	ASPI	AECI	EE	GCSP	GCO3
5%	26.65	0.53	20.03	8.27	12.61
10%	28.01	0.55	38.67	9.60	13.90
25%	30.77	0.58	40.08	11.84	18.85
50%	34.32	0.62	62.56	14.91	21.74
75%	44.16	0.67	100.93	49.36	24.05
90%	61.27	0.71	202.10	79.56	45.22

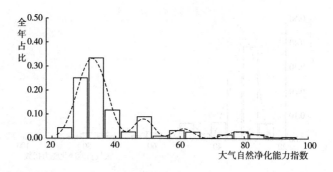

图1 山西省太原市大气自然净化能力指数分布 (ASPI-2019.1.1-2019.12.31)

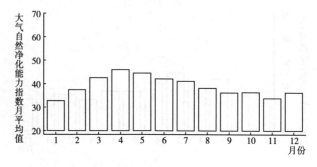

图2 山西省太原市大气自然净化能力指数月均变化 (ASPI-2019.1.1-2019.12.31)

山西省忻州市

表1 山西省忻州市大气环境资源概况 (2019.1.1-2019.12.31)

指标类型	ASPI	AECI	EE	GCSP	GCO3
平均值	42.60	0.64	101.83	30.00	24.13
标准误	15.38	0.07	108.30	28.11	9.56
最小值	25.00	0.51	19.49	4.93	11.90
最大值	97.45	0.95	875.75	98.63	63.77
样本量（个）	794	794	794	794	794

表2 山西省忻州市大气环境资源分位数 (2019.1.1-2019.12.31)

指标类型	ASPI	AECI	EE	GCSP	GCO3
5%	29.03	0.55	39.25	7.94	13.19
10%	30.71	0.56	40.01	8.82	14.11
25%	32.95	0.59	41.33	11.21	19.31
50%	36.17	0.63	64.39	14.26	22.25
75%	47.75	0.67	105.00	43.60	24.47
90%	63.08	0.72	206.01	82.31	44.23

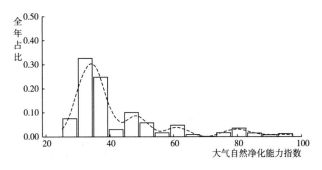

图1 山西省忻州市大气自然净化能力指数分布 (ASPI-2019.1.1-2019.12.31)

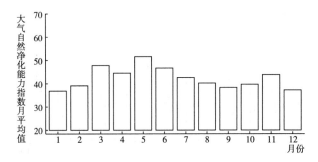

图2 山西省忻州市大气自然净化能力指数月均变化 (ASPI-2019.1.1-2019.12.31)

山西省阳泉市

表 1　山西省阳泉市大气环境资源概况（2019.1.1-2019.12.31）

指标类型	ASPI	AECI	EE	GCSP	GCO3
平均值	46.04	0.65	126.10	30.75	25.49
标准误	18.44	0.08	137.99	29.01	11.37
最小值	23.73	0.50	19.21	4.61	11.98
最大值	97.52	0.98	1054.79	98.71	76.45
样本量（个）	796	796	796	796	796

表 2　山西省阳泉市大气环境资源分位数（2019.1.1-2019.12.31）

指标类型	ASPI	AECI	EE	GCSP	GCO3
5%	28.54	0.54	39.01	7.29	13.55
10%	29.60	0.56	39.49	8.24	14.57
25%	32.94	0.60	41.17	11.00	19.66
50%	37.14	0.64	65.12	14.42	22.48
75%	52.39	0.70	110.26	46.25	24.70
90%	79.25	0.76	289.92	83.34	45.38

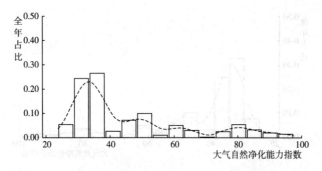

图 1　山西省阳泉市大气自然净化能力指数分布（ASPI-2019.1.1-2019.12.31）

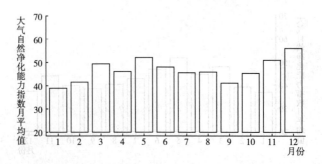

图 2　山西省阳泉市大气自然净化能力指数月均变化（ASPI-2019.1.1-2019.12.31）

山西省运城市

表 1 山西省运城市大气环境资源概况（2019. 1. 1-2019. 12. 31）

指标类型	ASPI	AECI	EE	GCSP	GCO3
平均值	40.49	0.64	86.75	33.86	27.49
标准误	13.82	0.06	80.20	25.10	13.77
最小值	22.67	0.50	18.99	5.30	10.82
最大值	96.08	0.90	695.88	88.05	79.12
样本量（个）	2175	2175	2175	2175	2175

表 2 山西省运城市大气环境资源分位数（2019. 1. 1-2019. 12. 31）

指标类型	ASPI	AECI	EE	GCSP	GCO3
5%	27.99	0.55	38.41	8.54	13.83
10%	29.04	0.57	39.20	9.89	17.04
25%	31.61	0.59	40.53	12.53	19.73
50%	35.46	0.63	63.80	22.53	22.41
75%	46.91	0.67	104.05	56.05	25.59
90%	60.75	0.72	201.00	74.03	47.04

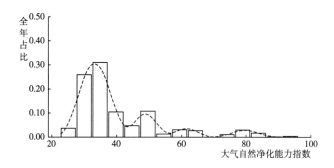

图 1 山西省运城市大气自然净化能力指数分布（ASPI-2019. 1. 1-2019. 12. 31）

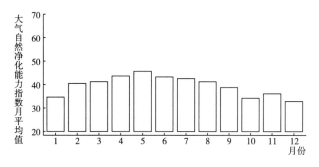

图 2 山西省运城市大气自然净化能力指数月均变化（ASPI-2019. 1. 1-2019. 12. 31）

山西省长治市

表 1   山西省长治市大气环境资源概况（2019.1.1-2019.12.31）

指标类型	ASPI	AECI	EE	GCSP	GCO3
平均值	52.95	0.67	166.24	34.64	24.17
标准误	20.15	0.08	149.92	29.76	9.08
最小值	25.03	0.52	19.50	4.93	12.54
最大值	97.61	0.99	918.74	100.00	74.22
样本量（个）	794	794	794	794	794

表 2   山西省长治市大气环境资源分位数（2019.1.1-2019.12.31）

指标类型	ASPI	AECI	EE	GCSP	GCO3
5%	29.64	0.55	39.55	8.25	13.82
10%	31.88	0.57	40.53	9.35	14.98
25%	34.49	0.61	62.92	11.88	19.80
50%	48.01	0.66	105.29	15.89	22.62
75%	75.34	0.72	276.15	59.55	24.73
90%	82.15	0.78	343.67	85.11	43.72

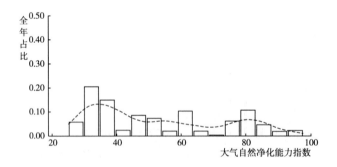

图 1   山西省长治市大气自然净化能力指数分布（ASPI-2019.1.1-2019.12.31）

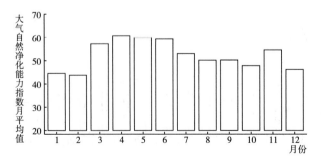

图 2   山西省长治市大气自然净化能力指数月均变化（ASPI-2019.1.1-2019.12.31）

内蒙古自治区

内蒙古自治区呼和浩特市

表 1　内蒙古自治区呼和浩特市大气环境资源概况（2019.1.1–2019.12.31）

指标类型	ASPI	AECI	EE	GCSP	GCO3
平均值	51.47	0.66	164.42	25.36	21.01
标准误	18.94	0.08	150.90	22.42	7.50
最小值	22.20	0.48	18.88	5.63	9.35
最大值	96.98	0.96	1106.15	96.59	60.37
样本量（个）	2174	2174	2174	2174	2174

表 2　内蒙古自治区呼和浩特市大气环境资源分位数（2019.1.1–2019.12.31）

指标类型	ASPI	AECI	EE	GCSP	GCO3
5%	29.50	0.55	39.49	8.23	11.81
10%	31.30	0.57	40.50	9.41	12.78
25%	34.93	0.61	63.52	11.65	15.94
50%	47.19	0.65	104.37	14.60	20.93
75%	61.75	0.70	203.15	27.79	23.15
90%	81.42	0.76	341.47	63.68	25.23

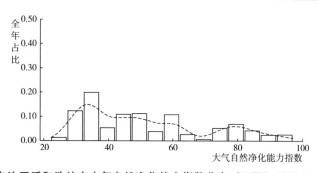

图 1　内蒙古自治区呼和浩特市大气自然净化能力指数分布（ASPI-2019.1.1–2019.12.31）

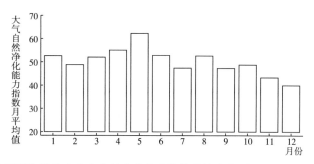

图 2　内蒙古自治区呼和浩特市大气自然净化能力指数月均变化（ASPI-2019.1.1–2019.12.31）

内蒙古自治区包头市

表 1　内蒙古自治区包头市大气环境资源概况 （2019. 1. 1–2019. 12. 31）

指标类型	ASPI	AECI	EE	GCSP	GCO3
平均值	47.98	0.65	138.74	33.28	21.72
标准误	18.40	0.08	131.43	25.90	8.56
最小值	21.11	0.47	18.65	5.83	9.30
最大值	97.35	0.98	1001.54	98.54	61.72
样本量（个）	2127	2127	2127	2127	2127

表 2　内蒙古自治区包头市大气环境资源分位数 （2019. 1. 1–2019. 12. 31）

指标类型	ASPI	AECI	EE	GCSP	GCO3
5%	27.69	0.53	38.68	9.08	11.77
10%	29.67	0.55	39.62	10.33	12.84
25%	32.95	0.59	61.90	12.85	16.43
50%	44.45	0.64	101.26	16.30	21.11
75%	59.88	0.70	199.12	53.46	23.33
90%	78.72	0.75	288.19	75.71	25.90

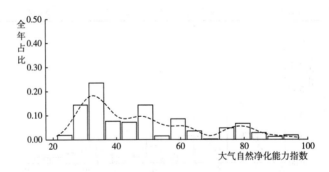

图 1　内蒙古自治区包头市大气自然净化能力指数分布 （ASPI-2019. 1. 1–2019. 12. 31）

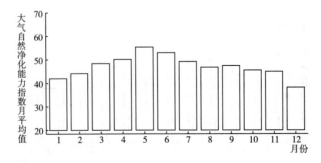

图 2　内蒙古自治区包头市大气自然净化能力指数月均变化 （ASPI-2019. 1. 1–2019. 12. 31）

内蒙古自治区赤峰市

表 1 内蒙古自治区赤峰市大气环境资源概况（2019.1.1-2019.12.31）

指标类型	ASPI	AECI	EE	GCSP	GCO3
平均值	48.41	0.64	154.39	27.00	21.47
标准误	21.14	0.09	174.97	23.31	7.74
最小值	22.82	0.46	19.02	5.17	10.74
最大值	96.95	1.02	1100.34	92.60	61.08
样本量（个）	791	791	791	791	791

表 2 内蒙古自治区赤峰市大气环境资源分位数（2019.1.1-2019.12.31）

指标类型	ASPI	AECI	EE	GCSP	GCO3
5%	27.92	0.53	20.43	7.98	12.24
10%	28.98	0.54	39.17	9.08	12.94
25%	32.08	0.58	40.81	11.50	15.65
50%	37.02	0.63	65.04	14.26	21.38
75%	61.80	0.70	203.26	42.55	23.58
90%	83.04	0.76	384.4	66.84	25.68

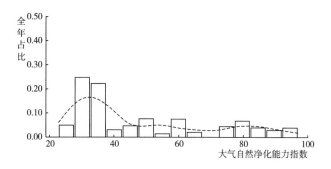

图 1 内蒙古自治区赤峰市大气自然净化能力指数分布（ASPI-2019.1.1-2019.12.31）

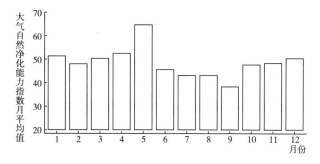

图 2 内蒙古自治区赤峰市大气自然净化能力指数月均变化（ASPI-2019.1.1-2019.12.31）

内蒙古自治区通辽市

表1 内蒙古自治区通辽市大气环境资源概况 （2019.1.1-2019.12.31）

指标类型	ASPI	AECI	EE	GCSP	GCO3
平均值	43.16	0.64	105.67	31.24	22.28
标准误	14.95	0.06	83.45	27.32	10.34
最小值	23.01	0.49	19.06	4.48	8.78
最大值	94.19	0.90	751.02	100.00	79.90
样本量（个）	2172	2172	2172	2172	2172

表2 内蒙古自治区通辽市大气环境资源分位数 （2019.1.1-2019.12.31）

指标类型	ASPI	AECI	EE	GCSP	GCO3
5%	27.88	0.54	38.72	8.71	11.33
10%	29.45	0.56	39.48	9.61	12.45
25%	31.88	0.59	60.24	11.68	16.61
50%	36.45	0.63	64.65	14.94	20.69
75%	49.77	0.67	107.29	50.53	23.05
90%	62.68	0.72	205.15	79.06	42.25

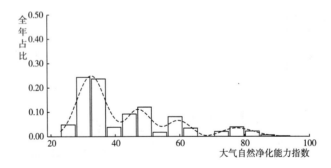

图1 内蒙古自治区通辽市大气自然净化能力指数分布 （ASPI-2019.1.1-2019.12.31）

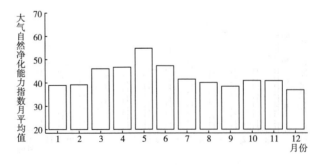

图2 内蒙古自治区通辽市大气自然净化能力指数月均变化 （ASPI-2019.1.1-2019.12.31）

内蒙古自治区鄂尔多斯市

表1　内蒙古自治区鄂尔多斯市大气环境资源概况（2019.1.1－2019.12.31）

指标类型	ASPI	AECI	EE	GCSP	GCO3
平均值	41.49	0.62	93.36	24.64	20.84
标准误	13.90	0.06	74.72	22.54	6.41
最小值	21.22	0.47	18.67	5.31	9.56
最大值	93.79	0.84	621.28	97.44	47.36
样本量（个）	2175	2175	2175	2175	2175

表2　内蒙古自治区鄂尔多斯市大气环境资源分位数（2019.1.1－2019.12.31）

指标类型	ASPI	AECI	EE	GCSP	GCO3
5%	26.56	0.53	19.93	8.53	12.08
10%	28.34	0.55	38.78	9.37	13.18
25%	31.66	0.58	40.84	11.42	17.29
50%	36.05	0.62	64.36	13.76	21.13
75%	48.84	0.66	106.24	26.86	23.28
90%	61.26	0.70	202.09	64.17	25.01

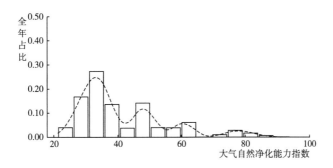

图1　内蒙古自治区鄂尔多斯市大气自然净化能力指数分布（ASPI-2019.1.1－2019.12.31）

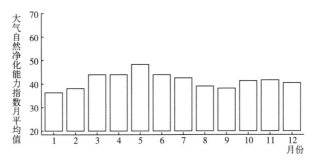

图2　内蒙古自治区鄂尔多斯市大气自然净化能力指数月均变化（ASPI-2019.1.1－2019.12.31）

内蒙古自治区呼伦贝尔市

表 1　内蒙古自治区呼伦贝尔市大气环境资源概况（2019.1.1—2019.12.31）

指标类型	ASPI	AECI	EE	GCSP	GCO3
平均值	60.81	0.68	255.91	32.09	18.41
标准误	21.42	0.10	212.25	22.47	7.41
最小值	21.76	0.45	18.79	5.40	6.88
最大值	95.85	1.03	1172.32	92.46	73.90
样本量（个）	2186	2186	2186	2186	2186

表 2　内蒙古自治区呼伦贝尔市大气环境资源分位数（2019.1.1—2019.12.31）

指标类型	ASPI	AECI	EE	GCSP	GCO3
5%	29.29	0.53	39.70	9.10	9.58
10%	31.69	0.55	60.86	10.57	10.58
25%	42.82	0.60	99.41	13.72	12.75
50%	59.46	0.67	198.21	26.39	19.12
75%	79.35	0.74	333.67	50.57	21.63
90%	90.29	0.81	611.78	67.20	23.38

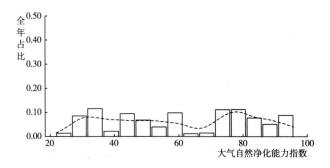

图 1　内蒙古自治区呼伦贝尔市大气自然净化能力指数分布（ASPI-2019.1.1—2019.12.31）

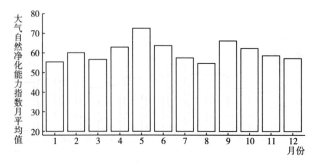

图 2　内蒙古自治区呼伦贝尔市大气自然净化能力指数月均变化（ASPI-2019.1.1—2019.12.31）

内蒙古自治区巴彦淖尔市

表 1　内蒙古自治区巴彦淖尔市大气环境资源概况 （2019.1.1-2019.12.31）

指标类型	ASPI	AECI	EE	GCSP	GCO3
平均值	40.99	0.63	93.07	25.88	22.48
标准误	14.26	0.06	82.19	21.69	9.67
最小值	20.99	0.47	18.62	4.61	9.21
最大值	96.22	0.86	699.00	96.08	62.27
样本量（个）	2173	2173	2173	2173	2173

表 2　内蒙古自治区巴彦淖尔市大气环境资源分位数 （2019.1.1-2019.12.31）

指标类型	ASPI	AECI	EE	GCSP	GCO3
5%	27.19	0.53	38.13	8.81	11.82
10%	28.66	0.55	39.03	9.85	13.01
25%	31.30	0.58	40.50	11.75	17.27
50%	35.39	0.62	63.86	14.27	21.09
75%	47.90	0.67	105.18	37.41	23.36
90%	61.28	0.70	202.14	62.23	43.06

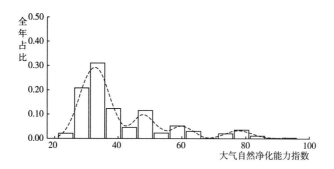

图 1　内蒙古自治区巴彦淖尔市大气自然净化能力指数分布 （ASPI-2019.1.1-2019.12.31）

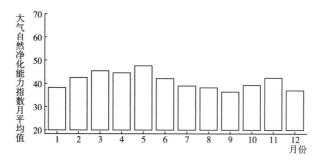

图 2　内蒙古自治区巴彦淖尔市大气自然净化能力指数月均变化 （ASPI-2019.1.1-2019.12.31）

内蒙古自治区乌兰察布市

表 1   内蒙古自治区乌兰察布市大气环境资源概况 （2019. 1. 1－2019. 12. 31）

指标类型	ASPI	AECI	EE	GCSP	GCO3
平均值	42.71	0.62	110.66	23.66	20.15
标准误	17.62	0.08	126.91	19.55	6.40
最小值	20.91	0.45	18.60	3.12	9.04
最大值	97.03	0.96	1038.00	84.74	47.60
样本量（个）	2171	2171	2171	2171	2171

表 2   内蒙古自治区乌兰察布市大气环境资源分位数 （2019. 1. 1－2019. 12. 31）

指标类型	ASPI	AECI	EE	GCSP	GCO3
5%	25.87	0.50	19.78	7.62	11.50
10%	27.29	0.53	38.33	8.61	12.50
25%	30.30	0.57	39.89	11.01	15.08
50%	34.96	0.61	63.58	13.73	20.75
75%	49.78	0.67	107.3	27.79	23.00
90%	75.48	0.72	276.56	56.50	24.82

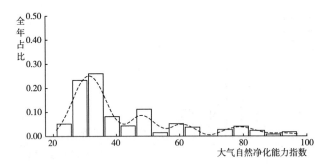

图 1   内蒙古自治区乌兰察布市大气自然净化能力指数分布 （ASPI-2019. 1. 1－2019. 12. 31）

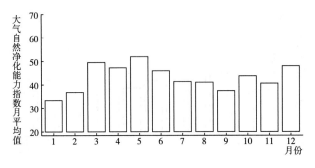

图 2   内蒙古自治区乌兰察布市大气自然净化能力指数月均变化 （ASPI-2019. 1. 1－2019. 12. 31）

内蒙古自治区兴安盟

表1 内蒙古自治区兴安盟大气环境资源概况（2019.1.1–2019.12.31）

指标类型	ASPI	AECI	EE	GCSP	GCO3
平均值	41.61	0.63	101.38	24.67	20.76
标准误	15.21	0.06	91.64	21.92	8.85
最小值	20.35	0.47	18.48	3.27	8.56
最大值	94.96	0.91	757.39	90.15	76.04
样本量（个）	2139	2139	2139	2139	2139

表2 内蒙古自治区兴安盟大气环境资源分位数（2019.1.1–2019.12.31）

指标类型	ASPI	AECI	EE	GCSP	GCO3
5%	26.61	0.53	38.04	6.97	10.87
10%	28.12	0.55	38.88	8.24	11.93
25%	31.01	0.58	40.46	10.57	14.65
50%	35.19	0.62	63.78	13.39	20.23
75%	48.26	0.66	105.58	28.21	22.51
90%	62.31	0.71	204.35	64.09	24.86

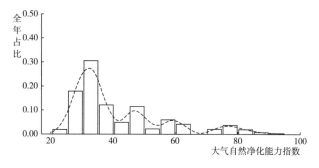

图1 内蒙古自治区兴安盟大气自然净化能力指数分布（ASPI-2019.1.1–2019.12.31）

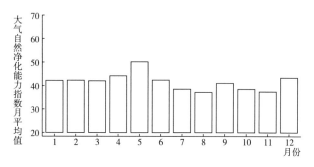

图2 内蒙古自治区兴安盟大气自然净化能力指数月均变化（ASPI-2019.1.1–2019.12.31）

内蒙古自治区锡林郭勒盟

表 1 内蒙古自治区锡林郭勒盟大气环境资源概况（2019.1.1-2019.12.31）

指标类型	ASPI	AECI	EE	GCSP	GCO3
平均值	49.85	0.65	157.02	26.90	20.54
标准误	20.41	0.09	147.14	20.99	8.93
最小值	20.40	0.45	18.50	4.61	8.40
最大值	96.61	0.97	907.87	90.71	62.76
样本量（个）	2176	2176	2176	2176	2176

表 2 内蒙古自治区锡林郭勒盟大气环境资源分位数（2019.1.1-2019.12.31）

指标类型	ASPI	AECI	EE	GCSP	GCO3
5%	27.46	0.52	38.49	8.51	10.78
10%	29.33	0.54	39.42	9.49	11.81
25%	32.47	0.58	61.46	11.86	14.07
50%	45.03	0.64	101.92	15.23	20.22
75%	62.40	0.70	204.55	43.61	22.62
90%	81.46	0.77	341.16	60.75	25.06

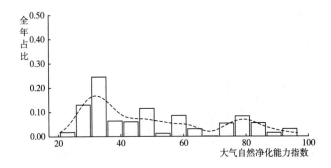

图 1 内蒙古自治区锡林郭勒盟大气自然净化能力指数分布（ASPI-2019.1.1-2019.12.31）

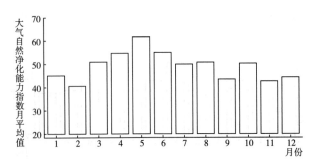

图 2 内蒙古自治区锡林郭勒盟大气自然净化能力指数月均变化（ASPI-2019.1.1-2019.12.31）

内蒙古自治区阿拉善盟

表1　内蒙古自治区阿拉善盟大气环境资源概况（2019.1.1–2019.12.31）

指标类型	ASPI	AECI	EE	GCSP	GCO3
平均值	39.80	0.62	85.16	17.51	22.06
标准误	13.02	0.06	72.57	15.90	8.10
最小值	21.34	0.49	18.70	2.00	9.75
最大值	96.18	0.89	706.31	86.64	62.34
样本量（个）	2160	2160	2160	2160	2160

表2　内蒙古自治区阿拉善盟大气环境资源分位数（2019.1.1–2019.12.31）

指标类型	ASPI	AECI	EE	GCSP	GCO3
5%	27.46	0.53	38.48	6.64	12.28
10%	28.66	0.55	39.07	7.94	13.42
25%	31.65	0.58	40.67	9.85	18.02
50%	35.10	0.62	63.68	12.26	21.37
75%	46.58	0.66	103.67	15.08	23.60
90%	59.14	0.70	197.53	41.00	26.04

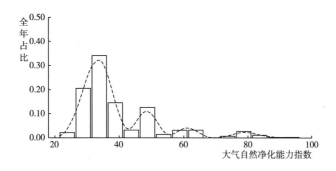

图1　内蒙古自治区阿拉善盟大气自然净化能力指数分布（ASPI–2019.1.1–2019.12.31）

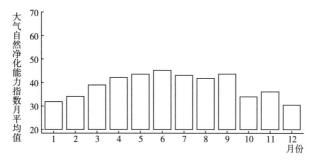

图2　内蒙古自治区阿拉善盟大气自然净化能力指数月均变化（ASPI–2019.1.1–2019.12.31）

辽宁省

辽宁省沈阳市

表 1 辽宁省沈阳市大气环境资源概况 （2019.1.1-2019.12.31）

指标类型	ASPI	AECI	EE	GCSP	GCO3
平均值	40.69	0.63	87.86	30.05	24.86
标准误	12.54	0.06	68.27	25.99	11.13
最小值	22.89	0.47	19.03	5.66	11.28
最大值	96.15	0.90	706.15	98.55	74.06
样本量（个）	791	791	791	791	791

表 2 辽宁省沈阳市大气环境资源分位数 （2019.1.1-2019.12.31）

指标类型	ASPI	AECI	EE	GCSP	GCO3
5%	27.86	0.54	38.76	8.83	12.73
10%	29.04	0.55	39.29	9.87	13.54
25%	32.59	0.60	41.17	12.16	18.84
50%	36.10	0.64	64.40	15.27	21.93
75%	47.76	0.67	105.01	45.02	24.38
90%	60.03	0.71	199.45	70.92	44.38

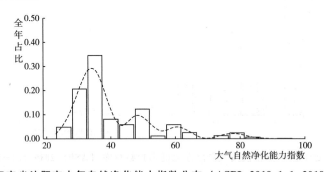

图 1 辽宁省沈阳市大气自然净化能力指数分布 （ASPI-2019.1.1-2019.12.31）

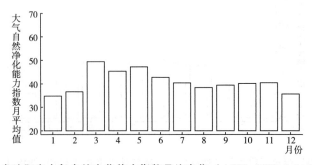

图 2 辽宁省沈阳市大气自然净化能力指数月均变化 （ASPI-2019.1.1-2019.12.31）

辽宁省大连市

表 1　辽宁省大连市大气环境资源概况（2019.1.1–2019.12.31）

指标类型	ASPI	AECI	EE	GCSP	GCO3
平均值	47.12	0.65	127.87	38.21	22.84
标准误	17.12	0.06	111.37	26.00	7.95
最小值	22.55	0.50	18.96	7.32	10.16
最大值	96.55	0.95	848.12	94.45	62.88
样本量（个）	2167	2167	2167	2167	2167

表 2　辽宁省大连市大气环境资源分位数（2019.1.1–2019.12.31）

指标类型	ASPI	AECI	EE	GCSP	GCO3
5%	27.40	0.55	38.48	10.80	13.09
10%	29.22	0.57	39.35	12.07	14.94
25%	33.23	0.61	61.67	14.25	18.81
50%	44.67	0.65	101.51	27.36	21.60
75%	58.82	0.70	196.83	60.67	23.91
90%	76.88	0.74	281.22	78.90	27.25

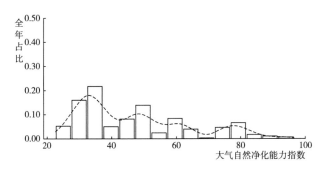

图 1　辽宁省大连市大气自然净化能力指数分布（ASPI-2019.1.1–2019.12.31）

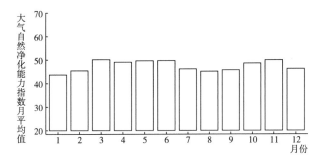

图 2　辽宁省大连市大气自然净化能力指数月均变化（ASPI-2019.1.1–2019.12.31）

辽宁省鞍山市

表 1　辽宁省鞍山市大气环境资源概况 （2019.1.1-2019.12.31）

指标类型	ASPI	AECI	EE	GCSP	GCO3
平均值	43.95	0.65	108.32	28.07	23.84
标准误	15.35	0.06	86.26	22.19	10.73
最小值	21.75	0.48	18.79	4.93	9.56
最大值	94.57	0.85	687.07	94.13	75.41
样本量 （个）	2143	2143	2143	2143	2143

表 2　辽宁省鞍山市大气环境资源分位数 （2019.1.1-2019.12.31）

指标类型	ASPI	AECI	EE	GCSP	GCO3
5%	27.67	0.54	38.66	9.17	12.16
10%	29.22	0.56	39.37	10.32	13.38
25%	32.30	0.60	60.25	12.17	18.15
50%	37.33	0.64	65.26	15.38	21.30
75%	50.30	0.68	107.89	43.40	23.89
90%	64.37	0.73	208.78	65.58	43.52

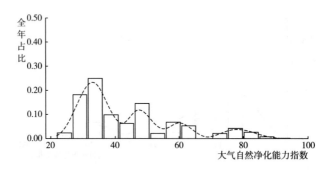

图 1　辽宁省鞍山市大气自然净化能力指数分布 （ASPI-2019.1.1-2019.12.31）

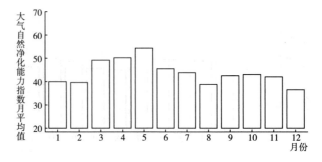

图 2　辽宁省鞍山市大气自然净化能力指数月均变化 （ASPI-2019.1.1-2019.12.31）

辽宁省抚顺市

表 1　辽宁省抚顺市大气环境资源概况（2019.1.1–2019.12.31）

指标类型	ASPI	AECI	EE	GCSP	GCO3
平均值	44.17	0.64	120.31	41.16	22.04
标准误	18.09	0.08	128.62	29.01	9.60
最小值	20.76	0.46	18.57	0.13	8.71
最大值	96.11	1.01	897.18	98.64	74.30
样本量（个）	2141	2141	2141	2141	2141

表 2　辽宁省抚顺市大气环境资源分位数（2019.1.1–2019.12.31）

指标类型	ASPI	AECI	EE	GCSP	GCO3
5%	28.03	0.53	38.82	9.58	11.37
10%	29.69	0.54	39.58	11.03	12.53
25%	31.76	0.58	41.24	13.94	15.91
50%	35.34	0.63	63.88	28.00	20.93
75%	50.17	0.68	107.74	67.28	23.19
90%	78.15	0.75	285.12	86.03	41.87

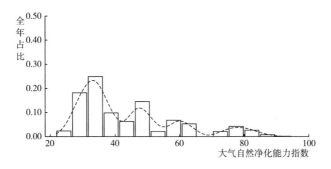

图 1　辽宁省抚顺市大气自然净化能力指数分布（ASPI-2019.1.1–2019.12.31）

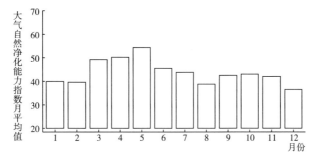

图 2　辽宁省抚顺市大气自然净化能力指数月均变化（ASPI-2019.1.1–2019.12.31）

辽宁省本溪市

表 1　辽宁省本溪市大气环境资源概况 （2019.1.1~2019.12.31）

指标类型	ASPI	AECI	EE	GCSP	GCO3
平均值	40.26	0.63	88.97	39.02	22.61
标准误	13.27	0.06	72.43	28.20	9.69
最小值	21.31	0.49	18.69	5.68	9.17
最大值	95.88	0.88	704.16	98.64	62.68
样本量（个）	2167	2167	2167	2167	2167

表 2　辽宁省本溪市大气环境资源分位数 （2019.1.1~2019.12.31）

指标类型	ASPI	AECI	EE	GCSP	GCO3
5%	27.18	0.53	38.27	9.82	11.71
10%	28.77	0.55	39.14	11.02	12.88
25%	31.48	0.58	40.90	13.58	17.44
50%	34.93	0.63	63.58	27.30	21.07
75%	47.49	0.67	104.71	60.89	23.45
90%	60.51	0.71	200.49	84.55	42.55

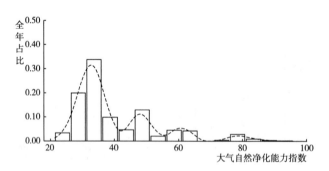

图 1　辽宁省本溪市大气自然净化能力指数分布 （ASPI-2019.1.1~2019.12.31）

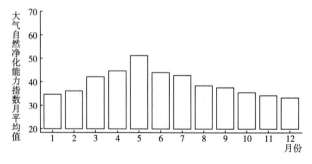

图 2　辽宁省本溪市大气自然净化能力指数月均变化 （ASPI-2019.1.1~2019.12.31）

辽宁省丹东市

表 1 辽宁省丹东市大气环境资源概况（2019.1.1—2019.12.31）

指标类型	ASPI	AECI	EE	GCSP	GCO3
平均值	44.64	0.64	114.42	52.22	22.15
标准误	16.43	0.06	104.05	32.68	8.26
最小值	22.14	0.48	18.87	6.22	9.82
最大值	97.15	0.91	777.13	98.67	63.65
样本量（个）	2165	2165	2165	2165	2165

表 2 辽宁省丹东市大气环境资源分位数（2019.1.1—2019.12.31）

指标类型	ASPI	AECI	EE	GCSP	GCO3
5%	27.67	0.54	38.51	10.78	12.23
10%	29.28	0.56	39.40	12.05	13.39
25%	32.30	0.60	41.04	15.57	18.11
50%	37.19	0.64	65.16	53.09	21.29
75%	51.42	0.68	109.17	85.04	23.49
90%	74.37	0.72	273.23	95.63	26.57

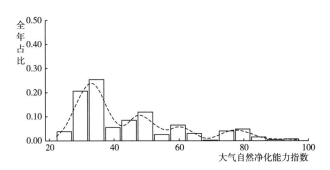

图 1 辽宁省丹东市大气自然净化能力指数分布（ASPI-2019.1.1—2019.12.31）

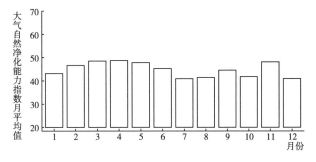

图 2 辽宁省丹东市大气自然净化能力指数月均变化（ASPI-2019.1.1—2019.12.31）

辽宁省锦州市

表 1 辽宁省锦州市大气环境资源概况 （2019.1.1-2019.12.31）

指标类型	ASPI	AECI	EE	GCSP	GCO3
平均值	42.12	0.64	100.53	31.61	23.21
标准误	15.42	0.07	91.27	24.98	9.98
最小值	21.93	0.48	18.83	4.41	9.59
最大值	95.87	0.96	764.39	98.51	76.97
样本量（个）	2166	2166	2166	2166	2166

表 2 辽宁省锦州市大气环境资源分位数 （2019.1.1-2019.12.31）

指标类型	ASPI	AECI	EE	GCSP	GCO3
5%	26.80	0.53	38.07	8.52	12.07
10%	28.01	0.55	38.78	9.60	13.25
25%	31.14	0.59	40.39	12.04	18.19
50%	35.74	0.63	64.15	15.86	21.27
75%	48.97	0.68	106.38	52.06	23.68
90%	62.85	0.73	205.52	73.53	43.12

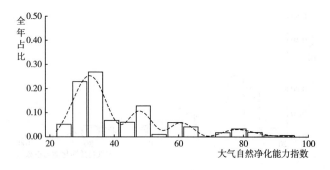

图 1 辽宁省锦州市大气自然净化能力指数分布 （ASPI-2019.1.1-2019.12.31）

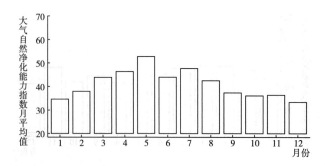

图 2 辽宁省锦州市大气自然净化能力指数月均变化 （ASPI-2019.1.1-2019.12.31）

辽宁省营口市

表 1　辽宁省营口市大气环境资源概况 （2019.1.1-2019.12.31）

指标类型	ASPI	AECI	EE	GCSP	GCO3
平均值	52.50	0.67	169.00	44.21	22.70
标准误	20.02	0.08	147.44	29.70	8.97
最小值	21.09	0.48	18.64	7.63	9.70
最大值	97.29	0.97	1095.10	100.00	61.67
样本量 （个）	2166	2166	2166	2166	2166

表 2　辽宁省营口市大气环境资源分位数 （2019.1.1-2019.12.31）

指标类型	ASPI	AECI	EE	GCSP	GCO3
5%	27.88	0.55	38.67	11.22	12.11
10%	30.21	0.57	39.82	12.67	13.32
25%	33.73	0.61	62.67	15.43	17.94
50%	48.23	0.67	105.55	41.65	21.27
75%	72.80	0.72	268.51	69.35	23.69
90%	81.49	0.77	342.77	91.94	42.02

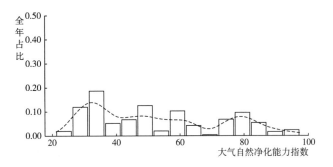

图 1　辽宁省营口市大气自然净化能力指数分布 （ASPI-2019.1.1-2019.12.31）

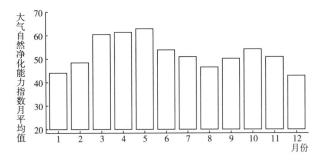

图 2　辽宁省营口市大气自然净化能力指数月均变化 （ASPI-2019.1.1-2019.12.31）

辽宁省阜新市

表 1　辽宁省阜新市大气环境资源概况 (2019. 1. 1−2019. 12. 31)

指标类型	ASPI	AECI	EE	GCSP	GCO3
平均值	48.70	0.65	147.09	34.33	22.47
标准误	19.90	0.08	140.45	29.09	10.08
最小值	21.03	0.46	18.63	3.99	8.78
最大值	97.03	0.94	813.76	97.59	76.11
样本量（个）	2151	2151	2151	2151	2151

表 2　辽宁省阜新市大气环境资源分位数 (2019. 1. 1−2019. 12. 31)

指标类型	ASPI	AECI	EE	GCSP	GCO3
5%	26.94	0.52	38.27	8.54	11.52
10%	28.39	0.55	38.98	9.85	12.72
25%	31.96	0.60	41.21	12.09	16.95
50%	44.55	0.65	101.38	15.75	21.01
75%	61.60	0.71	202.82	57.65	23.29
90%	79.90	0.76	332.84	84.98	42.49

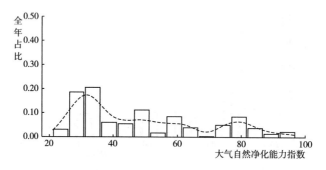

图 1　辽宁省阜新市大气自然净化能力指数分布 (ASPI-2019. 1. 1−2019. 12. 31)

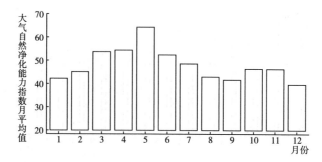

图 2　辽宁省阜新市大气自然净化能力指数月均变化 (ASPI-2019. 1. 1−2019. 12. 31)

辽宁省辽阳市

表1 辽宁省辽阳市大气环境资源概况（2019.1.1-2019.12.31）

指标类型	ASPI	AECI	EE	GCSP	GCO3
平均值	38.75	0.63	77.03	30.97	24.79
标准误	11.50	0.06	58.05	23.80	11.01
最小值	23.24	0.47	19.11	5.67	11.30
最大值	87.99	0.82	411.53	97.61	76.24
样本量（个）	789	789	789	789	789

表2 辽宁省辽阳市大气环境资源分位数（2019.1.1-2019.12.31）

指标类型	ASPI	AECI	EE	GCSP	GCO3
5%	27.97	0.53	38.61	9.06	12.81
10%	28.79	0.55	39.14	10.08	13.76
25%	31.28	0.58	40.30	12.48	18.93
50%	34.70	0.62	63.32	16.19	21.97
75%	45.46	0.67	102.41	47.83	24.40
90%	52.40	0.70	110.27	69.23	44.45

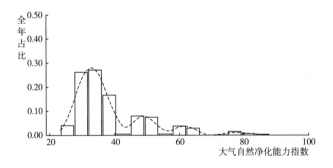

图1 辽宁省辽阳市大气自然净化能力指数分布（ASPI-2019.1.1-2019.12.31）

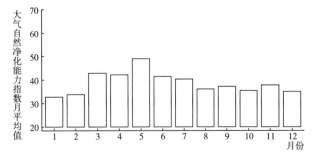

图2 辽宁省辽阳市大气自然净化能力指数月均变化（ASPI-2019.1.1-2019.12.31）

辽宁省盘锦市

表 1 辽宁省盘锦市大气环境资源概况（2019.1.1-2019.12.31）

指标类型	ASPI	AECI	EE	GCSP	GCO3
平均值	56.13	0.69	213.97	39.21	23.50
标准误	22.97	0.10	212.08	28.32	9.13
最小值	23.11	0.47	19.08	5.67	11.40
最大值	97.19	1.02	1238.89	98.65	61.82
样本量（个）	791	791	791	791	791

表 2 辽宁省盘锦市大气环境资源分位数（2019.1.1-2019.12.31）

指标类型	ASPI	AECI	EE	GCSP	GCO3
5%	28.29	0.53	38.84	9.33	12.77
10%	30.37	0.56	39.87	10.59	13.58
25%	34.21	0.61	62.47	13.75	18.74
50%	49.37	0.67	106.84	27.96	21.88
75%	78.80	0.75	290.16	63.69	24.21
90%	89.40	0.82	596.24	82.73	43.15

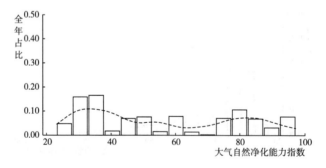

图 1 辽宁省盘锦市大气自然净化能力指数分布（ASPI-2019.1.1-2019.12.31）

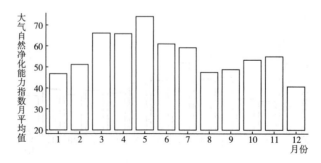

图 2 辽宁省盘锦市大气自然净化能力指数月均变化（ASPI-2019.1.1-2019.12.31）

辽宁省铁岭市

表1 辽宁省铁岭市大气环境资源概况（2019.1.1-2019.12.31）

指标类型	ASPI	AECI	EE	GCSP	GCO3
平均值	45.54	0.64	117.43	33.42	23.99
标准误	16.73	0.07	101.62	26.46	10.60
最小值	22.87	0.48	19.03	6.23	10.84
最大值	96.95	0.93	760.76	97.60	74.38
样本量（个）	792	792	792	792	792

表2 辽宁省铁岭市大气环境资源分位数（2019.1.1-2019.12.31）

指标类型	ASPI	AECI	EE	GCSP	GCO3
5%	27.96	0.53	38.64	9.37	12.37
10%	29.39	0.55	39.41	10.34	13.16
25%	32.62	0.60	41.37	12.42	18.49
50%	37.59	0.64	65.43	16.24	21.76
75%	57.01	0.69	192.94	53.15	24.07
90%	76.80	0.74	280.70	77.89	43.59

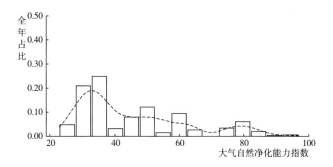

图1 辽宁省铁岭市大气自然净化能力指数分布（ASPI-2019.1.1-2019.12.31）

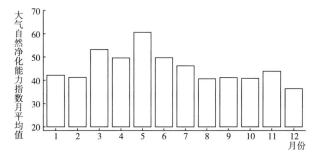

图2 辽宁省铁岭市大气自然净化能力指数月均变化（ASPI-2019.1.1-2019.12.31）

辽宁省朝阳市

表 1　辽宁省朝阳市大气环境资源概况 （2019.1.1－2019.12.31）

指标类型	ASPI	AECI	EE	GCSP	GCO3
平均值	46.32	0.65	127.73	28.64	23.68
标准误	17.78	0.08	119.00	25.23	11.41
最小值	21.07	0.47	18.64	3.12	9.26
最大值	96.70	0.96	849.44	91.86	79.49
样本量（个）	2170	2170	2170	2170	2170

表 2　辽宁省朝阳市大气环境资源分位数 （2019.1.1－2019.12.31）

指标类型	ASPI	AECI	EE	GCSP	GCO3
5%	27.78	0.54	38.68	7.63	11.77
10%	29.38	0.56	39.49	8.80	12.98
25%	32.36	0.60	60.87	11.02	17.97
50%	38.73	0.64	66.22	14.59	21.14
75%	58.03	0.70	195.13	46.11	23.57
90%	77.57	0.75	283.7	73.82	44.00

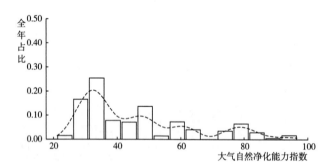

图 1　辽宁省朝阳市大气自然净化能力指数分布 （ASPI－2019.1.1－2019.12.31）

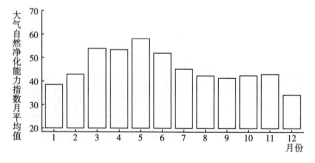

图 2　辽宁省朝阳市大气自然净化能力指数月均变化 （ASPI－2019.1.1－2019.12.31）

辽宁省葫芦岛市

表 1　辽宁省葫芦岛市大气环境资源概况（2019.1.1-2019.12.31）

指标类型	ASPI	AECI	EE	GCSP	GCO3
平均值	56.01	0.68	197.47	35.61	24.01
标准误	21.15	0.09	174.86	27.64	9.78
最小值	23.60	0.47	19.19	5.66	11.53
最大值	97.19	1.02	914.03	98.64	77.31
样本量（个）	792	792	792	792	792

表 2　辽宁省葫芦岛市大气环境资源分位数（2019.1.1-2019.12.31）

指标类型	ASPI	AECI	EE	GCSP	GCO3
5%	28.98	0.55	39.24	9.08	12.94
10%	31.10	0.57	40.19	10.05	13.67
25%	35.53	0.62	63.93	12.65	18.95
50%	50.28	0.68	107.88	26.18	22.03
75%	77.21	0.74	281.79	58.05	24.26
90%	85.85	0.81	402.39	80.93	43.63

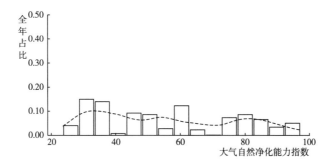

图 1　辽宁省葫芦岛市大气自然净化能力指数分布（ASPI-2019.1.1-2019.12.31）

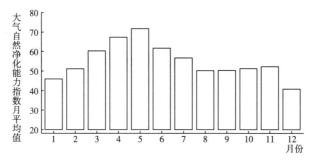

图 2　辽宁省葫芦岛市大气自然净化能力指数月均变化（ASPI-2019.1.1-2019.12.31）

吉林省

吉林省长春市

表 1　吉林省长春市大气环境资源概况（2019.1.1–2019.12.31）

指标类型	ASPI	AECI	EE	GCSP	GCO3
平均值	45.28	0.64	122.39	29.73	21.22
标准误	16.86	0.07	108.15	26.85	9.53
最小值	20.38	0.45	18.49	4.40	8.36
最大值	95.52	0.93	952.01	100.00	76.97
样本量（个）	2139	2139	2139	2139	2139

表 2　吉林省长春市大气环境资源分位数（2019.1.1–2019.12.31）

指标类型	ASPI	AECI	EE	GCSP	GCO3
5%	27.33	0.53	38.53	7.94	10.81
10%	29.05	0.55	39.33	9.09	11.93
25%	32.04	0.59	61.01	11.45	14.75
50%	38.18	0.64	65.84	14.43	20.20
75%	57.58	0.69	194.18	47.39	22.61
90%	75.48	0.73	276.71	77.46	40.87

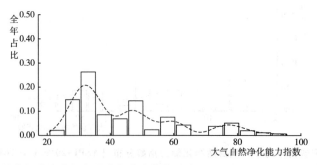

图 1　吉林省长春市大气自然净化能力指数分布（ASPI-2019.1.1–2019.12.31）

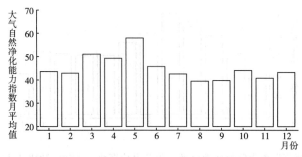

图 2　吉林省长春市大气自然净化能力指数月均变化（ASPI-2019.1.1–2019.12.31）

吉林省吉林市

表1 吉林省吉林市大气环境资源概况（2019.1.1-2019.12.31）

指标类型	ASPI	AECI	EE	GCSP	GCO3
平均值	53.45	0.67	171.99	37.28	22.01
标准误	18.95	0.08	140.77	29.99	8.41
最小值	26.53	0.50	19.82	5.83	10.75
最大值	96.01	0.95	952.39	98.01	61.93
样本量（个）	824	824	824	824	824

表2 吉林省吉林市大气环境资源分位数（2019.1.1-2019.12.31）

指标类型	ASPI	AECI	EE	GCSP	GCO3
5%	30.69	0.55	40.04	9.63	12.11
10%	31.96	0.57	41.16	10.59	12.99
25%	35.93	0.61	64.28	12.87	17.64
50%	49.06	0.66	106.49	16.36	21.26
75%	72.58	0.71	267.83	63.60	23.48
90%	81.82	0.77	341.72	85.40	26.25

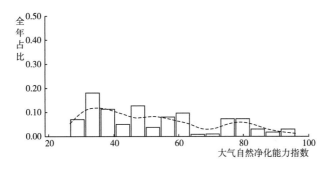

图1 吉林省吉林市大气自然净化能力指数分布（ASPI-2019.1.1-2019.12.31）

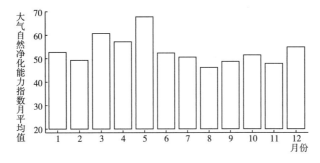

图2 吉林省吉林市大气自然净化能力指数月均变化（ASPI-2019.1.1-2019.12.31）

吉林省四平市

表 1 吉林省四平市大气环境资源概况（2019. 1. 1–2019. 12. 31）

指标类型	ASPI	AECI	EE	GCSP	GCO3
平均值	48.96	0.65	164.61	40.18	21.22
标准误	21.63	0.10	185.86	30.37	8.61
最小值	20.52	0.45	18.52	4.91	8.40
最大值	96.85	1.00	1166.60	98.01	73.13
样本量（个）	2202	2202	2202	2202	2202

表 2 吉林省四平市大气环境资源分位数（2019. 1. 1–2019. 12. 31）

指标类型	ASPI	AECI	EE	GCSP	GCO3
5%	26.05	0.51	19.91	9.64	11.18
10%	27.50	0.54	38.41	10.77	12.29
25%	30.97	0.58	40.33	13.26	15.31
50%	40.52	0.64	82.28	27.12	20.65
75%	62.12	0.71	203.93	67.04	22.88
90%	82.85	0.79	350.87	88.92	25.59

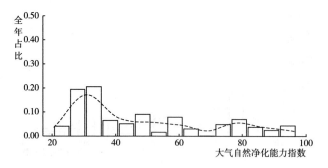

图 1 吉林省四平市大气自然净化能力指数分布（ASPI-2019. 1. 1–2019. 12. 31）

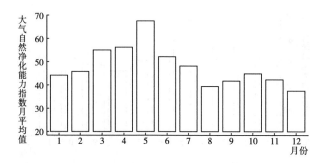

图 2 吉林省四平市大气自然净化能力指数月均变化（ASPI-2019. 1. 1–2019. 12. 31）

吉林省辽源市

表 1 吉林省辽源市大气环境资源概况（2019.1.1－2019.12.31）

指标类型	ASPI	AECI	EE	GCSP	GCO3
平均值	41.89	0.62	101.92	46.33	21.31
标准误	17.06	0.08	100.58	33.45	8.96
最小值	20.56	0.45	18.53	6.24	8.45
最大值	95.96	0.91	697.04	101.47	72.12
样本量（个）	2162	2162	2162	2162	2162

表 2 吉林省辽源市大气环境资源分位数（2019.1.1－2019.12.31）

指标类型	ASPI	AECI	EE	GCSP	GCO3
5%	24.83	0.50	19.46	10.11	11.22
10%	26.60	0.52	20.21	11.25	12.33
25%	30.25	0.57	39.88	13.60	15.10
50%	34.59	0.62	63.34	41.22	20.70
75%	49.01	0.67	106.43	78.72	22.92
90%	74.83	0.72	274.63	98.01	25.67

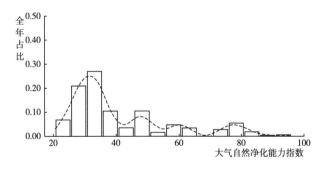

图 1 吉林省辽源市大气自然净化能力指数分布（ASPI-2019.1.1－2019.12.31）

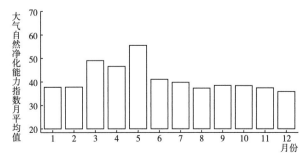

图 2 吉林省辽源市大气自然净化能力指数月均变化（ASPI-2019.1.1－2019.12.31）

吉林省通化市

表 1 吉林省通化市大气环境资源概况 （2019.1.1-2019.12.31）

指标类型	ASPI	AECI	EE	GCSP	GCO3
平均值	38.31	0.61	80.83	46.13	20.92
标准误	14.69	0.07	82.20	28.97	7.65
最小值	21.50	0.45	18.73	4.94	8.92
最大值	96.03	0.89	736.68	98.62	62.02
样本量（个）	2175	2175	2175	2175	2175

表 2 吉林省通化市大气环境资源分位数 （2019.1.1-2019.12.31）

指标类型	ASPI	AECI	EE	GCSP	GCO3
5%	25.12	0.51	19.57	10.53	11.47
10%	26.58	0.52	20.21	11.70	12.57
25%	28.96	0.56	39.23	14.76	15.92
50%	32.47	0.60	40.91	46.80	20.81
75%	44.88	0.65	101.75	71.60	22.99
90%	61.25	0.70	202.07	87.95	25.12

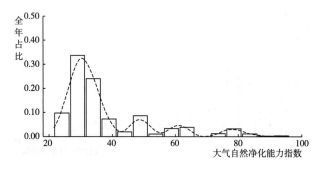

图 1 吉林省通化市大气自然净化能力指数分布 （ASPI-2019.1.1-2019.12.31）

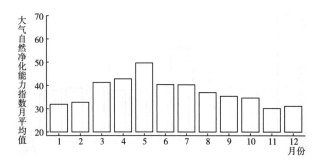

图 2 吉林省通化市大气自然净化能力指数月均变化 （ASPI-2019.1.1-2019.12.31）

吉林省松原市

表 1 吉林省松原市大气环境资源概况（2019.1.1-2019.12.31）

指标类型	ASPI	AECI	EE	GCSP	GCO3
平均值	47.12	0.64	127.01	31.60	22.09
标准误	17.19	0.07	102.13	26.16	8.94
最小值	22.41	0.46	18.93	6.61	10.53
最大值	95.07	0.88	629.72	100.00	73.36
样本量（个）	833	833	833	833	833

表 2 吉林省松原市大气环境资源分位数（2019.1.1-2019.12.31）

指标类型	ASPI	AECI	EE	GCSP	GCO3
5%	26.90	0.52	20.30	9.11	11.76
10%	29.06	0.55	39.05	10.11	12.63
25%	32.61	0.59	61.20	12.29	17.43
50%	44.63	0.64	101.46	15.25	21.12
75%	59.15	0.69	197.54	50.12	23.42
90%	75.74	0.74	277.35	75.88	41.41

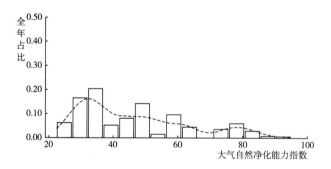

图 1 吉林省松原市大气自然净化能力指数分布（ASPI-2019.1.1-2019.12.31）

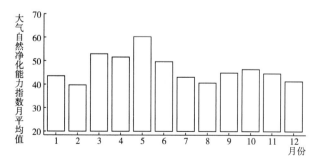

图 2 吉林省松原市大气自然净化能力指数月均变化（ASPI-2019.1.1-2019.12.31）

吉林省白城市

表1 吉林省白城市大气环境资源概况 （2019.1.1–2019.12.31）

指标类型	ASPI	AECI	EE	GCSP	GCO3
平均值	45.28	0.64	122.39	29.73	21.22
标准误	16.86	0.07	108.15	26.85	9.53
最小值	20.38	0.45	18.49	4.40	8.36
最大值	95.52	0.93	952.01	100.00	76.97
样本量（个）	2139	2139	2139	2139	2139

表2 吉林省白城市大气环境资源分位数 （2019.1.1–2019.12.31）

指标类型	ASPI	AECI	EE	GCSP	GCO3
5%	27.33	0.53	38.53	7.94	10.81
10%	29.05	0.55	39.33	9.09	11.93
25%	32.04	0.59	61.01	11.45	14.75
50%	38.18	0.64	65.84	14.43	20.20
75%	57.58	0.69	194.18	47.39	22.61
90%	75.48	0.73	276.71	77.46	40.87

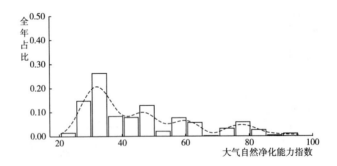

图1 吉林省白城市大气自然净化能力指数分布 （ASPI-2019.1.1–2019.12.31）

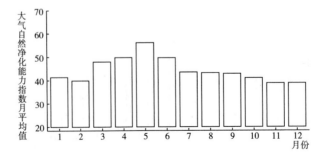

图2 吉林省白城市大气自然净化能力指数月均变化 （ASPI-2019.1.1–2019.12.31）

吉林省延边朝鲜族自治州

表 1 吉林省延边朝鲜族自治州大气环境资源概况 （2019.1.1–2019.12.31）

指标类型	ASPI	AECI	EE	GCSP	GCO3
平均值	48.76	0.65	161.89	41.80	20.44
标准误	21.72	0.09	179.21	31.02	7.22
最小值	21.70	0.47	18.78	6.23	9.18
最大值	96.82	0.99	1009.56	98.71	73.91
样本量（个）	2204	2204	2204	2204	2204

表 2 吉林省延边朝鲜族自治州大气环境资源分位数 （2019.1.1–2019.12.31）

指标类型	ASPI	AECI	EE	GCSP	GCO3
5%	27.06	0.54	38.34	9.84	11.48
10%	28.55	0.55	39.06	11.16	12.54
25%	31.18	0.59	40.33	13.59	15.37
50%	36.88	0.63	64.94	27.35	20.63
75%	63.26	0.70	206.39	70.55	22.76
90%	82.73	0.77	384.73	90.36	24.71

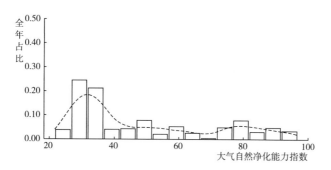

图 1 吉林省延边朝鲜族自治州大气自然净化能力指数分布 （ASPI–2019.1.1–2019.12.31）

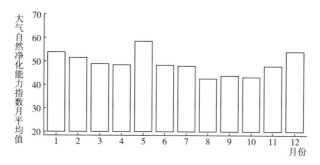

图 2 吉林省延边朝鲜族自治州大气自然净化能力指数月均变化 （ASPI–2019.1.1–2019.12.31）

黑龙江省

黑龙江省哈尔滨市

表 1　黑龙江省哈尔滨市大气环境资源概况（2019.1.1-2019.12.31）

指标类型	ASPI	AECI	EE	GCSP	GCO3
平均值	47.79	0.64	132.79	37.20	21.06
标准误	17.93	0.08	111.25	26.78	7.97
最小值	22.40	0.45	18.93	6.51	10.23
最大值	95.54	0.91	701.66	96.23	72.93
样本量（个）	829	829	829	829	829

表 2　黑龙江省哈尔滨市大气环境资源分位数（2019.1.1-2019.12.31）

指标类型	ASPI	AECI	EE	GCSP	GCO3
5%	27.00	0.51	38.10	9.60	11.40
10%	28.64	0.54	38.99	11.02	12.48
25%	32.51	0.59	61.30	13.57	15.22
50%	45.03	0.64	101.91	26.48	20.97
75%	60.03	0.69	199.45	60.83	23.24
90%	76.95	0.73	281.24	78.74	25.37

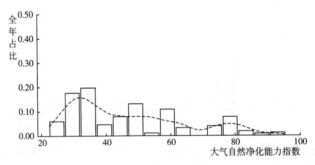

图 1　黑龙江省哈尔滨市大气自然净化能力指数分布（ASPI-2019.1.1-2019.12.31）

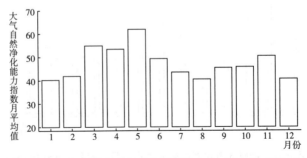

图 2　黑龙江省哈尔滨市大气自然净化能力指数月均变化（ASPI-2019.1.1-2019.12.31）

黑龙江省齐齐哈尔市

表1 黑龙江省齐齐哈尔市大气环境资源概况（2019.1.1-2019.12.31）

指标类型	ASPI	AECI	EE	GCSP	GCO3
平均值	43.50	0.63	113.06	33.11	19.73
标准误	16.56	0.07	100.55	26.96	7.56
最小值	19.94	0.46	18.40	5.66	7.95
最大值	95.65	0.91	746.99	97.57	73.23
样本量（个）	2225	2225	2225	2225	2225

表2 黑龙江省齐齐哈尔市大气环境资源分位数（2019.1.1-2019.12.31）

指标类型	ASPI	AECI	EE	GCSP	GCO3
5%	26.14	0.51	37.81	9.10	10.40
10%	27.75	0.53	38.68	10.30	11.55
25%	30.81	0.58	40.71	12.45	14.11
50%	36.17	0.63	64.45	15.87	19.84
75%	51.01	0.67	108.70	54.62	22.08
90%	73.74	0.72	271.38	78.82	24.06

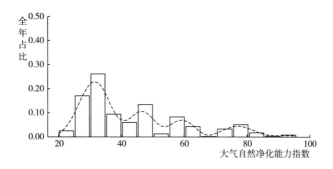

图1 黑龙江省齐齐哈尔市大气自然净化能力指数分布（ASPI-2019.1.1-2019.12.31）

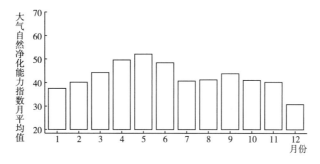

图2 黑龙江省齐齐哈尔市大气自然净化能力指数月均变化（ASPI-2019.1.1-2019.12.31）

黑龙江省鸡西市

表 1 黑龙江省鸡西市大气环境资源概况（2019.1.1-2019.12.31）

指标类型	ASPI	AECI	EE	GCSP	GCO3
平均值	55.30	0.67	207.28	38.55	19.76
标准误	21.56	0.08	192.82	28.76	6.91
最小值	21.39	0.46	18.71	6.23	8.61
最大值	96.56	1.00	993.31	96.28	60.39
样本量（个）	2217	2217	2217	2217	2217

表 2 黑龙江省鸡西市大气环境资源分位数（2019.1.1-2019.12.31）

指标类型	ASPI	AECI	EE	GCSP	GCO3
5%	29.00	0.55	39.29	10.77	10.92
10%	30.71	0.58	40.14	11.98	11.98
25%	34.19	0.61	63.04	14.09	14.57
50%	49.20	0.66	106.65	26.66	20.09
75%	76.64	0.72	287.38	63.78	22.32
90%	85.69	0.78	402.2	86.35	24.28

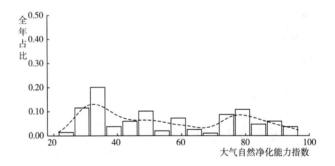

图 1 黑龙江省鸡西市大气自然净化能力指数分布（ASPI-2019.1.1-2019.12.31）

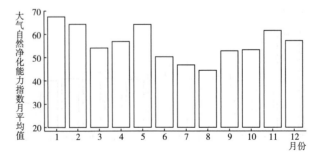

图 2 黑龙江省鸡西市大气自然净化能力指数月均变化（ASPI-2019.1.1-2019.12.31）

黑龙江省鹤岗市

表 1　黑龙江省鹤岗市大气环境资源概况（2019.1.1-2019.12.31）

指标类型	ASPI	AECI	EE	GCSP	GCO3
平均值	44.18	0.62	123.19	43.91	19.76
标准误	18.72	0.07	138.02	30.51	6.46
最小值	21.99	0.43	18.84	7.62	10.07
最大值	95.38	0.90	738.17	100.00	59.28
样本量（个）	833	833	833	833	833

表 2　黑龙江省鹤岗市大气环境资源分位数（2019.1.1-2019.12.31）

指标类型	ASPI	AECI	EE	GCSP	GCO3
5%	26.23	0.51	19.98	10.55	11.06
10%	27.78	0.54	38.03	12.17	11.93
25%	30.27	0.57	39.86	14.40	14.62
50%	35.85	0.62	64.23	38.46	20.52
75%	54.64	0.66	187.84	71.08	22.71
90%	76.90	0.71	282.60	90.73	24.04

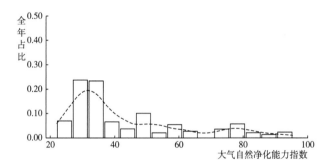

图 1　黑龙江省鹤岗市大气自然净化能力指数分布（ASPI-2019.1.1-2019.12.31）

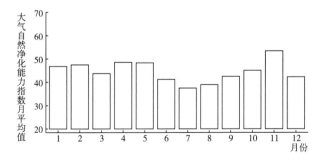

图 2　黑龙江省鹤岗市大气自然净化能力指数月均变化（ASPI-2019.1.1-2019.12.31）

黑龙江省双鸭山市

表 1　黑龙江省双鸭山市大气环境资源概况（2019.1.1-2019.12.31）

指标类型	ASPI	AECI	EE	GCSP	GCO3
平均值	39.35	0.62	84.77	36.15	20.82
标准误	12.41	0.05	72.09	29.28	7.65
最小值	26.13	0.48	19.75	6.65	10.48
最大值	93.65	0.93	755.21	97.62	60.22
样本量（个）	832	832	832	832	832

表 2　黑龙江省双鸭山市大气环境资源分位数（2019.1.1-2019.12.31）

指标类型	ASPI	AECI	EE	GCSP	GCO3
5%	28.13	0.53	38.75	9.85	11.51
10%	29.68	0.55	39.57	11.23	12.40
25%	31.94	0.58	40.83	13.04	15.29
50%	34.38	0.61	63.11	22.16	20.78
75%	44.22	0.65	100.99	55.12	23.01
90%	58.06	0.68	195.20	93.79	24.88

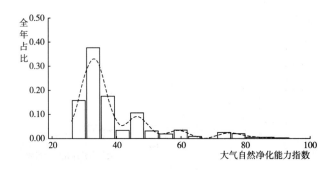

图 1　黑龙江省双鸭山市大气自然净化能力指数分布（ASPI-2019.1.1-2019.12.31）

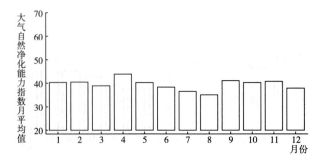

图 2　黑龙江省双鸭山市大气自然净化能力指数月均变化（ASPI-2019.1.1-2019.12.31）

黑龙江省大庆市

表1 黑龙江省大庆市大气环境资源概况 (2019.1.1-2019.12.31)

指标类型	ASPI	AECI	EE	GCSP	GCO3
平均值	52.56	0.66	170.17	32.68	20.81
标准误	19.37	0.08	145.80	24.19	7.74
最小值	22.23	0.45	18.89	7.30	10.28
最大值	96.03	0.97	1002.23	93.90	60.58
样本量（个）	832	832	832	832	832

表2 黑龙江省大庆市大气环境资源分位数 (2019.1.1-2019.12.31)

指标类型	ASPI	AECI	EE	GCSP	GCO3
5%	29.53	0.54	39.50	10.32	11.41
10%	31.08	0.56	40.73	11.27	12.24
25%	34.61	0.61	63.36	13.74	15.07
50%	48.45	0.66	105.80	16.53	20.79
75%	73.19	0.71	269.68	53.47	23.05
90%	80.53	0.76	337.06	70.20	25.12

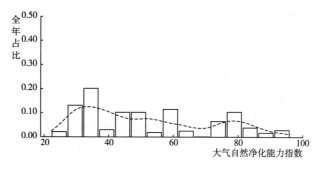

图1 黑龙江省大庆市大气自然净化能力指数分布 (ASPI-2019.1.1-2019.12.31)

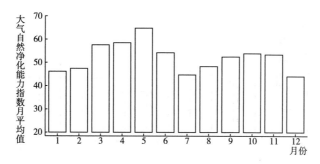

图2 黑龙江省大庆市大气自然净化能力指数月均变化 (ASPI-2019.1.1-2019.12.31)

黑龙江省伊春市

表 1 黑龙江省伊春市大气环境资源概况（2019.1.1–2019.12.31）

指标类型	ASPI	AECI	EE	GCSP	GCO3
平均值	42.52	0.62	112.85	48.03	18.68
标准误	17.92	0.07	119.80	31.02	6.36
最小值	20.05	0.43	18.42	6.64	7.59
最大值	95.32	0.90	813.98	98.67	60.54
样本量（个）	2221	2221	2221	2221	2221

表 2 黑龙江省伊春市大气环境资源分位数（2019.1.1–2019.12.31）

指标类型	ASPI	AECI	EE	GCSP	GCO3
5%	25.88	0.50	20.24	11.13	10.08
10%	27.09	0.53	38.30	12.33	11.24
25%	29.96	0.57	39.81	14.95	13.55
50%	34.31	0.61	63.13	47.65	19.54
75%	49.21	0.66	106.66	77.50	21.83
90%	75.60	0.71	280.33	92.41	23.63

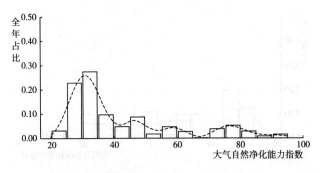

图 1 黑龙江省伊春市大气自然净化能力指数分布（ASPI-2019.1.1–2019.12.31）

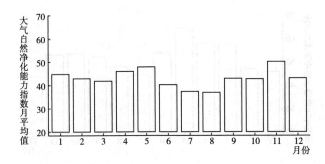

图 2 黑龙江省伊春市大气自然净化能力指数月均变化（ASPI-2019.1.1–2019.12.31）

黑龙江省佳木斯市

表 1　黑龙江省佳木斯市大气环境资源概况 （2019.1.1－2019.12.31）

指标类型	ASPI	AECI	EE	GCSP	GCO3
平均值	45.25	0.63	127.02	47.38	19.57
标准误	18.53	0.08	124.79	32.21	7.08
最小值	21.07	0.45	18.64	6.93	8.12
最大值	95.34	0.97	850.48	100.00	60.61
样本量 （个）	2147	2147	2147	2147	2147

表 2　黑龙江省佳木斯市大气环境资源分位数 （2019.1.1－2019.12.31）

指标类型	ASPI	AECI	EE	GCSP	GCO3
5%	26.29	0.51	37.85	11.02	10.58
10%	27.74	0.54	38.70	12.43	11.65
25%	30.84	0.58	40.28	14.93	14.11
50%	36.41	0.63	64.62	43.77	20.00
75%	57.55	0.67	194.10	78.80	22.17
90%	77.50	0.73	318.88	95.55	24.06

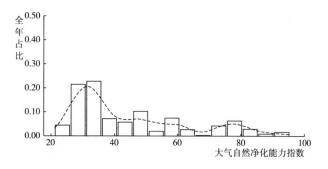

图 1　黑龙江省佳木斯市大气自然净化能力指数分布 （ASPI-2019.1.1－2019.12.31）

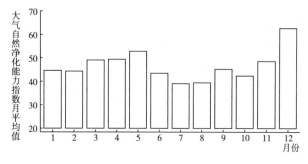

图 2　黑龙江省佳木斯市大气自然净化能力指数月均变化 （ASPI-2019.1.1－2019.12.31）

黑龙江省七台河市

表 1　黑龙江省七台河市大气环境资源概况（2019.1.1-2019.12.31）

指标类型	ASPI	AECI	EE	GCSP	GCO3
平均值	54.12	0.67	194.81	38.66	19.87
标准误	20.86	0.08	179.19	28.72	7.19
最小值	21.24	0.47	18.68	7.23	8.56
最大值	95.87	1.00	996.55	98.74	59.65
样本量（个）	2173	2173	2173	2173	2173

表 2　黑龙江省七台河市大气环境资源分位数（2019.1.1-2019.12.31）

指标类型	ASPI	AECI	EE	GCSP	GCO3
5%	29.00	0.55	39.33	11.00	10.84
10%	30.56	0.57	40.22	12.18	11.90
25%	34.35	0.61	63.15	14.22	14.48
50%	48.56	0.66	105.92	26.63	20.09
75%	75.26	0.71	277.88	62.76	22.32
90%	83.66	0.77	392.55	84.85	24.34

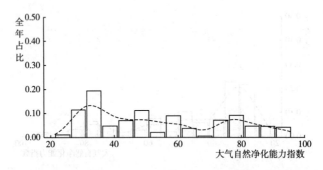

图 1　黑龙江省七台河市大气自然净化能力指数分布（ASPI-2019.1.1-2019.12.31）

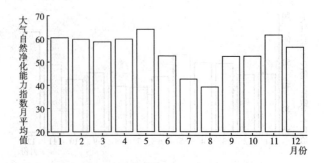

图 2　黑龙江省七台河市大气自然净化能力指数月均变化（ASPI-2019.1.1-2019.12.31）

黑龙江省牡丹江市

表 1　黑龙江省牡丹江市大气环境资源概况（2019.1.1-2019.12.31）

指标类型	ASPI	AECI	EE	GCSP	GCO3
平均值	50.24	0.65	180.58	39.70	20.08
标准误	22.62	0.10	201.02	27.72	7.47
最小值	21.69	0.46	18.77	6.96	8.56
最大值	96.63	1.00	1104.96	94.37	61.24
样本量（个）	2213	2213	2213	2213	2213

表 2　黑龙江省牡丹江市大气环境资源分位数（2019.1.1-2019.12.31）

指标类型	ASPI	AECI	EE	GCSP	GCO3
5%	26.50	0.52	38.07	11.01	10.97
10%	28.03	0.54	38.80	12.18	12.04
25%	31.29	0.59	40.46	14.17	14.59
50%	37.90	0.64	65.65	27.79	20.21
75%	74.18	0.71	272.72	64.09	22.47
90%	85.68	0.79	401.65	83.13	24.50

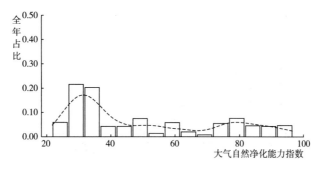

图 1　黑龙江省牡丹江市大气自然净化能力指数分布（ASPI-2019.1.1-2019.12.31）

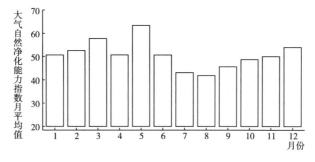

图 2　黑龙江省牡丹江市大气自然净化能力指数月均变化（ASPI-2019.1.1-2019.12.31）

黑龙江省黑河市

表 1　黑龙江省黑河市大气环境资源概况（2019.1.1–2019.12.31）

指标类型	ASPI	AECI	EE	GCSP	GCO3
平均值	43.77	0.62	118.88	42.24	18.09
标准误	17.14	0.07	112.45	27.78	6.49
最小值	20.26	0.45	18.46	6.64	6.92
最大值	94.79	0.99	900.89	97.55	46.07
样本量（个）	2225	2225	2225	2225	2225

表 2　黑龙江省黑河市大气环境资源分位数（2019.1.1–2019.12.31）

指标类型	ASPI	AECI	EE	GCSP	GCO3
5%	26.35	0.50	38.04	11.49	9.52
10%	27.70	0.52	38.71	12.66	10.58
25%	30.84	0.57	40.74	14.91	12.80
50%	35.84	0.62	64.22	39.91	18.95
75%	53.67	0.66	185.75	65.56	21.42
90%	74.52	0.71	274.25	84.85	23.10

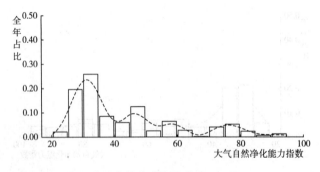

图 1　黑龙江省黑河市大气自然净化能力指数分布（ASPI–2019.1.1–2019.12.31）

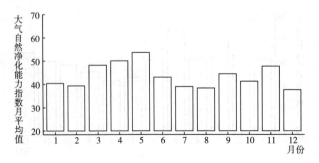

图 2　黑龙江省黑河市大气自然净化能力指数月均变化（ASPI–2019.1.1–2019.12.31）

黑龙江省绥化市

表1 黑龙江省绥化市大气环境资源概况 (2019.1.1-2019.12.31)

指标类型	ASPI	AECI	EE	GCSP	GCO3
平均值	40.14	0.62	90.62	39.24	19.71
标准误	13.39	0.06	71.62	28.45	7.20
最小值	21.26	0.45	18.68	6.98	8.11
最大值	94.88	0.85	628.47	98.66	60.00
样本量（个）	2171	2171	2171	2171	2171

表2 黑龙江省绥化市大气环境资源分位数 (2019.1.1-2019.12.31)

指标类型	ASPI	AECI	EE	GCSP	GCO3
5%	26.58	0.51	38.12	10.61	10.59
10%	27.97	0.54	38.80	11.75	11.68
25%	30.89	0.58	40.36	13.90	14.15
50%	34.98	0.62	63.62	26.90	19.98
75%	46.97	0.66	104.12	63.86	22.24
90%	59.18	0.69	197.61	84.94	24.21

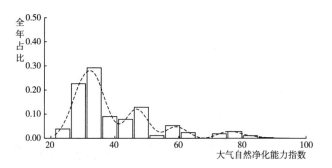

图1 黑龙江省绥化市大气自然净化能力指数分布 (ASPI-2019.1.1-2019.12.31)

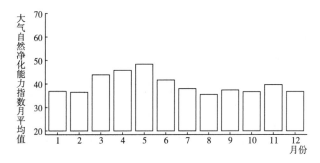

图2 黑龙江省绥化市大气自然净化能力指数月均变化 (ASPI-2019.1.1-2019.12.31)

黑龙江省大兴安岭地区

表 1　黑龙江省大兴安岭地区大气环境资源概况（2019.1.1-2019.12.31）

指标类型	ASPI	AECI	EE	GCSP	GCO3
平均值	41.96	0.61	107.97	42.68	17.79
标准误	16.76	0.08	103.13	29.72	6.11
最小值	19.62	0.44	18.33	6.62	7.02
最大值	94.77	0.97	832.43	98.67	47.23
样本量（个）	2225	2225	2225	2225	2225

表 2　黑龙江省大兴安岭地区大气环境资源分位数（2019.1.1-2019.12.31）

指标类型	ASPI	AECI	EE	GCSP	GCO3
5%	25.84	0.49	37.80	10.34	9.47
10%	27.21	0.52	38.46	11.68	10.54
25%	30.04	0.56	40.01	14.09	12.68
50%	34.49	0.61	63.29	38.30	18.91
75%	48.35	0.66	105.68	68.90	21.30
90%	73.97	0.71	272.21	88.24	23.01

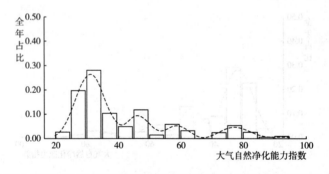

图 1　黑龙江省大兴安岭地区大气自然净化能力指数分布（ASPI-2019.1.1-2019.12.31）

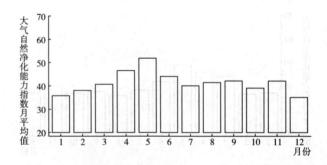

图 2　黑龙江省大兴安岭地区大气自然净化能力指数月均变化（ASPI-2019.1.1-2019.12.31）

上海市

上海市徐汇区

表1 上海市徐汇区大气环境资源概况 （2019.1.1-2019.12.31）

指标类型	ASPI	AECI	EE	GCSP	GCO3
平均值	31.01	0.59	30.40	52.18	29.65
标准误	3.50	0.03	12.70	26.54	12.47
最小值	24.51	0.53	19.38	8.01	17.74
最大值	50.24	0.69	107.83	100.00	78.50
样本量（个）	790	790	790	790	790

表2 上海市徐汇区大气环境资源分位数 （2019.1.1-2019.12.31）

指标类型	ASPI	AECI	EE	GCSP	GCO3
5%	25.61	0.54	19.62	12.32	18.70
10%	26.30	0.55	19.77	13.72	19.71
25%	28.59	0.57	20.26	23.04	21.55
50%	30.83	0.59	20.86	52.02	24.15
75%	33.41	0.61	41.08	73.76	42.17
90%	35.46	0.64	42.23	89.81	47.47

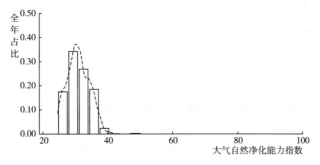

图1 上海市徐汇区大气自然净化能力指数分布 （ASPI-2019.1.1-2019.12.31）

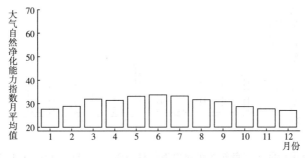

图2 上海市徐汇区大气自然净化能力指数月均变化 （ASPI-2019.1.1-2019.12.31）

上海市闵行区

表 1　上海市闵行区大气环境资源概况（2019.1.1-2019.12.31）

指标类型	ASPI	AECI	EE	GCSP	GCO3
平均值	37.64	0.63	63.67	52.58	29.75
标准误	8.33	0.04	38.55	26.74	12.50
最小值	24.65	0.52	19.41	8.48	17.70
最大值	80.55	0.79	291.84	100.00	78.40
样本量（个）	790	790	790	790	790

表 2　上海市闵行区大气环境资源分位数（2019.1.1-2019.12.31）

指标类型	ASPI	AECI	EE	GCSP	GCO3
5%	28.69	0.57	20.37	12.67	18.67
10%	29.91	0.58	39.41	14.43	19.72
25%	32.80	0.60	40.94	26.89	21.53
50%	35.84	0.63	63.70	53.57	24.15
75%	38.96	0.66	66.38	72.68	43.02
90%	50.34	0.69	107.94	90.33	47.39

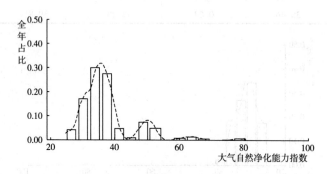

图 1　上海市闵行区大气自然净化能力指数分布（ASPI-2019.1.1-2019.12.31）

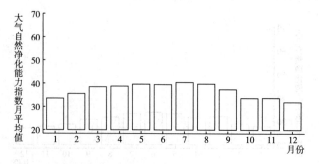

图 2　上海市闵行区大气自然净化能力指数月均变化（ASPI-2019.1.1-2019.12.31）

上海市宝山区

表 1 上海市宝山区大气环境资源概况（2019.1.1-2019.12.31）

指标类型	ASPI	AECI	EE	GCSP	GCO3
平均值	44.21	0.65	101.76	56.99	27.73
标准误	14.16	0.06	79.50	25.14	11.52
最小值	22.52	0.51	18.95	8.81	12.49
最大值	97.11	0.91	703.59	97.48	77.48
样本量（个）	2129	2129	2129	2129	2129

表 2 上海市宝山区大气环境资源分位数（2019.1.1-2019.12.31）

指标类型	ASPI	AECI	EE	GCSP	GCO3
5%	28.33	0.57	38.20	14.29	17.84
10%	30.00	0.59	39.67	16.03	18.64
25%	33.75	0.62	42.06	39.60	20.61
50%	38.83	0.65	66.29	59.64	23.17
75%	50.69	0.69	108.34	78.81	26.99
90%	63.35	0.73	206.6	88.87	46.07

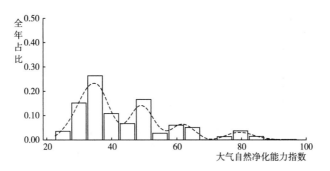

图 1 上海市宝山区大气自然净化能力指数分布（ASPI-2019.1.1-2019.12.31）

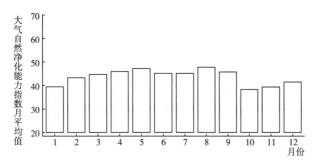

图 2 上海市宝山区大气自然净化能力指数月均变化（ASPI-2019.1.1-2019.12.31）

上海市嘉定区

表1 上海市嘉定区大气环境资源概况 (2019.1.1-2019.12.31)

指标类型	ASPI	AECI	EE	GCSP	GCO3
平均值	45.51	0.66	105.99	56.35	29.42
标准误	14.43	0.06	82.05	29.27	12.54
最小值	24.73	0.52	19.43	8.24	14.57
最大值	98.16	0.96	791.54	100.00	77.22
样本量（个）	788	788	788	788	788

表2 上海市嘉定区大气环境资源分位数 (2019.1.1-2019.12.31)

指标类型	ASPI	AECI	EE	GCSP	GCO3
5%	29.46	0.57	39.22	12.84	18.53
10%	31.01	0.59	39.97	14.92	19.61
25%	34.72	0.62	62.79	27.59	21.54
50%	39.29	0.66	66.60	55.98	23.91
75%	51.72	0.70	109.51	81.49	35.04
90%	64.81	0.73	209.73	98.01	47.20

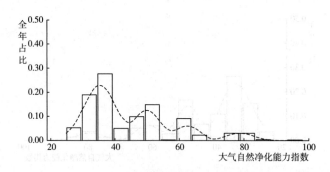

图1 上海市嘉定区大气自然净化能力指数分布 (ASPI-2019.1.1-2019.12.31)

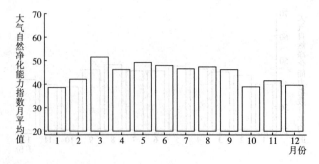

图2 上海市嘉定区大气自然净化能力指数月均变化 (ASPI-2019.1.1-2019.12.31)

上海市浦东新区

表1 上海市浦东新区大气环境资源概况（2019.1.1—2019.12.31）

指标类型	ASPI	AECI	EE	GCSP	GCO3
平均值	46.88	0.66	116.84	63.44	28.75
标准误	15.71	0.06	101.06	26.68	11.08
最小值	25.23	0.52	19.54	10.02	17.62
最大值	95.72	0.99	884.88	100.00	64.45
样本量（个）	790	790	790	790	790

表2 上海市浦东新区大气环境资源分位数（2019.1.1—2019.12.31）

指标类型	ASPI	AECI	EE	GCSP	GCO3
5%	29.34	0.57	39.15	15.12	18.71
10%	31.08	0.59	40.00	22.83	19.76
25%	35.22	0.62	62.86	46.29	21.56
50%	39.68	0.66	66.88	65.75	23.99
75%	53.73	0.70	111.78	86.44	28.41
90%	74.10	0.74	272.43	97.65	46.51

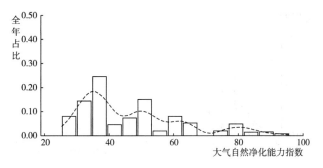

图1 上海市浦东新区大气自然净化能力指数分布（ASPI-2019.1.1—2019.12.31）

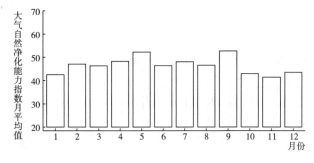

图2 上海市浦东新区大气自然净化能力指数月均变化（ASPI-2019.1.1—2019.12.31）

上海市金山区

表 1　上海市金山区大气环境资源概况（2019.1.1-2019.12.31）

指标类型	ASPI	AECI	EE	GCSP	GCO3
平均值	44.02	0.65	97.53	63.57	29.12
标准误	13.51	0.06	71.93	27.19	11.94
最小值	24.71	0.52	19.43	9.58	14.64
最大值	86.72	0.84	406.08	100.00	76.80
样本量（个）	786	786	786	786	786

表 2　上海市金山区大气环境资源分位数（2019.1.1-2019.12.31）

指标类型	ASPI	AECI	EE	GCSP	GCO3
5%	29.11	0.56	20.89	14.43	18.46
10%	30.50	0.59	39.82	15.72	19.71
25%	34.45	0.61	42.18	46.14	21.54
50%	38.45	0.65	66.03	70.28	24.03
75%	51.29	0.69	109.02	86.88	28.47
90%	63.20	0.73	206.26	95.62	47.01

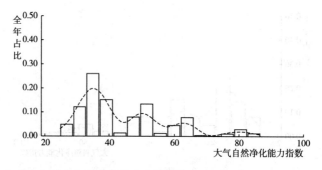

图 1　上海市金山区大气自然净化能力指数分布（ASPI-2019.1.1-2019.12.31）

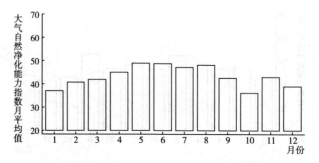

图 2　上海市金山区大气自然净化能力指数月均变化（ASPI-2019.1.1-2019.12.31）

上海市松江区

表 1 上海市松江区大气环境资源概况（2019.1.1-2019.12.31）

指标类型	ASPI	AECI	EE	GCSP	GCO3
平均值	46.89	0.67	114.34	54.92	29.57
标准误	14.67	0.06	85.82	26.10	12.49
最小值	24.78	0.52	19.44	8.24	14.64
最大值	98.21	0.93	721.26	100.00	77.70
样本量（个）	787	787	787	787	787

表 2 上海市松江区大气环境资源分位数（2019.1.1-2019.12.31）

指标类型	ASPI	AECI	EE	GCSP	GCO3
5%	30.00	0.57	39.67	13.59	18.65
10%	32.37	0.60	40.74	15.09	19.72
25%	35.47	0.63	63.45	27.74	21.53
50%	41.38	0.66	68.05	57.96	24.10
75%	53.78	0.70	111.83	75.75	42.59
90%	65.07	0.74	210.29	88.80	47.21

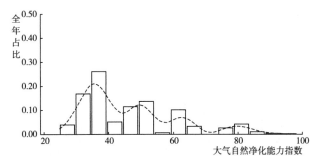

图 1 上海市松江区大气自然净化能力指数分布（ASPI-2019.1.1-2019.12.31）

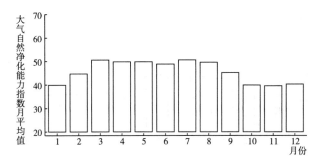

图 2 上海市松江区大气自然净化能力指数月均变化（ASPI-2019.1.1-2019.12.31）

上海市青浦区

表 1 上海市青浦区大气环境资源概况（2019.1.1-2019.12.31）

指标类型	ASPI	AECI	EE	GCSP	GCO3
平均值	41.93	0.65	85.20	55.19	29.63
标准误	11.78	0.05	61.85	26.37	12.78
最小值	24.60	0.52	19.40	8.74	14.59
最大值	96.85	0.89	641.53	100.00	77.96
样本量（个）	781	781	781	781	781

表 2 上海市青浦区大气环境资源分位数（2019.1.1-2019.12.31）

指标类型	ASPI	AECI	EE	GCSP	GCO3
5%	29.09	0.56	20.84	13.56	18.55
10%	30.44	0.58	39.82	15.23	19.68
25%	34.14	0.61	41.76	27.83	21.53
50%	38.10	0.65	65.79	57.74	24.13
75%	49.27	0.68	106.72	72.25	42.22
90%	59.67	0.72	198.66	93.69	47.32

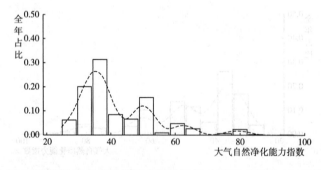

图 1 上海市青浦区大气自然净化能力指数分布（ASPI-2019.1.1-2019.12.31）

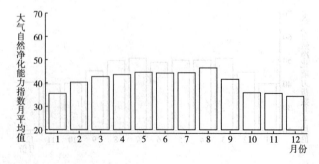

图 2 上海市青浦区大气自然净化能力指数月均变化（ASPI-2019.1.1-2019.12.31）

上海市奉贤区

表1 上海市奉贤区大气环境资源概况（2019.1.1-2019.12.31）

指标类型	ASPI	AECI	EE	GCSP	GCO3
平均值	46.03	0.66	108.92	59.44	28.86
标准误	14.93	0.06	82.95	25.04	11.26
最小值	24.68	0.52	19.42	9.35	14.66
最大值	94.89	0.87	628.53	100.00	75.33
样本量（个）	758	758	758	758	758

表2 上海市奉贤区大气环境资源分位数（2019.1.1-2019.12.31）

指标类型	ASPI	AECI	EE	GCSP	GCO3
5%	29.09	0.56	39.20	14.45	18.63
10%	30.51	0.59	39.88	16.05	19.70
25%	34.67	0.62	62.77	43.91	21.34
50%	39.53	0.66	66.77	62.64	24.19
75%	51.92	0.70	109.73	79.49	28.38
90%	65.38	0.74	210.95	90.05	46.62

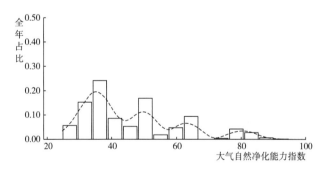

图1 上海市奉贤区大气自然净化能力指数分布（ASPI-2019.1.1-2019.12.31）

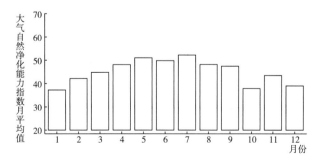

图2 上海市奉贤区大气自然净化能力指数月均变化（ASPI-2019.1.1-2019.12.31）

上海市崇明区

表 1 上海市崇明区大气环境资源概况 (2019.1.1-2019.12.31)

指标类型	ASPI	AECI	EE	GCSP	GCO3
平均值	46.76	0.66	114.44	61.56	28.14
标准误	15.41	0.06	92.06	26.51	11.15
最小值	24.56	0.52	19.39	10.08	14.42
最大值	97.67	0.87	669.61	100.00	76.59
样本量（个）	789	789	789	789	789

表 2 上海市崇明区大气环境资源分位数 (2019.1.1-2019.12.31)

指标类型	ASPI	AECI	EE	GCSP	GCO3
5%	29.66	0.57	39.34	14.09	18.30
10%	31.29	0.59	40.23	16.04	19.52
25%	34.64	0.62	62.57	44.80	21.42
50%	41.08	0.66	67.85	65.55	23.64
75%	52.70	0.69	110.62	81.30	26.98
90%	66.07	0.74	212.45	97.46	46.18

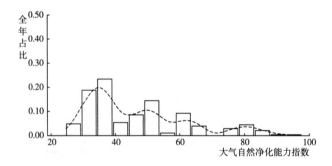

图 1 上海市崇明区大气自然净化能力指数分布 (ASPI-2019.1.1-2019.12.31)

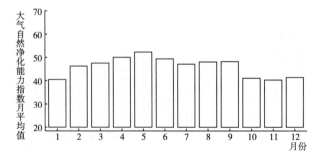

图 2 上海市崇明区大气自然净化能力指数月均变化 (ASPI-2019.1.1-2019.12.31)

江苏省

江苏省南京市

表 1　江苏省南京市大气环境资源概况（2019.1.1-2019.12.31）

指标类型	ASPI	AECI	EE	GCSP	GCO3
平均值	43.40	0.65	98.26	54.86	28.52
标准误	14.13	0.06	76.25	30.23	12.86
最小值	22.68	0.51	18.99	7.75	12.29
最大值	89.44	0.86	589.85	100.00	78.33
样本量（个）	2135	2135	2135	2135	2135

表 2　江苏省南京市大气环境资源分位数（2019.1.1-2019.12.31）

指标类型	ASPI	AECI	EE	GCSP	GCO3
5%	28.39	0.57	38.72	12.51	17.44
10%	29.90	0.58	39.62	14.12	18.46
25%	33.31	0.61	41.77	26.66	20.44
50%	37.71	0.65	65.51	56.06	23.06
75%	50.27	0.69	107.85	82.68	39.76
90%	63.13	0.73	206.12	98.01	47.05

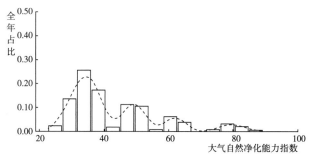

图 1　江苏省南京市大气自然净化能力指数分布（ASPI-2019.1.1-2019.12.31）

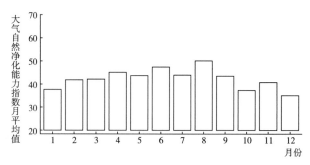

图 2　江苏省南京市大气自然净化能力指数月均变化（ASPI-2019.1.1-2019.12.31）

江苏省无锡市

表 1 江苏省无锡市大气环境资源概况 (2019.1.1-2019.12.31)

指标类型	ASPI	AECI	EE	GCSP	GCO3
平均值	40.88	0.64	84.58	51.72	28.71
标准误	12.51	0.06	68.06	26.24	13.00
最小值	22.44	0.51	18.94	6.96	12.35
最大值	95.81	0.96	772.62	97.56	78.21
样本量（个）	2085	2085	2085	2085	2085

表 2 江苏省无锡市大气环境资源分位数 (2019.1.1-2019.12.31)

指标类型	ASPI	AECI	EE	GCSP	GCO3
5%	27.52	0.56	20.15	12.97	17.70
10%	29.03	0.57	39.08	14.59	18.55
25%	32.44	0.60	41.00	26.87	20.50
50%	36.78	0.64	64.83	54.66	23.23
75%	48.40	0.68	105.74	74.01	28.56
90%	60.12	0.71	199.64	86.43	47.12

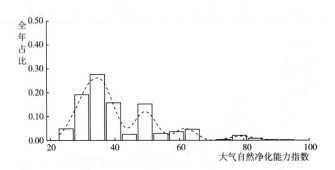

图 1 江苏省无锡市大气自然净化能力指数分布 (ASPI-2019.1.1-2019.12.31)

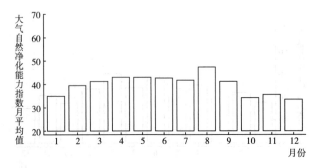

图 2 江苏省无锡市大气自然净化能力指数月均变化 (ASPI-2019.1.1-2019.12.31)

江苏省徐州市

表 1 江苏省徐州市大气环境资源概况（2019.1.1-2019.12.31）

指标类型	ASPI	AECI	EE	GCSP	GCO3
平均值	37.46	0.63	68.89	42.09	28.43
标准误	11.35	0.06	56.93	27.81	13.45
最小值	21.98	0.50	18.84	8.80	11.12
最大值	85.64	0.82	401.49	100.00	77.44
样本量（个）	2131	2131	2131	2131	2131

表 2 江苏省徐州市大气环境资源分位数（2019.1.1-2019.12.31）

指标类型	ASPI	AECI	EE	GCSP	GCO3
5%	24.94	0.54	19.48	11.33	15.92
10%	26.65	0.55	19.90	12.44	17.85
25%	30.38	0.59	39.84	14.94	19.94
50%	34.50	0.63	62.43	38.49	22.62
75%	39.15	0.67	66.51	63.96	42.08
90%	51.30	0.70	109.03	85.23	46.99

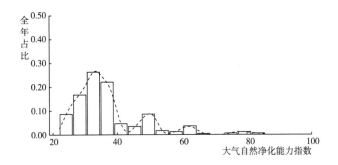

图 1 江苏省徐州市大气自然净化能力指数分布（ASPI-2019.1.1-2019.12.31）

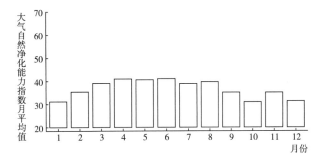

图 2 江苏省徐州市大气自然净化能力指数月均变化（ASPI-2019.1.1-2019.12.31）

江苏省常州市

表1 江苏省常州市大气环境资源概况（2019.1.1-2019.12.31）

指标类型	ASPI	AECI	EE	GCSP	GCO3
平均值	40.49	0.64	82.66	53.68	28.53
标准误	12.22	0.05	65.65	27.05	12.71
最小值	22.73	0.51	19.00	7.63	11.81
最大值	97.48	0.94	715.92	98.55	77.34
样本量（个）	2105	2105	2105	2105	2105

表2 江苏省常州市大气环境资源分位数（2019.1.1-2019.12.31）

指标类型	ASPI	AECI	EE	GCSP	GCO3
5%	27.94	0.56	20.77	12.98	17.51
10%	29.56	0.58	39.39	14.75	18.50
25%	32.62	0.60	41.06	27.07	20.45
50%	36.14	0.64	64.35	57.41	23.16
75%	47.96	0.68	105.24	77.11	40.09
90%	59.28	0.71	197.83	89.88	46.85

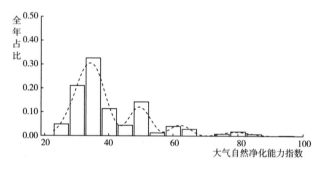

图1 江苏省常州市大气自然净化能力指数分布（ASPI-2019.1.1-2019.12.31）

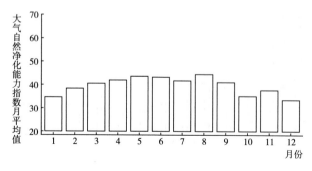

图2 江苏省常州市大气自然净化能力指数月均变化（ASPI-2019.1.1-2019.12.31）

江苏省苏州市

表1 江苏省苏州市大气环境资源概况（2019.1.1-2019.12.31）

指标类型	ASPI	AECI	EE	GCSP	GCO3
平均值	45.46	0.66	109.77	62.12	28.69
标准误	15.07	0.06	89.09	28.20	12.60
最小值	22.49	0.53	18.95	7.49	15.61
最大值	98.20	0.99	862.63	100.00	77.67
样本量（个）	2105	2105	2105	2105	2105

表2 江苏省苏州市大气环境资源分位数（2019.1.1-2019.12.31）

指标类型	ASPI	AECI	EE	GCSP	GCO3
5%	28.67	0.57	38.92	14.79	17.88
10%	30.40	0.59	39.86	16.18	18.73
25%	33.72	0.62	61.50	42.21	20.67
50%	39.46	0.66	66.72	65.31	23.37
75%	51.73	0.70	109.51	87.84	28.38
90%	64.55	0.74	209.17	98.01	46.78

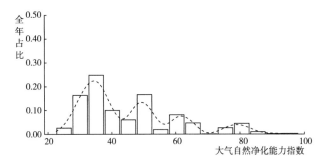

图1 江苏省苏州市大气自然净化能力指数分布（ASPI-2019.1.1-2019.12.31）

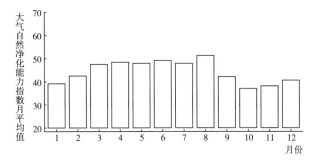

图2 江苏省苏州市大气自然净化能力指数月均变化（ASPI-2019.1.1-2019.12.31）

江苏省南通市

表1 江苏省南通市大气环境资源概况（2019.1.1-2019.12.31）

指标类型	ASPI	AECI	EE	GCSP	GCO3
平均值	49.49	0.67	139.62	60.33	27.39
标准误	18.32	0.07	124.75	27.66	11.70
最小值	22.33	0.51	18.91	8.29	11.77
最大值	98.04	1.00	1035.91	100.00	77.18
样本量（个）	2103	2103	2103	2103	2103

表2 江苏省南通市大气环境资源分位数（2019.1.1-2019.12.31）

指标类型	ASPI	AECI	EE	GCSP	GCO3
5%	28.96	0.57	39.18	14.10	17.48
10%	30.65	0.59	39.99	15.72	18.46
25%	34.05	0.62	62.56	38.70	20.41
50%	46.41	0.66	103.48	64.35	23.00
75%	61.61	0.71	202.86	84.28	26.12
90%	79.78	0.77	289.89	94.26	46.16

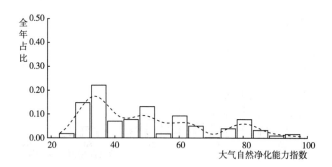

图1 江苏省南通市大气自然净化能力指数分布（ASPI-2019.1.1-2019.12.31）

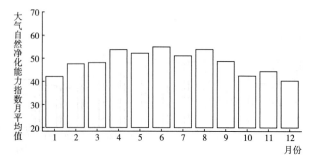

图2 江苏省南通市大气自然净化能力指数月均变化（ASPI-2019.1.1-2019.12.31）

江苏省连云港市

表 1　江苏省连云港市大气环境资源概况（2019.1.1-2019.12.31）

指标类型	ASPI	AECI	EE	GCSP	GCO3
平均值	47.25	0.66	124.00	47.29	27.63
标准误	17.14	0.07	115.84	25.95	.11.49
最小值	23.98	0.51	19.27	8.74	13.07
最大值	97.78	0.99	929.28	100.00	75.74
样本量（个）	793	793	793	793	793

表 2　江苏省连云港市大气环境资源分位数（2019.1.1-2019.12.31）

指标类型	ASPI	AECI	EE	GCSP	GCO3
5%	28.71	0.56	39.05	12.05	17.11
10%	30.10	0.58	39.75	13.74	18.50
25%	33.85	0.62	61.77	21.22	20.82
50%	39.60	0.66	66.82	49.21	23.12
75%	57.57	0.70	194.15	67.60	25.99
90%	78.33	0.75	285.16	82.24	46.29

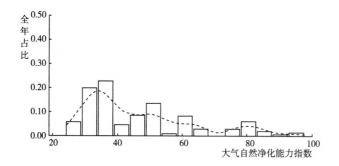

图 1　江苏省连云港市大气自然净化能力指数分布（ASPI-2019.1.1-2019.12.31）

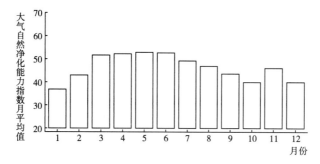

图 2　江苏省连云港市大气自然净化能力指数月均变化（ASPI-2019.1.1-2019.12.31）

江苏省淮安市

表 1   江苏省淮安市大气环境资源概况（2019.1.1–2019.12.31）

指标类型	ASPI	AECI	EE	GCSP	GCO3
平均值	42.08	0.64	94.08	58.32	26.61
标准误	14.69	0.06	85.18	29.58	11.37
最小值	22.08	0.50	18.86	9.33	11.23
最大值	96.35	0.86	685.55	100.00	76.11
样本量（个）	2131	2131	2131	2131	2131

表 2   江苏省淮安市大气环境资源分位数（2019.1.1–2019.12.31）

指标类型	ASPI	AECI	EE	GCSP	GCO3
5%	27.20	0.55	20.07	13.20	15.68
10%	28.69	0.57	38.76	14.60	17.67
25%	31.95	0.60	40.68	27.37	19.98
50%	36.68	0.64	64.76	60.82	22.57
75%	49.30	0.68	106.76	86.18	25.46
90%	62.88	0.72	205.57	95.48	45.80

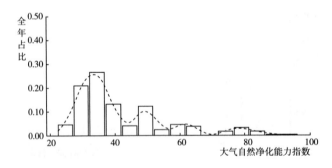

图 1   江苏省淮安市大气自然净化能力指数分布（ASPI-2019.1.1–2019.12.31）

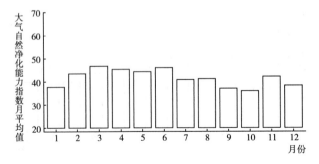

图 2   江苏省淮安市大气自然净化能力指数月均变化（ASPI-2019.1.1–2019.12.31）

江苏省盐城市

表 1 江苏省盐城市大气环境资源概况 （2019.1.1-2019.12.31）

指标类型	ASPI	AECI	EE	GCSP	GCO3
平均值	44.88	0.66	104.85	51.91	28.30
标准误	14.51	0.06	81.66	28.70	11.86
最小值	24.69	0.52	19.42	8.79	13.41
最大值	94.44	0.88	625.58	100.00	76.39
样本量（个）	791	791	791	791	791

表 2 江苏省盐城市大气环境资源分位数 （2019.1.1-2019.12.31）

指标类型	ASPI	AECI	EE	GCSP	GCO3
5%	29.09	0.56	39.08	13.01	17.95
10%	30.76	0.58	39.89	14.24	19.05
25%	34.23	0.62	62.66	26.43	21.00
50%	38.72	0.66	66.21	52.18	23.37
75%	51.19	0.69	108.90	74.01	26.93
90%	63.66	0.74	207.26	98.01	46.46

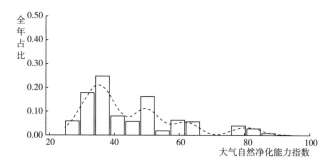

图 1 江苏省盐城市大气自然净化能力指数分布 （ASPI-2019.1.1-2019.12.31）

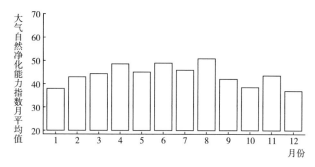

图 2 江苏省盐城市大气自然净化能力指数月均变化 （ASPI-2019.1.1-2019.12.31）

江苏省扬州市

表 1　江苏省扬州市大气环境资源概况（2019.1.1~2019.12.31）

指标类型	ASPI	AECI	EE	GCSP	GCO3
平均值	38.05	0.63	66.36	48.84	30.09
标准误	9.13	0.05	43.04	27.30	13.43
最小值	24.32	0.51	19.34	8.23	13.62
最大值	84.41	0.82	350.70	100.00	78.02
样本量（个）	788	788	788	788	788

表 2　江苏省扬州市大气环境资源分位数（2019.1.1~2019.12.31）

指标类型	ASPI	AECI	EE	GCSP	GCO3
5%	27.62	0.55	20.06	12.48	18.05
10%	29.66	0.57	39.41	13.54	19.26
25%	32.63	0.60	40.88	21.62	21.31
50%	35.85	0.63	63.70	50.53	23.64
75%	39.49	0.67	66.74	70.53	43.66
90%	50.74	0.70	108.39	86.81	47.93

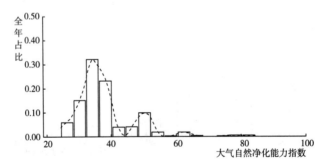

图 1　江苏省扬州市大气自然净化能力指数分布（ASPI-2019.1.1~2019.12.31）

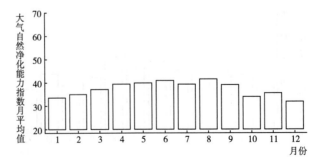

图 2　江苏省扬州市大气自然净化能力指数月均变化（ASPI-2019.1.1~2019.12.31）

江苏省镇江市

表1 江苏省镇江市大气环境资源概况（2019.1.1-2019.12.31）

指标类型	ASPI	AECI	EE	GCSP	GCO3
平均值	37.54	0.63	66.93	53.25	28.50
标准误	9.47	0.05	44.62	27.60	12.66
最小值	22.52	0.51	18.95	7.31	12.25
最大值	86.47	0.83	405.02	100.00	77.88
样本量（个）	2085	2085	2085	2085	2085

表2 江苏省镇江市大气环境资源分位数（2019.1.1-2019.12.31）

指标类型	ASPI	AECI	EE	GCSP	GCO3
5%	27.82	0.56	38.15	12.83	17.45
10%	29.16	0.57	39.28	14.27	18.44
25%	31.67	0.60	40.49	26.67	20.39
50%	35.16	0.63	63.24	55.10	23.12
75%	39.12	0.66	66.49	75.94	41.13
90%	50.55	0.70	108.18	90.62	46.94

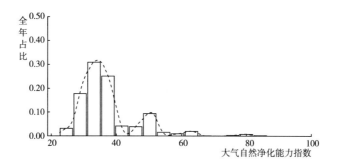

图1 江苏省镇江市大气自然净化能力指数分布（ASPI-2019.1.1-2019.12.31）

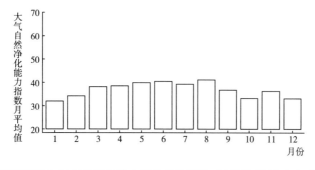

图2 江苏省镇江市大气自然净化能力指数月均变化（ASPI-2019.1.1-2019.12.31）

江苏省泰州市

表 1　江苏省泰州市大气环境资源概况（2019.1.1-2019.12.31）

指标类型	ASPI	AECI	EE	GCSP	GCO3
平均值	43.50	0.65	95.76	60.28	28.59
标准误	12.98	0.05	71.91	30.89	11.83
最小值	24.62	0.52	19.41	8.81	13.68
最大值	91.03	0.84	603.00	100.00	76.10
样本量（个）	789	789	789	789	789

表 2　江苏省泰州市大气环境资源分位数（2019.1.1-2019.12.31）

指标类型	ASPI	AECI	EE	GCSP	GCO3
5%	29.64	0.56	39.39	13.41	18.12
10%	30.94	0.59	40.08	14.59	19.20
25%	34.58	0.62	62.36	27.61	21.24
50%	38.24	0.65	65.88	62.48	23.50
75%	50.47	0.69	108.09	91.97	28.07
90%	62.38	0.72	204.50	98.01	47.07

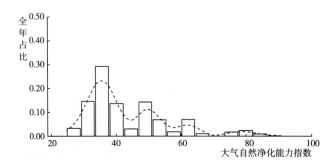

图 1　江苏省泰州市大气自然净化能力指数分布（ASPI-2019.1.1-2019.12.31）

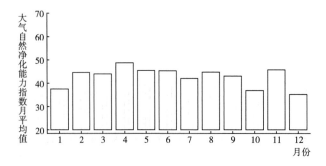

图 2　江苏省泰州市大气自然净化能力指数月均变化（ASPI-2019.1.1-2019.12.31）

江苏省宿迁市

表 1 江苏省宿迁市大气环境资源概况（2019. 1. 1－2019. 12. 31）

指标类型	ASPI	AECI	EE	GCSP	GCO3
平均值	42.07	0.65	90.51	50.55	28.95
标准误	13.33	0.06	77.75	32.14	12.50
最小值	24.07	0.51	19.29	9.38	13.20
最大值	95.38	0.86	769.12	100.00	76.22
样本量（个）	792	792	792	792	792

表 2 江苏省宿迁市大气环境资源分位数（2019. 1. 1－2019. 12. 31）

指标类型	ASPI	AECI	EE	GCSP	GCO3
5%	28.47	0.56	20.47	11.86	17.59
10%	30.02	0.58	39.63	13.25	18.94
25%	33.08	0.61	41.40	15.88	20.88
50%	37.28	0.65	65.22	46.48	23.23
75%	49.12	0.68	106.56	81.15	42.89
90%	61.62	0.71	202.87	98.01	46.99

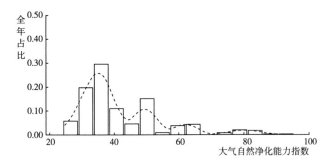

图 1 江苏省宿迁市大气自然净化能力指数分布（ASPI-2019. 1. 1－2019. 12. 31）

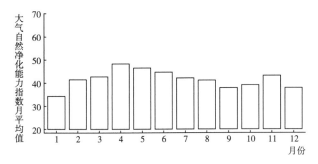

图 2 江苏省宿迁市大气自然净化能力指数月均变化（ASPI-2019. 1. 1－2019. 12. 31）

浙江省

浙江省杭州市

表 1　浙江省杭州市大气环境资源概况（2019.1.1~2019.12.31）

指标类型	ASPI	AECI	EE	GCSP	GCO3
平均值	40.79	0.65	83.33	56.01	29.54
标准误	11.80	0.05	65.94	26.40	13.54
最小值	23.68	0.53	19.20	9.07	15.61
最大值	96.89	0.94	748.87	97.59	79.21
样本量（个）	2099	2099	2099	2099	2099

表 2　浙江省杭州市大气环境资源分位数（2019.1.1~2019.12.31）

指标类型	ASPI	AECI	EE	GCSP	GCO3
5%	29.23	0.57	39.22	13.87	17.98
10%	30.53	0.59	39.91	15.39	18.85
25%	33.21	0.61	41.46	27.96	20.76
50%	36.45	0.64	64.53	59.31	23.52
75%	47.60	0.68	104.83	79.14	42.32
90%	58.79	0.72	196.77	89.86	47.42

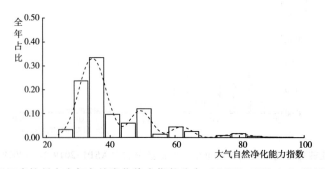

图 1　浙江省杭州市大气自然净化能力指数分布（ASPI-2019.1.1~2019.12.31）

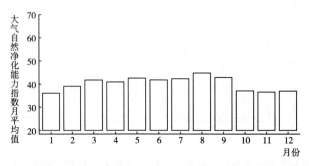

图 2　浙江省杭州市大气自然净化能力指数月均变化（ASPI-2019.1.1~2019.12.31）

浙江省宁波市

表 1 浙江省宁波市大气环境资源概况 (2019.1.1-2019.12.31)

指标类型	ASPI	AECI	EE	GCSP	GCO3
平均值	44.28	0.65	104.36	61.97	28.44
标准误	15.88	0.06	93.82	27.98	11.88
最小值	22.73	0.52	19.00	8.96	15.88
最大值	96.88	0.89	670.57	100.00	78.04
样本量（个）	2076	2076	2076	2076	2076

表 2 浙江省宁波市大气环境资源分位数 (2019.1.1-2019.12.31)

指标类型	ASPI	AECI	EE	GCSP	GCO3
5%	28.61	0.57	38.65	14.43	18.09
10%	30.07	0.58	39.57	16.03	18.96
25%	33.12	0.61	41.21	42.36	20.84
50%	37.43	0.64	65.31	65.49	23.60
75%	51.16	0.69	108.86	86.71	27.76
90%	73.63	0.74	271.01	97.67	46.39

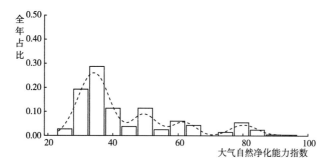

图 1 浙江省宁波市大气自然净化能力指数分布 (ASPI-2019.1.1-2019.12.31)

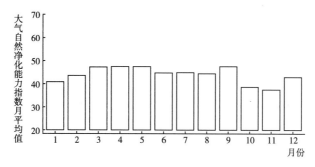

图 2 浙江省宁波市大气自然净化能力指数月均变化 (ASPI-2019.1.1-2019.12.31)

浙江省温州市

表 1　浙江省温州市大气环境资源概况（2019.1.1-2019.12.31）

指标类型	ASPI	AECI	EE	GCSP	GCO3
平均值	33.23	0.61	39.20	59.93	31.62
标准误	4.56	0.04	18.92	27.00	13.34
最小值	25.05	0.53	19.50	10.02	18.49
最大值	59.14	0.73	197.52	100.00	79.23
样本量（个）	758	758	758	758	758

表 2　浙江省温州市大气环境资源分位数（2019.1.1-2019.12.31）

指标类型	ASPI	AECI	EE	GCSP	GCO3
5%	26.69	0.55	19.85	13.37	19.44
10%	27.79	0.56	20.09	15.87	20.40
25%	30.40	0.58	20.80	41.16	22.18
50%	32.84	0.60	40.82	62.60	25.28
75%	35.62	0.63	42.22	82.54	44.63
90%	38.07	0.66	65.62	96.24	48.45

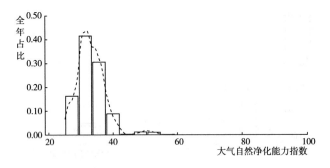

图 1　浙江省温州市大气自然净化能力指数分布（ASPI-2019.1.1-2019.12.31）

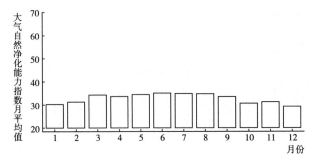

图 2　浙江省温州市大气自然净化能力指数月均变化（ASPI-2019.1.1-2019.12.31）

浙江省嘉兴市

表 1 浙江省嘉兴市大气环境资源概况 （2019. 1. 1–2019. 12. 31）

指标类型	ASPI	AECI	EE	GCSP	GCO3
平均值	44.30	0.66	98.06	58.87	30.15
标准误	13.53	0.06	75.12	27.76	13.06
最小值	25.03	0.52	19.50	8.25	17.74
最大值	93.81	0.86	688.94	100.00	78.50
样本量（个）	760	760	760	760	760

表 2 浙江省嘉兴市大气环境资源分位数 （2019. 1. 1–2019. 12. 31）

指标类型	ASPI	AECI	EE	GCSP	GCO3
5%	29.78	0.57	39.30	13.81	18.65
10%	31.05	0.59	40.00	15.26	19.70
25%	34.76	0.62	43.02	28.19	21.56
50%	38.88	0.65	66.32	62.21	24.28
75%	50.72	0.69	108.37	82.41	43.56
90%	62.93	0.73	205.69	95.63	47.69

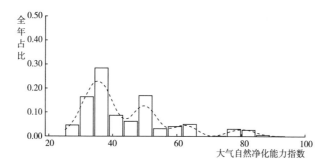

图 1 浙江省嘉兴市大气自然净化能力指数分布 （ASPI-2019. 1. 1–2019. 12. 31）

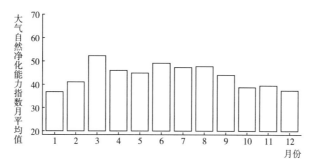

图 2 浙江省嘉兴市大气自然净化能力指数月均变化 （ASPI-2019. 1. 1–2019. 12. 31）

浙江省湖州市

表 1　浙江省湖州市大气环境资源概况（2019.1.1-2019.12.31）

指标类型	ASPI	AECI	EE	GCSP	GCO3
平均值	41.52	0.65	87.70	57.12	29.06
标准误	12.83	0.06	71.82	25.88	13.20
最小值	22.56	0.52	18.96	8.53	12.57
最大值	94.83	0.92	823.83	96.41	79.56
样本量（个）	2058	2058	2058	2058	2058

表 2　浙江省湖州市大气环境资源分位数（2019.1.1-2019.12.31）

指标类型	ASPI	AECI	EE	GCSP	GCO3
5%	28.44	0.56	38.70	14.08	17.78
10%	29.78	0.58	39.56	15.57	18.66
25%	32.80	0.61	41.15	28.21	20.58
50%	36.74	0.64	64.83	62.07	23.45
75%	49.25	0.68	106.70	80.58	41.42
90%	61.13	0.72	201.82	88.75	47.10

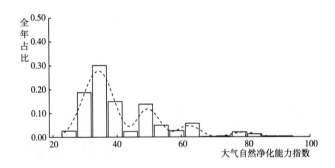

图 1　浙江省湖州市大气自然净化能力指数分布（ASPI-2019.1.1-2019.12.31）

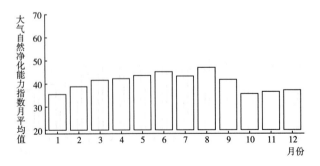

图 2　浙江省湖州市大气自然净化能力指数月均变化（ASPI-2019.1.1-2019.12.31）

浙江省绍兴市

表 1　浙江省绍兴市大气环境资源概况（2019.1.1-2019.12.31）

指标类型	ASPI	AECI	EE	GCSP	GCO3
平均值	37.70	0.63	63.53	53.05	31.51
标准误	9.45	0.05	45.18	26.90	14.47
最小值	24.69	0.52	19.42	9.59	17.85
最大值	84.91	0.83	352.50	97.62	79.85
样本量（个）	761	761	761	761	761

表 2　浙江省绍兴市大气环境资源分位数（2019.1.1-2019.12.31）

指标类型	ASPI	AECI	EE	GCSP	GCO3
5%	26.81	0.55	19.88	13.05	18.85
10%	29.30	0.57	20.89	14.74	19.82
25%	32.15	0.60	40.62	26.87	21.72
50%	35.29	0.63	42.56	55.91	24.64
75%	39.21	0.67	66.55	74.05	44.84
90%	50.87	0.70	108.53	90.64	49.00

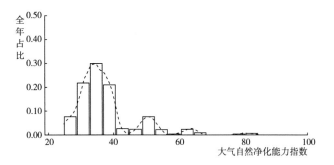

图 1　浙江省绍兴市大气自然净化能力指数分布（ASPI-2019.1.1-2019.12.31）

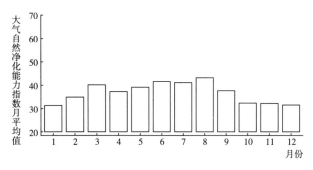

图 2　浙江省绍兴市大气自然净化能力指数月均变化（ASPI-2019.1.1-2019.12.31）

浙江省金华市

表 1　浙江省金华市大气环境资源概况（2019.1.1~2019.12.31）

指标类型	ASPI	AECI	EE	GCSP	GCO3
平均值	37.54	0.64	64.17	54.60	30.89
标准误	8.57	0.05	39.80	27.62	14.76
最小值	23.49	0.53	19.16	9.82	15.89
最大值	86.61	0.83	405.61	96.59	78.98
样本量（个）	2069	2069	2069	2069	2069

表 2　浙江省金华市大气环境资源分位数（2019.1.1~2019.12.31）

指标类型	ASPI	AECI	EE	GCSP	GCO3
5%	27.81	0.56	20.27	13.43	18.29
10%	29.30	0.58	21.28	14.60	19.16
25%	32.08	0.60	40.59	26.93	21.05
50%	35.55	0.63	63.33	56.52	24.00
75%	39.50	0.67	66.75	80.55	43.53
90%	50.04	0.70	107.60	90.67	48.84

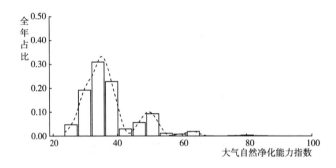

图 1　浙江省金华市大气自然净化能力指数分布（ASPI-2019.1.1~2019.12.31）

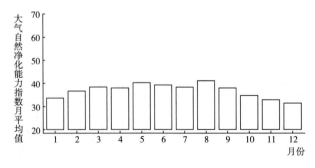

图 2　浙江省金华市大气自然净化能力指数月均变化（ASPI-2019.1.1~2019.12.31）

浙江省衢州市

表 1　浙江省衢州市大气环境资源概况（2019.1.1-2019.12.31）

指标类型	ASPI	AECI	EE	GCSP	GCO3
平均值	46.49	0.66	114.42	60.35	30.27
标准误	16.23	0.06	94.09	30.50	14.11
最小值	23.14	0.52	19.09	9.39	15.87
最大值	96.47	0.95	777.95	100.00	79.14
样本量（个）	2096	2096	2096	2096	2096

表 2　浙江省衢州市大气环境资源分位数（2019.1.1-2019.12.31）

指标类型	ASPI	AECI	EE	GCSP	GCO3
5%	28.43	0.57	20.42	13.92	18.20
10%	30.10	0.58	38.97	15.23	19.10
25%	33.97	0.62	41.83	27.83	21.01
50%	39.69	0.66	66.88	62.07	23.84
75%	57.47	0.70	193.93	90.72	42.85
90%	76.49	0.74	279.87	98.01	47.82

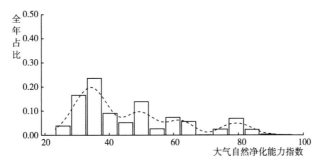

图 1　浙江省衢州市大气自然净化能力指数分布（ASPI-2019.1.1-2019.12.31）

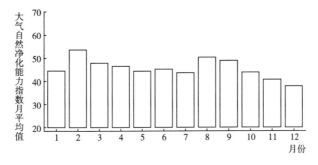

图 2　浙江省衢州市大气自然净化能力指数月均变化（ASPI-2019.1.1-2019.12.31）

浙江省舟山市

表 1　浙江省舟山市大气环境资源概况（2019.1.1~2019.12.31）

指标类型	ASPI	AECI	EE	GCSP	GCO3
平均值	40.66	0.64	82.93	69.15	27.29
标准误	12.85	0.05	71.01	25.89	10.34
最小值	22.86	0.52	19.03	9.80	15.97
最大值	97.60	0.91	682.24	100.00	75.33
样本量（个）	2098	2098	2098	2098	2098

表 2　浙江省舟山市大气环境资源分位数（2019.1.1~2019.12.31）

指标类型	ASPI	AECI	EE	GCSP	GCO3
5%	27.91	0.56	20.39	15.86	18.10
10%	29.32	0.58	39.11	27.12	18.94
25%	32.14	0.60	40.71	51.74	20.78
50%	35.94	0.63	64.00	73.65	23.41
75%	47.86	0.67	105.12	92.52	26.78
90%	60.61	0.71	200.70	98.01	45.37

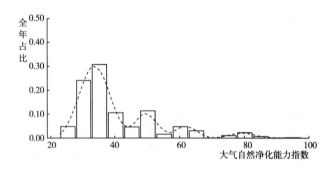

图 1　浙江省舟山市大气自然净化能力指数分布（ASPI-2019.1.1~2019.12.31）

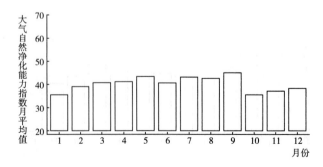

图 2　浙江省舟山市大气自然净化能力指数月均变化（ASPI-2019.1.1~2019.12.31）

浙江省台州市

表 1　浙江省台州市大气环境资源概况（2019.1.1-2019.12.31）

指标类型	ASPI	AECI	EE	GCSP	GCO3
平均值	70.32	0.76	366.23	70.64	27.13
标准误	22.16	0.10	290.74	21.06	9.17
最小值	23.60	0.54	19.19	12.06	16.33
最大值	99.07	1.02	2163.62	100.00	49.76
样本量（个）	2089	2089	2089	2089	2089

表 2　浙江省台州市大气环境资源分位数（2019.1.1-2019.12.31）

指标类型	ASPI	AECI	EE	GCSP	GCO3
5%	34.20	0.62	41.99	28.39	18.54
10%	36.28	0.64	64.22	30.12	19.38
25%	49.74	0.68	107.25	57.50	21.18
50%	79.41	0.75	291.08	74.24	23.80
75%	90.83	0.84	619.20	88.87	27.20
90%	94.46	0.91	768.46	94.39	44.54

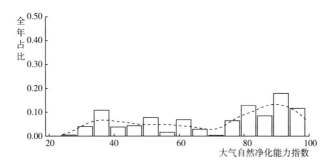

图 1　浙江省台州市大气自然净化能力指数分布（ASPI-2019.1.1-2019.12.31）

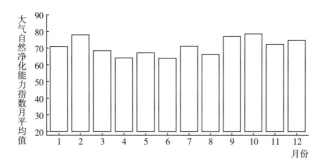

图 2　浙江省台州市大气自然净化能力指数月均变化（ASPI-2019.1.1-2019.12.31）

浙江省丽水市

表 1   浙江省丽水市大气环境资源概况（2019.1.1-2019.12.31）

指标类型	ASPI	AECI	EE	GCSP	GCO3
平均值	33.78	0.62	45.76	55.53	31.25
标准误	6.43	0.04	29.64	25.73	14.79
最小值	22.90	0.52	19.04	8.96	16.07
最大值	82.68	0.81	342.70	96.47	80.10
样本量（个）	2093	2093	2093	2093	2093

表 2   浙江省丽水市大气环境资源分位数（2019.1.1-2019.12.31）

指标类型	ASPI	AECI	EE	GCSP	GCO3
5%	26.29	0.55	19.77	13.13	18.43
10%	27.76	0.57	20.12	14.61	19.31
25%	30.11	0.59	38.85	36.26	21.22
50%	32.82	0.61	40.93	59.25	24.09
75%	35.82	0.64	42.94	77.80	43.80
90%	39.34	0.67	66.64	86.86	48.90

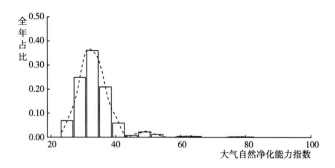

图 1   浙江省丽水市大气自然净化能力指数分布（ASPI-2019.1.1-2019.12.31）

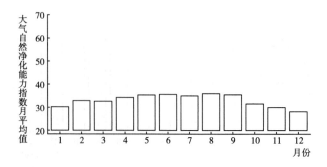

图 2   浙江省丽水市大气自然净化能力指数月均变化（ASPI-2019.1.1-2019.12.31）

安徽省

安徽省合肥市

表 1　安徽省合肥市大气环境资源概况（2019.1.1-2019.12.31）

指标类型	ASPI	AECI	EE	GCSP	GCO3
平均值	43.59	0.65	102.12	60.84	28.41
标准误	15.13	0.06	92.60	29.44	13.28
最小值	22.99	0.51	19.05	8.94	11.77
最大值	98.09	0.94	782.61	98.71	79.07
样本量（个）	2089	2089	2089	2089	2089

表 2　安徽省合肥市大气环境资源分位数（2019.1.1-2019.12.31）

指标类型	ASPI	AECI	EE	GCSP	GCO3
5%	28.59	0.56	38.67	13.59	16.79
10%	30.04	0.58	39.71	15.10	18.26
25%	33.06	0.61	41.33	28.02	20.33
50%	37.37	0.64	65.26	65.86	23.10
75%	50.21	0.69	107.79	88.31	27.17
90%	63.74	0.73	207.44	96.60	47.39

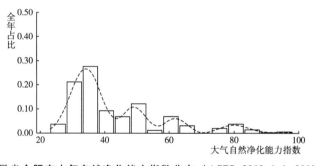

图 1　安徽省合肥市大气自然净化能力指数分布（ASPI-2019.1.1-2019.12.31）

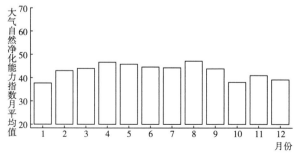

图 2　安徽省合肥市大气自然净化能力指数月均变化（ASPI-2019.1.1-2019.12.31）

安徽省芜湖市

表 1 安徽省芜湖市大气环境资源概况（2019.1.1-2019.12.31）

指标类型	ASPI	AECI	EE	GCSP	GCO3
平均值	45.42	0.66	110.37	59.62	28.92
标准误	15.20	0.06	90.61	26.66	13.20
最小值	22.80	0.52	19.01	8.81	12.52
最大值	98.19	0.95	791.82	98.69	78.61
样本量（个）	2088	2088	2088	2088	2088

表 2 安徽省芜湖市大气环境资源分位数（2019.1.1-2019.12.31）

指标类型	ASPI	AECI	EE	GCSP	GCO3
5%	29.00	0.57	39.15	14.08	17.61
10%	30.88	0.59	40.12	16.00	18.56
25%	34.22	0.62	62.18	41.07	20.53
50%	38.89	0.66	66.33	63.74	23.36
75%	51.53	0.70	109.29	82.94	40.85
90%	65.05	0.74	210.25	92.69	47.11

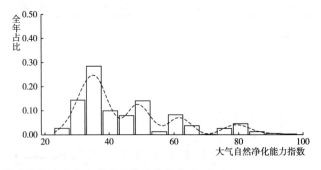

图 1 安徽省芜湖市大气自然净化能力指数分布（ASPI-2019.1.1-2019.12.31）

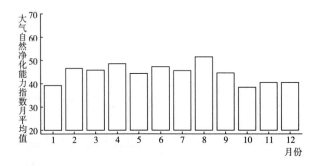

图 2 安徽省芜湖市大气自然净化能力指数月均变化（ASPI-2019.1.1-2019.12.31）

安徽省蚌埠市

表 1 安徽省蚌埠市大气环境资源概况（2019.1.1–2019.12.31）

指标类型	ASPI	AECI	EE	GCSP	GCO3
平均值	44.13	0.65	105.66	53.66	28.10
标准误	15.81	0.06	94.70	27.30	12.96
最小值	22.82	0.51	19.02	8.79	11.45
最大值	96.84	0.93	811.56	98.70	78.18
样本量（个）	2090	2090	2090	2090	2090

表 2 安徽省蚌埠市大气环境资源分位数（2019.1.1–2019.12.31）

指标类型	ASPI	AECI	EE	GCSP	GCO3
5%	28.34	0.56	38.86	13.21	16.63
10%	29.82	0.58	39.62	14.59	18.10
25%	32.85	0.61	41.20	26.89	20.14
50%	37.37	0.65	65.28	57.86	22.88
75%	50.67	0.69	108.31	76.95	26.98
90%	65.90	0.74	212.08	88.70	46.93

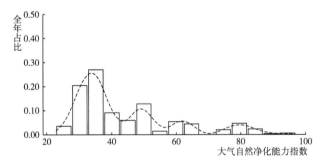

图 1 安徽省蚌埠市大气自然净化能力指数分布（ASPI–2019.1.1–2019.12.31）

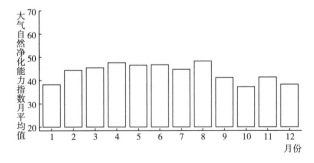

图 2 安徽省蚌埠市大气自然净化能力指数月均变化（ASPI–2019.1.1–2019.12.31）

安徽省淮南市

表 1　安徽省淮南市大气环境资源概况（2019.1.1－2019.12.31）

指标类型	ASPI	AECI	EE	GCSP	GCO3
平均值	44.38	0.66	102.12	52.36	29.91
标准误	14.07	0.06	84.87	27.45	13.49
最小值	24.69	0.51	19.42	9.35	13.62
最大值	96.61	0.95	779.04	98.68	78.09
样本量（个）	758	758	758	758	758

表 2　安徽省淮南市大气环境资源分位数（2019.1.1－2019.12.31）

指标类型	ASPI	AECI	EE	GCSP	GCO3
5%	29.50	0.56	39.38	12.98	17.90
10%	31.21	0.59	40.23	13.98	19.05
25%	34.52	0.62	62.83	26.44	21.08
50%	38.59	0.66	66.12	54.87	23.68
75%	50.70	0.69	108.35	74.28	43.27
90%	63.67	0.73	207.27	91.64	47.68

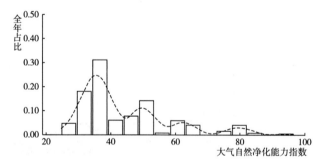

图 1　安徽省淮南市大气自然净化能力指数分布（ASPI-2019.1.1－2019.12.31）

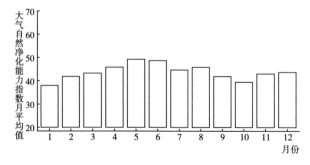

图 2　安徽省淮南市大气自然净化能力指数月均变化（ASPI-2019.1.1－2019.12.31）

安徽省马鞍山市

表 1　安徽省马鞍山市大气环境资源概况（2019.1.1–2019.12.31）

指标类型	ASPI	AECI	EE	GCSP	GCO3
平均值	45.30	0.66	108.03	53.64	28.46
标准误	14.45	0.06	80.08	28.18	12.98
最小值	23.80	0.52	19.23	9.38	12.38
最大值	95.43	0.87	700.85	98.71	77.45
样本量（个）	2053	2053	2053	2053	2053

表 2　安徽省马鞍山市大气环境资源分位数（2019.1.1–2019.12.31）

指标类型	ASPI	AECI	EE	GCSP	GCO3
5%	29.59	0.57	39.51	13.39	17.43
10%	31.32	0.59	40.32	14.78	18.47
25%	34.22	0.62	62.17	26.87	20.44
50%	39.21	0.66	66.55	54.97	23.18
75%	51.59	0.70	109.35	77.83	27.09
90%	64.12	0.73	208.25	92.51	47.15

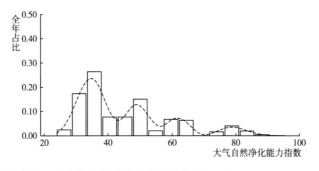

图 1　安徽省马鞍山市大气自然净化能力指数分布（ASPI-2019.1.1–2019.12.31）

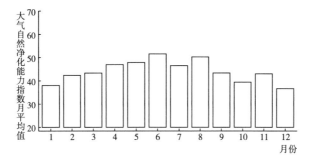

图 2　安徽省马鞍山市大气自然净化能力指数月均变化（ASPI-2019.1.1–2019.12.31）

安徽省淮北市

表 1　安徽省淮北市大气环境资源概况（2019.1.1–2019.12.31）

指标类型	ASPI	AECI	EE	GCSP	GCO3
平均值	42.63	0.65	93.92	52.34	30.12
标准误	14.63	0.06	81.13	27.86	13.95
最小值	24.07	0.50	19.29	10.32	13.22
最大值	89.47	0.87	417.85	98.71	78.02
样本量（个）	761	761	761	761	761

表 2　安徽省淮北市大气环境资源分位数（2019.1.1–2019.12.31）

指标类型	ASPI	AECI	EE	GCSP	GCO3
5%	28.88	0.56	39.20	13.04	17.47
10%	29.86	0.57	39.64	14.08	18.63
25%	32.71	0.60	40.94	26.38	20.80
50%	36.84	0.64	64.82	54.57	23.42
75%	49.88	0.69	107.41	73.92	43.82
90%	63.21	0.73	206.29	92.43	47.65

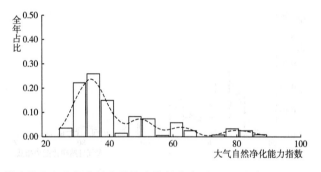

图 1　安徽省淮北市大气自然净化能力指数分布（ASPI–2019.1.1–2019.12.31）

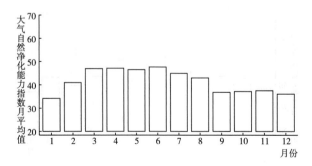

图 2　安徽省淮北市大气自然净化能力指数月均变化（ASPI–2019.1.1–2019.12.31）

安徽省铜陵市

表1　安徽省铜陵市大气环境资源概况（2019.1.1-2019.12.31）

指标类型	ASPI	AECI	EE	GCSP	GCO3
平均值	45.19	0.66	110.65	61.92	29.76
标准误	16.19	0.06	98.01	25.98	13.74
最小值	22.87	0.52	19.03	10.09	12.53
最大值	98.50	0.92	758.31	98.70	77.36
样本量（个）	2055	2055	2055	2055	2055

表2　安徽省铜陵市大气环境资源分位数（2019.1.1-2019.12.31）

指标类型	ASPI	AECI	EE	GCSP	GCO3
5%	28.70	0.57	38.95	15.10	17.76
10%	30.09	0.58	39.71	22.43	18.67
25%	33.41	0.62	41.48	44.74	20.58
50%	38.14	0.65	65.81	65.61	23.49
75%	51.84	0.70	109.64	84.70	42.63
90%	75.49	0.75	276.59	94.44	47.94

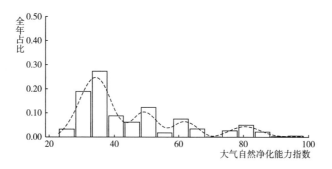

图1　安徽省铜陵市大气自然净化能力指数分布（ASPI-2019.1.1-2019.12.31）

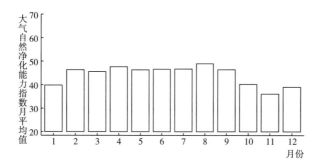

图2　安徽省铜陵市大气自然净化能力指数月均变化（ASPI-2019.1.1-2019.12.31）

安徽省安庆市

表 1 安徽省安庆市大气环境资源概况 （2019.1.1-2019.12.31）

指标类型	ASPI	AECI	EE	GCSP	GCO3
平均值	49.14	0.67	134.66	56.77	29.61
标准误	17.96	0.07	116.69	27.13	13.42
最小值	23.17	0.51	19.09	7.51	12.01
最大值	98.44	0.93	781.51	98.67	78.37
样本量（个）	2093	2093	2093	2093	2093

表 2 安徽省安庆市大气环境资源分位数 （2019.1.1-2019.12.31）

指标类型	ASPI	AECI	EE	GCSP	GCO3
5%	29.60	0.58	39.40	13.74	17.76
10%	31.35	0.59	40.31	15.39	18.75
25%	34.35	0.62	42.68	27.79	20.66
50%	45.03	0.66	101.91	59.70	23.48
75%	61.34	0.71	202.25	80.81	42.63
90%	79.09	0.76	289.12	91.75	47.67

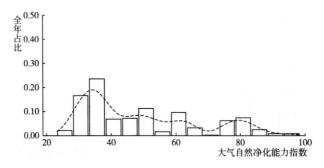

图 1 安徽省安庆市大气自然净化能力指数分布 （ASPI-2019.1.1-2019.12.31）

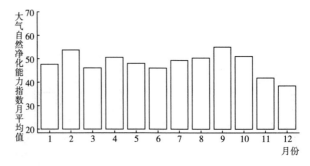

图 2 安徽省安庆市大气自然净化能力指数月均变化 （ASPI-2019.1.1-2019.12.31）

安徽省黄山市

表1　安徽省黄山市大气环境资源概况（2019.1.1–2019.12.31）

指标类型	ASPI	AECI	EE	GCSP	GCO3
平均值	35.96	0.62	57.89	62.20	29.93
标准误	8.75	0.05	43.11	27.03	14.11
最小值	22.91	0.52	19.04	10.02	13.56
最大值	86.08	0.83	403.37	98.71	78.27
样本量（个）	2066	2066	2066	2066	2066

表2　安徽省黄山市大气环境资源分位数（2019.1.1–2019.12.31）

指标类型	ASPI	AECI	EE	GCSP	GCO3
5%	27.86	0.56	20.39	13.86	18.01
10%	28.98	0.57	39.03	15.72	18.94
25%	31.17	0.59	40.18	43.35	20.92
50%	33.78	0.62	41.46	68.67	23.63
75%	37.16	0.65	65.02	84.83	42.42
90%	48.08	0.69	105.38	94.13	48.21

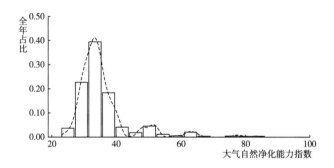

图1　安徽省黄山市大气自然净化能力指数分布（ASPI–2019.1.1–2019.12.31）

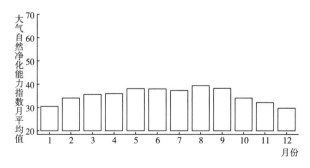

图2　安徽省黄山市大气自然净化能力指数月均变化（ASPI–2019.1.1–2019.12.31）

安徽省滁州市

表 1　安徽省滁州市大气环境资源概况（2019.1.1-2019.12.31）

指标类型	ASPI	AECI	EE	GCSP	GCO3
平均值	39.12	0.63	76.21	56.47	27.87
标准误	11.94	0.05	64.51	27.31	12.42
最小值	22.28	0.51	18.90	8.50	11.63
最大值	95.61	0.87	633.35	98.66	75.89
样本量（个）	2048	2048	2048	2048	2048

表 2　安徽省滁州市大气环境资源分位数（2019.1.1-2019.12.31）

指标类型	ASPI	AECI	EE	GCSP	GCO3
5%	27.71	0.55	20.60	12.84	16.78
10%	28.95	0.57	39.12	14.60	18.21
25%	31.69	0.60	40.46	27.78	20.23
50%	34.77	0.63	62.44	61.05	22.98
75%	44.43	0.67	101.24	80.93	26.39
90%	53.81	0.71	111.87	89.95	47.04

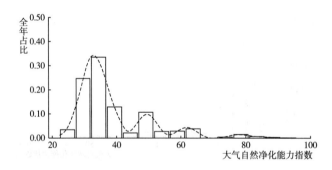

图 1　安徽省滁州市大气自然净化能力指数分布（ASPI-2019.1.1-2019.12.31）

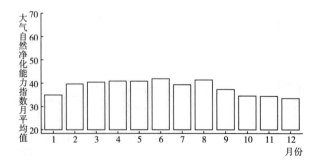

图 2　安徽省滁州市大气自然净化能力指数月均变化（ASPI-2019.1.1-2019.12.31）

安徽省阜阳市

表 1 安徽省阜阳市大气环境资源概况（2019. 1. 1-2019. 12. 31）

指标类型	ASPI	AECI	EE	GCSP	GCO3
平均值	43.92	0.66	105.47	48.58	29.35
标准误	15.36	0.06	97.56	27.30	13.92
最小值	22.16	0.51	18.88	8.79	11.36
最大值	97.51	0.95	786.33	98.71	80.64
样本量（个）	2093	2093	2093	2093	2093

表 2 安徽省阜阳市大气环境资源分位数（2019. 1. 1-2019. 12. 31）

指标类型	ASPI	AECI	EE	GCSP	GCO3
5%	28.54	0.56	39.00	12.64	16.65
10%	30.20	0.58	39.75	13.82	18.01
25%	32.93	0.61	41.52	22.07	20.18
50%	37.27	0.65	65.21	50.09	23.03
75%	50.60	0.69	108.24	72.01	42.87
90%	64.10	0.74	208.21	86.89	47.54

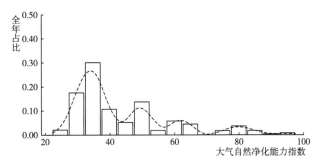

图 1 安徽省阜阳市大气自然净化能力指数分布（ASPI-2019. 1. 1-2019. 12. 31）

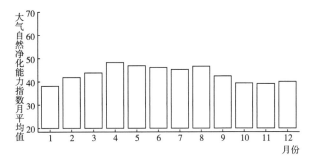

图 2 安徽省阜阳市大气自然净化能力指数月均变化（ASPI-2019. 1. 1-2019. 12. 31）

安徽省宿州市

表 1　安徽省宿州市大气环境资源概况（2019.1.1—2019.12.31）

指标类型	ASPI	AECI	EE	GCSP	GCO3
平均值	45.05	0.66	112.67	53.91	27.85
标准误	16.62	0.07	102.54	28.74	13.39
最小值	23.08	0.50	19.07	9.33	11.21
最大值	97.39	0.97	847.23	98.70	78.65
样本量（个）	2072	2072	2072	2072	2072

表 2　安徽省宿州市大气环境资源分位数（2019.1.1—2019.12.31）

指标类型	ASPI	AECI	EE	GCSP	GCO3
5%	28.36	0.56	38.92	12.82	15.27
10%	29.95	0.58	39.67	14.25	17.76
25%	32.76	0.61	41.35	26.45	20.01
50%	37.56	0.65	65.41	57.56	22.63
75%	51.43	0.70	109.18	79.27	26.05
90%	76.55	0.75	279.94	90.86	47.02

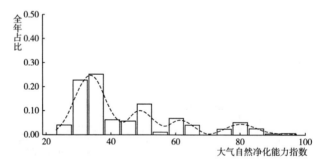

图 1　安徽省宿州市大气自然净化能力指数分布（ASPI-2019.1.1—2019.12.31）

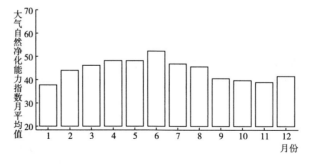

图 2　安徽省宿州市大气自然净化能力指数月均变化（ASPI-2019.1.1—2019.12.31）

安徽省六安市

表1 安徽省六安市大气环境资源概况（2019.1.1-2019.12.31）

指标类型	ASPI	AECI	EE	GCSP	GCO3
平均值	38.00	0.63	69.43	50.80	28.61
标准误	10.19	0.05	51.63	27.15	12.99
最小值	22.71	0.51	18.99	8.50	11.79
最大值	90.11	0.84	420.61	97.60	78.19
样本量（个）	2050	2050	2050	2050	2050

表2 安徽省六安市大气环境资源分位数（2019.1.1-2019.12.31）

指标类型	ASPI	AECI	EE	GCSP	GCO3
5%	28.21	0.56	38.68	12.65	17.32
10%	29.38	0.57	39.38	13.76	18.35
25%	31.83	0.60	40.57	25.97	20.37
50%	34.85	0.63	62.36	52.12	23.21
75%	39.41	0.66	66.69	74.44	40.60
90%	51.19	0.70	108.90	87.99	47.27

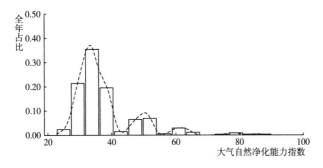

图1 安徽省六安市大气自然净化能力指数分布（ASPI-2019.1.1-2019.12.31）

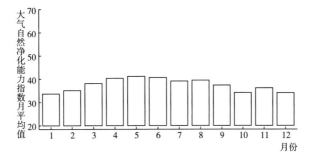

图2 安徽省六安市大气自然净化能力指数月均变化（ASPI-2019.1.1-2019.12.31）

安徽省亳州市

表 1 安徽省亳州市大气环境资源概况 （2019.1.1-2019.12.31）

指标类型	ASPI	AECI	EE	GCSP	GCO3
平均值	43.18	0.65	99.55	42.25	29.05
标准误	14.31	0.06	81.82	25.27	13.93
最小值	22.00	0.50	18.84	8.73	11.25
最大值	97.88	0.89	737.81	98.69	78.75
样本量（个）	2097	2097	2097	2097	2097

表 2 安徽省亳州市大气环境资源分位数 （2019.1.1-2019.12.31）

指标类型	ASPI	AECI	EE	GCSP	GCO3
5%	28.14	0.56	38.80	12.05	16.28
10%	29.63	0.58	39.53	13.25	17.87
25%	32.87	0.61	41.46	15.59	20.03
50%	37.44	0.65	65.33	43.34	22.76
75%	50.28	0.69	107.87	62.86	42.86
90%	63.06	0.73	205.97	77.95	47.56

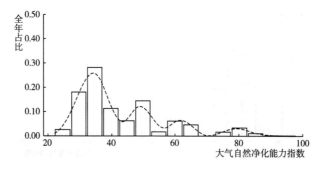

图 1 安徽省亳州市大气自然净化能力指数分布 （ASPI-2019.1.1-2019.12.31）

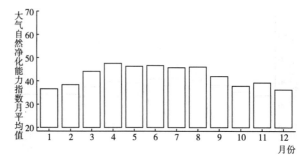

图 2 安徽省亳州市大气自然净化能力指数月均变化 （ASPI-2019.1.1-2019.12.31）

安徽省池州市

表 1 安徽省池州市大气环境资源概况 （2019.1.1－2019.12.31）

指标类型	ASPI	AECI	EE	GCSP	GCO3
平均值	43.53	0.65	95.86	62.59	30.86
标准误	13.76	0.06	79.71	26.04	13.97
最小值	24.72	0.52	19.43	9.80	14.65
最大值	98.27	0.88	709.42	98.67	77.55
样本量（个）	756	756	756	756	756

表 2 安徽省池州市大气环境资源分位数 （2019.1.1－2019.12.31）

指标类型	ASPI	AECI	EE	GCSP	GCO3
5%	29.53	0.56	39.47	14.43	18.55
10%	31.28	0.58	40.23	21.81	19.59
25%	34.30	0.62	41.81	44.94	21.55
50%	37.63	0.65	65.40	65.82	24.23
75%	50.73	0.69	108.38	84.95	44.36
90%	62.97	0.73	205.76	94.44	48.74

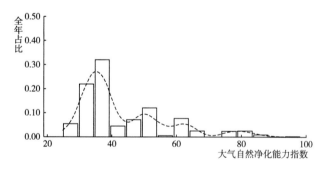

图 1 安徽省池州市大气自然净化能力指数分布 （ASPI-2019.1.1－2019.12.31）

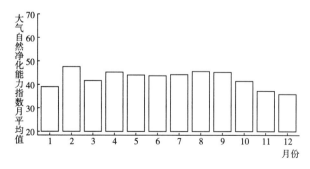

图 2 安徽省池州市大气自然净化能力指数月均变化 （ASPI-2019.1.1－2019.12.31）

安徽省宣城市

表 1　安徽省宣城市大气环境资源概况（2019.1.1-2019.12.31）

指标类型	ASPI	AECI	EE	GCSP	GCO3
平均值	40.00	0.64	76.22	58.55	31.07
标准误	10.84	0.05	58.76	27.11	14.23
最小值	24.63	0.52	19.41	9.38	14.58
最大值	98.23	0.92	721.38	98.66	79.22
样本量（个）	759	759	759	759	759

表 2　安徽省宣城市大气环境资源分位数（2019.1.1-2019.12.31）

指标类型	ASPI	AECI	EE	GCSP	GCO3
5%	29.49	0.56	39.27	13.55	18.48
10%	30.46	0.58	39.82	15.58	19.51
25%	33.37	0.60	41.40	38.58	21.48
50%	36.66	0.64	64.71	62.30	24.24
75%	41.68	0.67	68.26	82.34	44.53
90%	52.44	0.71	110.33	93.79	48.38

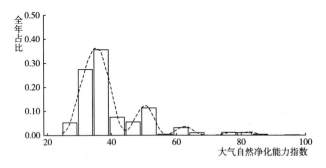

图 1　安徽省宣城市大气自然净化能力指数分布（ASPI-2019.1.1-2019.12.31）

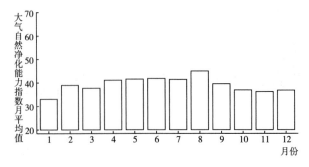

图 2　安徽省宣城市大气自然净化能力指数月均变化（ASPI-2019.1.1-2019.12.31）

福建省

福建省福州市

表 1 福建省福州市大气环境资源概况 （2019. 1. 1-2019. 12. 31）

指标类型	ASPI	AECI	EE	GCSP	GCO3
平均值	42.27	0.66	88.51	56.06	31.85
标准误	12.80	0.05	71.68	24.35	13.18
最小值	23.36	0.55	19.14	8.72	17.00
最大值	97.73	0.90	647.38	97.41	78.40
样本量（个）	2085	2085	2085	2085	2085

表 2 福建省福州市大气环境资源分位数 （2019. 1. 1-2019. 12. 31）

指标类型	ASPI	AECI	EE	GCSP	GCO3
5%	30.25	0.59	39.62	14.91	19.15
10%	31.52	0.59	40.32	16.31	19.91
25%	33.90	0.62	41.91	41.08	21.77
50%	37.29	0.65	65.11	57.58	24.73
75%	48.79	0.69	106.18	75.50	44.59
90%	61.73	0.72	203.10	89.74	48.27

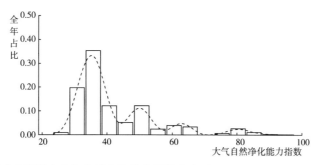

图 1 福建省福州市大气自然净化能力指数分布 （ASPI-2019. 1. 1-2019. 12. 31）

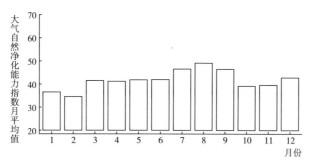

图 2 福建省福州市大气自然净化能力指数月均变化 （ASPI-2019. 1. 1-2019. 12. 31）

福建省厦门市

表 1　福建省厦门市大气环境资源概况 （2019.1.1—2019.12.31）

指标类型	ASPI	AECI	EE	GCSP	GCO3
平均值	48.27	0.68	120.67	61.85	32.32
标准误	14.64	0.05	94.14	26.55	12.65
最小值	23.66	0.56	19.20	9.79	17.56
最大值	97.38	1.04	995.57	97.68	80.17
样本量（个）	2079	2079	2079	2079	2079

表 2　福建省厦门市大气环境资源分位数 （2019.1.1—2019.12.31）

指标类型	ASPI	AECI	EE	GCSP	GCO3
5%	31.77	0.60	40.46	15.56	19.55
10%	33.53	0.62	41.46	26.40	20.37
25%	36.58	0.64	64.51	43.66	22.20
50%	46.55	0.67	103.64	62.58	25.17
75%	57.62	0.71	194.25	87.91	44.87
90%	67.21	0.75	214.90	95.68	48.23

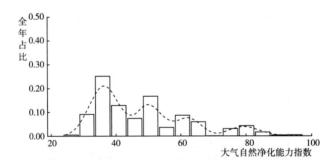

图 1　福建省厦门市大气自然净化能力指数分布 （ASPI-2019.1.1—2019.12.31）

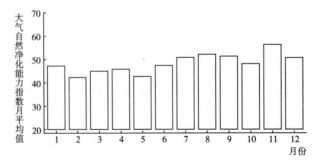

图 2　福建省厦门市大气自然净化能力指数月均变化 （ASPI-2019.1.1—2019.12.31）

福建省莆田市

表 1 福建省莆田市大气环境资源概况 （2019.1.1-2019.12.31）

指标类型	ASPI	AECI	EE	GCSP	GCO3
平均值	44.08	0.66	94.87	54.96	34.37
标准误	13.62	0.06	78.97	27.29	13.88
最小值	26.73	0.56	19.86	9.86	19.42
最大值	97.83	0.91	648.05	98.67	76.24
样本量（个）	758	758	758	758	758

表 2 福建省莆田市大气环境资源分位数 （2019.1.1-2019.12.31）

指标类型	ASPI	AECI	EE	GCSP	GCO3
5%	30.93	0.59	39.97	14.57	20.18
10%	32.11	0.60	40.59	16.03	21.07
25%	34.88	0.62	41.98	27.96	22.72
50%	37.94	0.65	65.65	53.11	26.30
75%	51.07	0.70	108.77	77.37	46.34
90%	63.79	0.74	207.54	96.45	49.91

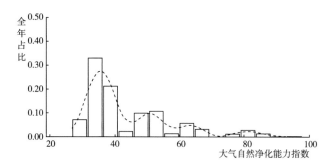

图 1 福建省莆田市大气自然净化能力指数分布 （ASPI-2019.1.1-2019.12.31）

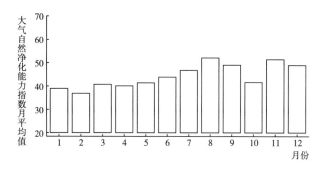

图 2 福建省莆田市大气自然净化能力指数月均变化 （ASPI-2019.1.1-2019.12.31）

福建省三明市

表 1 福建省三明市大气环境资源概况（2019.1.1-2019.12.31）

指标类型	ASPI	AECI	EE	GCSP	GCO3
平均值	41.68	0.65	81.13	54.40	34.07
标准误	11.27	0.05	58.70	27.36	15.00
最小值	26.43	0.56	19.80	8.52	18.73
最大值	83.27	0.81	344.76	97.62	78.57
样本量（个）	758	758	758	758	758

表 2 福建省三明市大气环境资源分位数（2019.1.1-2019.12.31）

指标类型	ASPI	AECI	EE	GCSP	GCO3
5%	30.55	0.59	39.89	13.36	19.83
10%	31.98	0.60	40.57	14.58	20.91
25%	34.63	0.62	41.99	27.34	22.56
50%	37.41	0.65	65.00	56.59	25.89
75%	48.58	0.68	105.94	78.83	45.69
90%	58.72	0.72	196.63	89.97	51.40

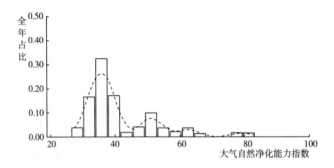

图 1 福建省三明市大气自然净化能力指数分布（ASPI-2019.1.1-2019.12.31）

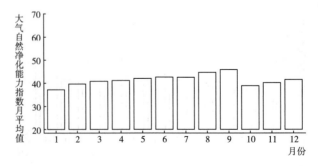

图 2 福建省三明市大气自然净化能力指数月均变化（ASPI-2019.1.1-2019.12.31）

福建省泉州市

表1 福建省泉州市大气环境资源概况（2019.1.1-2019.12.31）

指标类型	ASPI	AECI	EE	GCSP	GCO3
平均值	61.38	0.72	215.70	62.02	31.64
标准误	20.01	0.07	158.10	21.05	11.58
最小值	25.20	0.56	19.53	12.62	17.36
最大值	99.80	1.02	920.35	96.48	79.53
样本量（个）	2055	2055	2055	2055	2055

表2 福建省泉州市大气环境资源分位数（2019.1.1-2019.12.31）

指标类型	ASPI	AECI	EE	GCSP	GCO3
5%	32.36	0.61	40.76	17.71	19.46
10%	34.59	0.63	42.72	28.02	20.28
25%	41.21	0.67	67.94	49.35	22.10
50%	61.20	0.71	201.97	63.94	25.25
75%	80.14	0.76	295.97	80.53	44.65
90%	86.07	0.82	400.01	87.86	47.46

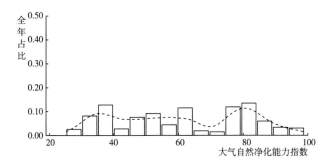

图1 福建省泉州市大气自然净化能力指数分布（ASPI-2019.1.1-2019.12.31）

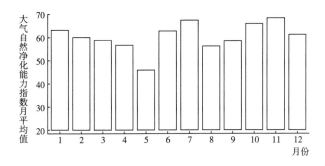

图2 福建省泉州市大气自然净化能力指数月均变化（ASPI-2019.1.1-2019.12.31）

福建省漳州市

表 1　福建省漳州市大气环境资源概况 （2019.1.1~2019.12.31）

指标类型	ASPI	AECI	EE	GCSP	GCO3
平均值	38.15	0.65	64.64	57.41	35.53
标准误	8.41	0.04	40.42	26.42	15.44
最小值	24.35	0.55	19.35	7.64	17.55
最大值	98.56	0.88	652.83	100.00	80.73
样本量（个）	2057	2057	2057	2057	2057

表 2　福建省漳州市大气环境资源分位数 （2019.1.1~2019.12.31）

指标类型	ASPI	AECI	EE	GCSP	GCO3
5%	29.35	0.59	39.04	14.29	19.66
10%	30.49	0.60	39.83	15.85	20.45
25%	33.10	0.62	41.08	28.18	22.36
50%	35.93	0.64	63.35	60.55	26.27
75%	39.62	0.67	66.84	79.30	46.31
90%	50.61	0.71	108.25	92.08	61.13

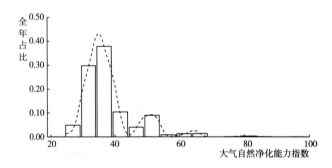

图 1　福建省漳州市大气自然净化能力指数分布 （ASPI-2019.1.1~2019.12.31）

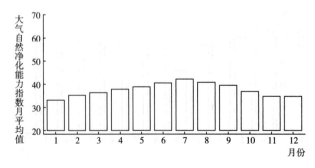

图 2　福建省漳州市大气自然净化能力指数月均变化 （ASPI-2019.1.1~2019.12.31）

福建省南平市

表 1 福建省南平市大气环境资源概况 （2019.1.1–2019.12.31）

指标类型	ASPI	AECI	EE	GCSP	GCO3
平均值	34.14	0.62	46.72	65.95	30.62
标准误	5.72	0.04	24.76	26.86	14.00
最小值	23.12	0.52	19.08	9.62	16.37
最大值	81.29	0.80	294.07	97.63	78.08
样本量（个）	2041	2041	2041	2041	2041

表 2 福建省南平市大气环境资源分位数 （2019.1.1–2019.12.31）

指标类型	ASPI	AECI	EE	GCSP	GCO3
5%	28.10	0.56	20.31	13.58	18.67
10%	29.30	0.57	38.94	21.44	19.54
25%	31.10	0.59	40.11	47.77	21.44
50%	33.36	0.62	41.19	74.03	24.19
75%	35.77	0.64	42.37	89.68	43.25
90%	39.11	0.67	66.48	94.01	48.73

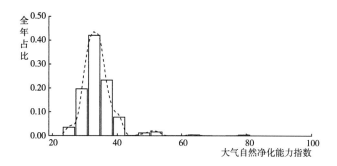

图 1 福建省南平市大气自然净化能力指数分布 （ASPI–2019.1.1–2019.12.31）

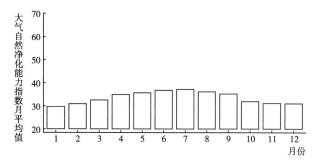

图 2 福建省南平市大气自然净化能力指数月均变化 （ASPI–2019.1.1–2019.12.31）

福建省龙岩市

表1 福建省龙岩市大气环境资源概况 (2019.1.1~2019.12.31)

指标类型	ASPI	AECI	EE	GCSP	GCO3
平均值	39.41	0.65	72.47	58.69	30.62
标准误	11.21	0.05	59.24	25.21	12.75
最小值	23.57	0.54	19.18	8.30	17.00
最大值	94.16	0.89	623.71	96.45	77.22
样本量 (个)	2042	2042	2042	2042	2042

表2 福建省龙岩市大气环境资源分位数 (2019.1.1~2019.12.31)

指标类型	ASPI	AECI	EE	GCSP	GCO3
5%	29.26	0.58	20.73	13.94	19.38
10%	30.32	0.59	39.53	15.71	20.22
25%	32.74	0.61	40.93	42.32	22.09
50%	35.80	0.63	62.68	63.75	24.54
75%	40.41	0.67	67.38	79.61	43.79
90%	53.28	0.71	111.27	88.56	48.55

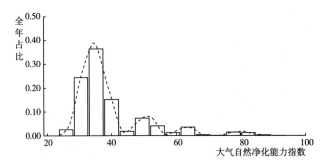

图1 福建省龙岩市大气自然净化能力指数分布 (ASPI-2019.1.1~2019.12.31)

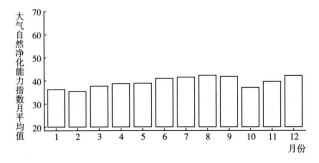

图2 福建省龙岩市大气自然净化能力指数月均变化 (ASPI-2019.1.1~2019.12.31)

福建省宁德市

表 1　福建省宁德市大气环境资源概况（2019.1.1-2019.12.31）

指标类型	ASPI	AECI	EE	GCSP	GCO3
平均值	46.40	0.67	113.18	67.36	29.61
标准误	15.65	0.06	93.26	23.67	11.35
最小值	23.28	0.54	19.12	11.02	16.84
最大值	98.71	0.92	701.52	98.67	76.29
样本量（个）	2040	2040	2040	2040	2040

表 2　福建省宁德市大气环境资源分位数（2019.1.1-2019.12.31）

指标类型	ASPI	AECI	EE	GCSP	GCO3
5%	30.62	0.59	39.71	16.73	18.95
10%	32.07	0.60	40.64	27.76	19.65
25%	34.58	0.62	61.95	52.14	21.53
50%	39.28	0.66	66.60	70.33	24.32
75%	52.84	0.70	110.78	87.95	43.00
90%	66.85	0.75	214.13	95.66	47.09

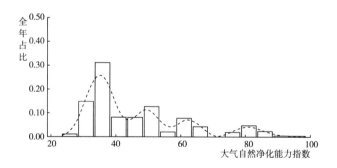

图 1　福建省宁德市大气自然净化能力指数分布（ASPI-2019.1.1-2019.12.31）

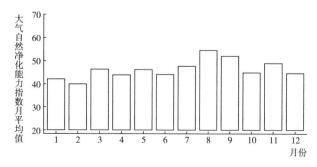

图 2　福建省宁德市大气自然净化能力指数月均变化（ASPI-2019.1.1-2019.12.31）

江西省

江西省南昌市

表 1 江西省南昌市大气环境资源概况 （2019.1.1-2019.12.31）

指标类型	ASPI	AECI	EE	GCSP	GCO3
平均值	36.72	0.63	58.04	48.50	34.36
标准误	6.93	0.04	32.89	25.96	16.51
最小值	25.07	0.52	19.50	9.59	17.92
最大值	82.60	0.78	344.10	96.00	78.70
样本量（个）	781	781	781	781	781

表 2 江西省南昌市大气环境资源分位数 （2019.1.1-2019.12.31）

指标类型	ASPI	AECI	EE	GCSP	GCO3
5%	29.31	0.57	39.30	13.40	19.19
10%	30.66	0.58	39.88	14.24	20.04
25%	32.86	0.60	40.95	22.65	22.07
50%	35.27	0.63	42.53	47.94	25.22
75%	38.61	0.66	66.14	72.09	46.41
90%	41.96	0.69	68.45	84.64	60.95

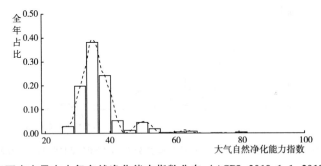

图 1 江西省南昌市大气自然净化能力指数分布 （ASPI-2019.1.1-2019.12.31）

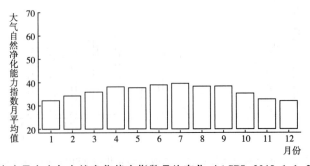

图 2 江西省南昌市大气自然净化能力指数月均变化 （ASPI-2019.1.1-2019.12.31）

江西省景德镇市

表1 江西省景德镇市大气环境资源概况（2019.1.1-2019.12.31）

指标类型	ASPI	AECI	EE	GCSP	GCO3
平均值	33.47	0.61	44.76	57.42	31.91
标准误	6.26	0.04	27.23	28.25	15.52
最小值	22.77	0.52	19.01	9.40	15.76
最大值	83.13	0.81	346.05	98.63	78.54
样本量（个）	2127	2127	2127	2127	2127

表2 江西省景德镇市大气环境资源分位数（2019.1.1-2019.12.31）

指标类型	ASPI	AECI	EE	GCSP	GCO3
5%	26.06	0.55	19.72	12.98	18.29
10%	27.60	0.56	20.07	14.42	19.10
25%	29.85	0.58	38.87	28.00	21.04
50%	32.44	0.61	40.77	59.40	23.99
75%	35.46	0.64	42.40	84.36	44.26
90%	39.35	0.68	66.65	93.51	59.01

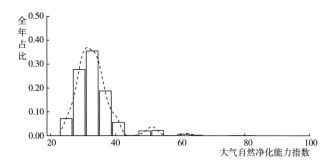

图1 江西省景德镇市大气自然净化能力指数分布（ASPI-2019.1.1-2019.12.31）

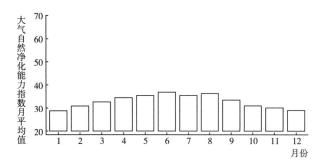

图2 江西省景德镇市大气自然净化能力指数月均变化（ASPI-2019.1.1-2019.12.31）

江西省萍乡市

表 1　江西省萍乡市大气环境资源概况（2019.1.1–2019.12.31）

指标类型	ASPI	AECI	EE	GCSP	GCO3
平均值	40.00	0.64	74.30	58.66	33.77
标准误	10.87	0.05	58.70	29.26	16.18
最小值	25.16	0.53	19.52	9.61	18.01
最大值	96.39	0.90	638.46	97.67	78.39
样本量（个）	797	797	797	797	797

表 2　江西省萍乡市大气环境资源分位数（2019.1.1–2019.12.31）

指标类型	ASPI	AECI	EE	GCSP	GCO3
5%	30.34	0.57	39.73	13.37	19.37
10%	31.27	0.58	40.17	14.75	20.23
25%	33.52	0.60	41.27	27.58	22.18
50%	36.01	0.64	63.69	62.51	25.39
75%	40.86	0.67	67.69	86.93	45.80
90%	53.09	0.71	111.06	92.34	60.84

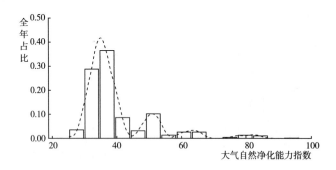

图 1　江西省萍乡市大气自然净化能力指数分布（ASPI-2019.1.1–2019.12.31）

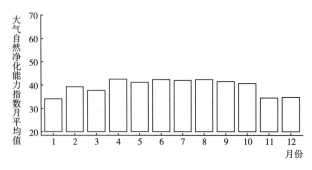

图 2　江西省萍乡市大气自然净化能力指数月均变化（ASPI-2019.1.1–2019.12.31）

江西省九江市

表1 江西省九江市大气环境资源概况（2019.1.1-2019.12.31）

指标类型	ASPI	AECI	EE	GCSP	GCO3
平均值	42.32	0.65	88.37	60.90	31.15
标准误	12.95	0.05	71.03	29.57	13.95
最小值	24.91	0.52	19.47	10.57	14.17
最大值	87.86	0.85	410.97	98.67	77.88
样本量（个）	789	789	789	789	789

表2 江西省九江市大气环境资源分位数（2019.1.1-2019.12.31）

指标类型	ASPI	AECI	EE	GCSP	GCO3
5%	29.59	0.56	20.72	13.75	18.79
10%	30.58	0.58	39.80	15.54	19.76
25%	33.83	0.61	41.63	28.84	21.79
50%	37.18	0.64	65.04	62.26	24.33
75%	49.33	0.68	106.79	91.83	44.76
90%	60.79	0.72	201.07	97.37	48.17

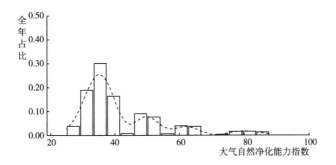

图1 江西省九江市大气自然净化能力指数分布（ASPI-2019.1.1-2019.12.31）

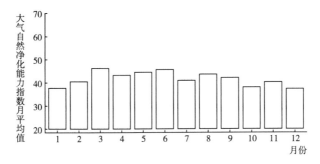

图2 江西省九江市大气自然净化能力指数月均变化（ASPI-2019.1.1-2019.12.31）

江西省新余市

表 1　江西省新余市大气环境资源概况（2019.1.1–2019.12.31）

指标类型	ASPI	AECI	EE	GCSP	GCO3
平均值	38.05	0.63	63.67	57.72	32.46
标准误	9.00	0.05	47.65	28.79	14.52
最小值	25.17	0.53	19.53	10.22	14.48
最大值	86.57	0.85	405.46	97.62	77.01
样本量（个）	796	796	796	796	796

表 2　江西省新余市大气环境资源分位数（2019.1.1–2019.12.31）

指标类型	ASPI	AECI	EE	GCSP	GCO3
5%	29.82	0.56	39.38	13.28	19.31
10%	30.88	0.57	39.91	14.95	20.19
25%	33.11	0.59	41.03	27.54	22.14
50%	35.57	0.63	42.33	59.25	25.17
75%	38.67	0.66	66.18	84.88	45.48
90%	49.96	0.70	107.51	93.95	48.91

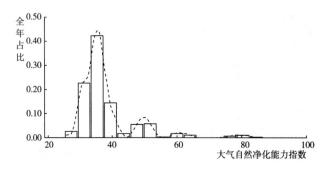

图 1　江西省新余市大气自然净化能力指数分布（ASPI-2019.1.1–2019.12.31）

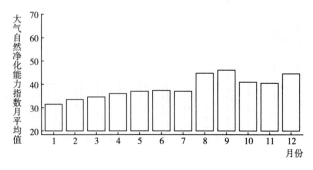

图 2　江西省新余市大气自然净化能力指数月均变化（ASPI-2019.1.1–2019.12.31）

江西省鹰潭市

表1　江西省鹰潭市大气环境资源概况（2019.1.1-2019.12.31）

指标类型	ASPI	AECI	EE	GCSP	GCO3
平均值	41.45	0.65	82.38	59.98	33.30
标准误	11.83	0.05	65.14	31.46	15.69
最小值	25.14	0.53	19.52	9.41	18.00
最大值	96.57	0.89	639.68	100.00	77.79
样本量（个）	788	788	788	788	788

表2　江西省鹰潭市大气环境资源分位数（2019.1.1-2019.12.31）

指标类型	ASPI	AECI	EE	GCSP	GCO3
5%	30.20	0.57	20.98	13.37	19.19
10%	31.39	0.59	40.11	15.07	20.21
25%	33.87	0.61	41.64	27.55	22.14
50%	37.15	0.65	65.03	59.22	25.15
75%	48.06	0.68	105.35	95.64	45.76
90%	58.65	0.72	196.48	100.00	59.87

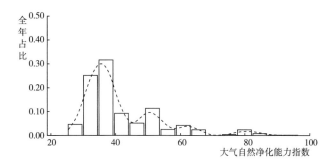

图1　江西省鹰潭市大气自然净化能力指数分布（ASPI-2019.1.1-2019.12.31）

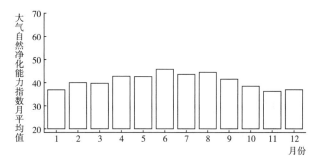

图2　江西省鹰潭市大气自然净化能力指数月均变化（ASPI-2019.1.1-2019.12.31）

江西省赣州市

表 1　江西省赣州市大气环境资源概况（2019.1.1-2019.12.31）

指标类型	ASPI	AECI	EE	GCSP	GCO3
平均值	37.05	0.64	60.80	57.16	33.71
标准误	8.67	0.05	41.99	26.37	15.46
最小值	23.44	0.54	19.15	8.94	16.29
最大值	87.47	0.86	409.31	96.46	78.54
样本量（个）	2136	2136	2136	2136	2136

表 2　江西省赣州市大气环境资源分位数（2019.1.1-2019.12.31）

指标类型	ASPI	AECI	EE	GCSP	GCO3
5%	29.04	0.57	38.96	13.55	18.97
10%	30.08	0.58	39.64	15.08	19.82
25%	32.15	0.60	40.65	36.16	21.82
50%	34.81	0.63	42.03	62.63	24.99
75%	38.34	0.66	65.94	80.63	45.64
90%	49.49	0.70	106.98	88.65	59.92

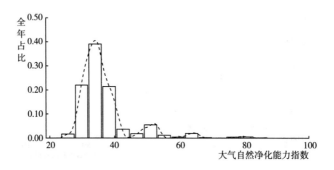

图 1　江西省赣州市大气自然净化能力指数分布（ASPI-2019.1.1-2019.12.31）

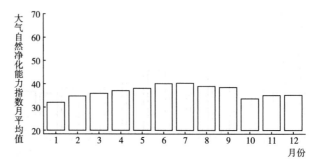

图 2　江西省赣州市大气自然净化能力指数月均变化（ASPI-2019.1.1-2019.12.31）

江西省吉安市

表 1 江西省吉安市大气环境资源概况 (2019.1.1-2019.12.31)

指标类型	ASPI	AECI	EE	GCSP	GCO3
平均值	36.96	0.63	61.14	61.94	33.14
标准误	9.04	0.05	45.54	29.69	15.52
最小值	23.25	0.52	19.11	8.26	16.06
最大值	93.96	0.86	622.42	100.00	78.41
样本量（个）	2144	2144	2144	2144	2144

表 2 江西省吉安市大气环境资源分位数 (2019.1.1-2019.12.31)

指标类型	ASPI	AECI	EE	GCSP	GCO3
5%	27.92	0.56	20.15	13.59	18.66
10%	29.06	0.57	20.78	15.54	19.54
25%	31.63	0.60	40.38	38.50	21.51
50%	34.89	0.63	42.23	64.31	24.66
75%	38.52	0.66	66.08	90.04	45.14
90%	49.92	0.70	107.46	100.00	51.77

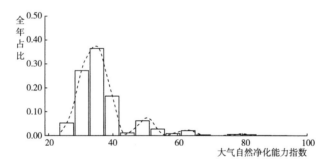

图 1 江西省吉安市大气自然净化能力指数分布 (ASPI-2019.1.1-2019.12.31)

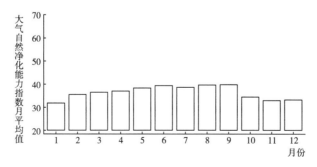

图 2 江西省吉安市大气自然净化能力指数月均变化 (ASPI-2019.1.1-2019.12.31)

江西省宜春市

表 1　江西省宜春市大气环境资源概况（2019.1.1–2019.12.31）

指标类型	ASPI	AECI	EE	GCSP	GCO3
平均值	38.67	0.64	70.52	60.27	30.96
标准误	9.79	0.04	52.31	26.58	14.40
最小值	22.97	0.52	19.05	8.95	15.92
最大值	94.28	0.87	624.48	100.00	78.50
样本量（个）	2140	2140	2140	2140	2140

表 2　江西省宜春市大气环境资源分位数（2019.1.1–2019.12.31）

指标类型	ASPI	AECI	EE	GCSP	GCO3
5%	29.50	0.57	39.37	13.70	18.48
10%	30.69	0.58	39.96	15.47	19.29
25%	32.92	0.61	41.09	42.06	21.25
50%	35.68	0.63	63.35	67.27	24.04
75%	39.90	0.67	67.02	84.15	43.45
90%	51.27	0.70	108.99	89.88	49.09

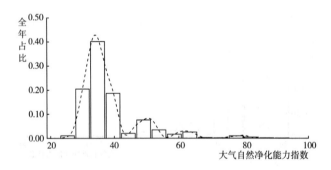

图 1　江西省宜春市大气自然净化能力指数分布（ASPI-2019.1.1–2019.12.31）

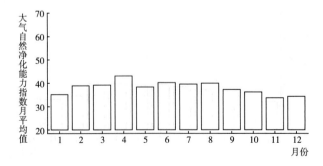

图 2　江西省宜春市大气自然净化能力指数月均变化（ASPI-2019.1.1–2019.12.31）

江西省抚州市

表1 江西省抚州市大气环境资源概况（2019.1.1-2019.12.31）

指标类型	ASPI	AECI	EE	GCSP	GCO3
平均值	50.18	0.68	134.62	63.99	32.82
标准误	16.24	0.06	112.47	28.52	15.05
最小值	25.63	0.53	19.63	9.41	17.92
最大值	97.96	0.90	755.10	98.67	77.09
样本量（个）	783	783	783	783	783

表2 江西省抚州市大气环境资源分位数（2019.1.1-2019.12.31）

指标类型	ASPI	AECI	EE	GCSP	GCO3
5%	31.95	0.58	40.56	14.28	19.10
10%	33.79	0.60	41.48	15.72	20.14
25%	36.52	0.63	64.58	44.91	22.11
50%	47.86	0.67	105.12	68.66	25.18
75%	61.06	0.72	201.67	92.13	45.62
90%	77.86	0.76	283.75	96.63	49.94

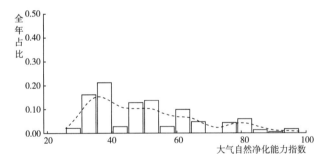

图1 江西省抚州市大气自然净化能力指数分布（ASPI-2019.1.1-2019.12.31）

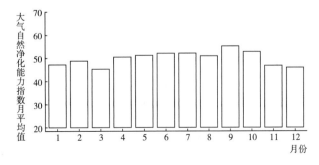

图2 江西省抚州市大气自然净化能力指数月均变化（ASPI-2019.1.1-2019.12.31）

江西省上饶市

表 1 江西省上饶市大气环境资源概况 (2019.1.1－2019.12.31)

指标类型	ASPI	AECI	EE	GCSP	GCO3
平均值	45.55	0.66	106.09	62.95	32.54
标准误	15.47	0.06	90.80	34.05	15.26
最小值	25.07	0.52	19.50	9.09	15.30
最大值	97.36	0.90	644.91	100.00	78.62
样本量（个）	785	785	785	785	785

表 2 江西省上饶市大气环境资源分位数 (2019.1.1－2019.12.31)

指标类型	ASPI	AECI	EE	GCSP	GCO3
5%	29.19	0.57	20.69	12.65	19.19
10%	30.91	0.59	39.83	14.10	20.17
25%	34.66	0.62	42.00	27.09	22.08
50%	38.94	0.66	66.36	69.08	25.09
75%	52.03	0.70	109.85	98.01	45.16
90%	75.50	0.74	276.64	100.00	49.75

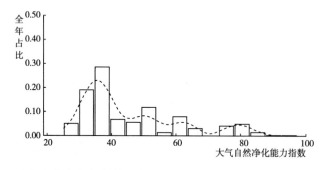

图 1 江西省上饶市大气自然净化能力指数分布 (ASPI-2019.1.1－2019.12.31)

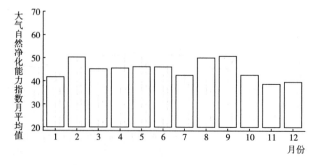

图 2 江西省上饶市大气自然净化能力指数月均变化 (ASPI-2019.1.1－2019.12.31)

山东省

山东省济南市

表 1　山东省济南市大气环境资源概况（2019.1.1-2019.12.31）

指标类型	ASPI	AECI	EE	GCSP	GCO3
平均值	42.32	0.65	98.18	29.48	28.36
标准误	14.57	0.06	87.98	23.51	14.45
最小值	22.02	0.51	18.84	6.23	10.68
最大值	97.49	1.02	905.60	96.37	78.79
样本量（个）	2168	2168	2168	2168	2168

表 2　山东省济南市大气环境资源分位数（2019.1.1-2019.12.31）

指标类型	ASPI	AECI	EE	GCSP	GCO3
5%	28.56	0.56	38.92	9.59	13.98
10%	30.03	0.58	39.73	10.60	16.83
25%	32.48	0.61	41.50	12.64	19.46
50%	36.30	0.65	64.53	15.55	22.21
75%	48.72	0.68	106.10	44.94	42.17
90%	62.92	0.73	205.66	68.70	46.95

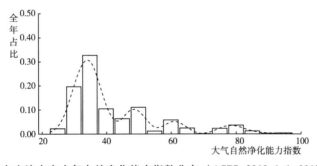

图 1　山东省济南市大气自然净化能力指数分布（ASPI-2019.1.1-2019.12.31）

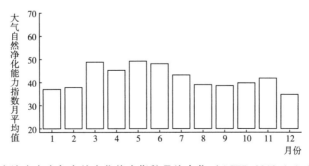

图 2　山东省济南市大气自然净化能力指数月均变化（ASPI-2019.1.1-2019.12.31）

山东省青岛市

表 1　山东省青岛市大气环境资源概况（2019.1.1–2019.12.31）

指标类型	ASPI	AECI	EE	GCSP	GCO3
平均值	51.85	0.67	155.71	48.08	24.10
标准误	17.73	0.06	127.62	26.72	8.27
最小值	22.73	0.51	19.00	7.23	10.95
最大值	97.00	0.98	959.80	96.40	59.91
样本量（个）	2164	2164	2164	2164	2164

表 2　山东省青岛市大气环境资源分位数（2019.1.1–2019.12.31）

指标类型	ASPI	AECI	EE	GCSP	GCO3
5%	29.67	0.58	39.52	12.67	15.03
10%	31.89	0.60	40.87	13.78	17.18
25%	35.94	0.63	64.29	16.30	19.53
50%	49.00	0.67	106.41	50.41	22.19
75%	62.72	0.71	205.22	71.98	24.65
90%	79.28	0.75	318.97	84.24	42.41

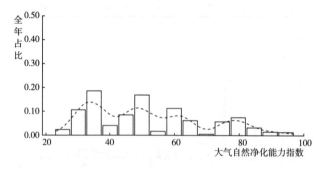

图 1　山东省青岛市大气自然净化能力指数分布（ASPI-2019.1.1–2019.12.31）

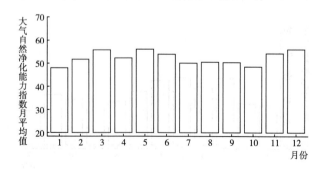

图 2　山东省青岛市大气自然净化能力指数月均变化（ASPI-2019.1.1–2019.12.31）

山东省淄博市

表1 山东省淄博市大气环境资源概况（2019.1.1-2019.12.31）

指标类型	ASPI	AECI	EE	GCSP	GCO3
平均值	40.74	0.64	84.84	34.38	29.36
标准误	13.79	0.06	73.14	26.05	14.72
最小值	23.74	0.50	19.22	6.96	12.54
最大值	86.77	0.84	406.31	100.00	78.34
样本量（个）	791	791	791	791	791

表2 山东省淄博市大气环境资源分位数（2019.1.1-2019.12.31）

指标类型	ASPI	AECI	EE	GCSP	GCO3
5%	27.66	0.54	20.06	10.10	13.88
10%	28.76	0.56	21.11	11.22	16.84
25%	31.53	0.59	40.37	13.02	20.17
50%	35.65	0.63	63.92	22.21	22.85
75%	48.53	0.68	105.88	56.14	43.23
90%	61.04	0.72	201.63	75.53	47.19

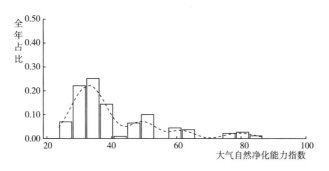

图1 山东省淄博市大气自然净化能力指数分布（ASPI-2019.1.1-2019.12.31）

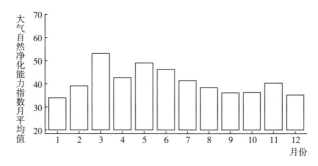

图2 山东省淄博市大气自然净化能力指数月均变化（ASPI-2019.1.1-2019.12.31）

山东省枣庄市

表 1　山东省枣庄市大气环境资源概况（2019.1.1–2019.12.31）

指标类型	ASPI	AECI	EE	GCSP	GCO3
平均值	40.47	0.64	82.51	36.42	30.00
标准误	12.50	0.06	71.44	26.76	14.21
最小值	24.01	0.51	19.27	7.22	12.93
最大值	96.91	0.90	764.69	98.61	76.33
样本量（个）	761	761	761	761	761

表 2　山东省枣庄市大气环境资源分位数（2019.1.1–2019.12.31）

指标类型	ASPI	AECI	EE	GCSP	GCO3
5%	28.33	0.55	38.89	10.58	15.42
10%	29.55	0.56	39.44	11.44	18.38
25%	32.37	0.60	40.79	13.58	20.67
50%	36.00	0.64	64.19	26.22	23.48
75%	48.11	0.68	105.41	54.97	43.77
90%	59.89	0.71	199.14	78.77	47.75

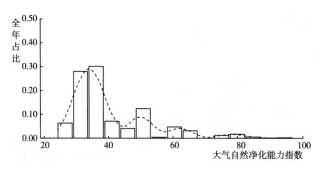

图 1　山东省枣庄市大气自然净化能力指数分布（ASPI-2019.1.1–2019.12.31）

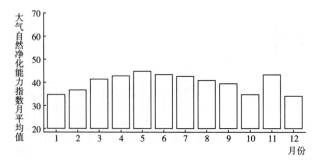

图 2　山东省枣庄市大气自然净化能力指数月均变化（ASPI-2019.1.1–2019.12.31）

山东省东营市

表1 山东省东营市大气环境资源概况（2019.1.1-2019.12.31）

指标类型	ASPI	AECI	EE	GCSP	GCO3
平均值	40.33	0.64	86.31	35.13	26.98
标准误	13.26	0.06	74.07	24.83	13.38
最小值	21.41	0.50	18.71	7.31	10.51
最大值	95.44	0.90	767.47	98.56	78.23
样本量（个）	2148	2148	2148	2148	2148

表2 山东省东营市大气环境资源分位数（2019.1.1-2019.12.31）

指标类型	ASPI	AECI	EE	GCSP	GCO3
5%	26.69	0.54	19.97	10.57	13.08
10%	28.06	0.56	38.65	11.68	15.56
25%	31.23	0.59	40.38	13.64	19.26
50%	35.52	0.63	63.95	26.4	22.09
75%	48.17	0.68	105.48	55.01	25.51
90%	60.62	0.72	200.71	73.65	46.20

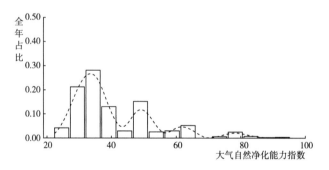

图1 山东省东营市大气自然净化能力指数分布（ASPI-2019.1.1-2019.12.31）

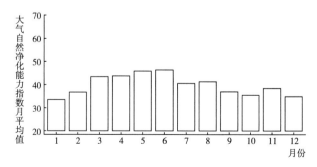

图2 山东省东营市大气自然净化能力指数月均变化（ASPI-2019.1.1-2019.12.31）

山东省烟台市

表 1 山东省烟台市大气环境资源概况 （2019.1.1－2019.12.31）

指标类型	ASPI	AECI	EE	GCSP	GCO3
平均值	56.25	0.69	189.90	35.68	25.36
标准误	20.06	0.07	157.46	23.29	10.06
最小值	23.67	0.52	19.20	8.02	12.68
最大值	97.31	0.99	874.78	94.09	74.44
样本量（个）	789	789	789	789	789

表 2 山东省烟台市大气环境资源分位数 （2019.1.1－2019.12.31）

指标类型	ASPI	AECI	EE	GCSP	GCO3
5%	30.28	0.58	39.63	10.79	14.25
10%	32.48	0.59	41.12	12.65	17.03
25%	36.40	0.63	64.61	15.07	19.86
50%	51.49	0.68	109.24	27.32	22.60
75%	76.72	0.74	280.30	53.33	25.01
90%	84.05	0.79	352.82	70.28	44.47

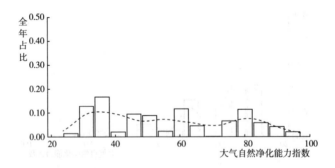

图 1 山东省烟台市大气自然净化能力指数分布 （ASPI-2019.1.1－2019.12.31）

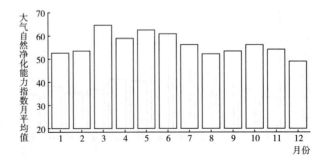

图 2 山东省烟台市大气自然净化能力指数月均变化 （ASPI-2019.1.1－2019.12.31）

山东省潍坊市

表 1 山东省潍坊市大气环境资源概况（2019.1.1–2019.12.31）

指标类型	ASPI	AECI	EE	GCSP	GCO3
平均值	39.41	0.63	81.05	38.00	26.54
标准误	13.20	0.06	69.17	26.33	12.70
最小值	21.59	0.49	18.75	5.84	10.59
最大值	96.42	0.91	638.71	96.49	79.36
样本量（个）	2165	2165	2165	2165	2165

表 2 山东省潍坊市大气环境资源分位数（2019.1.1–2019.12.31）

指标类型	ASPI	AECI	EE	GCSP	GCO3
5%	25.66	0.54	19.64	10.60	13.35
10%	27.32	0.55	20.20	11.85	15.86
25%	30.79	0.59	40.06	13.90	19.41
50%	34.70	0.63	63.29	27.12	22.17
75%	47.50	0.67	104.72	60.60	25.08
90%	60.32	0.72	200.08	79.06	45.95

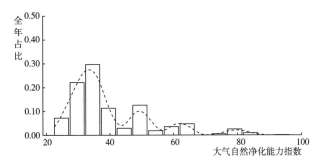

图 1 山东省潍坊市大气自然净化能力指数分布（ASPI-2019.1.1–2019.12.31）

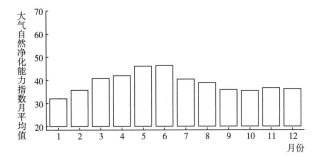

图 2 山东省潍坊市大气自然净化能力指数月均变化（ASPI-2019.1.1–2019.12.31）

山东省济宁市

表 1　山东省济宁市大气环境资源概况（2019.1.1-2019.12.31）

指标类型	ASPI	AECI	EE	GCSP	GCO3
平均值	35.37	0.62	56.12	34.63	30.51
标准误	7.90	0.05	40.84	23.50	14.72
最小值	23.84	0.50	19.24	8.01	12.87
最大值	94.69	0.87	627.26	94.14	77.69
样本量（个）	790	790	790	790	790

表 2　山东省济宁市大气环境资源分位数（2019.1.1-2019.12.31）

指标类型	ASPI	AECI	EE	GCSP	GCO3
5%	26.61	0.54	19.84	10.40	15.11
10%	28.59	0.55	38.85	11.68	18.40
25%	31.18	0.59	40.22	13.58	20.57
50%	33.91	0.63	41.52	23.22	23.21
75%	36.85	0.65	64.86	52.11	44.36
90%	43.13	0.68	84.97	69.15	48.23

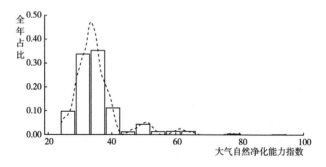

图 1　山东省济宁市大气自然净化能力指数分布（ASPI-2019.1.1-2019.12.31）

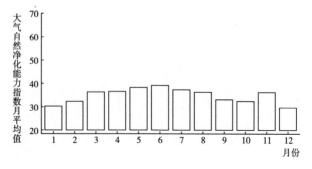

图 2　山东省济宁市大气自然净化能力指数月均变化（ASPI-2019.1.1-2019.12.31）

山东省泰安市

表 1 山东省泰安市大气环境资源概况（2019.1.1-2019.12.31）

指标类型	ASPI	AECI	EE	GCSP	GCO3
平均值	39.86	0.64	79.89	32.94	29.09
标准误	12.70	0.06	71.04	24.66	14.16
最小值	23.72	0.49	19.21	6.64	12.54
最大值	95.40	0.90	700.59	100.00	77.08
样本量（个）	787	787	787	787	787

表 2 山东省泰安市大气环境资源分位数（2019.1.1-2019.12.31）

指标类型	ASPI	AECI	EE	GCSP	GCO3
5%	27.15	0.54	19.95	9.79	14.13
10%	28.86	0.56	20.68	11.02	17.32
25%	32.00	0.60	40.58	12.83	20.30
50%	35.38	0.63	63.65	22.04	22.97
75%	46.10	0.67	103.13	50.72	43.46
90%	59.40	0.71	198.08	70.88	47.29

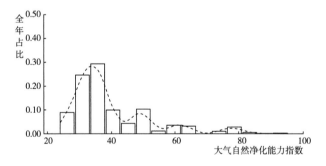

图 1 山东省泰安市大气自然净化能力指数分布（ASPI-2019.1.1-2019.12.31）

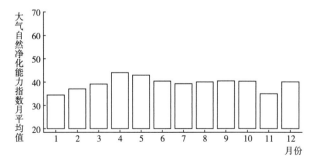

图 2 山东省泰安市大气自然净化能力指数月均变化（ASPI-2019.1.1-2019.12.31）

山东省威海市

表 1　山东省威海市大气环境资源概况（2019.1.1－2019.12.31）

指标类型	ASPI	AECI	EE	GCSP	GCO3
平均值	52.17	0.67	167.88	37.95	24.32
标准误	20.78	0.08	157.18	24.45	9.40
最小值	21.55	0.51	18.74	7.30	10.71
最大值	97.07	0.97	907.18	96.46	63.02
样本量（个）	2146	2146	2146	2146	2146

表 2　山东省威海市大气环境资源分位数（2019.1.1－2019.12.31）

指标类型	ASPI	AECI	EE	GCSP	GCO3
5%	27.69	0.56	20.39	11.50	13.95
10%	29.77	0.58	39.58	12.85	16.50
25%	33.52	0.62	61.66	15.22	19.28
50%	47.67	0.67	104.91	27.81	21.96
75%	74.43	0.72	273.41	57.87	24.49
90%	82.42	0.78	349.12	75.33	43.40

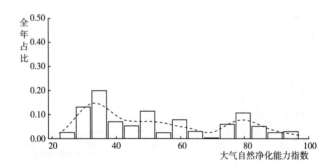

图 1　山东省威海市大气自然净化能力指数分布（ASPI-2019.1.1－2019.12.31）

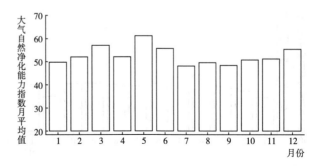

图 2　山东省威海市大气自然净化能力指数月均变化（ASPI-2019.1.1－2019.12.31）

山东省日照市

表 1　山东省日照市大气环境资源概况（2019.1.1–2019.12.31）

指标类型	ASPI	AECI	EE	GCSP	GCO3
平均值	48.92	0.66	142.15	48.07	24.48
标准误	18.55	0.07	139.27	29.13	8.77
最小值	21.88	0.51	18.81	7.62	11.02
最大值	97.51	0.97	1152.49	100.00	76.55
样本量（个）	2164	2164	2164	2164	2164

表 2　山东省日照市大气环境资源分位数（2019.1.1–2019.12.31）

指标类型	ASPI	AECI	EE	GCSP	GCO3
5%	28.10	0.56	38.40	11.64	15.44
10%	30.38	0.58	39.87	13.21	17.55
25%	33.75	0.62	61.85	15.94	19.71
50%	45.42	0.66	102.35	48.81	22.29
75%	60.96	0.71	201.45	74.20	24.76
90%	79.47	0.75	295.30	88.25	42.88

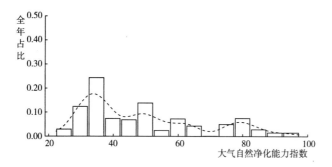

图 1　山东省日照市大气自然净化能力指数分布（ASPI–2019.1.1–2019.12.31）

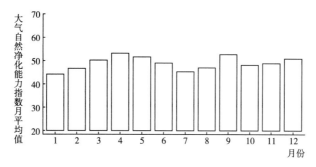

图 2　山东省日照市大气自然净化能力指数月均变化（ASPI–2019.1.1–2019.12.31）

山东省莱芜市

表 1　山东省莱芜市大气环境资源概况（2019.1.1-2019.12.31）

指标类型	ASPI	AECI	EE	GCSP	GCO3
平均值	39.91	0.64	79.98	29.34	28.74
标准误	12.62	0.06	66.68	22.55	13.69
最小值	23.71	0.50	19.21	6.64	12.69
最大值	87.23	0.82	408.29	92.68	76.46
样本量（个）	791	791	791	791	791

表 2　山东省莱芜市大气环境资源分位数（2019.1.1-2019.12.31）

指标类型	ASPI	AECI	EE	GCSP	GCO3
5%	28.07	0.55	20.47	9.41	14.39
10%	29.34	0.56	39.29	10.57	17.64
25%	31.95	0.59	40.55	12.36	20.33
50%	35.37	0.63	63.45	15.72	22.93
75%	46.26	0.67	103.31	46.37	42.93
90%	59.63	0.71	198.59	65.40	46.95

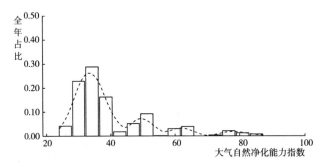

图 1　山东省莱芜市大气自然净化能力指数分布（ASPI-2019.1.1-2019.12.31）

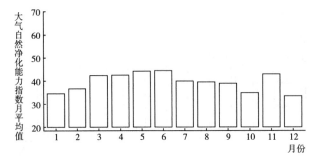

图 2　山东省莱芜市大气自然净化能力指数月均变化（ASPI-2019.1.1-2019.12.31）

山东省临沂市

表 1　山东省临沂市大气环境资源概况（2019.1.1-2019.12.31）

指标类型	ASPI	AECI	EE	GCSP	GCO3
平均值	50.43	0.67	144.16	38.10	27.30
标准误	17.88	0.07	125.12	26.52	11.68
最小值	23.90	0.50	19.25	7.32	13.01
最大值	97.45	0.95	817.99	96.50	77.89
样本量（个）	788	788	788	788	788

表 2　山东省临沂市大气环境资源分位数（2019.1.1-2019.12.31）

指标类型	ASPI	AECI	EE	GCSP	GCO3
5%	30.10	0.57	39.68	10.41	15.06
10%	32.02	0.59	40.58	11.86	18.17
25%	34.87	0.63	63.04	14.43	20.48
50%	48.14	0.67	105.44	27.15	23.16
75%	61.75	0.71	203.15	60.84	25.78
90%	80.20	0.76	295.60	79.51	46.31

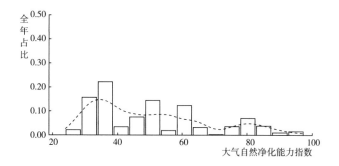

图 1　山东省临沂市大气自然净化能力指数分布（ASPI-2019.1.1-2019.12.31）

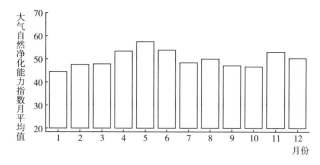

图 2　山东省临沂市大气自然净化能力指数月均变化（ASPI-2019.1.1-2019.12.31）

山东省德州市

表 1　山东省德州市大气环境资源概况 （2019.1.1–2019.12.31）

指标类型	ASPI	AECI	EE	GCSP	GCO3
平均值	38.18	0.63	70.38	30.45	29.62
标准误	9.76	0.05	47.20	23.09	14.89
最小值	23.52	0.50	19.17	6.01	12.46
最大值	82.96	0.78	345.43	98.56	78.39
样本量（个）	791	791	791	791	791

表 2　山东省德州市大气环境资源分位数 （2019.1.1–2019.12.31）

指标类型	ASPI	AECI	EE	GCSP	GCO3
5%	27.80	0.54	20.33	9.09	14.18
10%	28.98	0.56	39.21	10.31	17.26
25%	32.04	0.60	40.65	12.46	20.09
50%	35.10	0.63	63.57	21.27	22.83
75%	40.12	0.67	67.18	46.19	43.63
90%	50.88	0.70	108.55	67.10	47.66

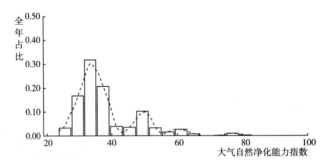

图 1　山东省德州市大气自然净化能力指数分布 （ASPI-2019.1.1–2019.12.31）

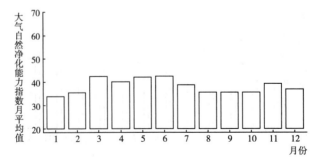

图 2　山东省德州市大气自然净化能力指数月均变化 （ASPI-2019.1.1–2019.12.31）

山东省聊城市

表 1 山东省聊城市大气环境资源概况 （2019.1.1-2019.12.31）

指标类型	ASPI	AECI	EE	GCSP	GCO3
平均值	36.06	0.62	59.65	37.75	29.26
标准误	9.28	0.05	47.11	25.98	14.70
最小值	23.68	0.49	19.20	7.23	12.54
最大值	87.20	0.82	408.16	94.69	78.53
样本量（个）	790	790	790	790	790

表 2 山东省聊城市大气环境资源分位数 （2019.1.1-2019.12.31）

指标类型	ASPI	AECI	EE	GCSP	GCO3
5%	25.76	0.54	19.65	10.32	14.11
10%	27.82	0.55	20.11	11.23	16.75
25%	30.29	0.58	39.62	13.57	20.20
50%	33.92	0.62	41.55	27.11	22.91
75%	37.87	0.65	65.63	58.17	43.32
90%	49.63	0.68	107.14	77.13	47.46

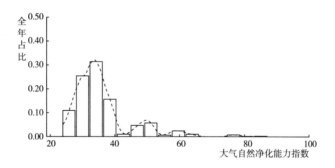

图 1 山东省聊城市大气自然净化能力指数分布 （ASPI-2019.1.1-2019.12.31）

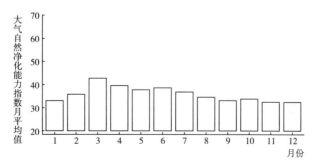

图 2 山东省聊城市大气自然净化能力指数月均变化 （ASPI-2019.1.1-2019.12.31）

山东省滨州市

表 1　山东省滨州市大气环境资源概况（2019.1.1-2019.12.31）

指标类型	ASPI	AECI	EE	GCSP	GCO3
平均值	41.72	0.64	92.08	30.68	28.89
标准误	14.18	0.06	87.68	22.90	14.19
最小值	23.57	0.50	19.18	6.65	12.46
最大值	95.82	0.99	910.68	98.64	79.55
样本量（个）	790	790	790	790	790

表 2　山东省滨州市大气环境资源分位数（2019.1.1-2019.12.31）

指标类型	ASPI	AECI	EE	GCSP	GCO3
5%	28.55	0.55	38.93	9.80	14.04
10%	29.63	0.57	39.53	10.80	16.68
25%	32.75	0.60	41.06	12.80	20.05
50%	36.32	0.64	64.53	16.98	22.84
75%	48.28	0.68	105.6	47.56	42.96
90%	62.45	0.72	204.65	65.78	47.13

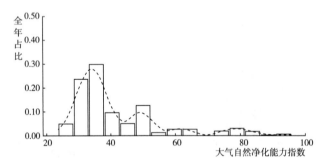

图 1　山东省滨州市大气自然净化能力指数分布（ASPI-2019.1.1-2019.12.31）

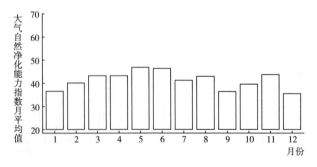

图 2　山东省滨州市大气自然净化能力指数月均变化（ASPI-2019.1.1-2019.12.31）

山东省菏泽市

表 1 山东省菏泽市大气环境资源概况（2019.1.1-2019.12.31）

指标类型	ASPI	AECI	EE	GCSP	GCO3
平均值	47.16	0.67	121.37	35.43	30.50
标准误	16.66	0.07	105.29	24.65	14.93
最小值	23.87	0.51	19.24	7.49	12.86
最大值	95.42	1.01	905.68	96.47	77.68
样本量（个）	788	788	788	788	788

表 2 山东省菏泽市大气环境资源分位数（2019.1.1-2019.12.31）

指标类型	ASPI	AECI	EE	GCSP	GCO3
5%	29.25	0.56	39.29	10.58	14.99
10%	30.56	0.58	39.95	11.64	18.20
25%	34.23	0.62	62.64	13.95	20.50
50%	39.49	0.66	66.74	26.66	23.22
75%	53.23	0.71	111.21	55.47	44.28
90%	78.17	0.75	284.69	73.96	48.30

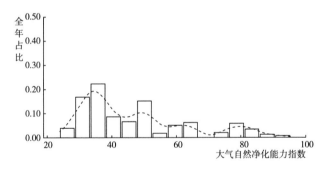

图 1 山东省菏泽市大气自然净化能力指数分布（ASPI-2019.1.1-2019.12.31）

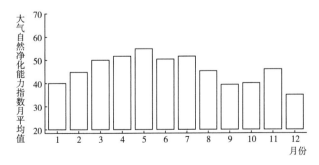

图 2 山东省菏泽市大气自然净化能力指数月均变化（ASPI-2019.1.1-2019.12.31）

河南省

河南省郑州市

表 1　河南省郑州市大气环境资源概况（2019.1.1－2019.12.31）

指标类型	ASPI	AECI	EE	GCSP	GCO3
平均值	38.36	0.64	73.48	32.89	29.61
标准误	11.49	0.06	57.84	24.60	14.76
最小值	21.91	0.50	18.82	4.90	10.91
最大值	87.47	0.85	409.32	98.67	78.76
样本量（个）	2172	2172	2172	2172	2172

表 2　河南省郑州市大气环境资源分位数（2019.1.1－2019.12.31）

指标类型	ASPI	AECI	EE	GCSP	GCO3
5%	26.74	0.55	19.95	9.61	14.99
10%	28.29	0.56	38.77	10.79	17.36
25%	31.17	0.59	40.21	12.99	19.89
50%	34.76	0.63	63.22	22.03	22.59
75%	40.08	0.67	67.15	51.58	43.29
90%	52.09	0.71	109.92	72.40	47.80

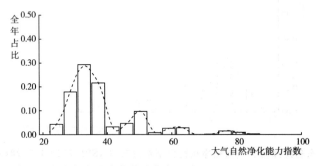

图 1　河南省郑州市大气自然净化能力指数分布（ASPI-2019.1.1－2019.12.31）

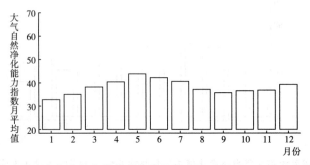

图 2　河南省郑州市大气自然净化能力指数月均变化（ASPI-2019.1.1－2019.12.31）

河南省开封市

表 1　河南省开封市大气环境资源概况（2019.1.1-2019.12.31）

指标类型	ASPI	AECI	EE	GCSP	GCO3
平均值	41.26	0.65	88.82	34.03	28.94
标准误	13.02	0.06	69.94	24.37	14.09
最小值	22.14	0.50	18.87	5.83	11.01
最大值	95.58	0.88	633.09	96.26	78.32
样本量（个）	2149	2149	2149	2149	2149

表 2　河南省开封市大气环境资源分位数（2019.1.1-2019.12.31）

指标类型	ASPI	AECI	EE	GCSP	GCO3
5%	28.28	0.56	38.88	10.55	14.96
10%	29.63	0.58	39.53	11.64	17.30
25%	32.44	0.61	41.05	13.76	19.87
50%	36.50	0.64	64.65	25.96	22.55
75%	48.41	0.68	105.75	53.04	42.80
90%	60.02	0.71	199.43	74.01	47.48

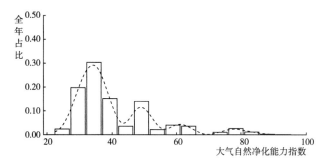

图 1　河南省开封市大气自然净化能力指数分布（ASPI-2019.1.1-2019.12.31）

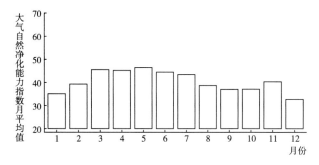

图 2　河南省开封市大气自然净化能力指数月均变化（ASPI-2019.1.1-2019.12.31）

河南省洛阳市

表 1　河南省洛阳市大气环境资源概况（2019.1.1–2019.12.31）

指标类型	ASPI	AECI	EE	GCSP	GCO3
平均值	51.08	0.68	146.45	35.16	27.33
标准误	16.36	0.06	113.30	29.28	12.88
最小值	21.93	0.52	18.83	0.18	11.04
最大值	96.87	1.00	977.52	94.24	79.31
样本量（个）	2162	2162	2162	2162	2162

表 2　河南省洛阳市大气环境资源分位数（2019.1.1–2019.12.31）

指标类型	ASPI	AECI	EE	GCSP	GCO3
5%	31.37	0.58	40.42	8.55	14.71
10%	33.25	0.60	42.30	10.32	17.25
25%	36.68	0.64	64.80	12.83	19.76
50%	48.40	0.67	105.74	16.10	22.41
75%	60.85	0.71	201.22	56.67	25.71
90%	78.34	0.76	285.51	88.42	46.49

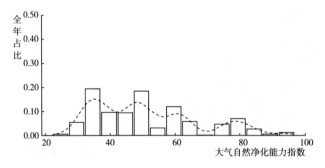

图 1　河南省洛阳市大气自然净化能力指数分布（ASPI-2019.1.1–2019.12.31）

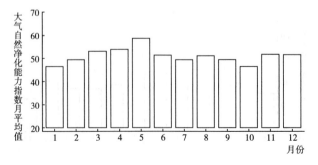

图 2　河南省洛阳市大气自然净化能力指数月均变化（ASPI-2019.1.1–2019.12.31）

河南省平顶山市

表1 河南省平顶山市大气环境资源概况（2019.1.1–2019.12.31）

指标类型	ASPI	AECI	EE	GCSP	GCO3
平均值	41.59	0.64	94.11	44.35	28.45
标准误	15.00	0.07	96.58	32.02	13.97
最小值	22.00	0.50	18.84	4.40	10.99
最大值	97.02	0.95	813.56	96.55	78.53
样本量（个）	2151	2151	2151	2151	2151

表2 河南省平顶山市大气环境资源分位数（2019.1.1–2019.12.31）

指标类型	ASPI	AECI	EE	GCSP	GCO3
5%	26.90	0.54	19.98	10.59	14.94
10%	28.39	0.56	38.83	11.85	17.53
25%	31.57	0.60	40.42	13.94	19.94
50%	35.93	0.64	64.25	29.00	22.65
75%	49.20	0.68	106.65	74.05	41.77
90%	62.90	0.73	205.62	94.53	47.60

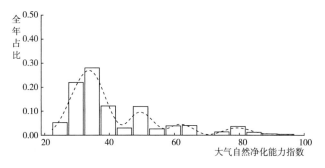

图1 河南省平顶山市大气自然净化能力指数分布（ASPI-2019.1.1–2019.12.31）

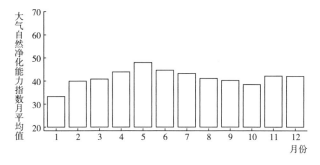

图2 河南省平顶山市大气自然净化能力指数月均变化（ASPI-2019.1.1–2019.12.31）

河南省安阳市

表 1   河南省安阳市大气环境资源概况 （2019.1.1-2019.12.31）

指标类型	ASPI	AECI	EE	GCSP	GCO3
平均值	46.07	0.66	120.99	36.77	27.97
标准误	17.45	0.07	110.68	30.30	14.32
最小值	23.86	0.52	19.24	4.40	10.73
最大值	97.66	0.98	772.54	98.67	81.77
样本量（个）	2208	2208	2208	2208	2208

表 2   河南省安阳市大气环境资源分位数 （2019.1.1-2019.12.31）

指标类型	ASPI	AECI	EE	GCSP	GCO3
5%	28.85	0.56	39.06	9.36	13.70
10%	30.47	0.58	39.95	10.59	16.38
25%	33.06	0.61	61.23	13.00	19.58
50%	37.66	0.65	65.48	21.85	22.23
75%	52.09	0.70	109.92	57.67	40.89
90%	78.37	0.76	285.66	95.46	46.96

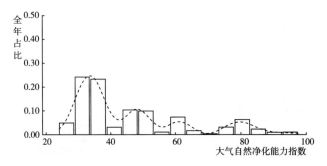

图 1   河南省安阳市大气自然净化能力指数分布 （ASPI-2019.1.1-2019.12.31）

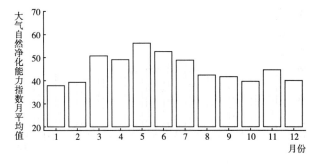

图 2   河南省安阳市大气自然净化能力指数月均变化 （ASPI-2019.1.1-2019.12.31）

河南省鹤壁市

表1 河南省鹤壁市大气环境资源概况（2019.1.1-2019.12.31）

指标类型	ASPI	AECI	EE	GCSP	GCO3
平均值	52.00	0.68	158.33	35.38	30.51
标准误	19.57	0.08	141.78	24.85	15.58
最小值	24.66	0.50	19.42	7.62	12.75
最大值	97.69	0.94	767.02	95.94	79.66
样本量（个）	823	823	823	823	823

表2 河南省鹤壁市大气环境资源分位数（2019.1.1-2019.12.31）

指标类型	ASPI	AECI	EE	GCSP	GCO3
5%	29.47	0.56	39.48	10.31	14.63
10%	31.76	0.58	40.47	11.66	18.00
25%	34.45	0.63	62.89	13.92	20.59
50%	47.99	0.67	105.27	26.68	23.05
75%	63.93	0.73	207.84	56.10	44.15
90%	81.66	0.77	340.56	73.68	48.08

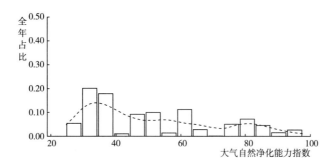

图1 河南省鹤壁市大气自然净化能力指数分布（ASPI-2019.1.1-2019.12.31）

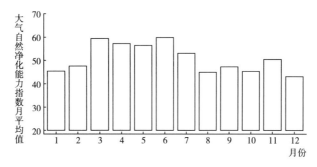

图2 河南省鹤壁市大气自然净化能力指数月均变化（ASPI-2019.1.1-2019.12.31）

河南省新乡市

表1 河南省新乡市大气环境资源概况 (2019.1.1-2019.12.31)

指标类型	ASPI	AECI	EE	GCSP	GCO3
平均值	41.40	0.65	93.49	34.46	29.44
标准误	15.29	0.07	92.77	26.81	14.93
最小值	21.77	0.50	18.79	6.52	10.90
最大值	97.61	0.91	693.93	98.66	79.40
样本量 (个)	2166	2166	2166	2166	2166

表2 河南省新乡市大气环境资源分位数 (2019.1.1-2019.12.31)

指标类型	ASPI	AECI	EE	GCSP	GCO3
5%	26.54	0.54	19.9	10.10	14.06
10%	28.28	0.56	38.81	11.12	17.16
25%	31.28	0.60	40.31	13.19	19.77
50%	35.60	0.64	63.93	22.26	22.52
75%	48.97	0.69	106.39	53.13	43.26
90%	62.90	0.73	205.61	79.15	47.87

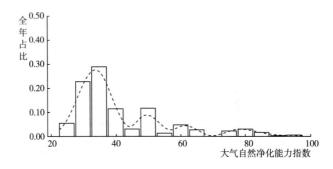

图1 河南省新乡市大气自然净化能力指数分布 (ASPI-2019.1.1-2019.12.31)

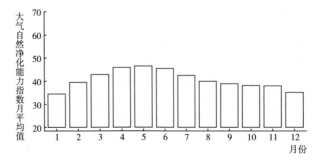

图2 河南省新乡市大气自然净化能力指数月均变化 (ASPI-2019.1.1-2019.12.31)

河南省焦作市

表 1 河南省焦作市大气环境资源概况（2019.1.1~2019.12.31）

指标类型	ASPI	AECI	EE	GCSP	GCO3
平均值	37.62	0.64	66.48	28.42	33.27
标准误	9.64	0.05	46.16	25.24	17.21
最小值	23.87	0.50	19.24	4.93	12.96
最大值	83.31	0.81	346.71	98.67	80.48
样本量（个）	822	822	822	822	822

表 2 河南省焦作市大气环境资源分位数（2019.1.1~2019.12.31）

指标类型	ASPI	AECI	EE	GCSP	GCO3
5%	26.60	0.55	19.84	8.81	17.04
10%	28.68	0.56	38.95	9.84	18.32
25%	31.45	0.60	40.34	11.83	20.74
50%	34.92	0.64	62.81	14.77	23.74
75%	39.37	0.68	66.66	41.05	45.44
90%	50.58	0.70	108.21	70.81	61.00

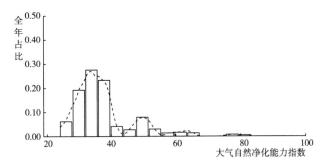

图 1 河南省焦作市大气自然净化能力指数分布（ASPI-2019.1.1~2019.12.31）

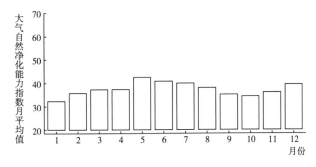

图 2 河南省焦作市大气自然净化能力指数月均变化（ASPI-2019.1.1~2019.12.31）

河南省濮阳市

表 1　河南省濮阳市大气环境资源概况（2019.1.1-2019.12.31）

指标类型	ASPI	AECI	EE	GCSP	GCO3
平均值	42.80	0.65	96.35	37.82	30.01
标准误	14.60	0.06	83.21	27.50	14.97
最小值	23.79	0.49	19.23	6.24	12.68
最大值	97.06	0.90	712.82	100.00	78.75
样本量（个）	822	822	822	822	822

表 2　河南省濮阳市大气环境资源分位数（2019.1.1-2019.12.31）

指标类型	ASPI	AECI	EE	GCSP	GCO3
5%	27.91	0.55	20.15	10.21	14.61
10%	29.14	0.56	39.26	11.23	17.97
25%	32.64	0.61	41.07	13.84	20.57
50%	36.76	0.64	64.79	26.86	23.01
75%	50.14	0.69	107.71	56.33	44.24
90%	62.89	0.73	205.61	82.74	47.90

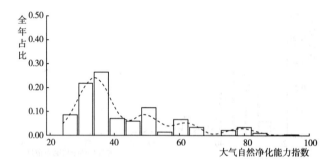

图 1　河南省濮阳市大气自然净化能力指数分布（ASPI-2019.1.1-2019.12.31）

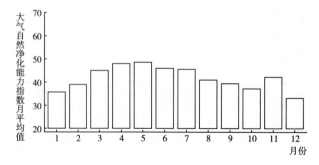

图 2　河南省濮阳市大气自然净化能力指数月均变化（ASPI-2019.1.1-2019.12.31）

河南省许昌市

表 1　河南省许昌市大气环境资源概况（2019.1.1-2019.12.31）

指标类型	ASPI	AECI	EE	GCSP	GCO3
平均值	43.14	0.65	102.36	19.74	27.67
标准误	15.60	0.07	98.07	31.88	13.53
最小值	23.01	0.49	19.06	5.84	10.90
最大值	97.32	0.93	767.99	98.67	78.05
样本量（个）	2146	2146	2146	2146	2146

表 2　河南省许昌市大气环境资源分位数（2019.1.1-2019.12.31）

指标类型	ASPI	AECI	EE	GCSP	GCO3
5%	28.15	0.55	38.62	11.42	14.04
10%	29.42	0.57	39.38	12.66	17.09
25%	32.27	0.60	40.87	15.43	19.87
50%	36.68	0.64	64.80	47.50	22.51
75%	50.21	0.69	107.79	80.91	25.70
90%	64.34	0.73	208.72	95.68	47.20

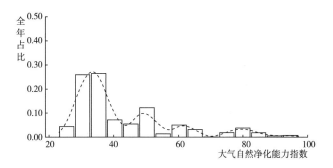

图 1　河南省许昌市大气自然净化能力指数分布（ASPI-2019.1.1-2019.12.31）

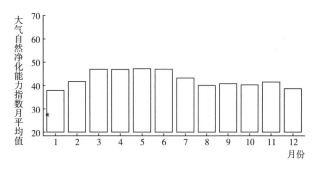

图 2　河南省许昌市大气自然净化能力指数月均变化（ASPI-2019.1.1-2019.12.31）

河南省漯河市

表 1 河南省漯河市大气环境资源概况 (2019.1.1-2019.12.31)

指标类型	ASPI	AECI	EE	GCSP	GCO3
平均值	39.05	0.63	73.94	41.97	30.57
标准误	12.78	0.06	66.28	28.62	14.99
最小值	24.13	0.50	19.30	8.24	13.11
最大值	85.16	0.81	353.43	100.00	78.73
样本量 (个)	811	811	811	811	811

表 2 河南省漯河市大气环境资源分位数 (2019.1.1-2019.12.31)

指标类型	ASPI	AECI	EE	GCSP	GCO3
5%	26.05	0.54	19.71	11.25	17.27
10%	28.00	0.55	20.14	12.25	18.65
25%	30.98	0.59	39.85	14.59	20.96
50%	34.73	0.63	42.78	37.29	23.28
75%	40.65	0.67	67.55	64.36	44.30
90%	60.01	0.71	199.40	86.43	48.64

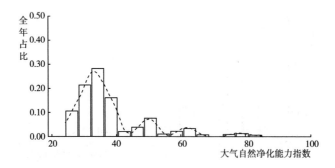

图 1 河南省漯河市大气自然净化能力指数分布 (ASPI-2019.1.1-2019.12.31)

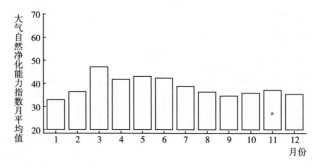

图 2 河南省漯河市大气自然净化能力指数月均变化 (ASPI-2019.1.1-2019.12.31)

河南省三门峡市

表1　河南省三门峡市大气环境资源概况（2019.1.1–2019.12.31）

指标类型	ASPI	AECI	EE	GCSP	GCO3
平均值	51.66	0.67	159.33	41.50	25.54
标准误	19.88	0.08	145.53	30.69	11.01
最小值	21.98	0.51	18.84	6.23	10.93
最大值	97.08	0.97	899.20	100.00	74.80
样本量（个）	2123	2123	2123	2123	2123

表2　河南省三门峡市大气环境资源分位数（2019.1.1–2019.12.31）

指标类型	ASPI	AECI	EE	GCSP	GCO3
5%	28.10	0.55	20.45	10.55	14.26
10%	29.75	0.58	39.36	11.66	17.00
25%	34.09	0.62	62.49	14.02	19.65
50%	48.11	0.66	105.41	27.57	22.30
75%	63.63	0.72	207.19	67.40	24.70
90%	81.73	0.78	342.00	91.75	45.47

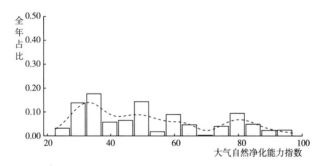

图1　河南省三门峡市大气自然净化能力指数分布（ASPI-2019.1.1–2019.12.31）

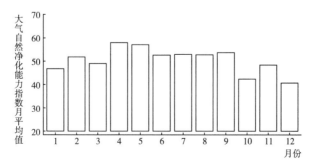

图2　河南省三门峡市大气自然净化能力指数月均变化（ASPI-2019.1.1–2019.12.31）

河南省南阳市

表 1　河南省南阳市大气环境资源概况 （2019.1.1-2019.12.31）

指标类型	ASPI	AECI	EE	GCSP	GCO3
平均值	45.61	0.66	114.15	40.76	28.22
标准误	15.83	0.06	97.43	26.39	13.25
最小值	23.42	0.51	19.15	6.60	11.23
最大值	97.49	0.90	758.64	98.67	77.53
样本量（个）	2164	2164	2164	2164	2164

表 2　河南省南阳市大气环境资源分位数 （2019.1.1-2019.12.31）

指标类型	ASPI	AECI	EE	GCSP	GCO3
5%	29.17	0.56	39.29	11.63	16.22
10%	30.64	0.59	40.02	12.80	17.89
25%	33.77	0.62	61.42	14.94	20.10
50%	38.67	0.65	66.17	29.82	22.84
75%	51.98	0.70	109.79	62.15	27.27
90%	74.32	0.75	273.08	80.50	47.08

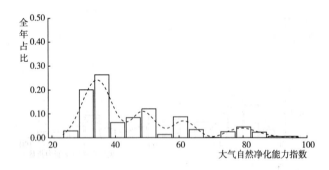

图 1　河南省南阳市大气自然净化能力指数分布 （ASPI-2019.1.1-2019.12.31）

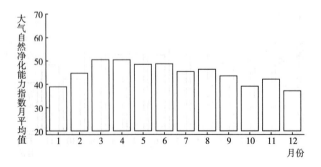

图 2　河南省南阳市大气自然净化能力指数月均变化 （ASPI-2019.1.1-2019.12.31）

河南省商丘市

表 1　河南省商丘市大气环境资源概况 （2019. 1. 1-2019. 12. 31）

指标类型	ASPI	AECI	EE	GCSP	GCO3
平均值	39.76	0.63	81.12	47.40	27.27
标准误	12.88	0.06	67.80	28.30	13.16
最小值	21.91	0.49	18.82	8.55	10.92
最大值	91.61	0.84	606.82	97.56	76.99
样本量 （个）	2117	2117	2117	2117	2117

表 2　河南省商丘市大气环境资源分位数 （2019. 1. 1-2019. 12. 31）

指标类型	ASPI	AECI	EE	GCSP	GCO3
5%	27.07	0.54	20.07	11.66	13.77
10%	28.42	0.56	38.75	12.83	16.81
25%	31.29	0.59	40.32	15.85	19.78
50%	35.11	0.63	63.54	47.73	22.41
75%	46.88	0.67	104.02	72.53	25.45
90%	59.91	0.71	199.19	88.02	46.77

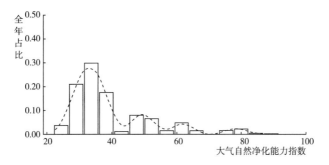

图 1　河南省商丘市大气自然净化能力指数分布 （ASPI-2019. 1. 1-2019. 12. 31）

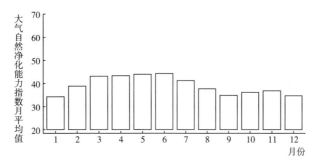

图 2　河南省商丘市大气自然净化能力指数月均变化 （ASPI-2019. 1. 1-2019. 12. 31）

河南省信阳市

表 1　河南省信阳市大气环境资源概况（2019.1.1-2019.12.31）

指标类型	ASPI	AECI	EE	GCSP	GCO3
平均值	39.99	0.64	80.88	51.24	29.35
标准误	12.08	0.06	65.95	31.54	13.90
最小值	22.65	0.51	18.98	7.64	11.57
最大值	97.63	0.91	696.13	98.67	79.54
样本量（个）	2161	2161	2161	2161	2161

表 2　河南省信阳市大气环境资源分位数（2019.1.1-2019.12.31）

指标类型	ASPI	AECI	EE	GCSP	GCO3
5%	28.38	0.56	38.88	12.08	16.60
10%	29.46	0.57	39.42	13.40	18.14
25%	32.13	0.60	40.74	16.04	20.31
50%	35.74	0.63	64.08	50.14	23.08
75%	46.93	0.68	104.07	80.98	42.84
90%	58.53	0.72	196.21	96.57	47.73

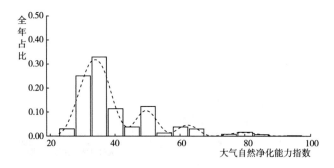

图 1　河南省信阳市大气自然净化能力指数分布（ASPI-2019.1.1-2019.12.31）

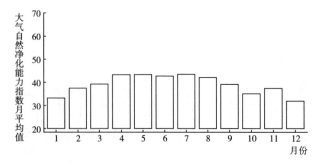

图 2　河南省信阳市大气自然净化能力指数月均变化（ASPI-2019.1.1-2019.12.31）

河南省周口市

表1 河南省周口市大气环境资源概况（2019.1.1-2019.12.31）

指标类型	ASPI	AECI	EE	GCSP	GCO3
平均值	34.44	0.62	49.72	37.91	31.51
标准误	6.53	0.05	28.92	27.03	15.37
最小值	24.12	0.51	19.30	7.95	13.34
最大值	81.74	0.80	295.43	100.00	78.00
样本量（个）	798	798	798	798	798

表2 河南省周口市大气环境资源分位数（2019.1.1-2019.12.31）

指标类型	ASPI	AECI	EE	GCSP	GCO3
5%	26.16	0.55	19.74	10.79	17.50
10%	28.28	0.56	20.21	11.85	18.71
25%	30.53	0.59	39.70	13.59	20.94
50%	33.75	0.62	41.39	26.44	23.52
75%	36.60	0.65	64.38	57.94	44.67
90%	40.32	0.68	67.32	80.69	50.64

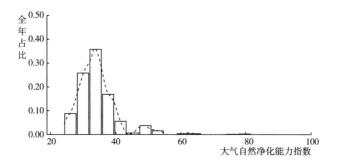

图1 河南省周口市大气自然净化能力指数分布（ASPI-2019.1.1-2019.12.31）

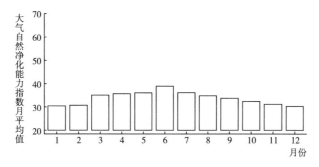

图2 河南省周口市大气自然净化能力指数月均变化（ASPI-2019.1.1-2019.12.31）

河南省驻马店市

表 1　河南省驻马店市大气环境资源概况（2019.1.1-2019.12.31）

指标类型	ASPI	AECI	EE	GCSP	GCO3
平均值	39.73	0.64	79.71	48.70	27.79
标准误	12.11	0.06	63.24	30.18	13.15
最小值	23.28	0.50	19.12	6.10	11.37
最大值	94.69	0.89	627.24	98.66	78.16
样本量（个）	2149	2149	2149	2149	2149

表 2　河南省驻马店市大气环境资源分位数（2019.1.1-2019.12.31）

指标类型	ASPI	AECI	EE	GCSP	GCO3
5%	28.32	0.55	38.81	11.67	15.14
10%	29.60	0.57	39.45	13.29	17.69
25%	32.09	0.60	40.69	15.88	20.05
50%	35.01	0.63	63.33	47.45	22.72
75%	46.20	0.67	103.24	76.03	25.99
90%	59.43	0.71	198.15	94.31	47.16

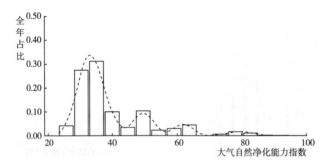

图 1　河南省驻马店市大气自然净化能力指数分布（ASPI-2019.1.1-2019.12.31）

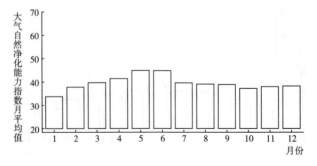

图 2　河南省驻马店市大气自然净化能力指数月均变化（ASPI-2019.1.1-2019.12.31）

河南省济源市

表1 河南省济源市大气环境资源概况 (2019.1.1-2019.12.31)

指标类型	ASPI	AECI	EE	GCSP	GCO3
平均值	38.95	0.64	75.17	34.91	31.00
标准误	11.89	0.06	68.32	27.66	15.70
最小值	24.55	0.51	19.39	5.83	12.88
最大值	96.55	0.96	777.91	98.66	81.47
样本量 (个)	823	823	823	823	823

表2 河南省济源市大气环境资源分位数 (2019.1.1-2019.12.31)

指标类型	ASPI	AECI	EE	GCSP	GCO3
5%	28.05	0.55	20.30	9.16	15.05
10%	29.23	0.56	39.18	10.57	18.12
25%	31.52	0.59	40.37	12.81	20.72
50%	34.70	0.63	61.88	21.83	23.34
75%	40.25	0.68	67.27	56.14	44.57
90%	58.02	0.72	195.11	81.19	48.29

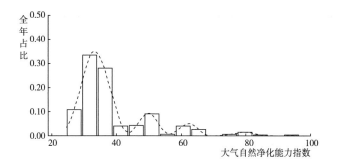

图1 河南省济源市大气自然净化能力指数分布 (ASPI-2019.1.1-2019.12.31)

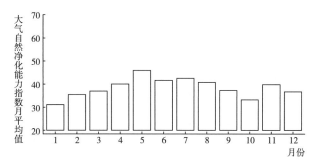

图2 河南省济源市大气自然净化能力指数月均变化 (ASPI-2019.1.1-2019.12.31)

湖北省

湖北省武汉市

表 1　湖北省武汉市大气环境资源概况（2019.1.1~2019.12.31）

指标类型	ASPI	AECI	EE	GCSP	GCO3
平均值	38.20	0.63	69.95	59.35	30.84
标准误	11.70	0.06	60.83	29.12	15.14
最小值	22.56	0.51	18.96	8.24	11.70
最大值	94.10	0.85	623.30	100.00	78.11
样本量（个）	2137	2137	2137	2137	2137

表 2　湖北省武汉市大气环境资源分位数（2019.1.1~2019.12.31）

指标类型	ASPI	AECI	EE	GCSP	GCO3
5%	25.87	0.55	19.68	13.43	17.64
10%	27.72	0.56	20.10	15.08	18.80
25%	30.84	0.59	39.98	27.77	20.70
50%	34.90	0.63	62.29	64.23	23.57
75%	39.92	0.67	67.04	86.69	43.58
90%	52.19	0.71	110.04	94.53	49.73

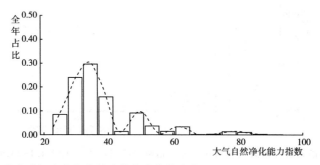

图 1　湖北省武汉市大气自然净化能力指数分布（ASPI-2019.1.1~2019.12.31）

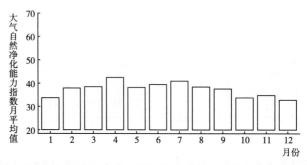

图 2　湖北省武汉市大气自然净化能力指数月均变化（ASPI-2019.1.1~2019.12.31）

湖北省黄石市

表 1　湖北省黄石市大气环境资源概况（2019.1.1-2019.12.31）

指标类型	ASPI	AECI	EE	GCSP	GCO3
平均值	37.40	0.63	65.50	56.83	31.66
标准误	10.08	0.05	51.03	30.22	15.51
最小值	22.66	0.52	18.98	7.94	12.01
最大值	97.77	0.88	647.61	98.67	79.31
样本量（个）	2091	2091	2091	2091	2091

表 2　湖北省黄石市大气环境资源分位数（2019.1.1-2019.12.31）

指标类型	ASPI	AECI	EE	GCSP	GCO3
5%	27.58	0.56	20.13	13.02	18.06
10%	28.85	0.56	38.87	14.40	18.88
25%	31.29	0.59	40.27	26.87	20.81
50%	34.49	0.63	41.98	57.51	23.75
75%	39.10	0.67	66.48	86.45	44.29
90%	51.19	0.70	108.9	97.40	50.20

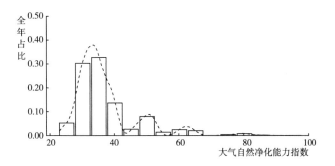

图 1　湖北省黄石市大气自然净化能力指数分布（ASPI-2019.1.1-2019.12.31）

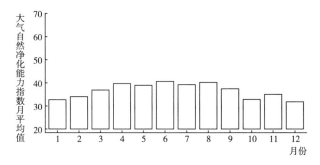

图 2　湖北省黄石市大气自然净化能力指数月均变化（ASPI-2019.1.1-2019.12.31）

湖北省十堰市

表 1 湖北省十堰市大气环境资源概况 （2019.1.1-2019.12.31）

指标类型	ASPI	AECI	EE	GCSP	GCO3
平均值	37.59	0.63	68.21	52.63	28.24
标准误	10.02	0.05	52.20	31.10	13.35
最小值	23.46	0.51	19.16	6.22	11.41
最大值	94.05	0.93	690.73	98.67	79.44
样本量（个）	2106	2106	2106	2106	2106

表 2 湖北省十堰市大气环境资源分位数 （2019.1.1-2019.12.31）

指标类型	ASPI	AECI	EE	GCSP	GCO3
5%	28.43	0.56	38.94	11.85	16.88
10%	29.44	0.57	39.42	13.12	18.19
25%	31.58	0.60	40.43	21.60	20.27
50%	34.56	0.63	61.28	52.03	22.99
75%	38.71	0.66	66.21	82.56	26.60
90%	50.89	0.70	108.56	96.52	47.22

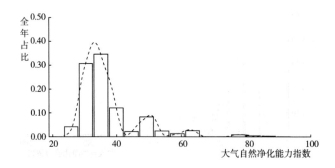

图 1 湖北省十堰市大气自然净化能力指数分布 （ASPI-2019.1.1-2019.12.31）

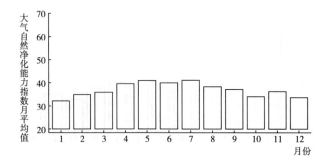

图 2 湖北省十堰市大气自然净化能力指数月均变化 （ASPI-2019.1.1-2019.12.31）

湖北省宜昌市

表 1 湖北省宜昌市大气环境资源概况（2019.1.1-2019.12.31）

指标类型	ASPI	AECI	EE	GCSP	GCO3
平均值	38.27	0.63	70.58	56.53	28.16
标准误	10.10	0.05	51.64	28.88	12.28
最小值	22.75	0.52	19.00	10.21	11.88
最大值	94.41	0.85	625.35	98.63	79.47
样本量（个）	2149	2149	2149	2149	2149

表 2 湖北省宜昌市大气环境资源分位数（2019.1.1-2019.12.31）

指标类型	ASPI	AECI	EE	GCSP	GCO3
5%	28.99	0.56	39.13	13.75	17.68
10%	30.19	0.58	39.78	14.93	18.70
25%	32.42	0.60	40.85	27.33	20.65
50%	35.15	0.63	62.86	57.95	23.36
75%	39.15	0.66	66.51	82.78	26.74
90%	51.11	0.70	108.82	95.66	46.89

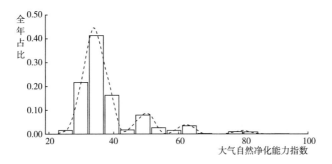

图 1 湖北省宜昌市大气自然净化能力指数分布（ASPI-2019.1.1-2019.12.31）

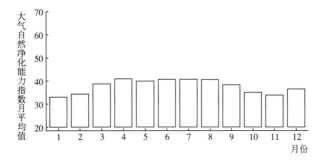

图 2 湖北省宜昌市大气自然净化能力指数月均变化（ASPI-2019.1.1-2019.12.31）

湖北省襄阳市

表 1 湖北省襄阳市大气环境资源概况 (2019.1.1-2019.12.31)

指标类型	ASPI	AECI	EE	GCSP	GCO3
平均值	52.47	0.68	162.94	50.90	28.68
标准误	18.49	0.08	151.18	28.07	13.04
最小值	22.50	0.52	18.95	8.26	11.64
最大值	98.55	1.00	1284.15	98.65	79.85
样本量 (个)	2101	2101	2101	2101	2101

表 2 湖北省襄阳市大气环境资源分位数 (2019.1.1-2019.12.31)

指标类型	ASPI	AECI	EE	GCSP	GCO3
5%	31.03	0.59	40.17	13.26	16.93
10%	33.03	0.60	41.68	14.58	18.28
25%	36.41	0.63	64.56	26.21	20.31
50%	48.60	0.67	105.97	51.56	23.11
75%	62.61	0.72	204.99	75.41	41.49
90%	80.98	0.78	335.76	90.36	47.18

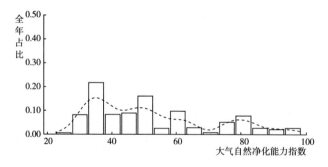

图 1 湖北省襄阳市大气自然净化能力指数分布 (ASPI-2019.1.1-2019.12.31)

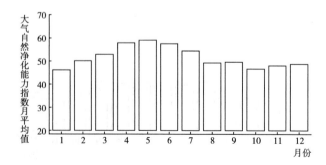

图 2 湖北省襄阳市大气自然净化能力指数月均变化 (ASPI-2019.1.1-2019.12.31)

湖北省鄂州市

表 1 湖北省鄂州市大气环境资源概况（2019. 1. 1–2019. 12. 31）

指标类型	ASPI	AECI	EE	GCSP	GCO3
平均值	49.30	0.68	128.84	50.48	33.40
标准误	15.33	0.06	102.22	26.43	16.24
最小值	25.05	0.52	19.50	9.59	14.05
最大值	97.91	0.92	817.72	95.58	80.01
样本量（个）	767	767	767	767	767

表 2 湖北省鄂州市大气环境资源分位数（2019. 1. 1–2019. 12. 31）

指标类型	ASPI	AECI	EE	GCSP	GCO3
5%	32.63	0.59	40.85	13.38	18.82
10%	34.06	0.60	42.06	14.45	19.63
25%	37.04	0.63	64.91	26.64	21.62
50%	47.43	0.68	104.64	52.11	24.74
75%	59.74	0.71	198.83	72.36	45.75
90%	77.15	0.75	281.61	88.67	59.80

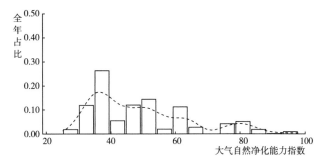

图 1 湖北省鄂州市大气自然净化能力指数分布（ASPI–2019. 1. 1–2019. 12. 31）

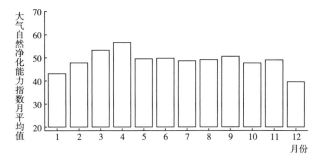

图 2 湖北省鄂州市大气自然净化能力指数月均变化（ASPI–2019. 1. 1–2019. 12. 31）

湖北省孝感市

表 1 湖北省孝感市大气环境资源概况 （2019.1.1-2019.12.31）

指标类型	ASPI	AECI	EE	GCSP	GCO3
平均值	39.03	0.64	73.91	56.62	30.79
标准误	10.94	0.05	57.07	31.52	14.90
最小值	22.60	0.52	18.97	7.22	11.65
最大值	93.78	0.84	621.22	98.67	77.35
样本量（个）	2095	2095	2095	2095	2095

表 2 湖北省孝感市大气环境资源分位数 （2019.1.1-2019.12.31）

指标类型	ASPI	AECI	EE	GCSP	GCO3
5%	28.45	0.56	21.02	12.86	17.62
10%	29.59	0.57	39.42	14.10	18.61
25%	32.26	0.60	40.76	26.23	20.57
50%	35.45	0.63	63.56	56.38	23.55
75%	40.91	0.67	67.73	91.59	43.56
90%	51.73	0.70	109.52	97.58	49.19

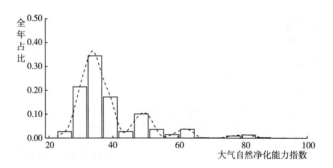

图 1 湖北省孝感市大气自然净化能力指数分布 （ASPI-2019.1.1-2019.12.31）

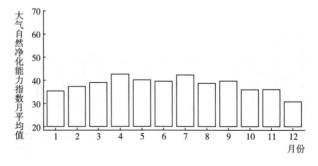

图 2 湖北省孝感市大气自然净化能力指数月均变化 （ASPI-2019.1.1-2019.12.31）

湖北省荆州市

表 1 湖北省荆州市大气环境资源概况（2019.1.1-2019.12.31）

指标类型	ASPI	AECI	EE	GCSP	GCO3
平均值	40.54	0.64	81.99	62.17	30.17
标准误	12.63	0.06	67.41	28.76	14.01
最小值	22.56	0.51	18.96	10.79	11.84
最大值	96.87	0.88	689.38	100.00	77.17
样本量（个）	2140	2140	2140	2140	2140

表 2 湖北省荆州市大气环境资源分位数（2019.1.1-2019.12.31）

指标类型	ASPI	AECI	EE	GCSP	GCO3
5%	28.22	0.56	20.59	14.09	17.68
10%	29.56	0.57	39.34	15.86	18.73
25%	32.33	0.60	40.80	42.01	20.72
50%	35.98	0.64	64.12	65.40	23.59
75%	47.72	0.68	104.97	90.08	43.10
90%	60.07	0.72	199.54	97.42	48.18

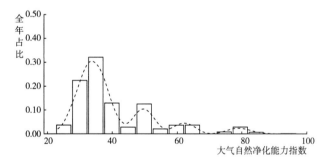

图 1 湖北省荆州市大气自然净化能力指数分布（ASPI-2019.1.1-2019.12.31）

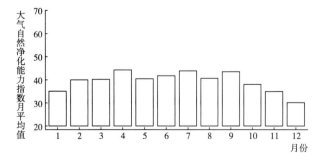

图 2 湖北省荆州市大气自然净化能力指数月均变化（ASPI-2019.1.1-2019.12.31）

湖北省黄冈市

表 1　湖北省黄冈市大气环境资源概况（2019.1.1-2019.12.31）

指标类型	ASPI	AECI	EE	GCSP	GCO3
平均值	45.44	0.66	107.03	57.00	32.44
标准误	14.44	0.06	91.88	29.85	15.29
最小值	26.35	0.53	19.78	9.38	14.07
最大值	96.59	0.87	689.29	100.00	78.14
样本量（个）	795	795	795	795	795

表 2　湖北省黄冈市大气环境资源分位数（2019.1.1-2019.12.31）

指标类型	ASPI	AECI	EE	GCSP	GCO3
5%	30.50	0.58	39.92	13.40	18.84
10%	31.89	0.59	40.53	14.62	19.65
25%	35.07	0.62	62.59	27.08	21.72
50%	39.11	0.66	66.48	59.78	24.40
75%	51.26	0.70	108.98	84.22	45.43
90%	64.06	0.73	208.12	96.61	49.92

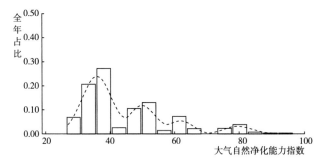

图 1　湖北省黄冈市大气自然净化能力指数分布（ASPI-2019.1.1-2019.12.31）

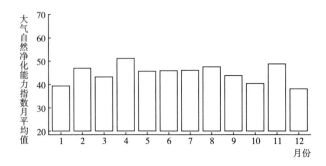

图 2　湖北省黄冈市大气自然净化能力指数月均变化（ASPI-2019.1.1-2019.12.31）

湖北省咸宁市

表1 湖北省咸宁市大气环境资源概况（2019.1.1~2019.12.31）

指标类型	ASPI	AECI	EE	GCSP	GCO3
平均值	41.64	0.65	84.65	53.49	32.44
标准误	11.22	0.06	66.98	29.44	15.85
最小值	24.76	0.52	19.44	9.07	14.08
最大值	96.93	1.00	851.43	97.42	79.42
样本量（个）	795	795	795	795	795

表2 湖北省咸宁市大气环境资源分位数（2019.1.1~2019.12.31）

指标类型	ASPI	AECI	EE	GCSP	GCO3
5%	29.98	0.56	39.63	12.67	18.93
10%	31.29	0.58	40.21	13.98	19.72
25%	34.67	0.61	42.19	22.69	21.75
50%	37.69	0.65	65.45	56.20	24.53
75%	48.82	0.68	106.21	82.79	44.86
90%	58.24	0.72	195.58	91.64	59.80

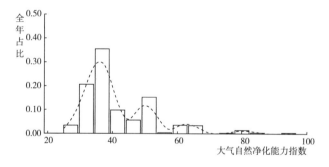

图1 湖北省咸宁市大气自然净化能力指数分布（ASPI-2019.1.1~2019.12.31）

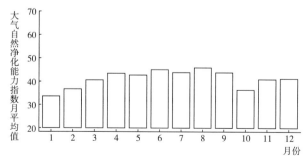

图2 湖北省咸宁市大气自然净化能力指数月均变化（ASPI-2019.1.1~2019.12.31）

湖北省随州市

表 1 湖北省随州市大气环境资源概况 （2019. 1. 1-2019. 12. 31）

指标类型	ASPI	AECI	EE	GCSP	GCO3
平均值	51. 55	0. 68	147. 66	45. 40	31. 47
标准误	18. 19	0. 07	126. 85	26. 38	15. 03
最小值	24. 77	0. 51	19. 44	8. 80	13. 51
最大值	98. 08	0. 98	827. 46	96. 67	77. 19
样本量（个）	767	767	767	767	767

表 2 湖北省随州市大气环境资源分位数 （2019. 1. 1-2019. 12. 31）

指标类型	ASPI	AECI	EE	GCSP	GCO3
5%	30. 52	0. 58	39. 77	12. 46	18. 15
10%	33. 00	0. 60	41. 14	13. 75	19. 21
25%	36. 27	0. 63	64. 38	16. 18	21. 26
50%	47. 52	0. 67	104. 74	46. 47	24. 29
75%	62. 81	0. 72	205. 43	67. 04	44. 38
90%	80. 67	0. 77	295. 03	82. 75	49. 40

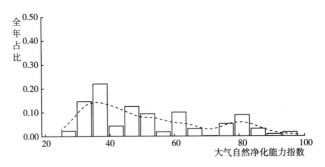

图 1 湖北省随州市大气自然净化能力指数分布 （ASPI-2019. 1. 1-2019. 12. 31）

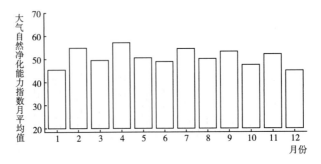

图 2 湖北省随州市大气自然净化能力指数月均变化 （ASPI-2019. 1. 1-2019. 12. 31）

湖北省恩施土家族苗族自治州

表 1 湖北省恩施土家族苗族自治州大气环境资源概况（2019.1.1-2019.12.31）

指标类型	ASPI	AECI	EE	GCSP	GCO3
平均值	32.84	0.61	42.34	65.40	28.25
标准误	4.89	0.04	19.49	29.19	12.68
最小值	22.65	0.52	18.98	9.37	15.65
最大值	77.84	0.76	283.69	100.00	77.08
样本量（个）	2144	2144	2144	2144	2144

表 2 湖北省恩施土家族苗族自治州大气环境资源分位数（2019.1.1-2019.12.31）

指标类型	ASPI	AECI	EE	GCSP	GCO3
5%	26.00	0.55	19.70	13.55	18.20
10%	27.43	0.56	20.06	15.56	18.95
25%	30.02	0.58	39.49	44.92	20.85
50%	32.52	0.61	40.80	70.16	23.39
75%	34.95	0.63	41.93	92.66	26.44
90%	37.79	0.66	65.55	100.00	46.81

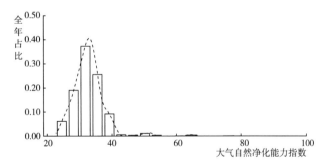

图 1 湖北省恩施土家族苗族自治州大气自然净化能力指数分布（ASPI-2019.1.1-2019.12.31）

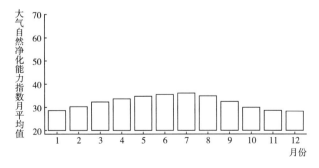

图 2 湖北省恩施土家族苗族自治州大气自然净化能力指数月均变化（ASPI-2019.1.1-2019.12.31）

湖北省仙桃市

表 1　湖北省仙桃市大气环境资源概况 （2019. 1. 1－2019. 12. 31）

指标类型	ASPI	AECI	EE	GCSP	GCO3
平均值	42.49	0.65	90.09	55.33	32.27
标准误	13.74	0.06	76.59	24.88	15.05
最小值	24.77	0.52	19.44	7.75	13.83
最大值	95.19	0.86	699.05	98.57	76.32
样本量（个）	797	797	797	797	797

表 2　湖北省仙桃市大气环境资源分位数 （2019. 1. 1－2019. 12. 31）

指标类型	ASPI	AECI	EE	GCSP	GCO3
5%	28.57	0.56	20.26	14.23	18.66
10%	29.79	0.57	20.78	15.57	19.59
25%	33.26	0.61	41.14	28.21	21.65
50%	37.58	0.64	65.37	58.16	24.51
75%	49.44	0.68	106.92	75.39	45.45
90%	62.77	0.72	205.35	86.89	49.98

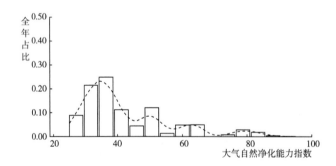

图 1　湖北省仙桃市大气自然净化能力指数分布 （ASPI-2019. 1. 1－2019. 12. 31）

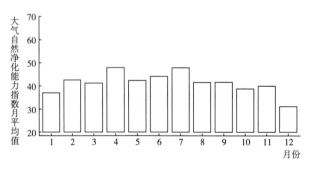

图 2　湖北省仙桃市大气自然净化能力指数月均变化 （ASPI-2019. 1. 1－2019. 12. 31）

湖北省潜江市

表 1　湖北省潜江市大气环境资源概况（2019.1.1–2019.12.31）

指标类型	ASPI	AECI	EE	GCSP	GCO3
平均值	37.17	0.63	61.11	56.08	31.77
标准误	8.34	0.05	40.60	26.88	14.68
最小值	25.04	0.52	19.50	7.49	13.97
最大值	83.67	0.82	348.02	98.61	76.29
样本量（个）	798	798	798	798	798

表 2　湖北省潜江市大气环境资源分位数（2019.1.1–2019.12.31）

指标类型	ASPI	AECI	EE	GCSP	GCO3
5%	28.79	0.56	20.39	13.42	18.60
10%	29.86	0.57	39.22	15.09	19.59
25%	32.34	0.60	40.73	27.78	21.62
50%	35.39	0.63	42.70	59.20	24.14
75%	38.79	0.66	66.26	77.65	45.19
90%	49.27	0.69	106.72	91.66	49.80

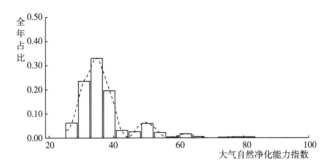

图 1　湖北省潜江市大气自然净化能力指数分布（ASPI-2019.1.1–2019.12.31）

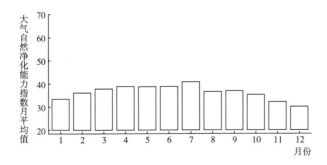

图 2　湖北省潜江市大气自然净化能力指数月均变化（ASPI-2019.1.1–2019.12.31）

湖北省天门市

表 1 湖北省天门市大气环境资源概况 (2019. 1. 1–2019. 12. 31)

指标类型	ASPI	AECI	EE	GCSP	GCO3
平均值	40.14	0.64	80.96	56.72	30.32
标准误	12.48	0.06	69.47	28.99	14.26
最小值	22.51	0.51	18.95	8.24	11.74
最大值	98.23	0.95	792.11	98.67	77.26
样本量（个）	2099	2099	2099	2099	2099

表 2 湖北省天门市大气环境资源分位数 (2019. 1. 1–2019. 12. 31)

指标类型	ASPI	AECI	EE	GCSP	GCO3
5%	27.91	0.56	38.36	13.40	17.63
10%	29.40	0.57	39.37	15.08	18.65
25%	32.50	0.60	40.85	27.35	20.63
50%	35.70	0.64	63.93	59.26	23.56
75%	46.30	0.67	103.36	84.14	43.36
90%	59.76	0.72	198.86	95.64	48.39

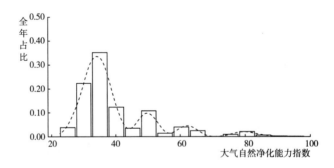

图 1 湖北省天门市大气自然净化能力指数分布 (ASPI-2019. 1. 1–2019. 12. 31)

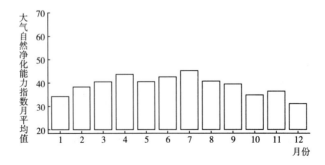

图 2 湖北省天门市大气自然净化能力指数月均变化 (ASPI-2019. 1. 1–2019. 12. 31)

湖北省神农架林区

表 1　湖北省神农架林区大气环境资源概况（2019.1.1−2019.12.31）

指标类型	ASPI	AECI	EE	GCSP	GCO3
平均值	37.98	0.62	65.82	53.07	25.13
标准误	10.10	0.05	50.30	29.55	8.45
最小值	24.59	0.51	19.40	6.91	13.50
最大值	89.33	0.84	417.27	100.00	63.99
样本量（个）	796	796	796	796	796

表 2　湖北省神农架林区大气环境资源分位数（2019.1.1−2019.12.31）

指标类型	ASPI	AECI	EE	GCSP	GCO3
5%	28.74	0.55	20.64	11.86	15.95
10%	29.84	0.56	39.46	13.39	18.72
25%	31.93	0.58	40.54	22.25	20.90
50%	34.66	0.61	41.86	55.99	23.41
75%	39.23	0.65	66.56	78.36	25.45
90%	51.91	0.69	109.72	96.28	42.71

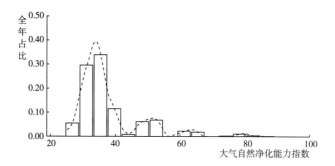

图 1　湖北省神农架林区大气自然净化能力指数分布（ASPI−2019.1.1−2019.12.31）

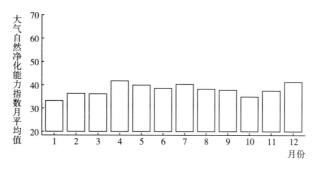

图 2　湖北省神农架林区大气自然净化能力指数月均变化（ASPI−2019.1.1−2019.12.31）

湖南省

湖南省长沙市

表 1　湖南省长沙市大气环境资源概况 （2019. 1. 1-2019. 12. 31）

指标类型	ASPI	AECI	EE	GCSP	GCO3
平均值	46.77	0.66	119.46	62.39	30.15
标准误	17.50	0.07	114.86	28.73	13.89
最小值	22.94	0.52	19.04	8.95	12.26
最大值	99.27	1.00	928.52	100.00	77.80
样本量（个）	2158	2158	2158	2158	2158

表 2　湖南省长沙市大气环境资源分位数 （2019. 1. 1-2019. 12. 31）

指标类型	ASPI	AECI	EE	GCSP	GCO3
5%	28.10	0.56	20.16	13.90	18.14
10%	29.53	0.58	20.56	15.58	19.09
25%	32.92	0.61	41.08	41.00	21.00
50%	39.16	0.65	66.52	68.64	23.82
75%	59.17	0.70	197.58	88.93	42.74
90%	77.71	0.75	283.99	94.57	48.01

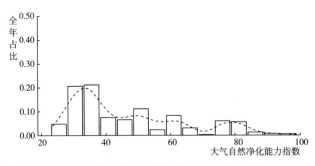

图 1　湖南省长沙市大气自然净化能力指数分布 （ASPI-2019. 1. 1-2019. 12. 31）

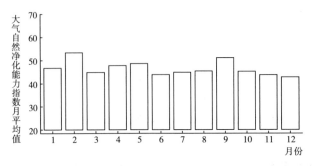

图 2　湖南省长沙市大气自然净化能力指数月均变化 （ASPI-2019. 1. 1-2019. 12. 31）

湖南省株洲市

表 1   湖南省株洲市大气环境资源概况 （2019.1.1–2019.12.31）

指标类型	ASPI	AECI	EE	GCSP	GCO3
平均值	37.47	0.63	63.88	61.62	32.14
标准误	9.32	0.05	45.11	27.83	15.42
最小值	23.00	0.52	19.06	8.71	12.39
最大值	88.25	0.84	412.66	98.66	78.07
样本量（个）	2095	2095	2095	2095	2095

表 2   湖南省株洲市大气环境资源分位数 （2019.1.1–2019.12.31）

指标类型	ASPI	AECI	EE	GCSP	GCO3
5%	27.19	0.56	19.97	13.87	18.50
10%	29.12	0.57	21.23	15.87	19.28
25%	32.10	0.60	40.63	42.16	21.14
50%	35.27	0.63	43.02	64.34	24.26
75%	39.03	0.66	66.42	88.56	44.64
90%	50.36	0.70	107.96	94.26	50.65

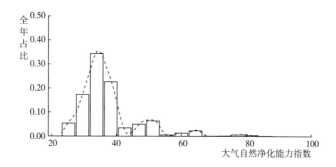

图 1   湖南省株洲市大气自然净化能力指数分布 （ASPI-2019.1.1–2019.12.31）

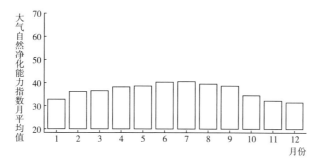

图 2   湖南省株洲市大气自然净化能力指数月均变化 （ASPI-2019.1.1–2019.12.31）

湖南省湘潭市

表 1　湖南省湘潭市大气环境资源概况（2019.1.1–2019.12.31）

指标类型	ASPI	AECI	EE	GCSP	GCO3
平均值	44.42	0.66	98.80	66.78	32.81
标准误	13.95	0.06	80.34	29.50	15.66
最小值	25.04	0.52	19.50	9.57	14.45
最大值	96.35	0.89	707.57	101.47	79.75
样本量（个）	792	792	792	792	792

表 2　湖南省湘潭市大气环境资源分位数（2019.1.1–2019.12.31）

指标类型	ASPI	AECI	EE	GCSP	GCO3
5%	29.93	0.57	39.46	14.45	19.18
10%	31.77	0.59	40.42	16.02	20.05
25%	34.89	0.62	42.28	46.35	22.04
50%	38.74	0.65	66.23	71.88	24.91
75%	51.24	0.69	108.96	95.51	45.65
90%	64.02	0.74	208.03	97.60	58.65

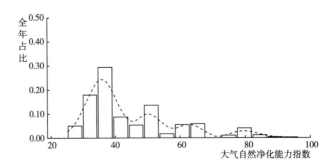

图 1　湖南省湘潭市大气自然净化能力指数分布（ASPI-2019.1.1–2019.12.31）

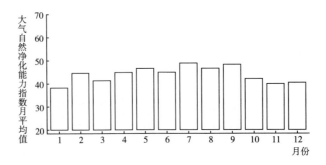

图 2　湖南省湘潭市大气自然净化能力指数月均变化（ASPI-2019.1.1–2019.12.31）

湖南省衡阳市

表 1 湖南省衡阳市大气环境资源概况（2019.1.1－2019.12.31）

指标类型	ASPI	AECI	EE	GCSP	GCO3
平均值	38.84	0.64	70.70	57.77	32.85
标准误	11.32	0.06	60.02	25.62	15.55
最小值	23.19	0.52	19.10	10.19	12.52
最大值	93.97	0.87	622.47	96.44	78.51
样本量（个）	2120	2120	2120	2120	2120

表 2 湖南省衡阳市大气环境资源分位数（2019.1.1－2019.12.31）

指标类型	ASPI	AECI	EE	GCSP	GCO3
5%	27.38	0.56	20.03	14.43	18.70
10%	28.72	0.56	20.52	16.03	19.49
25%	31.49	0.59	40.27	38.45	21.36
50%	35.39	0.63	62.01	59.70	24.53
75%	40.88	0.68	67.71	81.37	45.25
90%	52.82	0.72	110.75	88.87	59.67

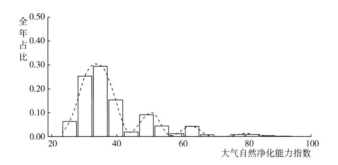

图 1 湖南省衡阳市大气自然净化能力指数分布（ASPI-2019.1.1－2019.12.31）

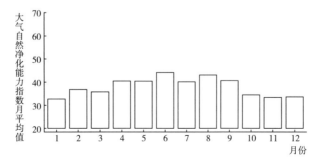

图 2 湖南省衡阳市大气自然净化能力指数月均变化（ASPI-2019.1.1－2019.12.31）

湖南省邵阳市

表 1   湖南省邵阳市大气环境资源概况（2019.1.1—2019.12.31）

指标类型	ASPI	AECI	EE	GCSP	GCO3
平均值	38.37	0.63	69.22	68.09	29.39
标准误	10.40	0.05	58.88	30.76	12.83
最小值	23.06	0.51	19.07	9.79	12.38
最大值	98.78	0.92	769.43	100.00	77.26
样本量（个）	2132	2132	2132	2132	2132

表 2   湖南省邵阳市大气环境资源分位数（2019.1.1—2019.12.31）

指标类型	ASPI	AECI	EE	GCSP	GCO3
5%	28.49	0.56	20.50	14.43	18.42
10%	29.94	0.57	39.33	16.31	19.32
25%	32.55	0.60	40.88	44.69	21.19
50%	35.48	0.63	62.85	72.15	23.94
75%	39.24	0.66	66.57	98.01	41.36
90%	51.08	0.69	108.78	100.00	47.69

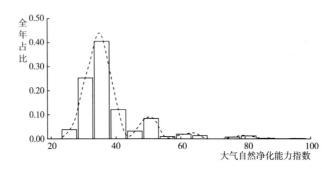

图 1   湖南省邵阳市大气自然净化能力指数分布（ASPI-2019.1.1—2019.12.31）

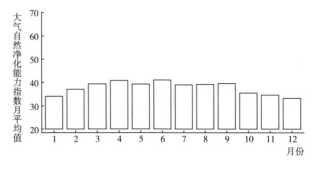

图 2   湖南省邵阳市大气自然净化能力指数月均变化（ASPI-2019.1.1—2019.12.31）

湖南省岳阳市

表 1　湖南省岳阳市大气环境资源概况（2019.1.1-2019.12.31）

指标类型	ASPI	AECI	EE	GCSP	GCO3
平均值	44.34	0.66	101.28	63.40	30.84
标准误	14.22	0.06	78.69	28.05	13.63
最小值	22.76	0.52	19.00	9.61	12.10
最大值	96.66	0.90	698.16	100.00	75.62
样本量（个）	2144	2144	2144	2144	2144

表 2　湖南省岳阳市大气环境资源分位数（2019.1.1-2019.12.31）

指标类型	ASPI	AECI	EE	GCSP	GCO3
5%	28.79	0.57	20.57	15.25	18.15
10%	30.69	0.59	39.85	22.25	19.00
25%	33.97	0.62	42.22	43.52	20.86
50%	38.54	0.65	66.09	65.68	23.93
75%	50.93	0.69	108.60	90.31	44.26
90%	63.37	0.73	206.63	98.01	48.34

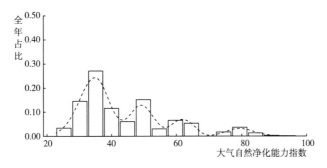

图 1　湖南省岳阳市大气自然净化能力指数分布（ASPI-2019.1.1-2019.12.31）

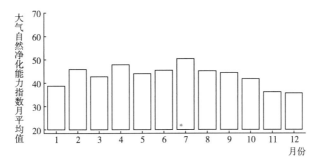

图 2　湖南省岳阳市大气自然净化能力指数月均变化（ASPI-2019.1.1-2019.12.31）

湖南省常德市

表 1 湖南省常德市大气环境资源概况 （2019.1.1-2019.12.31）

指标类型	ASPI	AECI	EE	GCSP	GCO3
平均值	43.90	0.65	99.28	59.28	29.60
标准误	13.43	0.06	82.91	28.37	13.65
最小值	22.84	0.51	19.02	9.18	12.04
最大值	95.86	1.00	1043.77	100.00	78.67
样本量（个）	2144	2144	2144	2144	2144

表 2 湖南省常德市大气环境资源分位数 （2019.1.1-2019.12.31）

指标类型	ASPI	AECI	EE	GCSP	GCO3
5%	29.18	0.56	20.74	14.46	17.95
10%	31.20	0.59	40.02	15.90	18.97
25%	34.48	0.62	42.82	28.20	20.88
50%	38.75	0.65	66.23	60.51	23.71
75%	49.96	0.69	107.50	86.63	42.02
90%	62.10	0.72	203.91	96.68	47.74

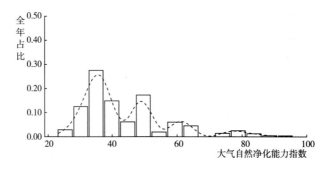

图 1 湖南省常德市大气自然净化能力指数分布 （ASPI-2019.1.1-2019.12.31）

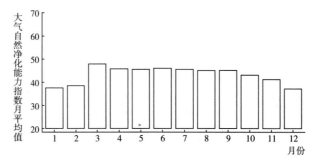

图 2 湖南省常德市大气自然净化能力指数月均变化 （ASPI-2019.1.1-2019.12.31）

湖南省张家界市

表 1　湖南省张家界市大气环境资源概况（2019.1.1-2019.12.31）

指标类型	ASPI	AECI	EE	GCSP	GCO3
平均值	33.86	0.61	43.26	62.83	31.78
标准误	4.69	0.04	17.39	33.08	15.24
最小值	24.92	0.53	19.47	9.37	14.94
最大值	63.66	0.74	207.25	100.00	79.39
样本量（个）	796	796	796	796	796

表 2　湖南省张家界市大气环境资源分位数（2019.1.1-2019.12.31）

指标类型	ASPI	AECI	EE	GCSP	GCO3
5%	27.04	0.55	19.93	12.81	19.10
10%	29.08	0.56	20.45	13.98	19.85
25%	31.02	0.58	40.09	26.52	21.72
50%	33.36	0.61	41.17	70.55	24.54
75%	35.56	0.64	42.16	97.48	44.09
90%	38.79	0.66	66.26	97.67	51.36

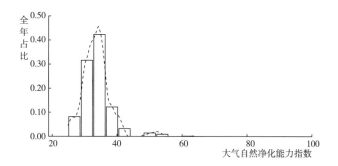

图 1　湖南省张家界市大气自然净化能力指数分布（ASPI-2019.1.1-2019.12.31）

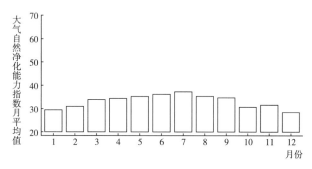

图 2　湖南省张家界市大气自然净化能力指数月均变化（ASPI-2019.1.1-2019.12.31）

湖南省益阳市

表 1　湖南省益阳市大气环境资源概况 （2019.1.1-2019.12.31）

指标类型	ASPI	AECI	EE	GCSP	GCO3
平均值	38.26	0.64	65.68	62.93	32.88
标准误	8.87	0.05	42.64	29.39	15.49
最小值	24.97	0.52	19.48	9.32	14.33
最大值	85.96	0.83	356.33	100.00	79.09
样本量（个）	794	794	794	794	794

表 2　湖南省益阳市大气环境资源分位数 （2019.1.1-2019.12.31）

指标类型	ASPI	AECI	EE	GCSP	GCO3
5%	29.54	0.56	39.34	14.58	19.16
10%	30.68	0.58	39.88	16.16	19.93
25%	32.88	0.60	40.96	41.03	21.84
50%	35.82	0.63	63.58	65.79	24.89
75%	39.53	0.67	66.77	94.53	45.80
90%	51.31	0.70	109.04	97.50	58.76

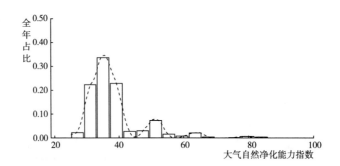

图 1　湖南省益阳市大气自然净化能力指数分布 （ASPI-2019.1.1-2019.12.31）

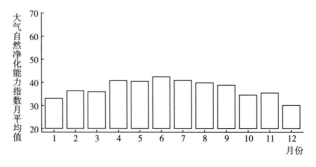

图 2　湖南省益阳市大气自然净化能力指数月均变化 （ASPI-2019.1.1-2019.12.31）

湖南省郴州市

表 1　湖南省郴州市大气环境资源概况（2019.1.1–2019.12.31）

指标类型	ASPI	AECI	EE	GCSP	GCO3
平均值	56.22	0.70	202.22	65.81	29.80
标准误	21.42	0.10	204.34	28.90	12.31
最小值	23.32	0.51	19.13	8.82	12.69
最大值	99.65	1.00	1165.92	98.66	75.84
样本量（个）	2137	2137	2137	2137	2137

表 2　湖南省郴州市大气环境资源分位数（2019.1.1–2019.12.31）

指标类型	ASPI	AECI	EE	GCSP	GCO3
5%	31.22	0.59	40.21	15.06	18.69
10%	33.36	0.60	41.39	17.21	19.58
25%	36.87	0.63	64.83	46.14	21.51
50%	49.87	0.68	107.41	68.65	24.20
75%	77.37	0.75	282.58	95.56	43.02
90%	89.89	0.85	420.27	96.65	47.69

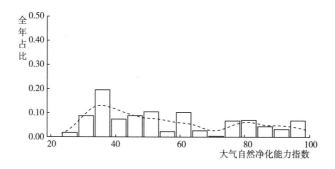

图 1　湖南省郴州市大气自然净化能力指数分布（ASPI-2019.1.1–2019.12.31）

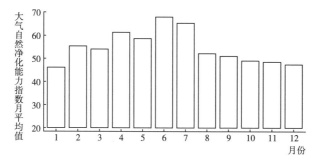

图 2　湖南省郴州市大气自然净化能力指数月均变化（ASPI-2019.1.1–2019.12.31）

湖南省永州市

表 1　湖南省永州市大气环境资源概况 （2019.1.1~2019.12.31）

指标类型	ASPI	AECI	EE	GCSP	GCO3
平均值	49.13	0.67	131.53	63.86	33.07
标准误	16.92	0.07	130.85	31.31	15.32
最小值	25.34	0.52	19.56	11.23	14.66
最大值	99.55	1.00	1230.17	100.00	78.54
样本量 （个）	791	791	791	791	791

表 2　湖南省永州市大气环境资源分位数 （2019.1.1~2019.12.31）

指标类型	ASPI	AECI	EE	GCSP	GCO3
5%	30.77	0.58	39.49	14.35	19.55
10%	32.52	0.59	40.79	15.56	20.33
25%	35.46	0.62	62.63	29.22	22.32
50%	45.73	0.66	102.71	65.63	25.21
75%	60.73	0.71	200.95	98.01	45.56
90%	78.14	0.76	284.59	100.00	50.63

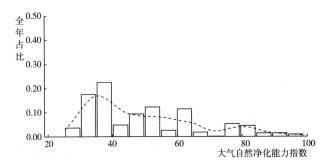

图 1　湖南省永州市大气自然净化能力指数分布 （ASPI-2019.1.1~2019.12.31）

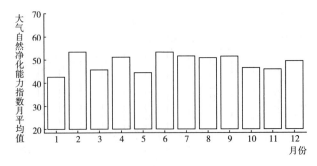

图 2　湖南省永州市大气自然净化能力指数月均变化 （ASPI-2019.1.1~2019.12.31）

湖南省怀化市

表 1　湖南省怀化市大气环境资源概况（2019.1.1–2019.12.31）

指标类型	ASPI	AECI	EE	GCSP	GCO3
平均值	34.85	0.61	50.32	69.02	29.68
标准误	8.20	0.05	38.89	28.09	13.50
最小值	23.04	0.52	19.07	10.60	12.40
最大值	85.41	0.82	354.31	100.00	77.65
样本量（个）	2104	2104	2104	2104	2104

表 2　湖南省怀化市大气环境资源分位数（2019.1.1–2019.12.31）

指标类型	ASPI	AECI	EE	GCSP	GCO3
5%	26.08	0.54	19.72	15.22	18.45
10%	27.43	0.56	20.05	22.66	19.29
25%	29.88	0.58	20.82	48.39	21.12
50%	33.11	0.61	41.08	75.99	23.93
75%	36.84	0.64	64.51	94.29	41.11
90%	45.90	0.68	102.90	100.00	47.87

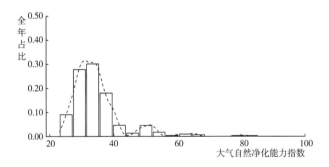

图 1　湖南省怀化市大气自然净化能力指数分布（ASPI-2019.1.1–2019.12.31）

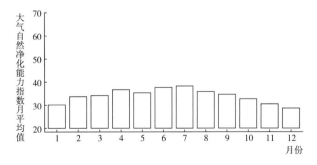

图 2　湖南省怀化市大气自然净化能力指数月均变化（ASPI-2019.1.1–2019.12.31）

湖南省娄底市

表 1　湖南省娄底市大气环境资源概况（2019.1.1~2019.12.31）

指标类型	ASPI	AECI	EE	GCSP	GCO3
平均值	39.08	0.63	69.06	61.24	31.81
标准误	10.13	0.05	54.26	31.52	14.84
最小值	25.19	0.52	19.53	9.38	14.40
最大值	93.52	0.87	686.80	100.00	78.49
样本量（个）	792	792	792	792	792

表 2　湖南省娄底市大气环境资源分位数（2019.1.1~2019.12.31）

指标类型	ASPI	AECI	EE	GCSP	GCO3
5%	28.90	0.55	20.33	13.74	19.26
10%	30.08	0.56	21.23	15.08	20.02
25%	33.02	0.59	41.00	27.31	21.97
50%	36.04	0.63	63.29	62.59	24.76
75%	40.16	0.67	67.21	94.08	44.69
90%	51.78	0.70	109.57	100.00	50.03

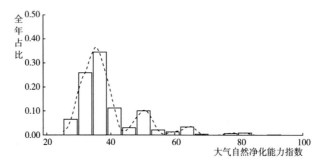

图 1　湖南省娄底市大气自然净化能力指数分布（ASPI-2019.1.1~2019.12.31）

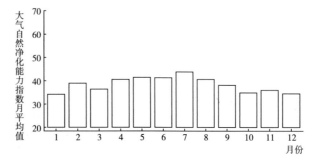

图 2　湖南省娄底市大气自然净化能力指数月均变化（ASPI-2019.1.1~2019.12.31）

湖南省湘西土家族苗族自治州

表1 湖南省湘西土家族苗族自治州大气环境资源概况（2019.1.1-2019.12.31）

指标类型	ASPI	AECI	EE	GCSP	GCO3
平均值	35.57	0.62	55.12	67.84	28.85
标准误	10.14	0.05	52.64	27.41	12.88
最小值	22.94	0.52	19.04	10.97	12.34
最大值	92.76	0.84	614.42	100.00	76.72
样本量（个）	2123	2123	2123	2123	2123

表2 湖南省湘西土家族苗族自治州大气环境资源分位数（2019.1.1-2019.12.31）

指标类型	ASPI	AECI	EE	GCSP	GCO3
5%	25.65	0.53	19.63	15.22	18.24
10%	26.92	0.55	19.90	22.81	19.12
25%	29.87	0.58	20.96	49.08	21.02
50%	33.18	0.61	41.11	74.36	23.71
75%	36.99	0.64	64.73	92.02	27.30
90%	49.69	0.69	107.20	98.66	47.65

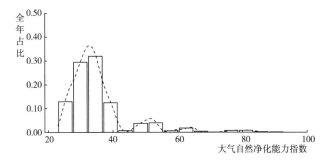

图1 湖南省湘西土家族苗族自治州大气自然净化能力指数分布（ASPI-2019.1.1-2019.12.31）

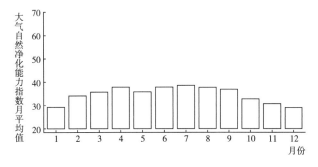

图2 湖南省湘西土家族苗族自治州大气自然净化能力指数月均变化（ASPI-2019.1.1-2019.12.31）

广东省

广东省广州市

表1 广东省广州市大气环境资源概况（2019.1.1–2019.12.31）

指标类型	ASPI	AECI	EE	GCSP	GCO3
平均值	43.59	0.66	94.26	67.36	33.77
标准误	13.46	0.05	79.27	25.47	13.94
最小值	25.53	0.57	19.60	9.79	17.27
最大值	97.58	0.99	894.58	97.64	79.26
样本量（个）	2083	2083	2083	2083	2083

表2 广东省广州市大气环境资源分位数（2019.1.1–2019.12.31）

指标类型	ASPI	AECI	EE	GCSP	GCO3
5%	31.30	0.61	40.24	15.25	19.78
10%	32.57	0.62	40.82	26.41	20.62
25%	34.60	0.63	41.98	50.25	22.54
50%	37.75	0.66	65.38	74.88	25.51
75%	49.97	0.69	107.52	89.77	45.72
90%	63.68	0.73	207.29	93.15	49.57

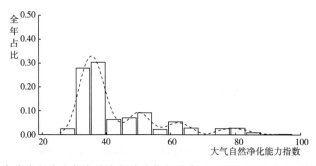

图1 广东省广州市大气自然净化能力指数分布（ASPI-2019.1.1–2019.12.31）

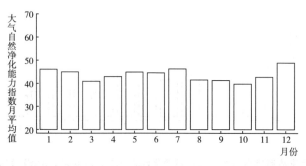

图2 广东省广州市大气自然净化能力指数月均变化（ASPI-2019.1.1–2019.12.31）

广东省深圳市

表1 广东省深圳市大气环境资源概况（2019.1.1-2019.12.31）

指标类型	ASPI	AECI	EE	GCSP	GCO3
平均值	40.89	0.66	80.01	62.55	34.99
标准误	12.82	0.05	72.73	21.79	12.62
最小值	24.93	0.56	19.47	10.18	17.52
最大值	100.17	0.89	663.55	97.63	76.09
样本量（个）	2080	2080	2080	2080	2080

表2 广东省深圳市大气环境资源分位数（2019.1.1-2019.12.31）

指标类型	ASPI	AECI	EE	GCSP	GCO3
5%	30.02	0.60	39.48	15.22	20.13
10%	31.16	0.61	40.16	26.64	20.97
25%	33.62	0.63	41.34	51.27	22.87
50%	36.33	0.64	63.75	66.61	28.71
75%	41.16	0.67	67.90	79.08	46.24
90%	59.56	0.72	198.43	87.49	49.01

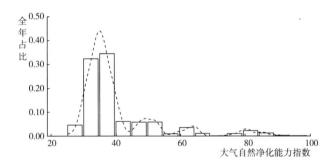

图1 广东省深圳市大气自然净化能力指数分布（ASPI-2019.1.1-2019.12.31）

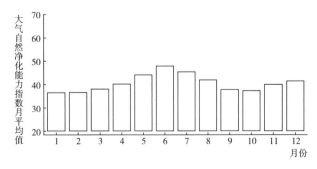

图2 广东省深圳市大气自然净化能力指数月均变化（ASPI-2019.1.1-2019.12.31）

广东省珠海市

表 1　广东省珠海市大气环境资源概况（2019.1.1~2019.12.31）

指标类型	ASPI	AECI	EE	GCSP	GCO3
平均值	51.16	0.69	135.45	69.29	32.94
标准误	15.04	0.05	92.40	19.40	12.19
最小值	23.49	0.56	19.16	12.35	17.54
最大值	97.67	0.98	839.32	98.01	75.25
样本量（个）	2120	2120	2120	2120	2120

表 2　广东省珠海市大气环境资源分位数（2019.1.1~2019.12.31）

指标类型	ASPI	AECI	EE	GCSP	GCO3
5%	32.68	0.63	41.11	26.82	19.51
10%	34.37	0.64	42.89	44.54	20.41
25%	37.93	0.66	65.64	59.68	22.34
50%	49.56	0.69	107.05	73.10	25.69
75%	61.52	0.72	202.65	83.97	45.72
90%	76.82	0.75	280.60	90.60	48.48

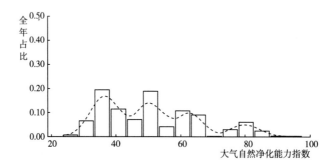

图 1　广东省珠海市大气自然净化能力指数分布（ASPI-2019.1.1~2019.12.31）

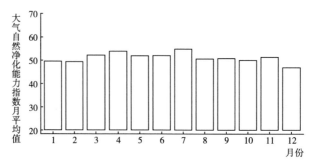

图 2　广东省珠海市大气自然净化能力指数月均变化（ASPI-2019.1.1~2019.12.31）

广东省汕头市

表1 广东省汕头市大气环境资源概况（2019.1.1-2019.12.31）

指标类型	ASPI	AECI	EE	GCSP	GCO3
平均值	38.46	0.65	65.17	62.89	35.66
标准误	8.32	0.04	37.76	26.04	13.97
最小值	23.71	0.55	19.21	10.59	17.61
最大值	83.20	0.81	299.83	100.00	79.62
样本量（个）	2081	2081	2081	2081	2081

表2 广东省汕头市大气环境资源分位数（2019.1.1-2019.12.31）

指标类型	ASPI	AECI	EE	GCSP	GCO3
5%	29.41	0.59	39.24	15.53	19.86
10%	30.66	0.60	39.96	26.37	20.74
25%	33.35	0.63	41.20	44.77	22.63
50%	36.23	0.64	63.81	64.85	28.42
75%	40.31	0.68	67.31	85.90	46.48
90%	51.32	0.70	109.05	96.85	49.85

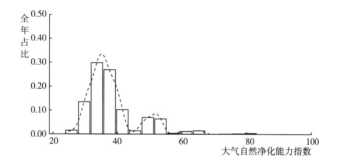

图1 广东省汕头市大气自然净化能力指数分布（ASPI-2019.1.1-2019.12.31）

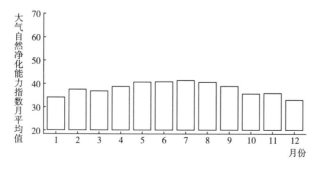

图2 广东省汕头市大气自然净化能力指数月均变化（ASPI-2019.1.1-2019.12.31）

广东省佛山市

表1 广东省佛山市大气环境资源概况 （2019.1.1-2019.12.31）

指标类型	ASPI	AECI	EE	GCSP	GCO3
平均值	47.55	0.68	112.00	58.86	38.29
标准误	14.76	0.05	85.30	26.16	15.56
最小值	25.91	0.56	19.69	10.77	19.33
最大值	98.97	0.93	726.86	100.00	79.27
样本量（个）	757	757	757	757	757

表2 广东省佛山市大气环境资源分位数 （2019.1.1-2019.12.31）

指标类型	ASPI	AECI	EE	GCSP	GCO3
5%	31.54	0.61	40.38	14.57	20.67
10%	33.58	0.62	41.26	16.27	21.71
25%	36.07	0.64	43.49	42.03	23.38
50%	40.72	0.67	67.59	60.69	43.74
75%	54.37	0.71	112.51	79.05	48.01
90%	66.32	0.75	212.98	95.39	62.10

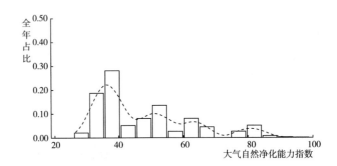

图1 广东省佛山市大气自然净化能力指数分布 （ASPI-2019.1.1-2019.12.31）

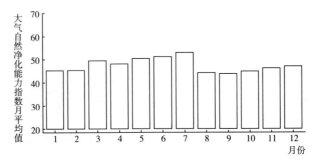

图2 广东省佛山市大气自然净化能力指数月均变化 （ASPI-2019.1.1-2019.12.31）

广东省韶关市

表 1　广东省韶关市大气环境资源概况（2019.1.1–2019.12.31）

指标类型	ASPI	AECI	EE	GCSP	GCO3
平均值	43.90	0.66	98.00	67.70	32.69
标准误	14.76	0.06	85.79	26.29	14.25
最小值	25.50	0.54	19.60	8.26	16.79
最大值	99.02	0.90	655.89	98.81	79.46
样本量（个）	2081	2081	2081	2081	2081

表 2　广东省韶关市大气环境资源分位数（2019.1.1–2019.12.31）

指标类型	ASPI	AECI	EE	GCSP	GCO3
5%	30.83	0.59	40.04	15.25	19.21
10%	32.09	0.60	40.64	26.38	20.15
25%	34.24	0.62	41.95	51.49	22.04
50%	37.43	0.65	65.24	73.71	24.89
75%	49.74	0.69	107.26	91.47	45.23
90%	65.69	0.75	211.63	95.66	49.43

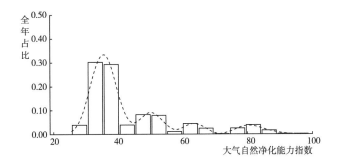

图 1　广东省韶关市大气自然净化能力指数分布（ASPI-2019.1.1–2019.12.31）

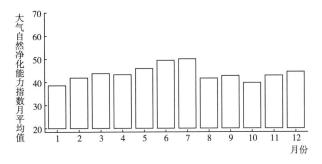

图 2　广东省韶关市大气自然净化能力指数月均变化（ASPI-2019.1.1–2019.12.31）

广东省河源市

表 1　广东省河源市大气环境资源概况（2019.1.1-2019.12.31）

指标类型	ASPI	AECI	EE	GCSP	GCO3
平均值	38.85	0.65	68.51	65.66	34.78
标准误	9.95	0.04	52.39	27.96	14.51
最小值	23.72	0.55	19.21	9.59	17.00
最大值	98.60	0.88	653.15	100.00	79.62
样本量（个）	2080	2080	2080	2080	2080

表 2　广东省河源市大气环境资源分位数（2019.1.1-2019.12.31）

指标类型	ASPI	AECI	EE	GCSP	GCO3
5%	29.49	0.59	20.83	13.88	19.71
10%	30.55	0.60	39.75	16.22	20.53
25%	32.95	0.62	41.01	46.24	22.47
50%	35.86	0.64	43.40	71.60	25.98
75%	40.09	0.67	67.16	91.19	46.02
90%	52.24	0.70	110.10	97.63	50.24

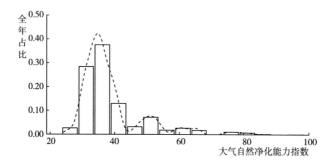

图 1　广东省河源市大气自然净化能力指数分布（ASPI-2019.1.1-2019.12.31）

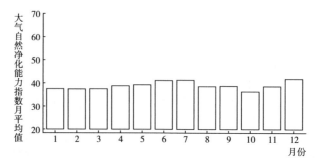

图 2　广东省河源市大气自然净化能力指数月均变化（ASPI-2019.1.1-2019.12.31）

广东省梅州市

表1 广东省梅州市大气环境资源概况（2019.1.1-2019.12.31）

指标类型	ASPI	AECI	EE	GCSP	GCO3
平均值	37.76	0.64	62.85	61.12	33.48
标准误	8.01	0.04	39.50	25.49	14.35
最小值	24.26	0.56	19.33	9.80	17.01
最大值	91.13	0.86	424.97	97.60	78.48
样本量（个）	2079	2079	2079	2079	2079

表2 广东省梅州市大气环境资源分位数（2019.1.1-2019.12.31）

指标类型	ASPI	AECI	EE	GCSP	GCO3
5%	29.93	0.59	39.44	13.99	19.51
10%	30.99	0.60	40.07	16.14	20.42
25%	33.11	0.62	41.12	44.60	22.31
50%	35.72	0.64	43.07	66.90	25.22
75%	39.09	0.67	66.47	83.67	45.57
90%	48.91	0.69	106.32	90.20	50.00

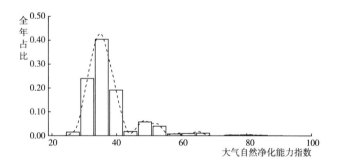

图1 广东省梅州市大气自然净化能力指数分布（ASPI-2019.1.1-2019.12.31）

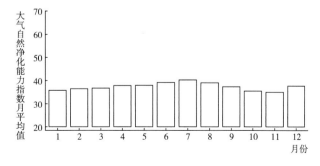

图2 广东省梅州市大气自然净化能力指数月均变化（ASPI-2019.1.1-2019.12.31）

广东省惠州市

表1　广东省惠州市大气环境资源概况（2019.1.1-2019.12.31）

指标类型	ASPI	AECI	EE	GCSP	GCO3
平均值	41.80	0.66	82.89	63.93	33.93
标准误	11.28	0.04	63.29	26.17	13.77
最小值	24.82	0.55	19.45	10.37	17.23
最大值	97.84	0.94	789.02	100.00	79.43
样本量（个）	2060	2060	2060	2060	2060

表2　广东省惠州市大气环境资源分位数（2019.1.1-2019.12.31）

指标类型	ASPI	AECI	EE	GCSP	GCO3
5%	30.66	0.60	39.92	14.75	19.92
10%	32.09	0.61	40.60	22.61	20.73
25%	34.47	0.63	41.89	47.27	22.64
50%	37.81	0.66	65.45	67.15	25.79
75%	48.38	0.68	105.71	87.69	45.82
90%	55.24	0.72	113.50	95.56	49.45

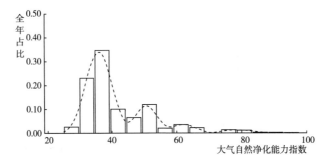

图1　广东省惠州市大气自然净化能力指数分布（ASPI-2019.1.1-2019.12.31）

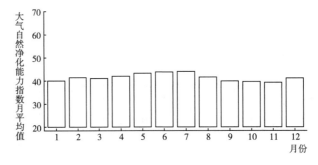

图2　广东省惠州市大气自然净化能力指数月均变化（ASPI-2019.1.1-2019.12.31）

广东省汕尾市

表 1 广东省汕尾市大气环境资源概况（2019.1.1-2019.12.31）

指标类型	ASPI	AECI	EE	GCSP	GCO3
平均值	45.85	0.68	105.73	65.78	34.48
标准误	14.92	0.05	82.11	22.11	12.30
最小值	23.88	0.56	19.25	9.09	17.58
最大值	96.60	0.90	709.14	98.83	65.58
样本量（个）	2081	2081	2081	2081	2081

表 2 广东省汕尾市大气环境资源分位数（2019.1.1-2019.12.31）

指标类型	ASPI	AECI	EE	GCSP	GCO3
5%	30.55	0.60	39.86	16.17	20.02
10%	31.98	0.62	40.54	27.76	20.89
25%	34.79	0.64	43.00	52.77	22.78
50%	39.14	0.67	66.50	69.67	27.25
75%	52.20	0.71	110.05	84.04	46.19
90%	65.68	0.75	211.61	91.26	48.75

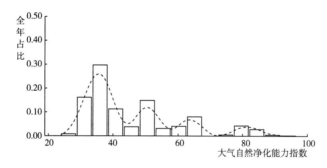

图 1 广东省汕尾市大气自然净化能力指数分布（ASPI-2019.1.1-2019.12.31）

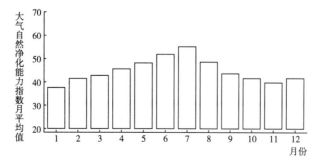

图 2 广东省汕尾市大气自然净化能力指数月均变化（ASPI-2019.1.1-2019.12.31）

广东省东莞市

表1 广东省东莞市大气环境资源概况 (2019.1.1-2019.12.31)

指标类型	ASPI	AECI	EE	GCSP	GCO3
平均值	43.82	0.67	93.87	61.52	34.86
标准误	13.02	0.05	70.54	24.59	13.67
最小值	25.12	0.56	19.52	10.17	17.43
最大值	96.94	0.86	642.14	100.00	80.30
样本量 (个)	2039	2039	2039	2039	2039

表2 广东省东莞市大气环境资源分位数 (2019.1.1-2019.12.31)

指标类型	ASPI	AECI	EE	GCSP	GCO3
5%	30.52	0.60	39.85	14.72	20.00
10%	32.28	0.62	40.72	22.43	20.83
25%	34.79	0.64	42.35	46.07	22.74
50%	38.62	0.66	66.13	65.43	26.60
75%	50.61	0.70	108.24	82.01	46.16
90%	63.59	0.73	207.11	91.90	49.82

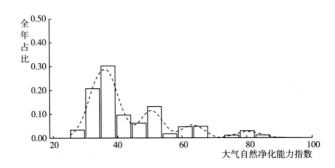

图1 广东省东莞市大气自然净化能力指数分布 (ASPI-2019.1.1-2019.12.31)

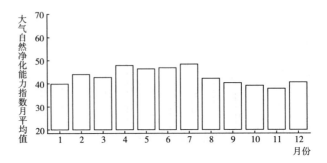

图2 广东省东莞市大气自然净化能力指数月均变化 (ASPI-2019.1.1-2019.12.31)

广东省中山市

表1 广东省中山市大气环境资源概况 (2019.1.1-2019.12.31)

指标类型	ASPI	AECI	EE	GCSP	GCO3
平均值	40.40	0.66	75.28	64.20	35.73
标准误	10.94	0.04	54.88	24.85	13.97
最小值	24.05	0.55	19.28	11.12	17.50
最大值	91.41	0.86	426.18	100.00	78.95
样本量 (个)	2037	2037	2037	2037	2037

表2 广东省中山市大气环境资源分位数 (2019.1.1-2019.12.31)

指标类型	ASPI	AECI	EE	GCSP	GCO3
5%	29.91	0.60	39.53	15.83	20.09
10%	30.95	0.60	40.06	26.65	20.89
25%	33.54	0.63	41.28	48.42	22.81
50%	36.82	0.65	64.58	66.96	27.90
75%	42.02	0.68	68.50	84.42	46.58
90%	53.54	0.72	111.57	96.81	50.20

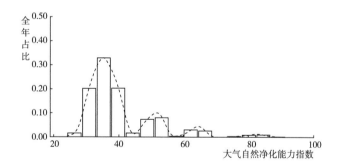

图1 广东省中山市大气自然净化能力指数分布 (ASPI-2019.1.1-2019.12.31)

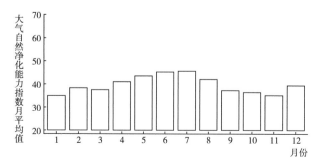

图2 广东省中山市大气自然净化能力指数月均变化 (ASPI-2019.1.1-2019.12.31)

广东省江门市

表 1　广东省江门市大气环境资源概况（2019.1.1－2019.12.31）

指标类型	ASPI	AECI	EE	GCSP	GCO3
平均值	48.82	0.69	119.45	61.81	37.58
标准误	15.36	0.05	96.00	27.63	13.98
最小值	25.97	0.56	19.70	10.57	19.52
最大值	99.03	0.94	767.64	100.00	77.58
样本量（个）	756	756	756	756	756

表 2　广东省江门市大气环境资源分位数（2019.1.1－2019.12.31）

指标类型	ASPI	AECI	EE	GCSP	GCO3
5%	31.92	0.61	40.51	14.23	20.94
10%	33.96	0.63	41.43	16.15	21.90
25%	36.77	0.64	64.19	42.06	23.67
50%	42.67	0.68	68.94	65.97	43.44
75%	55.27	0.71	113.53	86.06	47.63
90%	77.26	0.75	281.93	96.83	50.61

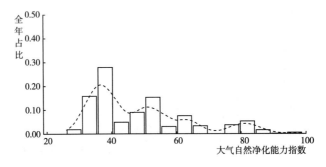

图 1　广东省江门市大气自然净化能力指数分布（ASPI-2019.1.1－2019.12.31）

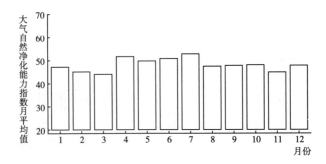

图 2　广东省江门市大气自然净化能力指数月均变化（ASPI-2019.1.1－2019.12.31）

广东省阳江市

表1 广东省阳江市大气环境资源概况（2019.1.1–2019.12.31）

指标类型	ASPI	AECI	EE	GCSP	GCO3
平均值	53.55	0.70	149.79	69.81	34.51
标准误	16.01	0.05	104.57	22.92	12.53
最小值	26.34	0.58	19.78	9.87	17.65
最大值	98.78	1.00	909.06	98.79	78.50
样本量（个）	2080	2080	2080	2080	2080

表2 广东省阳江市大气环境资源分位数（2019.1.1–2019.12.31）

指标类型	ASPI	AECI	EE	GCSP	GCO3
5%	33.87	0.63	41.81	15.77	20.23
10%	35.32	0.64	62.87	27.77	21.07
25%	38.77	0.67	66.25	57.72	22.98
50%	50.93	0.70	108.61	75.57	26.95
75%	63.48	0.73	206.87	88.38	46.22
90%	79.49	0.77	290.77	93.41	48.95

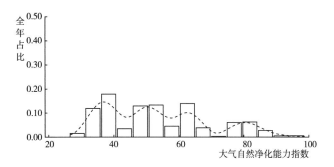

图1 广东省阳江市大气自然净化能力指数分布（ASPI-2019.1.1–2019.12.31）

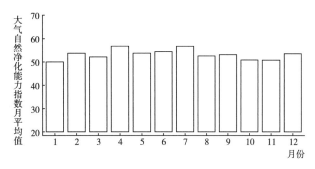

图2 广东省阳江市大气自然净化能力指数月均变化（ASPI-2019.1.1–2019.12.31）

广东省湛江市

表1 广东省湛江市大气环境资源概况（2019.1.1-2019.12.31）

指标类型	ASPI	AECI	EE	GCSP	GCO3
平均值	48.46	0.69	118.27	72.73	36.62
标准误	14.65	0.05	90.14	22.61	13.70
最小值	24.51	0.56	19.38	10.58	17.73
最大值	100.07	0.99	878.98	100.00	78.94
样本量（个）	2083	2083	2083	2083	2083

表2 广东省湛江市大气环境资源分位数（2019.1.1-2019.12.31）

指标类型	ASPI	AECI	EE	GCSP	GCO3
5%	31.77	0.61	39.92	26.87	20.37
10%	33.77	0.63	41.40	41.76	21.24
25%	36.58	0.65	64.21	60.04	23.10
50%	46.63	0.68	103.73	78.33	42.82
75%	57.86	0.72	194.77	92.00	46.86
90%	67.49	0.75	215.51	96.81	50.16

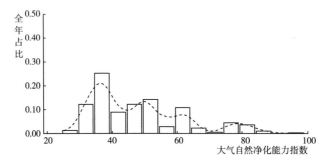

图1 广东省湛江市大气自然净化能力指数分布（ASPI-2019.1.1-2019.12.31）

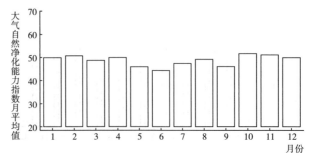

图2 广东省湛江市大气自然净化能力指数月均变化（ASPI-2019.1.1-2019.12.31）

广东省茂名市

表 1　广东省茂名市大气环境资源概况（2019.1.1-2019.12.31）

指标类型	ASPI	AECI	EE	GCSP	GCO3
平均值	46.77	0.68	105.42	67.94	38.56
标准误	13.56	0.05	74.15	25.61	14.15
最小值	27.15	0.57	19.95	9.82	19.78
最大值	87.04	0.82	407.49	100.00	77.72
样本量（个）	754	754	754	754	754

表 2　广东省茂名市大气环境资源分位数（2019.1.1-2019.12.31）

指标类型	ASPI	AECI	EE	GCSP	GCO3
5%	31.76	0.61	40.35	15.85	21.05
10%	33.55	0.62	41.24	27.03	22.07
25%	36.12	0.64	63.37	50.36	23.63
50%	40.85	0.67	67.69	75.55	44.19
75%	53.21	0.71	111.19	89.85	47.69
90%	65.03	0.75	210.21	95.69	51.88

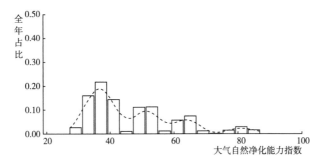

图 1　广东省茂名市大气自然净化能力指数分布（ASPI-2019.1.1-2019.12.31）

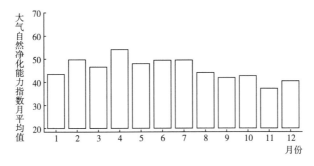

图 2　广东省茂名市大气自然净化能力指数月均变化（ASPI-2019.1.1-2019.12.31）

广东省肇庆市

表1 广东省肇庆市大气环境资源概况 (2019.1.1-2019.12.31)

指标类型	ASPI	AECI	EE	GCSP	GCO3
平均值	43.47	0.67	97.02	72.14	35.03
标准误	14.53	0.06	99.02	27.10	14.35
最小值	24.09	0.55	19.29	9.24	17.33
最大值	99.97	1.01	1032.87	100.00	79.29
样本量 (个)	2082	2082	2082	2082	2082

表2 广东省肇庆市大气环境资源分位数 (2019.1.1-2019.12.31)

指标类型	ASPI	AECI	EE	GCSP	GCO3
5%	29.84	0.59	21.07	15.52	19.87
10%	31.11	0.60	40.08	26.84	20.73
25%	34.08	0.63	41.71	54.26	22.65
50%	37.66	0.66	65.36	80.98	26.38
75%	50.19	0.69	107.77	95.73	46.06
90%	64.19	0.74	208.41	98.01	50.45

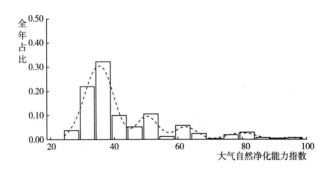

图1 广东省肇庆市大气自然净化能力指数分布 (ASPI-2019.1.1-2019.12.31)

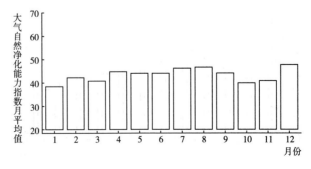

图2 广东省肇庆市大气自然净化能力指数月均变化 (ASPI-2019.1.1-2019.12.31)

广东省清远市

表 1 广东省清远市大气环境资源概况 (2019.1.1-2019.12.31)

指标类型	ASPI	AECI	EE	GCSP	GCO3
平均值	48.29	0.68	126.48	66.35	33.73
标准误	16.77	0.06	119.24	28.18	13.89
最小值	24.80	0.56	19.45	9.51	17.14
最大值	99.66	1.01	1072.12	98.85	79.33
样本量（个）	2038	2038	2038	2038	2038

表 2 广东省清远市大气环境资源分位数 (2019.1.1-2019.12.31)

指标类型	ASPI	AECI	EE	GCSP	GCO3
5%	31.96	0.61	40.56	14.56	19.72
10%	33.26	0.62	41.24	16.72	20.54
25%	35.85	0.64	62.89	46.29	22.43
50%	40.09	0.67	67.17	69.97	25.54
75%	58.13	0.71	195.35	93.45	45.75
90%	78.98	0.76	289.41	96.83	49.92

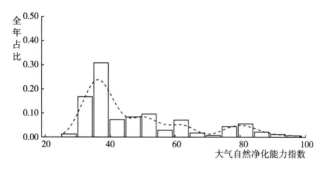

图 1 广东省清远市大气自然净化能力指数分布 (ASPI-2019.1.1-2019.12.31)

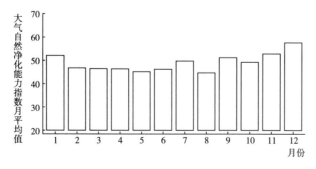

图 2 广东省清远市大气自然净化能力指数月均变化 (ASPI-2019.1.1-2019.12.31)

广东省潮州市

表 1　广东省潮州市大气环境资源概况（2019.1.1–2019.12.31）

指标类型	ASPI	AECI	EE	GCSP	GCO3
平均值	38.98	0.65	65.17	68.72	35.61
标准误	8.42	0.04	40.55	25.71	14.20
最小值	25.79	0.54	19.66	8.26	19.45
最大值	82.95	0.81	299.08	100.00	78.15
样本量（个）	754	754	754	754	754

表 2　广东省潮州市大气环境资源分位数（2019.1.1–2019.12.31）

指标类型	ASPI	AECI	EE	GCSP	GCO3
5%	30.36	0.59	39.61	15.84	20.54
10%	31.74	0.60	40.36	26.64	21.52
25%	34.19	0.62	41.58	52.91	23.22
50%	36.49	0.64	63.73	74.35	27.04
75%	40.14	0.67	67.20	90.28	46.71
90%	51.96	0.70	109.78	97.44	51.45

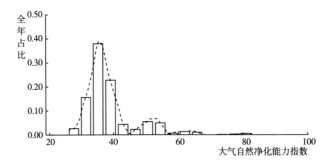

图 1　广东省潮州市大气自然净化能力指数分布（ASPI-2019.1.1–2019.12.31）

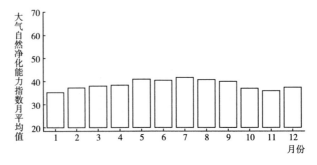

图 2　广东省潮州市大气自然净化能力指数月均变化（ASPI-2019.1.1–2019.12.31）

广东省揭阳市

表 1 广东省揭阳市大气环境资源概况（2019.1.1−2019.12.31）

指标类型	ASPI	AECI	EE	GCSP	GCO3
平均值	42.78	0.66	86.26	60.86	36.78
标准误	12.67	0.05	68.56	25.40	14.74
最小值	25.72	0.55	19.64	9.38	19.51
最大值	88.22	0.86	412.53	100.00	78.45
样本量（个）	756	756	756	756	756

表 2 广东省揭阳市大气环境资源分位数（2019.1.1−2019.12.31）

指标类型	ASPI	AECI	EE	GCSP	GCO3
5%	30.86	0.60	40.03	14.89	20.66
10%	31.84	0.61	40.49	21.80	21.61
25%	34.57	0.63	41.87	44.61	23.25
50%	37.88	0.66	65.49	63.20	28.66
75%	49.67	0.69	107.19	80.48	47.25
90%	62.09	0.73	203.87	93.94	51.86

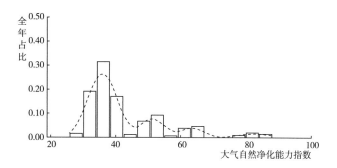

图 1 广东省揭阳市大气自然净化能力指数分布（ASPI-2019.1.1−2019.12.31）

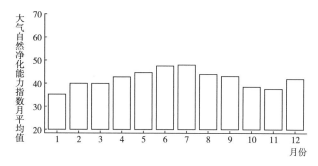

图 2 广东省揭阳市大气自然净化能力指数月均变化（ASPI-2019.1.1−2019.12.31）

广东省云浮市

表 1 广东省云浮市大气环境资源概况 （2019.1.1-2019.12.31）

指标类型	ASPI	AECI	EE	GCSP	GCO3
平均值	37.04	0.64	55.31	65.55	36.78
标准误	7.02	0.04	33.74	27.39	14.89
最小值	25.95	0.54	19.69	9.81	19.29
最大值	85.19	0.83	353.51	100.00	78.86
样本量（个）	755	755	755	755	755

表 2 广东省云浮市大气环境资源分位数 （2019.1.1-2019.12.31）

指标类型	ASPI	AECI	EE	GCSP	GCO3
5%	30.27	0.59	39.68	15.05	20.61
10%	31.21	0.59	40.14	23.21	21.69
25%	33.25	0.62	41.10	45.90	23.32
50%	35.73	0.64	42.27	66.90	27.64
75%	38.67	0.66	65.98	93.48	47.41
90%	42.30	0.69	68.69	98.01	61.13

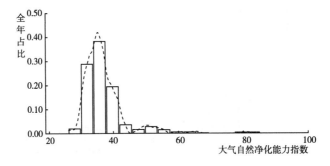

图 1 广东省云浮市大气自然净化能力指数分布 （ASPI-2019.1.1-2019.12.31）

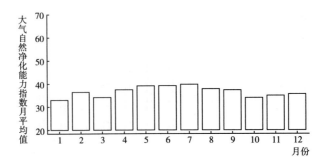

图 2 广东省云浮市大气自然净化能力指数月均变化 （ASPI-2019.1.1-2019.12.31）

广西壮族自治区

广西壮族自治区南宁市

表 1　广西壮族自治区南宁市大气环境资源概况（2019. 1. 1–2019. 12. 31）

指标类型	ASPI	AECI	EE	GCSP	GCO3
平均值	47. 44	0. 68	114. 84	65. 25	34. 03
标准误	15. 04	0. 05	91. 04	23. 56	13. 83
最小值	25. 09	0. 55	19. 51	9. 79	17. 11
最大值	98. 59	0. 98	861. 68	98. 67	76. 96
样本量（个）	2063	2063	2063	2063	2063

表 2　广西壮族自治区南宁市大气环境资源分位数（2019. 1. 1–2019. 12. 31）

指标类型	ASPI	AECI	EE	GCSP	GCO3
5%	31. 09	0. 60	40. 02	16. 27	19. 83
10%	32. 90	0. 62	40. 98	27. 54	20. 70
25%	36. 06	0. 64	63. 57	50. 38	22. 54
50%	41. 10	0. 67	67. 86	68. 47	25. 70
75%	54. 07	0. 71	112. 17	84. 93	45. 87
90%	67. 38	0. 75	215. 27	94. 33	49. 96

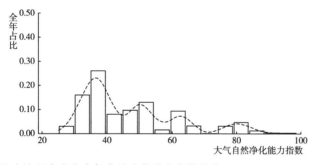

图 1　广西壮族自治区南宁市大气自然净化能力指数分布（ASPI-2019. 1. 1–2019. 12. 31）

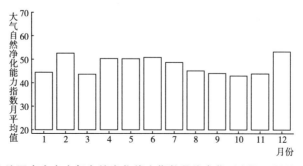

图 2　广西壮族自治区南宁市大气自然净化能力指数月均变化（ASPI-2019. 1. 1–2019. 12. 31）

广西壮族自治区柳州市

表 1　广西壮族自治区柳州市大气环境资源概况（2019.1.1－2019.12.31）

指标类型	ASPI	AECI	EE	GCSP	GCO3
平均值	41.82	0.65	81.80	58.00	35.54
标准误	12.19	0.05	68.61	24.30	14.82
最小值	26.31	0.54	19.77	10.55	18.73
最大值	92.31	0.86	611.46	96.51	77.83
样本量（个）	752	752	752	752	752

表 2　广西壮族自治区柳州市大气环境资源分位数（2019.1.1－2019.12.31）

指标类型	ASPI	AECI	EE	GCSP	GCO3
5%	30.84	0.58	39.89	15.07	20.27
10%	31.65	0.59	40.37	22.24	21.11
25%	34.34	0.62	41.67	42.16	22.94
50%	37.38	0.64	64.83	60.68	26.77
75%	47.57	0.68	104.79	78.80	46.82
90%	59.70	0.72	198.72	89.80	52.14

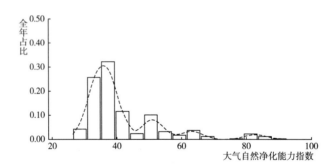

图 1　广西壮族自治区柳州市大气自然净化能力指数分布（ASPI-2019.1.1－2019.12.31）

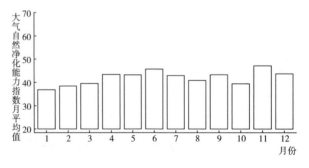

图 2　广西壮族自治区柳州市大气自然净化能力指数月均变化（ASPI-2019.1.1－2019.12.31）

广西壮族自治区桂林市

表1　广西壮族自治区桂林市大气环境资源概况（2019.1.1—2019.12.31）

指标类型	ASPI	AECI	EE	GCSP	GCO3
平均值	54.96	0.70	176.20	54.73	33.91
标准误	20.02	0.08	168.00	26.55	14.40
最小值	26.19	0.54	19.75	9.50	18.47
最大值	99.74	0.96	832.06	97.65	77.48
样本量（个）	756	756	756	756	756

表2　广西壮族自治区桂林市大气环境资源分位数（2019.1.1—2019.12.31）

指标类型	ASPI	AECI	EE	GCSP	GCO3
5%	31.66	0.59	40.34	14.24	19.91
10%	34.14	0.61	41.55	15.68	20.73
25%	37.59	0.64	65.28	27.89	22.61
50%	49.80	0.68	107.33	56.40	26.24
75%	75.01	0.74	275.16	77.21	45.95
90%	84.82	0.80	360.03	90.13	50.01

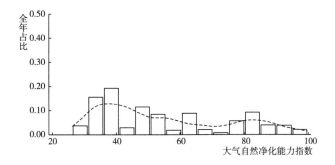

图1　广西壮族自治区桂林市大气自然净化能力指数分布（ASPI-2019.1.1—2019.12.31）

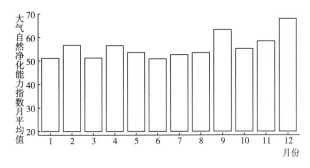

图2　广西壮族自治区桂林市大气自然净化能力指数月均变化（ASPI-2019.1.1—2019.12.31）

广西壮族自治区梧州市

表 1　广西壮族自治区梧州市大气环境资源概况　（2019.1.1~2019.12.31）

指标类型	ASPI	AECI	EE	GCSP	GCO3
平均值	40.14	0.65	74.73	63.83	33.47
标准误	9.55	0.04	52.00	23.08	14.05
最小值	24.73	0.53	19.43	8.54	17.02
最大值	97.88	0.90	718.83	96.51	76.81
样本量（个）	2065	2065	2065	2065	2065

表 2　广西壮族自治区梧州市大气环境资源分位数　（2019.1.1~2019.12.31）

指标类型	ASPI	AECI	EE	GCSP	GCO3
5%	30.98	0.59	40.10	16.02	19.66
10%	32.16	0.61	40.65	26.88	20.55
25%	34.42	0.63	41.96	49.22	22.42
50%	37.19	0.65	64.86	67.34	25.47
75%	41.24	0.68	67.95	83.23	45.63
90%	52.22	0.70	110.07	90.45	49.73

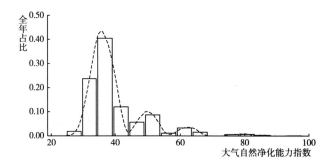

图 1　广西壮族自治区梧州市大气自然净化能力指数分布　（ASPI-2019.1.1~2019.12.31）

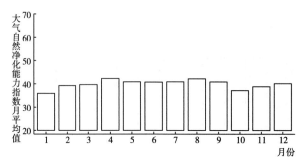

图 2　广西壮族自治区梧州市大气自然净化能力指数月均变化　（ASPI-2019.1.1~2019.12.31）

广西壮族自治区北海市

表 1　广西壮族自治区北海市大气环境资源概况（2019.1.1-2019.12.31）

指标类型	ASPI	AECI	EE	GCSP	GCO3
平均值	43.78	0.67	92.55	60.44	37.46
标准误	12.65	0.05	71.68	18.89	13.58
最小值	24.10	0.55	19.29	10.54	17.47
最大值	98.75	0.94	787.95	94.25	67.23
样本量（个）	2066	2066	2066	2066	2066

表 2　广西壮族自治区北海市大气环境资源分位数（2019.1.1-2019.12.31）

指标类型	ASPI	AECI	EE	GCSP	GCO3
5%	30.52	0.60	39.51	25.96	20.30
10%	32.01	0.62	40.49	28.00	21.18
25%	34.89	0.64	42.30	50.36	23.09
50%	39.00	0.67	66.41	62.23	43.63
75%	50.83	0.70	108.49	75.32	47.61
90%	62.41	0.73	204.56	82.95	50.55

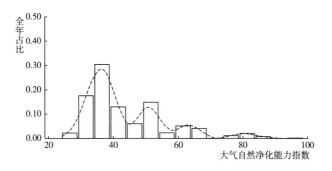

图 1　广西壮族自治区北海市大气自然净化能力指数分布（ASPI-2019.1.1-2019.12.31）

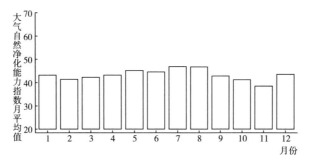

图 2　广西壮族自治区北海市大气自然净化能力指数月均变化（ASPI-2019.1.1-2019.12.31）

广西壮族自治区防城港市

表 1 广西壮族自治区防城港市大气环境资源概况 (2019.1.1-2019.12.31)

指标类型	ASPI	AECI	EE	GCSP	GCO3
平均值	52.23	0.69	138.17	59.09	37.49
标准误	16.74	0.06	106.38	19.78	13.44
最小值	26.93	0.57	19.91	10.80	19.50
最大值	99.91	1.01	1057.67	92.73	67.24
样本量 (个)	752	752	752	752	752

表 2 广西壮族自治区防城港市大气环境资源分位数 (2019.1.1-2019.12.31)

指标类型	ASPI	AECI	EE	GCSP	GCO3
5%	32.64	0.62	40.64	15.87	21.11
10%	34.63	0.63	41.76	27.30	22.02
25%	38.06	0.65	65.62	48.86	23.71
50%	50.05	0.69	107.60	62.36	44.18
75%	62.91	0.73	205.64	73.67	48.22
90%	81.36	0.78	294.65	82.78	50.75

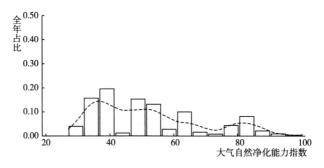

图 1 广西壮族自治区防城港市大气自然净化能力指数分布 (ASPI-2019.1.1-2019.12.31)

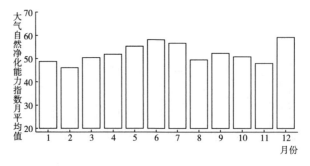

图 2 广西壮族自治区防城港市大气自然净化能力指数月均变化 (ASPI-2019.1.1-2019.12.31)

广西壮族自治区钦州市

表1 广西壮族自治区钦州市大气环境资源概况（2019.1.1-2019.12.31）

指标类型	ASPI	AECI	EE	GCSP	GCO3
平均值	52.38	0.70	147.60	70.66	35.33
标准误	18.07	0.06	121.82	25.80	14.02
最小值	25.04	0.57	19.50	10.11	17.30
最大值	100.10	1.00	867.28	100.00	77.52
样本量（个）	2070	2070	2070	2070	2070

表2 广西壮族自治区钦州市大气环境资源分位数（2019.1.1-2019.12.31）

指标类型	ASPI	AECI	EE	GCSP	GCO3
5%	32.24	0.61	40.68	16.19	20.02
10%	33.89	0.63	41.69	27.76	20.92
25%	36.89	0.65	64.75	51.90	22.74
50%	48.89	0.68	106.29	77.23	26.94
75%	63.59	0.73	207.11	95.45	46.63
90%	81.42	0.78	297.91	96.69	50.22

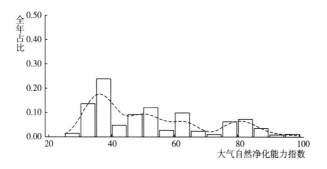

图1 广西壮族自治区钦州市大气自然净化能力指数分布（ASPI-2019.1.1-2019.12.31）

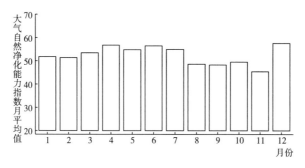

图2 广西壮族自治区钦州市大气自然净化能力指数月均变化（ASPI-2019.1.1-2019.12.31）

广西壮族自治区贵港市

表 1　广西壮族自治区贵港市大气环境资源概况（2019.1.1-2019.12.31）

指标类型	ASPI	AECI	EE	GCSP	GCO3
平均值	44.92	0.67	98.16	59.03	36.93
标准误	13.27	0.05	83.30	23.04	14.80
最小值	25.92	0.54	19.69	10.11	19.08
最大值	99.71	0.92	708.30	96.69	77.59
样本量（个）	753	753	753	753	753

表 2　广西壮族自治区贵港市大气环境资源分位数（2019.1.1-2019.12.31）

指标类型	ASPI	AECI	EE	GCSP	GCO3
5%	31.43	0.60	40.27	15.54	20.62
10%	33.54	0.62	41.25	26.17	21.51
25%	35.74	0.64	42.58	44.83	23.26
50%	39.41	0.66	66.69	62.21	28.97
75%	52.01	0.70	109.83	77.83	47.21
90%	62.61	0.73	205.00	86.89	61.08

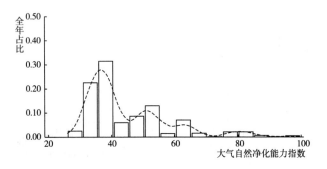

图 1　广西壮族自治区贵港市大气自然净化能力指数分布（ASPI-2019.1.1-2019.12.31）

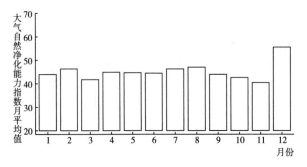

图 2　广西壮族自治区贵港市大气自然净化能力指数月均变化（ASPI-2019.1.1-2019.12.31）

广西壮族自治区玉林市

表 1 广西壮族自治区玉林市大气环境资源概况（2019.1.1-2019.12.31）

指标类型	ASPI	AECI	EE	GCSP	GCO3
平均值	42.90	0.66	92.06	71.17	35.07
标准误	14.09	0.05	85.64	24.28	13.90
最小值	24.92	0.55	19.47	8.80	17.20
最大值	98.95	0.92	813.25	98.67	77.38
样本量（个）	2043	2043	2043	2043	2043

表 2 广西壮族自治区玉林市大气环境资源分位数（2019.1.1-2019.12.31）

指标类型	ASPI	AECI	EE	GCSP	GCO3
5%	30.12	0.59	39.71	22.42	19.95
10%	31.41	0.60	40.28	27.99	20.79
25%	34.06	0.63	41.65	56.09	22.73
50%	37.67	0.66	65.41	77.10	26.74
75%	48.88	0.69	106.28	94.06	46.37
90%	64.03	0.74	208.05	97.42	50.03

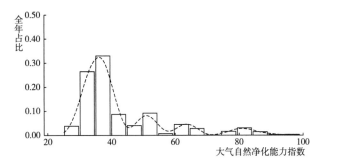

图 1 广西壮族自治区玉林市大气自然净化能力指数分布（ASPI-2019.1.1-2019.12.31）

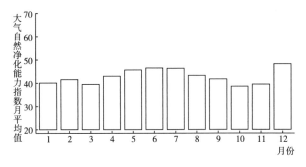

图 2 广西壮族自治区玉林市大气自然净化能力指数月均变化（ASPI-2019.1.1-2019.12.31）

广西壮族自治区百色市

表 1　广西壮族自治区百色市大气环境资源概况（2019.1.1—2019.12.31）

指标类型	ASPI	AECI	EE	GCSP	GCO3
平均值	37.13	0.64	59.36	64.32	35.26
标准误	8.55	0.04	41.02	28.59	15.40
最小值	23.95	0.55	19.26	10.59	17.09
最大值	85.22	0.84	353.61	98.67	80.32
样本量（个）	2060	2060	2060	2060	2060

表 2　广西壮族自治区百色市大气环境资源分位数（2019.1.1—2019.12.31）

指标类型	ASPI	AECI	EE	GCSP	GCO3
5%	27.82	0.58	20.10	15.55	19.71
10%	29.73	0.59	21.02	22.35	20.60
25%	32.35	0.61	40.71	42.26	22.54
50%	35.19	0.63	42.26	67.31	25.91
75%	38.72	0.67	66.20	95.44	46.38
90%	49.63	0.70	107.14	97.63	60.64

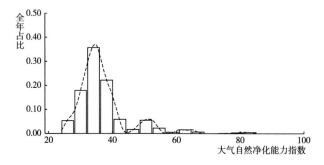

图 1　广西壮族自治区百色市大气自然净化能力指数分布（ASPI-2019.1.1—2019.12.31）

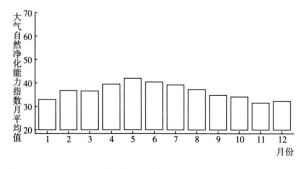

图 2　广西壮族自治区百色市大气自然净化能力指数月均变化（ASPI-2019.1.1—2019.12.31）

广西壮族自治区贺州市

表1 广西壮族自治区贺州市大气环境资源概况 (2019.1.1-2019.12.31)

指标类型	ASPI	AECI	EE	GCSP	GCO3
平均值	44.51	0.66	100.65	69.03	32.57
标准误	14.11	0.05	87.83	27.93	14.11
最小值	24.81	0.54	19.45	9.79	16.59
最大值	99.55	0.97	808.08	98.67	77.52
样本量（个）	2044	2044	2044	2044	2044

表2 广西壮族自治区贺州市大气环境资源分位数 (2019.1.1-2019.12.31)

指标类型	ASPI	AECI	EE	GCSP	GCO3
5%	30.62	0.59	39.93	15.55	19.28
10%	32.05	0.60	40.60	26.15	20.11
25%	34.50	0.63	41.94	49.04	22.05
50%	38.68	0.66	66.16	75.69	24.92
75%	51.17	0.69	108.88	95.63	45.14
90%	64.06	0.73	208.11	97.55	49.63

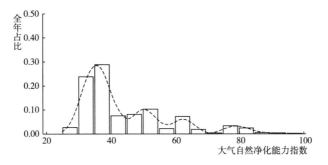

图1 广西壮族自治区贺州市大气自然净化能力指数分布 (ASPI-2019.1.1-2019.12.31)

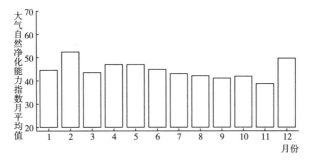

图2 广西壮族自治区贺州市大气自然净化能力指数月均变化 (ASPI-2019.1.1-2019.12.31)

广西壮族自治区河池市

表 1　广西壮族自治区河池市大气环境资源概况 （2019.1.1-2019.12.31）

指标类型	ASPI	AECI	EE	GCSP	GCO3
平均值	42.41	0.66	83.50	63.86	34.25
标准误	10.75	0.04	60.77	24.57	14.11
最小值	25.94	0.54	19.69	11.02	18.67
最大值	97.70	0.92	717.52	100.00	77.23
样本量（个）	754	754	754	754	754

表 2　广西壮族自治区河池市大气环境资源分位数 （2019.1.1-2019.12.31）

指标类型	ASPI	AECI	EE	GCSP	GCO3
5%	31.29	0.59	40.18	16.03	20.15
10%	32.96	0.60	40.96	26.44	20.99
25%	35.36	0.63	42.38	46.43	22.87
50%	38.77	0.65	66.25	68.54	26.28
75%	48.69	0.68	106.07	86.41	46.38
90%	54.86	0.71	113.06	92.27	50.13

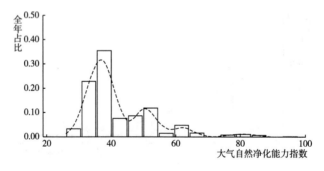

图 1　广西壮族自治区河池市大气自然净化能力指数分布 （ASPI-2019.1.1-2019.12.31）

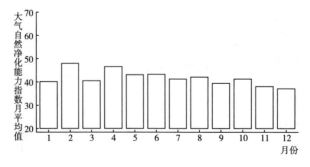

图 2　广西壮族自治区河池市大气自然净化能力指数月均变化 （ASPI-2019.1.1-2019.12.31）

广西壮族自治区来宾市

表 1 广西壮族自治区来宾市大气环境资源概况（2019.1.1-2019.12.31）

指标类型	ASPI	AECI	EE	GCSP	GCO3
平均值	40.26	0.65	76.13	64.25	34.14
标准误	12.14	0.05	65.89	23.71	14.50
最小值	23.73	0.53	19.22	9.80	16.84
最大值	98.37	0.87	651.58	98.67	77.63
样本量（个）	2045	2045	2045	2045	2045

表 2 广西壮族自治区来宾市大气环境资源分位数（2019.1.1-2019.12.31）

指标类型	ASPI	AECI	EE	GCSP	GCO3
5%	28.65	0.58	20.38	15.88	19.50
10%	29.99	0.59	20.93	26.89	20.35
25%	32.67	0.61	40.86	47.93	22.26
50%	36.20	0.64	63.45	68.77	25.55
75%	41.97	0.68	68.46	84.55	45.88
90%	55.01	0.72	113.24	90.74	50.21

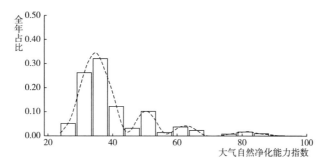

图 1 广西壮族自治区来宾市大气自然净化能力指数分布（ASPI-2019.1.1-2019.12.31）

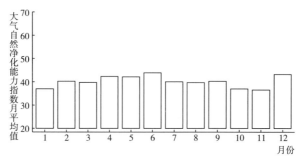

图 2 广西壮族自治区来宾市大气自然净化能力指数月均变化（ASPI-2019.1.1-2019.12.31）

广西壮族自治区崇左市

表 1 广西壮族自治区崇左市大气环境资源概况 （2019.1.1~2019.12.31）

指标类型	ASPI	AECI	EE	GCSP	GCO3
平均值	48.73	0.68	120.57	63.21	36.48
标准误	15.49	0.06	99.01	26.32	15.36
最小值	27.99	0.57	20.13	10.56	19.30
最大值	99.54	0.93	768.80	98.67	80.56
样本量（个）	754	754	754	754	754

表 2 广西壮族自治区崇左市大气环境资源分位数 （2019.1.1~2019.12.31）

指标类型	ASPI	AECI	EE	GCSP	GCO3
5%	32.51	0.60	40.80	15.74	20.85
10%	34.14	0.62	41.58	26.20	21.73
25%	36.67	0.64	64.23	43.58	23.46
50%	41.47	0.68	68.11	67.59	26.95
75%	58.93	0.71	197.07	86.84	47.33
90%	76.70	0.76	280.26	95.45	62.15

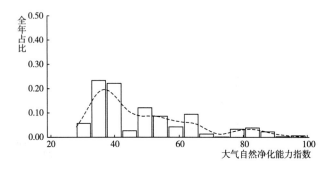

图 1 广西壮族自治区崇左市大气自然净化能力指数分布 （ASPI-2019.1.1~2019.12.31）

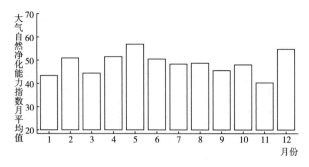

图 2 广西壮族自治区崇左市大气自然净化能力指数月均变化 （ASPI-2019.1.1~2019.12.31）

海南省

海南省海口市

表 1 海南省海口市大气环境资源概况（2019.1.1-2019.12.31）

指标类型	ASPI	AECI	EE	GCSP	GCO3
平均值	40.90	0.66	71.97	56.51	42.05
标准误	9.42	0.04	45.53	20.33	15.09
最小值	26.70	0.57	19.86	13.70	20.27
最大值	83.94	0.80	302.07	98.01	80.41
样本量（个）	785	785	785	785	785

表 2 海南省海口市大气环境资源分位数（2019.1.1-2019.12.31）

指标类型	ASPI	AECI	EE	GCSP	GCO3
5%	30.86	0.60	20.95	16.19	21.63
10%	31.83	0.61	40.33	26.39	22.55
25%	34.73	0.63	41.89	43.79	24.46
50%	38.24	0.66	65.65	59.36	45.59
75%	43.22	0.69	69.32	72.26	48.68
90%	53.12	0.71	111.09	79.68	63.75

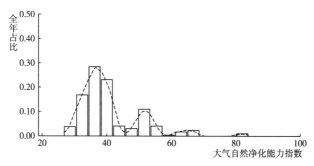

图 1 海南省海口市大气自然净化能力指数分布（ASPI-2019.1.1-2019.12.31）

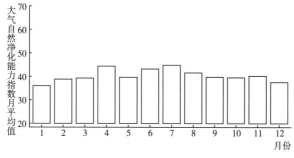

图 2 海南省海口市大气自然净化能力指数月均变化（ASPI-2019.1.1-2019.12.31）

海南省三亚市

表 1　海南省三亚市大气环境资源概况（2019.1.1–2019.12.31）

指标类型	ASPI	AECI	EE	GCSP	GCO3
平均值	63.37	0.74	236.97	77.03	30.82
标准误	18.95	0.07	190.15	17.20	10.59
最小值	27.98	0.58	20.13	14.14	18.75
最大值	98.41	1.00	1062.93	98.01	63.89
样本量（个）	2109	2109	2109	2109	2109

表 2　海南省三亚市大气环境资源分位数（2019.1.1–2019.12.31）

指标类型	ASPI	AECI	EE	GCSP	GCO3
5%	36.10	0.63	42.48	47.74	20.93
10%	38.11	0.66	65.47	54.46	21.78
25%	49.34	0.68	106.81	64.38	23.49
50%	62.63	0.73	205.04	80.80	25.55
75%	81.08	0.77	300.15	92.22	44.82
90%	90.12	0.84	595.90	95.60	47.96

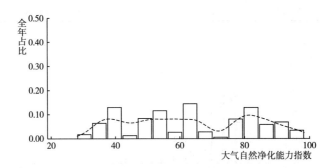

图 1　海南省三亚市大气自然净化能力指数分布（ASPI-2019.1.1–2019.12.31）

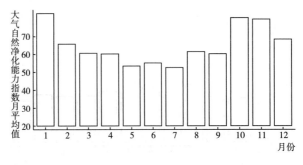

图 2　海南省三亚市大气自然净化能力指数月均变化（ASPI-2019.1.1–2019.12.31）

海南省三沙市南沙区

表1 海南省三沙市南沙区大气环境资源概况（2019.1.1-2019.12.31）

指标类型	ASPI	AECI	EE	GCSP	GCO3
平均值	68.18	0.76	264.13	60.05	47.64
标准误	19.48	0.08	187.67	12.77	6.87
最小值	28.31	0.60	20.21	15.90	20.77
最大值	100.00	1.00	915.96	173.78	79.13
样本量（个）	2216	2216	2216	2216	2216

表2 海南省三沙市南沙区大气环境资源分位数（2019.1.1-2019.12.31）

指标类型	ASPI	AECI	EE	GCSP	GCO3
5%	37.00	0.64	43.01	29.44	40.57
10%	39.88	0.67	66.94	44.60	41.77
25%	52.25	0.71	110.10	52.85	44.41
50%	67.38	0.75	215.26	62.23	47.26
75%	84.59	0.81	353.21	68.63	49.79
90%	92.40	0.87	616.80	73.76	52.78

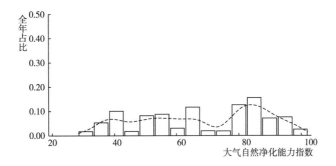

图1 海南省三沙市南沙区大气自然净化能力指数分布（ASPI-2019.1.1-2019.12.31）

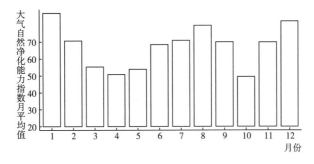

图2 海南省三沙市南沙区大气自然净化能力指数月均变化（ASPI-2019.1.1-2019.12.31）

海南省三沙市西沙区

表1 海南省三沙市西沙区大气环境资源概况（2019.1.1-2019.12.31）

指标类型	ASPI	AECI	EE	GCSP	GCO3
平均值	56.93	0.73	181.37	60.56	43.41
标准误	19.49	0.07	159.30	13.78	10.48
最小值	26.06	0.59	19.72	16.00	19.53
最大值	100.00	1.00	1078.29	92.09	66.87
样本量（个）	2107	2107	2107	2107	2107

表2 海南省三沙市西沙区大气环境资源分位数（2019.1.1-2019.12.31）

指标类型	ASPI	AECI	EE	GCSP	GCO3
5%	33.26	0.63	41.16	28.18	21.70
10%	35.13	0.64	42.52	43.65	22.63
25%	39.17	0.67	66.52	52.16	42.63
50%	52.01	0.71	109.83	62.36	46.04
75%	76.37	0.76	279.24	70.35	48.69
90%	85.62	0.82	357.61	77.29	50.95

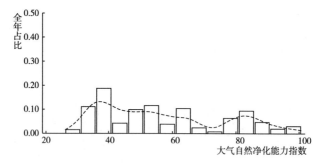

图1 海南省三沙市西沙区大气自然净化能力指数分布（ASPI-2019.1.1-2019.12.31）

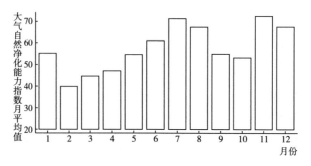

图2 海南省三沙市西沙区大气自然净化能力指数月均变化（ASPI-2019.1.1-2019.12.31）

海南省三沙市西沙群岛珊瑚岛

表 1   海南省三沙市西沙群岛珊瑚岛大气环境资源概况（2019.1.1-2019.12.31）

指标类型	ASPI	AECI	EE	GCSP	GCO3
平均值	58.81	0.73	185.25	61.51	43.91
标准误	17.50	0.06	138.68	14.78	12.04
最小值	27.14	0.59	19.95	16.16	19.58
最大值	100.00	1.00	917.06	92.14	79.89
样本量（个）	2109	2109	2109	2109	2109

表 2   海南省三沙市西沙群岛珊瑚岛大气环境资源分位数（2019.1.1-2019.12.31）

指标类型	ASPI	AECI	EE	GCSP	GCO3
5%	34.99	0.64	42.17	28.03	21.72
10%	37.03	0.66	64.68	43.38	22.55
25%	42.36	0.69	68.73	51.80	42.41
50%	54.43	0.72	112.57	63.64	45.88
75%	75.92	0.76	277.91	72.20	48.88
90%	83.17	0.80	341.72	79.26	62.39

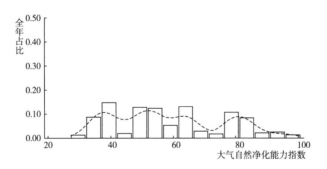

图 1   海南省三沙市西沙群岛珊瑚岛大气自然净化能力指数分布（ASPI-2019.1.1-2019.12.31）

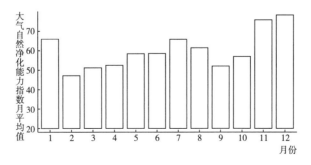

图 2   海南省三沙市西沙群岛珊瑚岛大气自然净化能力指数月均变化（ASPI-2019.1.1-2019.12.31）

海南省儋州市

表 1   海南省儋州市大气环境资源概况 （2019.1.1-2019.12.31）

指标类型	ASPI	AECI	EE	GCSP	GCO3
平均值	38.14	0.65	61.26	58.19	38.29
标准误	7.83	0.04	35.35	24.39	15.65
最小值	24.32	0.55	19.34	0.14	18.15
最大值	88.05	0.82	363.91	96.43	80.53
样本量（个）	2114	2114	2114	2114	2114

表 2   海南省儋州市大气环境资源分位数 （2019.1.1-2019.12.31）

指标类型	ASPI	AECI	EE	GCSP	GCO3
5%	29.09	0.59	20.47	15.54	20.72
10%	30.83	0.61	39.92	21.61	21.62
25%	33.60	0.63	41.29	41.10	23.46
50%	36.41	0.65	62.74	62.30	43.22
75%	40.15	0.68	67.20	79.25	47.47
90%	50.52	0.70	108.15	87.89	62.82

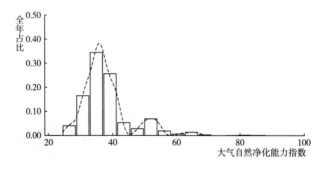

图 1   海南省儋州市大气自然净化能力指数分布 （ASPI-2019.1.1-2019.12.31）

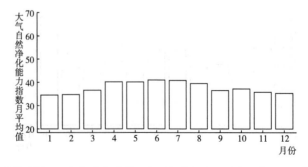

图 2   海南省儋州市大气自然净化能力指数月均变化 （ASPI-2019.1.1-2019.12.31）

海南省五指山市

表 1 海南省五指山市大气环境资源概况 （2019.1.1–2019.12.31）

指标类型	ASPI	AECI	EE	GCSP	GCO3
平均值	39.16	0.65	62.23	61.46	36.29
标准误	8.99	0.04	43.29	24.47	13.64
最小值	26.57	0.55	19.83	12.97	20.49
最大值	82.75	0.79	298.48	97.63	77.54
样本量（个）	784	784	784	784	784

表 2 海南省五指山市大气环境资源分位数 （2019.1.1–2019.12.31）

指标类型	ASPI	AECI	EE	GCSP	GCO3
5%	29.95	0.59	20.56	16.01	21.70
10%	31.25	0.59	20.88	26.15	22.57
25%	33.15	0.62	40.88	43.55	24.35
50%	36.66	0.64	42.90	66.93	27.60
75%	41.49	0.68	68.13	82.49	47.47
90%	52.42	0.71	110.30	89.78	50.92

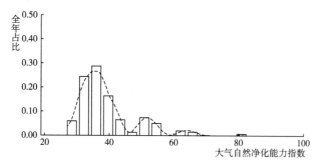

图 1 海南省五指山市大气自然净化能力指数分布 （ASPI-2019.1.1–2019.12.31）

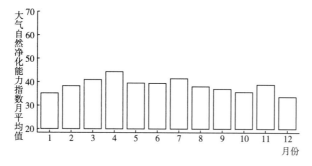

图 2 海南省五指山市大气自然净化能力指数月均变化 （ASPI-2019.1.1–2019.12.31）

海南省琼海市

表 1 海南省琼海市大气环境资源概况（2019.1.1-2019.12.31）

指标类型	ASPI	AECI	EE	GCSP	GCO3
平均值	46.10	0.68	106.27	69.41	37.97
标准误	15.46	0.06	94.00	21.21	14.44
最小值	25.31	0.56	19.56	14.45	18.32
最大值	100.00	0.95	782.73	97.57	80.55
样本量（个）	2116	2116	2116	2116	2116

表 2 海南省琼海市大气环境资源分位数（2019.1.1-2019.12.31）

指标类型	ASPI	AECI	EE	GCSP	GCO3
5%	30.14	0.60	20.91	27.34	20.83
10%	31.65	0.62	40.19	38.32	21.71
25%	34.92	0.63	42.13	53.49	23.54
50%	39.40	0.67	66.68	75.28	43.45
75%	53.33	0.71	111.33	87.85	47.30
90%	66.72	0.76	213.84	92.21	61.41

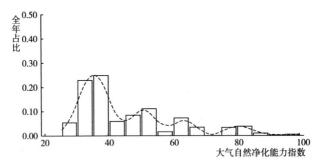

图 1 海南省琼海市大气自然净化能力指数分布（ASPI-2019.1.1-2019.12.31）

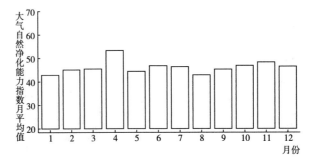

图 2 海南省琼海市大气自然净化能力指数月均变化（ASPI-2019.1.1-2019.12.31）

海南省文昌市

表1　海南省文昌市大气环境资源概况（2019.1.1-2019.12.31）

指标类型	ASPI	AECI	EE	GCSP	GCO3
平均值	42.72	0.67	81.20	66.16	40.23
标准误	11.34	0.05	57.24	19.69	14.19
最小值	26.43	0.55	19.80	14.02	20.51
最大值	89.79	0.84	419.24	97.58	77.81
样本量（个）	777	777	777	777	777

表2　海南省文昌市大气环境资源分位数（2019.1.1-2019.12.31）

指标类型	ASPI	AECI	EE	GCSP	GCO3
5%	30.55	0.60	20.76	26.88	21.67
10%	31.53	0.61	40.23	36.19	22.57
25%	34.99	0.63	41.95	53.13	24.38
50%	38.63	0.67	66.15	70.37	45.29
75%	50.40	0.70	108.01	80.89	48.25
90%	55.75	0.72	114.07	88.01	62.85

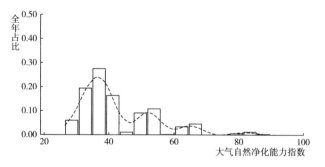

图1　海南省文昌市大气自然净化能力指数分布（ASPI-2019.1.1-2019.12.31）

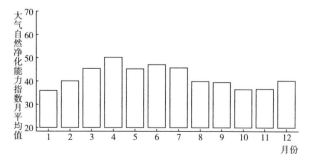

图2　海南省文昌市大气自然净化能力指数月均变化（ASPI-2019.1.1-2019.12.31）

海南省万宁市

表 1 海南省万宁市大气环境资源概况 (2019. 1. 1–2019. 12. 31)

指标类型	ASPI	AECI	EE	GCSP	GCO3
平均值	49.71	0.69	124.89	66.99	39.70
标准误	17.55	0.06	106.66	20.49	13.78
最小值	26.60	0.56	19.84	14.44	20.58
最大值	100.00	0.89	665.04	97.66	78.81
样本量 (个)	784	784	784	784	784

表 2 海南省万宁市大气环境资源分位数 (2019. 1. 1–2019. 12. 31)

指标类型	ASPI	AECI	EE	GCSP	GCO3
5%	30.80	0.60	20.80	27.52	21.77
10%	32.51	0.62	40.73	29.43	22.68
25%	35.88	0.64	42.74	51.86	24.47
50%	41.32	0.67	68.01	70.45	45.10
75%	62.32	0.73	204.36	82.81	48.14
90%	80.99	0.78	293.80	91.91	52.87

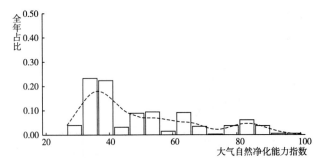

图 1 海南省万宁市大气自然净化能力指数分布 (ASPI-2019. 1. 1–2019. 12. 31)

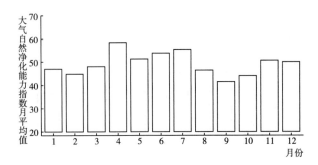

图 2 海南省万宁市大气自然净化能力指数月均变化 (ASPI-2019. 1. 1–2019. 12. 31)

海南省东方市

表 1　海南省东方市大气环境资源概况（2019.1.1-2019.12.31）

指标类型	ASPI	AECI	EE	GCSP	GCO3
平均值	58.48	0.73	196.35	55.77	40.92
标准误	21.54	0.08	165.47	17.54	13.30
最小值	25.51	0.56	19.60	13.28	18.45
最大值	100.00	1.00	1015.34	94.40	67.28
样本量（个）	2112	2112	2112	2112	2112

表 2　海南省东方市大气环境资源分位数（2019.1.1-2019.12.31）

指标类型	ASPI	AECI	EE	GCSP	GCO3
5%	31.49	0.62	40.30	26.90	20.94
10%	33.65	0.63	41.31	28.32	21.85
25%	37.34	0.67	65.22	46.42	24.11
50%	52.56	0.71	110.45	56.27	45.37
75%	81.02	0.78	294.01	68.63	48.61
90%	87.63	0.83	406.74	79.00	51.89

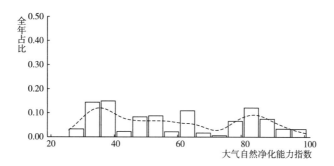

图 1　海南省东方市大气自然净化能力指数分布（ASPI-2019.1.1-2019.12.31）

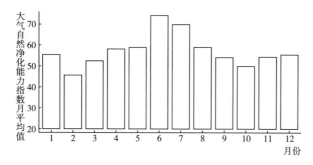

图 2　海南省东方市大气自然净化能力指数月均变化（ASPI-2019.1.1-2019.12.31）

海南省定安县

表 1   海南省定安县大气环境资源概况 （2019. 1. 1-2019. 12. 31）

指标类型	ASPI	AECI	EE	GCSP	GCO3
平均值	47. 24	0. 68	108. 62	62. 51	40. 26
标准误	14. 58	0. 05	90. 62	24. 06	15. 28
最小值	27. 24	0. 55	19. 97	13. 41	20. 24
最大值	100. 00	1. 00	921. 84	97. 62	79. 59
样本量（个）	784	784	784	784	784

表 2   海南省定安县大气环境资源分位数 （2019. 1. 1-2019. 12. 31）

指标类型	ASPI	AECI	EE	GCSP	GCO3
5%	31. 52	0. 60	39. 94	16. 14	21. 60
10%	32. 95	0. 62	40. 88	26. 22	22. 51
25%	36. 23	0. 64	63. 36	45. 63	24. 34
50%	41. 16	0. 68	67. 90	68. 62	44. 78
75%	53. 42	0. 71	111. 42	82. 69	48. 18
90%	65. 65	0. 75	211. 53	89. 80	64. 26

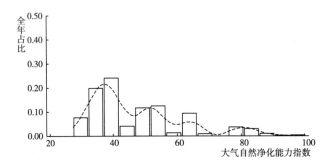

图 1   海南省定安县大气自然净化能力指数分布 （ASPI-2019. 1. 1-2019. 12. 31）

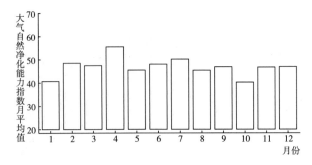

图 2   海南省定安县大气自然净化能力指数月均变化 （ASPI-2019. 1. 1-2019. 12. 31）

海南省屯昌县

表 1　海南省屯昌县大气环境资源概况（2019.1.1-2019.12.31）

指标类型	ASPI	AECI	EE	GCSP	GCO3
平均值	37.60	0.65	55.60	56.75	40.98
标准误	7.68	0.04	37.15	24.47	16.30
最小值	26.47	0.57	19.81	12.79	20.26
最大值	83.23	0.80	299.91	97.55	79.98
样本量（个）	783	783	783	783	783

表 2　海南省屯昌县大气环境资源分位数（2019.1.1-2019.12.31）

指标类型	ASPI	AECI	EE	GCSP	GCO3
5%	29.57	0.59	20.48	15.26	21.64
10%	30.59	0.59	20.77	16.15	22.53
25%	32.55	0.62	40.62	39.77	24.37
50%	36.34	0.64	42.61	59.59	44.94
75%	39.48	0.67	66.68	78.92	48.66
90%	48.65	0.69	106.02	86.57	64.70

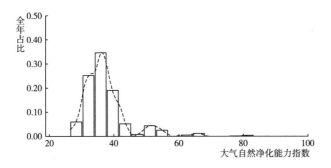

图 1　海南省屯昌县大气自然净化能力指数分布（ASPI-2019.1.1-2019.12.31）

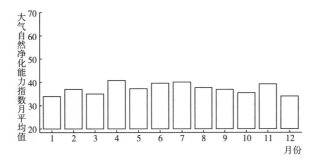

图 2　海南省屯昌县大气自然净化能力指数月均变化（ASPI-2019.1.1-2019.12.31）

海南省澄迈县

表 1 海南省澄迈县大气环境资源概况 (2019.1.1-2019.12.31)

指标类型	ASPI	AECI	EE	GCSP	GCO3
平均值	38.55	0.65	60.15	60.90	42.29
标准误	8.48	0.04	41.51	26.83	17.63
最小值	26.45	0.55	19.80	11.98	20.25
最大值	82.80	0.78	298.64	97.64	81.89
样本量（个）	782	782	782	782	782

表 2 海南省澄迈县大气环境资源分位数 (2019.1.1-2019.12.31)

指标类型	ASPI	AECI	EE	GCSP	GCO3
5%	29.51	0.59	20.46	15.24	21.48
10%	30.94	0.60	21.10	15.88	22.47
25%	33.79	0.63	41.34	41.12	24.38
50%	36.53	0.64	42.73	67.15	45.06
75%	40.16	0.68	67.21	84.55	48.84
90%	50.79	0.71	108.45	92.01	66.18

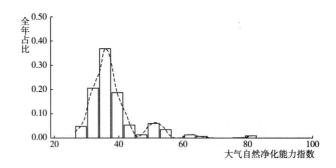

图 1 海南省澄迈县大气自然净化能力指数分布 (ASPI-2019.1.1-2019.12.31)

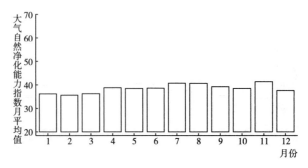

图 2 海南省澄迈县大气自然净化能力指数月均变化 (ASPI-2019.1.1-2019.12.31)

海南省临高县

表 1　海南省临高县大气环境资源概况（2019.1.1-2019.12.31）

指标类型	ASPI	AECI	EE	GCSP	GCO3
平均值	43.31	0.67	85.85	62.33	40.78
标准误	12.18	0.05	67.62	23.24	16.33
最小值	26.43	0.55	19.80	12.00	20.28
最大值	97.90	0.89	648.48	97.65	83.60
样本量（个）	783	783	783	783	783

表 2　海南省临高县大气环境资源分位数（2019.1.1-2019.12.31）

指标类型	ASPI	AECI	EE	GCSP	GCO3
5%	30.67	0.59	20.77	16.03	21.53
10%	31.89	0.60	40.14	26.86	22.45
25%	35.32	0.64	42.31	47.67	24.29
50%	38.82	0.67	66.20	65.71	44.80
75%	50.57	0.70	108.20	82.56	48.49
90%	62.23	0.73	204.17	89.84	64.11

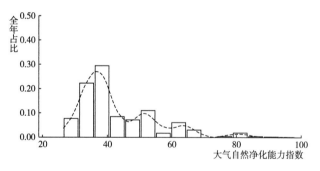

图 1　海南省临高县大气自然净化能力指数分布（ASPI-2019.1.1-2019.12.31）

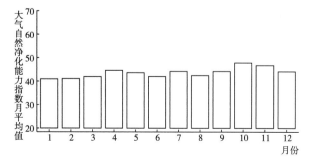

图 2　海南省临高县大气自然净化能力指数月均变化（ASPI-2019.1.1-2019.12.31）

海南省白沙黎族自治县

表 1　海南省白沙黎族自治县大气环境资源概况（2019.1.1-2019.12.31）

指标类型	ASPI	AECI	EE	GCSP	GCO3
平均值	37.68	0.64	54.81	59.30	41.28
标准误	8.63	0.04	42.44	26.26	15.33
最小值	26.63	0.56	19.84	12.82	20.68
最大值	82.03	0.79	342.06	97.64	79.72
样本量（个）	783	783	783	783	783

表 2　海南省白沙黎族自治县大气环境资源分位数（2019.1.1-2019.12.31）

指标类型	ASPI	AECI	EE	GCSP	GCO3
5%	29.03	0.59	20.36	15.54	21.87
10%	30.26	0.59	20.62	22.24	22.76
25%	32.29	0.61	21.38	28.20	24.85
50%	35.48	0.63	42.18	62.44	45.15
75%	39.39	0.67	66.56	83.28	48.86
90%	51.13	0.71	108.84	91.97	64.24

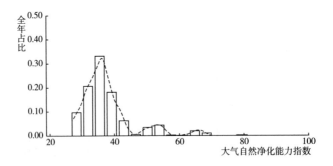

图 1　海南省白沙黎族自治县大气自然净化能力指数分布（ASPI-2019.1.1-2019.12.31）

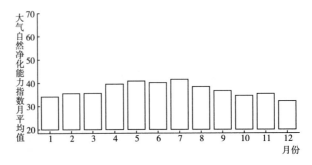

图 2　海南省白沙黎族自治县大气自然净化能力指数月均变化（ASPI-2019.1.1-2019.12.31）

海南省昌江黎族自治县

表 1 海南省昌江黎族自治县大气环境资源概况（2019.1.1−2019.12.31）

指标类型	ASPI	AECI	EE	GCSP	GCO3
平均值	41.08	0.67	73.30	45.59	43.88
标准误	10.13	0.04	51.92	23.17	17.18
最小值	26.53	0.56	19.82	11.32	20.46
最大值	87.32	0.82	361.24	93.96	82.87
样本量（个）	785	785	785	785	785

表 2 海南省昌江黎族自治县大气环境资源分位数（2019.1.1−2019.12.31）

指标类型	ASPI	AECI	EE	GCSP	GCO3
5%	30.97	0.60	21.15	13.72	21.75
10%	32.28	0.62	40.50	14.76	22.64
25%	34.81	0.63	41.80	22.47	24.61
50%	37.82	0.66	65.54	48.69	45.93
75%	42.64	0.69	68.92	66.96	50.44
90%	54.01	0.72	112.10	74.33	65.37

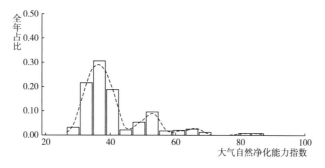

图 1 海南省昌江黎族自治县大气自然净化能力指数分布（ASPI−2019.1.1−2019.12.31）

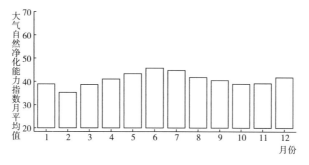

图 2 海南省昌江黎族自治县大气自然净化能力指数月均变化（ASPI−2019.1.1−2019.12.31）

海南省乐东黎族自治县

表1 海南省乐东黎族自治县大气环境资源概况 （2019.1.1-2019.12.31）

指标类型	ASPI	AECI	EE	GCSP	GCO3
平均值	37.91	0.64	56.81	59.29	39.49
标准误	9.54	0.05	48.59	27.55	15.19
最小值	26.61	0.55	19.84	11.85	20.55
最大值	87.89	0.83	363.32	97.51	80.39
样本量（个）	785	785	785	785	785

表2 海南省乐东黎族自治县大气环境资源分位数 （2019.1.1-2019.12.31）

指标类型	ASPI	AECI	EE	GCSP	GCO3
5%	29.63	0.58	20.49	14.76	21.78
10%	30.44	0.59	20.67	15.86	22.63
25%	32.32	0.60	21.30	28.00	24.46
50%	35.34	0.63	42.15	64.19	44.40
75%	39.33	0.67	66.61	84.36	48.31
90%	50.42	0.71	108.03	92.02	63.55

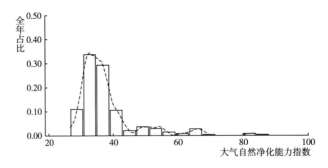

图1 海南省乐东黎族自治县大气自然净化能力指数分布 （ASPI-2019.1.1-2019.12.31）

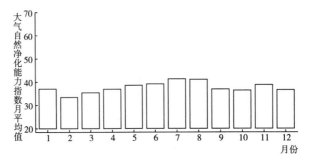

图2 海南省乐东黎族自治县大气自然净化能力指数月均变化 （ASPI-2019.1.1-2019.12.31）

海南省陵水黎族自治县

表 1　海南省陵水黎族自治县大气环境资源概况（2019.1.1-2019.12.31）

指标类型	ASPI	AECI	EE	GCSP	GCO3
平均值	44.38	0.67	96.17	64.44	38.14
标准误	15.36	0.06	91.04	21.56	13.57
最小值	24.72	0.57	19.43	13.73	18.80
最大值	97.07	0.92	760.27	96.51	78.02
样本量（个）	2091	2091	2091	2091	2091

表 2　海南省陵水黎族自治县大气环境资源分位数（2019.1.1-2019.12.31）

指标类型	ASPI	AECI	EE	GCSP	GCO3
5%	29.39	0.59	20.48	27.07	21.03
10%	30.76	0.60	20.85	28.00	21.88
25%	33.53	0.63	41.24	48.77	23.81
50%	37.29	0.66	64.50	69.01	43.73
75%	52.82	0.71	110.75	82.94	47.48
90%	66.93	0.75	214.29	89.78	51.10

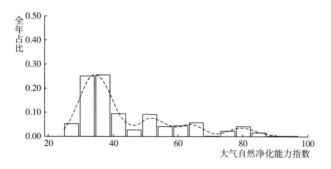

图 1　海南省陵水黎族自治县大气自然净化能力指数分布（ASPI-2019.1.1-2019.12.31）

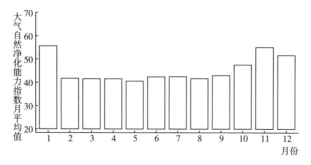

图 2　海南省陵水黎族自治县大气自然净化能力指数月均变化（ASPI-2019.1.1-2019.12.31）

海南省保亭黎族苗族自治县

表 1　海南省保亭黎族苗族自治县大气环境资源概况（2019.1.1—2019.12.31）

指标类型	ASPI	AECI	EE	GCSP	GCO3
平均值	37.72	0.64	55.82	55.34	40.57
标准误	8.20	0.04	38.87	27.32	16.73
最小值	26.45	0.55	19.80	11.11	20.33
最大值	81.21	0.78	293.84	97.61	80.71
样本量（个）	783	783	783	783	783

表 2　海南省保亭黎族苗族自治县大气环境资源分位数（2019.1.1—2019.12.31）

指标类型	ASPI	AECI	EE	GCSP	GCO3
5%	28.12	0.58	20.16	13.74	21.63
10%	30.29	0.59	20.63	15.42	22.53
25%	32.65	0.62	40.74	27.32	24.46
50%	36.08	0.64	42.44	58.94	44.5
75%	39.42	0.67	66.59	80.61	48.88
90%	50.10	0.70	107.67	90.20	64.74

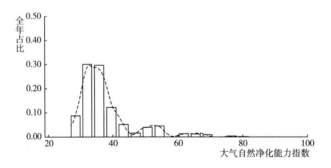

图 1　海南省保亭黎族苗族自治县大气自然净化能力指数分布（ASPI-2019.1.1—2019.12.31）

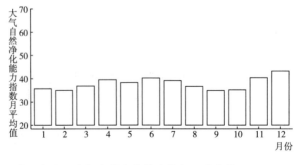

图 2　海南省保亭黎族苗族自治县大气自然净化能力指数月均变化（ASPI-2019.1.1—2019.12.31）

海南省琼中黎族苗族自治县

表 1 海南省琼中黎族苗族自治县大气环境资源概况 (2019. 1. 1–2019. 12. 31)

指标类型	ASPI	AECI	EE	GCSP	GCO3
平均值	37. 64	0. 64	58. 86	64. 17	35. 20
标准误	10. 38	0. 05	51. 78	25. 13	14. 54
最小值	24. 36	0. 55	19. 35	13. 43	18. 34
最大值	91. 31	0. 84	425. 75	96. 46	79. 65
样本量（个）	2091	2091	2091	2091	2091

表 2 海南省琼中黎族苗族自治县大气环境资源分位数 (2019. 1. 1–2019. 12. 31)

指标类型	ASPI	AECI	EE	GCSP	GCO3
5%	27. 30	0. 58	19. 99	16. 03	20. 76
10%	29. 05	0. 59	20. 38	26. 21	21. 60
25%	31. 54	0. 60	39. 66	44. 75	23. 44
50%	34. 88	0. 63	41. 87	72. 53	26. 26
75%	39. 02	0. 67	66. 39	86. 36	46. 83
90%	52. 25	0. 71	110. 11	90. 79	51. 51

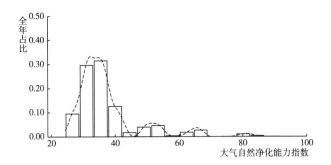

图 1 海南省琼中黎族苗族自治县大气自然净化能力指数分布 (ASPI–2019. 1. 1–2019. 12. 31)

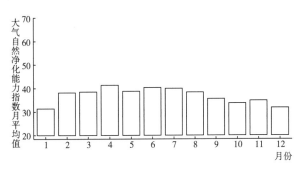

图 2 海南省琼中黎族苗族自治县大气自然净化能力指数月均变化 (ASPI–2019. 1. 1–2019. 12. 31)

重庆市

重庆市万州区

表 1   重庆市万州区大气环境资源概况（2019.1.1-2019.12.31）

指标类型	ASPI	AECI	EE	GCSP	GCO3
平均值	34.15	0.62	49.33	55.35	30.79
标准误	6.43	0.04	27.23	24.37	15.11
最小值	22.54	0.53	18.96	7.22	15.89
最大值	81.54	0.80	294.83	100.00	80.05
样本量（个）	2095	2095	2095	2095	2095

表 2   重庆市万州区大气环境资源分位数（2019.1.1-2019.12.31）

指标类型	ASPI	AECI	EE	GCSP	GCO3
5%	26.04	0.55	19.71	13.77	18.16
10%	27.61	0.57	20.17	15.54	18.99
25%	30.35	0.59	39.78	36.15	20.83
50%	33.35	0.62	41.18	60.67	23.69
75%	36.55	0.65	64.47	75.99	43.12
90%	39.73	0.68	66.91	84.21	49.20

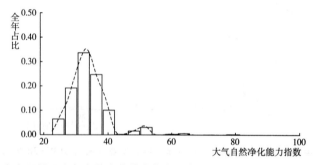

图 1   重庆市万州区大气自然净化能力指数分布（ASPI-2019.1.1-2019.12.31）

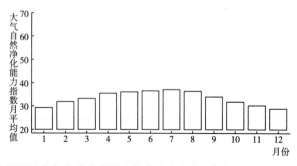

图 2   重庆市万州区大气自然净化能力指数月均变化（ASPI-2019.1.1-2019.12.31）

重庆市涪陵区

表1 重庆市涪陵区大气环境资源概况（2019.1.1—2019.12.31）

指标类型	ASPI	AECI	EE	GCSP	GCO3
平均值	39.02	0.64	70.84	57.94	30.28
标准误	10.06	0.05	56.27	27.11	13.67
最小值	24.99	0.54	19.49	10.56	17.99
最大值	94.66	0.96	763.35	96.30	77.29
样本量（个）	767	767	767	767	767

表2 重庆市涪陵区大气环境资源分位数（2019.1.1—2019.12.31）

指标类型	ASPI	AECI	EE	GCSP	GCO3
5%	29.96	0.57	39.49	13.85	19.11
10%	30.61	0.58	39.90	15.41	20.11
25%	32.98	0.60	41.06	27.78	21.69
50%	35.71	0.63	62.27	62.36	24.56
75%	39.79	0.66	66.95	82.68	28.82
90%	51.74	0.70	109.52	90.79	48.32

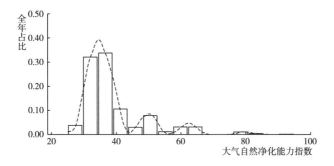

图1 重庆市涪陵区大气自然净化能力指数分布（ASPI-2019.1.1—2019.12.31）

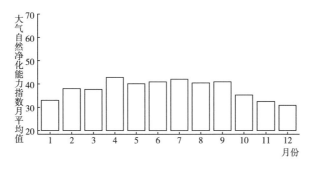

图2 重庆市涪陵区大气自然净化能力指数月均变化（ASPI-2019.1.1—2019.12.31）

重庆市九龙坡区

表 1　重庆市九龙坡区大气环境资源概况（2019.1.1-2019.12.31）

指标类型	ASPI	AECI	EE	GCSP	GCO3
平均值	35.03	0.63	52.97	55.98	30.52
标准误	5.80	0.04	24.75	23.89	14.50
最小值	23.58	0.54	19.18	9.16	16.08
最大值	78.46	0.78	285.55	94.17	79.15
样本量（个）	2119	2119	2119	2119	2119

表 2　重庆市九龙坡区大气环境资源分位数（2019.1.1-2019.12.31）

指标类型	ASPI	AECI	EE	GCSP	GCO3
5%	28.47	0.58	38.74	14.00	18.43
10%	29.56	0.58	39.35	15.86	19.29
25%	31.51	0.60	40.36	41.10	21.06
50%	34.15	0.62	41.73	59.31	23.84
75%	36.80	0.65	64.68	75.71	42.89
90%	39.77	0.68	66.94	86.20	48.38

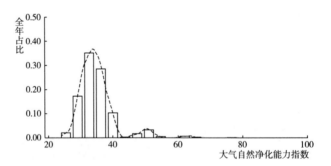

图 1　重庆市九龙坡区大气自然净化能力指数分布（ASPI-2019.1.1-2019.12.31）

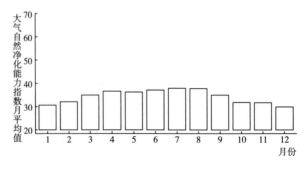

图 2　重庆市九龙坡区大气自然净化能力指数月均变化（ASPI-2019.1.1-2019.12.31）

重庆市北碚区

表1 重庆市北碚区大气环境资源概况（2019.1.1-2019.12.31）

指标类型	ASPI	AECI	EE	GCSP	GCO3
平均值	35.82	0.63	53.83	60.50	31.48
标准误	7.18	0.04	34.03	26.74	14.68
最小值	24.81	0.53	19.45	11.98	18.03
最大值	86.49	0.81	358.25	98.65	79.20
样本量（个）	772	772	772	772	772

表2 重庆市北碚区大气环境资源分位数（2019.1.1-2019.12.31）

指标类型	ASPI	AECI	EE	GCSP	GCO3
5%	28.80	0.57	20.36	14.09	19.17
10%	29.74	0.58	39.33	16.03	20.14
25%	31.70	0.59	40.43	41.18	21.71
50%	34.53	0.62	41.74	64.82	24.72
75%	37.32	0.65	65.03	84.43	44.09
90%	41.65	0.68	68.24	93.48	49.76

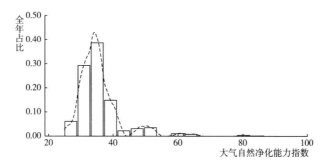

图1 重庆市北碚区大气自然净化能力指数分布（ASPI-2019.1.1-2019.12.31）

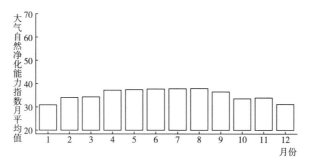

图2 重庆市北碚区大气自然净化能力指数月均变化（ASPI-2019.1.1-2019.12.31）

重庆市綦江区

表 1　重庆市綦江区大气环境资源概况 （2019.1.1~2019.12.31）

指标类型	ASPI	AECI	EE	GCSP	GCO3
平均值	39.36	0.64	72.35	62.11	29.02
标准误	10.82	0.05	63.84	26.81	12.34
最小值	25.72	0.54	19.65	10.78	17.96
最大值	95.89	0.94	704.22	96.45	76.96
样本量（个）	770	770	770	770	770

表 2　重庆市綦江区大气环境资源分位数 （2019.1.1~2019.12.31）

指标类型	ASPI	AECI	EE	GCSP	GCO3
5%	29.64	0.57	39.32	14.46	19.13
10%	30.49	0.58	39.82	15.88	20.13
25%	33.19	0.60	41.13	44.83	21.72
50%	35.84	0.63	62.68	67.08	24.52
75%	40.57	0.66	67.49	86.66	27.27
90%	51.76	0.70	109.54	93.58	47.27

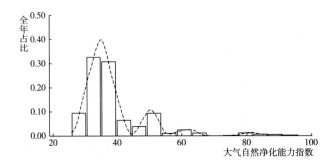

图 1　重庆市綦江区大气自然净化能力指数分布 （ASPI-2019.1.1~2019.12.31）

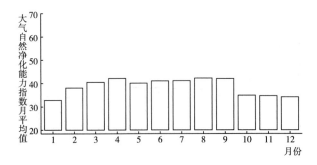

图 2　重庆市綦江区大气自然净化能力指数月均变化 （ASPI-2019.1.1~2019.12.31）

重庆市大足区

表 1　重庆市大足区大气环境资源概况（2019.1.1-2019.12.31）

指标类型	ASPI	AECI	EE	GCSP	GCO3
平均值	46.19	0.66	113.22	61.82	27.26
标准误	14.79	0.06	91.97	26.42	11.05
最小值	23.83	0.54	19.24	10.96	15.79
最大值	98.34	0.90	703.16	96.48	75.98
样本量（个）	2076	2076	2076	2076	2076

表 2　重庆市大足区大气环境资源分位数（2019.1.1-2019.12.31）

指标类型	ASPI	AECI	EE	GCSP	GCO3
5%	30.80	0.58	40.05	15.10	18.25
10%	32.10	0.60	40.77	16.19	19.11
25%	35.03	0.62	62.42	43.50	20.85
50%	39.93	0.66	67.05	67.22	23.52
75%	51.85	0.69	109.65	86.23	26.30
90%	65.09	0.74	210.34	92.13	45.63

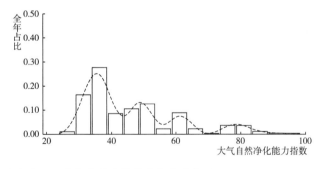

图 1　重庆市大足区大气自然净化能力指数分布（ASPI-2019.1.1-2019.12.31）

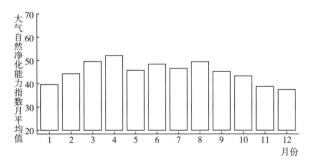

图 2　重庆市大足区大气自然净化能力指数月均变化（ASPI-2019.1.1-2019.12.31）

重庆市渝北区

表 1　重庆市渝北区大气环境资源概况（2019.1.1-2019.12.31）

指标类型	ASPI	AECI	EE	GCSP	GCO3
平均值	42.92	0.65	91.18	58.00	30.01
标准误	12.61	0.05	71.30	25.68	13.14
最小值	25.89	0.54	19.68	11.87	17.92
最大值	98.34	0.88	651.38	97.43	77.21
样本量（个）	777	777	777	777	777

表 2　重庆市渝北区大气环境资源分位数（2019.1.1-2019.12.31）

指标类型	ASPI	AECI	EE	GCSP	GCO3
5%	30.13	0.58	39.69	14.62	19.06
10%	31.60	0.59	40.40	15.88	20.07
25%	34.49	0.62	42.02	39.61	21.66
50%	38.32	0.65	65.94	61.11	24.32
75%	49.78	0.68	107.30	81.00	42.14
90%	61.23	0.72	202.03	89.86	47.94

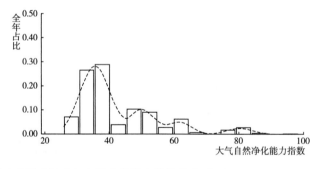

图 1　重庆市渝北区大气自然净化能力指数分布（ASPI-2019.1.1-2019.12.31）

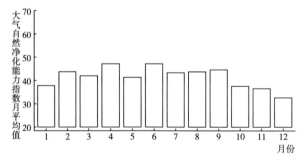

图 2　重庆市渝北区大气自然净化能力指数月均变化（ASPI-2019.1.1-2019.12.31）

重庆市巴南区

表 1 重庆市巴南区大气环境资源概况（2019.1.1-2019.12.31）

指标类型	ASPI	AECI	EE	GCSP	GCO3
平均值	38.52	0.63	67.47	63.87	29.28
标准误	9.38	0.05	47.61	28.45	12.69
最小值	24.85	0.53	19.46	11.42	17.98
最大值	84.13	0.83	349.66	98.67	76.32
样本量（个）	777	777	777	777	777

表 2 重庆市巴南区大气环境资源分位数（2019.1.1-2019.12.31）

指标类型	ASPI	AECI	EE	GCSP	GCO3
5%	29.74	0.57	39.31	14.28	19.06
10%	30.60	0.58	39.88	15.88	20.09
25%	33.17	0.60	41.14	43.58	21.66
50%	35.78	0.63	62.99	68.49	24.50
75%	39.61	0.66	66.83	90.68	27.85
90%	51.03	0.70	108.72	96.69	47.48

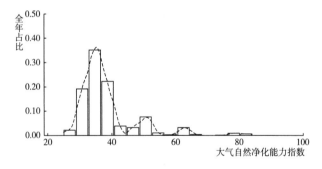

图 1 重庆市巴南区大气自然净化能力指数分布（ASPI-2019.1.1-2019.12.31）

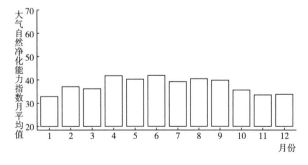

图 2 重庆市巴南区大气自然净化能力指数月均变化（ASPI-2019.1.1-2019.12.31）

重庆市黔江区

表 1　重庆市黔江区大气环境资源概况 （2019.1.1~2019.12.31）

指标类型	ASPI	AECI	EE	GCSP	GCO3
平均值	37.37	0.62	65.07	64.34	25.83
标准误	9.59	0.05	49.45	25.47	9.53
最小值	22.73	0.51	19.00	8.71	12.03
最大值	89.89	0.85	419.66	96.44	74.28
样本量（个）	2075	2075	2075	2075	2075

表 2　重庆市黔江区大气环境资源分位数 （2019.1.1~2019.12.31）

指标类型	ASPI	AECI	EE	GCSP	GCO3
5%	28.51	0.56	38.37	14.93	17.81
10%	29.77	0.57	39.46	22.08	18.75
25%	32.06	0.59	40.63	47.56	20.66
50%	34.66	0.62	42.27	70.27	23.26
75%	38.45	0.65	66.03	86.54	25.59
90%	49.99	0.68	107.55	92.52	45.04

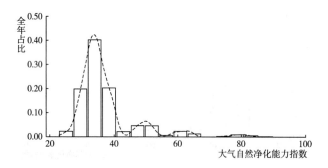

图 1　重庆市黔江区大气自然净化能力指数分布 （ASPI-2019.1.1~2019.12.31）

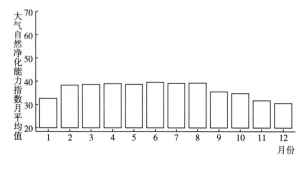

图 2　重庆市黔江区大气自然净化能力指数月均变化 （ASPI-2019.1.1~2019.12.31）

重庆市长寿区

表 1 重庆市长寿区大气环境资源概况（2019.1.1—2019.12.31）

指标类型	ASPI	AECI	EE	GCSP	GCO3
平均值	35.03	0.62	52.84	60.02	29.28
标准误	6.34	0.04	27.36	24.37	13.35
最小值	23.05	0.48	19.07	10.95	15.95
最大值	81.38	0.78	294.35	97.45	78.52
样本量（个）	2072	2072	2072	2072	2072

表 2 重庆市长寿区大气环境资源分位数（2019.1.1—2019.12.31）

指标类型	ASPI	AECI	EE	GCSP	GCO3
5%	27.50	0.57	20.15	14.24	18.28
10%	29.05	0.58	21.05	21.60	19.14
25%	31.26	0.59	40.22	44.83	20.93
50%	34.05	0.62	41.73	63.97	23.69
75%	37.03	0.65	64.88	80.93	28.27
90%	40.55	0.67	67.48	88.94	47.39

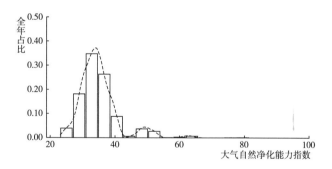

图 1 重庆市长寿区大气自然净化能力指数分布（ASPI-2019.1.1—2019.12.31）

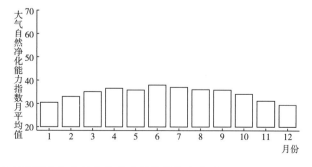

图 2 重庆市长寿区大气自然净化能力指数月均变化（ASPI-2019.1.1—2019.12.31）

重庆市江津区

表 1　重庆市江津区大气环境资源概况（2019.1.1-2019.12.31）

指标类型	ASPI	AECI	EE	GCSP	GCO3
平均值	35.50	0.63	55.01	58.38	30.12
标准误	6.98	0.04	33.14	24.44	14.39
最小值	22.81	0.54	19.02	9.81	16.11
最大值	92.41	0.85	612.09	94.19	80.91
样本量（个）	2076	2076	2076	2076	2076

表 2　重庆市江津区大气环境资源分位数（2019.1.1-2019.12.31）

指标类型	ASPI	AECI	EE	GCSP	GCO3
5%	27.93	0.57	20.20	14.01	18.47
10%	29.08	0.58	20.74	16.02	19.33
25%	31.24	0.60	40.20	42.50	21.08
50%	34.40	0.63	42.03	62.52	23.84
75%	37.58	0.65	65.34	79.51	41.94
90%	41.29	0.68	67.99	86.82	47.96

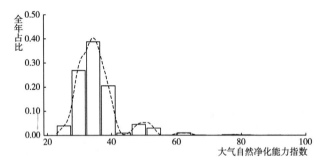

图 1　重庆市江津区大气自然净化能力指数分布（ASPI-2019.1.1-2019.12.31）

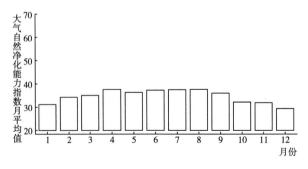

图 2　重庆市江津区大气自然净化能力指数月均变化（ASPI-2019.1.1-2019.12.31）

重庆市合川区

表1 重庆市合川区大气环境资源概况（2019.1.1-2019.12.31）

指标类型	ASPI	AECI	EE	GCSP	GCO3
平均值	41.98	0.65	89.28	62.61	28.30
标准误	12.42	0.05	71.19	25.62	12.28
最小值	23.48	0.53	19.16	11.45	15.88
最大值	96.52	0.99	904.91	96.53	76.78
样本量（个）	2075	2075	2075	2075	2075

表2 重庆市合川区大气环境资源分位数（2019.1.1-2019.12.31）

指标类型	ASPI	AECI	EE	GCSP	GCO3
5%	29.41	0.58	39.29	15.23	18.27
10%	31.01	0.59	40.13	16.31	19.14
25%	33.65	0.62	41.91	46.26	20.83
50%	37.30	0.65	65.18	67.30	23.57
75%	48.64	0.68	106.01	85.18	27.04
90%	60.85	0.72	201.20	92.11	46.47

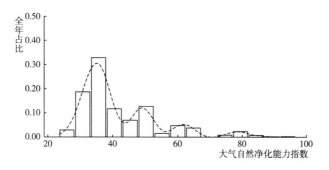

图1 重庆市合川区大气自然净化能力指数分布（ASPI-2019.1.1-2019.12.31）

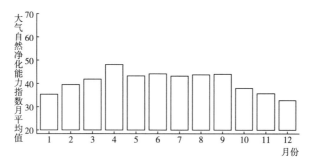

图2 重庆市合川区大气自然净化能力指数月均变化（ASPI-2019.1.1-2019.12.31）

重庆市永川区

表 1　重庆市永川区大气环境资源概况（2019.1.1-2019.12.31）

指标类型	ASPI	AECI	EE	GCSP	GCO3
平均值	38.64	0.64	67.59	61.37	30.31
标准误	9.26	0.04	46.08	27.08	13.20
最小值	25.13	0.54	19.52	12.49	18.06
最大值	86.16	0.81	357.05	98.65	77.84
样本量（个）	773	773	773	773	773

表 2　重庆市永川区大气环境资源分位数（2019.1.1-2019.12.31）

指标类型	ASPI	AECI	EE	GCSP	GCO3
5%	29.41	0.57	39.29	14.75	19.17
10%	30.30	0.58	39.78	16.05	20.17
25%	32.79	0.60	40.92	43.34	21.73
50%	35.73	0.63	62.28	65.60	24.67
75%	39.93	0.66	67.05	84.89	43.14
90%	51.75	0.70	109.54	94.45	47.73

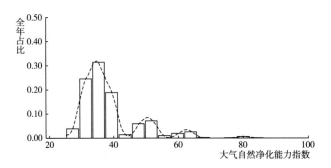

图 1　重庆市永川区大气自然净化能力指数分布（ASPI-2019.1.1-2019.12.31）

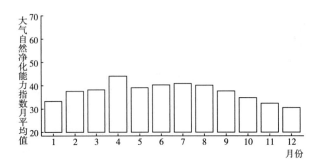

图 2　重庆市永川区大气自然净化能力指数月均变化（ASPI-2019.1.1-2019.12.31）

重庆市南川区

表1　重庆市南川区大气环境资源概况（2019.1.1—2019.12.31）

指标类型	ASPI	AECI	EE	GCSP	GCO3
平均值	44.56	0.65	105.39	61.83	28.09
标准误	16.77	0.07	111.47	28.37	10.97
最小值	24.95	0.53	19.48	9.39	15.11
最大值	98.96	0.94	826.56	98.66	75.19
样本量（个）	770	770	770	770	770

表2　重庆市南川区大气环境资源分位数（2019.1.1—2019.12.31）

指标类型	ASPI	AECI	EE	GCSP	GCO3
5%	29.20	0.57	20.55	14.44	19.06
10%	30.46	0.57	39.69	16.02	20.02
25%	33.36	0.60	41.20	43.39	21.66
50%	37.25	0.64	64.93	62.17	24.27
75%	51.17	0.68	108.88	90.82	26.60
90%	78.08	0.74	284.40	97.40	46.58

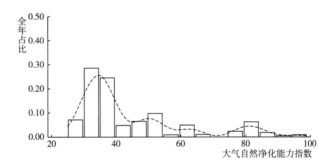

图1　重庆市南川区大气自然净化能力指数分布（ASPI-2019.1.1—2019.12.31）

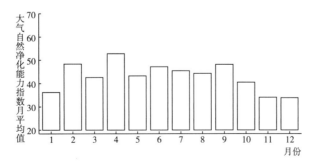

图2　重庆市南川区大气自然净化能力指数月均变化（ASPI-2019.1.1—2019.12.31）

重庆市璧山区

表1　重庆市璧山区大气环境资源概况（2019.1.1-2019.12.31）

指标类型	ASPI	AECI	EE	GCSP	GCO3
平均值	37.04	0.63	59.80	56.56	30.91
标准误	7.29	0.04	35.00	26.09	14.09
最小值	24.89	0.54	19.47	11.48	18.04
最大值	81.80	0.79	341.23	97.58	78.27
样本量（个）	768	768	768	768	768

表2　重庆市璧山区大气环境资源分位数（2019.1.1-2019.12.31）

指标类型	ASPI	AECI	EE	GCSP	GCO3
5%	29.33	0.57	39.25	14.10	19.21
10%	30.48	0.58	39.79	15.42	20.16
25%	33.09	0.60	41.07	27.8	21.73
50%	35.39	0.63	42.78	60.67	24.65
75%	38.57	0.66	66.11	79.42	43.66
90%	47.44	0.68	104.65	88.59	48.84

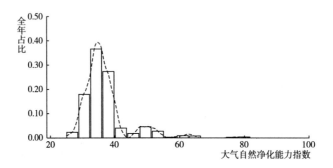

图1　重庆市璧山区大气自然净化能力指数分布（ASPI-2019.1.1-2019.12.31）

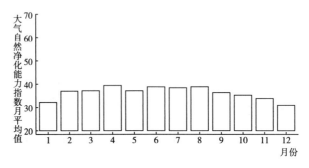

图2　重庆市璧山区大气自然净化能力指数月均变化（ASPI-2019.1.1-2019.12.31）

重庆市铜梁区

表 1　重庆市铜梁区大气环境资源概况（2019.1.1-2019.12.31）

指标类型	ASPI	AECI	EE	GCSP	GCO3
平均值	39.40	0.64	72.27	65.18	30.51
标准误	10.05	0.05	54.43	29.52	13.45
最小值	24.93	0.54	19.47	12.04	17.95
最大值	95.26	0.86	699.57	98.66	77.37
样本量（个）	772	772	772	772	772

表 2　重庆市铜梁区大气环境资源分位数（2019.1.1-2019.12.31）

指标类型	ASPI	AECI	EE	GCSP	GCO3
5%	29.58	0.58	39.29	14.78	19.14
10%	30.72	0.58	39.91	16.30	20.11
25%	33.71	0.61	41.46	43.35	21.66
50%	36.49	0.64	64.33	70.66	24.63
75%	40.24	0.67	67.26	95.60	43.39
90%	51.35	0.70	109.09	97.57	48.08

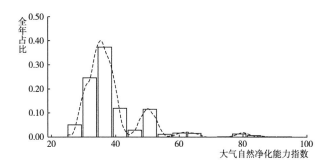

图 1　重庆市铜梁区大气自然净化能力指数分布（ASPI-2019.1.1-2019.12.31）

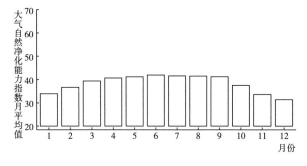

图 2　重庆市铜梁区大气自然净化能力指数月均变化（ASPI-2019.1.1-2019.12.31）

重庆市潼南区

表1　重庆市潼南区大气环境资源概况（2019.1.1-2019.12.31）

指标类型	ASPI	AECI	EE	GCSP	GCO3
平均值	43.25	0.65	93.16	61.18	30.08
标准误	12.85	0.05	74.20	27.39	13.45
最小值	24.79	0.54	19.44	11.23	17.85
最大值	95.65	0.91	702.48	98.64	79.04
样本量（个）	774	774	774	774	774

表2　重庆市潼南区大气环境资源分位数（2019.1.1-2019.12.31）

指标类型	ASPI	AECI	EE	GCSP	GCO3
5%	30.91	0.58	40.05	14.77	18.94
10%	32.58	0.60	40.81	16.01	20.01
25%	34.58	0.62	42.36	41.28	21.54
50%	37.84	0.65	65.61	66.99	24.44
75%	49.14	0.68	106.57	86.08	42.37
90%	62.83	0.72	205.48	94.30	47.83

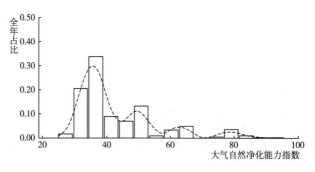

图1　重庆市潼南区大气自然净化能力指数分布（ASPI-2019.1.1-2019.12.31）

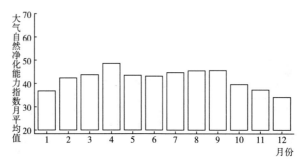

图2　重庆市潼南区大气自然净化能力指数月均变化（ASPI-2019.1.1-2019.12.31）

重庆市荣昌区

表1 重庆市荣昌区大气环境资源概况（2019.1.1–2019.12.31）

指标类型	ASPI	AECI	EE	GCSP	GCO3
平均值	35.85	0.63	53.49	62.04	30.38
标准误	6.24	0.04	27.83	26.17	13.12
最小值	25.12	0.54	19.51	11.84	18.03
最大值	84.32	0.77	350.36	97.65	76.83
样本量（个）	770	770	770	770	770

表2 重庆市荣昌区大气环境资源分位数（2019.1.1–2019.12.31）

指标类型	ASPI	AECI	EE	GCSP	GCO3
5%	29.32	0.57	21.39	14.59	19.27
10%	30.26	0.58	39.71	21.52	20.12
25%	32.42	0.60	40.74	43.70	21.75
50%	34.78	0.62	41.91	66.97	24.70
75%	37.35	0.65	65.07	84.99	42.95
90%	41.09	0.67	67.85	92.17	47.92

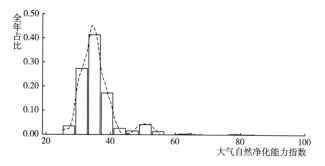

图1 重庆市荣昌区大气自然净化能力指数分布（ASPI–2019.1.1–2019.12.31）

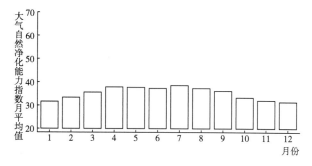

图2 重庆市荣昌区大气自然净化能力指数月均变化（ASPI–2019.1.1–2019.12.31）

重庆市开州区

表 1 重庆市开州区大气环境资源概况 (2019.1.1-2019.12.31)

指标类型	ASPI	AECI	EE	GCSP	GCO3
平均值	34.17	0.62	46.71	54.44	32.60
标准误	5.87	0.04	25.68	26.66	16.08
最小值	24.55	0.54	19.39	10.54	17.85
最大值	79.43	0.77	288.48	96.47	80.94
样本量（个）	776	776	776	776	776

表 2 重庆市开州区大气环境资源分位数 (2019.1.1-2019.12.31)

指标类型	ASPI	AECI	EE	GCSP	GCO3
5%	27.13	0.56	19.95	13.02	18.81
10%	28.59	0.57	20.37	14.08	19.76
25%	30.67	0.58	39.89	26.43	21.48
50%	33.44	0.62	41.21	59.28	24.45
75%	36.01	0.64	42.93	77.62	44.88
90%	39.36	0.67	66.65	87.87	59.89

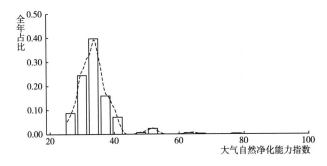

图 1 重庆市开州区大气自然净化能力指数分布 (ASPI-2019.1.1-2019.12.31)

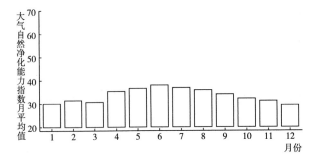

图 2 重庆市开州区大气自然净化能力指数月均变化 (ASPI-2019.1.1-2019.12.31)

重庆市梁平区

表 1　重庆市梁平区大气环境资源概况（2019.1.1－2019.12.31）

指标类型	ASPI	AECI	EE	GCSP	GCO3
平均值	37.07	0.63	63.87	63.76	27.80
标准误	8.40	0.04	39.04	24.78	12.33
最小值	22.75	0.53	19.00	10.10	13.81
最大值	85.65	0.81	355.18	96.25	77.10
样本量（个）	2119	2119	2119	2119	2119

表 2　重庆市梁平区大气环境资源分位数（2019.1.1－2019.12.31）

指标类型	ASPI	AECI	EE	GCSP	GCO3
5%	28.48	0.57	38.96	15.22	18.01
10%	29.54	0.57	39.47	22.86	18.82
25%	32.07	0.60	40.66	47.45	20.69
50%	35.12	0.63	62.82	70.70	23.27
75%	38.52	0.66	66.07	85.05	26.10
90%	49.67	0.69	107.18	90.48	46.47

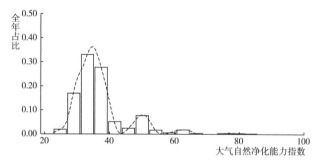

图 1　重庆市梁平区大气自然净化能力指数分布（ASPI-2019.1.1－2019.12.31）

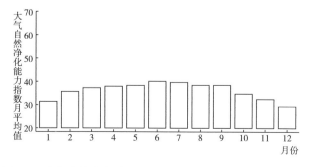

图 2　重庆市梁平区大气自然净化能力指数月均变化（ASPI-2019.1.1－2019.12.31）

重庆市武隆区

表 1　重庆市武隆区大气环境资源概况（2019.1.1-2019.12.31）

指标类型	ASPI	AECI	EE	GCSP	GCO3
平均值	39.58	0.63	77.10	62.80	29.59
标准误	13.99	0.06	89.66	28.31	13.08
最小值	24.85	0.53	19.46	11.43	17.89
最大值	96.61	1.00	909.62	98.67	76.70
样本量（个）	769	769	769	769	769

表 2　重庆市武隆区大气环境资源分位数（2019.1.1-2019.12.31）

指标类型	ASPI	AECI	EE	GCSP	GCO3
5%	28.68	0.56	20.28	14.60	19.11
10%	29.99	0.57	39.26	15.87	20.06
25%	32.27	0.60	40.68	42.32	21.69
50%	34.84	0.62	41.90	67.30	24.36
75%	38.72	0.65	66.21	89.72	27.53
90%	61.67	0.72	202.97	96.32	47.56

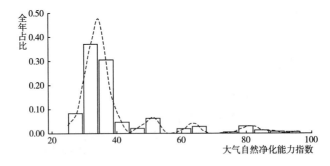

图 1　重庆市武隆区大气自然净化能力指数分布（ASPI-2019.1.1-2019.12.31）

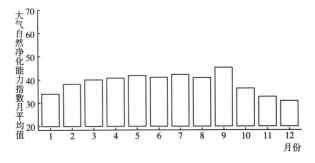

图 2　重庆市武隆区大气自然净化能力指数月均变化（ASPI-2019.1.1-2019.12.31）

重庆市城口县

表1 重庆市城口县大气环境资源概况 (2019.1.1–2019.12.31)

指标类型	ASPI	AECI	EE	GCSP	GCO3
平均值	33.94	0.60	45.88	57.56	26.20
标准误	5.27	0.04	21.80	25.53	9.98
最小值	24.39	0.52	19.36	8.00	13.80
最大值	65.98	0.75	212.26	95.96	75.78
样本量（个）	772	772	772	772	772

表2 重庆市城口县大气环境资源分位数 (2019.1.1–2019.12.31)

指标类型	ASPI	AECI	EE	GCSP	GCO3
5%	27.00	0.55	19.92	13.21	18.21
10%	28.87	0.56	20.66	14.58	19.15
25%	30.69	0.57	39.96	40.82	21.00
50%	33.30	0.61	41.16	63.21	23.60
75%	35.61	0.63	42.34	79.11	25.56
90%	39.03	0.66	66.43	86.74	45.11

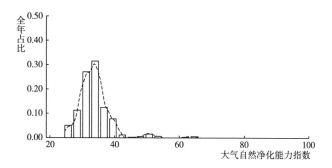

图1 重庆市城口县大气自然净化能力指数分布 (ASPI-2019.1.1–2019.12.31)

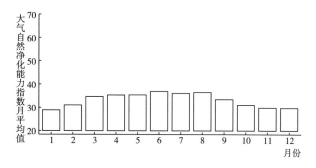

图2 重庆市城口县大气自然净化能力指数月均变化 (ASPI-2019.1.1–2019.12.31)

重庆市丰都县

表 1　重庆市丰都县大气环境资源概况（2019.1.1—2019.12.31）

指标类型	ASPI	AECI	EE	GCSP	GCO3
平均值	36.25	0.63	59.31	58.01	30.25
标准误	9.00	0.05	45.50	26.44	14.46
最小值	22.68	0.54	18.99	9.17	16.03
最大值	87.63	0.87	410.01	97.58	79.82
样本量（个）	2074	2074	2074	2074	2074

表 2　重庆市丰都县大气环境资源分位数（2019.1.1—2019.12.31）

指标类型	ASPI	AECI	EE	GCSP	GCO3
5%	27.84	0.57	20.21	14.13	18.35
10%	28.88	0.58	38.79	15.57	19.18
25%	31.19	0.60	40.19	38.27	20.97
50%	34.11	0.62	41.68	62.34	23.80
75%	37.66	0.65	65.38	80.87	42.38
90%	48.98	0.69	106.40	90.51	48.48

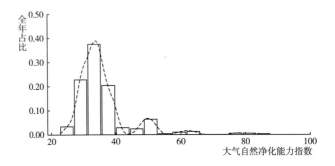

图 1　重庆市丰都县大气自然净化能力指数分布（ASPI-2019.1.1—2019.12.31）

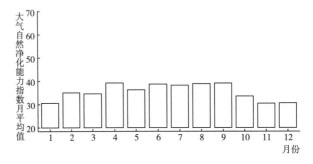

图 2　重庆市丰都县大气自然净化能力指数月均变化（ASPI-2019.1.1—2019.12.31）

重庆市垫江县

表1 重庆市垫江县大气环境资源概况（2019.1.1~2019.12.31）

指标类型	ASPI	AECI	EE	GCSP	GCO3
平均值	36.72	0.63	58.40	65.13	29.75
标准误	8.26	0.05	38.39	25.70	13.10
最小值	24.73	0.53	19.43	12.32	17.78
最大值	81.81	0.78	295.65	98.66	76.58
样本量（个）	768	768	768	768	768

表2 重庆市垫江县大气环境资源分位数（2019.1.1~2019.12.31）

指标类型	ASPI	AECI	EE	GCSP	GCO3
5%	26.89	0.55	19.90	15.41	18.90
10%	29.13	0.57	20.50	22.64	19.89
25%	31.91	0.59	40.52	47.74	21.55
50%	34.97	0.62	42.10	70.99	24.22
75%	38.70	0.65	66.19	88.18	28.60
90%	49.40	0.69	106.87	93.68	47.53

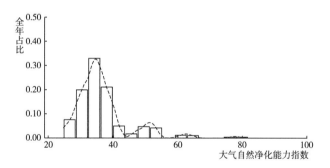

图1 重庆市垫江县大气自然净化能力指数分布（ASPI-2019.1.1~2019.12.31）

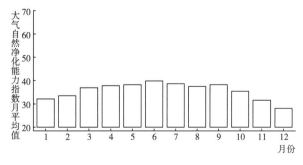

图2 重庆市垫江县大气自然净化能力指数月均变化（ASPI-2019.1.1~2019.12.31）

重庆市忠县

表 1   重庆市忠县大气环境资源概况（2019.1.1-2019.12.31）

指标类型	ASPI	AECI	EE	GCSP	GCO3
平均值	36.38	0.63	57.13	61.94	30.68
标准误	7.37	0.04	37.43	27.52	14.21
最小值	24.69	0.53	19.42	10.57	17.95
最大值	88.05	0.84	411.79	97.62	78.22
样本量（个）	768	768	768	768	768

表 2   重庆市忠县大气环境资源分位数（2019.1.1-2019.12.31）

指标类型	ASPI	AECI	EE	GCSP	GCO3
5%	29.22	0.57	20.92	14.13	19.00
10%	30.16	0.58	39.61	15.89	19.99
25%	32.48	0.60	40.78	42.48	21.61
50%	34.77	0.62	41.99	65.84	24.45
75%	38.01	0.65	65.72	88.44	42.84
90%	45.20	0.68	102.11	94.07	49.90

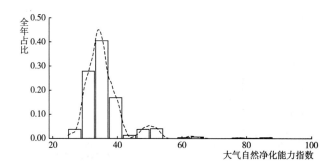

图 1   重庆市忠县大气自然净化能力指数分布（ASPI-2019.1.1-2019.12.31）

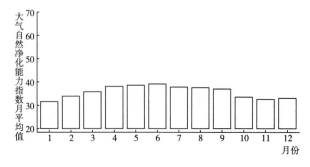

图 2   重庆市忠县大气自然净化能力指数月均变化（ASPI-2019.1.1-2019.12.31）

重庆市云阳县

表 1　重庆市云阳县大气环境资源概况（2019.1.1—2019.12.31）

指标类型	ASPI	AECI	EE	GCSP	GCO3
平均值	37.36	0.64	62.27	52.70	31.96
标准误	7.73	0.04	38.80	27.25	15.56
最小值	25.73	0.54	19.65	11.64	17.90
最大值	86.65	0.80	358.80	96.46	79.77
样本量（个）	772	772	772	772	772

表 2　重庆市云阳县大气环境资源分位数（2019.1.1—2019.12.31）

指标类型	ASPI	AECI	EE	GCSP	GCO3
5%	29.85	0.58	39.57	13.18	18.92
10%	30.71	0.58	40.01	14.27	19.83
25%	33.03	0.61	41.10	26.54	21.56
50%	35.19	0.63	42.74	54.59	24.49
75%	38.80	0.66	66.28	77.85	44.29
90%	48.52	0.69	105.88	88.22	59.62

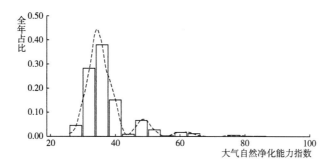

图 1　重庆市云阳县大气自然净化能力指数分布（ASPI-2019.1.1—2019.12.31）

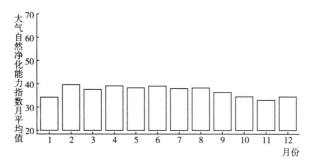

图 2　重庆市云阳县大气自然净化能力指数月均变化（ASPI-2019.1.1—2019.12.31）

重庆市奉节县

表1 重庆市奉节县大气环境资源概况（2019.1.1-2019.12.31）

指标类型	ASPI	AECI	EE	GCSP	GCO3
平均值	39.45	0.64	77.41	47.11	30.94
标准误	11.56	0.05	64.84	25.39	15.53
最小值	22.54	0.53	18.96	8.81	15.82
最大值	94.17	0.88	623.79	96.47	82.90
样本量（个）	2116	2116	2116	2116	2116

表2 重庆市奉节县大气环境资源分位数（2019.1.1-2019.12.31）

指标类型	ASPI	AECI	EE	GCSP	GCO3
5%	28.47	0.57	20.86	12.81	18.17
10%	29.88	0.58	39.51	13.91	18.96
25%	32.42	0.61	40.90	22.27	20.77
50%	35.55	0.64	63.67	48.93	23.59
75%	40.75	0.67	67.62	68.73	43.14
90%	53.04	0.71	111.00	82.27	49.54

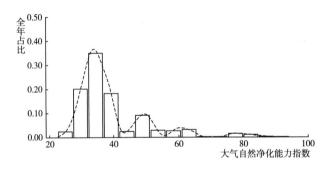

图1 重庆市奉节县大气自然净化能力指数分布（ASPI-2019.1.1-2019.12.31）

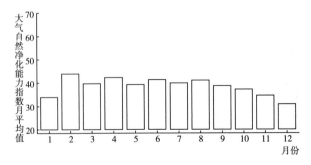

图2 重庆市奉节县大气自然净化能力指数月均变化（ASPI-2019.1.1-2019.12.31）

重庆市巫山县

表1 重庆市巫山县大气环境资源概况（2019.1.1–2019.12.31）

指标类型	ASPI	AECI	EE	GCSP	GCO3
平均值	47.84	0.67	119.28	48.03	29.68
标准误	15.25	0.06	91.93	27.17	13.38
最小值	24.94	0.53	19.48	10.32	15.92
最大值	94.45	0.87	682.85	98.66	78.61
样本量（个）	769	769	769	769	769

表2 重庆市巫山县大气环境资源分位数（2019.1.1–2019.12.31）

指标类型	ASPI	AECI	EE	GCSP	GCO3
5%	31.22	0.58	40.20	13.21	18.71
10%	32.77	0.60	40.95	14.11	19.52
25%	35.54	0.62	63.42	21.84	21.32
50%	45.20	0.66	102.11	47.97	24.19
75%	57.92	0.70	194.90	70.61	28.18
90%	75.53	0.75	276.73	87.01	48.32

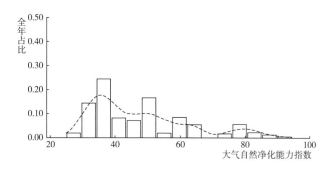

图1 重庆市巫山县大气自然净化能力指数分布（ASPI–2019.1.1–2019.12.31）

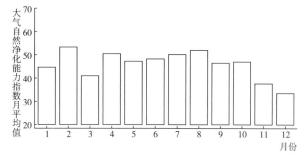

图2 重庆市巫山县大气自然净化能力指数月均变化（ASPI–2019.1.1–2019.12.31）

重庆市巫溪县

表 1　重庆市巫溪县大气环境资源概况（2019.1.1~2019.12.31）

指标类型	ASPI	AECI	EE	GCSP	GCO3
平均值	35.27	0.62	53.71	53.12	30.58
标准误	8.32	0.04	53.33	27.70	14.67
最小值	24.48	0.53	19.38	9.86	17.63
最大值	95.01	0.86	629.36	98.65	80.24
样本量（个）	772	772	772	772	772

表 2　重庆市巫溪县大气环境资源分位数（2019.1.1~2019.12.31）

指标类型	ASPI	AECI	EE	GCSP	GCO3
5%	28.27	0.56	20.20	12.80	18.57
10%	29.53	0.57	39.08	13.72	19.65
25%	31.25	0.59	40.19	22.87	21.35
50%	34.02	0.62	41.53	57.65	24.04
75%	36.14	0.64	42.94	77.10	42.92
90%	39.36	0.67	66.66	88.84	48.91

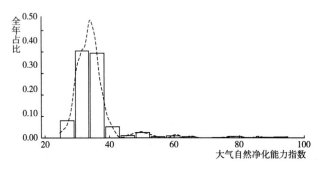

图 1　重庆市巫溪县大气自然净化能力指数分布（ASPI-2019.1.1~2019.12.31）

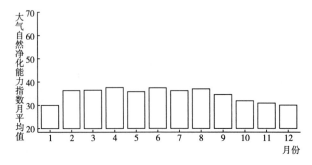

图 2　重庆市巫溪县大气自然净化能力指数月均变化（ASPI-2019.1.1~2019.12.31）

重庆市石柱土家族自治县

表 1　重庆市石柱土家族自治县大气环境资源概况（2019.1.1-2019.12.31）

指标类型	ASPI	AECI	EE	GCSP	GCO3
平均值	38.96	0.63	71.74	55.61	28.48
标准误	11.69	0.05	67.16	25.87	11.94
最小值	24.78	0.53	19.44	9.80	14.78
最大值	96.13	0.87	636.79	96.41	76.20
样本量（个）	773	773	773	773	773

表 2　重庆市石柱土家族自治县大气环境资源分位数（2019.1.1-2019.12.31）

指标类型	ASPI	AECI	EE	GCSP	GCO3
5%	28.94	0.56	20.75	14.08	18.93
10%	30.17	0.57	39.51	15.57	19.90
25%	32.61	0.60	40.83	28.01	21.56
50%	35.31	0.62	42.23	59.28	24.10
75%	39.26	0.66	66.59	77.83	26.49
90%	52.76	0.70	110.68	88.53	47.36

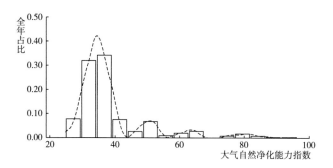

图 1　重庆市石柱土家族自治县大气自然净化能力指数分布（ASPI-2019.1.1-2019.12.31）

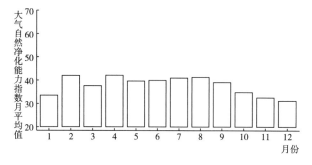

图 2　重庆市石柱土家族自治县大气自然净化能力指数月均变化（ASPI-2019.1.1-2019.12.31）

重庆市秀山土家族苗族自治县

表 1　重庆市秀山土家族苗族自治县大气环境资源概况（2019.1.1-2019.12.31）

指标类型	ASPI	AECI	EE	GCSP	GCO3
平均值	42.22	0.64	86.60	67.46	28.10
标准误	11.97	0.05	71.69	29.30	11.08
最小值	24.99	0.51	19.49	11.50	14.28
最大值	97.64	0.99	857.69	100.00	75.24
样本量（个）	766	766	766	766	766

表 2　重庆市秀山土家族苗族自治县大气环境资源分位数（2019.1.1-2019.12.31）

指标类型	ASPI	AECI	EE	GCSP	GCO3
5%	30.17	0.56	39.48	15.07	19.01
10%	31.35	0.58	40.19	16.03	19.77
25%	34.20	0.61	41.86	45.13	21.69
50%	38.14	0.64	65.81	77.06	24.29
75%	49.17	0.67	106.61	94.20	26.56
90%	59.36	0.71	197.99	98.01	46.68

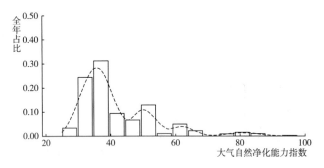

图 1　重庆市秀山土家族苗族自治县大气自然净化能力指数分布（ASPI-2019.1.1-2019.12.31）

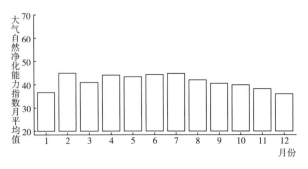

图 2　重庆市秀山土家族苗族自治县大气自然净化能力指数月均变化（ASPI-2019.1.1-2019.12.31）

重庆市酉阳土家族苗族自治县

表 1 重庆市酉阳土家族苗族自治县大气环境资源概况（2019.1.1-2019.12.31）

指标类型	ASPI	AECI	EE	GCSP	GCO3
平均值	38.18	0.62	68.22	67.47	25.02
标准误	9.99	0.05	52.98	25.57	8.26
最小值	22.80	0.51	19.01	10.00	12.05
最大值	95.03	1.00	903.19	98.67	62.70
样本量（个）	2119	2119	2119	2119	2119

表 2 重庆市酉阳土家族苗族自治县大气环境资源分位数（2019.1.1-2019.12.31）

指标类型	ASPI	AECI	EE	GCSP	GCO3
5%	28.27	0.55	20.43	15.10	17.37
10%	29.66	0.56	39.15	23.05	18.64
25%	32.19	0.59	40.68	50.67	20.66
50%	35.16	0.62	62.14	75.50	23.26
75%	39.53	0.65	66.77	88.41	25.35
90%	51.55	0.68	109.31	94.13	42.64

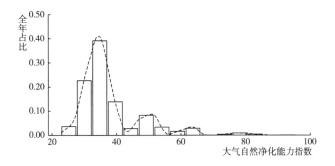

图 1 重庆市酉阳土家族苗族自治县大气自然净化能力指数分布（ASPI-2019.1.1-2019.12.31）

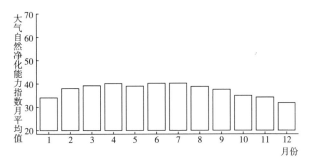

图 2 重庆市酉阳土家族苗族自治县大气自然净化能力指数月均变化（ASPI-2019.1.1-2019.12.31）

重庆市彭水苗族土家族自治县

表1 重庆市彭水苗族土家族自治县大气环境资源概况 （2019.1.1-2019.12.31）

指标类型	ASPI	AECI	EE	GCSP	GCO3
平均值	32.55	0.60	36.74	59.05	30.45
标准误	4.05	0.04	15.43	24.27	14.10
最小值	24.89	0.53	19.47	10.78	17.92
最大值	63.26	0.75	206.39	94.18	77.72
样本量（个）	767	767	767	767	767

表2 重庆市彭水苗族土家族自治县大气环境资源分位数 （2019.1.1-2019.12.31）

指标类型	ASPI	AECI	EE	GCSP	GCO3
5%	26.40	0.54	19.79	13.42	19.13
10%	27.42	0.56	20.01	21.64	20.03
25%	29.91	0.58	20.67	43.59	21.70
50%	32.48	0.60	40.77	62.70	24.43
75%	35.13	0.63	41.96	79.12	41.85
90%	37.13	0.65	43.02	88.41	48.35

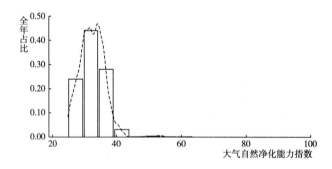

图1 重庆市彭水苗族土家族自治县大气自然净化能力指数分布 （ASPI-2019.1.1-2019.12.31）

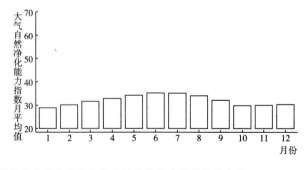

图2 重庆市彭水苗族土家族自治县大气自然净化能力指数月均变化 （ASPI-2019.1.1-2019.12.31）

四川省

四川省成都市

表 1　四川省成都市大气环境资源概况（2019.1.1–2019.12.31）

指标类型	ASPI	AECI	EE	GCSP	GCO3
平均值	34.31	0.61	47.16	61.40	27.93
标准误	5.40	0.04	22.91	27.45	10.79
最小值	24.69	0.52	19.42	11.16	14.19
最大值	78.26	0.75	284.95	100.00	75.18
样本量（个）	817	817	817	817	817

表 2　四川省成都市大气环境资源分位数（2019.1.1–2019.12.31）

指标类型	ASPI	AECI	EE	GCSP	GCO3
5%	26.73	0.55	19.86	14.43	18.91
10%	28.73	0.57	20.34	21.66	19.94
25%	30.93	0.59	40.04	40.98	21.59
50%	34.03	0.62	41.50	64.33	24.02
75%	36.68	0.64	64.04	86.31	26.31
90%	39.57	0.66	66.80	95.91	46.39

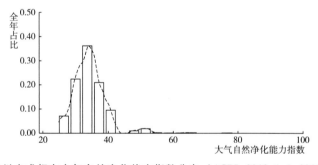

图 1　四川省成都市大气自然净化能力指数分布（ASPI–2019.1.1–2019.12.31）

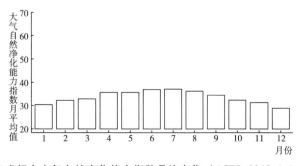

图 2　四川省成都市大气自然净化能力指数月均变化（ASPI–2019.1.1–2019.12.31）

四川省自贡市

表 1　四川省自贡市大气环境资源概况（2019.1.1-2019.12.31）

指标类型	ASPI	AECI	EE	GCSP	GCO3
平均值	36.52	0.63	56.59	60.24	30.28
标准误	6.38	0.04	26.70	27.34	12.81
最小值	24.93	0.53	19.47	12.05	18.08
最大值	81.27	0.79	294.03	98.67	76.60
样本量（个）	778	778	778	778	778

表 2　四川省自贡市大气环境资源分位数（2019.1.1-2019.12.31）

指标类型	ASPI	AECI	EE	GCSP	GCO3
5%	29.29	0.57	39.29	13.99	19.17
10%	30.39	0.58	39.80	15.56	20.20
25%	32.76	0.60	40.91	41.07	21.76
50%	35.10	0.63	42.23	63.91	24.67
75%	38.59	0.65	66.12	84.31	43.04
90%	46.82	0.68	103.95	95.52	48.09

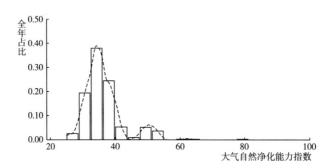

图 1　四川省自贡市大气自然净化能力指数分布（ASPI-2019.1.1-2019.12.31）

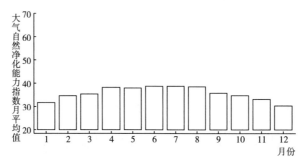

图 2　四川省自贡市大气自然净化能力指数月均变化（ASPI-2019.1.1-2019.12.31）

四川省攀枝花市

表 1　四川省攀枝花市大气环境资源概况（2019.1.1–2019.12.31）

指标类型	ASPI	AECI	EE	GCSP	GCO3
平均值	38.84	0.65	71.25	31.46	33.32
标准误	11.50	0.05	63.19	28.19	15.69
最小值	23.20	0.54	19.10	5.39	16.81
最大值	96.00	0.95	756.36	98.63	81.90
样本量（个）	2090	2090	2090	2090	2090

表 2　四川省攀枝花市大气环境资源分位数（2019.1.1–2019.12.31）

指标类型	ASPI	AECI	EE	GCSP	GCO3
5%	28.57	0.58	38.50	8.24	19.24
10%	29.80	0.59	39.48	9.09	20.13
25%	32.09	0.62	40.62	11.21	22.01
50%	35.32	0.64	42.41	14.32	24.74
75%	39.88	0.68	67.02	50.30	45.16
90%	52.29	0.72	110.15	80.54	60.41

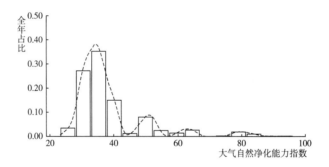

图 1　四川省攀枝花市大气自然净化能力指数分布（ASPI–2019.1.1–2019.12.31）

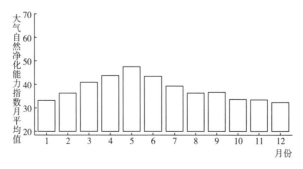

图 2　四川省攀枝花市大气自然净化能力指数月均变化（ASPI–2019.1.1–2019.12.31）

四川省泸州市

表 1 四川省泸州市大气环境资源概况 （2019. 1. 1~2019. 12. 31）

指标类型	ASPI	AECI	EE	GCSP	GCO3
平均值	35.67	0.62	52.80	63.11	30.02
标准误	6.18	0.04	26.99	28.61	12.67
最小值	24.84	0.53	19.45	11.51	18.11
最大值	80.29	0.76	291.05	98.67	76.50
样本量（个）	802	802	802	802	802

表 2 四川省泸州市大气环境资源分位数 （2019. 1. 1~2019. 12. 31）

指标类型	ASPI	AECI	EE	GCSP	GCO3
5%	29.32	0.57	21.28	14.78	19.36
10%	30.22	0.58	39.71	21.61	20.28
25%	32.13	0.60	40.64	41.27	21.77
50%	34.75	0.62	41.85	64.85	24.45
75%	37.64	0.65	65.30	95.54	42.31
90%	40.66	0.67	67.55	97.64	47.77

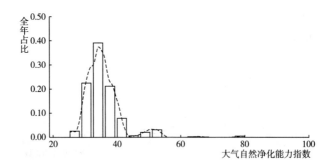

图 1 四川省泸州市大气自然净化能力指数分布 （ASPI-2019. 1. 1~2019. 12. 31）

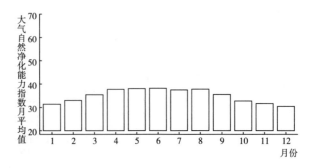

图 2 四川省泸州市大气自然净化能力指数月均变化 （ASPI-2019. 1. 1~2019. 12. 31）

四川省德阳市

表1 四川省德阳市大气环境资源概况 (2019.1.1-2019.12.31)

指标类型	ASPI	AECI	EE	GCSP	GCO3
平均值	36.77	0.63	59.85	59.97	28.56
标准误	8.05	0.04	42.53	29.69	12.05
最小值	24.61	0.52	19.41	10.79	14.74
最大值	94.12	0.92	691.24	100.00	76.48
样本量（个）	789	789	789	789	789

表2 四川省德阳市大气环境资源分位数 (2019.1.1-2019.12.31)

指标类型	ASPI	AECI	EE	GCSP	GCO3
5%	29.06	0.56	39.13	14.00	18.66
10%	29.96	0.57	39.65	15.07	19.65
25%	32.28	0.60	40.70	27.98	21.34
50%	34.81	0.62	42.00	61.16	24.01
75%	38.44	0.65	66.02	88.70	26.32
90%	48.91	0.68	106.32	97.57	46.68

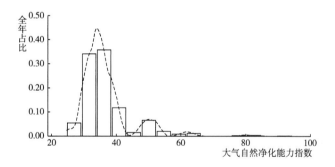

图1 四川省德阳市大气自然净化能力指数分布 (ASPI-2019.1.1-2019.12.31)

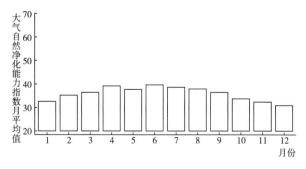

图2 四川省德阳市大气自然净化能力指数月均变化 (ASPI-2019.1.1-2019.12.31)

四川省绵阳市

表 1   四川省绵阳市大气环境资源概况（2019.1.1~2019.12.31）

指标类型	ASPI	AECI	EE	GCSP	GCO3
平均值	38.65	0.64	72.50	50.70	26.93
标准误	10.36	0.05	51.33	27.24	10.71
最小值	22.67	0.52	18.99	10.21	15.53
最大值	89.58	0.85	418.35	96.39	74.62
样本量（个）	2186	2186	2186	2186	2186

表 2   四川省绵阳市大气环境资源分位数（2019.1.1~2019.12.31）

指标类型	ASPI	AECI	EE	GCSP	GCO3
5%	28.58	0.57	38.94	13.56	17.95
10%	29.71	0.58	39.52	14.58	18.83
25%	32.21	0.61	40.76	26.40	20.74
50%	35.48	0.63	63.77	50.68	23.15
75%	39.78	0.66	66.95	73.76	25.84
90%	51.69	0.70	109.47	92.07	45.67

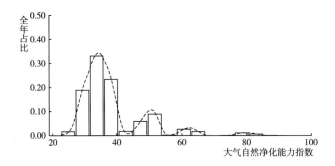

图 1   四川省绵阳市大气自然净化能力指数分布（ASPI-2019.1.1~2019.12.31）

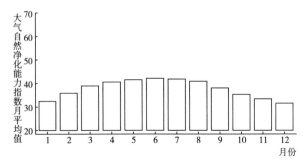

图 2   四川省绵阳市大气自然净化能力指数月均变化（ASPI-2019.1.1~2019.12.31）

四川省遂宁市

表1 四川省遂宁市大气环境资源概况 （2019.1.1-2019.12.31）

指标类型	ASPI	AECI	EE	GCSP	GCO3
平均值	34.85	0.62	52.66	66.84	27.67
标准误	6.75	0.04	31.43	27.01	11.81
最小值	22.62	0.53	18.97	10.01	15.70
最大值	82.33	0.80	343.14	98.67	77.80
样本量（个）	2102	2102	2102	2102	2102

表2 四川省遂宁市大气环境资源分位数 （2019.1.1-2019.12.31）

指标类型	ASPI	AECI	EE	GCSP	GCO3
5%	27.92	0.57	20.39	15.10	18.14
10%	29.00	0.58	38.68	22.50	19.01
25%	31.00	0.59	40.04	47.77	20.79
50%	33.62	0.62	41.44	70.94	23.39
75%	36.57	0.64	64.47	92.38	26.24
90%	40.10	0.67	67.17	97.51	46.15

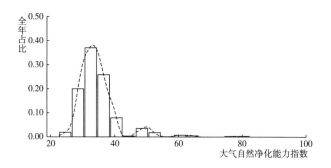

图1 四川省遂宁市大气自然净化能力指数分布 （ASPI-2019.1.1-2019.12.31）

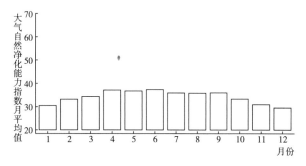

图2 四川省遂宁市大气自然净化能力指数月均变化 （ASPI-2019.1.1-2019.12.31）

四川省内江市

表 1　四川省内江市大气环境资源概况（2019.1.1-2019.12.31）

指标类型	ASPI	AECI	EE	GCSP	GCO3
平均值	36.20	0.63	58.71	69.37	27.83
标准误	8.11	0.04	37.98	28.34	11.68
最小值	23.00	0.53	19.06	10.98	15.90
最大值	86.10	0.80	403.44	98.63	78.05
样本量（个）	2120	2120	2120	2120	2120

表 2　四川省内江市大气环境资源分位数（2019.1.1-2019.12.31）

指标类型	ASPI	AECI	EE	GCSP	GCO3
5%	28.03	0.57	20.53	14.60	18.29
10%	29.19	0.58	39.17	22.06	19.19
25%	31.44	0.60	40.31	49.22	20.89
50%	34.34	0.62	41.91	79.31	23.49
75%	37.98	0.65	65.70	94.55	26.47
90%	48.07	0.68	105.37	96.40	46.41

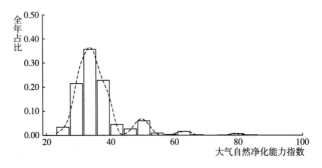

图 1　四川省内江市大气自然净化能力指数分布（ASPI-2019.1.1-2019.12.31）

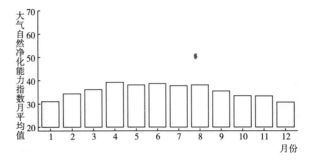

图 2　四川省内江市大气自然净化能力指数月均变化（ASPI-2019.1.1-2019.12.31）

四川省乐山市

表 1 四川省乐山市大气环境资源概况（2019.1.1-2019.12.31）

指标类型	ASPI	AECI	EE	GCSP	GCO3
平均值	34.38	0.62	49.66	57.21	27.90
标准误	5.42	0.04	21.75	25.27	11.46
最小值	22.77	0.53	19.01	9.17	15.99
最大值	80.22	0.76	290.85	98.65	75.54
样本量（个）	2144	2144	2144	2144	2144

表 2 四川省乐山市大气环境资源分位数（2019.1.1-2019.12.31）

指标类型	ASPI	AECI	EE	GCSP	GCO3
5%	27.94	0.57	20.33	13.70	18.39
10%	28.97	0.58	39.09	15.24	19.24
25%	31.05	0.59	40.15	39.82	21.11
50%	33.62	0.62	41.32	61.30	23.52
75%	36.56	0.64	64.29	79.43	26.47
90%	39.70	0.67	66.89	86.53	46.51

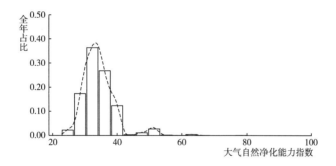

图 1 四川省乐山市大气自然净化能力指数分布（ASPI-2019.1.1-2019.12.31）

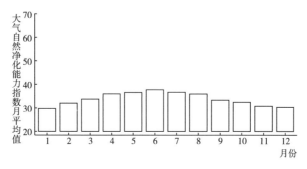

图 2 四川省乐山市大气自然净化能力指数月均变化（ASPI-2019.1.1-2019.12.31）

四川省南充市

表 1 四川省南充市大气环境资源概况 （2019.1.1–2019.12.31）

指标类型	ASPI	AECI	EE	GCSP	GCO3
平均值	40.59	0.64	83.74	66.30	27.37
标准误	12.72	0.05	74.50	28.16	11.59
最小值	23.23	0.53	19.11	10.10	15.68
最大值	97.52	0.96	805.65	100.00	77.58
样本量（个）	2126	2126	2126	2126	2126

表 2 四川省南充市大气环境资源分位数 （2019.1.1–2019.12.31）

指标类型	ASPI	AECI	EE	GCSP	GCO3
5%	28.65	0.57	38.80	14.42	18.08
10%	29.91	0.58	39.56	16.00	18.93
25%	32.73	0.61	41.02	46.19	20.65
50%	35.98	0.63	64.00	74.38	23.32
75%	46.86	0.67	103.99	90.76	26.11
90%	60.02	0.71	199.43	95.64	45.80

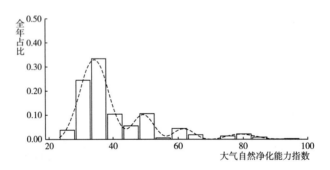

图 1 四川省南充市大气自然净化能力指数分布 （ASPI-2019.1.1–2019.12.31）

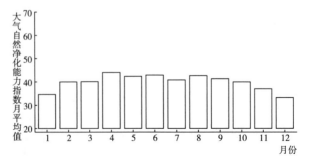

图 2 四川省南充市大气自然净化能力指数月均变化 （ASPI-2019.1.1–2019.12.31）

四川省眉山市

表1　四川省眉山市大气环境资源概况（2019.1.1−2019.12.31）

指标类型	ASPI	AECI	EE	GCSP	GCO3
平均值	33.08	0.61	40.19	60.72	28.40
标准误	4.67	0.04	18.06	28.34	11.12
最小值	24.69	0.52	19.42	10.78	14.26
最大值	80.83	0.79	292.70	100.00	75.04
样本量（个）	805	805	805	805	805

表2　四川省眉山市大气环境资源分位数（2019.1.1−2019.12.31）

指标类型	ASPI	AECI	EE	GCSP	GCO3
5%	26.12	0.54	19.73	13.45	19.02
10%	27.87	0.55	20.11	15.73	20.02
25%	30.31	0.58	39.31	40.75	21.52
50%	32.92	0.61	40.96	65.68	24.17
75%	35.29	0.63	42.05	86.34	26.65
90%	37.62	0.65	64.69	96.35	46.79

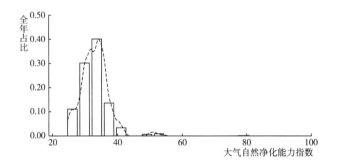

图1　四川省眉山市大气自然净化能力指数分布（ASPI−2019.1.1−2019.12.31）

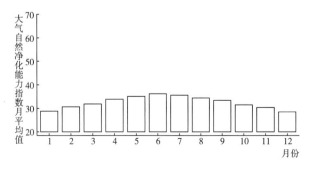

图2　四川省眉山市大气自然净化能力指数月均变化（ASPI−2019.1.1−2019.12.31）

四川省宜宾市

表 1 四川省宜宾市大气环境资源概况（2019.1.1–2019.12.31）

指标类型	ASPI	AECI	EE	GCSP	GCO3
平均值	45.56	0.66	108.83	69.56	27.16
标准误	14.09	0.05	89.42	27.22	10.72
最小值	23.87	0.54	19.24	11.99	16.02
最大值	98.16	1.00	899.70	100.00	75.39
样本量（个）	2128	2128	2128	2128	2128

表 2 四川省宜宾市大气环境资源分位数（2019.1.1–2019.12.31）

指标类型	ASPI	AECI	EE	GCSP	GCO3
5%	30.99	0.58	40.08	15.73	18.45
10%	32.17	0.60	40.79	26.43	19.30
25%	35.21	0.63	63.14	50.76	21.06
50%	39.82	0.66	66.97	75.40	23.59
75%	50.91	0.69	108.58	96.68	26.23
90%	63.77	0.73	207.49	98.01	45.89

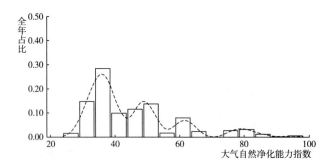

图 1 四川省宜宾市大气自然净化能力指数分布（ASPI–2019.1.1–2019.12.31）

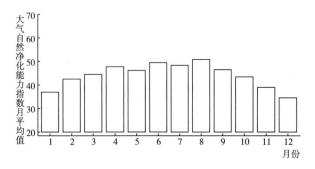

图 2 四川省宜宾市大气自然净化能力指数月均变化（ASPI–2019.1.1–2019.12.31）

四川省广安市

表1　四川省广安市大气环境资源概况（2019.1.1－2019.12.31）

指标类型	ASPI	AECI	EE	GCSP	GCO3
平均值	39.62	0.64	73.90	58.98	29.41
标准误	10.18	0.05	52.43	26.20	13.03
最小值	24.62	0.53	19.41	10.97	17.76
最大值	85.53	0.80	399.94	96.28	78.95
样本量（个）	771	771	771	771	771

表2　四川省广安市大气环境资源分位数（2019.1.1－2019.12.31）

指标类型	ASPI	AECI	EE	GCSP	GCO3
5%	29.96	0.57	39.53	14.13	18.86
10%	30.98	0.58	40.06	15.89	19.90
25%	33.30	0.61	41.39	38.40	21.44
50%	36.32	0.63	64.02	63.78	24.14
75%	40.85	0.67	67.69	82.68	27.99
90%	51.94	0.70	109.75	90.22	47.63

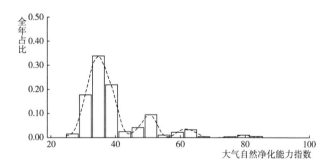

图1　四川省广安市大气自然净化能力指数分布（ASPI-2019.1.1－2019.12.31）

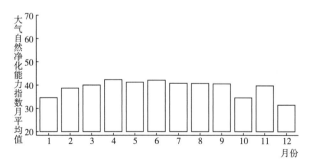

图2　四川省广安市大气自然净化能力指数月均变化（ASPI-2019.1.1－2019.12.31）

四川省达州市

表1 四川省达州市大气环境资源概况 （2019.1.1-2019.12.31）

指标类型	ASPI	AECI	EE	GCSP	GCO3
平均值	33.80	0.62	48.10	62.53	28.87
标准误	4.75	0.04	19.21	27.77	13.18
最小值	22.43	0.53	18.93	10.09	15.61
最大值	85.55	0.81	354.81	100.00	77.98
样本量（个）	2128	2128	2128	2128	2128

表2 四川省达州市大气环境资源分位数 （2019.1.1-2019.12.31）

指标类型	ASPI	AECI	EE	GCSP	GCO3
5%	27.98	0.57	38.57	13.99	18.03
10%	28.97	0.57	39.16	16.19	18.88
25%	30.85	0.59	40.05	43.62	20.65
50%	33.24	0.62	41.14	65.87	23.42
75%	35.89	0.64	62.85	87.88	27.59
90%	38.50	0.67	66.06	97.54	47.08

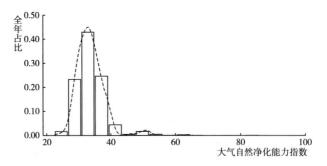

图1 四川省达州市大气自然净化能力指数分布 （ASPI-2019.1.1-2019.12.31）

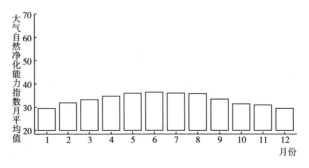

图2 四川省达州市大气自然净化能力指数月均变化 （ASPI-2019.1.1-2019.12.31）

四川省雅安市

表 1　四川省雅安市大气环境资源概况（2019.1.1-2019.12.31）

指标类型	ASPI	AECI	EE	GCSP	GCO3
平均值	32.66	0.61	41.12	60.89	26.09
标准误	4.08	0.03	15.17	23.21	9.49
最小值	22.66	0.52	18.98	11.30	15.75
最大值	52.29	0.70	110.15	96.43	73.50
样本量（个）	2155	2155	2155	2155	2155

表 2　四川省雅安市大气环境资源分位数（2019.1.1-2019.12.31）

指标类型	ASPI	AECI	EE	GCSP	GCO3
5%	25.82	0.55	19.67	14.13	18.14
10%	27.58	0.56	20.09	22.47	19.05
25%	30.09	0.58	39.40	46.23	20.89
50%	32.64	0.61	40.86	63.81	23.33
75%	35.21	0.63	42.11	81.27	25.54
90%	37.23	0.65	64.71	89.66	45.07

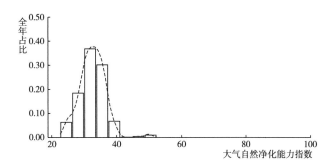

图 1　四川省雅安市大气自然净化能力指数分布（ASPI-2019.1.1-2019.12.31）

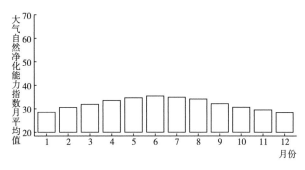

图 2　四川省雅安市大气自然净化能力指数月均变化（ASPI-2019.1.1-2019.12.31）

四川省巴中市

表 1　四川省巴中市大气环境资源概况（2019.1.1－2019.12.31）

指标类型	ASPI	AECI	EE	GCSP	GCO3
平均值	37.67	0.63	68.48	61.63	26.25
标准误	10.06	0.05	57.20	25.32	10.13
最小值	23.36	0.52	19.14	11.43	15.40
最大值	95.59	0.89	672.31	98.66	73.86
样本量（个）	2135	2135	2135	2135	2135

表 2　四川省巴中市大气环境资源分位数（2019.1.1－2019.12.31）

指标类型	ASPI	AECI	EE	GCSP	GCO3
5%	27.99	0.57	20.70	15.11	17.86
10%	29.36	0.57	39.19	22.69	18.68
25%	31.70	0.60	40.46	44.76	20.50
50%	34.94	0.62	62.22	65.29	23.04
75%	39.06	0.66	66.45	82.85	25.57
90%	50.19	0.69	107.77	93.63	44.75

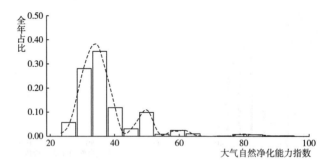

图 1　四川省巴中市大气自然净化能力指数分布（ASPI-2019.1.1－2019.12.31）

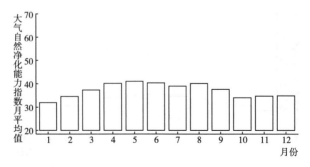

图 2　四川省巴中市大气自然净化能力指数月均变化（ASPI-2019.1.1－2019.12.31）

四川省资阳市

表1　四川省资阳市大气环境资源概况（2019.1.1-2019.12.31）

指标类型	ASPI	AECI	EE	GCSP	GCO3
平均值	37.45	0.63	62.73	64.64	29.16
标准误	8.25	0.04	39.27	32.06	12.23
最小值	24.84	0.53	19.46	10.57	17.83
最大值	81.31	0.80	294.15	100.00	76.86
样本量（个）	787	787	787	787	787

表2　四川省资阳市大气环境资源分位数（2019.1.1-2019.12.31）

指标类型	ASPI	AECI	EE	GCSP	GCO3
5%	29.29	0.57	39.31	13.91	19.00
10%	30.18	0.58	39.79	15.39	20.02
25%	32.55	0.60	40.82	28.02	21.60
50%	35.32	0.63	42.68	71.88	24.31
75%	39.03	0.66	66.43	98.01	27.53
90%	50.37	0.69	107.97	100.00	47.31

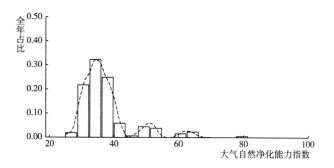

图1　四川省资阳市大气自然净化能力指数分布（ASPI-2019.1.1-2019.12.31）

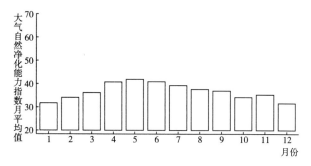

图2　四川省资阳市大气自然净化能力指数月均变化（ASPI-2019.1.1-2019.12.31）

四川省阿坝藏族羌族自治州

表 1　四川省阿坝藏族羌族自治州大气环境资源概况（2019.1.1~2019.12.31）

指标类型	ASPI	AECI	EE	GCSP	GCO3
平均值	34.21	0.59	50.51	48.07	22.37
标准误	8.27	0.05	41.93	35.50	5.69
最小值	22.40	0.49	18.93	3.81	11.43
最大值	95.40	0.89	700.61	100.00	61.62
样本量（个）	2200	2200	2200	2200	2200

表 2　四川省阿坝藏族羌族自治州大气环境资源分位数（2019.1.1~2019.12.31）

指标类型	ASPI	AECI	EE	GCSP	GCO3
5%	26.20	0.53	19.75	8.55	14.09
10%	27.58	0.54	20.11	10.60	16.27
25%	29.60	0.56	39.08	13.38	19.93
50%	32.56	0.58	40.83	39.98	22.27
75%	35.73	0.61	63.16	88.99	24.32
90%	40.44	0.65	67.40	97.45	26.09

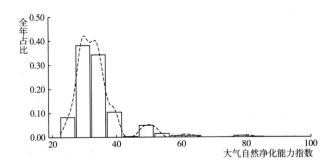

图 1　四川省阿坝藏族羌族自治州大气自然净化能力指数分布（ASPI-2019.1.1~2019.12.31）

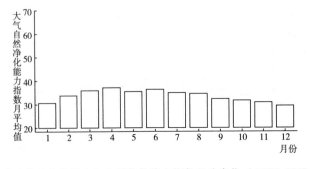

图 2　四川省阿坝藏族羌族自治州大气自然净化能力指数月均变化（ASPI-2019.1.1~2019.12.31）

四川省甘孜藏族自治州

表 1　四川省甘孜藏族自治州大气环境资源概况（2019.1.1–2019.12.31）

指标类型	ASPI	AECI	EE	GCSP	GCO3
平均值	52.06	0.65	169.88	47.57	21.87
标准误	22.10	0.09	175.17	24.70	3.69
最小值	23.87	0.49	19.25	4.60	11.77
最大值	98.98	1.00	1107.38	100.00	43.75
样本量（个）	2133	2133	2133	2133	2133

表 2　四川省甘孜藏族自治州大气环境资源分位数（2019.1.1–2019.12.31）

指标类型	ASPI	AECI	EE	GCSP	GCO3
5%	28.99	0.55	39.14	11.63	14.14
10%	30.48	0.56	39.90	14.21	15.82
25%	33.58	0.59	41.62	26.20	19.90
50%	44.73	0.63	101.57	50.72	22.54
75%	75.82	0.70	277.59	70.59	24.48
90%	85.89	0.78	401.75	78.90	26.03

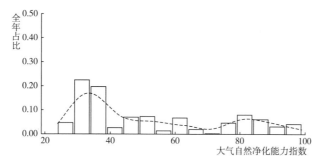

图 1　四川省甘孜藏族自治州大气自然净化能力指数分布（ASPI–2019.1.1–2019.12.31）

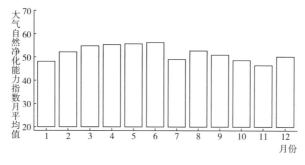

图 2　四川省甘孜藏族自治州大气自然净化能力指数月均变化（ASPI–2019.1.1–2019.12.31）

四川省凉山彝族自治州

表 1　四川省凉山彝族自治州大气环境资源概况（2019.1.1–2019.12.31）

指标类型	ASPI	AECI	EE	GCSP	GCO3
平均值	37.31	0.63	63.21	32.66	27.51
标准误	9.68	0.05	50.41	29.78	10.90
最小值	23.36	0.53	19.13	5.30	16.33
最大值	87.04	0.84	407.48	100.00	77.09
样本量（个）	2166	2166	2166	2166	2166

表 2　四川省凉山彝族自治州大气环境资源分位数（2019.1.1–2019.12.31）

指标类型	ASPI	AECI	EE	GCSP	GCO3
5%	28.52	0.57	20.47	7.94	18.86
10%	29.74	0.58	39.23	9.16	19.71
25%	32.11	0.60	40.62	11.64	21.52
50%	34.66	0.62	42.02	14.78	23.63
75%	38.05	0.66	65.72	47.77	26.09
90%	49.38	0.69	106.85	88.76	46.46

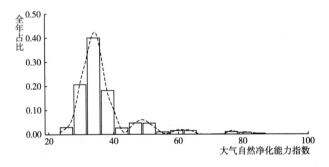

图 1　四川省凉山彝族自治州大气自然净化能力指数分布（ASPI-2019.1.1–2019.12.31）

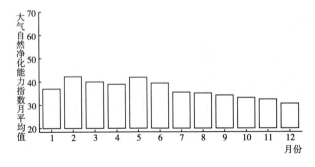

图 2　四川省凉山彝族自治州大气自然净化能力指数月均变化（ASPI-2019.1.1–2019.12.31）

贵州省

贵州省贵阳市

表1 贵州省贵阳市大气环境资源概况（2019.1.1–2019.12.31）

指标类型	ASPI	AECI	EE	GCSP	GCO3
平均值	41.76	0.64	82.14	65.90	26.03
标准误	11.29	0.05	57.99	25.96	7.59
最小值	25.31	0.52	19.56	10.80	14.48
最大值	85.74	0.81	355.50	100.00	62.79
样本量（个）	794	794	794	794	794

表2 贵州省贵阳市大气环境资源分位数（2019.1.1–2019.12.31）

指标类型	ASPI	AECI	EE	GCSP	GCO3
5%	30.16	0.56	39.55	14.93	19.12
10%	31.43	0.57	40.22	26.21	20.15
25%	34.20	0.60	41.89	47.79	21.91
50%	38.03	0.63	65.67	70.85	24.29
75%	49.00	0.67	106.42	88.57	26.34
90%	59.31	0.70	197.90	94.44	43.55

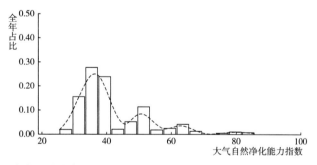

图1 贵州省贵阳市大气自然净化能力指数分布（ASPI-2019.1.1–2019.12.31）

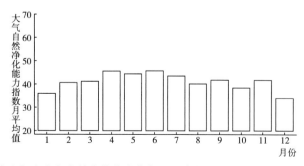

图2 贵州省贵阳市大气自然净化能力指数月均变化（ASPI-2019.1.1–2019.12.31）

贵州省六盘水市

表 1　贵州省六盘水市大气环境资源概况（2019.1.1-2019.12.31）

指标类型	ASPI	AECI	EE	GCSP	GCO3
平均值	35.38	0.61	52.16	62.46	24.27
标准误	6.99	0.04	31.13	26.11	5.80
最小值	23.20	0.51	19.10	6.64	12.54
最大值	81.67	0.78	295.23	96.06	61.31
样本量（个）	2125	2125	2125	2125	2125

表 2　贵州省六盘水市大气环境资源分位数（2019.1.1-2019.12.31）

指标类型	ASPI	AECI	EE	GCSP	GCO3
5%	27.59	0.55	20.07	13.19	18.55
10%	28.79	0.56	20.47	15.54	19.38
25%	30.93	0.57	39.84	46.36	21.29
50%	34.13	0.60	41.67	70.13	23.49
75%	37.41	0.63	65.11	84.61	25.53
90%	41.97	0.66	68.46	90.83	27.47

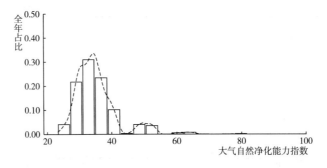

图 1　贵州省六盘水市大气自然净化能力指数分布（ASPI-2019.1.1-2019.12.31）

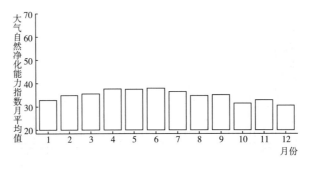

图 2　贵州省六盘水市大气自然净化能力指数月均变化（ASPI-2019.1.1-2019.12.31）

贵州省遵义市

表 1 贵州省遵义市大气环境资源概况 (2019.1.1-2019.12.31)

指标类型	ASPI	AECI	EE	GCSP	GCO3
平均值	34.02	0.61	43.47	57.51	28.40
标准误	5.58	0.04	23.69	25.13	11.04
最小值	25.07	0.52	19.50	9.59	14.47
最大值	64.86	0.74	209.85	100.00	74.83
样本量 (个)	787	787	787	787	787

表 2 贵州省遵义市大气环境资源分位数 (2019.1.1-2019.12.31)

指标类型	ASPI	AECI	EE	GCSP	GCO3
5%	26.49	0.54	19.81	13.57	19.15
10%	27.72	0.56	20.08	15.56	20.09
25%	30.53	0.57	20.86	41.16	21.82
50%	33.47	0.60	41.15	61.21	24.30
75%	36.65	0.63	62.44	77.08	26.78
90%	39.66	0.66	66.87	88.32	46.85

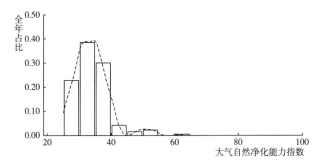

图 1 贵州省遵义市大气自然净化能力指数分布 (ASPI-2019.1.1-2019.12.31)

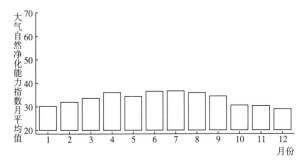

图 2 贵州省遵义市大气自然净化能力指数月均变化 (ASPI-2019.1.1-2019.12.31)

贵州省安顺市

表 1　贵州省安顺市大气环境资源概况（2019.1.1~2019.12.31）

指标类型	ASPI	AECI	EE	GCSP	GCO3
平均值	42.17	0.64	86.73	65.68	24.43
标准误	11.60	0.05	61.88	23.25	5.82
最小值	23.29	0.52	19.12	10.41	12.52
最大值	97.44	0.84	645.44	98.66	49.21
样本量（个）	2125	2125	2125	2125	2125

表 2　贵州省安顺市大气环境资源分位数（2019.1.1~2019.12.31）

指标类型	ASPI	AECI	EE	GCSP	GCO3
5%	29.82	0.57	39.39	15.26	18.61
10%	31.45	0.58	40.30	26.86	19.43
25%	34.24	0.60	42.10	51.95	21.33
50%	37.69	0.63	65.46	70.91	23.66
75%	49.55	0.67	107.05	84.27	25.67
90%	60.18	0.70	199.76	91.75	27.67

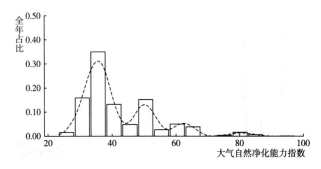

图 1　贵州省安顺市大气自然净化能力指数分布（ASPI-2019.1.1~2019.12.31）

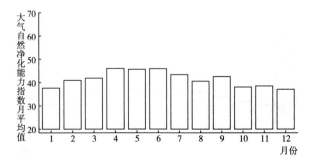

图 2　贵州省安顺市大气自然净化能力指数月均变化（ASPI-2019.1.1~2019.12.31）

贵州省毕节市

表1　贵州省毕节市大气环境资源概况（2019.1.1-2019.12.31）

指标类型	ASPI	AECI	EE	GCSP	GCO3
平均值	34.24	0.60	47.34	62.55	24.55
标准误	5.35	0.04	22.70	24.21	6.68
最小值	23.09	0.52	19.08	6.52	12.41
最大值	81.52	0.80	340.18	98.62	63.16
样本量（个）	2152	2152	2152	2152	2152

表2　贵州省毕节市大气环境资源分位数（2019.1.1-2019.12.31）

指标类型	ASPI	AECI	EE	GCSP	GCO3
5%	27.97	0.55	20.27	14.13	18.33
10%	29.24	0.56	21.13	22.25	19.18
25%	31.10	0.58	40.11	49.00	21.05
50%	33.53	0.60	41.26	67.28	23.34
75%	36.05	0.62	43.19	82.58	25.45
90%	39.61	0.65	66.83	90.44	27.73

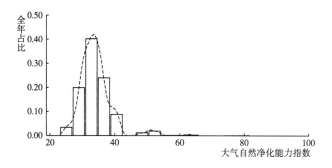

图1　贵州省毕节市大气自然净化能力指数分布（ASPI-2019.1.1-2019.12.31）

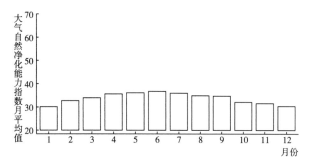

图2　贵州省毕节市大气自然净化能力指数月均变化（ASPI-2019.1.1-2019.12.31）

贵州省铜仁市

表 1 贵州省铜仁市大气环境资源概况 （2019. 1. 1-2019. 12. 31）

指标类型	ASPI	AECI	EE	GCSP	GCO3
平均值	36.46	0.62	59.46	61.53	29.12
标准误	10.23	0.05	56.99	25.26	12.90
最小值	23.06	0.52	19.07	9.80	12.40
最大值	96.84	0.92	711.18	100.00	77.45
样本量（个）	2106	2106	2106	2106	2106

表 2 贵州省铜仁市大气环境资源分位数 （2019. 1. 1-2019. 12. 31）

指标类型	ASPI	AECI	EE	GCSP	GCO3
5%	26.84	0.55	19.89	14.00	18.44
10%	28.30	0.56	20.27	16.29	19.27
25%	30.69	0.58	39.53	44.92	21.12
50%	33.84	0.62	41.43	67.26	23.86
75%	37.42	0.65	65.20	82.54	27.69
90%	50.08	0.69	107.64	90.38	47.72

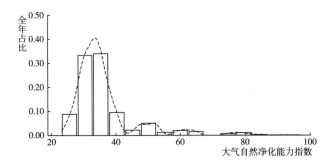

图 1 贵州省铜仁市大气自然净化能力指数分布 （ASPI-2019. 1. 1-2019. 12. 31）

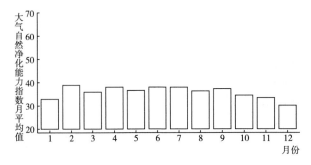

图 2 贵州省铜仁市大气自然净化能力指数月均变化 （ASPI-2019. 1. 1-2019. 12. 31）

贵州省黔西南布依族苗族自治州

表1 贵州省黔西南布依族苗族自治州大气环境资源概况 （2019.1.1-2019.12.31）

指标类型	ASPI	AECI	EE	GCSP	GCO3
平均值	40.74	0.64	80.40	63.80	26.42
标准误	12.75	0.05	73.74	27.21	8.53
最小值	23.44	0.53	19.15	7.31	16.53
最大值	99.73	0.97	833.01	100.00	75.55
样本量（个）	2102	2102	2102	2102	2102

表2 贵州省黔西南布依族苗族自治州大气环境资源分位数 （2019.1.1-2019.12.31）

指标类型	ASPI	AECI	EE	GCSP	GCO3
5%	28.86	0.57	20.59	13.21	19.15
10%	30.13	0.58	39.19	15.73	19.96
25%	32.82	0.60	40.97	46.39	21.85
50%	36.03	0.62	63.50	69.28	24.00
75%	46.66	0.67	103.76	87.05	26.13
90%	60.32	0.71	200.06	94.24	45.18

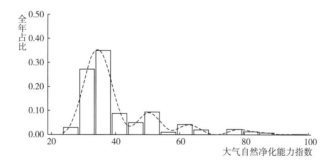

图1 贵州省黔西南布依族苗族自治州大气自然净化能力指数分布 （ASPI-2019.1.1-2019.12.31）

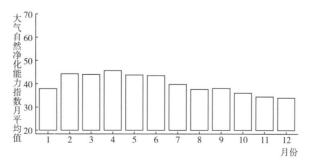

图2 贵州省黔西南布依族苗族自治州大气自然净化能力指数月均变化 （ASPI-2019.1.1-2019.12.31）

贵州省黔东南苗族侗族自治州

表 1 贵州省黔东南苗族侗族自治州大气环境资源概况（2019.1.1—2019.12.31）

指标类型	ASPI	AECI	EE	GCSP	GCO3
平均值	37.21	0.62	61.29	62.29	27.70
标准误	8.87	0.04	42.85	24.40	10.95
最小值	24.10	0.53	19.29	10.01	12.48
最大值	87.97	0.81	411.43	96.39	77.34
样本量（个）	2124	2124	2124	2124	2124

表 2 贵州省黔东南苗族侗族自治州大气环境资源分位数（2019.1.1—2019.12.31）

指标类型	ASPI	AECI	EE	GCSP	GCO3
5%	28.34	0.56	20.28	15.08	18.51
10%	29.46	0.57	20.73	22.69	19.38
25%	31.86	0.59	40.49	46.48	21.28
50%	34.84	0.62	42.25	67.20	23.78
75%	38.84	0.65	66.30	83.17	26.55
90%	50.25	0.68	107.84	89.99	46.80

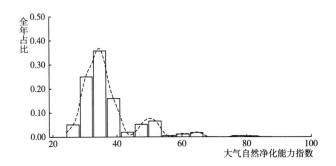

图 1 贵州省黔东南苗族侗族自治州大气自然净化能力指数分布（ASPI-2019.1.1—2019.12.31）

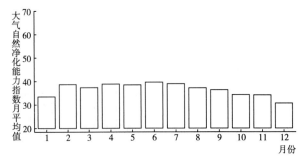

图 2 贵州省黔东南苗族侗族自治州大气自然净化能力指数月均变化（ASPI-2019.1.1—2019.12.31）

贵州省黔南布依族苗族自治州

表1 贵州省黔南布依族苗族自治州大气环境资源概况（2019.1.1-2019.12.31）

指标类型	ASPI	AECI	EE	GCSP	GCO3
平均值	45.83	0.65	110.80	75.00	25.78
标准误	15.38	0.06	99.87	25.66	8.44
最小值	23.94	0.52	19.26	10.02	12.46
最大值	96.98	0.89	748.82	100.00	64.21
样本量（个）	2106	2106	2106	2106	2106

表2 贵州省黔南布依族苗族自治州大气环境资源分位数（2019.1.1-2019.12.31）

指标类型	ASPI	AECI	EE	GCSP	GCO3
5%	29.26	0.57	20.48	16.18	18.17
10%	31.30	0.58	39.92	27.79	19.27
25%	34.56	0.61	42.29	60.48	21.23
50%	39.28	0.64	66.60	83.13	23.69
75%	52.34	0.68	110.21	98.01	25.89
90%	65.65	0.73	211.55	100.00	44.61

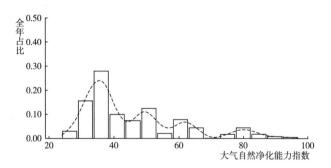

图1 贵州省黔南布依族苗族自治州大气自然净化能力指数分布（ASPI-2019.1.1-2019.12.31）

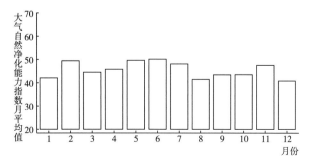

图2 贵州省黔南布依族苗族自治州大气自然净化能力指数月均变化（ASPI-2019.1.1-2019.12.31）

云南省

云南省昆明市

表 1　云南省昆明市大气环境资源概况（2019.1.1-2019.12.31）

指标类型	ASPI	AECI	EE	GCSP	GCO3
平均值	44.66	0.65	103.25	45.94	25.11
标准误	15.60	0.06	95.23	28.57	6.49
最小值	23.49	0.52	19.16	7.65	13.93
最大值	98.25	0.92	825.59	100.00	51.23
样本量（个）	2171	2171	2171	2171	2171

表 2　云南省昆明市大气环境资源分位数（2019.1.1-2019.12.31）

指标类型	ASPI	AECI	EE	GCSP	GCO3
5%	28.64	0.56	20.28	11.24	19.04
10%	30.27	0.57	39.22	12.62	19.96
25%	33.94	0.61	41.75	15.40	21.82
50%	38.36	0.64	65.95	46.27	23.92
75%	51.51	0.69	109.26	70.37	25.91
90%	65.98	0.73	212.26	87.04	28.07

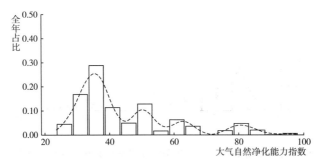

图 1　云南省昆明市大气自然净化能力指数分布（ASPI-2019.1.1-2019.12.31）

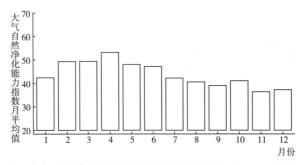

图 2　云南省昆明市大气自然净化能力指数月均变化（ASPI-2019.1.1-2019.12.31）

云南省曲靖市

表1 云南省曲靖市大气环境资源概况（2019.1.1－2019.12.31）

指标类型	ASPI	AECI	EE	GCSP	GCO3
平均值	42.29	0.64	86.02	38.42	26.66
标准误	13.03	0.05	75.12	25.69	7.63
最小值	25.70	0.53	19.64	6.97	18.78
最大值	94.93	0.88	697.16	93.90	51.31
样本量（个）	787	787	787	787	787

表2 云南省曲靖市大气环境资源分位数（2019.1.1－2019.12.31）

指标类型	ASPI	AECI	EE	GCSP	GCO3
5%	30.51	0.57	39.75	9.38	19.97
10%	31.66	0.58	40.28	10.57	20.94
25%	34.71	0.61	41.87	13.77	22.35
50%	37.08	0.63	64.88	27.97	24.69
75%	47.76	0.67	105.01	62.38	26.50
90%	61.83	0.71	203.31	74.13	45.14

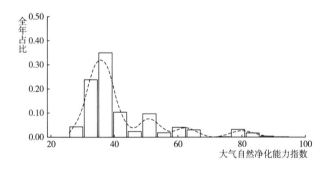

图1 云南省曲靖市大气自然净化能力指数分布（ASPI-2019.1.1－2019.12.31）

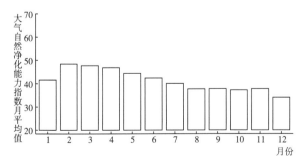

图2 云南省曲靖市大气自然净化能力指数月均变化（ASPI-2019.1.1－2019.12.31）

云南省玉溪市

表 1　云南省玉溪市大气环境资源概况（2019.1.1~2019.12.31）

指标类型	ASPI	AECI	EE	GCSP	GCO3
平均值	44.67	0.65	103.94	43.46	26.25
标准误	17.11	0.07	101.48	27.26	8.02
最小值	23.56	0.53	19.18	7.65	14.12
最大值	97.44	0.94	769.28	98.61	61.99
样本量（个）	2124	2124	2124	2124	2124

表 2　云南省玉溪市大气环境资源分位数（2019.1.1~2019.12.31）

指标类型	ASPI	AECI	EE	GCSP	GCO3
5%	27.76	0.55	20.09	11.03	19.17
10%	29.09	0.57	20.62	12.27	20.12
25%	32.38	0.60	40.75	14.90	22.02
50%	37.09	0.64	64.99	43.50	24.17
75%	52.52	0.69	110.42	68.63	26.20
90%	77.56	0.75	282.85	82.89	45.18

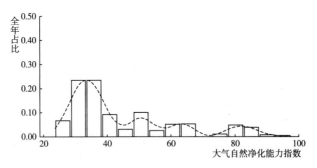

图 1　云南省玉溪市大气自然净化能力指数分布（ASPI-2019.1.1~2019.12.31）

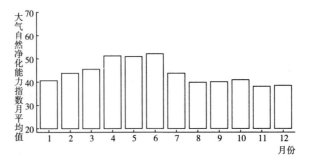

图 2　云南省玉溪市大气自然净化能力指数月均变化（ASPI-2019.1.1~2019.12.31）

云南省保山市

表1 云南省保山市大气环境资源概况 （2019.1.1—2019.12.31）

指标类型	ASPI	AECI	EE	GCSP	GCO3
平均值	40.36	0.64	78.36	40.25	25.76
标准误	13.57	0.06	70.86	23.02	7.34
最小值	23.39	0.53	19.14	8.54	16.87
最大值	89.71	0.85	418.90	100.00	50.67
样本量（个）	2150	2150	2150	2150	2150

表2 云南省保山市大气环境资源分位数 （2019.1.1—2019.12.31）

指标类型	ASPI	AECI	EE	GCSP	GCO3
5%	26.61	0.55	19.84	11.85	19.13
10%	28.65	0.57	20.40	13.01	20.06
25%	31.73	0.59	40.42	15.56	21.91
50%	35.45	0.62	42.54	41.23	24.05
75%	46.98	0.67	104.13	59.31	26.02
90%	61.95	0.72	203.57	72.32	29.49

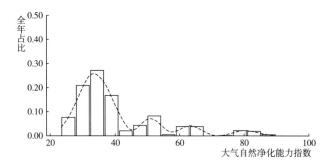

图1 云南省保山市大气自然净化能力指数分布 （ASPI-2019.1.1—2019.12.31）

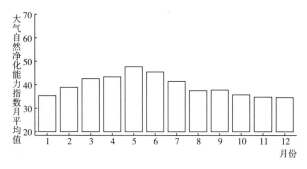

图2 云南省保山市大气自然净化能力指数月均变化 （ASPI-2019.1.1—2019.12.31）

云南省昭通市

表1　云南省昭通市大气环境资源概况（2019.1.1-2019.12.31）

指标类型	ASPI	AECI	EE	GCSP	GCO3
平均值	39.58	0.62	75.49	56.76	24.09
标准误	12.26	0.05	68.25	28.73	6.11
最小值	23.16	0.51	19.09	5.67	12.32
最大值	95.18	0.93	749.80	100.00	62.48
样本量（个）	2150	2150	2150	2150	2150

表2　云南省昭通市大气环境资源分位数（2019.1.1-2019.12.31）

指标类型	ASPI	AECI	EE	GCSP	GCO3
5%	28.24	0.55	20.29	11.21	17.98
10%	29.50	0.56	38.47	13.55	19.13
25%	32.05	0.58	40.59	27.38	21.09
50%	35.40	0.61	62.05	62.47	23.38
75%	41.01	0.65	67.79	80.69	25.33
90%	53.55	0.69	111.59	92.65	27.30

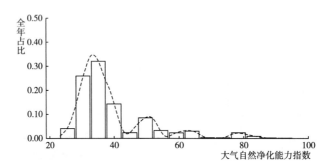

图1　云南省昭通市大气自然净化能力指数分布（ASPI-2019.1.1-2019.12.31）

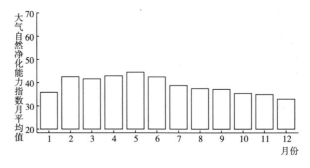

图2　云南省昭通市大气自然净化能力指数月均变化（ASPI-2019.1.1-2019.12.31）

云南省丽江市

表1 云南省丽江市大气环境资源概况 (2019.1.1–2019.12.31)

指标类型	ASPI	AECI	EE	GCSP	GCO3
平均值	37.31	0.63	64.02	48.95	29.76
标准误	12.47	0.06	72.16	30.22	12.57
最小值	23.31	0.54	19.12	8.23	16.99
最大值	99.11	0.91	674.51	100.00	77.86
样本量（个）	2143	2143	2143	2143	2143

表2 云南省丽江市大气环境资源分位数 (2019.1.1–2019.12.31)

指标类型	ASPI	AECI	EE	GCSP	GCO3
5%	26.58	0.56	19.83	11.86	19.23
10%	28.07	0.58	20.17	12.98	20.13
25%	30.31	0.59	20.95	16.18	22.03
50%	33.47	0.62	41.29	46.48	24.26
75%	37.73	0.65	65.38	75.96	28.68
90%	52.51	0.71	110.40	94.08	48.01

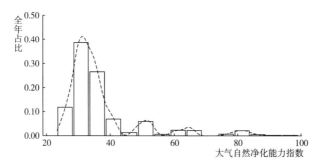

图1 云南省丽江市大气自然净化能力指数分布 (ASPI-2019.1.1–2019.12.31)

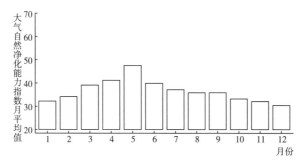

图2 云南省丽江市大气自然净化能力指数月均变化 (ASPI-2019.1.1–2019.12.31)

云南省普洱市

表 1　云南省普洱市大气环境资源概况（2019.1.1~2019.12.31）

指标类型	ASPI	AECI	EE	GCSP	GCO3
平均值	35.09	0.62	48.40	50.95	28.10
标准误	7.49	0.04	33.94	26.85	9.75
最小值	23.76	0.53	19.22	8.53	17.30
最大值	91.41	0.82	426.17	93.76	76.14
样本量（个）	2156	2156	2156	2156	2156

表 2　云南省普洱市大气环境资源分位数（2019.1.1~2019.12.31）

指标类型	ASPI	AECI	EE	GCSP	GCO3
5%	26.54	0.56	19.82	11.24	19.72
10%	27.99	0.57	20.14	12.62	20.62
25%	30.52	0.59	38.81	22.67	22.43
50%	33.73	0.62	41.34	54.89	24.61
75%	37.19	0.65	64.49	75.64	27.20
90%	41.81	0.67	68.35	84.48	46.76

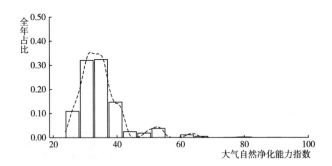

图 1　云南省普洱市大气自然净化能力指数分布（ASPI-2019.1.1~2019.12.31）

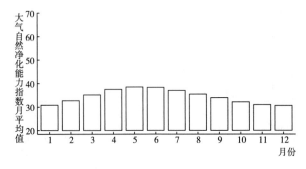

图 2　云南省普洱市大气自然净化能力指数月均变化（ASPI-2019.1.1~2019.12.31）

云南省临沧市

表 1 云南省临沧市大气环境资源概况（2019.1.1—2019.12.31）

指标类型	ASPI	AECI	EE	GCSP	GCO3
平均值	36.85	0.62	58.49	45.70	26.71
标准误	9.62	0.05	48.37	25.87	8.36
最小值	23.67	0.53	19.20	7.93	17.09
最大值	86.02	0.81	401.75	92.30	63.59
样本量（个）	2141	2141	2141	2141	2141

表 2 云南省临沧市大气环境资源分位数（2019.1.1—2019.12.31）

指标类型	ASPI	AECI	EE	GCSP	GCO3
5%	27.79	0.57	20.11	11.02	19.34
10%	29.44	0.58	20.77	12.34	20.28
25%	31.53	0.59	40.25	16.03	22.19
50%	34.28	0.61	41.60	48.79	24.31
75%	38.07	0.65	65.60	70.31	26.43
90%	50.52	0.69	108.15	78.96	45.43

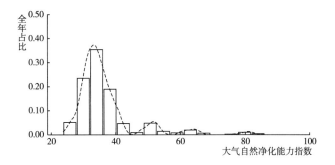

图 1 云南省临沧市大气自然净化能力指数分布（ASPI-2019.1.1—2019.12.31）

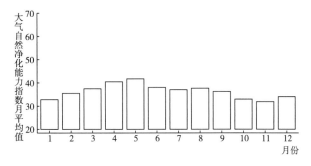

图 2 云南省临沧市大气自然净化能力指数月均变化（ASPI-2019.1.1—2019.12.31）

云南省楚雄彝族自治州

表 1 云南省楚雄彝族自治州大气环境资源概况 （2019.1.1-2019.12.31）

指标类型	ASPI	AECI	EE	GCSP	GCO3
平均值	44.27	0.65	104.73	35.33	26.21
标准误	17.30	0.07	112.24	24.35	8.09
最小值	23.45	0.53	19.15	6.98	16.73
最大值	99.16	0.94	775.47	92.74	62.96
样本量（个）	2156	2156	2156	2156	2156

表 2 云南省楚雄彝族自治州大气环境资源分位数 （2019.1.1-2019.12.31）

指标类型	ASPI	AECI	EE	GCSP	GCO3
5%	26.91	0.55	19.90	10.53	19.19
10%	28.65	0.57	20.31	11.44	20.06
25%	32.24	0.60	40.65	13.73	21.89
50%	37.18	0.64	65.03	26.43	24.05
75%	51.85	0.69	109.65	56.27	26.05
90%	77.77	0.75	283.49	72.73	45.17

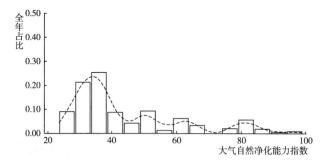

图 1 云南省楚雄彝族自治州大气自然净化能力指数分布 （ASPI-2019.1.1-2019.12.31）

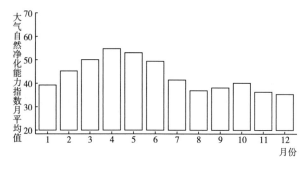

图 2 云南省楚雄彝族自治州大气自然净化能力指数月均变化 （ASPI-2019.1.1-2019.12.31）

云南省红河哈尼族彝族自治州

表1 云南省红河哈尼族彝族自治州大气环境资源概况 (2019.1.1-2019.12.31)

指标类型	ASPI	AECI	EE	GCSP	GCO3
平均值	53.87	0.69	159.99	50.02	28.26
标准误	19.14	0.07	132.32	27.56	9.95
最小值	23.91	0.54	19.25	8.82	17.25
最大值	97.88	0.95	784.01	100.00	65.80
样本量 (个)	2161	2161	2161	2161	2161

表2 云南省红河哈尼族彝族自治州大气环境资源分位数 (2019.1.1-2019.12.31)

指标类型	ASPI	AECI	EE	GCSP	GCO3
5%	30.87	0.59	39.46	12.62	19.63
10%	32.77	0.61	40.94	13.93	20.55
25%	36.86	0.64	64.69	22.87	22.39
50%	49.97	0.68	107.52	53.19	24.50
75%	65.77	0.74	211.80	70.89	27.02
90%	82.79	0.79	344.66	86.81	47.06

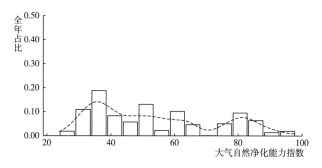

图1 云南省红河哈尼族彝族自治州大气自然净化能力指数分布 (ASPI-2019.1.1-2019.12.31)

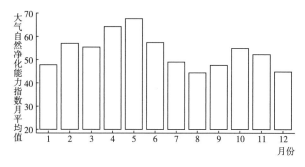

图2 云南省红河哈尼族彝族自治州大气自然净化能力指数月均变化 (ASPI-2019.1.1-2019.12.31)

云南省文山壮族苗族自治州

表 1 云南省文山壮族苗族自治州大气环境资源概况 （2019.1.1-2019.12.31）

指标类型	ASPI	AECI	EE	GCSP	GCO3
平均值	37.47	0.63	57.14	58.12	29.41
标准误	7.69	0.04	36.20	30.06	10.26
最小值	25.84	0.53	19.67	8.23	18.96
最大值	81.37	0.79	294.33	100.00	65.22
样本量（个）	789	789	789	789	789

表 2 云南省文山壮族苗族自治州大气环境资源分位数 （2019.1.1-2019.12.31）

指标类型	ASPI	AECI	EE	GCSP	GCO3
5%	30.08	0.58	20.64	13.02	20.38
10%	30.73	0.58	21.16	14.41	21.40
25%	32.74	0.60	40.82	26.41	23.07
50%	35.87	0.62	42.41	65.21	25.26
75%	38.65	0.65	66.14	86.18	27.67
90%	50.18	0.69	107.76	93.96	47.79

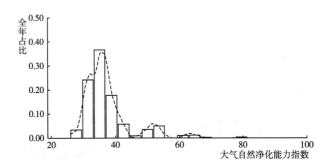

图 1 云南省文山壮族苗族自治州大气自然净化能力指数分布 （ASPI-2019.1.1-2019.12.31）

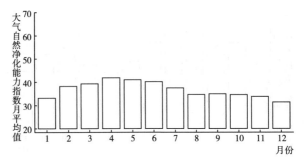

图 2 云南省文山壮族苗族自治州大气自然净化能力指数月均变化 （ASPI-2019.1.1-2019.12.31）

云南省大理白族自治州

表 1 云南省大理白族自治州大气环境资源概况（2019.1.1-2019.12.31）

指标类型	ASPI	AECI	EE	GCSP	GCO3
平均值	42.02	0.64	91.13	43.35	24.76
标准误	14.45	0.06	98.14	28.19	6.12
最小值	24.42	0.52	19.36	7.30	14.44
最大值	96.57	0.95	830.35	96.07	50.46
样本量（个）	2155	2155	2155	2155	2155

表 2 云南省大理白族自治州大气环境资源分位数（2019.1.1-2019.12.31）

指标类型	ASPI	AECI	EE	GCSP	GCO3
5%	28.99	0.57	20.53	11.49	18.85
10%	30.17	0.57	39.39	12.43	19.83
25%	32.91	0.60	41.02	14.46	21.70
50%	36.45	0.63	64.04	42.21	23.79
75%	47.95	0.67	105.23	70.36	25.72
90%	62.85	0.71	205.52	84.67	27.63

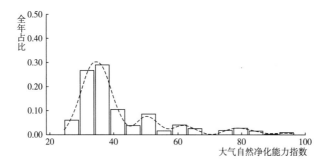

图 1 云南省大理白族自治州大气自然净化能力指数分布（ASPI-2019.1.1-2019.12.31）

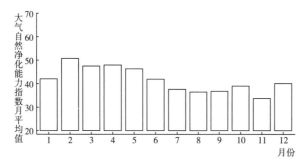

图 2 云南省大理白族自治州大气自然净化能力指数月均变化（ASPI-2019.1.1-2019.12.31）

云南省德宏傣族景颇族自治州

表 1　云南省德宏傣族景颇族自治州大气环境资源概况（2019.1.1-2019.12.31）

指标类型	ASPI	AECI	EE	GCSP	GCO3
平均值	36.15	0.63	51.34	55.62	31.26
标准误	7.49	0.04	33.41	34.70	11.25
最小值	25.58	0.54	19.62	10.57	19.20
最大值	80.71	0.78	292.32	100.00	64.97
样本量（个）	788	788	788	788	788

表 2　云南省德宏傣族景颇族自治州大气环境资源分位数（2019.1.1-2019.12.31）

指标类型	ASPI	AECI	EE	GCSP	GCO3
5%	27.22	0.57	19.97	12.64	20.51
10%	28.73	0.58	20.29	13.27	21.38
25%	31.46	0.59	39.64	15.95	22.85
50%	35.05	0.62	41.93	53.23	25.85
75%	38.29	0.66	65.73	96.47	44.75
90%	42.68	0.68	68.95	100.00	48.14

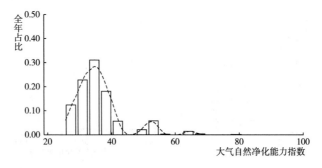

图 1　云南省德宏傣族景颇族自治州大气自然净化能力指数分布（ASPI-2019.1.1-2019.12.31）

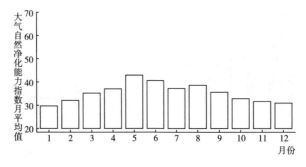

图 2　云南省德宏傣族景颇族自治州大气自然净化能力指数月均变化（ASPI-2019.1.1-2019.12.31）

云南省怒江傈僳族自治州

表 1　云南省怒江傈僳族自治州大气环境资源概况（2019.1.1-2019.12.31）

指标类型	ASPI	AECI	EE	GCSP	GCO3
平均值	38.49	0.61	66.28	47.54	24.17
标准误	12.53	0.06	68.20	31.14	4.88
最小值	25.27	0.50	19.55	7.62	14.47
最大值	95.31	0.86	699.98	100.00	48.82
样本量（个）	788	788	788	788	788

表 2　云南省怒江傈僳族自治州大气环境资源分位数（2019.1.1-2019.12.31）

指标类型	ASPI	AECI	EE	GCSP	GCO3
5%	26.61	0.53	19.84	10.32	17.02
10%	27.84	0.54	20.10	11.66	19.17
25%	30.78	0.56	20.89	13.90	21.74
50%	34.47	0.60	41.68	50.37	24.14
75%	39.97	0.65	67.07	78.36	26.03
90%	54.55	0.69	112.71	90.25	27.60

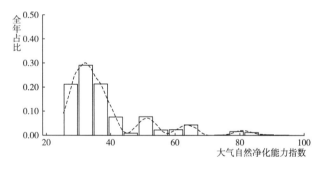

图 1　云南省怒江傈僳族自治州大气自然净化能力指数分布（ASPI-2019.1.1-2019.12.31）

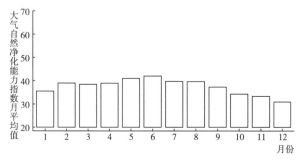

图 2　云南省怒江傈僳族自治州大气自然净化能力指数月均变化（ASPI-2019.1.1-2019.12.31）

云南省迪庆藏族自治州

表 1 云南省迪庆藏族自治州大气环境资源概况 (2019.1.1–2019.12.31)

指标类型	ASPI	AECI	EE	GCSP	GCO3
平均值	49.42	0.63	150.29	45.13	21.92
标准误	21.87	0.09	166.57	26.89	3.85
最小值	23.00	0.48	19.06	6.01	11.92
最大值	99.25	0.94	908.38	94.43	29.11
样本量（个）	2131	2131	2131	2131	2131

表 2 云南省迪庆藏族自治州大气环境资源分位数 (2019.1.1–2019.12.31)

指标类型	ASPI	AECI	EE	GCSP	GCO3
5%	27.16	0.51	19.97	11.43	14.27
10%	28.75	0.54	20.57	13.00	15.53
25%	32.61	0.57	40.90	15.88	19.90
50%	38.03	0.62	65.74	46.48	22.70
75%	63.66	0.69	207.25	68.79	24.72
90%	84.98	0.77	358.53	83.15	26.34

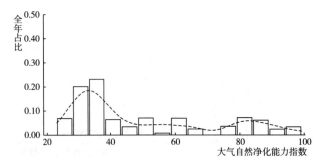

图 1 云南省迪庆藏族自治州大气自然净化能力指数分布 (ASPI-2019.1.1–2019.12.31)

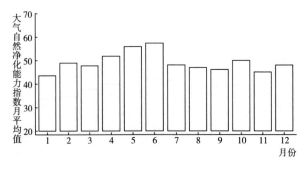

图 2 云南省迪庆藏族自治州大气自然净化能力指数月均变化 (ASPI-2019.1.1–2019.12.31)

西藏自治区

西藏自治区拉萨市

表 1 西藏自治区拉萨市大气环境资源概况（2019.1.1–2019.12.31）

指标类型	ASPI	AECI	EE	GCSP	GCO3
平均值	40.20	0.62	78.86	20.17	22.49
标准误	10.85	0.05	54.59	18.25	4.66
最小值	23.79	0.49	19.23	3.47	11.70
最大值	88.19	0.81	412.39	84.96	48.91
样本量（个）	2155	2155	2155	2155	2155

表 2 西藏自治区拉萨市大气环境资源分位数（2019.1.1–2019.12.31）

指标类型	ASPI	AECI	EE	GCSP	GCO3
5%	28.97	0.55	39.17	5.84	14.47
10%	30.22	0.56	39.78	7.32	17.33
25%	33.09	0.59	41.24	9.82	20.28
50%	36.60	0.62	64.67	12.67	22.71
75%	46.93	0.65	104.07	21.86	24.76
90%	52.99	0.68	110.94	50.80	26.21

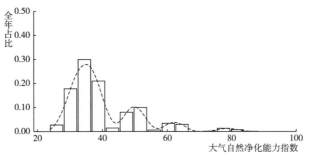

图 1 西藏自治区拉萨市大气自然净化能力指数分布（ASPI–2019.1.1–2019.12.31）

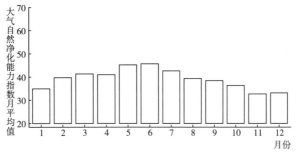

图 2 西藏自治区拉萨市大气自然净化能力指数月均变化（ASPI–2019.1.1–2019.12.31）

西藏自治区日喀则市

表 1　西藏自治区日喀则市大气环境资源概况 （2019. 1. 1–2019. 12. 31）

指标类型	ASPI	AECI	EE	GCSP	GCO3
平均值	42. 22	0. 61	92. 64	21. 25	22. 01
标准误	15. 29	0. 07	88. 68	20. 85	4. 45
最小值	22. 86	0. 47	19. 03	0. 20	11. 25
最大值	97. 21	0. 87	743. 57	89. 77	46. 90
样本量 （个）	2167	2167	2167	2167	2167

表 2　西藏自治区日喀则市大气环境资源分位数 （2019. 1. 1–2019. 12. 31）

指标类型	ASPI	AECI	EE	GCSP	GCO3
5%	26. 31	0. 52	19. 77	4. 61	13. 91
10%	28. 02	0. 53	20. 24	5. 83	15. 30
25%	31. 45	0. 56	40. 32	8. 81	19. 83
50%	36. 93	0. 62	64. 92	12. 44	22. 65
75%	49. 92	0. 66	107. 46	22. 82	24. 64
90%	63. 18	0. 70	206. 24	58. 07	26. 22

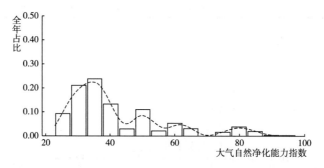

图 1　西藏自治区日喀则市大气自然净化能力指数分布 （ASPI–2019. 1. 1–2019. 12. 31）

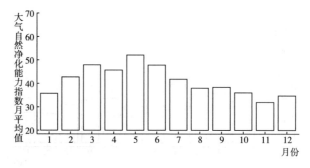

图 2　西藏自治区日喀则市大气自然净化能力指数月均变化 （ASPI–2019. 1. 1–2019. 12. 31）

西藏自治区昌都市

表1 西藏自治区昌都市大气环境资源概况（2019.1.1-2019.12.31）

指标类型	ASPI	AECI	EE	GCSP	GCO3
平均值	38.33	0.61	72.42	28.42	22.22
标准误	11.76	0.05	66.47	23.71	5.59
最小值	22.60	0.48	18.97	4.42	11.45
最大值	97.91	0.92	860.01	90.42	49.07
样本量（个）	2144	2144	2144	2144	2144

表2 西藏自治区昌都市大气环境资源分位数（2019.1.1-2019.12.31）

指标类型	ASPI	AECI	EE	GCSP	GCO3
5%	28.22	0.53	38.67	7.65	13.79
10%	29.37	0.55	39.30	8.94	15.22
25%	31.64	0.57	40.43	11.17	19.74
50%	34.56	0.60	42.57	14.43	22.35
75%	38.94	0.64	66.37	47.39	24.46
90%	51.75	0.68	109.54	67.70	26.08

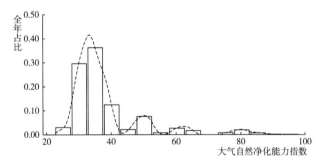

图1 西藏自治区昌都市大气自然净化能力指数分布（ASPI-2019.1.1-2019.12.31）

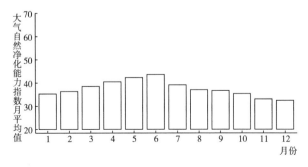

图2 西藏自治区昌都市大气自然净化能力指数月均变化（ASPI-2019.1.1-2019.12.31）

西藏自治区林芝市

表1 西藏自治区林芝市大气环境资源概况 （2019.1.1-2019.12.31）

指标类型	ASPI	AECI	EE	GCSP	GCO3
平均值	43.71	0.63	100.52	39.53	22.42
标准误	15.49	0.06	88.76	26.17	3.79
最小值	22.67	0.49	18.99	4.92	11.68
最大值	98.14	0.91	703.22	92.47	47.17
样本量（个）	2169	2169	2169	2169	2169

表2 西藏自治区林芝市大气环境资源分位数 （2019.1.1-2019.12.31）

指标类型	ASPI	AECI	EE	GCSP	GCO3
5%	28.44	0.54	38.76	11.01	15.67
10%	29.97	0.56	39.68	12.38	18.07
25%	33.07	0.59	41.21	14.42	20.34
50%	37.45	0.62	65.32	27.80	22.69
75%	50.42	0.66	108.03	63.79	24.62
90%	65.06	0.71	210.27	78.45	26.20

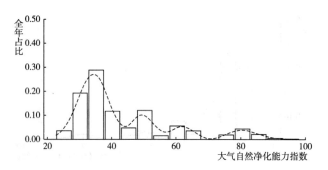

图1 西藏自治区林芝市大气自然净化能力指数分布 （ASPI-2019.1.1-2019.12.31）

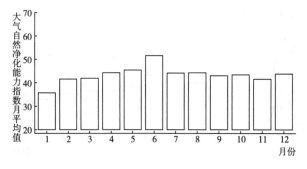

图2 西藏自治区林芝市大气自然净化能力指数月均变化 （ASPI-2019.1.1-2019.12.31）

西藏自治区山南市

表 1 西藏自治区山南市大气环境资源概况 (2019.1.1–2019.12.31)

指标类型	ASPI	AECI	EE	GCSP	GCO3
平均值	43.31	0.63	98.19	25.09	22.29
标准误	13.93	0.05	88.94	22.35	4.38
最小值	23.94	0.48	19.26	3.82	11.58
最大值	97.35	0.89	803.32	94.46	49.34
样本量（个）	2156	2156	2156	2156	2156

表 2 西藏自治区山南市大气环境资源分位数 (2019.1.1–2019.12.31)

指标类型	ASPI	AECI	EE	GCSP	GCO3
5%	30.06	0.55	39.64	6.91	14.35
10%	31.63	0.57	40.43	8.30	16.26
25%	34.02	0.59	42.08	11.21	20.25
50%	37.87	0.62	65.61	13.76	22.71
75%	48.97	0.65	106.39	27.89	24.69
90%	62.14	0.69	203.99	63.78	26.29

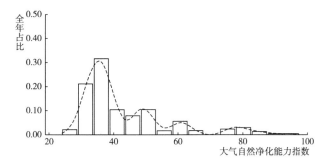

图 1 西藏自治区山南市大气自然净化能力指数分布 (ASPI-2019.1.1–2019.12.31)

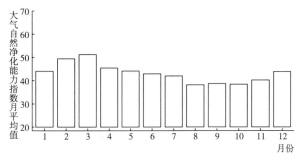

图 2 西藏自治区山南市大气自然净化能力指数月均变化 (ASPI-2019.1.1–2019.12.31)

西藏自治区那曲市

表 1　西藏自治区那曲市大气环境资源概况 （2019.1.1-2019.12.31）

指标类型	ASPI	AECI	EE	GCSP	GCO3
平均值	45.56	0.61	119.68	30.02	20.26
标准误	18.30	0.07	126.56	23.57	4.31
最小值	22.42	0.46	18.93	5.14	10.64
最大值	98.22	0.90	851.67	92.35	28.15
样本量（个）	2167	2167	2167	2167	2167

表 2　西藏自治区那曲市大气环境资源分位数 （2019.1.1-2019.12.31）

指标类型	ASPI	AECI	EE	GCSP	GCO3
5%	28.46	0.51	38.93	7.97	13.17
10%	29.64	0.53	39.55	9.07	14.10
25%	32.54	0.56	40.97	11.67	16.15
50%	37.15	0.60	65.13	15.58	21.41
75%	52.09	0.65	109.92	50.55	23.78
90%	79.99	0.71	293.75	68.77	25.33

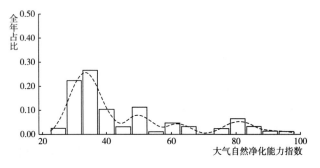

图 1　西藏自治区那曲市大气自然净化能力指数分布 （ASPI-2019.1.1-2019.12.31）

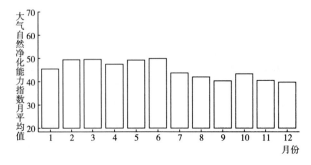

图 2　西藏自治区那曲市大气自然净化能力指数月均变化 （ASPI-2019.1.1-2019.12.31）

西藏自治区阿里地区

表 1　西藏自治区阿里地区大气环境资源概况 （2019.1.1–2019.12.31）

指标类型	ASPI	AECI	EE	GCSP	GCO3
平均值	48.95	0.62	143.78	14.69	20.19
标准误	20.33	0.08	145.90	12.05	4.40
最小值	22.46	0.44	18.94	2.21	10.75
最大值	98.14	0.94	834.29	79.02	27.75
样本量（个）	2154	2154	2154	2154	2154

表 2　西藏自治区阿里地区大气环境资源分位数 （2019.1.1–2019.12.31）

指标类型	ASPI	AECI	EE	GCSP	GCO3
5%	28.24	0.51	38.68	6.00	12.90
10%	29.58	0.52	39.48	6.96	13.81
25%	32.84	0.56	41.16	8.98	15.92
50%	38.64	0.61	66.15	11.38	21.44
75%	62.57	0.68	204.91	13.77	23.83
90%	81.92	0.74	341.55	26.68	25.33

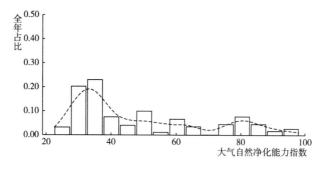

图 1　西藏自治区阿里地区大气自然净化能力指数分布 （ASPI–2019.1.1–2019.12.31）

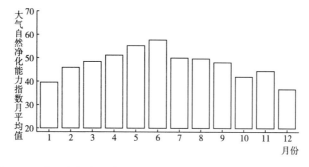

图 2　西藏自治区阿里地区大气自然净化能力指数月均变化 （ASPI–2019.1.1–2019.12.31）

陕西省

陕西省西安市

表 1　陕西省西安市大气环境资源概况（2019.1.1-2019.12.31）

指标类型	ASPI	AECI	EE	GCSP	GCO3
平均值	35.29	0.61	54.30	49.16	26.92
标准误	7.40	0.04	35.61	29.30	11.64
最小值	24.13	0.49	19.30	7.31	12.86
最大值	79.30	0.78	288.08	98.59	78.84
样本量（个）	774	774	774	774	774

表 2　陕西省西安市大气环境资源分位数（2019.1.1-2019.12.31）

指标类型	ASPI	AECI	EE	GCSP	GCO3
5%	28.25	0.55	20.27	11.16	14.86
10%	29.19	0.56	38.94	12.66	18.32
25%	31.11	0.58	40.15	16.29	20.60
50%	33.84	0.61	41.53	47.79	23.22
75%	36.49	0.64	64.25	76.20	25.67
90%	40.86	0.67	67.69	90.01	45.88

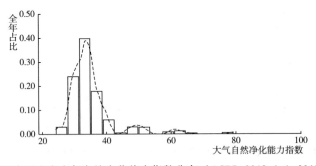

图 1　陕西省西安市大气自然净化能力指数分布（ASPI-2019.1.1-2019.12.31）

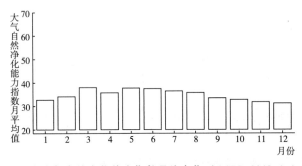

图 2　陕西省西安市大气自然净化能力指数月均变化（ASPI-2019.1.1-2019.12.31）

陕西省铜川市

表1 陕西省铜川市大气环境资源概况 （2019.1.1-2019.12.31）

指标类型	ASPI	AECI	EE	GCSP	GCO3
平均值	42.51	0.64	96.27	38.71	25.01
标准误	14.21	0.06	82.34	27.53	10.59
最小值	21.87	0.50	18.81	6.23	10.77
最大值	95.92	0.95	933.71	96.31	75.81
样本量（个）	2089	2089	2089	2089	2089

表2 陕西省铜川市大气环境资源分位数 （2019.1.1-2019.12.31）

指标类型	ASPI	AECI	EE	GCSP	GCO3
5%	28.13	0.55	20.77	10.04	13.70
10%	29.66	0.57	39.42	11.22	16.29
25%	32.44	0.60	41.01	13.72	19.52
50%	36.70	0.63	64.82	27.32	22.35
75%	49.18	0.68	106.62	63.88	24.56
90%	62.75	0.72	205.31	80.86	45.30

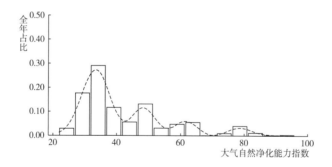

图1 陕西省铜川市大气自然净化能力指数分布 （ASPI-2019.1.1-2019.12.31）

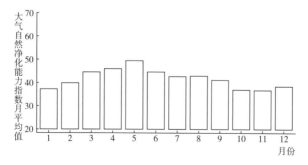

图2 陕西省铜川市大气自然净化能力指数月均变化 （ASPI-2019.1.1-2019.12.31）

陕西省宝鸡市

表 1   陕西省宝鸡市大气环境资源概况 （2019.1.1-2019.12.31）

指标类型	ASPI	AECI	EE	GCSP	GCO3
平均值	34.54	0.61	50.06	40.41	26.94
标准误	7.50	0.05	34.01	25.80	11.50
最小值	24.09	0.50	19.29	6.63	12.97
最大值	79.54	0.76	288.80	96.24	77.32
样本量（个）	774	774	774	774	774

表 2   陕西省宝鸡市大气环境资源分位数 （2019.1.1-2019.12.31）

指标类型	ASPI	AECI	EE	GCSP	GCO3
5%	25.80	0.54	19.66	10.39	17.28
10%	27.68	0.55	20.07	11.63	18.57
25%	30.00	0.58	39.17	13.94	20.59
50%	33.33	0.61	41.20	39.53	23.27
75%	36.32	0.64	64.27	62.12	25.51
90%	44.88	0.67	101.75	77.48	45.99

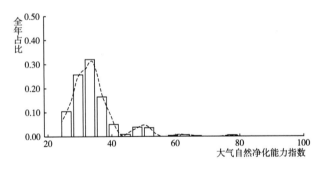

图 1   陕西省宝鸡市大气自然净化能力指数分布 （ASPI-2019.1.1-2019.12.31）

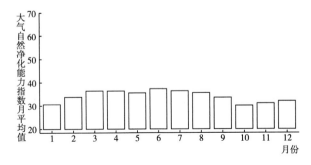

图 2   陕西省宝鸡市大气自然净化能力指数月均变化 （ASPI-2019.1.1-2019.12.31）

陕西省咸阳市

表 1　陕西省咸阳市大气环境资源概况（2019.1.1-2019.12.31）

指标类型	ASPI	AECI	EE	GCSP	GCO3
平均值	40.06	0.63	83.45	46.05	26.37
标准误	12.98	0.06	74.44	31.82	12.32
最小值	21.96	0.50	18.83	5.65	10.87
最大值	97.27	0.91	784.37	98.67	78.51
样本量（个）	2089	2089	2089	2089	2089

表 2　陕西省咸阳市大气环境资源分位数（2019.1.1-2019.12.31）

指标类型	ASPI	AECI	EE	GCSP	GCO3
5%	27.54	0.55	38.05	10.33	13.90
10%	28.75	0.56	39.06	11.85	17.23
25%	31.79	0.59	40.55	14.27	19.72
50%	35.56	0.63	63.86	42.52	22.54
75%	46.99	0.67	104.14	76.94	25.14
90%	59.57	0.71	198.46	95.49	46.07

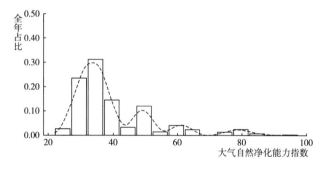

图 1　陕西省咸阳市大气自然净化能力指数分布（ASPI-2019.1.1-2019.12.31）

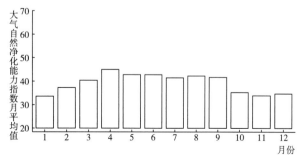

图 2　陕西省咸阳市大气自然净化能力指数月均变化（ASPI-2019.1.1-2019.12.31）

陕西省渭南市

表 1   陕西省渭南市大气环境资源概况（2019.1.1-2019.12.31）

指标类型	ASPI	AECI	EE	GCSP	GCO3
平均值	38.08	0.62	68.43	41.38	26.76
标准误	10.68	0.05	53.27	29.13	11.19
最小值	24.27	0.50	19.33	6.98	13.00
最大值	84.98	0.83	352.75	98.65	76.07
样本量（个）	772	772	772	772	772

表 2   陕西省渭南市大气环境资源分位数（2019.1.1-2019.12.31）

指标类型	ASPI	AECI	EE	GCSP	GCO3
5%	27.41	0.54	20.01	10.58	15.05
10%	28.59	0.56	20.45	11.52	18.12
25%	31.59	0.58	40.38	13.98	20.44
50%	34.67	0.62	62.13	27.73	23.12
75%	39.75	0.66	66.92	67.04	25.61
90%	51.18	0.69	108.89	88.19	45.68

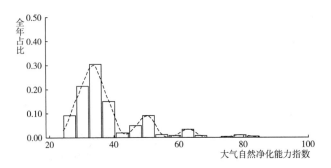

图 1   陕西省渭南市大气自然净化能力指数分布（ASPI-2019.1.1-2019.12.31）

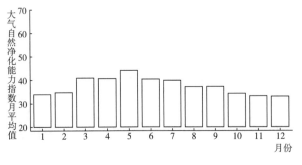

图 2   陕西省渭南市大气自然净化能力指数月均变化（ASPI-2019.1.1-2019.12.31）

陕西省延安市

表 1 陕西省延安市大气环境资源概况 (2019.1.1-2019.12.31)

指标类型	ASPI	AECI	EE	GCSP	GCO3
平均值	40.68	0.62	89.20	39.21	22.79
标准误	14.56	0.06	85.00	32.89	8.40
最小值	22.22	0.48	18.89	4.93	10.28
最大值	95.84	0.92	762.32	98.67	62.65
样本量（个）	2174	2174	2174	2174	2174

表 2 陕西省延安市大气环境资源分位数 (2019.1.1-2019.12.31)

指标类型	ASPI	AECI	EE	GCSP	GCO3
5%	27.00	0.53	20.15	8.29	12.89
10%	28.40	0.55	38.81	9.83	14.11
25%	31.20	0.58	40.28	12.26	18.81
50%	34.83	0.62	63.16	21.67	21.78
75%	47.40	0.66	104.61	69.30	23.95
90%	62.06	0.71	203.82	95.54	26.54

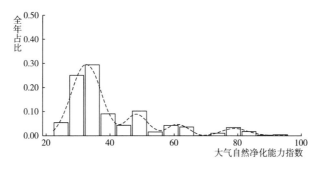

图 1 陕西省延安市大气自然净化能力指数分布 (ASPI-2019.1.1-2019.12.31)

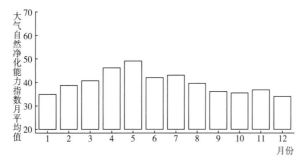

图 2 陕西省延安市大气自然净化能力指数月均变化 (ASPI-2019.1.1-2019.12.31)

陕西省汉中市

表 1　陕西省汉中市大气环境资源概况 （2019.1.1-2019.12.31）

指标类型	ASPI	AECI	EE	GCSP	GCO3
平均值	33.58	0.61	48.51	54.09	25.77
标准误	5.94	0.04	28.82	24.06	9.85
最小值	22.17	0.52	18.88	8.74	12.19
最大值	93.09	0.85	616.63	95.81	73.81
样本量（个）	2132	2132	2132	2132	2132

表 2　陕西省汉中市大气环境资源分位数 （2019.1.1-2019.12.31）

指标类型	ASPI	AECI	EE	GCSP	GCO3
5%	26.65	0.55	19.90	13.55	17.36
10%	28.25	0.56	38.63	15.58	18.32
25%	30.40	0.58	39.85	37.47	20.13
50%	32.74	0.61	40.91	57.52	22.84
75%	35.33	0.63	42.83	73.63	25.26
90%	39.02	0.66	66.42	84.74	44.82

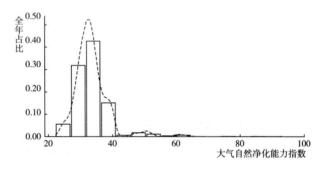

图 1　陕西省汉中市大气自然净化能力指数分布 （ASPI-2019.1.1-2019.12.31）

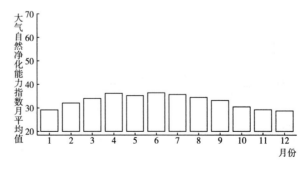

图 2　陕西省汉中市大气自然净化能力指数月均变化 （ASPI-2019.1.1-2019.12.31）

陕西省榆林市

表 1 陕西省榆林市大气环境资源概况（2019.1.1-2019.12.31）

指标类型	ASPI	AECI	EE	GCSP	GCO3
平均值	45.62	0.65	116.95	21.74	22.46
标准误	15.60	0.06	97.39	19.25	8.49
最小值	21.96	0.48	18.83	3.82	9.85
最大值	96.35	0.89	812.26	83.11	63.07
样本量（个）	2178	2178	2178	2178	2178

表 2 陕西省榆林市大气环境资源分位数（2019.1.1-2019.12.31）

指标类型	ASPI	AECI	EE	GCSP	GCO3
5%	28.91	0.55	39.20	6.61	12.55
10%	30.60	0.57	40.04	7.64	13.67
25%	33.90	0.60	62.45	10.11	18.40
50%	39.48	0.64	66.74	13.38	21.52
75%	51.26	0.68	108.98	26.41	23.68
90%	74.42	0.73	273.71	56.37	26.37

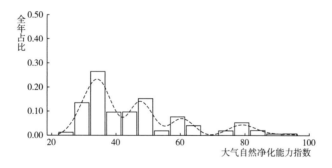

图 1 陕西省榆林市大气自然净化能力指数分布（ASPI-2019.1.1-2019.12.31）

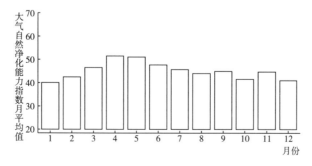

图 2 陕西省榆林市大气自然净化能力指数月均变化（ASPI-2019.1.1-2019.12.31）

陕西省安康市

表 1 陕西省安康市大气环境资源概况 （2019.1.1-2019.12.31）

指标类型	ASPI	AECI	EE	GCSP	GCO3
平均值	33.90	0.62	49.68	51.81	27.01
标准误	5.77	0.04	25.20	25.73	11.77
最小值	22.35	0.52	18.92	6.33	11.53
最大值	82.94	0.78	345.35	93.88	78.06
样本量（个）	2125	2125	2125	2125	2125

表 2 陕西省安康市大气环境资源分位数 （2019.1.1-2019.12.31）

指标类型	ASPI	AECI	EE	GCSP	GCO3
5%	27.55	0.56	38.17	12.80	17.42
10%	28.69	0.56	39.04	13.92	18.34
25%	30.69	0.59	39.98	26.44	20.26
50%	33.02	0.61	41.07	55.98	22.94
75%	35.75	0.64	63.38	75.26	25.68
90%	38.91	0.67	66.34	84.31	45.94

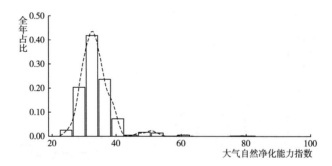

图 1 陕西省安康市大气自然净化能力指数分布 （ASPI-2019.1.1-2019.12.31）

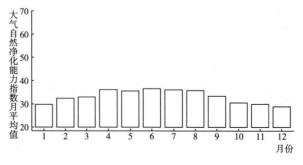

图 2 陕西省安康市大气自然净化能力指数月均变化 （ASPI-2019.1.1-2019.12.31）

陕西省商洛市

表 1 陕西省商洛市大气环境资源概况（2019.1.1-2019.12.31）

指标类型	ASPI	AECI	EE	GCSP	GCO3
平均值	40.78	0.63	88.72	44.68	24.76
标准误	14.78	0.06	90.00	27.85	9.80
最小值	22.29	0.50	18.90	6.01	11.00
最大值	97.31	0.96	784.72	97.54	74.95
样本量（个）	2112	2112	2112	2112	2112

表 2 陕西省商洛市大气环境资源分位数（2019.1.1-2019.12.31）

指标类型	ASPI	AECI	EE	GCSP	GCO3
5%	26.11	0.54	19.74	10.79	14.33
10%	28.14	0.56	20.36	12.23	17.26
25%	31.48	0.59	40.39	15.23	19.79
50%	35.16	0.62	63.44	43.87	22.48
75%	47.82	0.67	105.08	68.88	24.59
90%	62.21	0.72	204.13	84.98	44.38

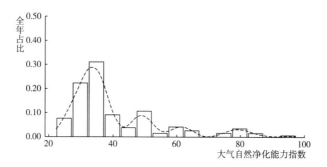

图 1 陕西省商洛市大气自然净化能力指数分布（ASPI-2019.1.1-2019.12.31）

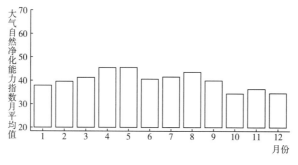

图 2 陕西省商洛市大气自然净化能力指数月均变化（ASPI-2019.1.1-2019.12.31）

甘肃省

甘肃省兰州市

表 1 甘肃省兰州市大气环境资源概况 (2019.1.1-2019.12.31)

指标类型	ASPI	AECI	EE	GCSP	GCO3
平均值	32.69	0.60	45.70	28.26	23.20
标准误	5.23	0.04	21.30	21.73	8.57
最小值	21.70	0.49	18.78	4.94	10.71
最大值	79.21	0.78	287.81	97.37	74.17
样本量（个）	2135	2135	2135	2135	2135

表 2 甘肃省兰州市大气环境资源分位数 (2019.1.1-2019.12.31)

指标类型	ASPI	AECI	EE	GCSP	GCO3
5%	26.35	0.53	19.82	8.74	13.08
10%	27.63	0.54	20.44	10.00	14.51
25%	29.53	0.57	39.43	12.05	19.18
50%	32.12	0.60	40.66	15.79	21.98
75%	34.67	0.62	42.16	43.49	24.12
90%	38.07	0.65	65.77	62.47	26.96

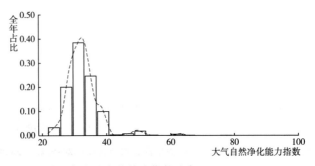

图 1 甘肃省兰州市大气自然净化能力指数分布 (ASPI-2019.1.1-2019.12.31)

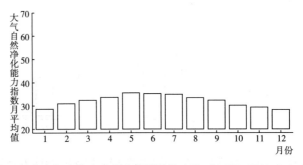

图 2 甘肃省兰州市大气自然净化能力指数月均变化 (ASPI-2019.1.1-2019.12.31)

甘肃省金昌市

表1 甘肃省金昌市大气环境资源概况（2019.1.1~2019.12.31）

指标类型	ASPI	AECI	EE	GCSP	GCO3
平均值	55.17	0.66	184.74	28.01	20.40
标准误	19.56	0.08	155.08	24.89	5.29
最小值	21.31	0.47	18.69	3.12	9.83
最大值	97.39	1.00	1016.50	98.57	49.02
样本量（个）	2178	2178	2178	2178	2178

表2 甘肃省金昌市大气环境资源分位数（2019.1.1~2019.12.31）

指标类型	ASPI	AECI	EE	GCSP	GCO3
5%	29.96	0.54	39.70	8.53	12.13
10%	31.79	0.57	40.91	9.63	13.14
25%	36.32	0.61	64.53	12.01	16.56
50%	50.40	0.66	108.00	14.82	21.15
75%	75.35	0.71	276.24	41.75	23.35
90%	82.06	0.76	342.76	70.87	24.96

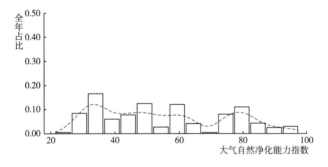

图1 甘肃省金昌市大气自然净化能力指数分布（ASPI-2019.1.1~2019.12.31）

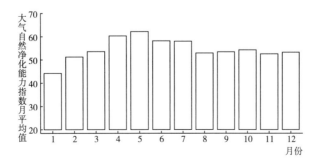

图2 甘肃省金昌市大气自然净化能力指数月均变化（ASPI-2019.1.1~2019.12.31）

甘肃省白银市

表 1　甘肃省白银市大气环境资源概况（2019.1.1-2019.12.31）

指标类型	ASPI	AECI	EE	GCSP	GCO3
平均值	39.69	0.62	82.28	28.74	22.91
标准误	12.78	0.06	85.82	25.00	7.18
最小值	24.27	0.48	19.33	6.23	12.30
最大值	94.93	0.93	813.39	100.00	48.71
样本量（个）	802	802	802	802	802

表 2　甘肃省白银市大气环境资源分位数（2019.1.1-2019.12.31）

指标类型	ASPI	AECI	EE	GCSP	GCO3
5%	28.43	0.54	38.86	8.74	13.49
10%	29.53	0.55	39.48	9.85	14.48
25%	31.98	0.58	40.60	12.00	19.47
50%	35.16	0.61	63.33	14.36	22.55
75%	40.67	0.65	67.56	44.68	24.66
90%	53.10	0.69	111.07	71.98	26.82

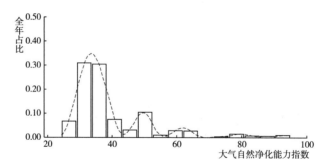

图 1　甘肃省白银市大气自然净化能力指数分布（ASPI-2019.1.1-2019.12.31）

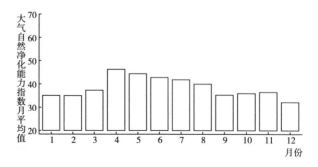

图 2　甘肃省白银市大气自然净化能力指数月均变化（ASPI-2019.1.1-2019.12.31）

甘肃省天水市

表1 甘肃省天水市大气环境资源概况 (2019.1.1-2019.12.31)

指标类型	ASPI	AECI	EE	GCSP	GCO3
平均值	37.55	0.62	65.80	40.30	24.73
标准误	9.43	0.05	46.72	25.63	8.69
最小值	23.97	0.49	19.27	6.65	12.99
最大值	87.82	0.83	410.81	96.14	62.75
样本量 (个)	775	775	775	775	775

表2 甘肃省天水市大气环境资源分位数 (2019.1.1-2019.12.31)

指标类型	ASPI	AECI	EE	GCSP	GCO3
5%	28.58	0.55	20.74	11.16	14.21
10%	29.44	0.56	39.37	12.39	17.99
25%	31.80	0.58	40.49	14.61	20.32
50%	34.49	0.61	42.18	37.83	22.98
75%	38.98	0.65	66.39	62.52	25.14
90%	50.92	0.68	108.60	77.42	43.46

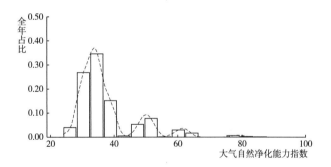

图1 甘肃省天水市大气自然净化能力指数分布 (ASPI-2019.1.1-2019.12.31)

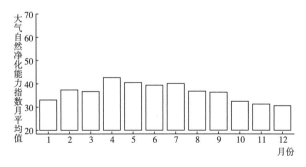

图2 甘肃省天水市大气自然净化能力指数月均变化 (ASPI-2019.1.1-2019.12.31)

甘肃省武威市

表 1　甘肃省武威市大气环境资源概况（2019.1.1~2019.12.31）

指标类型	ASPI	AECI	EE	GCSP	GCO3
平均值	40.91	0.62	93.11	30.35	22.49
标准误	14.49	0.07	92.29	25.65	9.26
最小值	21.52	0.48	18.74	3.82	9.58
最大值	95.91	0.98	893.12	100.00	72.80
样本量（个）	2138	2138	2138	2138	2138

表 2　甘肃省武威市大气环境资源分位数（2019.1.1~2019.12.31）

指标类型	ASPI	AECI	EE	GCSP	GCO3
5%	27.72	0.52	38.59	7.96	12.17
10%	29.13	0.54	39.30	9.11	13.21
25%	31.80	0.58	40.82	11.85	17.53
50%	35.25	0.62	63.73	15.31	21.51
75%	47.44	0.66	104.65	48.73	23.72
90%	61.73	0.71	203.09	71.86	27.33

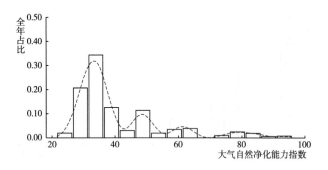

图 1　甘肃省武威市大气自然净化能力指数分布（ASPI-2019.1.1~2019.12.31）

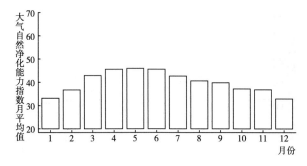

图 2　甘肃省武威市大气自然净化能力指数月均变化（ASPI-2019.1.1~2019.12.31）

甘肃省张掖市

表1 甘肃省张掖市大气环境资源概况 (2019.1.1-2019.12.31)

指标类型	ASPI	AECI	EE	GCSP	GCO3
平均值	47.82	0.65	134.10	25.52	22.84
标准误	17.65	0.07	118.63	22.01	9.94
最小值	22.42	0.48	18.93	3.12	9.51
最大值	96.73	0.96	969.54	95.96	73.79
样本量 (个)	2177	2177	2177	2177	2177

表2 甘肃省张掖市大气环境资源分位数 (2019.1.1-2019.12.31)

指标类型	ASPI	AECI	EE	GCSP	GCO3
5%	28.94	0.54	39.23	7.50	11.99
10%	30.67	0.56	40.17	8.54	13.05
25%	33.63	0.60	62.25	10.83	17.25
50%	44.05	0.64	100.80	14.10	21.39
75%	59.50	0.69	198.30	36.08	23.66
90%	78.03	0.75	285.37	63.61	43.21

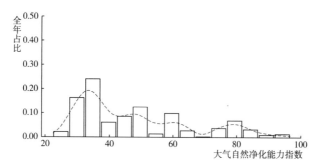

图1 甘肃省张掖市大气自然净化能力指数分布 (ASPI-2019.1.1-2019.12.31)

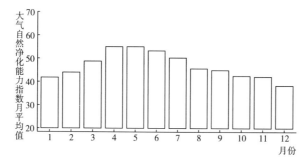

图2 甘肃省张掖市大气自然净化能力指数月均变化 (ASPI-2019.1.1-2019.12.31)

甘肃省平凉市

表 1　甘肃省平凉市大气环境资源概况 （2019.1.1-2019.12.31）

指标类型	ASPI	AECI	EE	GCSP	GCO3
平均值	42.08	0.63	94.58	45.28	21.76
标准误	14.13	0.06	79.22	32.55	6.07
最小值	21.82	0.48	18.80	6.52	10.57
最大值	96.31	0.85	637.96	100.00	48.17
样本量（个）	2173	2173	2173	2173	2173

表 2　甘肃省平凉市大气环境资源分位数 （2019.1.1-2019.12.31）

指标类型	ASPI	AECI	EE	GCSP	GCO3
5%	28.53	0.55	38.97	9.64	13.10
10%	30.01	0.56	39.71	11.26	14.32
25%	32.61	0.59	41.35	13.98	18.94
50%	36.26	0.62	64.50	40.87	21.84
75%	48.77	0.66	106.16	76.91	23.86
90%	62.41	0.70	204.57	95.52	25.73

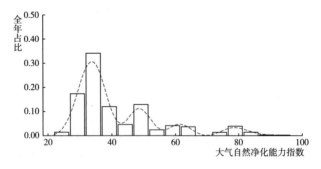

图 1　甘肃省平凉市大气自然净化能力指数分布 （ASPI-2019.1.1-2019.12.31）

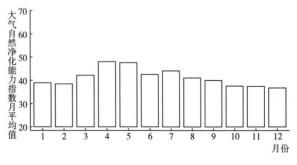

图 2　甘肃省平凉市大气自然净化能力指数月均变化 （ASPI-2019.1.1-2019.12.31）

甘肃省酒泉市

表 1 甘肃省酒泉市大气环境资源概况（2019.1.1-2019.12.31）

指标类型	ASPI	AECI	EE	GCSP	GCO3
平均值	42.07	0.63	100.55	24.32	22.12
标准误	14.58	0.07	98.10	21.28	8.67
最小值	21.88	0.47	18.82	4.94	9.38
最大值	96.54	0.99	1048.02	98.65	62.00
样本量（个）	2181	2181	2181	2181	2181

表 2 甘肃省酒泉市大气环境资源分位数（2019.1.1-2019.12.31）

指标类型	ASPI	AECI	EE	GCSP	GCO3
5%	28.61	0.53	39.07	8.27	11.85
10%	29.94	0.55	39.71	9.35	13.01
25%	32.51	0.59	60.69	11.45	17.67
50%	36.05	0.63	64.34	14.06	21.24
75%	47.92	0.67	105.19	27.19	23.43
90%	61.60	0.71	202.81	59.89	26.55

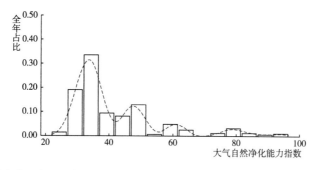

图 1 甘肃省酒泉市大气自然净化能力指数分布（ASPI-2019.1.1-2019.12.31）

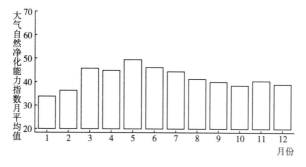

图 2 甘肃省酒泉市大气自然净化能力指数月均变化（ASPI-2019.1.1-2019.12.31）

甘肃省庆阳市

表 1　甘肃省庆阳市大气环境资源概况（2019.1.1−2019.12.31）

指标类型	ASPI	AECI	EE	GCSP	GCO3
平均值	39.76	0.62	80.92	39.66	22.09
标准误	11.30	0.05	57.58	30.43	6.47
最小值	21.71	0.49	18.78	5.67	10.71
最大值	88.86	0.82	415.27	98.70	60.84
样本量（个）	2171	2171	2171	2171	2171

表 2　甘肃省庆阳市大气环境资源分位数（2019.1.1−2019.12.31）

指标类型	ASPI	AECI	EE	GCSP	GCO3
5%	28.31	0.55	38.91	9.34	13.25
10%	29.74	0.56	39.58	10.57	14.55
25%	32.55	0.59	41.20	13.21	19.04
50%	35.88	0.62	64.21	26.48	21.92
75%	46.28	0.65	103.33	67.36	23.93
90%	52.99	0.69	110.94	88.72	25.94

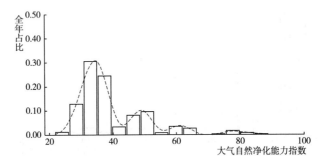

图 1　甘肃省庆阳市大气自然净化能力指数分布（ASPI−2019.1.1−2019.12.31）

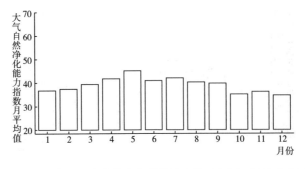

图 2　甘肃省庆阳市大气自然净化能力指数月均变化（ASPI−2019.1.1−2019.12.31）

甘肃省定西市

表 1 甘肃省定西市大气环境资源概况 (2019.1.1–2019.12.31)

指标类型	ASPI	AECI	EE	GCSP	GCO3
平均值	47.18	0.64	122.38	38.88	21.87
标准误	17.03	0.07	105.47	26.84	5.00
最小值	23.90	0.47	19.25	6.60	12.55
最大值	97.24	0.96	924.20	96.08	46.57
样本量（个）	800	800	800	800	800

表 2 甘肃省定西市大气环境资源分位数 (2019.1.1–2019.12.31)

指标类型	ASPI	AECI	EE	GCSP	GCO3
5%	29.01	0.54	39.23	10.07	13.70
10%	30.50	0.55	39.92	11.24	14.62
25%	33.97	0.59	61.89	13.93	19.44
50%	38.96	0.63	66.39	27.59	22.57
75%	59.94	0.68	199.25	62.40	24.52
90%	78.41	0.73	285.57	79.44	26.04

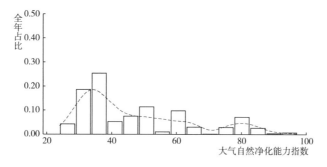

图 1 甘肃省定西市大气自然净化能力指数分布 (ASPI–2019.1.1–2019.12.31)

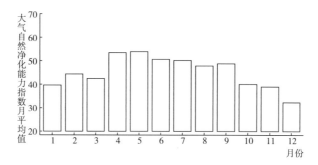

图 2 甘肃省定西市大气自然净化能力指数月均变化 (ASPI–2019.1.1–2019.12.31)

甘肃省陇南市

表 1　甘肃省陇南市大气环境资源概况 （2019.1.1-2019.12.31）

指标类型	ASPI	AECI	EE	GCSP	GCO3
平均值	37.79	0.63	71.39	30.56	25.48
标准误	11.72	0.05	68.37	20.98	9.83
最小值	22.28	0.52	18.90	4.02	11.42
最大值	96.22	0.98	899.76	89.86	75.46
样本量（个）	2161	2161	2161	2161	2161

表 2　甘肃省陇南市大气环境资源分位数 （2019.1.1-2019.12.31）

指标类型	ASPI	AECI	EE	GCSP	GCO3
5%	27.68	0.56	20.60	10.60	17.29
10%	28.83	0.57	39.11	11.69	18.33
25%	31.20	0.59	40.24	13.73	20.17
50%	34.13	0.62	42.02	22.34	22.73
75%	38.21	0.65	65.86	46.01	25.01
90%	51.34	0.70	109.07	64.25	44.42

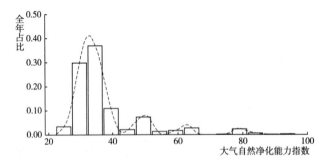

图 1　甘肃省陇南市大气自然净化能力指数分布 （ASPI-2019.1.1-2019.12.31）

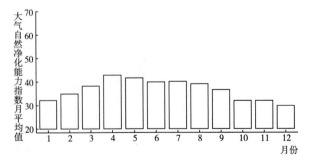

图 2　甘肃省陇南市大气自然净化能力指数月均变化 （ASPI-2019.1.1-2019.12.31）

甘肃省临夏回族自治州

表 1 甘肃省临夏回族自治州大气环境资源概况（2019.1.1—2019.12.31）

指标类型	ASPI	AECI	EE	GCSP	GCO3
平均值	34.53	0.60	54.88	48.36	21.34
标准误	7.84	0.05	40.49	31.75	5.47
最小值	22.63	0.48	18.98	4.93	10.57
最大值	94.59	0.90	762.77	101.51	48.32
样本量（个）	2165	2165	2165	2165	2165

表 2 甘肃省临夏回族自治州大气环境资源分位数（2019.1.1—2019.12.31）

指标类型	ASPI	AECI	EE	GCSP	GCO3
5%	26.87	0.52	20.14	10.44	12.87
10%	28.01	0.54	38.65	11.85	14.01
25%	30.19	0.56	39.78	14.75	18.86
50%	32.97	0.59	41.09	47.07	21.74
75%	36.17	0.62	64.39	77.37	23.83
90%	40.33	0.65	67.33	94.19	25.62

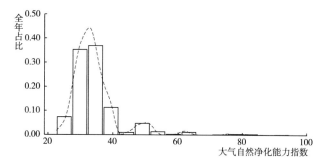

图 1 甘肃省临夏回族自治州大气自然净化能力指数分布（ASPI-2019.1.1—2019.12.31）

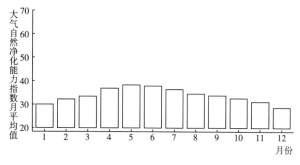

图 2 甘肃省临夏回族自治州大气自然净化能力指数月均变化（ASPI-2019.1.1—2019.12.31）

甘肃省甘南藏族自治州

表1 甘肃省甘南藏族自治州大气环境资源概况 (2019.1.1-2019.12.31)

指标类型	ASPI	AECI	EE	GCSP	GCO3
平均值	38.48	0.59	76.33	51.74	20.18
标准误	12.53	0.06	70.81	30.48	4.30
最小值	22.27	0.46	18.90	4.92	10.38
最大值	97.15	0.89	761.38	100.00	44.37
样本量（个）	2160	2160	2160	2160	2160

表2 甘肃省甘南藏族自治州大气环境资源分位数 (2019.1.1-2019.12.31)

指标类型	ASPI	AECI	EE	GCSP	GCO3
5%	27.70	0.52	38.53	9.70	12.67
10%	28.80	0.53	39.13	12.00	13.65
25%	31.12	0.56	40.21	16.01	16.13
50%	33.94	0.58	42.25	56.02	21.29
75%	39.08	0.62	66.46	79.38	23.45
90%	58.48	0.67	196.10	90.73	25.06

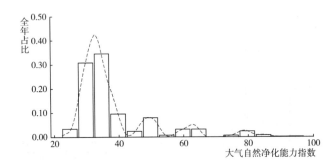

图1 甘肃省甘南藏族自治州大气自然净化能力指数分布 (ASPI-2019.1.1-2019.12.31)

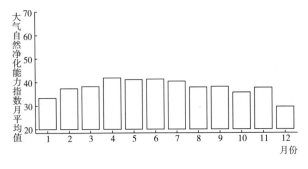

图2 甘肃省甘南藏族自治州大气自然净化能力指数月均变化 (ASPI-2019.1.1-2019.12.31)

青海省

青海省西宁市

表 1 青海省西宁市大气环境资源概况 (2019.1.1-2019.12.31)

指标类型	ASPI	AECI	EE	GCSP	GCO3
平均值	46.99	0.63	135.13	35.88	20.58
标准误	18.99	0.08	143.63	26.98	4.74
最小值	21.55	0.47	18.74	4.60	10.26
最大值	97.51	0.95	914.51	97.36	46.81
样本量 (个)	2218	2218	2218	2218	2218

表 2 青海省西宁市大气环境资源分位数 (2019.1.1-2019.12.31)

指标类型	ASPI	AECI	EE	GCSP	GCO3
5%	27.87	0.53	20.49	8.82	12.65
10%	29.38	0.55	39.23	10.59	13.73
25%	32.64	0.58	41.51	13.37	17.91
50%	37.77	0.62	65.56	26.15	21.34
75%	59.16	0.67	197.57	57.66	23.42
90%	79.10	0.74	326.73	79.47	25.10

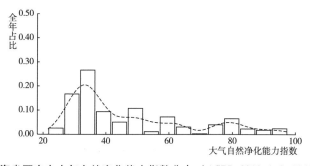

图 1 青海省西宁市大气自然净化能力指数分布 (ASPI-2019.1.1-2019.12.31)

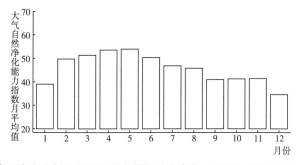

图 2 青海省西宁市大气自然净化能力指数月均变化 (ASPI-2019.1.1-2019.12.31)

青海省海东市

表 1　青海省海东市大气环境资源概况（2019.1.1-2019.12.31）

指标类型	ASPI	AECI	EE	GCSP	GCO3
平均值	39.10	0.61	75.90	28.74	22.08
标准误	10.95	0.05	58.68	22.80	5.90
最小值	23.75	0.49	19.22	5.31	12.37
最大值	95.59	0.86	633.18	92.24	47.89
样本量（个）	827	827	827	827	827

表 2　青海省海东市大气环境资源分位数（2019.1.1-2019.12.31）

指标类型	ASPI	AECI	EE	GCSP	GCO3
5%	27.99	0.53	20.20	7.96	13.56
10%	29.34	0.55	39.15	9.60	14.53
25%	32.15	0.58	40.70	12.16	19.16
50%	35.78	0.61	63.95	14.93	22.38
75%	40.72	0.65	67.59	47.82	24.35
90%	56.44	0.67	191.72	65.73	26.18

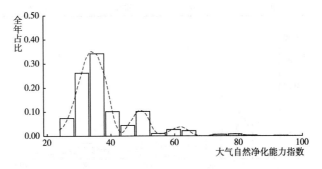

图 1　青海省海东市大气自然净化能力指数分布（ASPI-2019.1.1-2019.12.31）

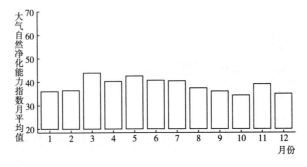

图 2　青海省海东市大气自然净化能力指数月均变化（ASPI-2019.1.1-2019.12.31）

青海省海北藏族自治州

表 1 青海省海北藏族自治州大气环境资源概况（2019.1.1-2019.12.31）

指标类型	ASPI	AECI	EE	GCSP	GCO3
平均值	47.71	0.62	133.46	37.61	20.36
标准误	19.68	0.08	135.41	26.12	4.33
最小值	23.73	0.46	19.21	6.53	11.62
最大值	97.07	0.91	877.24	90.69	27.31
样本量（个）	821	821	821	821	821

表 2 青海省海北藏族自治州大气环境资源分位数（2019.1.1-2019.12.31）

指标类型	ASPI	AECI	EE	GCSP	GCO3
5%	28.09	0.51	20.48	9.77	13.03
10%	29.43	0.52	39.30	11.03	14.04
25%	32.33	0.56	40.93	13.58	15.73
50%	38.04	0.61	65.74	27.30	21.80
75%	60.99	0.67	201.51	60.87	23.80
90%	81.42	0.73	339.38	76.28	25.31

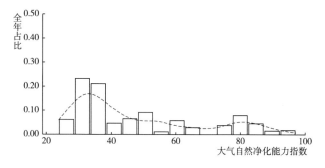

图 1 青海省海北藏族自治州大气自然净化能力指数分布（ASPI-2019.1.1-2019.12.31）

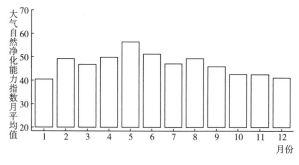

图 2 青海省海北藏族自治州大气自然净化能力指数月均变化（ASPI-2019.1.1-2019.12.31）

青海省黄南藏族自治州

表1　青海省黄南藏族自治州大气环境资源概况（2019.1.1-2019.12.31）

指标类型	ASPI	AECI	EE	GCSP	GCO3
平均值	41.74	0.62	93.39	32.09	20.89
标准误	14.43	0.06	83.90	23.94	4.65
最小值	21.98	0.48	18.84	5.15	10.66
最大值	97.58	0.90	769.09	94.72	48.46
样本量（个）	2186	2186	2186	2186	2186

表2　青海省黄南藏族自治州大气环境资源分位数（2019.1.1-2019.12.31）

指标类型	ASPI	AECI	EE	GCSP	GCO3
5%	27.06	0.53	20.14	9.07	12.97
10%	28.55	0.54	38.89	10.59	14.06
25%	32.20	0.58	40.83	13.04	18.46
50%	36.19	0.61	64.35	21.68	21.66
75%	48.65	0.65	106.02	51.64	23.67
90%	61.60	0.70	202.82	70.53	25.32

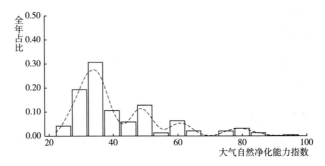

图1　青海省黄南藏族自治州大气自然净化能力指数分布（ASPI-2019.1.1-2019.12.31）

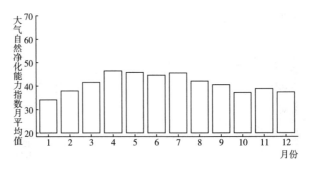

图2　青海省黄南藏族自治州大气自然净化能力指数月均变化（ASPI-2019.1.1-2019.12.31）

青海省海南藏族自治州

表 1 青海省海南藏族自治州大气环境资源概况 （2019.1.1-2019.12.31）

指标类型	ASPI	AECI	EE	GCSP	GCO3
平均值	36.23	0.59	70.39	32.34	20.37
标准误	13.45	0.07	100.43	24.08	4.53
最小值	21.62	0.46	18.76	4.01	10.28
最大值	95.05	0.96	932.82	95.87	44.95
样本量（个）	2201	2201	2201	2201	2201

表 2 青海省海南藏族自治州大气环境资源分位数 （2019.1.1-2019.12.31）

指标类型	ASPI	AECI	EE	GCSP	GCO3
5%	24.01	0.50	19.28	8.48	12.60
10%	25.29	0.51	19.55	9.87	13.56
25%	28.43	0.54	20.46	12.49	16.75
50%	32.80	0.58	40.97	22.05	21.36
75%	37.55	0.63	65.40	51.56	23.45
90%	51.15	0.67	108.85	70.48	25.05

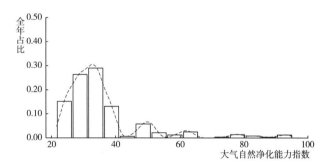

图 1 青海省海南藏族自治州大气自然净化能力指数分布 （ASPI-2019.1.1-2019.12.31）

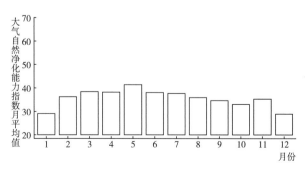

图 2 青海省海南藏族自治州大气自然净化能力指数月均变化 （ASPI-2019.1.1-2019.12.31）

青海省果洛藏族自治州

表 1　青海省果洛藏族自治州大气环境资源概况（2019.1.1－2019.12.31）

指标类型	ASPI	AECI	EE	GCSP	GCO3
平均值	40.26	0.59	92.66	41.73	19.85
标准误	17.14	0.07	120.14	26.12	4.32
最小值	21.90	0.45	18.82	6.24	10.21
最大值	96.77	0.91	884.77	98.61	27.46
样本量（个）	2166	2166	2166	2166	2166

表 2　青海省果洛藏族自治州大气环境资源分位数（2019.1.1－2019.12.31）

指标类型	ASPI	AECI	EE	GCSP	GCO3
5%	24.78	0.49	19.44	9.83	12.66
10%	26.37	0.50	19.80	11.27	13.60
25%	29.19	0.53	38.60	13.95	15.72
50%	33.60	0.58	41.47	42.54	21.06
75%	47.11	0.63	104.27	65.22	23.31
90%	65.21	0.69	210.60	77.59	24.91

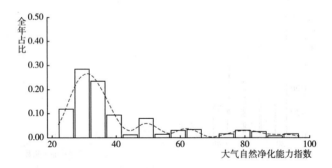

图 1　青海省果洛藏族自治州大气自然净化能力指数分布（ASPI-2019.1.1－2019.12.31）

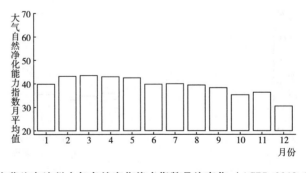

图 2　青海省果洛藏族自治州大气自然净化能力指数月均变化（ASPI-2019.1.1－2019.12.31）

青海省玉树藏族自治州

表1 青海省玉树藏族自治州大气环境资源概况（2019.1.1−2019.12.31）

指标类型	ASPI	AECI	EE	GCSP	GCO3
平均值	35.68	0.58	60.38	39.75	20.46
标准误	12.00	0.06	69.20	28.76	4.21
最小值	22.14	0.46	18.87	5.65	10.64
最大值	96.86	0.88	769.36	98.63	27.96
样本量（个）	2202	2202	2202	2202	2202

表2 青海省玉树藏族自治州大气环境资源分位数（2019.1.1−2019.12.31）

指标类型	ASPI	AECI	EE	GCSP	GCO3
5%	24.81	0.49	19.45	9.36	13.13
10%	26.10	0.51	19.73	10.76	14.02
25%	28.55	0.53	20.32	13.02	16.45
50%	32.59	0.57	40.89	26.88	21.53
75%	37.02	0.61	64.80	66.10	23.70
90%	50.69	0.65	108.33	84.42	25.32

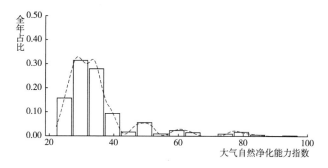

图1 青海省玉树藏族自治州大气自然净化能力指数分布（ASPI-2019.1.1−2019.12.31）

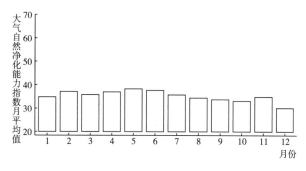

图2 青海省玉树藏族自治州大气自然净化能力指数月均变化（ASPI-2019.1.1−2019.12.31）

青海省海西蒙古族藏族自治州

表1 青海省海西蒙古族藏族自治州大气环境资源概况 （2019.1.1-2019.12.31）

指标类型	ASPI	AECI	EE	GCSP	GCO3
平均值	38.33	0.60	76.01	22.70	20.02
标准误	12.35	0.06	66.97	19.46	4.60
最小值	21.45	0.47	18.72	4.91	10.00
最大值	96.08	0.85	705.62	94.44	44.76
样本量（个）	2210	2210	2210	2210	2210

表2 青海省海西蒙古族藏族自治州大气环境资源分位数 （2019.1.1-2019.12.31）

指标类型	ASPI	AECI	EE	GCSP	GCO3
5%	25.53	0.51	19.60	7.98	12.39
10%	27.37	0.53	20.23	9.35	13.36
25%	30.50	0.56	39.93	11.43	15.81
50%	34.44	0.60	62.58	13.57	21.15
75%	43.20	0.63	99.84	23.22	23.30
90%	57.15	0.67	193.23	56.00	24.84

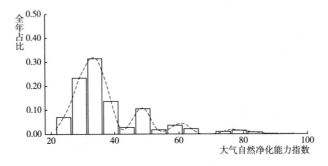

图1 青海省海西蒙古族藏族自治州大气自然净化能力指数分布 （ASPI-2019.1.1-2019.12.31）

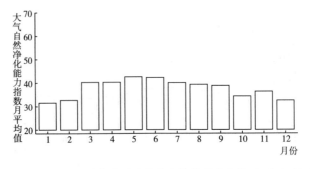

图2 青海省海西蒙古族藏族自治州大气自然净化能力指数月均变化 （ASPI-2019.1.1-2019.12.31）

宁夏回族自治区

宁夏回族自治区银川市

表 1　宁夏回族自治区银川市大气环境资源概况（2019.1.1-2019.12.31）

指标类型	ASPI	AECI	EE	GCSP	GCO3
平均值	36.67	0.62	67.62	25.41	23.36
标准误	10.34	0.05	52.17	21.79	9.88
最小值	21.47	0.48	18.73	3.81	9.94
最大值	84.93	0.83	398.46	92.69	74.91
样本量（个）	2215	2215	2215	2215	2215

表 2　宁夏回族自治区银川市大气环境资源分位数（2019.1.1-2019.12.31）

指标类型	ASPI	AECI	EE	GCSP	GCO3
5%	26.98	0.53	37.68	8.02	12.52
10%	28.08	0.55	38.80	9.08	13.77
25%	30.63	0.58	40.00	11.21	18.50
50%	33.63	0.61	61.23	13.73	21.52
75%	37.98	0.65	65.70	37.27	23.79
90%	49.76	0.68	107.28	62.43	43.57

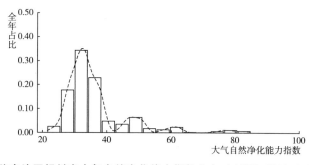

图 1　宁夏回族自治区银川市大气自然净化能力指数分布（ASPI-2019.1.1-2019.12.31）

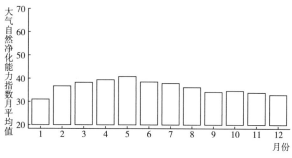

图 2　宁夏回族自治区银川市大气自然净化能力指数月均变化（ASPI-2019.1.1-2019.12.31）

宁夏回族自治区石嘴山市

表 1　宁夏回族自治区石嘴山市大气环境资源概况（2019.1.1-2019.12.31）

指标类型	ASPI	AECI	EE	GCSP	GCO3
平均值	36.80	0.61	66.13	24.75	24.47
标准误	11.24	0.06	61.82	22.09	10.70
最小值	23.27	0.47	19.11	5.40	11.48
最大值	94.53	0.85	626.19	96.21	74.18
样本量（个）	825	825	825	825	825

表 2　宁夏回族自治区石嘴山市大气环境资源分位数（2019.1.1-2019.12.31）

指标类型	ASPI	AECI	EE	GCSP	GCO3
5%	26.57	0.52	19.83	7.64	13.03
10%	27.99	0.53	20.58	8.81	14.01
25%	30.48	0.57	39.92	10.58	18.91
50%	33.30	0.61	41.21	13.13	22.29
75%	38.03	0.65	65.73	37.21	24.52
90%	50.87	0.69	108.54	60.86	44.41

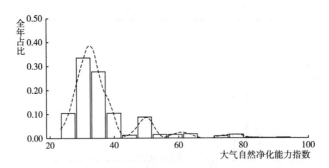

图 1　宁夏回族自治区石嘴山市大气自然净化能力指数分布（ASPI-2019.1.1-2019.12.31）

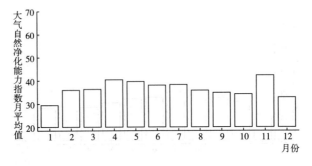

图 2　宁夏回族自治区石嘴山市大气自然净化能力指数月均变化（ASPI-2019.1.1-2019.12.31）

宁夏回族自治区吴忠市

表1 宁夏回族自治区吴忠市大气环境资源概况（2019.1.1–2019.12.31）

指标类型	ASPI	AECI	EE	GCSP	GCO3
平均值	38.06	0.62	73.86	23.62	23.78
标准误	10.82	0.05	53.84	20.33	10.33
最小值	21.39	0.49	18.71	4.40	9.99
最大值	83.06	0.80	345.79	93.75	74.09
样本量（个）	2167	2167	2167	2167	2167

表2 宁夏回族自治区吴忠市大气环境资源分位数（2019.1.1–2019.12.31）

指标类型	ASPI	AECI	EE	GCSP	GCO3
5%	26.98	0.53	20.30	8.23	12.64
10%	28.30	0.55	38.86	9.10	13.89
25%	31.18	0.58	40.32	11.21	18.67
50%	34.71	0.62	63.11	13.57	21.67
75%	39.99	0.66	67.09	27.10	23.94
90%	51.83	0.69	109.63	57.62	44.09

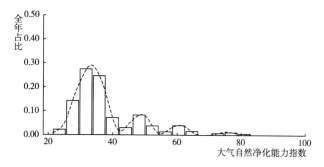

图1 宁夏回族自治区吴忠市大气自然净化能力指数分布（ASPI–2019.1.1–2019.12.31）

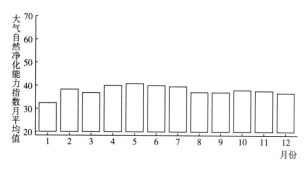

图2 宁夏回族自治区吴忠市大气自然净化能力指数月均变化（ASPI–2019.1.1–2019.12.31）

宁夏回族自治区固原市

表 1　宁夏回族自治区固原市大气环境资源概况 （2019.1.1−2019.12.31）

指标类型	ASPI	AECI	EE	GCSP	GCO3
平均值	40.43	0.62	85.85	34.27	34.27
标准误	13.66	0.06	71.86	24.67	24.67
最小值	22.07	0.48	18.86	4.42	4.42
最大值	94.38	0.87	625.18	90.11	90.11
样本量（个）	2187	2187	2187	2187	2187

表 2　宁夏回族自治区固原市大气环境资源分位数 （2019.1.1−2019.12.31）

指标类型	ASPI	AECI	EE	GCSP	GCO3
5%	27.41	0.53	38.32	8.96	8.96
10%	28.58	0.54	39.03	10.55	10.55
25%	31.27	0.57	40.32	12.86	12.86
50%	34.90	0.61	63.46	22.81	22.81
75%	47.76	0.65	105.02	56.70	56.70
90%	61.52	0.70	202.66	72.83	72.83

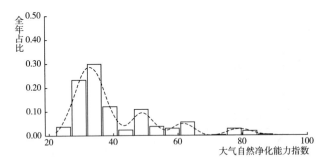

图 1　宁夏回族自治区固原市大气自然净化能力指数分布 （ASPI-2019.1.1−2019.12.31）

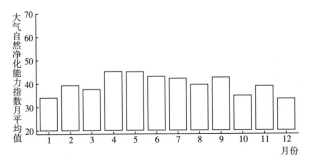

图 2　宁夏回族自治区固原市大气自然净化能力指数月均变化 （ASPI-2019.1.1−2019.12.31）

宁夏回族自治区中卫市

表 1　宁夏回族自治区中卫市大气环境资源概况（2019.1.1—2019.12.31）

指标类型	ASPI	AECI	EE	GCSP	GCO3
平均值	43.91	0.64	109.97	30.89	23.05
标准误	17.03	0.07	106.50	25.65	9.25
最小值	21.46	0.48	18.72	4.93	9.92
最大值	95.36	0.99	885.18	96.23	62.88
样本量（个）	2166	2166	2166	2166	2166

表 2　宁夏回族自治区中卫市大气环境资源分位数（2019.1.1—2019.12.31）

指标类型	ASPI	AECI	EE	GCSP	GCO3
5%	27.17	0.53	20.51	8.53	12.59
10%	28.66	0.55	39.05	9.85	13.68
25%	31.82	0.58	40.69	12.24	18.43
50%	36.20	0.63	64.46	15.25	21.66
75%	50.68	0.68	108.33	50.14	23.89
90%	76.38	0.74	279.78	74.07	43.04

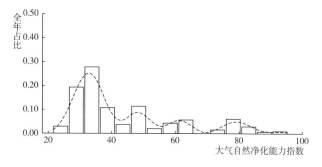

图 1　宁夏回族自治区中卫市大气自然净化能力指数分布（ASPI-2019.1.1—2019.12.31）

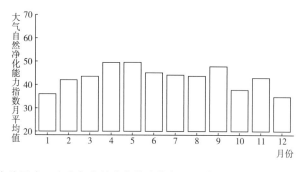

图 2　宁夏回族自治区中卫市大气自然净化能力指数月均变化（ASPI-2019.1.1—2019.12.31）

新疆维吾尔自治区

新疆维吾尔自治区乌鲁木齐市

表 1   新疆维吾尔自治区乌鲁木齐市大气环境资源概况 （2019. 1. 1-2019. 12. 31）

指标类型	ASPI	AECI	EE	GCSP	GCO3
平均值	38.73	0.62	81.45	30.95	22.45
标准误	12.06	0.07	66.88	24.91	10.67
最小值	20.92	0.47	18.61	6.61	8.93
最大值	94.12	0.94	825.54	95.62	73.77
样本量（个）	2183	2183	2183	2183	2183

表 2   新疆维吾尔自治区乌鲁木齐市大气环境资源分位数 （2019. 1. 1-2019. 12. 31）

指标类型	ASPI	AECI	EE	GCSP	GCO3
5%	25.77	0.51	20.23	9.80	11.25
10%	27.44	0.53	38.51	10.56	12.33
25%	30.57	0.57	40.09	12.32	15.59
50%	34.62	0.62	63.35	15.23	20.64
75%	46.64	0.67	103.75	50.04	23.14
90%	51.42	0.71	109.17	71.13	42.79

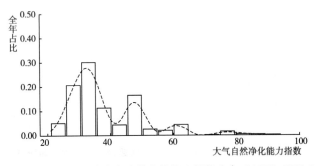

图 1   新疆维吾尔自治区乌鲁木齐市大气自然净化能力指数分布 （ASPI-2019. 1. 1-2019. 12. 31）

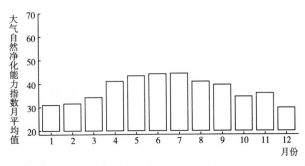

图 2   新疆维吾尔自治区乌鲁木齐市大气自然净化能力指数月均变化 （ASPI-2019. 1. 1-2019. 12. 31）

新疆维吾尔自治区克拉玛依市

表 1 新疆维吾尔自治区克拉玛依市大气环境资源概况 (2019.1.1-2019.12.31)

指标类型	ASPI	AECI	EE	GCSP	GCO3
平均值	40.29	0.63	95.58	29.43	24.47
标准误	15.66	0.09	98.20	24.78	14.02
最小值	20.14	0.45	18.44	6.24	8.45
最大值	95.26	0.98	882.26	90.01	75.87
样本量（个）	2190	2190	2190	2190	2190

表 2 新疆维吾尔自治区克拉玛依市大气环境资源分位数 (2019.1.1-2019.12.31)

指标类型	ASPI	AECI	EE	GCSP	GCO3
5%	24.99	0.50	19.53	9.06	10.76
10%	26.64	0.51	37.99	9.85	11.85
25%	29.66	0.56	39.59	11.84	14.90
50%	34.22	0.63	63.05	14.14	20.55
75%	47.50	0.69	104.72	53.13	23.81
90%	61.72	0.74	203.08	70.43	44.85

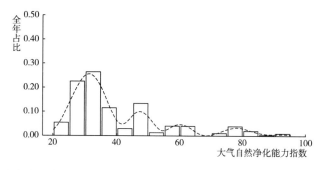

图 1 新疆维吾尔自治区克拉玛依市大气自然净化能力指数分布 (ASPI-2019.1.1-2019.12.31)

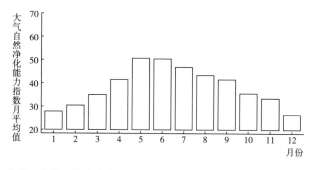

图 2 新疆维吾尔自治区克拉玛依市大气自然净化能力指数月均变化 (ASPI-2019.1.1-2019.12.31)

新疆维吾尔自治区吐鲁番市

表 1　新疆维吾尔自治区吐鲁番市大气环境资源概况（2019.1.1–2019.12.31）

指标类型	ASPI	AECI	EE	GCSP	GCO3
平均值	40.77	0.66	95.29	10.91	36.88
标准误	14.09	0.08	93.67	4.46	22.67
最小值	21.69	0.49	18.77	4.41	9.28
最大值	95.93	1.00	842.66	51.92	82.93
样本量（个）	2162	2162	2162	2162	2162

表 2　新疆维吾尔自治区吐鲁番市大气环境资源分位数（2019.1.1–2019.12.31）

指标类型	ASPI	AECI	EE	GCSP	GCO3
5%	27.15	0.54	38.43	6.95	11.82
10%	28.52	0.56	39.06	7.61	13.13
25%	31.20	0.60	40.74	8.80	18.49
50%	35.49	0.66	63.97	10.20	22.94
75%	47.56	0.71	104.78	11.87	57.70
90%	60.38	0.75	200.19	13.43	74.66

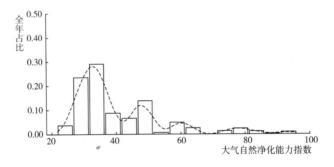

图 1　新疆维吾尔自治区吐鲁番市大气自然净化能力指数分布（ASPI-2019.1.1–2019.12.31）

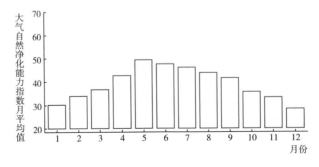

图 2　新疆维吾尔自治区吐鲁番市大气自然净化能力指数月均变化（ASPI-2019.1.1–2019.12.31）

新疆维吾尔自治区哈密市

表 1 新疆维吾尔自治区哈密市大气环境资源概况 （2019.1.1-2019.12.31）

指标类型	ASPI	AECI	EE	GCSP	GCO3
平均值	35.30	0.62	64.53	16.99	26.70
标准误	10.55	0.06	55.44	14.20	15.79
最小值	20.66	0.47	18.55	4.94	9.01
最大值	94.73	0.89	627.46	92.14	79.76
样本量（个）	2215	2215	2215	2215	2215

表 2 新疆维吾尔自治区哈密市大气环境资源分位数 （2019.1.1-2019.12.31）

指标类型	ASPI	AECI	EE	GCSP	GCO3
5%	25.98	0.52	20.14	7.29	11.40
10%	27.03	0.53	38.24	7.96	12.65
25%	29.35	0.57	39.41	9.61	17.66
50%	32.51	0.62	41.15	12.00	21.08
75%	36.28	0.66	64.53	14.92	25.05
90%	48.66	0.70	106.03	39.58	47.07

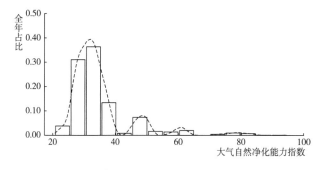

图 1 新疆维吾尔自治区哈密市大气自然净化能力指数分布 （ASPI-2019.1.1-2019.12.31）

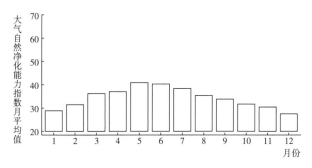

图 2 新疆维吾尔自治区哈密市大气自然净化能力指数月均变化 （ASPI-2019.1.1-2019.12.31）

新疆维吾尔自治区昌吉回族自治州

表 1 新疆维吾尔自治区昌吉回族自治州大气环境资源概况（2019.1.1–2019.12.31）

指标类型	ASPI	AECI	EE	GCSP	GCO3
平均值	36.45	0.61	67.58	34.44	26.58
标准误	11.10	0.07	56.06	27.03	15.82
最小值	22.49	0.46	18.95	5.67	10.78
最大值	95.02	0.87	629.43	92.83	76.04
样本量（个）	830	830	830	830	830

表 2 新疆维吾尔自治区昌吉回族自治州大气环境资源分位数（2019.1.1–2019.12.31）

指标类型	ASPI	AECI	EE	GCSP	GCO3
5%	24.94	0.50	19.48	8.54	11.95
10%	26.88	0.51	20.14	9.61	12.70
25%	29.26	0.55	39.35	11.65	15.33
50%	33.03	0.61	41.25	21.24	21.47
75%	37.66	0.66	65.48	59.68	24.98
90%	50.50	0.71	108.13	75.82	48.05

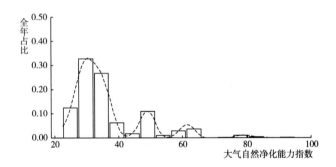

图 1 新疆维吾尔自治区昌吉回族自治州大气自然净化能力指数分布（ASPI-2019.1.1–2019.12.31）

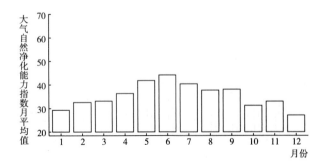

图 2 新疆维吾尔自治区昌吉回族自治州大气自然净化能力指数月均变化（ASPI-2019.1.1–2019.12.31）

新疆维吾尔自治区博尔塔拉蒙古自治州

表 1　新疆维吾尔自治区博尔塔拉蒙古自治州大气环境资源概况（2019.1.1-2019.12.31）

指标类型	ASPI	AECI	EE	GCSP	GCO3
平均值	35.28	0.61	64.55	39.49	22.56
标准误	8.95	0.06	41.62	11.86	11.79
最小值	20.66	0.46	18.55	7.77	8.62
最大值	94.93	0.88	628.78	95.97	73.8
样本量（个）	2164	2164	2164	2164	2164

表 2　新疆维吾尔自治区博尔塔拉蒙古自治州大气环境资源分位数（2019.1.1-2019.12.31）

指标类型	ASPI	AECI	EE	GCSP	GCO3
5%	26.29	0.50	37.83	10.81	10.87
10%	27.33	0.52	38.47	11.83	11.88
25%	29.59	0.55	39.55	13.90	14.87
50%	33.12	0.61	61.78	37.35	20.44
75%	36.73	0.65	64.84	62.21	22.86
90%	48.51	0.69	105.86	75.23	43.40

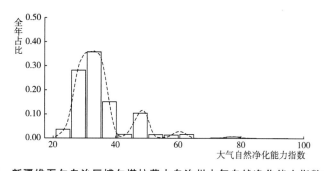

图 1　新疆维吾尔自治区博尔塔拉蒙古自治州大气自然净化能力指数分布
（ASPI-2019.1.1-2019.12.31）

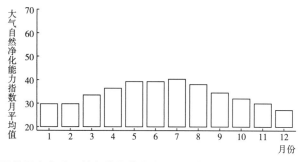

图 2　新疆维吾尔自治区博尔塔拉蒙古自治州大气自然净化能力指数月均变化
（ASPI-2019.1.1-2019.12.31）

新疆维吾尔自治区巴音郭楞蒙古自治州

表 1 新疆维吾尔自治区巴音郭楞蒙古自治州大气环境资源概况（2019.1.1-2019.12.31）

指标类型	ASPI	AECI	EE	GCSP	GCO3
平均值	43.98	0.65	116.51	25.28	24.98
标准误	17.06	0.08	120.00	20.79	12.79
最小值	21.20	0.48	18.67	5.83	9.29
最大值	96.39	1.00	898.40	96.00	75.32
样本量（个）	2192	2192	2192	2192	2192

表 2 新疆维吾尔自治区巴音郭楞蒙古自治州大气环境资源分位数（2019.1.1-2019.12.31）

指标类型	ASPI	AECI	EE	GCSP	GCO3
5%	27.56	0.53	38.55	8.53	11.73
10%	28.98	0.55	39.23	9.61	12.82
25%	31.96	0.59	59.47	11.85	17.61
50%	36.48	0.64	64.67	14.44	21.19
75%	49.44	0.69	106.92	28.06	24.25
90%	76.30	0.75	279.29	61.02	45.37

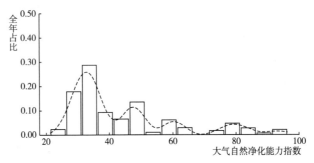

图 1 新疆维吾尔自治区巴音郭楞蒙古自治州大气自然净化能力指数分布
（ASPI-2019.1.1-2019.12.31）

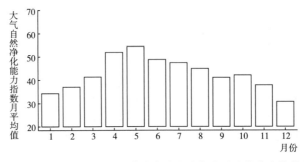

图 2 新疆维吾尔自治区巴音郭楞蒙古自治州大气自然净化能力指数月均变化
（ASPI-2019.1.1-2019.12.31）

新疆维吾尔自治区阿克苏地区

表 1　新疆维吾尔自治区阿克苏地区大气环境资源概况（2019.1.1-2019.12.31）

指标类型	ASPI	AECI	EE	GCSP	GCO3
平均值	40.39	0.64	92.09	22.70	24.22
标准误	14.02	0.07	92.91	17.71	11.31
最小值	21.74	0.48	18.78	5.15	9.56
最大值	95.64	1.00	1218.77	89.83	73.30
样本量（个）	2163	2163	2163	2163	2163

表 2　新疆维吾尔自治区阿克苏地区大气环境资源分位数（2019.1.1-2019.12.31）

指标类型	ASPI	AECI	EE	GCSP	GCO3
5%	27.17	0.53	38.35	8.81	12.04
10%	28.47	0.55	39.02	9.86	13.23
25%	31.49	0.59	40.81	11.85	18.41
50%	35.03	0.63	63.61	14.11	21.41
75%	47.17	0.68	104.34	26.87	23.85
90%	60.62	0.72	200.71	54.51	44.07

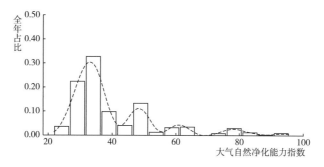

图 1　新疆维吾尔自治区阿克苏地区大气自然净化能力指数分布（ASPI-2019.1.1-2019.12.31）

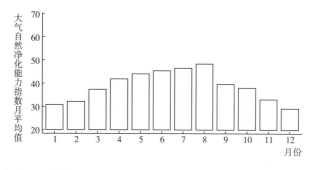

图 2　新疆维吾尔自治区阿克苏地区大气自然净化能力指数月均变化（ASPI-2019.1.1-2019.12.31）

新疆维吾尔自治区克孜勒苏柯尔克孜自治州

表1　新疆维吾尔自治区克孜勒苏柯尔克孜自治州大气环境资源概况（2019.1.1-2019.12.31）

指标类型	ASPI	AECI	EE	GCSP	GCO3
平均值	33.70	0.61	53.22	17.63	25.98
标准误	7.93	0.06	36.33	14.01	12.81
最小值	21.24	0.49	18.68	3.48	9.99
最大值	94.91	0.84	628.69	81.03	77.17
样本量（个）	2173	2173	2173	2173	2173

表2　新疆维吾尔自治区克孜勒苏柯尔克孜自治州大气环境资源分位数（2019.1.1-2019.12.31）

指标类型	ASPI	AECI	EE	GCSP	GCO3
5%	25.23	0.53	19.56	7.32	12.46
10%	26.56	0.54	20.09	8.24	13.93
25%	28.86	0.57	39.18	9.84	18.73
50%	31.98	0.61	40.58	12.05	21.75
75%	36.06	0.65	64.32	16.00	24.95
90%	44.66	0.68	101.50	42.35	45.34

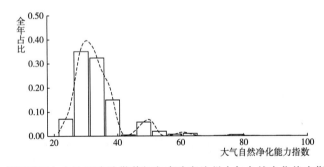

图1　新疆维吾尔自治区克孜勒苏柯尔克孜自治州大气自然净化能力指数分布
（ASPI-2019.1.1-2019.12.31）

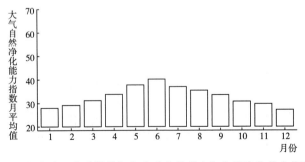

图2　新疆维吾尔自治区克孜勒苏柯尔克孜自治州大气自然净化能力指数月均变化
（ASPI-2019.1.1-2019.12.31）

新疆维吾尔自治区喀什地区

表1 新疆维吾尔自治区喀什地区大气环境资源概况（2019.1.1-2019.12.31）

指标类型	ASPI	AECI	EE	GCSP	GCO3
平均值	43.40	0.65	111.93	20.30	24.77
标准误	16.59	0.08	124.32	16.62	11.37
最小值	21.15	0.48	18.66	3.82	9.90
最大值	97.28	1.00	1256.03	89.86	73.94
样本量（个）	2218	2218	2218	2218	2218

表2 新疆维吾尔自治区喀什地区大气环境资源分位数（2019.1.1-2019.12.31）

指标类型	ASPI	AECI	EE	GCSP	GCO3
5%	26.68	0.54	20.05	8.25	12.40
10%	28.54	0.55	38.93	9.33	13.66
25%	31.88	0.59	41.07	10.97	18.73
50%	36.32	0.64	64.54	13.22	21.63
75%	49.43	0.69	106.91	21.88	24.29
90%	73.26	0.75	269.88	48.88	44.44

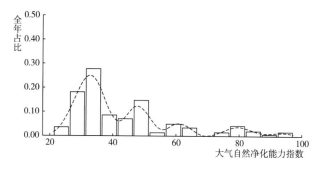

图1 新疆维吾尔自治区喀什地区大气自然净化能力指数分布（ASPI-2019.1.1-2019.12.31）

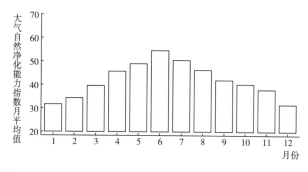

图2 新疆维吾尔自治区喀什地区大气自然净化能力指数月均变化（ASPI-2019.1.1-2019.12.31）

新疆维吾尔自治区和田地区

表 1　新疆维吾尔自治区和田地区大气环境资源概况（2019.1.1－2019.12.31）

指标类型	ASPI	AECI	EE	GCSP	GCO3
平均值	41.46	0.64	92.44	16.74	26.22
标准误	13.63	0.06	78.65	13.79	12.19
最小值	21.77	0.50	18.79	4.92	10.47
最大值	94.63	0.95	1008.86	85.98	79.18
样本量（个）	2217	2217	2217	2217	2217

表 2　新疆维吾尔自治区和田地区大气环境资源分位数（2019.1.1－2019.12.31）

指标类型	ASPI	AECI	EE	GCSP	GCO3
5%	27.48	0.54	38.31	7.64	13.07
10%	28.85	0.56	39.17	8.53	14.87
25%	31.93	0.60	40.91	10.23	19.32
50%	36.21	0.64	64.48	12.45	22.21
75%	48.82	0.68	106.22	14.76	25.57
90%	61.30	0.72	202.18	27.77	45.32

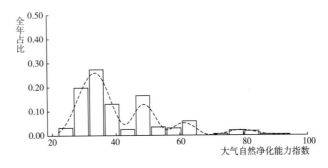

图 1　新疆维吾尔自治区和田地区大气自然净化能力指数分布（ASPI-2019.1.1－2019.12.31）

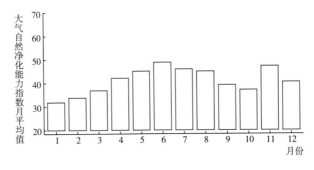

图 2　新疆维吾尔自治区和田地区大气自然净化能力指数月均变化（ASPI-2019.1.1－2019.12.31）

新疆维吾尔自治区伊犁哈萨克自治州

表 1 新疆维吾尔自治区伊犁哈萨克自治州大气环境资源概况（2019.1.1–2019.12.31）

指标类型	ASPI	AECI	EE	GCSP	GCO3
平均值	34.68	0.61	61.47	35.48	23.63
标准误	10.51	0.06	52.39	25.68	12.04
最小值	20.44	0.48	18.50	7.63	9.42
最大值	93.10	0.87	616.67	100.00	74.07
样本量（个）	2179	2179	2179	2179	2179

表 2 新疆维吾尔自治区伊犁哈萨克自治州大气环境资源分位数（2019.1.1–2019.12.31）

指标类型	ASPI	AECI	EE	GCSP	GCO3
5%	23.99	0.52	19.27	10.07	11.60
10%	25.60	0.53	19.67	11.02	12.77
25%	28.38	0.56	38.93	13.21	17.58
50%	31.74	0.61	40.59	22.65	20.76
75%	36.57	0.65	64.73	57.94	23.16
90%	49.23	0.69	106.68	75.98	43.73

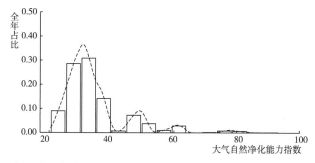

图 1 新疆维吾尔自治区伊犁哈萨克自治州大气自然净化能力指数分布
（ASPI–2019.1.1–2019.12.31）

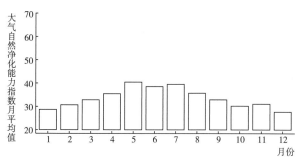

图 2 新疆维吾尔自治区伊犁哈萨克自治州大气自然净化能力指数月均变化
（ASPI–2019.1.1–2019.12.31）

新疆维吾尔自治区塔城地区

表 1　新疆维吾尔自治区塔城地区大气环境资源概况（2019.1.1-2019.12.31）

指标类型	ASPI	AECI	EE	GCSP	GCO3
平均值	36.56	0.61	75.52	33.62	21.83
标准误	12.33	0.06	75.70	24.86	10.78
最小值	19.96	0.46	18.40	6.96	8.54
最大值	95.23	0.94	914.99	95.72	73.65
样本量（个）	2182	2182	2182	2182	2182

表 2　新疆维吾尔自治区塔城地区大气环境资源分位数（2019.1.1-2019.12.31）

指标类型	ASPI	AECI	EE	GCSP	GCO3
5%	25.59	0.52	37.56	9.86	10.91
10%	26.87	0.54	38.25	11.15	11.96
25%	29.38	0.57	39.45	13.14	16.03
50%	32.75	0.61	61.55	22.46	20.12
75%	37.09	0.65	65.09	53.07	22.44
90%	50.59	0.69	108.22	72.81	41.86

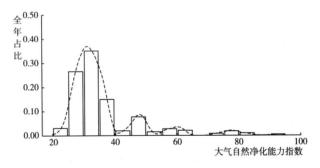

图 1　新疆维吾尔自治区塔城地区大气自然净化能力指数分布（ASPI-2019.1.1-2019.12.31）

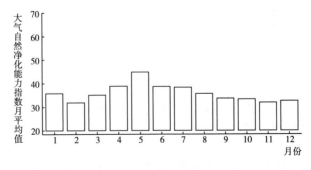

图 2　新疆维吾尔自治区塔城地区大气自然净化能力指数月均变化（ASPI-2019.1.1-2019.12.31）

新疆维吾尔自治区阿勒泰地区

表1 新疆维吾尔自治区阿勒泰地区大气环境资源概况（2019.1.1-2019.12.31）

指标类型	ASPI	AECI	EE	GCSP	GCO3
平均值	34.77	0.59	65.96	37.49	19.90
标准误	12.31	0.07	66.56	26.07	8.21
最小值	19.80	0.44	18.37	6.64	8.06
最大值	95.44	0.93	753.30	96.19	60.31
样本量（个）	2203	2203	2203	2203	2203

表2 新疆维吾尔自治区阿勒泰地区大气环境资源分位数（2019.1.1-2019.12.31）

指标类型	ASPI	AECI	EE	GCSP	GCO3
5%	23.72	0.49	19.21	10.34	10.31
10%	25.35	0.51	19.70	11.45	11.35
25%	27.80	0.54	38.66	13.40	14.07
50%	30.82	0.59	40.20	27.13	19.68
75%	35.52	0.64	64.00	59.43	22.06
90%	49.47	0.69	106.95	76.02	24.37

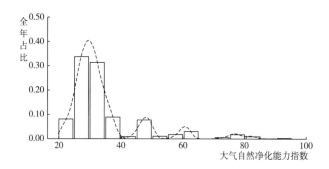

图1 新疆维吾尔自治区阿勒泰地区大气自然净化能力指数分布（ASPI-2019.1.1-2019.12.31）

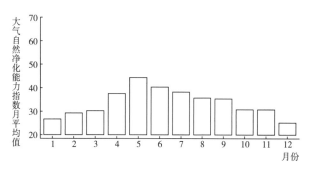

图2 新疆维吾尔自治区阿勒泰地区大气自然净化能力指数月均变化（ASPI-2019.1.1-2019.12.31）

新疆维吾尔自治区石河子市

表1 新疆维吾尔自治区石河子市大气环境资源概况 （2019.1.1-2019.12.31）

指标类型	ASPI	AECI	EE	GCSP	GCO3
平均值	33.56	0.60	53.33	39.55	25.95
标准误	8.48	0.07	43.16	27.54	14.52
最小值	22.47	0.45	18.94	6.93	10.58
最大值	92.51	0.89	679.37	94.29	74.59
样本量（个）	803	803	803	803	803

表2 新疆维吾尔自治区石河子市大气环境资源分位数 （2019.1.1-2019.12.31）

指标类型	ASPI	AECI	EE	GCSP	GCO3
5%	24.38	0.50	19.36	9.80	11.87
10%	26.55	0.51	19.86	10.78	12.64
25%	28.58	0.54	39.00	12.81	15.73
50%	31.97	0.60	40.60	28.19	21.50
75%	35.76	0.65	64.17	65.87	24.73
90%	39.60	0.68	66.82	77.71	47.02

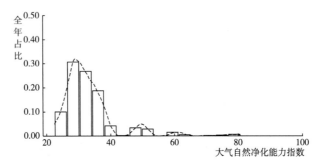

图1 新疆维吾尔自治区石河子市大气自然净化能力指数分布 （ASPI-2019.1.1-2019.12.31）

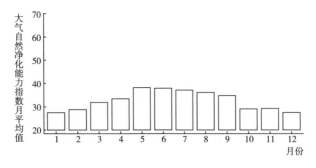

图2 新疆维吾尔自治区石河子市大气自然净化能力指数月均变化 （ASPI-2019.1.1-2019.12.31）

新疆维吾尔自治区阿拉尔市

表 1 新疆维吾尔自治区阿拉尔市大气环境资源概况 （2019.1.1-2019.12.31）

指标类型	ASPI	AECI	EE	GCSP	GCO3
平均值	37.31	0.62	73.83	25.52	24.89
标准误	13.05	0.07	71.48	20.62	12.48
最小值	21.06	0.48	18.64	5.82	9.55
最大值	95.03	1.00	1095.25	93.58	74.81
样本量（个）	2193	2193	2193	2193	2193

表 2 新疆维吾尔自治区阿拉尔市大气环境资源分位数 （2019.1.1-2019.12.31）

指标类型	ASPI	AECI	EE	GCSP	GCO3
5%	24.59	0.51	19.40	8.25	12.09
10%	26.25	0.53	19.94	9.35	13.26
25%	29.00	0.57	39.23	11.65	18.41
50%	32.97	0.62	41.46	13.93	21.46
75%	38.75	0.67	66.23	39.49	24.03
90%	58.41	0.72	195.95	60.81	44.79

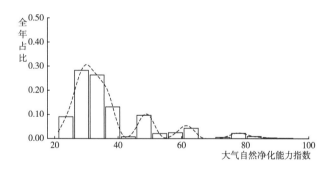

图 1 新疆维吾尔自治区阿拉尔市大气自然净化能力指数分布 （ASPI-2019.1.1-2019.12.31）

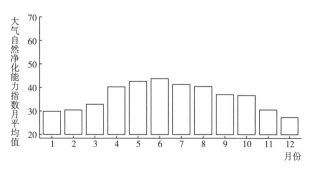

图 2 新疆维吾尔自治区阿拉尔市大气自然净化能力指数月均变化 （ASPI-2019.1.1-2019.12.31）

新疆维吾尔自治区五家渠市

表1　新疆维吾尔自治区五家渠市大气环境资源概况（2019.1.1-2019.12.31）

指标类型	ASPI	AECI	EE	GCSP	GCO3
平均值	37.10	0.61	74.85	35.79	24.61
标准误	12.82	0.08	67.03	25.85	14.91
最小值	20.40	0.44	18.50	5.30	8.40
最大值	94.57	0.86	626.42	96.14	78.26
样本量（个）	2159	2159	2159	2159	2159

表2　新疆维吾尔自治区五家渠市大气环境资源分位数（2019.1.1-2019.12.31）

指标类型	ASPI	AECI	EE	GCSP	GCO3
5%	25.12	0.49	19.57	8.82	10.86
10%	26.87	0.51	37.87	9.86	11.92
25%	29.26	0.55	39.38	12.45	14.69
50%	32.93	0.61	61.54	23.06	20.66
75%	38.25	0.67	65.89	61.04	23.54
90%	51.89	0.71	109.69	72.75	45.65

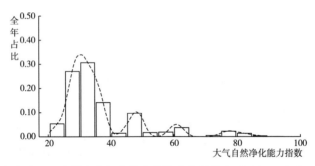

图1　新疆维吾尔自治区五家渠市大气自然净化能力指数分布（ASPI-2019.1.1-2019.12.31）

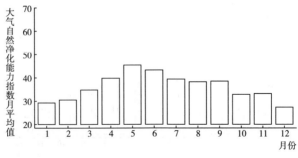

图2　新疆维吾尔自治区五家渠市大气自然净化能力指数月均变化（ASPI-2019.1.1-2019.12.31）

附　录

污染治理，破解"要呼吸还要吃饭"难题[*]

　　2020 年的政府工作报告这样强调，要提高生态环境治理成效，突出依法、科学、精准治污，深化重点地区大气污染治理攻坚。

　　随着污染防治攻坚战取得阶段性成果，中国的大气污染防治工作整体进入深水区。治理方式从原来的粗放型减排，逐渐向精准减排和时空配置方面转变。

　　2020 年 5 月 25 日下午，生态环境部部长黄润秋在部长通道上通过网络视频接受采访。在被问及疫情期间生产、生活大幅度减少，为何还会出现重污染天气时，他指出，那些日子京津冀地区刚好遇到了极端不利的气象条件，重污染天气就回来了。大气污染既有天气的原因，也有排放的原因。大气环境质量取决于两个因素，一个是排放，另一个是容量。当排放远远大于容量的时候，重污染天气可能就出现了。

　　然而，一次又一次的天气过程，到底与精准治污有什么联系？这就不得不提一个新名词，即大气环境资源。

　　大气环境资源主要是指气象变化所引起的大气污染物清除能力，即一个地区的大气环境特征所决定的一个时间周期内所能清除污染物的最大量，以及清除能力的时间特征。当人类活动的污染物排放量加上自然排放超出大气环境的最小清除能力时，清洁大气环境不能全时供应，经济学上定义为大气环境具备了稀缺性，开始变成一种资源。

　　本质上讲，大气环境资源虽然由自然条件决定，但很大程度上是人类活动发展到某个阶段产生的经济产品。简单地说，如果我们把一个地方一次又一次的天气过程对空气质量的影响统计起来，就是这个地方的大气环境资源。不同地方，一年的天气变化总体情况不同，也就意味着大气环境资源的多寡不同。

　　多年前学界就有关于大气环境资源的各种说法，但由于阐述的角度较分散，并未形成明确的概念。事实上，只有明确了大气环境资源的经济学含义，才能将大气环境的自然属性与经济发展结合起来，才能构建大气环境资源管理体系和方法。

　　大气污染问题，也可以说是大气环境资源的消耗问题。大气污染程度并不取决于污染物的绝对排放量，而是取决于大气环境资源的消耗情况。2020 年"两会"期间，多位代表、委员拿出了"药方"，大家的观点有些不谋而合，即大气治理到了"以纳定

---

　　*　本文发表于凤凰网评论"政能亮"，2020 年 5 月 27 日。

排"的阶段，应因地制宜，以纳污的能力来制定排污标准，精细化治理大气污染。这种观念的转变，为认清大气环境的经济属性和推动大气环境资源管理提供了契机。

在 2019 年 12 月 28 日召开的"《中国大气环境资源报告 2018》发布暨中国铁塔大气环境领域交流会议"上，中国气象事业发展咨询委员会副主任许小峰曾在发言中指出，确立大气环境资源的概念，对于深度解析气象气候特征、经济发展规律和大气污染防治三者之间的关系具有里程碑的意义。中国气象局公共气象服务中心主任孙健则表示，大气环境资源概念的提出，为大气污染的中长期治理提供了新的视角。

2020 年的政府工作报告指出，要尊重基层首创精神。大气环境资源概念的不断深化，正是这一精神的诠释。

2018 年以来，笔者在与山东、江苏等省份的 60 多个县市大气污染治理基层工作人员的接触中，碰撞出很多火花。笔者经常跟基层工作人员说："不能动不动就关人家厂子，大气污染物本无高低贵贱之分，你们不能带着偏见去减排，挣钱的企业排放的污染物就是邪恶的，就应该先抓狠抓，路边野草的排放就是无辜的，就应该宽容以待。"他们说："我们也知道，但关厂子容易啊！你说要清理路边的野草、整治裸露的地面，我们也知道有用，但干不了。"

其实，在大气污染治理过程中，我们尽量少去打扰企业，让企业安心生产多挣钱，然后分一部分精力用来改善环境，减少那些容易减少的污染物。这样，经济也发展了，环境也变好了，公众也受益了。这就是后来笔者提出的大气污染物置换思路。我们走过的一些地方，正在这么做。

大气污染治理与经济发展本不该是一对不可调和的矛盾，而应该是一种权衡取舍。正如一位分管大气的副市长所言，"我们不仅要呼吸，还要吃饭"。

到底怎么"呼吸"，怎么"吃饭"，其实是一个经济问题。

近年来，我们对大气污染问题越来越重视，不仅是因为大气污染越来越严重了，而且是因为我们的生活越来越好了。我们开始关心所呼吸的空气是否干净。其实，在欠发达地区，很多人最关心的仍是如何提高物质生活水平，如何多挣钱，如何更好地工作。如果我们的大气污染治理损害了他们的根本利益，那么这种治理模式也必不会持久。

我们不能躲在空调房间里去指责农民为什么要烧秸秆取暖，而不是用天然气。同样，指责以送货为业的货车司机为什么不去加装尾气处理装置，都显得有失水准。基层人员的心声，为大气环境资源管理的落地提供了必要的群众基础。

2020 年"两会"，代表、委员们还提出了有关大气环境资源管理和大气环境资源基础监测的建议和提案，并发起将"大气环境资源"概念写入《大气污染防治法》的议案。当然，如果能在《大气污染防治法》中使用"大气环境资源"的概念，将更有利于厘清大气污染的时间特征和空间特征，为进一步实现大气环境资源的时空优化配置提供基础。

生态环保与经济增长，不是难调和的矛盾[*]

"治理大气污染、改善空气质量，是群众所盼、民生所系。要进一步加强大气污染科学防治、促进绿色发展。"李克强总理在 2020 年 9 月 2 日的国务院常务会议上说。当天的会议还指出，要加快提高环保技术装备、新型节能产品和节能减排专业化服务水平，加强国际合作，培育经济新增长点，推动实现生态环保与经济增长双赢。

简单来说，实现生态环保与经济增长的双赢，就像处理好呼吸与吃饭的问题一样。要说重要程度，呼吸和吃饭都很重要。二者不是一组矛盾，而是一种选择，一种协调与平衡。至于该重视哪个多一点，则要看具体情况。

经过近 10 年来的努力，中国大气污染防治工作取得了阶段性的成果。空气质量整体好转，改善明显。重点区域的空气质量已从超重污染转向较重污染或中度污染，部分地区的空气质量甚至已经进入轻度污染。这一形势的转变，也意味着城市大气污染逐渐从强源时代转入弱源时代，具体表现为看得见的重污染源减少甚至彻底消失，而看不见的、复杂多变且数量庞大的弱污染源成为影响空气质量的主要因素。大气污染治理工作，也必须要适应这一形势的转变，采用新的策略。

入之愈深，其进愈难。无论是排放标准的实施，还是环保技术的使用，一旦大面积普及，短时间内就很难再有增量，减排也会进入瓶颈期。现阶段，情况大致就是这样，减排的成本越来越高，空气质量持续改善的难度越来越大，经济增长与污染物排放控制的矛盾越来越突出，基层生态环境部门肩上的担子也越来越重。

如果不深入大气污染治理一线，估计很难想象一线工作人员的忙碌程度。在笔者的手机里，大气污染治理微信群永远是最忙碌的群之一。

> 张科长：杨总，为什么现在这个学校的 PM2.5 全市最高？
>
> 杨总：收到，马上排查。
>
> 陈局长：小许，看看为什么这个站点的 SO_2 现在是全省最高？
>
> 小许：收到，可能是因为附近有露天烧烤，马上联系城管局。

类似的对话，在地市级以下的大气污染治理群中每天都有上百条，甚至上千条。

---

[*] 本文发表于凤凰网评论"政能亮"，2020 年 9 月 4 日。

对于这种现状，我们不禁要问，至于这样吗？回答肯定是：至于。其实，基层工作人员的忙碌，既有政治上的考虑，也有体制上的约束，更多则是技术上的无奈。

一方面，空气质量排名已经成为基层工作人员的指挥棒。空气质量数值是反映大气污染治理工作成效的唯一标准。不仅有绝对量的考核，还有改善量的考核。这种唯分数论的方式，导致争取排名靠前成为基层治理工作的首要追求。即使在空气质量优良的日子，只要我的 PM2.5 数值比周围高，就不能放松，就要督查。虽然此时的治理活动往往没有多少成效，但这是一种工作态度，因为排名的思想压力时刻存在。

另一方面，基层工作人员对大气污染的认知还处于初级阶段。在他们看来，空气质量数值高于周边地区，就一定是污染物排放的原因。事实上，很多时候，微观气象条件、设备误差、排放的波动性，都会导致这种数据的差异。处理这种差异的最好方法就是先放一放，等等看。否则，就会陷入极度的无效忙碌中，也不会获得太大的成效。

随着弱源时代的到来，强源时代养成的工作习惯也要调整。

弱源种类繁多、数量庞大、隐藏较深且比较分散，不像强源那样容易发现。比如，我们看到烟囱，可以联系工厂，让工厂装上除尘装置，却不知道谁家的油烟净化器没开，也不好判断路边的树坑到底会产生多少颗粒物。实际工作中，虽然很难再用"烟囱时代"的思路去对付楼顶积灰、厕所排气口、餐饮油烟以及小范围的化学溶剂使用，但这些不起眼的污染源，却是弱源时代的主流。

针对这一状况，基层需要寻找低成本的治理方法，用有限的投入，获得最大程度的空气质量改善。本质上讲，呼吸和吃饭的选择问题，并不是减少排放与空气质量改善的平衡，而是大气环境资源消耗与福利获取的平衡，这种平衡既有时间上的含义，也有空间上的含义。

因此，现阶段，摆在基层工作人员面前的难题，不再是减少排放，获得空气质量改善排名的问题，而是减少哪些排放，什么时候减少，减少到什么程度的问题。大气污染治理的价值取向，从绝对的空气质量改善，开始向大气环境资源的有效利用方面转变。基层的大气污染治理工作，也会从原来的简单粗暴向精细化、个性化方向发展。当然，这种转变，还需要技术上的支撑和时间上的沉淀，不可能一蹴而就。

如何看待大气环境容量
——从京津冀秋冬重污染成因说起[*]

2020 年 9 月 11 日，《新京报》刊发了题为《京津冀秋冬重污染成因找到了，4 大原因、3 大污染源》的文章（以下简称"《新京报》刊文"），指出产生重污染的四大原因分别为：污染物排放量超出环境容量、大气中氮氧化物和挥发性有机物浓度高、不利气象条件致区域环境容量降低、三个传输通道导致污染物区域传输。虽然"环境容量"一词两次出现，但大气环境容量究竟该如何定义，它与大气污染的关系又如何，仍需深入剖析。

一 对大气环境容量的认识

当前，人们对大气环境容量的认识，存在一些误区，如果不澄清，将很难理解大气污染的本质，以及对其成因的相关解释。

大气环境容量与人们惯常所理解的容量不同，它不像水杯或房间的容积那样，具有相对刚性的数值。如果气象条件发生变化，那么同一个地方的大气环境容量就随之发生变化。为什么气象条件变化决定了大气环境容量的变化呢？关于这一点，我们需要弄清两个问题：第一，污染物进入大气环境后，最终去了哪里？（是扩散到其他地方，还是离开了地球？）第二，大气污染物到底是不是积累性污染物？弄不清楚以上两个问题，将很难理解大气环境容量。

《新京报》刊文表达的意思可以概述为：第一，大气环境有容量，污染物进入大气后，占用了容量，排放多了，容量就小了，所以就形成了污染。这相当于承认污染物进入大气后，并没有离开，至少短时间内没有离开。第二，大气环境容量变化不大，所以排放多，占用容量就多，自然要污染。第三，在特殊气象条件下，大气环境容量会突然变小。

这种解释，看似有道理，但还需科学验证。

首先，如果大气环境容量相对固定，污染物进入大气环境后，暂时留存在大气中，这就意味着，污染物早晚会占满大气容量。但我们都知道，即使在大气污染非常严重的地方，也会出现蓝天白云。这是大气环境容量突然增大的结果，还是本地污染物飘

---

* 本文发表于《中国气象报》，2020 年 9 月 21。

到了外地？显然都解释不清楚。

其次，如果大气污染物有积累性，那么减排只能保持大气污染不持续恶化，不可能改善大气污染状况。

再次，超容是指污染物的积累量超过容量，还是污染物排放流量超过容量？如果是前者，那么不仅需要减排，还需要把污染物从空气中拿走。

最后，容量概念如何解释？大气环境容量不能与一般意义上的容量进行类比。大气污染物的扩散性、大气环境的连通性、污染物浓度分布的不均匀性，决定了使用容量概念类比的难度。类似的疑问还有很多。

二 换个思路理解大气污染

不妨换一种思路来理解大气污染问题。首先，我们要明确何为大气污染。大气污染是指大气中的污染物浓度超过了人为规定的无害的阈值，离开浓度谈大气污染没有意义。其次，要明确污染物进入大气后最终是否离开了大气。如果没有离开，则大气污染物是一种积累性污染物，浓度会随排放增加。但目前常见的 6 种标准大气污染物，都不会一直留存在大气中。如果污染物会离开大气，就需要重新认识大气环境容量这个概念。

简单而言，我们将污染物进入大气的过程定义为排放，将污染物从大气中离开的过程定义为自然净化。

大气中污染物浓度增加，是排放强度超过了自然净化能力所致，进多出少。因此，大气污染程度取决于排放强度与大气自然净化能力之间的关系。

从短期看，实时污染物排放强度由污染源的活动水平、排放系数和污染源总量等因素决定，实时的大气自然净化能力由实时的气象条件决定。从长期看，污染物排放强度呈规律性变化。与此同时，大气自然净化能力也呈规律性变化。

全年统计下来，一个地方的大气自然净化能力的波形比较稳定。也许某天与某天之间的大气自然净化能力会存在较大差距，但以月份、季度或年为单位来看，大气自然净化能力可以看作周期稳定的。

大气环境超容，可以理解为污染物排放强度超过了全年大气自然净化能力的某个分位数。《新京报》刊文所说的超容 50%，大概指的是全年有 50% 以上的时间，污染物排放强度超过大气自然净化能力。

再看不利气象条件的问题。《新京报》刊文表示不利气象条件导致区域环境容量降低，其实表达的是，不利气象条件出现时大气自然净化能力会下降到较低水平。如果这种气象条件持续时间较长，看起来就像大气环境容量降低了。在秋冬季节，华北地区经常出现这样的气象条件。

大气自然净化能力是污染物离开大气环境的动力。大气环境还影响着二次污染物的生成，即所谓的化学转化。化学转化的强弱也是由气象条件决定的，其变化规律也具有周期稳定性。化学转化可以看作大气环境对污染物排放的强化，不应该跟大气环境容量联系在一起。

此外，污染物区域传输不应算作主因，特别是在当前强源排放越来越少的情况下。污染物区域传输至少要回答三个问题：第一，污染物从哪里来？第二，污染物如何运动？第三，污染物为什么会停在某处。按照目前的说法，污染物从哪里来的，暂时还不知道。污染物如何运动，比较一致的看法是大气运动带动的。而污染物为什么会在本地停留，则多解释为静稳天气。在将扩散条件不利和传输增强联系起来解释重污染时，则意味着扩散不利与传输增强是同时发生的。可既然大气处于静稳状态，又如何带动污染物传输？这种解释缺乏完整的证据链。

还有一些其他需要澄清的问题。比如，虽然通过观测部分排放源显示，冬天北方家庭和汽车取暖使用燃料增加，进而增加污染物排放。但这期间自然源排放是增加还是减少了，需要精准统计。冬天容易发生重污染天气，并不是判断冬天污染物排放增加的条件，这个条件既不充分，也不必要。

总之，对大气环境容量的认识是理解大气污染问题的关键。大气污染防治是一个持续过程，其本质是取得大气环境保护与经济增长的平衡。从这个角度来说，相对于将大气环境理解为一种容量，不如将大气环境理解为一种资源。

致　谢

本报告的数据整理、作图、校对等大量具体工作主要由南京信息工程大学马力老师负责组织。

本报告撰写过程中，需要处理大量的数据，南京信息工程大学白江瑶、王忠禹、宋佳、马国晶等同学分别承担了相关省份的数据收集和整理工作，具体如下表所示。

人员	数据收集	数据整理
白江瑶	安徽省、北京市、甘肃省、广东省、贵州省、河北省、河南省、黑龙江省、湖北省、湖南省、吉林省、江西省、辽宁省、内蒙古自治区、宁夏回族自治区、青海省、山东省、山西省、陕西省、四川省、天津市、西藏自治区、新疆维吾尔自治区、云南省、浙江省、重庆市	湖北省、湖南省、吉林省、江苏省、江西省、新疆维吾尔自治区、四川省
王忠禹	安徽省、福建省、甘肃省、广东省、广西壮族自治区、贵州省、海南省、河北省、河南省、黑龙江省、湖北省、湖南省、吉林省、江苏省、江西省、内蒙古自治区、宁夏回族自治区、青海省、山东省、山西省、陕西省、四川省、天津市、新疆维吾尔自治区、云南省、浙江省、重庆市	安徽省、北京市、福建省、甘肃省、广东省、广西壮族自治区、辽宁省、内蒙古自治区、山东省、山西省、陕西省
宋佳	—	重庆市、云南省、新疆维吾尔自治区、天津市、浙江省、西藏自治区、上海市、四川省、青海省、宁夏回族自治区、黑龙江省、河南省、河北省、海南省、贵州省
黄梦瑶	—	天津市、浙江省、西藏自治区
马国晶	—	浙江省、西藏自治区
甘李城	安徽省、北京市、甘肃省、广东省、广西壮族自治区、贵州省、海南省、河南省、黑龙江省、湖北省、湖南省、江苏省、江西省、内蒙古自治区、山东省、陕西省、上海市、四川省、云南省、浙江省、重庆市	—
陈梦琳	安徽省、北京市、福建省、甘肃省、贵州省、河北省、河南省、湖北省、吉林省、江苏省、辽宁省、内蒙古自治区、青海省、山东省、山西省、陕西省、四川省、天津市、西藏自治区、云南省	上海市

作为"中国气象服务协会 2020 年会暨第二届气象产业发展大会"的重要议题之一，《中国大气环境资源报告 2019》于 2020 年 12 月 18 日在南京信息工程大学风云剧场正式发布。发布会由南京信息工程大学、中国气象事业发展咨询委员会、中国气象局公共气象服务中心、中国气象服务协会、铁塔智联技术有限公司、社会科学文献出版社联合举办。中国气象事业发展咨询委员会副主任许小峰、中国气象服务协会会长孙健、中国气象局公共气象服务中心副主任陈云峰、华风气象传媒集团总经理李海胜、南京信息工程大学副校长戴跃伟等领导出席了发布会。发布会上，主办方领导还共同发起了"中国大气环境资源利用现状"调查实践活动。《中国环境报》《中国气象报》以及人民网、凤凰网、新华网等媒体对发布会进行了报道，在此一并致谢。

此外，南京信息工程大学李北群校长对报告的出版给予了特别关心和指导，组织部金自康部长对报告写作提出了很多有价值的建议，社会科学文献出版社的责任编辑周琼老师为报告的出版付出了很多心血，特表感谢。

蔡银寅

2020 年 12 月于南京

图书在版编目(CIP)数据

中国大气环境资源报告. 2019 / 蔡银寅著. -- 北京：
社会科学文献出版社，2021.6
ISBN 978-7-5201-8502-8

Ⅰ.①中… Ⅱ.①蔡… Ⅲ.①大气环境-环境资源-
研究报告-中国-2019 Ⅳ.①X51

中国版本图书馆 CIP 数据核字(2021)第 109259 号

中国大气环境资源报告 2019

著　　者 / 蔡银寅

出　版　人 / 王利民
责任编辑 / 周　琼

出　　版 / 社会科学文献出版社·政法传媒分社　(010)59367156
　　　　　　地址：北京市北三环中路甲 29 号院华龙大厦　邮编：100029
　　　　　　网址：www.ssap.com.cn
发　　行 / 市场营销中心(010)59367081　59367083
印　　装 / 三河市东方印刷有限公司

规　　格 / 开　本：787mm×1092mm　1/16
　　　　　　印　张：54.25　字　数：1093 千字
版　　次 / 2021 年 6 月第 1 版　2021 年 6 月第 1 次印刷
书　　号 / ISBN 978-7-5201-8502-8
定　　价 / 198.00 元